“十四五”职业教育课程思政改革系列教材
江苏省高等学校重点教材（编号：2020-1-087）

基础化学

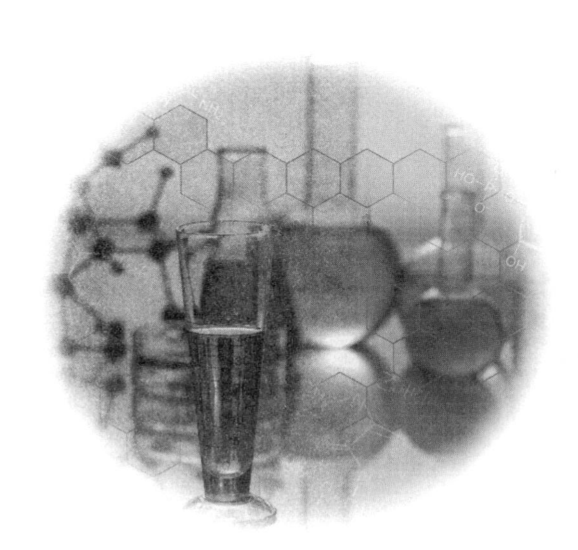

主　编　王元有　钱　琛　郭　静
副主编　周　培　徐嘉琪　束　影
参　编　毛云飞　周龙生　周　慧
主　审　李明梅　房　方

特配电子资源

微信扫码
· 慕课学习
· 视频浏览
· 延伸阅读

南京大学出版社

图书在版编目(CIP)数据

基础化学 / 王元有，钱琛，郭静主编. 一南京：南京大学出版社，2022.4

ISBN 978 - 7 - 305 - 25596 - 0

Ⅰ. ①基… Ⅱ. ①王… ②钱… ③郭… Ⅲ. ①化学一高等学校一教材 Ⅳ. ①O6

中国版本图书馆 CIP 数据核字(2022)第 054053 号

出版发行 南京大学出版社
社　　址 南京市汉口路 22 号　　邮　　编 210093
出 版 人 金鑫荣

书　　名 基础化学
编　　者 王元有　钱　琛　郭　静
责任编辑 刘　飞　　编辑热线 025 - 83592146

照　　排 南京开卷文化传媒有限公司
印　　刷 常州市武进第三印刷有限公司
开　　本 889×1194　1/16　印张 22.5　字数 716 千
版　　次 2022 年 4 月第 1 版　2022 年 4 月第 1 次印刷
ISBN 978 - 7 - 305 - 25596 - 0
定　　价 58.00 元

网　　址:http://www.njupco.com
官方微博:http://weibo.com/njupco
官方微信:njupress
销售咨询热线:025 - 83594756

前　言

为了认真贯彻落实《国家职业教育改革实施方案》和《职业教育提质培优行动计划(2020—2023年)》等文件精神，吸收产业升级和行业发展的新知识、新技术、新工艺、新规范、新方法，积极深化“三教”改革，突出质量为先，实现教学内容紧跟产业发展的步伐，经过多年的高职化学教学的实践与探索，我们编写了这本《基础化学》教材。本教材将传统的四大化学课程按照高职学生认知规律进行了系统整合，形成一本由“化学反应速率与化学平衡”“酸碱平衡与酸碱滴定”“沉淀-溶解平衡与沉淀滴定”“氧化还原平衡与氧化还原滴定”“配位平衡和配位滴定”“物质结构”“烃”“烃的衍生物”和“化学热力学基础”组成，共 9 章基础知识及 22 个实训内容的理实一体化教材。本教材编写着重突出了以下几个特点。

(1) 建立了与教材相配套的数字化资源，包括文档、图片、动画、微课、视频等形式丰富的颗粒化资源。借助互联网，将教材资源整合到江苏省在线开放课程、国家级工业分析技术教学资源库等网站平台，方便学生课前、课后的碎片化、自由化学习，真正将教材建成了立体化教材，满足学生和社会人员线上线下学习的需求。

(2) 编排形式新颖，打破了传统教材结构，使得主要教学内容更好地体现出“必需”“够用”“实用”的原则。在主要学习内容旁穿插了小模块，对学生的学习起到铺垫、搭桥和拓展的作用。教材中穿插“练一练”“想一想”等练习内容，方便课堂上让学生参与到教学过程中，“案例”增加了教材的可读性，拓展了学生的知识；课后的“习题”方便留作课后作业，巩固相关的学习内容。

(3) 文中穿插思政案例的讲解，有助于提高学生发现问题、解决问题的能力，从而激发学生的求知欲、探究欲、创造欲，培养学生严谨的科学态度和社会责任感。

本教材由扬州工业职业技术学院、扬州市职业大学、江苏省扬州环境监测中心站等高校和企业中有着多年高职教学经验的教师及企业科研人员合作编写而成，由江苏医药职业学院李明梅教授、南京中医药大学房方教授担任主审。参加本书编写的有扬州工业职业技术学院王元有、钱琛、周培、徐嘉琪、束影、毛云飞、周龙生、周慧，以及扬州市职业大学的郭静，王元有和钱琛统稿。此外江苏省扬州环境监测中心站姜燕高级工程师对本书的编写提出了许多宝贵意见和建议，在此表示感谢。鉴于编者学识和能力水平有限，书中难免存在不足之处，敬请读者和同行批评指正。

编　者

2022 年 4 月

目　录

第 1 章
化学反应速率与化学平衡

知识目标

1. 熟悉理想气体状态方程和分压定律。
2. 熟悉化学反应速率的表示方法和影响反应速率的因素。
3. 熟悉化学平衡概念和影响平衡因素。

能力目标

1. 能根据实验数据推断化学反应速率方程式。
2. 能用反应速率理论解释外界因素对反应速率的影响。
3. 能利用分压定律计算混合气体中各组分的分压。
4. 会计算各物质的平衡浓度和反应物的转化率。

物质的聚集状态通常有气态、液态和固态三种，它们在一定的条件下可以互相转化。与液体和固体相比，气体是物质的一种较简单的聚集状态，在科学研究和工业生产中，许多气体参与了重要的化学反应。任何一个化学反应都涉及两个方面的问题，一是化学反应进行的程度，二是化学反应进行的快慢。化学平衡讨论的是化学反应进行程度的问题，化学反应速率讨论的是化学反应进行快慢的问题。

1.1　气体与溶液

1.1.1　气体的基本性质

知识点 1　气体的性质

气体物质的基本特征是易扩散和可压缩性。气体既没有固定的体积又没有固定的形状，所谓气体的体积就是指它们所在容器的容积。在一定温度下，无规则运动的气体分子具有一定的能量，在运动中分子间发生碰撞，气体分子也碰撞器壁，这种碰撞产生了气体的压力。气体的状态常用四个物理量描述，即物质的量(n)或质量(m)、体积(V)、压力(p)和热力学温度(T)。

气体压力通常用国际单位制(SI)中的帕斯卡为单位，以 Pa 或帕表示。当作用于 1 m^2(平方米)面积上的力为 1 N(牛顿)时压力就是 1 Pa(帕斯卡)。但是，原来的许多压力单位，例如，标准大气压(简称大气压)、工程大气压(即 kg/cm^2)、巴等，现在仍然在使用。物理化学实验中还常选用一些标准液体(例如汞)制成液体压力计，压力大小就直接以液体的高度表示。它的意义是作用在液柱单位底面积上的液体重量与气体的压力相平衡或相等。测量气体压力最常用的是压力表，实验仪器、高压钢瓶、灭火器、气体管路上常接有压力表，压力表如图 1－1 所示。

知识点 2　常见气体

在实验室和生产中经常会用到装有不同气体的高压气体钢瓶，为了便于识别，也出于安全考虑，规定在钢瓶上涂上不同颜色的油漆，表 1－1 列出了常见气体钢瓶颜色及标注。

图 1－1　压力表

表 1－1　气体钢瓶颜色及标注

序号	气体名称	化学式	瓶色	字样	字色
1	空气	—	黑	空气	白
2	氧气	O_2	淡蓝	氧	黑
3	氮气	N_2	黑	氮	淡黄
4	氢气	H_2	淡绿	氢	大红
5	氯气	Cl_2	深绿	液氯	白
6	氨气	NH_3	淡黄	液氨	黑
7	乙炔	C_2H_2	白	乙炔不可近火	大红
8	甲烷	CH_4	棕	甲烷	白

1.1.2　理想气体状态方程

理想气体状态方程

知识点 1　理想气体状态方程

理想气体是分子之间没有相互吸引和排斥，分子本身的体积相对于气体所占有体积完全可以忽略的一种假想情况。对于真实气体，只有在低压力（不高于几百 kPa）和较高温度（不低于 273.15 K）下，气体分子间距离较大，分子间相互作用力很小，才能近似地看成理想气体。在通常温度条件下，理想气体状态方程对大多数气体都是适用的。理想气体状态的四个物理量之间的关系为：

$$pV = nRT \tag{1-1}$$

式中，p 为气体压力，单位为 Pa；V 为气体体积，单位为 m^3；T 为气体温度，单位为 K；n 为气体物质的量，单位为 mol；R 为气体常数，值为 8.314 J/(mol·K)。根据 $n=m/M$ 和 $\rho=m/V$，其中 m 为气体质量，M 为气体摩尔质量，ρ 为气体密度，理想气体状态方程又可写作：

$$pV = \frac{m}{M}RT \tag{1-2}$$

$$pM = \rho RT \tag{1-3}$$

根据理想气体状态方程，可以进行有关气体压力、体积和质量等计算。

【例 1－1】 在温度为 400 K、压力为 260 kPa 的条件下，体积为 50.0 L 的二氧化碳的物质的量和质量各是多少？

【解】 根据 $pV = nRT$ 得

$$n = \frac{pV}{RT} = \frac{260 \times 10^3\ \mathrm{Pa} \times 50.0 \times 10^{-3}\ \mathrm{m^3}}{8.314\ \mathrm{J/(mol \cdot K)} \times 400\ \mathrm{K}} = 3.91\ \mathrm{mol}$$

$$m = nM(CO_2) = 3.91\ \mathrm{mol} \times 44.01\ \mathrm{g/mol} = 172\ \mathrm{g}$$

知识点 2　理想气体的基本定律

理想气体
基本定律

由理想气体的状态方程可以推导出以下三个基本定律。

波义耳定律：一定温度下，一定量气体的体积与压力成反比，$pV=nRT=k_1$。

盖・吕萨克定律：一定压力下，一定量的气体，其体积与绝对温度成正比，$V/T=nR/p=k_2$。

阿伏伽德罗定律：一定压力和温度下，气体的体积与物质的量成正比，$V=nRT/p=k_3$。

其中的 k_1、k_2 和 k_3 均为常数。当理想气体 p、V、T、n 四个量中两个变化时，用上述定律进行计算较为简单。

【例 1-2】 一密闭活塞开始时 $p=101.3\ \text{kPa}$，$V=5\times10^{-2}\ \text{m}^3$，当把压力增大到 $p=2\times101.3\ \text{kPa}$，体积为多少？

【解】 温度 T 和气体物质的量不变，根据波义耳定律可得 $p_A V_A=p_B V_B$，则

$$V_B=\frac{p_A V_A}{p_B}=\frac{101\,300\ \text{Pa}\times5\times10^{-2}\ \text{m}^3}{2\times101\,300\ \text{Pa}}=2.5\times10^{-2}\ \text{m}^3$$

1.1.3　气体分压定律与分体积定律

混合气体组成表示

知识点 1　气体分压定律

在实际生产和科研中遇到的气体通常都是混合气体。当几种互不反应的气体放在一个容器中时，每种气体所占有的体积都与容器体积一致，其对容器产生的压力并不受共存的其他气体影响，就如该气体单独占有此容器时表现的压力一样。在一定温度下，该组分气体单独占有与混合气体相同体积时所产生的压力叫作该组分气体的分压。1801 年，英国科学家 J. Dalton 提出了混合气体的总压等于混合气体中各组分气体的分压之和，这一经验定律被称为 Dalton 分压定律。用数学式表示为：

$$p=p_1+p_2+p_3+\cdots+p_i \tag{1-4}$$

式中，p 是混合气体总压，p_1、p_2、p_3…是组分气体 1、2、3…的分压，因 $pV=nRT$，所以 $p_1V=n_1RT$，$p_2V=n_2RT$，$p_3V=n_3RT$，…，$p_iV=n_iRT$，可以得到

$$\frac{p_1}{p}=\frac{n_1}{n},\frac{p_2}{p}=\frac{n_2}{n},\cdots,\frac{p_i}{p}=\frac{n_i}{n} \tag{1-5}$$

其中$\frac{n_i}{n}$称为物质的量分数 y_i，混合气体中各组分气体的物质的量分数和为 1，各组分气体分压与混合气体总压存在如下关系：

$$p_i=y_i p \tag{1-6}$$

上述关系式为分压定律，即某一组分气体的分压与该气体物质的量分数成正比。

【例 1-3】 在温度 300 K 时，将 2.0 mol 氮气、3.0 mol 氧气和 1.0 mol 二氧化碳充到体积为2.0 m³钢瓶中，求混合气体的总压，并利用分压定律计算各组分气体的分压。

【解】 根据理想气体状态方程，混合气体总压为：

$$p=\frac{nRT}{V}=\frac{6\ \text{mol}\times8.314\ \text{J/(mol}\cdot\text{K)}\times300\ \text{K}}{2.0\ \text{m}^3}=7\,482.6\ \text{Pa}=7.48\ \text{kPa}$$

$$y(N_2)=\frac{n(N_2)}{n_{总}}=\frac{2.0\ \text{mol}}{6.0\ \text{mol}}=\frac{1}{3}$$

$$y(O_2)=\frac{n(O_2)}{n_{总}}=\frac{3.0\ \text{mol}}{6.0\ \text{mol}}=\frac{1}{2}$$

$$y(CO_2)=\frac{n(CO_2)}{n_{总}}=\frac{1.0\ \text{mol}}{6.0\ \text{mol}}=\frac{1}{6}$$

利用分压定律，计算出各组分气体分压为：

$$p(N_2)=y(N_2)p=\frac{1}{3}\times 7.48\ \text{kPa}=2.49\ \text{kPa}$$

$$p(O_2)=y(O_2)p=\frac{1}{2}\times 7.48\ \text{kPa}=3.74\ \text{kPa}$$

$$p(CO_2)=y(CO_2)p=\frac{1}{6}\times 7.48\ \text{kPa}=1.25\ \text{kPa}$$

本章压力平衡常数中的压力指反应体系中各组分的分压，后续内容中计算溶液上方混合蒸气中各组分物质的量分数即要利用此分压定律。

知识点 2　分体积定律

混合气体中，某组分气体所占有的体积称为该气体的分体积。当温度一定时，混合气体中任一组分气体的分体积，等于该组分气体与混合气体以相同的压力单独存在时所占有的体积；混合气体的总体积等于各组分气体的分体积之和。以上是气体分体积定律的基本内容。它是由阿玛格(Amage)首先提出的，故又称阿玛格气体分体积定律。其数学表达式为：

分体积定律

$$V=\sum_{B}V_B \tag{1-7}$$

式中，V_B为组分 B 的分体积。根据理想气体状态方程可以推导出：

$$V_B=\frac{n_B RT}{p}=\frac{n_B}{n}\cdot\frac{nRT}{p}=y_B V \tag{1-8}$$

即混合气体中，各组分气体的分体积等于该组分气体的物质的量分数与总体积的乘积。这是分体积定律的另一种表达形式。

在理想气体中，同一种气体的压力分数、体积分数和物质的量分数是相等的。即

$$\frac{p_B}{p}=\frac{V_B}{V}=\frac{n_B}{n}=y_B \tag{1-9}$$

1.1.4　溶液浓度的表示和计算

浓度的表示

溶液浓度有多种表示方法，常见的有体积分数(如空气组成)、质量分数(如 98%浓硫酸)、物质的量浓度(如 0.15 mol・L^{-1} NaOH 溶液)、质量摩尔浓度(如 0.20 mol・kg^{-1}蔗糖水溶液)、质量浓度(如 120 g・L^{-1}醋酸水溶液)等。

知识点 1　物质的量浓度

单位体积的溶液中所含溶质的物质的量称为物质的量浓度，单位为 mol・L^{-1}，计算公式如下：

$$c_B=\frac{n_B}{V} \tag{1-10}$$

或

$$c_B=\frac{m}{M\cdot V} \tag{1-11}$$

【例 1-4】 实验室需配制 0.2 mol · L^{-1} Na_2CO_3溶液 2.0 L，需要称取 Na_2CO_3固体多少克？

【解】 需要称取固体质量为：

$$m(Na_2CO_3) = c \cdot V \cdot M = 0.2\ \text{mol} \cdot \text{L}^{-1} \times 2.0\ \text{L} \times 106\ \text{g} \cdot \text{mol}^{-1} = 42.4\ \text{g}$$

知识点 2　质量摩尔浓度

1 kg 溶剂(A)中所含溶质(B)的物质的量称为质量摩尔浓度(b_B)，单位为 mol · kg^{-1}，计算公式如下：

$$b_B = \frac{n_B}{m_A} \tag{1-12}$$

知识点 3　质量浓度

1 L 溶液中所含溶质的质量称为质量浓度，单位为 g · L^{-1}或 mg · L^{-1}。水质分析中污染物浓度常用这种方式表示。计算公式如下：

$$\rho_B = \frac{m}{V} \tag{1-13}$$

知识点 4　浓度换算

同一种溶液可以用不同的浓度方式来表示。溶液配制过程中，最常见的是质量分数与物质的量浓度之间的换算。例如实验用的浓硫酸，试剂标签标示的浓度是 98%，这是质量分数，其对应的物质的量浓度可以通过换算求得。

换算公式如下：

$$1\ 000\ \text{mL} \cdot \rho \cdot w = c \cdot 1\ \text{L} \cdot M$$

【例 1-5】 98%浓硫酸，密度是 1.84 g · mL^{-1}，求其物质的量浓度。

【解】 假设浓硫酸体积为 1 L，则

$$1\ 000\ \text{mL} \cdot \rho \cdot w = c(H_2SO_4) \cdot 1\ \text{L} \cdot M$$

$$1\ 000\ \text{mL} \times 1.84\ \text{g} \cdot \text{mL}^{-1} \times 98\% = c(H_2SO_4) \times 1\ \text{L} \times 98.1\ \text{g} \cdot \text{mol}^{-1}$$

$$c(H_2SO_4) = \frac{1\ 000 \times 1.84 \times 98\%}{1 \times 98.1}\ \text{mol} \cdot \text{L}^{-1} = 18.4\ \text{mol} \cdot \text{L}^{-1}$$

1.1.5　溶液配制方法

溶液的配制

配制溶液时常用方法有固体配制溶液、液体配制溶液、同单位浓度溶液稀释或混合。

知识点 1　由浓溶液配制稀溶液

浓氨水、浓盐酸、浓硫酸配制稀溶液常用此方法，主要依据是稀释前后溶质的量相等：

$$n_1 = n_2 \tag{1-14}$$

或

$$c_1V_1 = c_2V_2 \tag{1-15}$$

【例 1-6】 配制 1.0 L 浓度为 0.50 mol · L^{-1}的盐酸溶液，需要用浓度为 37%、密度为 1.19 g · mL^{-1}的浓盐酸多少毫升？

【解】 用浓盐酸配制稀溶液，稀释前后溶质的质量或物质的量不变。

$$V_1 \cdot \rho \cdot w = c(\mathrm{HCl}) \cdot V_2 \cdot M(\mathrm{HCl})$$

$$V_1 = \frac{c(\mathrm{HCl}) \cdot V_2 \cdot M(\mathrm{HCl})}{\rho \cdot w} = \frac{0.50\ \mathrm{mol} \cdot \mathrm{L}^{-1} \times 1.0\ \mathrm{L} \times 36.5\ \mathrm{g} \cdot \mathrm{mol}^{-1}}{1.19\ \mathrm{g} \cdot \mathrm{mL}^{-1} \times 37\%} = 41.4\ \mathrm{mL}$$

想一想

计算浓盐酸的体积,还可以用哪种方法?

知识点 2　由固体配制溶液

对易水解的固体试剂,如 $FeCl_3$,$SbCl_3$,$BiCl_3$,$SnCl_2$,Na_2S 等进行配制,常采用介质水溶法。即先称取一定量的固体,加入适量的相应酸(或碱)使之溶解,再用蒸馏水稀释至所需体积,摇匀后转入试剂瓶中。水中溶解度较小的固体试剂,如固体 I_2,可选用 KI 水溶液溶解,摇匀后转入试剂瓶中。配制溶液的一般步骤是:计算溶质的质量、称量、溶解、转移、定容、装瓶贴标签(如图 1－2)。

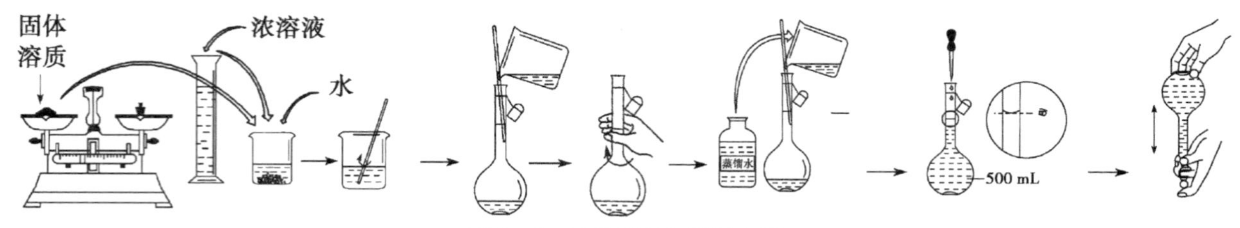

图 1－2　溶液配制步骤示意图

计算公式:

$$m_B = c_B \times \frac{V}{1\,000} \times M_B \qquad (1-16)$$

式中,m_B为应称取物质 B 的质量,单位 g;c_B为物质 B 的物质的量浓度,单位 $\mathrm{mol} \cdot \mathrm{L}^{-1}$;$V$ 为欲配制溶液的体积,单位 mL;M_B为物质 B 的摩尔质量,单位 $\mathrm{g} \cdot \mathrm{mol}^{-1}$。

1.1.6　稀溶液的基本定律

溶液不仅在工业生产及科学实验中起着重要作用,也和人类生活有着密切联系。如冬天在汽车水箱中加入甘油或乙二醇降低水的凝固点,防止水箱炸裂;积雪的路面撒盐防滑;盐和冰的混合物可作冷却剂,用于冷冻食品的运输等。此外,人体的体液主要是溶液,食物的消化和吸收、营养物质的运输及转化都离不开溶液的作用。

知识点 1　溶液的定义及分类

1. 分散系统

分散系统是指一种或几种物质分散在另一种物质中所构成的系统。分散质为被分散的物质;分散介质为起分散作用的物质。分散系统主要分为以下几种。

(1) 分子分散体系(真溶液)

当分散相粒子半径小于 10^{-9} m 时,分散相与分散介质以单个分子、原子或离子形式彼此混溶,没有界面,为均匀的单相,通常把这种体系称为真溶液,如 $CuSO_4$ 溶液。真溶液是均相热力学系统,澄清透明,不发生光散射。分散相粒子扩散快,能透过滤纸和半透膜,在显微镜或超显微镜下看不见分散相粒子。

(2) 胶体分散体系

分散相粒子的半径在 1～100 nm 之间的体系为胶体分散体系。也有的将 1～1 000 nm 之间的粒子

归入胶体范畴。胶体分散体系目测是均匀的，但由于分散相粒子比普通的分子或离子大得多，是许多分子、原子或离子的集合体，自成一相，分散在分散质中，因此胶体分散系统是多相分散系统。胶体分散系统是透明的，能产生光散射。胶体粒子扩散慢，能透过滤纸但不能透过半透膜，用超显微镜可看到胶体粒子。由于胶体系统分散相的分散程度远远大于粗分散系统，所以胶体分散系统有巨大的比表面和表面能，是高度分散的多相热力学不稳定系统。为了降低表面能，胶体粒子通过碰撞自动聚集，由小颗粒变成大颗粒，最终下沉到底部与分散介质分离，这种性质称为聚集不稳定性。但同时，在适当条件下，胶体粒子能自发地、有选择地吸附某种离子而带电，静电斥力会阻止胶体粒子碰撞聚集，故许多胶体可以存在相当长的时间。

总之，胶体系统具有三个基本特性：多相性、高分散性和热力学不稳定性。胶体的许多性质，如动力性质、光学性质、电学性质等，都是由这三个基本特性引起的。

难溶于水的固体物质高度分散在水中所形成的胶体，常称为(憎液)溶胶或胶体溶液，如碘化银溶胶、二氧化硅溶胶、金溶胶、硫溶胶等，在化工生产中常遇到这类胶体。

应当指出，同一物质在不同分散介质中分散时，由于分散相粒子大小不同，可以形成分子分散系统，也可以成为胶体分散系统或粗分散系统。如氯化钠在水中是真溶液，但用适当的方法分散在乙醇中则可以制得胶体。因此，胶体仅是物质以一定分散程度存在于介质中的一种状态，而不是一种特殊类型物质的固有状态。

(3) 粗分散体系

分散相粒子半径大于 10^{-6} m，小于 10^{-5} m 的体系为粗分散体系。粗分散体系中每个分散相粒子是由成千上万个分子、原子或离子组成的集合体，自成一体，分散在分散介质中，为多相分散系统，如泥浆、牛奶、黄河水等。粗分散系统浑浊不透明，分散相粒子不扩散，不能透过滤纸和半透膜，用显微镜甚至肉眼可以看见分散相粒子，将其静置，会沉淀或分层。由此可见，粗分散系统是多相热力学不稳定系统，分散相和分散介质非常容易自动分离。

2. 溶液的性质

液态溶液有三种类型：气体溶解在液体中形成气-液溶液，固体溶解在液体中形成固-液溶液，一种液体溶解在另一种液体中形成液-液溶液。在气-液和固-液溶液中，常把液体看成溶剂，把气体或固体看成溶质。液-液溶液中，常将水作为溶剂的溶液称为水溶液。若以苯、酒精、液氨等作为溶剂，则为非水溶液。一般所说的溶液均指水溶液，溶液的性质与溶液的组成有密切关系。

知识点 2　拉乌尔定律和亨利定律

一定温度下，纯液体与自身蒸气达到平衡时气相中的压力，称为该液体在此温度下的饱和蒸气压，简称蒸气压。液体的蒸气压与温度有关，温度一定，饱和蒸气压的值一定。溶液中某组分的蒸气压是溶液与蒸气达到平衡时，该组分在蒸气中的分压。它除了与温度有关外，还与溶液的组成有关。稀溶液的蒸气压与溶液相组成的关系可以用拉乌尔定律和亨利定律来描述。

拉乌尔定律和亨利定律

1. 拉乌尔定律

当向溶剂中加入少量非挥发性溶质后，溶剂的蒸气压降低。1887 年，法国物理学家拉乌尔(F.M. Raoult)总结了大量的实验结果，得出如下规律：在一定温度下，稀溶液中溶剂的饱和蒸气压等于纯溶剂的饱和蒸气压乘以溶液中溶剂的摩尔分数。这就是拉乌尔定律，用公式表示如下：

$$p_A = p_A^* \cdot x_A \tag{1-17}$$

式中，p_A^* 为某温度下纯溶剂的饱和蒸气压，单位为 Pa 或 kPa；p_A 为同温度时溶液中溶剂的饱和蒸气压，单位为 Pa 或 kPa；x_A 为溶液中溶剂的摩尔分数，无量纲。

若溶液中仅有 A，B 两个组分，则 $x_A + x_B = 1$，上式可改写为

$$p_A = p_A^* \cdot x_A = p_A^* \cdot (1 - x_B) \tag{1-18}$$

或

$$\frac{p_A^* - p_A}{p_A^*} = x_B \tag{1-19}$$

即溶剂的蒸气压降低值($p_A^* - p_A$)与纯溶剂的饱和蒸气压(p_A^*)之比等于溶质的摩尔分数。

一般来说，只有稀溶液的溶剂才适用于拉乌尔定律。因为在稀溶液中，溶质分子很少，溶剂分子周围几乎都是与自己相同的分子，其处境与纯溶剂的情况几乎相同，即溶剂分子所受到的作用力并未因少量溶质的存在而改变，它从溶液中逸出的能力也是几乎不变的。但是由于溶质分子的存在，溶液中溶剂的浓度减少，因而单位时间内从液体表面逸出的溶剂分子数相应减少，溶液中溶剂的饱和蒸气压较纯溶剂的饱和蒸气压降低。

【例 1-7】 在 25 ℃时，C_6H_{12}(环己烷 A)的饱和蒸气压为 13.33 kPa，在该温度下，840 g C_6H_{12} 中溶解 0.5 mol 某种非挥发性有机化合物 B，求该溶液的蒸气压。已知 $M(C_6H_{12}) = 84\ g \cdot mol^{-1}$。

【解】 根据题意得

$$n_B = 0.5\ mol$$

$$n_A = 840\ g/(84\ g \cdot mol^{-1}) = 10\ mol$$

$$x_A = n_A/(n_A + n_B) = 10\ mol/(10\ mol + 0.5\ mol) = 0.952$$

因 B 为非挥发性有机化合物，符合拉乌尔定律，故

$$p_A = p_A^* \cdot x_A = 13.33\ kPa \times 0.952 = 12.69\ kPa$$

2.亨利定律

一定温度下，稀溶液中挥发性溶质在平衡气相中的分压与其在溶液中的物质的量分数成正比。这条定律是 1803 年亨利根据实验总结出来的，说明了稀溶液中挥发性溶质在气-液平衡时所遵循的规律。其表达式为：

$$p_B = k_x \cdot x_B \tag{1-20}$$

式中，p_B为溶质 B 在气相中的平衡压力，单位为 Pa 或 kPa；x_B为溶质 B 的物质的量分数，无量纲；k_x为以 x_B表示浓度时的亨利系数，单位为 Pa 或 kPa。

298 K 时一些常见气体溶于水的亨利系数如表 1-2 所示。

表 1-2 亨利系数 k_x (298 K) kPa

	H_2	N_2	O_2	CO_2	CH_4
k_x	7.12×10^6	8.68×10^6	4.40×10^6	1.66×10^6	4.18×10^6

【例 1-8】 370 K 时，稀的乙醇水溶液的亨利系数为 930 kPa。现有乙醇的物质的量分数为 2.00×10^{-2} 的水溶液，当此水溶液气液平衡时气相中乙醇的分压力是多少？

【解】 乙醇具有挥发性，符合亨利定律。故 $p_{乙醇} = k_x \cdot x_{乙醇} = 930\ kPa \times 0.02 = 18.6\ kPa$

亨利系数的数值与溶剂、溶质的种类以及温度有关，往往随溶液温度升高而增大。当溶质的组成用不同形式表示时，相应的亨利系数的数值和单位亦不相同。亨利定律适用于稀溶液中的挥发性溶质，且溶质在气相和液相中的分子状态应相同，如 HCl 溶于水中，气相为 HCl 分子，液相为氢离子和氯离子，亨利定律不适用。

3. 理想稀溶液

稀溶液中若溶质和溶剂均为挥发性的物质，则溶剂服从拉乌尔定律，溶质服从亨利定律，这样的

溶液称为理想稀溶液。理想稀溶液气-液平衡时溶液蒸气压等于溶剂 A 和溶质 B 的蒸气分压之和。即

$$p = p_A + p_B = p_A^* \cdot x_A + k_x \cdot x_B \tag{1-21}$$

【例 1-9】 质量分数为 3%的乙醇溶液，在 $p=101.3$ kPa 下，其沸腾温度为 97.11 ℃。在该温度下，纯水的饱和蒸气压为 91.3 kPa。计算在 97.11 ℃时，乙醇的物质的量分数为 0.010 的水溶液的蒸气压。假设上述溶液为理想稀溶液。

【解】 乙醇稀溶液中溶剂水服从拉乌尔定律，溶质乙醇服从亨利定律，蒸气可视为理想气体混合物。先将质量分数换算成物质的量分数，即

$$x_B = \frac{n_B}{n_A + n_B} = \frac{\dfrac{m_B}{M_B}}{\dfrac{m_A}{M_A} + \dfrac{m_B}{M_B}}$$

以 1 kg 溶液作为计算基准，$m_A=0.97$ kg，$M_A=1.8\times10^{-2}$ kg·mol^{-1}，$m_B=0.03$ kg，$M_B=4.6\times10^{-2}$ kg·mol^{-1}，代入得

$$x_B = \frac{\dfrac{0.03\ \text{kg}}{4.6\times10^{-2}\ \text{kg}\cdot\text{mol}^{-1}}}{\dfrac{0.97\ \text{kg}}{1.8\times10^{-2}\ \text{kg}\cdot\text{mol}^{-1}} + \dfrac{0.03\ \text{kg}}{4.6\times10^{-2}\ \text{kg}\cdot\text{mol}^{-1}}} = 0.012$$

由公式 $p = p_A^* x_A + k_x x_B$ 可以求得 k_x：

$$k_x = \frac{p - p_A^* x_A}{x_B} = \frac{101.3\ \text{kPa} - 91.3\ \text{kPa}\times(1-0.012)}{0.012} = 925\ \text{kPa}$$

当 $x_B=0.010$ 时，再用上式可求得溶液的蒸气压为

$$p = 91.3\ \text{kPa}\times(1-0.010) + 925\ \text{kPa}\times0.010 = 99.64\ \text{kPa}$$

知识点 3　稀溶液的依数性

· 稀溶液的四个依数性
· 蒸气压下降

与纯溶剂相比，稀溶液中溶解非挥发性、非电解质的溶质后，溶液的性质发生如下变化：蒸气压下降、沸点升高、凝固点降低和产生渗透压。这些性质与溶质本性无关，只取决于溶质的粒子数目，因此称为稀溶液的依数性。

1. 蒸气压下降

一定温度下，溶剂中溶解了非挥发性、非电解质的溶质形成稀溶液后，稀溶液中溶剂的蒸气压下降值与溶液中溶质的物质的量分数成正比，即

$$\Delta p = p_A^* - p_A = p_A^* \cdot x_B \tag{1-22}$$

溶液蒸气压下降规律是拉乌尔定律的必然结果，是稀溶液依数性的基础。

练一练

50 ℃时 $H_2O(l)$的饱和蒸气压为 7.94 kPa。在该温度下，180 g $H_2O(l)$ 中溶解 3.42 g $C_{12}H_{22}O_{11}$（蔗糖，以符号 B 表示），求溶液的蒸气压下降值以及溶液的蒸气压。

2. 沸点升高

任何液体在一定温度下，其饱和蒸气压等于外界压力时，液体就会沸腾，此时的温度称为沸点。

当外界压力为 101.3 kPa 时的沸点称为正常沸点。溶剂溶解一定量的非挥发性溶质后，溶液蒸气压要比纯溶剂的蒸气压低。为使溶液的蒸气压等于外界压力，必须提高温度，则溶液的沸点升高。如图 1-3。

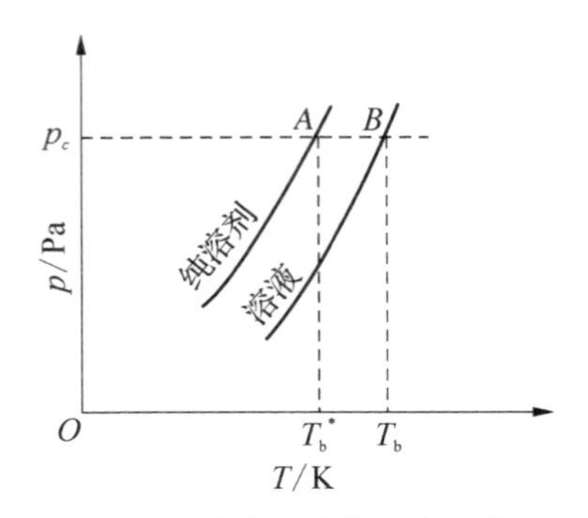

图 1-3　稀溶液沸点升高示意图

沸点升高

实验证明，非挥发性溶质的稀溶液的沸点升高值与溶液中溶质 B 的质量摩尔浓度成正比。

$$\Delta T_b = T_b^* - T_b = K_b \cdot b_B \tag{1-23}$$

式中，ΔT_b为沸点升高值，单位为 K；T_b为溶液的沸点，单位为 K；T_B^* 为纯溶剂的沸点，单位为 K；b_B为溶质的质量摩尔浓度，单位为 $mol \cdot kg^{-1}$；K_b为沸点升高常数（或沸点升高系数），单位为 $K \cdot kg \cdot mol^{-1}$。

当 $b_B = 1\ mol \cdot kg^{-1}$时，$K_b = \Delta T_b$。因此，某溶剂沸点升高常数的数值等于 1 mol 溶质 B 溶于 1 kg 该溶剂中所引起的沸点升高数值。溶剂不同，K_b不同。表 1-3 列举了一些溶剂的沸点升高常数。

表 1-3　一些溶剂的沸点升高常数（K_b）

溶剂名称	丙酮	四氯化碳	苯	氯仿	乙醇	乙醚	甲醇	水
正常沸点/℃	56.5	76.8	80.1	61.2	78.4	34.6	64.7	100.00
$K_b/(K \cdot kg \cdot mol^{-1})$	1.72	5.0	2.57	3.88	1.20	2.11	0.80	0.52

3. 凝固点降低

物质的凝固点就是该物质处于固、液两相平衡时的温度。按照多相平衡条件，无论是纯物质还是溶液，在凝固点时，固相和液相的蒸气压相等。根据拉乌尔定律，对于含有非挥发性溶质的稀溶液来说，溶液的蒸气压比同温度时纯溶剂的蒸气压低。因此，稀溶液的凝固点低于纯溶剂的凝固点。如图 1-4。

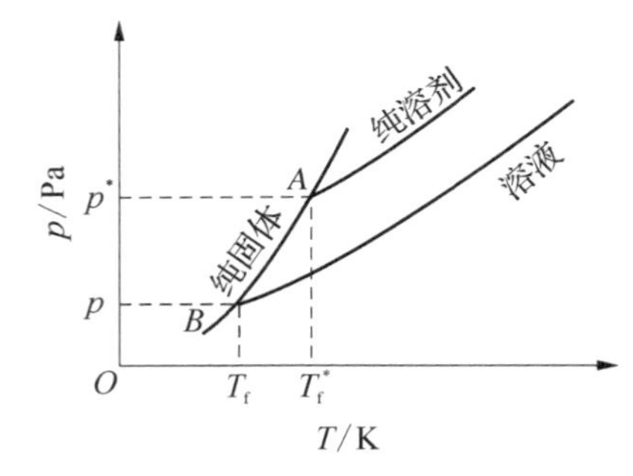

图 1-4　稀溶液凝固点降低示意图

实验证明，在含有非挥发性溶质的稀溶液中，其凝固点下降值与溶液中溶质 B 的质量摩尔浓度成正比。即

$$\Delta T_f = T_f^* - T_f = K_f \cdot b_B \tag{1-24}$$

式中，ΔT_f为溶液凝固点下降值，单位为 K；T_f^* 为纯溶剂的凝固点，单位为 K；T_f为溶液的凝固点，单位为 K；b_B为溶液的质量摩尔浓度，单位为 $mol \cdot kg^{-1}$；K_f为凝固点降低常数，单位为 $K \cdot kg \cdot mol^{-1}$。

K_f是 1 mol 溶质 B 溶于 1 kg 溶剂中所引起凝固点下降的数值，不同溶剂的 K_f值不同。一些溶剂的凝固点降低常数见表 1-4。

表1-4　一些溶剂的凝固点降低常数(K_f)

溶剂名称	乙酸	苯	溴仿	樟脑	环己烷	萘	酚	水
凝固点/℃	16.7	5.5	7.8	178.4	6.5	80.2	42	0.00
$K_f/(K\cdot kg\cdot mol^{-1})$	3.9	5.12	14.4	37.7	20.0	6.9	7.27	1.86

4. 渗透压

许多天然或人造的膜，对物质的透过有选择性，即只允许某些离子通过而不允许另一些离子通过；或者只允许溶剂分子通过而不允许溶质分子通过，这种膜称为半透膜。例如，动物的膀胱膜允许水分子通过，不允许高分子溶质或胶体粒子通过；醋酸纤维膜允许水分子通过，不允许水中的溶质离子通过。

如图1-5(a)所示，在一个U形容器中，用半透膜将纯溶剂与溶液隔开。溶剂分子在单位时间内从纯溶剂进入溶液的数目要比从溶液进入纯溶剂的数目多。恒温条件下，经过一段时间后，溶液的液面上升，直到某一高度为止，如果改变溶液的浓度，则溶液上升的高度也随之改变，这种现象称为渗透现象。若要制止渗透现象的发生，必须在溶液上方增加压力，阻止渗透现象发生，如图1-5(b)所示，对溶液施加的压力Π，就是该溶液的渗透压。

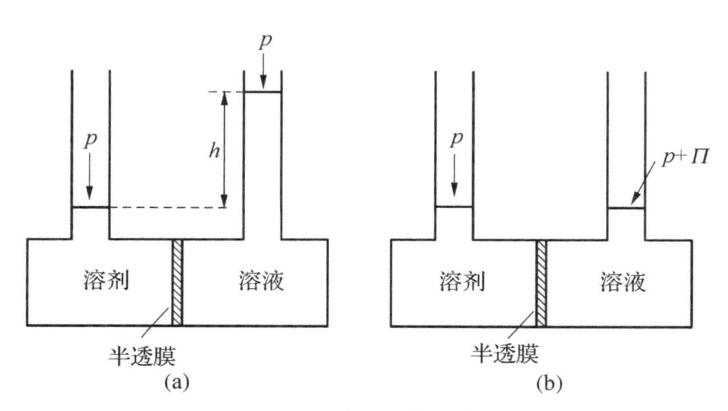

图1-5　渗透平衡示意图

理想稀溶液的渗透压与溶液组成的关系为：

$$\Pi V = nRT \tag{1-25}$$

或

$$\Pi = c_B RT \tag{1-26}$$

上式称为范特霍夫公式，也叫渗透压公式。其中，c_B为理想稀溶液中溶质B的物质的量浓度，R为气体常数，T为溶液的绝对温度。常数R的数值与Π和V的单位有关，当Π的单位为kPa，V的单位为L时，R值为8.31 $kPa\cdot L\cdot K^{-1}\cdot mol^{-1}$。渗透压公式表示在一定温度下，渗透压的大小只与溶质的物质的量浓度成正比，与溶质的种类无关。渗透压是稀溶液依数性中最灵敏的一种，特别适用于测定大分子化合物的摩尔质量。根据测得的渗透压可以求得溶质的摩尔质量M_B。

5. 依数性——凝固点降低的应用

(1) 利用凝固点下降原理，将食盐和冰(或雪)混合，可以使体系温度最低降到251 K。氯化钙与冰(或雪)混合，可以使温度最低降到218 K。体系温度降低的原因是：当食盐或氯化钙与冰(或雪)接触时，在食盐或氯化钙的表面形成极浓的盐溶液，这些浓盐溶液的蒸气压比冰(或雪)的蒸气压低得多，冰(或雪)以升华或熔化的形式进入盐溶液。上述过程要吸收大量的热，从而使体系的温度降低。利用这一原理，可以自制冷冻剂。冬天在室外施工，建筑工人在砂浆中加入食盐或氯化钙防止砂浆结冰；汽车驾驶员在散热水箱中加入乙二醇防止结冰等，也是利用这一原理。

(2) 溶液凝固点下降在冶金工业中也具有指导意义。一般金属的K_f都较大，如Pb的$K_f\approx$

130 K · kg · mol^{-1}，说明 Pb 中加入少量其他金属，Pb 的凝固点会大大下降，利用这种原理可以制备许多低熔点合金。金属热处理要求较高的温度，但又要避免金属工件受空气的氧化或脱碳，因此往往采用盐熔剂来加热金属工件。例如，在 $BaCl_2$（熔点 1 236 K）中加入 5%的 NaCl（熔点 1 074 K）作盐熔剂，其熔盐的凝固点下降为 1 123 K；若在 $BaCl_2$ 中加入 22.5%的 NaCl，熔盐的凝固点可降至 903 K。应用溶液凝固点下降还可以测定物质的分子量，尤其是高分子物质的分子量。

1.2 化学平衡

1.2.1 化学平衡与平衡常数

在化工生产控制和化工工艺设计中，常常需要预测某一化学反应在指定条件下能否自动进行，在什么条件下，能获得更多新产品等问题。若能事先通过计算作出正确判断，就可以大大节省人力、物力。例如，高炉炼铁的化学方程式：

$$\mathrm{Fe_3O_4} + 4\mathrm{CO} \xrightleftharpoons{\text{高温}} 3\mathrm{Fe} + 4\mathrm{CO_2}$$

生产中发现高炉出口处的气体中含有大量的 CO，过去认为是 CO 与铁矿石接触时间不够导致还原不完全，为此，花费大量资金修建了更高的炉，然而出口处 CO 的含量并未减少。后来，根据热力学计算知道，此反应不能进行到底，因此含有很多 CO 是不可避免的。

绝大多数反应是不能进行到底的，反应物转变成生成物的同时，生成物也在不断地反应生成反应物。掌握化学平衡理论，就能正确认识反应进行的程度问题以及反应转化率的影响因素。

知识点 1　可逆反应与化学平衡

同一条件下既能向一个方向进行，又能向另一方向进行的反应称为可逆反应。任何一个反应都具有一定的可逆性，但可逆的程度不同。有些反应中，反应物几乎全部耗尽，而逆向反应的程度可以略去不计，这类反应通常称为“不可逆反应”，如氯化银的沉淀反应。然而许多化学反应中，逆向反应比较显著，正向反应和逆向反应均有一定的程度，这种反应通常称为“可逆反应”，如气相中合成氨反应、液相中乙酸和乙醇的酯化反应。

所有可逆反应经过一段时间后，均会达到正、逆两个方向反应速率相等的平衡状态，此时的状态称为化学平衡。不同的反应系统，达到平衡状态所需的时间各不相同。化学平衡宏观表现为静态，系统中的宏观性质不随时间而改变，这就是化学反应的最高限度。而实际上这种平衡是一种动态平衡，只要外界条件不变，这种状态能够一直维持下去。但一旦条件改变，原来的平衡就被破坏，正、逆向的反应速率就会发生变化，直到在新的条件下建立起新的平衡。所以化学平衡只是相对的和暂时的。图 1-6 为反应速率随着反应时间的变化状况。

$v/(\mathrm{mol \cdot L^{-1} \cdot s^{-1}})$　$v_{正}$　$v_{正}=v_{逆}$　$v_{逆}$　O　t/s

图 1-6　可逆反应的反应速率随时间变化示意图

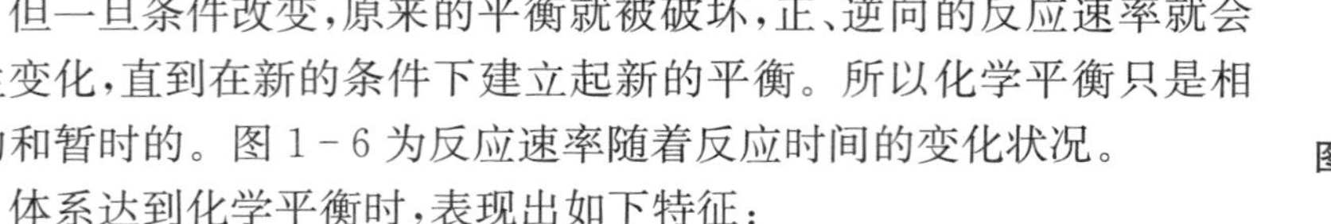

体系达到化学平衡时，表现出如下特征：

(1) 各物质浓度保持不变。在一定条件下，体系达到平衡后，正、逆反应速率相等，任何一种物质，在任一时刻生成量和消耗量相等，所以反应物和生成物浓度保持不变。

(2) 化学平衡是一种动态平衡。

知识点 2　平衡常数

处于平衡状态的化学反应中各物质的浓度称为“平衡浓度”。反应物和生成物平衡浓度之间的定量关系可用平衡常数来表达。大量实验证明，在温度 T 时，任何可逆反应：

· 可逆反应与化学平衡
· 实验平衡常数

$mA+nB \rightleftharpoons pC+qD$，平衡浓度 $c(A)$，$c(B)$，$c(C)$，$c(D)$之间的关系为：

$$K_c=\frac{c^p(C)\cdot c^q(D)}{c^m(A)\cdot c^n(B)} \tag{1-27}$$

式中，K_c 是常数，称为该反应在温度 T 时的浓度平衡常数。对于气相物质发生的可逆反应，用平衡时各气体的分压代替平衡浓度得到压力平衡常数 K_p：

$$K_p=\frac{p^p(C)\cdot p^q(D)}{p^m(A)\cdot p^n(B)} \tag{1-28}$$

浓度平衡常数 K_c 和压力平衡常数 K_p 都是反应系统达到平衡后，通过实验测定出系统中反应物和产物的平衡浓度或压力数据计算得到的，因此统称为实验平衡常数。若反应前后分子数不同，K_c 和 K_p 有量纲，且随反应量纲不同而不同。K_c 和 K_p 的关系为：$K_p=K_c(RT)^{\Delta n}$，其中 $\Delta n=(p+q)-(m+n)$。

平衡表达式中既有浓度又有分压项时的平衡常数称为混合平衡常数，用 K 表示。

知识点3　标准平衡常数

在一定温度下，任何可逆反应：$mA+nB \rightleftharpoons pC+qD$，若反应在溶液中进行，则：

$$K^{\ominus}=\frac{[c(C)/c^{\ominus}]^p\cdot[c(D)/c^{\ominus}]^q}{[c(A)/c^{\ominus}]^m\cdot[c(B)/c^{\ominus}]^n} \tag{1-29}$$

标准平衡常数和平衡常数的性质

若反应物、生成物均为气体，则

$$K^{\ominus}=\frac{[p(C)/p^{\ominus}]^p\cdot[p(D)/p^{\ominus}]^q}{[p(A)/p^{\ominus}]^m\cdot[p(B)/p^{\ominus}]^n} \tag{1-30}$$

热力学中，$K^{\ominus}$为标准平衡常数，简称平衡常数。与实验平衡常数不同的是，标准平衡常数 $K^{\ominus}$无量纲。平衡常数是可逆反应的特征常数，它表示在一定条件下，可逆反应进行的程度。K 值越大，表明正反应进行得越完全，亦即反应物转化为生成物的程度越大；K 值越小，表明反应物转化为生成物的程度越小。平衡常数是温度的函数，与参与平衡的物质的量无关。

书写平衡常数表达式时应注意以下几点。

(1) 平衡常数 $K^{\ominus}$表达式中，各物质相对浓度或相对分压必须是平衡态时的相对浓度或相对分压。

(2) 平衡常数 $K^{\ominus}$表达式要与相应的化学计量方程式相对应。

(3) 化学反应中以固态、纯液态和稀溶液溶剂等形式存在的组分，其浓度或分压不写入平衡常数 $K^{\ominus}$表达式中。

反应商：反应商用 Q 表示，

$$Q=\frac{[c(C)/c^{\ominus}]^p\cdot[c(D)/c^{\ominus}]^q}{[c(A)/c^{\ominus}]^m\cdot[c(B)/c^{\ominus}]^n} \tag{1-31}$$

式中各物质的浓度并非平衡时的浓度，是任意反应状态下的浓度。若反应系统中有气体或全部都是气体，则 Q 中的 $c/c^{\ominus}$用 $p/p^{\ominus}$代替。

知识点4　多重平衡规则

化学平衡常数服从多重平衡规则：对于化学反应方程式①、②和③，如果化学方程式 ③＝①＋②，则 $K_3=K_1\cdot K_2$；如果化学方程式 ③＝①－②，则 $K_3=K_1/K_2$；如果化学方程式 ③＝n×①，则 $K_3=K_1^n$；如果化学方程式 ③＝$(1/n)$×①，则

$$K_3=\sqrt[n]{K_1} \tag{1-32}$$

1.2.2 化学平衡的有关计算

平衡常数例题

知识点1 化学平衡的有关计算

【例1-10】 在830 ℃时，$CO(g)+H_2O(g) \rightleftharpoons H_2(g)+CO_2(g)$ 的 $K_c=1.0$。若起始浓度 $c(CO)=2\ mol\cdot L^{-1}$，$c(H_2O)=3\ mol\cdot L^{-1}$。问CO转化为$CO_2$的百分率为多少？

【解】 设平衡时 $c(H_2)=x\ mol\cdot L^{-1}$

	$CO(g)$	$+H_2O(g)$	$\rightleftharpoons H_2(g)$	$+CO_2(g)$
初态($mol\cdot L^{-1}$)	2	3	0	0
平衡时($mol\cdot L^{-1}$)	$2-x$	$3-x$	x	x

$K_c=\dfrac{c(H_2)\cdot c(CO_2)}{c(CO)\cdot c(H_2O)}=\dfrac{x^2}{(2-x)(3-x)}=1.0$，解得 $x=1.2\ mol\cdot L^{-1}$

∴CO的转化率为$(1.2/2)\times100\%=60\%$

【例1-11】 平衡体系：$N_2O_4(g) \rightleftharpoons 2NO_2(g)$，在某温度和100 kPa时$N_2O_4$的解离百分数为50%，求平衡常数。

【解】 设$N_2O_4(g)$为n mol，其解离度为α

	$N_2O_4(g)$	$\rightleftharpoons 2NO_2(g)$
起始(mol)	n	0
平衡时(mol)	$n\cdot(1-\alpha)$	$2n\alpha$
平衡分压(kPa)	$\dfrac{1-\alpha}{1+\alpha}\cdot p_{总}$	$\dfrac{2\alpha}{1+\alpha}\cdot p_{总}$

$$K_p=\frac{p^2(NO_2)}{p(N_2O_4)}=\frac{\left[\left(\frac{2\alpha}{1+\alpha}\right)p_{总}\right]^2}{\left(\frac{1-\alpha}{1+\alpha}\right)p_{总}}=\left(\frac{4\alpha^2}{1-\alpha^2}\right)p_{总}=1.333\times100\ kPa=133.3\ kPa$$

1.2.3 影响化学平衡的因素

化学平衡是动态平衡，是有条件的。当外界条件(如浓度、压力和温度等)改变时，化学平衡就会被破坏，系统中各物质的浓度也随之改变，直到在新条件下建立新的平衡为止。这种由于条件的改变，可逆反应从一种平衡状态向另一种平衡状态转变的过程称为化学平衡的移动。如合成氨的反应：$N_2(g)+3H_2(g) \rightleftharpoons 2NH_3(g)$，$\Delta_rH_m=-92.2\ kJ\cdot mol^{-1}$。增加$H_2$(或$N_2$)的浓度或分压，平衡向右移动；减少$NH_3$的浓度或分压，平衡向右移动；增加体系总压力，平衡向右移动；升高体系的温度，平衡向左移动。

知识点1 浓度对化学平衡的影响

浓度、压力对化学平衡的影响

平衡状态下，$\Delta_rG_m=0$，$Q=K^{\ominus}$，任何一种反应物或产物浓度的变化都导致$Q\neq K^{\ominus}$。在其他条件不变的情况下，增加反应物浓度或减少产物浓度时$Q<K^{\ominus}$，$\Delta_rG_m<0$，平衡将向正反应方向移动；减少反应物浓度或增加产物浓度时$Q>K^{\ominus}$，$\Delta_rG_m>0$，平衡将向逆反应方向移动。若增加反应物A浓度后，要使减小的Q值重新回到$K^{\ominus}$，只能减小反应物B的浓度或增大产物浓度，这就意味着提高了反应物B的转化率。某反应物的转化率是指平衡时该反应物已转化了的量占初始量的百分数，即

$$转化率\ \alpha=\frac{平衡时该反应物已转化的量}{反应开始时该物质的量}\times100\% \tag{1-33}$$

【例 1-12】 在 830 ℃时，$CO(g)+H_2O(g) \rightleftharpoons H_2(g)+CO_2(g)$ 的 $K_c=1.0$。若起始浓度 $c(CO)=2\ mol \cdot L^{-1}$，$c(H_2O)=3\ mol \cdot L^{-1}$。问 CO 转化为 CO_2 的转化率为多少？若向上述平衡体系中加入 $3.2\ mol \cdot L^{-1}$ 的 $H_2O(g)$，再次达到平衡时，CO 转化率为多少？

【解】 设平衡时 $c(H_2)=x\ mol \cdot L^{-1}$

	$CO(g)$	$+H_2O(g) \rightleftharpoons$	$H_2(g)$	$+CO_2(g)$
初态($mol \cdot L^{-1}$)	2	3	0	0
平衡时($mol \cdot L^{-1}$)	$2-x$	$3-x$	x	x

$$K_c=\frac{c(H_2)\cdot c(CO_2)}{c(CO)\cdot c(H_2O)}=\frac{x^2}{(2-x)(3-x)}=1.0$$

解得 $x=1.2\ mol \cdot L^{-1}$

$\therefore \alpha(CO)=(1.2/2)\times 100\%=60\%$

设第二次平衡时，$c(H_2)=y\ mol \cdot L^{-1}$

	$CO(g)$	$+H_2O(g) \rightleftharpoons$	$H_2(g)$	$+CO_2(g)$
初态($mol \cdot L^{-1}$)	2	6.2	0	0
平衡时($mol \cdot L^{-1}$)	$2-y$	$6.2-y$	y	y

$$K_c=\frac{y^2}{(2-y)(6.2-x)}=1.0$$

解得 $y=1.512\ mol \cdot L^{-1}$

$\therefore \alpha(CO)=(1.512/2)\times 100\%=75.6\%$

化工生产中经常利用这一原理，通过适当增加廉价或易得原料的投量，提高贵重或稀缺原料的转化率。

知识点 2　压力对化学平衡的影响

压力的变化对液态物质浓度影响很小，在有气体参加的反应中，气体的浓度或分压受系统总压影响较大。增加反应物的分压或减小产物的分压，将使 $Q < K^{\ominus}$，平衡向右移动；反之，增大产物的分压或减小反应物的分压，将使 $Q > K^{\ominus}$，平衡向左移动。这与浓度对化学平衡的影响完全相同。此外，增加体系的总压，平衡将向着气体分子数减少的方向移动。对反应后气体分子数减少的反应而言，可采用增大压力的方式提高转化率，但要注意设备承受能力和安全防护等问题。

【例 1-13】 平衡体系：$N_2O_4(g) \rightleftharpoons 2NO_2(g)$，在一定温度和 101.325 kPa 时，$N_2O_4$ 的解离百分数为 50%，问压力增加到 202.650 kPa 时，$N_2O_4(g)$ 的解离百分数为多少？

【解】 设起始时 $N_2O_4(g)$ 的物质的量为 n mol，其解离度为 α

	$N_2O_4(g) \rightleftharpoons$	$2NO_2(g)$
起始(mol)	n	0
平衡时(mol)	$n\cdot(1-\alpha)$	$2n\alpha$
平衡分压(kPa)	$\frac{1-\alpha}{1+\alpha}\cdot p_{总}$	$\frac{2\alpha}{1+\alpha}\cdot p_{总}$

$$K_p=\frac{p^2(NO_2)}{p(N_2O_4)}=\frac{\left[\left(\frac{2\alpha}{1+\alpha}\right)p_{总}\right]^2}{\left(\frac{1-\alpha}{1+\alpha}\right)p_{总}}=\left(\frac{4\alpha^2}{1-\alpha^2}\right)p_{总}$$

当 $p_{总1}=101.325\ kPa$，$p_{总2}=202.650\ kPa$，$\alpha=0.5$ 时，

$$\frac{4\alpha_1^2}{1-\alpha_1^2}p_{总1}=\frac{4\alpha_2^2}{1-\alpha_2^2}p_{总2}，\frac{0.25}{1-0.25}=\frac{\alpha_2^2}{1-\alpha_2^2}\times 2$$

解得 $\alpha_2=0.378$

知识点3 **温度对化学平衡的影响**

温度对化学平衡的影响

温度对化学平衡的影响与前两种情况有本质的区别。在一定的温度下，改变浓度或压力只能使平衡发生移动，平衡常数不发生变化。而温度的变化，却会导致平衡常数改变，从而使平衡发生移动。温度对平衡的影响与反应热效应有关。

对于吸热反应，当温度升高，$T_2 > T_1$时，$K_2 > K_1$，说明平衡常数随温度的升高而增大，即升高温度使平衡向正反应方向——吸热反应方向移动；降低温度，$T_2 < T_1$时，$K_2 < K_1$，平衡常数随温度的降低而减小，即降低温度使平衡向逆反应方向——放热反应方向移动。对于放热反应，当温度升高，$T_2 > T_1$时，$K_2 < K_1$，表明平衡常数随温度的升高而减小，即升高温度使平衡向逆反应方向——吸热反应方向移动；降低温度，$T_2 < T_1$时，$K_2 > K_1$，平衡常数随温度的降低而增大，即降低温度使平衡向正反应方向——放热反应方向移动。

总之，不论是吸热反应还是放热反应，当升高温度时，化学平衡总是向吸热反应方向移动；当降低温度时，化学平衡总是向放热反应方向移动。

在工业生产中，要综合考虑影响化学平衡及反应速率的各种因素，采用合适的反应条件以提高产率。例如，合成氨是放热反应，当温度升高时，$K^{\ominus}$减小，平衡向分解的方向移动，不利于生产更多 NH_3。因此，从化学平衡角度看，该可逆反应适宜在较低的温度下进行。但在实际生产中还应考虑到，低温时反应速率小，会导致生产周期长，因此合成氨反应是在高压（10～30 MPa）、不太低的温度（一般为500 ℃）下进行的。

知识点4 **Le Chatelier 原理**

Le Chatelier 原理又名“化学平衡移动原理”“勒夏特列原理”，由法国化学家勒夏特列于 1888 年发现。它是一个定性预测化学平衡点的原理，具体内容为：在一个已经达到平衡的反应中，如果改变影响平衡的条件之一（如温度、压强、浓度），平衡将向着能够减弱这种改变的方向移动。

在有气体参加或生成的可逆反应中，当增加压强时，平衡总是向压强减小的方向移动。比如，在反应 $N_2 + 3H_2 \rightleftharpoons 2NH_3$ 中，达到平衡后，对这个体系加压至原来的两倍，这时旧的平衡被打破，平衡向压强减小的方向移动，即在本反应中向正反应方向移动，建立新的平衡时，增加的压强被减弱，不再是原平衡的两倍，但增加的压强不可能完全被消除，即不与原平衡相同，而是处于这两者之间。

Le Chatelier 原理的应用可以使某些工业生产过程的转化率达到或接近理论值，同时也可以避免一些并无实效的方案（如高炉加碳等），其应用非常广泛。

1.3 化学反应速率

1.3.1 化学反应速率的表示与测定

知识点1 **化学反应速率的定义与表示**

化学反应速率及其影响因素

任何一个化学反应都涉及两个方面的问题，一是化学反应进行的快慢问题，二是化学反应进行的程度问题。化学反应速率讨论的就是化学反应进行的快慢问题。各种化学反应的速率差别很大，有些反应进行得很快，如炸药的爆炸、酸碱中和反应等，有些反应进行得很慢，如常温下 H_2和 O_2生成 H_2O 的反应，几乎看不出变化。消除汽车尾气的污染，可采用下列反应：

$$CO(g) + NO(g) \longrightarrow CO_2(g) + 1/2N_2(g)$$

反应的可能性足够大，但反应速率不够快，不能在尾气管中完成，以致 CO、NO 散到大气中，造成污染。为此，可使用催化剂提高反应速率。

化学反应速率通常以单位时间内反应物浓度的减少或生成物浓度的增加来表示，符号为 $\bar{v}$，单位为 $mol \cdot L^{-1} \cdot s^{-1}$，$mol \cdot L^{-1} \cdot min^{-1}$，$mol \cdot L^{-1} \cdot h^{-1}$等。对于反应 $mA + nB = pC + qD$，在等容、等温条件下，化学反应速率 $\bar{v}$ 表示为：

$$\bar{v} = \frac{\Delta c_i}{\Delta t} \tag{1-34}$$

式中，Δc_i 为物质 i 在时间间隔 Δt 内的浓度变化。当用反应物浓度变化表示化学反应速率时，要在式子前加一个负号。因为反应物浓度不断减少，$\Delta c_i < 0$，而化学反应速率为正值。如：

$$\bar{v}_A = \frac{c(A)_2 - c(A)_1}{\Delta t} = -\frac{\Delta c(A)}{\Delta t} \tag{1-35}$$

$$\bar{v}_B = \frac{c(B)_2 - c(B)_1}{\Delta t} = -\frac{\Delta c(B)}{\Delta t} \tag{1-36}$$

【例 1-14】 在 298 K 时，热分解反应 $2N_2O_5 \longrightarrow 4NO_2 + O_2$ 中，各物质的浓度与反应时间的对应关系见表 1-5。请用不同物质的浓度变化表示该化学反应在开始后 300 s 内的反应速率。

表 1-5　298 K 时 N_2O_5 分解反应中各物质的浓度与反应时间的对应关系

t/s	0	100	300	700
$c(N_2O_5)/(mol \cdot L^{-1})$	2.10	1.95	1.70	1.31
$c(NO_2)/(mol \cdot L^{-1})$	0	0.30	0.80	1.58
$c(O_2)/(mol \cdot L^{-1})$	0	0.08	0.20	0.40

【解】 $\bar{v}(N_2O_5) = -\frac{\Delta c(N_2O_5)}{\Delta t} = -\frac{(1.70-2.10)mol \cdot L^{-1}}{(300-0)s} = 1.33 \times 10^{-3}\ mol \cdot L^{-1} \cdot s^{-1}$

$\bar{v}(NO_2) = \frac{\Delta c(NO_2)}{\Delta t} = \frac{(0.80-0)mol \cdot L^{-1}}{(300-0)s} = 2.67 \times 10^{-3}\ mol \cdot L^{-1} \cdot s^{-1}$

$\bar{v}(O_2) = \frac{\Delta c(O_2)}{\Delta t} = \frac{(0.20-0)mol \cdot L^{-1}}{(300-0)s} = 6.67 \times 10^{-4}\ mol \cdot L^{-1} \cdot s^{-1}$

对同一反应来说，可以选用反应系统中任一物质的浓度变化表示该反应的化学反应速率。当以不同物质的浓度变化表示时，数值可能会不同，但其比值恰好等于反应方程式中各物质化学式前的计量系数之比，如例 1-14 中 $\bar{v}(N_2O_5):\bar{v}(NO_2):\bar{v}(O_2)=2:4:1$。因此，表示化学反应速率时必须指明具体物质。

知识点 2　化学反应速率的测定

实际上，大部分化学反应都不是等速进行的。反应过程中，各组分的浓度和反应速率均随时间而变化。前面所表示的反应速率实际上是在一段时间间隔内的平均速率。在这段时间间隔内的每一时刻，反应速率是不同的。要确切地描述某一时刻的反应速率，必须使时间间隔尽量缩小，即当 Δt 趋于 0 时，反应速率就趋近于瞬时速率。

$$\bar{v}(N_2O_5) = \lim_{\Delta t \to 0} \frac{-\Delta c(N_2O_5)}{\Delta t} = -\frac{dc(N_2O_5)}{dt}$$

$$\bar{v}(NO_2) = \lim_{\Delta t \to 0} \frac{\Delta c(NO_2)}{\Delta t} = \frac{dc(NO_2)}{dt}$$

$$\bar{v}(O_2) = \lim_{\Delta t \to 0} \frac{\Delta c(O_2)}{\Delta t} = \frac{dc(O_2)}{dt}$$

化学反应速率是通过实验测定的。首先测定浓度随时间变化的数据，以浓度为纵坐标，时间为横坐标作曲线，如图 1－7 所示。在曲线上任一点作切线，其斜率等于该点的瞬时速率，即斜率＝dc/dt。

如 2.0 min 时，曲线斜率为－0.028，则该时刻的反应速率为 $\bar{v}(N_2O_5)=-(-0.028)=0.028\ mol\cdot L^{-1}\cdot min^{-1}$，体系中各组分的浓度均随时间而变化，反应速率也在不断变化。前面所表示的反应速率实际上是在某一段时间间隔内的平均速率，而不是瞬时速率。瞬时速率是指 $\Delta t\to 0$ 时的反应速率，代表化学反应在某一时刻的实际速率。

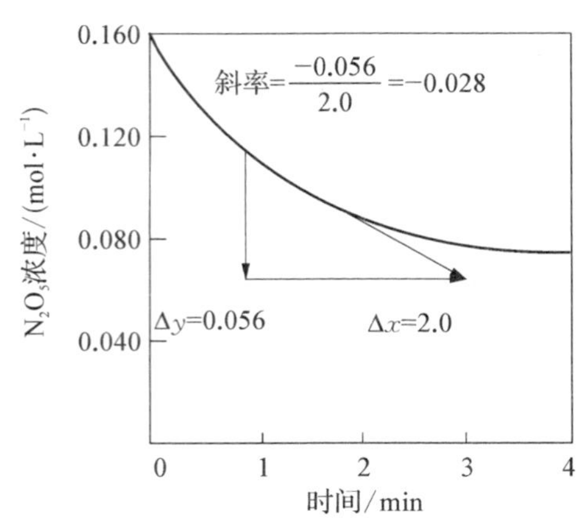

图 1－7　N_2O_5浓度随时间变化示意图

知识点 3　用反应进度定义的反应速率

反应进度是描述反应进行程度的物理量，用符号 ξ 表示。无论对于反应物还是产物，反应进度 ξ 都具有相同的数值，与反应方程式中物质的选择无关。ξ 的量纲与物质的量 n 的量纲相同，其 SI 单位为 mol。对于给定的任一反应：$aA+bB=gG+dD$

化学反应进行的程度

$$\xi=[n_B(x)-n_B(0)]/\nu_B \tag{1-37}$$

式中，B 代表反应中任一物质的化学式；ν_B 为物质的化学计量数，为无量纲的量，对于反应物，其值为负，对于产物，其值为正；$n_B(x)$ 和 $n_B(0)$ 分别表示反应进度为 x 和反应进度为零(即反应未开始)时反应中物质 B 的物质的量。对同一反应，如果书写方法不同，则物质 B 的化学计量数 ν_B 不同，其反应进度也就不同，所以，当涉及反应进度量 ξ 时，反应方程式应予以指明。用反应进度 ξ 来表示反应速率，则 ν 可定义为单位体积内反应进度随时间的变化率，即

$$\nu=(1/V)d\xi/dt \tag{1-38}$$

式中，V 为系统的体积。对任一化学反应方程式，有

$$d\xi=dn_B/\nu_B \tag{1-39}$$

1.3.2　化学反应速率理论

化学反应之所以不同，一方面与外界因素有关，另一方面还与参加反应的物质本身性质有关。为解释化学反应的相关问题，科学家经过大量的研究探索，提出了化学反应的分子碰撞理论和过渡状态理论。

知识点 1　分子碰撞理论

反应物之间要发生反应，首先它们的分子或离子要克服外层电子之间的排斥力而充分接近、互相碰撞，才能促使外层电子发生重排，即旧化学键削弱、断裂和新化学键重新形成，从而使反应物转化为产物。但反应物分子或离子之间的碰撞并非每一次都能发生反应。据此，1918 年路易斯(Lewis)提出了著名的碰撞理论。

碰撞理论认为，反应物分子(或原子、离子)间的相互碰撞是反应进行的先决条件。但是反应物分子之间的每一次碰撞并不都能够发生反应。对大多数反应来说，只有少数或极少数分子的碰撞才能发生反应，能发生反应的碰撞称为有效碰撞。发生有效碰撞，必须具备以下两个条件。

(1) 反应物分子必须具有足够的能量，即当反应物分子具有的能量超过某一定值时，反应物分子间的相互碰撞才有可能使化学反应发生，即旧的化学键断裂并形成新的键。碰撞理论把这些具有足够能量的分子称为活化分子。

（2）分子间相互碰撞时，必须具有合适的方向性。也就是说，并非所有的活化分子间的碰撞都可以发生反应。只有当活化分子以适当的方向相互碰撞后，反应才能发生。如水与一氧化碳的反应：

$$H_2O(g) + CO(g) \longrightarrow H_2(g) + CO_2(g)$$

只有当高能量的 CO(g)分子中的 C 原子与 H_2O(g)中的 O 原子迎头相碰才有可能发生反应，见图 1－8。

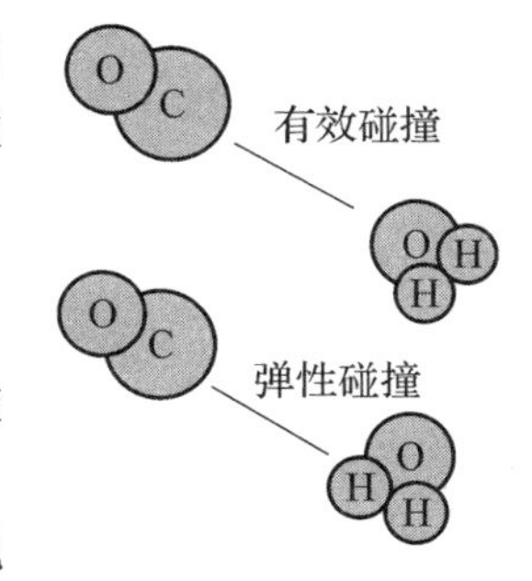

图 1－8　有效碰撞、弹性碰撞示意图

分子碰撞理论比较直观形象地解释了简单分子间的反应，但是它不能说明反应过程及反应过程中能量的变化。

知识点 2　过渡状态理论

过渡状态理论认为，化学反应不只是通过反应物分子之间简单碰撞就能完成的，当两个具有足够能量的分子相互接近并发生碰撞后，要经过一个高能量的中间过渡状态，即形成一种活化配合物，然后再分解为产物。例如，在化学反应 $NO_2 + CO \longrightarrow NO + CO_2$ 中，当 NO_2 和 CO 的活化分子碰撞之后，就形成了一种活化配合物[ONOCO]，如图 1－9 所示。

在活化配合物中，原有化学键部分断裂，新的化学键部分形成，反应物 NO_2 和 CO 的动能暂时转变为活化配合物[ONOCO]的势能，所以活化配合物[ONOCO]很不稳定。它既可以分解成反应物 NO_2 和 CO，又可以分解成生成物 NO 和 CO_2。当该活化配合物中靠近 C 原子的那个 N—O 键完全断裂，新形成的 C—O 键进一步强化时，即形成了产物 NO 和 CO_2，此时整个体系势能下降，反应完成。过程中的势能变化如图 1－10 所示。

过渡状态理论中，活化能也是指使反应进行所必须克服的势能，活化配合物能量与反应物分子平均能量之差即为正反应的活化能。对于可逆反应，逆反应同样具有活化能，正、逆反应活化能的差值即为该反应的热效应。如果 $E_{a正} > E_{a逆}$，则正反应为吸热反应，逆反应为放热反应；$E_{a正} < E_{a逆}$，则正反应为放热反应，逆反应为吸热反应。

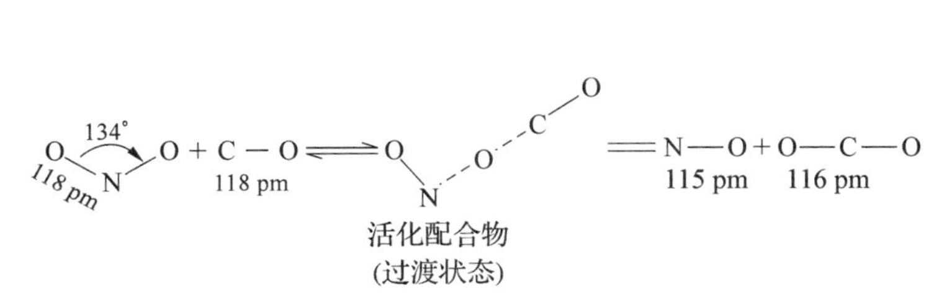

图 1－9　NO_2 和 CO 的反应过程

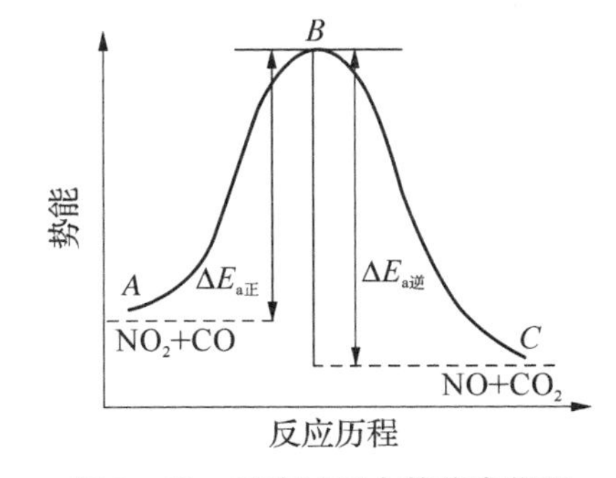

图 1－10　反应过程中势能变化图

知识点 3　活化分子、活化能反应速率的关系

具有较大的动能并能够发生有效碰撞的分子称为活化分子。活化分子具有的最低能量与反应物分子的平均能量之差，称为活化能，用符号 E_a 表示，单位为 $kJ \cdot mol^{-1}$。活化能与活化分子的概念，还可以从气体分子的能量分布规律加以说明。在一定温度下，分子具有一定的平均动能，但并非每一分子的动能都一样，由于碰撞等原因，分子间不断进行着能量的重新分配，每个分子的能量并不固定。但从统计的观点看，具有一定能量的分子数目是不随时间改变的。以分子的动能 E 为横坐标，以具有一定动能间隔(ΔE)的分子分数($\Delta N/N$)与能量间隔之比 $\Delta N/(N \cdot \Delta E)$ 为纵坐标作图，得到一定温度下气体分子能量分布曲线，见图 1－11。

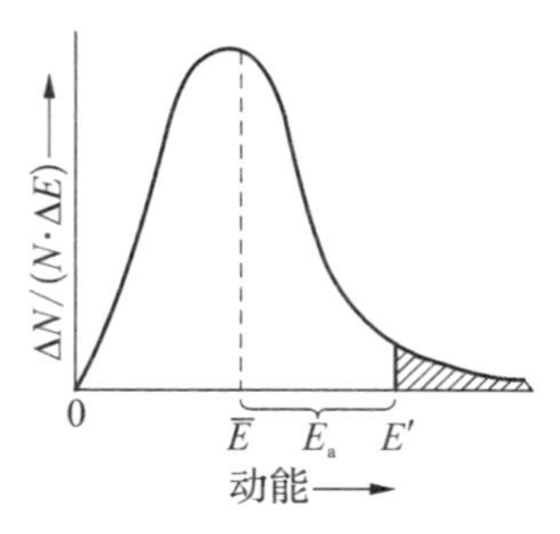

图 1-11 气体分子的能量分布曲线

反应速率常数与活化能的测定

图中，$\bar{E}$ 是分子的平均能量，E'为活化分子所具有的最低能量，活化能 $E_a = E' - \bar{E}$，E' 右边阴影部分的面积为活化分子在分子总数中所占的比值，即活化分子分数。一定温度下，活化能愈小，活化分子分数愈大，单位时间内有效碰撞的次数愈多，反应速率愈快；反之，活化能愈大，反应速率愈慢。因为不同的反应具有不同的活化能，所以不同的化学反应有不同的反应速率，活化能不同是化学反应速率不同的根本原因。

活化能一般为正值，许多化学反应的活化能与破坏一般化学键所需的能量相近，为 40～400 kJ·mol^{-1}，多数在 60～250 kJ·mol^{-1}，活化能小于 40 kJ·mol^{-1}的化学反应，其反应速率极快，用一般方法难以测定；活化能大于 400 kJ·mol^{-1}的反应，其反应速率极慢，难以察觉。表 1-6 列出了一些反应的活化能。

表 1-6 一些反应的活化能

反 应	活化能 E_a/(kJ·mol^{-1})
$HCl + NaOH \longrightarrow NaCl + H_2O$	12.6～25.2
$H_2 + Cl_2 \longrightarrow 2HCl$(光化反应)	25
$C_2H_5Br + OH^- \longrightarrow C_2H_5OH + Br^-$	89.5
$C_{12}H_{22}O_{11} + H_2O \longrightarrow C_6H_{12}O_6 + C_6H_{12}O_6$	107.1
$2HI \longrightarrow H_2 + I_2$	183
$2NH_3 \longrightarrow N_2 + 3H_2$	334

1.3.3 影响化学反应速率的因素

影响反应速率的因素

化学反应速率的大小首先取决于反应物的本性，例如，氟和氢在低温、暗处即可发生爆炸反应，而氯和氢则需要光照或加热才能化合。对于给定的化学反应，其化学反应速率还与反应物的浓度(压力)、温度及催化剂等因素有关。

知识点 1 浓度对反应速率的影响

大量实验证明，在一定的温度下，化学反应速率与浓度有关，且反应物的浓度增大，反应速率加快。这是由于对于任意一个化学反应，温度一定时，反应物分子中活化分子的百分数是一定的，而活化分子的浓度正比于反应物分子的浓度，当反应物的浓度增加时，活化分子的浓度也相应增加，单位时间内反应物分子之间的有效碰撞次数也增加，所以反应速率加快。固体与纯液体的浓度是一个常数，所以增加这些物质的量不会影响反应速率，但固体物质的反应速率与其表面积大小有关。

化学反应中，一步就能完成的反应，称为基元反应。由两个或两个以上基元反应构成的化学反应，称为非基元反应或复杂反应。等温下，对于基元反应 $mA+nB=pC+qD$，其反应速率和反应物浓度之间的关系表示为：

$$\nu = kc^m(A)c^n(B) \qquad (1-40)$$

即在一定温度下，化学反应速率与各反应物浓度幂的乘积成正比(幂指数在数值上等于基元反应中

反应物的计量系数)，这个规律称为质量作用定律。式(1-40)是质量作用定律的数学表达式，也称为反应速率方程。式中，ν 为该基元反应的瞬时速率，c(A)和 c(B)为反应物 A 和 B 的瞬时浓度，k 为速率常数。速率常数的大小与反应温度有关，不随反应物浓度而变化。

速率方程中，m 和 n 称为反应级数。m、n 分别为反应物 A 和 B 的级数，$m+n$ 为该反应的总级数。假如反应中 $m=1$，$n=2$，则该反应的级数为 3 级。反应级数由实验测定。反应级数越大，反应速率越快。基元反应的级数可为零或正整数。

非基元反应是通过若干个连续的基元反应实现的。其反应速率取决于最慢的一个基元反应的速率，因此，最慢基元反应的速率方程代表了总反应的速率方程。显然，对于一个非基元反应，不能根据反应方程式直接书写速率方程，必须通过实验确定其反应级数后，才能写出速率方程。

【例 1-15】 某气体反应为基元反应，A 和 B 为反应物，测得其实验数据如表 1-7：

表 1-7　反应过程中 A 和 B 的浓度

序号	起始浓度/$(\text{mol}\cdot\text{L}^{-1})$		起始速率/$(\text{mol}\cdot\text{L}^{-1}\cdot\text{min}^{-1})$
	c(A)	c(B)	
1	1.0×10^{-2}	0.5×10^{-3}	0.25×10^{-6}
2	1.0×10^{-2}	1.0×10^{-3}	0.50×10^{-6}
3	2.0×10^{-2}	0.5×10^{-3}	1.00×10^{-6}
4	3.0×10^{-2}	0.5×10^{-3}	2.25×10^{-6}

求该反应的反应级数 n，并写出反应的速率方程。

【解】 设该反应速率方程为 $\nu=kc^m(\text{A})c^n(\text{B})$，由实验 1 和实验 2 可得：

$$\nu_1=kc_1^m(\text{A})c_1^n(\text{B})$$

两式相除得 $\frac{\nu_1}{\nu_2}=\left[\frac{c_1(\text{B})}{c_2(\text{B})}\right]^n$

即 $\frac{0.25\times10^{-6}\ \text{mol}\cdot\text{L}^{-1}\cdot\text{min}^{-1}}{0.50\times10^{-6}\ \text{mol}\cdot\text{L}^{-1}\cdot\text{min}^{-1}}=\left[\frac{0.5\times10^{-3}\ \text{mol}\cdot\text{L}^{-1}}{1.0\times10^{-3}\ \text{mol}\cdot\text{L}^{-1}}\right]^n$

解得 $n=1$。再由实验 3 和实验 4 得：

$$\nu_3=kc_3^m(\text{A})c_3^n(\text{B}),\nu_4=kc_4^m(\text{A})c_4^n(\text{B})$$

两式相除得 $\frac{\nu_3}{\nu_4}=\left[\frac{c_3(\text{A})}{c_4(\text{A})}\right]^m$

即 $\frac{1.0\times10^{-6}\ \text{mol}\cdot\text{L}^{-1}\cdot\text{min}^{-1}}{2.25\times10^{-6}\ \text{mol}\cdot\text{L}^{-1}\cdot\text{min}^{-1}}=\left[\frac{2.0\times10^{-2}\ \text{mol}\cdot\text{L}^{-1}}{3.0\times10^{-2}\ \text{mol}\cdot\text{L}^{-1}}\right]^m$

解得 $m=2$。故该反应的速率方程为：

$$\nu=kc^2(\text{A})c(\text{B})$$

反应级数 $m+n=2+1=3$

通过计算或测量知某一反应级数，找出对该反应速率影响大的反应物，通过改变此反应物浓度可以更有效地改变反应速率。质量作用定律有一定的使用条件和范围，使用时应注意以下几点。

(1) 质量作用定律只适用于基元反应和构成非基元反应的各基元反应，不适用于非基元反应的总反应。

(2) 稀溶液中的反应，若有溶剂参与，其浓度不写入反应速率方程。例如，蔗糖在稀溶液中的水解反应 $C_{12}H_{22}O_{11}+H_2O\xrightarrow{H^+}C_6H_{12}O_6+C_6H_{12}O_6$，反应速率方程为 $\nu=kc(C_{12}H_{22}O_{11})$。

(3) 有固体或纯液体参加的多相反应，若它们不溶于介质，则其浓度不写入反应速率方程，如煤燃烧反应$C(s) + O_2(g) \longrightarrow CO_2(g)$的速率方程为$\nu = kc(O_2)$。

(4) 气体的浓度可用分压代替，如煤燃烧反应的速率方程可写为$\nu = kp(O_2)$。

知识点 2　温度对反应速率的影响

温度对化学反应速率的影响

温度对反应速率的影响要远大于反应物浓度对反应速率的影响。例如，H_2与O_2生成H_2O的反应，常温下反应速率极小，几乎不发生，但当温度升高到 873 K 时，反应速率急剧增大，甚至发生爆炸。对于大多数化学反应来说，反应速率随反应温度的升高而加快。一般地，在反应物浓度恒定时，温度每升高 10 K，化学反应速率增加 2～4 倍。温度升高反应速率加快的根本原因是温度升高，分子能量升高，活化分子百分数增加，有效碰撞机会增大，从而使反应速率加快。

温度升高反应速率加快在速率方程式上反映为反应速率常数增大。可从阿仑尼乌斯经验公式大致看出温度对反应速率常数的影响：

$$k = A e^{-\frac{E_a}{RT}} \tag{1-41}$$

其对数式表示为

$$\ln k = \ln A - \frac{E_a}{RT} \tag{1-42}$$

或

$$\lg k = \lg A - \frac{E_a}{2.303RT} \tag{1-43}$$

式中，k 为速率常数；E_a 为反应活化能，单位为 $kJ \cdot mol^{-1}$；T 为绝对温度，单位 K；R 为气体常数；A 为指前因子，也称频率因子或碰撞因子。

速率常数 k 与温度有关。对于同一化学反应，温度越高，k 值越大，反应速率越快。当化学反应的温度变化不大时，E_a和 A 可看作是常数。若反应在温度 T_1 时的速率常数为 k_1，在温度 T_2 时的速率常数为 k_2，则

$$\lg k_1 = \lg A - \frac{E_a}{2.303RT_1}$$

$$\lg k_2 = \lg A - \frac{E_a}{2.303RT_2}$$

两式相减，得

$$\lg \frac{k_2}{k_1} = \frac{E_a}{2.303R}\left(\frac{1}{T_1} - \frac{1}{T_2}\right) = \frac{E_a}{2.303R} \cdot \frac{T_2 - T_1}{T_1 T_2} \tag{1-44}$$

对于某反应，若已知其在温度 T_1 时的速率常数 k_1，在温度 T_2 时的速率常数 k_2，可由式(1-44)，求得此反应在任一温度下的速率常数 k。

【例 1-16】 反应 $N_2O_5(g) \rightleftharpoons N_2O_4(g) + 1/2O_2(g)$，在 298 K 时速率常数 $k_1 = 3.4 \times 10^{-5}\ s^{-1}$，在 328 K 时速率常数 $k_2 = 1.5 \times 10^{-3}\ s^{-1}$，求反应的活化能和碰撞因子 A。

【解】 $E_a = \frac{2.303RT_1T_2}{T_2 - T_1}\lg\frac{k_2}{k_1}$，代入数据得：

$$E_a = \frac{2.303 \times 8.314\ J \cdot mol^{-1} \cdot K^{-1} \times 294\ K \times 328\ K}{328\ K - 298\ K}\lg\frac{1.5 \times 10^{-3}\ s^{-1}}{3.4 \times 10^{-5}\ s^{-1}} = 103\ kJ \cdot mol^{-1}$$

由公式 $\lg k = \lg A - E_a/2.303RT$，可得 $\lg A = \lg k + E_a/2.303RT$。

将 $T = 298\ \text{K}, k = 3.4 \times 10^{-5}\ \text{s}^{-1}, E_a = 103\ \text{kJ/mol}$ 代入式中

$$\lg A = \lg (3.4 \times 10^{-5}\ \text{s}^{-1}) + \frac{103 \times 1\,000\ \text{J} \cdot \text{mol}^{-1}}{2.303 \times 8.314\ \text{J} \cdot \text{mol}^{-1} \cdot \text{K}^{-1} \times 298\ \text{K}}$$

$$A = 3.98 \times 10^{13}\ \text{s}^{-1}$$

知识点 3　催化剂对反应速率的影响

催化剂对化学反应速率的影响

常温下，混合在一起的氢气和氧气很难发生化学反应，但如果在该混合气体中加入少量细的铂粉，则会立即发生爆炸性反应并化合成水，铂粉是该反应的催化剂。在现代化工生产中，催化剂担负着重要角色。据统计，化工生产中 80% 以上的反应都采用了催化剂。例如，接触法生产硫酸的关键步骤是将 SO_2 转化为 SO_3，自从采用了 V_2O_5 作催化剂后，反应速率增加一亿六千万倍；甲苯为重要的化工原料，可从大量存在于石油中的甲基环己烷脱氢制得，但因该反应极慢，以致长时间不能用于工业生产，直到发现能显著加速反应的 Cu、Ni 催化剂后，它才有了工业化价值。

凡能加快反应速率的催化剂称为正催化剂，凡能减慢反应速率的催化剂称为负催化剂。一般提到催化剂，若不明确指出是负催化剂时，则是指正催化剂。催化剂对化学反应速率的影响称为催化作用。有催化剂存在的反应称为催化反应。

催化剂通过改变反应历程，降低了反应的活化能，使活化分子组的百分数增加，有效碰撞次数增多，从而大大提高反应速率。例如合成氨反应，无催化剂时反应的活化能为 $326.4\ \text{kJ} \cdot \text{mol}^{-1}$，加 Fe 作催化剂时，活化能降低至 $175.5\ \text{kJ} \cdot \text{mol}^{-1}$。计算结果表明，在 773 K 时加入催化剂，正反应的速率增加到原来的 1.57×10^{10} 倍。

在催化反应里，人们往往加入催化剂以外的另一物质，该物质自身不起催化作用，却能够增强催化剂的催化作用，这种物质称为助催化剂。助催化剂在化学工业上极为重要。例如，在合成氨的铁催化剂里加入少量的铝和钾的氧化物，可以大大提高催化剂的催化作用。

在化学反应中使用的催化剂有如下特点：

(1) 催化剂是通过改变反应途径来改变反应速率的，它不能改变反应的焓变、方向。

(2) 在可逆反应中，催化剂只能改变到达平衡的时间，但不能改变化学平衡常数，也不会使平衡发生移动。

(3) 催化剂具有一定的选择性，主要表现在两个方面：一是不同的反应需要用不同的催化剂来催化，如氯酸钾分解制备氧气时加少量 MnO_2，合成氨生产中用 Fe 作催化剂等；二是许多化学反应往往生成多种产物，筛选合适的催化剂可以使反应定向进行，以获得所要产物。

(4) 某些物质会影响催化剂的催化效果。有时反应中的少量杂质会严重降低催化剂的活性，这种现象称为催化剂的中毒。如在接触法制备硫酸中，少量的 AsH_3 就能使铂催化剂中毒。

(5) 催化剂有活性温度，催化剂在一定温度范围内催化活性较高，超出这个温度范围会降低其活性，有时甚至会使催化剂报废。

催化剂不但在化学工业中有着十分重要的意义，在生命过程中，催化剂也起着重要作用，生物体中进行的各种化学反应，如食物的消化、细胞的合成等几乎都是在酶的催化作用下进行的。

知识点 4　影响化学反应速率的其他因素

以上讨论的主要是均相反应，对于多相反应来说，影响反应速率的因素还有接触面积大小、扩散速率和接触机会等。在化工生产中，常将大块固体加工成小块或磨成粉末，以增大接触面积；对于气液反应，液态物质可采用喷淋方式扩大与气态物质的接触面积；还可以将反应物进行搅拌、振荡、鼓风等以强化扩散作用。另外，超声波、紫外光、激光和高能射线等也会对某些化学反应的速率产生较大的影响。

实践项目一　常用酸、碱、盐溶液的配制

一、目的要求

(1) 能掌握溶液的质量分数浓度、体积分数浓度、物质的量浓度的概念和计算方法。

(2) 能掌握一些常见酸、碱、盐溶液配制方法和基本操作。

二、基本原理

溶液的配制是化学实验的基本操作之一。在配制溶液时，首先应根据所需配制溶液的浓度、体积，计算出溶质和溶剂的用量。在用固体物质配制溶液时，如果物质含结晶水，则应将结晶水计算进去。稀释浓溶液时，应根据稀释前后溶质的物质的量不变原则，计算出所需浓溶液的体积，然后加水稀释。稀释浓硫酸时，应将浓硫酸慢慢注入水中，切不可将水注入浓硫酸中。在配制溶液时，应根据配制要求选择所用仪器。如果对溶液浓度的准确度要求不高，可用托盘天平、量筒等仪器进行配制；若要求溶液的浓度比较准确，则应用分析天平、移液管、容量瓶等仪器进行配制。

常用溶液浓度的表示方法有质量分数、体积分数和物质的量浓度等。在实验中最常用的是物质的量浓度，下面将重点介绍物质的量浓度溶液的配制计算方法。

1. 物质的量浓度溶液的配制计算

(1) 用固体溶质配制：计算公式为 $m_B = c_B \times \frac{V}{1\ 000} \times M_B$。

式中，m_B为应称取物质 B 的质量，单位 g；c_B为物质 B 的物质的量浓度，单位 $mol \cdot L^{-1}$；V 为欲配制溶液的体积，单位 mL；M_B为物质 B 的摩尔质量，单位 $g \cdot mol^{-1}$。

(2) 用液体溶质配制：由公式 $V_B = \frac{m_B}{\rho \cdot w}$ 计算出应量取液体溶质的体积。

式中，V_B为应量取液体溶质 B 的体积，单位 mL；ρ 为液体溶质的密度，单位 $g \cdot mL^{-1}$；w 为液体溶质的质量分数。

2. 质量分数

以溶质的质量占全部溶液的质量的百分比来表示的浓度。

$$\text{质量分数浓度}\ w = \frac{\text{溶质质量}}{\text{溶液质量}} \times 100\%$$

3. 体积分数

(1) 质量分数浓度($m/V\%$)以 100 mL 溶剂中所含溶质的质量数(g)表示的浓度。

(2) 体积分数浓度($V/V\%$)以 100 mL 溶液中含有液体溶质的毫升数(mL)表示的浓度。

三、试剂与仪器

1. 试剂

(1) 浓盐酸	500 mL	(2) NaOH	100 g
(3) 重铬酸钾	100 g		

2. 仪器

(1) 量筒	10 mL×1	(2) 烧杯	100 mL×1，500 mL×1

(3) 试剂瓶	500 mL×2	(4) 容量瓶	250 mL×1
(5) 洗瓶	1只	(6) 称量瓶	1只
(7) 表面皿	2只	(8) 托盘天平	1台
(9) 分析天平	1台		

四、配制方法

在配制溶液前，应计算出所需试剂的用量后再进行配制，具体溶液配制方法如下。

1. 粗略配制

(1) 计算固体试剂的质量或液体试剂的体积。

(2) 用托盘天平称量固体试剂或用量筒量取液体试剂。

(3) 在烧杯中溶解，并稀释至刻度或直接稀释至刻度。

2. 精确配制

(1) 计算固体试剂的质量或液体试剂的体积。

(2) 用分析天平称量固体试剂或用吸管量取液体试剂。

(3) 若为固体试剂，则要在烧杯中用少量水溶解，并转移至容量瓶中，再用少量蒸馏水洗涤烧杯2～3次，冲洗液也移入容量瓶中。若为液体试剂，则直接将吸管内的液体放至容量瓶中。

(4) 加蒸馏水至容量瓶体积2/3时平摇，继续加蒸馏水至刻度线，摇匀。

五、常见酸、碱、盐溶液的配制

1. 粗略配制500 mL $c(HCl)=0.1\ mol\cdot L^{-1}$盐酸溶液

(1) 计算：求出配制500 mL 0.1 $mol\cdot L^{-1}$盐酸溶液所需浓盐酸(约12 $mol\cdot L^{-1}$)的体积约为4.2 mL，因浓盐酸具有挥发性，所以配制盐酸溶液时应适量多取一点(如4.5 mL)。

(2) 配制：用小量筒量取4.5 mL浓盐酸，倒入500 mL的烧杯中，加入200 mL蒸馏水后移入试剂瓶中，再稀释至500 mL，摇匀并贴上标签。

2. 粗略配制500 mL $c(NaOH)=0.1\ mol\cdot L^{-1}$ NaOH溶液

(1) 计算：求出配制500 mL $c(NaOH)=0.1\ mol\cdot L^{-1}$ NaOH溶液所需NaOH的量为2 g。

(2) 配制：在托盘天平上用表面皿迅速称取2 g的NaOH固体，倒入小烧杯中，用一定量蒸馏水溶解，转移到500 mL试剂瓶中，加水稀释到500 mL，用胶塞盖紧，摇匀，贴上标签。

3. 精确配制250 mL 0.1 $mol\cdot L^{-1}$($1/6\ K_2Cr_2O_7$)标准溶液

(1) 计算：求出所需$K_2Cr_2O_7$的质量为1.2～1.4 g。

(2) 配制：在分析天平上称取$K_2Cr_2O_7$ 1.2～1.4 g，放于小烧杯中，加少量水加热溶解，定量转入250 mL容量瓶中，用水稀释至刻度，摇匀，计算其准确浓度。

六、注意事项

(1) 称量时尽量要精确，减小误差。

(2) 转移时不要溅出溶液，否则会导致浓度偏低。

(3) 固体试剂的取用：

① 用干净、干燥的药匙取试剂，应专匙专用。

② 注意不要超过指定用量取药，多取不能放回原处。

③ 取一定量固体试剂，可在称量纸上称量。腐蚀性或易潮解的固体应放在表面皿上或玻璃容器内称量。

(4) 液体试剂的取用：

① 从滴瓶中取用试剂，不能将滴管伸入所用容器，滴管不能横放或管口向上倾斜。

② 从细口瓶中取试剂，用倾注法；瓶盖倒放，标签向手心；加入烧杯中要用玻璃棒引流；倒入试管中的量不超过其容积的 1/3。

七、思考题

(1) 是不是所有的溶液配制称量时都要用分析天平？

(2) 配制 HCl 溶液时，量取浓盐酸的体积是如何计算的？

(3) 溶液配制好以后应怎样正确储存？

实践项目二　化学反应速率的测定及化学平衡的移动

一、目的要求

(1) 会测定化学反应速率。

(2) 能通过改变浓度、压力、温度对化学平衡产生影响。

二、基本原理

化学反应速率是以单位时间内反应物浓度或生成物浓度的变化来计算的。化学反应速率与各反应物浓度幂的乘积成正比。在可逆反应中，当正、逆反应速率相等时，即达到了化学平衡。外界条件如浓度、压力、温度等改变时，化学平衡发生移动。温度对化学反应速率有显著的影响，催化剂可以剧烈地改变反应速率。

三、试剂与仪器

1. 试剂

(1) 0.05 mol・L^{-1} KIO_3	100 mL	(2) 0.05 mol・L^{-1} $NaHSO_3$	80 mL
(3) 5 g・L^{-1}淀粉溶液	2 mL	(4) 0.01 mol・L^{-1} $FeCl_3$	2 mL
(5) 0.03 mol・L^{-1} KSCN	2 mL	(6) 3% H_2O_2	3 mL
(7) 固体 MnO_2	2 g		

注：5 g・L^{-1}淀粉溶液的配制——先用少量水将 5 g 可溶性淀粉调成浆状，然后倒入 100～200 mL 沸水中，冷却后加水稀释到 1 000 mL。

2. 仪器

(1) 秒表	1 只	(2) 温度计	100 ℃×2
(3) 试管	16 支	(4) 试管刷	1 支
(5) 玻璃棒	1 支	(6) NO_2平衡仪	1 只
(7) 烧杯	500 mL×3，100 mL×1	(8) 量筒	50 mL×1，10 mL×1

四、操作步骤

1. 浓度对化学反应速率的影响

KIO_3可氧化 $NaHSO_3$而本身被还原，其反应如下：

$$2KIO_3 + 5NaHSO_3 \longrightarrow Na_2SO_4 + 3NaHSO_4 + I_2 + H_2O + K_2SO_4$$

反应生成的 I_2 使淀粉变蓝。如果在溶液中先加入淀粉作指示剂，则淀粉变蓝所需时间 t 的长短即可用来表示反应速率。时间 t 和反应速率成反比，而 $1/t$ 则和化学反应速率成正比。如果固定 $NaHSO_3$ 的浓度，改变 KIO_3 的浓度，则可以得到 $1/t$ 和 KIO_3 浓度变化之间的直线关系。操作如下：

(1) 取一支 10 mL 量筒，量取 10 mL 0.05 $mol \cdot L^{-1}$ $NaHSO_3$ 倒入烧杯中，用 50 mL 量筒量取 35 mL 蒸馏水也倒入小烧杯中，搅拌均匀。

(2) 加入 4 滴淀粉溶液，搅拌均匀。

(3) 用 10 mL 量筒量取 5 mL 0.05 $mol \cdot L^{-1}$ KIO_3 溶液，迅速加入盛有 $NaHSO_3$ 的烧杯，立即按动秒表，并搅拌溶液。当溶液变蓝时，马上停止秒表，记录溶液变蓝时间，填入表 1-8 中。

用同样的方法，改变 KIO_3 的浓度，记下每次溶液变蓝所需要的时间。

表 1-8　不同浓度的反应速度

编　号	体　积/mL			淀粉变蓝需用时间/s
	KIO_3/V_1	H_2O/V_2	$NaHSO_3/V_3$	
1	5	35	10	
2	10	30	10	
3	15	25	10	
4	20	20	10	
5	25	15	10	

(4) 根据上表数据，以 KIO_3 的摩尔浓度 $c \times 1\,000$ 为横坐标，$(1/t) \times 100$ 为纵坐标，绘制曲线，横坐标以 2 cm 为单位，纵坐标以 1 cm 为单位。

2. 温度对化学反应速率的影响

(1) 在一只 100 mL 烧杯中加入 10 mL 0.05 $mol \cdot L^{-1}$ $NaHSO_3$ 和 35 mL 水，摇匀。

(2) 加入 4 滴淀粉溶液，搅拌均匀。

(3) 用量筒取 10 mL 0.05 $mol \cdot L^{-1}$ KIO_3 溶液加入另一试管中。室温下倒入 $NaHSO_3$ 中，立即计时，记录溶液变蓝的时间，填入表 1-9 中。

表 1-9　不同温度下的反应速率

编　号	体　积/mL			实验时温度/℃	淀粉变蓝需用时间/s
	KIO_3/V_1	H_2O/V_2	$NaHSO_3/V_3$		
1	10	30	10		
2	10	30	10		
3	10	30	10		

(4) 同样的方法，把盛有 10 mL 0.05 $mol \cdot L^{-1}$ $NaHSO_3$、30 mL 水的烧杯和盛有 10 mL 0.05 $mol \cdot L^{-1}$ KIO_3 的试管放入水浴，加热到比室温高 10 ℃时，取出 KIO_3 倒入 $NaHSO_3$ 中，立即计时，记录溶液变蓝需用的时间。

(5) 用同样方法改变温度至比室温高 20 ℃，记录每次溶液变蓝的时间。

(6) 根据实验结果，做出温度对化学反应速率的影响曲线。

3. 催化剂对化学反应速率的影响

(1) 在一支试管中加入 3 mL 3% H_2O_2 溶液，观察是否有气泡产生。

(2) 加入少量 MnO_2，观察气泡产生情况，试证明放出的气体是氧气。

4. **浓度对化学平衡的影响**

(1) 取稀 $FeCl_3$(0.01 mol·L^{-1})溶液和稀 KSCN(0.03 mol·L^{-1})溶液各 5 滴放在小烧杯中混合。由于生成$[Fe(SCN)_n]^{3-n}$而使溶液呈深红色：

$$Fe^{3+} + nSCN^- \longrightarrow [Fe(SCN)_n]^{3-n}$$

(2) 将所得溶液用 30 mL 蒸馏水稀释。

(3) 取三支试管编号为 A,B,C,分别加入稀释后的溶液 2 mL。

(4) 在 A 试管中加入少量饱和 $FeCl_3$溶液,充分振荡混合,注意颜色变化,并与 C 试管中溶液比较。

(5) 在 B 试管中加入少量饱和 KSCN 溶液,充分振荡混合,注意颜色变化,并与 C 试管中溶液比较。

根据化学平衡定律,解释各试管中颜色变化。

5. **温度对化学平衡的影响**

取一支带有两个玻璃球的平衡仪,其中 N_2O_4处于平衡状态,其反应如下：

$$2NO_2 \rightleftharpoons N_2O_4 + 54.431\ kJ$$

NO_2为深棕色气体,N_2O_4为无色气体。这两种气体混合物,随两者含量不同而呈现出由淡棕色至深棕色的颜色变化。将一支玻璃球浸入热水中,另一支玻璃球浸入冰水中,观察两支玻璃球中气体颜色变化。从观察到的现象指出玻璃球中气体平衡移动方向,并解释。

五、注意事项

(1) 时间的记录:两支试管分装两个反应物,当第二支试管中溶液快速倒入近一半时开始计时,混合后的试管边振荡边观察,出现蓝色后立即停止计时。为便于计时,两人合作。

(2) 水浴加热:烧杯下应放石棉网,杯内同时放入分装两反应物的试管,并且在其一中放温度计,待温度升至比原温度高 10 ℃、20 ℃时混合两试管,观察现象,并记录时间。

六、思考题

(1) 实验如何验证浓度、温度、催化剂对化学反应速率的影响?

(2) 如何判断化学平衡移动方向? 本实验如何验证浓度、温度对化学平衡的影响?

冬天与甘油

发动机被誉为汽车的心脏,我们都知道发动机的运行需要机油来保持润滑,但是发动机当中同样还有一种特别重要的液体,那就是防冻液。防冻液的全称为防冻冷却液,意为有防冻功能的冷却液。防冻液可以防止在寒冷冬季停车时冷却液结冰而胀裂散热器和冻坏发动机气缸体或盖。防冻液能耐受最低温的极限是根据日常所驾车的环境决定的,如果是在寒冷的北方,就要选择耐受最低温为零下三十五摄氏度,或者是零下四十五度的防冻液进行加注,以避免低温使防冻液结冰,进而造成发动机缸体爆裂。

汽车防冻剂的种类很多,丙三醇$[C_3H_5(OH)_3$,俗名甘油$]$就是其中一种,它利用了稀溶液依数性中的凝固点降低的性质达到防冻效果。对于难挥发非电解质的稀溶液,蒸气压下降和溶液的质量摩尔浓度成正比,寒冷的冬季在汽车的冷却液中加入甘油可以降低水溶液的凝固点,防止其结冰。

稀溶液除了能使凝固点降低,还会使沸点升高,因此它还有另外一种特性,那就是防沸腾。国家规定防冻液的沸点最低要大于 105 ℃,而发动机的水温一般在 90 ℃左右,这样的做法能最大限度地保持

发动机不开锅，如果发动机发生高温开锅，高温会对发动机的缸体造成伤害，使发动机的缸体和缸盖变形，最终导致气缸垫变形，从而发生发动机漏油和漏水的故障。

习题

1. 凡是符合理想气体状态方程的气体就是理想气体吗？为什么实际气体在高温低压下可以近似看作理想气体？

2. 应用分压定律和分体积定律的条件是什么？

3. 一个反应的活化能为 320 kJ·mol^{-1}，另一反应的活化能为 69 kJ·mol^{-1}，在相似的条件下哪一反应进行得较快，为什么？

4. 在一个容积为 1.00 L 的密闭容器中放入 5.00 g $C_2H_6(g)$，该容器能耐压 1.013 MPa。试问 $C_2H_6(g)$在此容器中允许加热的最高温度是多少？

5. 有一气柜容积为 2 000 m^3，内装氢气使气柜中压力保持在 104.0 kPa。设夏季最高温度为 42 ℃，冬季最低温度为−38 ℃。问气柜在最低温度时比最高温度时多装多少氢气？

6. 设有一混合气体，压力为 101.3 kPa，其中含 CO_2、O_2、C_2H_4、H_2四种气体。用气体分析仪进行分析，气体取样 0.1 L，首先用氢氧化钠溶液吸收 CO_2，吸收后剩余气体为 9.71×10^{-2} L，接着用焦性没食子酸溶液吸收 O_2后，还剩 9.60×10^{-2} L，再用浓硫酸吸收 C_2H_4，最后尚余 6.32×10^{-2} L。试求各种气体的物质的量分数及分压？

7. 20 ℃时把乙烷和丁烷的混合气体充入一个抽成真空的 20.0 L 的容器中，充入气体质量为 38.97 g 时，压力达到 101.325 kPa。试计算混合气体中乙烷和丁烷的物质的量分数与分压？

8. 一容器中有 4.4 g CO_2、14 g N_2和 12.8 g O_2，总压为 2.026×10^5 Pa，求各组分的分压。

9. 在 27 ℃时，测得某一煤气罐压力为 500 kPa，体积为 30 L，经取样分析其各组分气体，CO 的体积百分数为 60%，H_2的体积百分数为 10%，其他气体的体积百分数为 30%。试求 CO、H_2的分压以及 CO 和 H_2的物质的量。

10. 反应 $PCl_5(g) \rightleftharpoons PCl_3(g) + Cl_2(g)$，在 523 K 时将 0.70 mol 的 PCl_5注入 2.0 L 密闭容器中，平衡时有 0.50 mol PCl_5分解。试计算：(1) 该温度下的平衡常数 $K^{\ominus}$及 PCl_5的分解百分率。(2) 若温度不变，在上述平衡体系中再加入 0.10 mol 的 Cl_2，计算再次平衡时各物质的平衡浓度和 PCl_5的总分解百分率。

11. 25 ℃时，五氯化磷分解的化学方程式为 $PCl_5(g) \rightleftharpoons PCl_3(g) + Cl_2(g)$，将 0.700 mol $PCl_5(g)$置于 2.00 L 的密闭容器内，达到平衡时有 0.200 mol 分解。试计算该温度下的 $K^{\ominus}$和 PCl_5的平衡转化率 α。

12. 合成氨的原料中，氮气和氢气的摩尔比为 1∶3。在 400 ℃和 1 013.25 kPa 下达到平衡时，可产生体积分数为 3.85%的 NH_3(V%)，试求：

(1) 反应 $N_2 + 3H_2 \rightleftharpoons 2NH_3$的 K_p。

(2) 如果要得到体积分数为 5%的 NH_3，总压需要多大？

(3) 如果将混合物的总压增加到 5 066.25 kPa，平衡时 NH_3的体积分数为多少？

13. 今有 A 和 B 两种气体参加反应，若 A 的分压增大 1 倍，反应速率增加 1 倍；若 B 的分压增大 1 倍，反应速率增加 3 倍。求：

(1) 试写出该反应的速率方程。

(2) 若将总压减小 1 倍，反应速率如何变化？

14. 295 K 时，反应 $2NO + Cl_2 \longrightarrow 2NOCl$，其反应物浓度与反应速率关系的数据如表 1-10，问：

表 1-10　气体浓度

$c(NO)/(mol \cdot L^{-1})$	$c(Cl_2)/(mol \cdot L^{-1})$	$\nu(Cl_2)/(mol \cdot L^{-1} \cdot s^{-1})$
0.100	0.100	8.0×10^{-3}
0.500	0.100	2.0×10^{-1}
0.100	0.500	4.0×10^{-2}

(1) 不同反应物反应级数各为多少？

(2) 写出反应的速率方程。

(3) 反应的速率常数为多少？

15. 反应 $2NO(g)+2H_2(g) \longrightarrow N_2(g)+2H_2O(g)$ 的反应速率表达式为 $\nu=c^2(NO_2)c(H_2)$，试讨论下列各种条件变化时对反应速率有何影响。

(1) NO 的浓度增加一倍；

(2) 有催化剂参加；

(3) 将反应器的容积增大；

(4) 将反应器的容积增大一倍；

(5) 向反应体系中加入一定量的 N_2。

16. $CO(CH_2COOH)_2$ 在水溶液中分解为丙酮和二氧化碳，分解反应的速率常数在 283 K 时为 1.08×10^{-4} $mol \cdot L^{-1} \cdot s^{-1}$，333 K 时为 5.48×10^{-2} $mol \cdot L^{-1} \cdot s^{-1}$，试计算在 303 K 时，分解反应的速率常数。

17. 反应 $C_2H_5Br(g) \longrightarrow C_2H_4(g)+HBr(g)$，在 650 K 时的速率常数是 2.0×10^{-5} s^{-1}，活化能为 226 $kJ \cdot mol^{-1}$，求反应速率常数为 6.00×10^{-5} s^{-1} 时的温度。

18. 对于反应 $C_2H_5Cl(g) \longrightarrow C_2H_4(g)+HCl(g)$，指前因子 $A=1.6\times10^{14}$ s^{-1}，$E_a=246.9$ $kJ \cdot mol^{-1}$，求其 700 K 时的速率常数。

19. 30 g 乙醇(B)溶于 50 g 四氯化碳(A)中形成溶液，其密度为 $\rho=1.28\times10^3$ $kg \cdot m^{-3}$，试用质量分数、物质的量分数、质量浓度和质量摩尔浓度来表示该溶液的组成。

20. 质量分数为 0.37，密度为 1.19 g/mL 的盐酸的物质的量浓度是多少？

21. 在 25 ℃时，C_6H_{12}(环己烷 A)的饱和蒸气压为 13.33 kPa，在该温度下，840 g C_6H_{12} 中溶解 0.5 mol 某种非挥发性有机化合物 B，求该溶液的蒸气压。已知 $M(C_6H_{12})=84$ $g \cdot mol^{-1}$。

22. 370 K 时，乙醇在水中稀溶液的亨利系数为 930 kPa。现有乙醇的摩尔分数为 2.00×10^{-2} 的水溶液，问当此水溶液气-液平衡时气相中乙醇的分压力是多少？

23. 质量分数为 0.03 的乙醇溶液，在 $p=101.3$ kPa 下，其沸腾温度为 97.11 ℃。在该温度下，纯水的饱和蒸气压为 91.3 kPa。计算在 97.11 ℃时，乙醇的物质的量分数为 0.010 的水溶液的蒸气压。假设上述溶液为理想稀溶液。

24. 已知 HCl 溶液的浓度 $c(HCl)$ 为 6.078 $mol \cdot L^{-1}$，密度(ρ)为 1.096 $g \cdot mL^{-1}$。

试用：(1) 质量分数；(2) 物质的量分数；(3) HCl 的质量摩尔浓度分别表示该溶液的组成。

25. 将合成氨的原料气通过水洗塔除去其中的二氧化碳气体。已知气体混合物中含有 28%(体积分数)二氧化碳，水洗塔的操作压力为 1 013.25 kPa，操作温度为 293 K。计算此条件下，每千克水能吸收多少二氧化碳(已知 293 K 时亨利常数 k_x 为 1.438×10^5 kPa)？

26. 若干克摩尔质量为 400 $g \cdot mol^{-1}$ 的不挥发的有机物溶于 180 g 水中，测得该溶液在 101.3 kPa 时沸点为 100.468 ℃(水的 $K_f=1.87$，$K_b=0.52$，60 ℃时水的饱和蒸气压为 19.91 kPa，水的摩尔质量为 0.018 $kg \cdot mol^{-1}$)。该题中水的凝固点取 273.15 K。

求：(1) 溶液中该有机物的质量为多少克？

(2) 该溶液在 101.3 kPa 的凝固点为多少？

(3) 该溶液在 60 ℃时的蒸气压为多少？

27. 在 291 K 下 HCl(g)溶于苯中达到平衡，气相中 HCl 的分压为 101.325 kPa 时，溶液中 HCl 的物质的量分数为 0.042 5。已知 291 K 时苯的饱和蒸气压为 10.0 kPa。若 291 K 时 HCl 和苯的蒸气总压为 101.325 kPa，求 100 g 苯中溶解多少克 HCl(提示：溶剂服从拉乌尔定律，溶质服从亨利定律，溶液的总压等于溶剂和溶质的蒸气压总和)？

28. 在 100 g 苯中加入 13.76 g 联苯($C_6H_5C_6H_5$)，所形成溶液的沸点为 82.4 ℃。已知纯苯的沸点为 80.1 ℃。求苯的沸点升高常数。

29. 90 g H_2O 中溶解某物质 B 2 g，测得溶液的沸点升高 0.033 3 K，求溶质 B 的摩尔质量 M_B。已知 $K_b = 0.52\ K \cdot kg \cdot mol^{-1}$。

30. 在 298 K 时，空气中氧的物质的量分数约为 0.21，试计算 298 K 温度下 1 L 水中溶解的氧气体积。已知 298 K 时，氧气的 $k_x = 4.40 \times 10^6$ kPa。

第 2 章
酸碱平衡与酸碱滴定

知识目标

1. 理解酸碱质子理论。
2. 掌握一元弱酸及弱碱的电离度和 pH 计算。
3. 了解缓冲溶液的组成及其机理。
4. 掌握缓冲溶液的 pH 计算。
5. 熟悉酸碱滴定。

能力目标

1. 学会判断共轭酸碱对。
2. 学会计算一元弱酸、一元弱碱和缓冲溶液的 pH。
3. 学会使用有效数字修约规则。
4. 学会根据酸碱滴定突跃选择指示剂。

生活和生产中遇到的许多物质都具有酸性或碱性，如吃的菜、喝的汤和饮料、用的调料等。本章介绍了酸性和碱性溶液的 pH 计算，缓冲溶液 pH 计算、配制和利用，酸和碱浓度如何精确测定等。

2.1 酸碱平衡

2.1.1 酸碱质子理论

知识点 1 酸碱质子理论

酸碱质子理论认为，凡能给出质子(H^+)的物质都是酸，凡能接受质子的物质都是碱。例如，HCl、HAc、NH_4^+是酸；Cl^-、Ac^-、NH_3是碱。既能给出质子又能接受质子的物质称为两性物质，如 HCO_3^-、H_2O、HPO_4^{2-}等。酸(HB)给出质子后生成碱(B^-)，碱(B^-)接受质子后生成酸(HB)。

溶液的酸碱性

知识点 2 共轭酸碱对

HB - B^-称为共轭酸碱对，酸(HB)是碱(B^-)的共轭酸，碱(B^-)是酸(HB)的共轭碱。例如，HAc 是 Ac^-的共轭酸，而 Ac^-是 HAc 的共轭碱。共轭酸碱彼此只相差一个质子。质子理论中的酸碱可以是分子或离子。

酸碱质子理论扩大了酸碱电离理论中酸碱定义的范围。按照酸碱质子理论，电离理论中碳酸钠就是二元碱，并且碱性较强，这就是碳酸钠的俗名为纯碱的原因。

知识点 3　酸碱反应的实质

酸碱质子理论认为，酸碱反应的实质是酸碱之间的质子转移反应，即酸把质子转移给另一种非共轭碱后，各自转变为相应的共轭碱和共轭酸。表示如下：

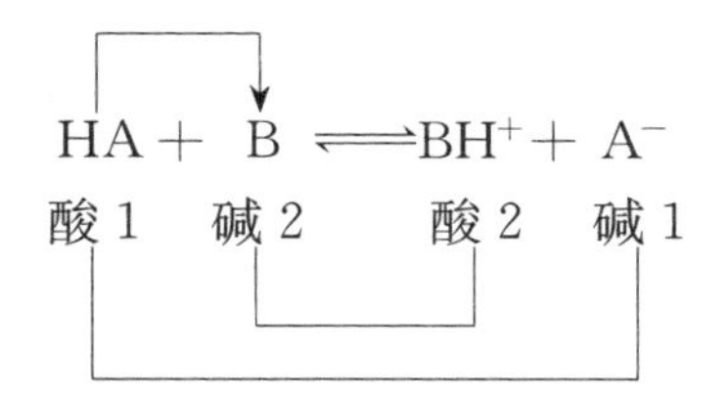

电离平衡

因此，反应可在水溶液中进行，也可在非水溶剂和气相中进行，其生成物都是各反应物分别转化为各自的共轭碱或共轭酸。例如，NH_3 和 HCl 之间的反应：

半反应 1　HCl(酸 1) $\rightleftharpoons$ Cl^-(碱 1) + H^+

半反应 2　NH_3(碱 2) + H^+ $\rightleftharpoons$ NH_4^+(酸 2)

总反应　HCl(酸 1) + NH_3(碱 2) $\rightleftharpoons$ NH_4^+(酸 2) + Cl^-(碱 1)

根据质子理论，电离理论中的各类酸、碱、盐反应以及水的电离反应都是质子转移的酸碱反应。

$$HAc + H_2O \rightleftharpoons H_3O^+ + Ac^-$$
$$NH_3 + H_2O \rightleftharpoons OH^- + NH_4^+$$
$$H_2O + Ac^- \rightleftharpoons HAc + OH^-$$
$$NH_4^+ + H_2O \rightleftharpoons H_3O^+ + NH_3$$
$$H_2O + H_2O \rightleftharpoons H_3O^+ + OH^-$$

2.1.2　强酸、强碱溶液酸碱度计算

知识点 1　pH 的定义及计算

酸碱的强弱取决于物质给出质子或接受质子的能力大小。给出质子的能力越强，其酸性越强，反之越弱。同样，接受质子的能力越强，其碱性越强，反之越弱。溶液的酸碱性常用$[H^+]$表示，但当溶液里的$[H^+]$很小时，用$[H^+]$表示溶液的酸碱性就很不方便，这时常用氢离子浓度的负对数来表示。氢离子浓度的负对数被称为 pH，即

$$pH = -\lg[H^+] \tag{2-1}$$

氢氧根离子浓度的负对数被称为 pOH，即

$$pOH = -\lg[OH^-] \tag{2-2}$$

知识点 2　水的电离平衡及溶液的 pH

水是一种既能接受质子又能给出质子的两性物质。在纯水中存在着下列平衡：

$$H_2O + H_2O \rightleftharpoons H_3O^+ + OH^-$$

上式可简写为 $H_2O \rightleftharpoons H^+ + OH^-$。水分子间发生的这种质子转移，称为质子自递作用，其平衡常数称为水的质子自递常数($K_w^\ominus$)，简称为水的离子积，即 $K_w^\ominus = [H^+]\cdot[OH^-]$。水的电离很微弱，经实验测定得知，在 25 ℃时，1 L 纯水仅有 10^{-7} mol 水分子电离，因此，纯水中$[H^+]$和$[OH^-]$都是 10^{-7}，即 $K_w^\ominus = [H^+]\cdot[OH^-] = 10^{-7}\times10^{-7} = 1\times10^{-14}$。水的电离是吸热过程，温度升高，$K_w^\ominus$ 值增大，不同

温度下水的离子积见表 2 - 1。

表 2 - 1　不同温度下水的离子积常数

T/℃	0	10	20	25	40	50	90	100
$K_w^\ominus$	1.15×10^{-15}	2.96×10^{-15}	6.87×10^{-15}	1.01×10^{-14}	2.87×10^{-14}	5.31×10^{-14}	3.73×10^{-13}	5.43×10^{-13}

由表 2 - 1 可以看出，水的离子积 $K_w^\ominus$ 随温度变化而变化。为了方便起见，室温下常采用 $K_w^\ominus=1.0\times10^{-14}$ 进行计算。$[H^+]\cdot[OH^-]=K_w^\ominus=1.0\times10^{-14}$，即 pH＋pOH＝14.00。常温时纯水中$[H^+]$和$[OH^-]$相等，都是 10^{-7}，所以纯水是中性的。如果向纯水中加酸，$[H^+]$增大，使水的电离平衡向左移动，当达到新的平衡时，溶液中$[H^+]>10^{-7}$，$[OH^-]<10^{-7}$，溶液呈酸性。同理，溶液中$[OH^-]>10^{-7}$，$[H^+]<10^{-7}$，溶液呈碱性。

298 K 时，溶液的酸碱性和 pH 的关系是：中性溶液 pH＝7，酸性溶液 pH＜7，碱性溶液 pH＞7。pH 越小，酸性越强；pH 越大，碱性越强。一般而言，pH 的适用范围是 0～14。当 $c(H^+)$大于 1 时，直接用$c(H^+)$表示溶液的酸碱性。

知识点 3　强酸、强碱的 pH 的计算

硫酸、盐酸、硝酸三大酸，以及高氯酸等都是强酸，在水溶液中完全电离成 H^+ 和酸根离子。氢氧化钠、氢氧化钙等都是强碱，在水溶液中完全电离出 OH^- 和阳离子。因此，这类酸、碱性溶液中 H^+ 或 OH^- 的平衡浓度等于加入的强酸或强碱的浓度，只要按照公式即可计算溶液的 pH。

酸、碱溶液 pH 的计算

【例 2 - 1】 计算 $0.1\ mol\cdot L^{-1}$ 盐酸溶液的 pH 和 pOH。

【解】 盐酸为强酸。在水中完全电离：$HCl \longrightarrow H^+ + Cl^-$

因为 $c(HCl)=0.1\ mol\cdot L^{-1}$，所以溶液中$[H^+]=0.1$

$pH=-\lg[H^+]=-\lg 0.1=1$，$pOH=14-pH=14-1=13$

【例 2 - 2】 计算 $0.020\ mol\cdot L^{-1}$ NaOH 溶液中$[OH^-]$，$[H^+]$和 pH。

【解】 氢氧化钠为强碱。在水中完全电离：$NaOH \longrightarrow Na^+ + OH^-$

$$[OH^-]=[NaOH]=0.020$$

$$[H^+]=\frac{K_w^\ominus}{[OH^-]}=\frac{1.0\times10^{-14}}{0.020}=5.0\times10^{-13}$$

$$pH=-\lg[H^+]=-\lg(5.0\times10^{-13})=12.30$$

2.1.3　弱电解质的电离平衡与酸碱度计算

知识点 1　电离度与酸(碱)常数

1. 电解质溶液与电离度

电解质是指在水中或熔融状态下能够导电的化合物，可以分为强电解质和弱电解质。强电解质在水溶液中全部电离或近乎全部电离，以水合离子的状态存在，如 NaCl 和 HCl 等。

$$NaCl \longrightarrow Na^+ + Cl^-$$
$$HCl \longrightarrow H^+ + Cl^-$$

弱电解质在水溶液中只有一小部分电离成离子，大部分以分子的形式存在，其电离过程是可逆的，在溶液中存在一个动态平衡，如 HAc 与 $NH_3\cdot H_2O$ 等。

$$HAc \rightleftharpoons H^+ + Ac^-$$
$$NH_3 + H_2O \rightleftharpoons NH_4^+ + OH^-$$

电解质的电离程度通常用电离度 α 来表示。电离度是指电解质达到电离平衡时，已电离的分子数和原有分子总数之比，表示为：

$$\alpha = \frac{\text{已电离分子数}}{\text{原有分子总数}} \times 100\% \tag{2-3}$$

例如，在 25 ℃时，0.10 mol・L^{-1} HAc 的 α 为 1.34%，表示在溶液中，每 10 000 个 HAc 分子中有 134 个电离成 H^+ 和 Ac^-。电解质的电离度与溶质和溶剂的极性强弱、溶液的浓度以及温度有关。对于不同的电解质，其电离度的差别很大。一般将质量摩尔浓度为 0.10 mol・kg^{-1} 的电解质溶液中电离度大于 30% 的称为强电解质，电离度小于 5%的称为弱电解质，电离度介于 5%和 30%之间的称为中强电解质。

2. **酸碱平衡与酸碱电离常数**

酸碱性的强弱可以通过酸或碱的电离常数 $K_a^\ominus$($K_b^\ominus$)来衡量。例如，HAc 在水溶液中的电离平衡为 $HAc \rightleftharpoons H^+ + Ac^-$，反应的平衡常数为：

$$K_a^\ominus(HAc) = \frac{[H^+] \cdot [Ac^-]}{[HAc]} \tag{2-4}$$

25 ℃时，HAc 的 $K_a^\ominus = 1.76 \times 10^{-5}$。又如，25 ℃时 HCN 的电离平衡为 $HCN \rightleftharpoons H^+ + CN^-$，反应的平衡常数为 $K_a^\ominus = 6.2 \times 10^{-10}$；氨水的电离平衡为 $NH_3 + H_2O \rightleftharpoons NH_4^+ + OH^-$，反应的平衡常数为 $K_b^\ominus = 1.76 \times 10^{-5}$。

显然，在水溶液中，HAc 的 $K_a^\ominus$大于 HCN 的 $K_a^\ominus$，表明在水溶液中，HAc 给出质子的能力要比 HCN 强，HAc 的酸性比 HCN 强。对于物质碱性的强弱，同样可根据它们的 $K_b^\ominus$大小来比较。$K_b^\ominus$越大，说明该物质接受质子的能力越强，它的碱性也就越强。对于一定的酸、碱，$K_a^\ominus$和 $K_b^\ominus$的大小与浓度无关，只与温度、溶剂以及是否有其他强电解质存在有关。

3. **共轭酸碱对 $K_a^\ominus$与 $K_b^\ominus$的关系**

对于 Ac^-离子，在水溶液中的电离平衡为 $Ac^- + H_2O \rightleftharpoons HAc + OH^-$，电离平衡常数为：

$$K_b^\ominus(Ac^-) = \frac{[HAc][OH^-]}{[Ac^-]} \tag{2-5}$$

又有 $K_a^\ominus(HAc) \cdot K_b^\ominus(Ac^-) = [H^+] \cdot [OH^-]$，也就是说，对于一元弱酸及其共轭碱，$K_a^\ominus$与 $K_b^\ominus$具有以下关系：$K_a^\ominus \cdot K_b^\ominus = K_w^\ominus = [H^+] \cdot [OH^-]$。

知识点 2　一元弱酸、弱碱的 pH 计算

若以 HA 代替一元弱酸的通式，其电离常数 $K_a^\ominus$可表示如下：

$$HA + H_2O \rightleftharpoons H_3O^+ + A^-$$
$$K_a^\ominus = \frac{[H_3O^+][A^-]}{[HA]} \tag{2-6}$$

以一元弱酸(HA)为例，设起始浓度为 c 的一元弱酸水溶液的质子转移平衡为：

$$HA + H_2O \rightleftharpoons H_3O^+ + A^-$$
$$H_2O + H_2O \rightleftharpoons H_3O^+ + OH^-$$

可见，HA 水溶液中的 H^+有两个来源，当酸电离出的 H^+的浓度远大于 H_2O 电离出的 H^+的浓度，即当 $K_a^\ominus \cdot c > 20K_w^\ominus$时，水的质子转移产生的 H^+可以忽略。

设平衡时$[H^+] = x$ mol・L^{-1}，则有：

$$HA + H_2O \rightleftharpoons H_3O^+ + A^-$$

	HA	H_3O^+	A^-
起始浓度($mol \cdot L^{-1}$)	c	0	0
平衡浓度($mol \cdot L^{-1}$)	$c-x$	x	x

$$K_a^{\ominus} = \frac{[H^+][A^-]}{[HA]} = \frac{x^2}{c-x} \tag{2-7}$$

求解上面的一元二次方程就可得出一元弱酸中 H^+ 的浓度。为了简便起见，常用近似公式进行计算，当 $c/K_a^{\ominus} \geqslant 500$ 时，质子转移平衡中$[H^+] \ll c$，则$[HA]=c-x \approx c$

所以
$$K_a^{\ominus} = \frac{x^2}{c}, x = \sqrt{K_a^{\ominus} \cdot c}$$

$$[H^+] = \sqrt{K_a^{\ominus} \cdot c}$$

即对于一元弱酸，如果同时满足 $c/K_a^{\ominus} \geqslant 500$ 和 $cK_a^{\ominus} \geqslant 20K_w^{\ominus}$两个条件，则：

$$[H^+] = \sqrt{c_a K_a^{\ominus}} \tag{2-8}$$

对于一元弱碱，如果同时满足 $c/K_b^{\ominus} \geqslant 500$ 和 $cK_b^{\ominus} \geqslant 20K_w^{\ominus}$两个条件，则：

$$[OH^-] = \sqrt{c_b K_b^{\ominus}} \tag{2-9}$$

【例 2-3】 计算下列溶液的 pH。

(1) 0.10 $mol \cdot L^{-1}$ HAc；(2) 0.10 $mol \cdot L^{-1}$ NH_4Cl；(3) 0.10 $mol \cdot L^{-1}$ NaCN。

已知 HAc 的 $K_a^{\ominus}=1.76\times10^{-5}$，$NH_4Cl$ 的 $K_a^{\ominus}=5.64\times10^{-10}$，HCN 的 $K_a^{\ominus}=4.93\times10^{-10}$。

【解】 (1) 已知 $K_a^{\ominus}(HAc)=1.76\times10^{-5}$

则 $c/K_a^{\ominus}(HAc)=0.10/(1.76\times10^{-5})>500$

$$[H^+] = \sqrt{c_a K_a^{\ominus}} = \sqrt{0.10\times1.76\times10^{-5}} = 1.3\times10^{-3}$$
$$pH = -\lg[H^+] = -\lg(1.3\times10^{-3}) = 2.89$$

(2) 已知 $K_a^{\ominus}(NH_4Cl)=5.64\times10^{-10}$

则 $c/K_a^{\ominus}(NH_4Cl)=0.10/(5.64\times10^{-10})>500$

$$[H^+] = \sqrt{c_a K_a^{\ominus}} = \sqrt{0.10\times5.64\times10^{-10}} = 7.5\times10^{-6}$$
$$pH = -\lg[H^+] = 5.12$$

(3) 已知 $K_a^{\ominus}(HCN)=4.93\times10^{-10}$；$K_b^{\ominus}=K_w^{\ominus}/K_a^{\ominus}=1.0\times10^{-14}/4.93\times10^{-10}=2.03\times10^{-5}$

则 $c/K_b^{\ominus}(CN^-)=0.10/(2.03\times10^{-5})>500$

$$[OH^-] = \sqrt{c_b K_b^{\ominus}} = \sqrt{0.10\times2.03\times10^{-5}} = 1.4\times10^{-3}$$
$$pOH = -\lg[OH^-] = 2.85, pH = 14 - pOH = 11.15$$

知识点 3 多元弱酸、弱碱的 pH 计算

1. 多元弱酸的电离平衡

多元酸在水溶液中的电离是逐级进行的，如 H_2CO_3。

$$H_2CO_3 \rightleftharpoons H^+ + HCO_3^- \quad K_{a1}^{\ominus}$$

$$HCO_3^- \rightleftharpoons H^+ + CO_3^{2-} \quad K_{a2}^{\ominus}$$

多元酸的共轭碱在水溶液中结合质子的过程也是逐级进行的，如 CO_3^{2-}。

$$CO_3^{2-} + H_2O \rightleftharpoons HCO_3^- + OH^- \quad K_{b1}^{\ominus}$$

$$HCO_3^- + H_2O \rightleftharpoons H_2CO_3 + OH^- \quad K_{b2}^{\ominus}$$

显然，对于二元弱酸及其共轭碱，$K_a^{\ominus}$ 与 $K_b^{\ominus}$ 具有以下关系：$K_{a1}^{\ominus} \cdot K_{b2}^{\ominus} = K_{a2}^{\ominus} \cdot K_{b1}^{\ominus} = [H^+] \cdot [OH^-] = K_w^{\ominus}$，同理对三元酸则有：$K_{a1}^{\ominus} \cdot K_{b3}^{\ominus} = K_{a2}^{\ominus} \cdot K_{b2}^{\ominus} = K_{a3}^{\ominus} \cdot K_{b1}^{\ominus} = [H^+] \cdot [OH^-] = K_w^{\ominus}$。利用共轭酸碱对相应酸或碱的电离常数就能求得对应共轭碱或共轭酸的电离常数。

【例 2-4】 已知反应 $S^{2-} + H_2O \rightleftharpoons HS^- + OH^-$ 的 $K_{b1}^{\ominus} = 9.1 \times 10^{-3}$，求 S^{2-} 的共轭酸的电离常数 $K_a^{\ominus}$。

【解】 S^{2-} 的共轭酸为 HS^-，其电离反应为 $HS^- \rightleftharpoons H^+ + S^{2-}$，电离常数 $K_{a2}^{\ominus}$。

根据 $K_{a2}^{\ominus} \cdot K_{b1}^{\ominus} = [H^+] \cdot [OH^-] = K_w^{\ominus}$ 得，$K_{a2}^{\ominus} = K_w^{\ominus}/K_{b1}^{\ominus} = 1.0 \times 10^{-14}/(9.1 \times 10^{-3}) = 1.1 \times 10^{-12}$

2. 多元弱酸弱碱溶液 pH 的计算

多元弱酸、多元弱碱在水溶液中是分级电离的，每一级都有相应的电离平衡。如 H_2S 在水溶液中有二级电离：

$$H_2S \rightleftharpoons H^+ + HS^- \quad K_{a1}^{\ominus} = 9.1 \times 10^{-8}$$

$$HS^- \rightleftharpoons H^+ + S^{2-} \quad K_{a2}^{\ominus} = 1.1 \times 10^{-12}$$

由于 $K_{a1}^{\ominus} \gg K_{a2}^{\ominus}$，说明二级电离比一级电离困难得多。因此在实际计算中，当 $c/K_{a1}^{\ominus} > 500$ 时，可按一元弱酸作近似计算，即：

$$[H^+] = \sqrt{c_a K_{a1}^{\ominus}} \tag{2-10}$$

【例 2-5】 计算 298 K 时，0.10 mol·L^{-1} H_2S 水溶液的 pH 及 S^{2-} 的浓度。

【解】 已知 298 K 时，$K_{a1}^{\ominus}(H_2S) = 9.1 \times 10^{-8}$，$K_{a2}^{\ominus}(H_2S) = 1.1 \times 10^{-12}$，

$K_{a1}^{\ominus} \gg K_{a2}^{\ominus}$，计算 H^+ 浓度时只考虑一级电离。又 $c/K_{a1}^{\ominus} = 0.1/(9.1 \times 10^{-8}) > 500$

$$[H^+] = \sqrt{c_a K_{a1}^{\ominus}} = \sqrt{0.10 \times 9.1 \times 10^{-8}} = 9.5 \times 10^{-5}$$

$$pH = 4.02$$

S^{2-} 是二级电离产物，设 $[S^{2-}] = x$ mol·L^{-1}

$$HS^- \rightleftharpoons H^+ + S^{2-}$$

平衡时(mol·L^{-1})　　$9.5 \times 10^{-5} - x$　　$9.5 \times 10^{-5} + x$　　x

由于 $K_{a2}^{\ominus}$ 极小，$9.5 \times 10^{-5} \pm x \approx 9.5 \times 10^{-5}$，则有

$$K_{a2}^{\ominus} = \frac{[H^+] \cdot [S^{2-}]}{[HS^-]} = \frac{9.5 \times 10^{-5} \times x}{9.5 \times 10^{-5}} = 1.1 \times 10^{-12}$$

$$c(S^{2-}) = 1.1 \times 10^{-12} \text{ mol} \cdot \text{L}^{-1}$$

对二元弱酸，如果 $K_{a1}^{\ominus} \gg K_{a2}^{\ominus}$，则其酸根离子浓度近似等于 $K_{a2}^{\ominus}$。多元弱碱溶液 pH 计算与此类似。

知识点 4　盐的 pH 计算

两性物质如 $NaHCO_3$、K_2HPO_4、NaH_2PO_4 及邻苯二甲酸氢钾在水溶液中，既可给出质子，显出酸性，又可接受质子，显出碱性，因此其酸碱平衡较为复杂。但在计算 $[H^+]$ 时仍可以从具体情况出发，做合理的简化处理。以 NaHA 为例，溶液中的质子转移反应有：

$$HA^- + H_2O \rightleftharpoons H_2A + OH^-$$

$$HA^- \rightleftharpoons H^+ + A^{2-}$$

一般来说，当 NaHA 浓度较高时，溶液的 H^+ 浓度可按下式近似计算：

$$[H^+] = \sqrt{K_{a1}^{\ominus} K_{a2}^{\ominus}} \tag{2-11}$$

【例 2-6】 计算 0.20 mol·L^{-1} NaH_2PO_4 溶液的 pH。

【解】 已知 H_3PO_4 的 $K_{a1}^{\ominus}=7.52\times10^{-3}$，$K_{a2}^{\ominus}=6.23\times10^{-8}$，$K_{a3}^{\ominus}=4.4\times10^{-13}$

$$[H^+] = \sqrt{K_{a1}^{\ominus} K_{a2}^{\ominus}} = \sqrt{7.52\times10^{-3}\times6.23\times10^{-8}} = 2.16\times10^{-5}$$

$$pH=4.67$$

又如 NH_4Ac 也是两性物质，它在水中发生下列质子转移平衡：

$$NH_4^+ + H_2O \rightleftharpoons NH_3 + H_3O^+$$

$$Ac^- + H_2O \rightleftharpoons HAc + OH^-$$

以 $K_a^{\ominus}$ 表示正离子酸（NH_4^+）的电离常数，$K_a^{\ominus}{}'$ 表示负离子碱（Ac^-）的共轭酸（HAc）的电离常数，这类两性物质的 H^+ 浓度可按下式计算：

$$[H^+] = \sqrt{K_a K_a^{\ominus}{}'} \tag{2-12}$$

$$pH = \frac{1}{2}(pK_a^{\ominus} + pK_a^{\ominus}{}') \tag{2-13}$$

【例 2-7】 计算 0.10 mol·L^{-1} $HCOONH_4$ 溶液的 pH。

【解】 已知 $K_a^{\ominus}(NH_4^+)=5.64\times10^{-10}$，$pK_a^{\ominus}=9.25$

$K_a^{\ominus}{}'(HCOOH)=1.77\times10^{-4}$，$pK_a^{\ominus}{}'=3.75$

$$pH = \frac{1}{2}(pK_a^{\ominus} + pK_a^{\ominus}{}') = \frac{1}{2}(9.25+3.75) = 6.50$$

2.1.4 缓冲溶液及配制

[实验 1]已知 25 ℃时，纯水的 pH=7.00。25 ℃时，在 1 L 纯水中加入 0.01 mol 的强酸（HCl）或 0.01 mol强碱（NaOH），溶液的 pH 改变了 5 个 pH 单位。说明纯水不具有抵抗外加少量强酸或强碱而使溶液的 pH 保持基本不变的能力。

[实验 2]在 1 L 含 HAc 和 NaAc 均为 0.1 mol 的溶液中加入 0.01 mol 的强酸（HCl），溶液的 pH 由 4.75 下降到 4.66，仅改变了 0.09 个 pH 单位。若改加入 0.01 mol 强碱（NaOH），溶液的 pH 值由4.75上升到 4.84，也仅改变了 0.09 个 pH 单位。如用水稍加稀释时，亦有类似现象，即 HAc-NaAc 溶液 pH 保持基本不变。说明 HAc-NaAc 混合溶液具有抵抗外加少量强酸、强碱或稍加稀释而保持溶液的 pH 基本不变的能力。

知识点 1　同离子效应

在 HAc 溶液中加入少量 NaAc，由于 NaAc 是强电解质，在溶液中全部电离，溶液中大量存在的 Ac^-就会和 H^+结合成 HAc 分子，使 HAc 的电离平衡向左移动，从而降低了 HAc 的电离度。同样，在 $NH_3\cdot H_2O$ 中加入 NH_4Cl，也会导致 $NH_3\cdot H_2O$ 的电离度降低。

$$HAc \rightleftharpoons H^+ + Ac^-$$

← 平衡移动方向

$$NaAc \longrightarrow Na^+ + Ac^-$$

$$NH_3\cdot H_2O \rightleftharpoons OH^- + NH_4^+$$

← 平衡移动方向

$$NH_4Cl \longrightarrow Cl^- + NH_4^+$$

这种在弱电解质的溶液中由于加入相同离子，使弱电解质的电离度降低的现象称为同离子效应。

【例 2-8】 计算：(1) $0.10\ mol\cdot L^{-1}$ HAc 溶液的$[H^+]$及电离度；(2) 在 1.0 L 该溶液中加入 0.10 mol NaAc 晶体(忽略引起的体积变化)后，溶液中的$[H^+]$及电离度，已知 HAc 的 $K_a^\ominus=1.76\times10^{-5}$。

【解】 (1)因为 $c/K_a^\ominus>500$，所以

$$[H^+]=\sqrt{cK_a^\ominus}=\sqrt{0.10\times1.76\times10^{-5}}=1.3\times10^{-3}$$

$$\alpha=\frac{\text{溶质已电离部分的浓度}}{\text{溶质的原始浓度}}\times100\%=\frac{1.3\times10^{-3}\ mol\cdot L^{-1}}{0.10\ mol\cdot L^{-1}}\times100\%=1.3\%$$

(2) 加入 0.10 mol NaAc 晶体后，体积不变；由于同离子效应，HAc 的电离度很小，可做如下的近似处理：

$$HAc \rightleftharpoons H^+ + Ac^-$$

平衡浓度/$(mol\cdot L^{-1})$　　$0.10-[H^+]\approx0.10$　　$[H^+]$　　$0.10+[H^+]\approx0.10$

$$K_a^\ominus=\frac{[H^+][Ac^-]}{[HAc]}=\frac{0.10\cdot[H^+]}{0.10}=1.76\times10^{-5}$$

$$[H^+]=1.76\times10^{-5}(mol\cdot L^{-1})$$

$$\alpha=\frac{1.76\times10^{-5}\ mol\cdot L^{-1}}{0.1\ mol\cdot L^{-1}}\times100\%=0.018\%$$

加入 NaAc 后，由于存在同离子效应，H^+ 浓度和电离度都降低了。因此，利用同离子效应控制溶液中某种离子的浓度和调节溶液的 pH，对科学实验和生产实践都具有实际意义。

知识点 2　缓冲溶液的组成

能够抵抗外加少量强酸、强碱或稍加稀释，而 pH 基本保持不变的溶液称为缓冲溶液。从本质上说，缓冲溶液是由一对共轭酸碱对组成的，其组成可分为三种：

缓冲溶液的组成及机理

弱酸-弱酸盐(共轭碱)，如 HAc-NaAc，HF-NaF。

弱碱-弱碱盐(共轭酸)，如 NH_3-NH_4Cl。

多元弱酸的酸式盐-次级盐，如 $NaHCO_3$-Na_2CO_3，NaH_2PO_4-Na_2HPO_4，Na_2HPO_4-Na_3PO_4。

知识点 3　缓冲溶液的缓冲机理

缓冲溶液之所以具有缓冲作用，是因为在溶液中有一定量的抗酸成分和抗碱成分。现以相同浓度的 HAc-NaAc 缓冲溶液为例来说明缓冲作用的原理。

$$HAc \rightleftharpoons H^+ + Ac^-$$

$$NaAc \longrightarrow Na^+ + Ac^-$$

NaAc 是强电解质，在溶液中完全电离，溶液中存在大量的 Ac^-，由于同离子效应，降低了 HAc 的电离度，缓冲溶液在组成上的特点是存在大量的弱酸分子及其共轭碱。

当向溶液中加入少量强酸时，强酸电离出来的 H^+ 和溶液中大量 Ac^- 结合成 HAc，使平衡向左移动，溶液中 H^+ 浓度几乎没有升高，pH 基本保持不变，此时 Ac^- 起到了抗酸的作用。当向溶液中加入少量强碱时，OH^- 和溶液中的 H^+ 结合成 H_2O，使平衡向右移动，HAc 进一步电离，H^+ 浓度几乎没有降低，此时 HAc 起到了抗碱的作用。当加入少量水稀释时，由于共轭酸碱的浓度之比没有变化，缓冲溶液的 pH 基本保持不变。

可见，缓冲对中，共轭酸是缓冲溶液的抗碱成分，共轭碱是缓冲溶液的抗酸成分。正是由于缓冲溶液中共轭酸碱对之间的质子传递平衡，使得缓冲溶液能抵抗少量外来强酸或强碱，而自身的 pH 几乎保持不变。常见缓冲溶液有乙酸-乙酸钠溶液、氨-氯化铵溶液、碳酸钠-碳酸氢钠溶液等。

缓冲溶液在自然界中、生产上和科学研究中，都极为重要。土壤中有由磷酸二氢钾和磷酸氢二钾、

碳酸钠和碳酸氢钠等混合而成的缓冲物质，血液中也有碳酸和碳酸氢钠等缓冲物质，可以保持氢离子浓度在一定范围内稳定，使植物和动物的生理过程正常进行。在电镀、制革、制药、试剂等工业中以及在分析化学、生物化学等研究中，也常用到缓冲溶液，以维持 pH 的稳定。

知识点 4　缓冲溶液 pH 的计算

以弱酸 HAc 和其共轭碱 Ac^- 组成的缓冲溶液为例，该缓冲溶液存在下列平衡：

缓冲溶液 pH 计算

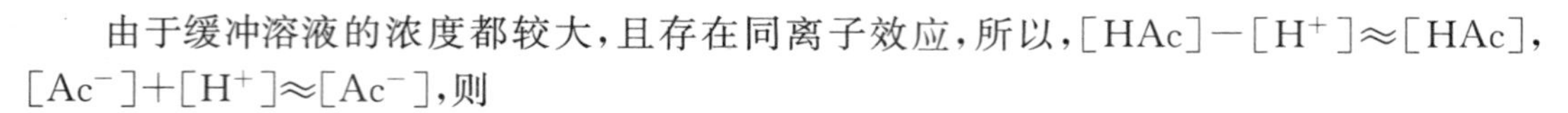

$$HAc \rightleftharpoons H^+ + Ac^-$$

平衡浓度/($mol \cdot L^{-1}$)　　$[HAc]-[H^+]$　　$[H^+]$　　$[Ac^-]+[H^+]$

由于缓冲溶液的浓度都较大，且存在同离子效应，所以，$[HAc]-[H^+]\approx[HAc]$，$[Ac^-]+[H^+]\approx[Ac^-]$，则

$$[H^+]=K_a^{\ominus}\cdot\frac{[HAc]}{[Ac^-]} \tag{2-14}$$

$$pH=pK_a^{\ominus}-\lg\frac{[HAc]}{[Ac^-]} \tag{2-15}$$

同理，可推导出弱碱及其共轭酸组成的缓冲溶液(如 NH_3-NH_4Cl)

$$[OH^-]=K_b^{\ominus}\cdot\frac{[NH_3]}{[NH_4Cl]} \tag{2-16}$$

$$pOH=pK_b^{\ominus}-\lg\frac{[NH_3]}{[NH_4Cl]} \tag{2-17}$$

【例 2-9】 在 HAc 与 NaAc 组成的混合溶液中，HAc 与 NaAc 浓度分别为 $0.10\ mol \cdot L^{-1}$ 和 $0.20\ mol \cdot L^{-1}$，求溶液的 pH。

【解】 $[HAc]=0.10\ (mol \cdot L^{-1})$　$[Ac^-]=0.20\ (mol \cdot L^{-1})$

$$[H^+]=K_a^{\ominus}\cdot\frac{[HAc]}{[Ac^-]}=1.76\times10^{-5}\times\frac{0.10}{0.20}=8.8\times10^{-6}$$

$$pH=5.06$$

知识点 5　缓冲溶液的缓冲范围

缓冲溶液的缓冲能力并不是无限度的，当加入的外来强酸或强碱超过一定量时，缓冲溶液的 pH 将发生较大变化，失去缓冲能力，不同的缓冲溶液具有不同的缓冲能力。

· 缓冲能力和缓冲范围
· 缓冲溶液的配制

当缓冲溶液总浓度一定时，缓冲比愈接近 1，缓冲能力愈大；缓冲比愈远离 1，缓冲能力愈小。实验证明，$pH=pK_a^{\ominus}\pm1$ 时，缓冲溶液具有缓冲能力，缓冲比在 1∶10 到 10∶1 之间。当缓冲比大于 10∶1 或小于 1∶10 时，可认为缓冲溶液已基本失去缓冲作用，因此把 $pH=pK_a^{\ominus}\pm1$ 称为缓冲溶液的缓冲范围。不同的缓冲系，因其 $pK_a^{\ominus}$ 值不同而具有不同的缓冲范围。任何缓冲溶液的缓冲能力都是有限的，若向体系中加入过多的酸或碱，或是过分稀释，都可能使缓冲溶液失去缓冲作用。一般 HA-A^- 缓冲溶液的缓冲范围为：

$$pH=pK_a^{\ominus}\pm1 \tag{2-18}$$

知识点 6　缓冲溶液的配制

首先需根据缓冲溶液的 pH 要求选择合适的共轭酸碱对。若要配制弱酸性缓冲溶液，则选择 $pK_a^{\ominus}$ 与 pH 接近的弱酸及其共轭碱；若要配制弱碱性缓冲溶液，则选择 $pK_b^{\ominus}$ 与 pOH 接近的弱碱及其共轭酸。例如，配制 pH=5 的缓冲溶液应选择 HAc 及其共轭碱 NaAc，因为 HAc 的 $pK_a^{\ominus}=4.74$ 与 pH=5 接近。

在配制具有一定 pH 值的缓冲溶液时，为了使所得溶液具有较好的缓冲能力，应遵循以下原则和

步骤：

(1) 选择合适的缓冲对。应使所配缓冲溶液的 pH 值尽可能与所选缓冲对的 $pK_a^\ominus$ 值接近，这样所配缓冲溶液具有较大缓冲容量，而且配制的缓冲溶液的 pH 在所选缓冲对的缓冲范围($pK_a^\ominus \pm 1$)内。例如要配制 pH 为 7.2 的缓冲溶液，可选择 $H_2PO_4^-$ - HPO_4^{2-} 缓冲对，因 $H_2PO_4^-$ 的 $pK_a^\ominus = 7.21$，接近 7.2。另外，所选的缓冲对性质应稳定、无毒，不与溶液中的反应物或产物反应。

(2) 要有一定的总浓度。为保证溶液中具有足够的抗酸成分和抗碱成分，所配制的缓冲溶液要有一定的总浓度。浓度太低，缓冲容量过小，没实用价值；浓度太高，溶液的渗透压过高或离子强度太大也不适用。一般使溶液的总浓度在 0.05～0.2 mol · L^{-1} 范围内。

(3) 为使溶液的缓冲能力最大，缓冲比要尽可能接近 1。

(4) 计算所需的共轭酸、碱的体积。在具体配制时，为了简便起见，常用相同浓度的共轭酸、碱溶液。

(5) 混合。根据体积比，把共轭酸、碱两种溶液混合，即得所需的缓冲溶液。

(6) 校正。如果对所配制的缓冲液要求比较高时，还需用 pH 计对所配缓冲溶液的 pH 加以校正，必要时加少量的酸或碱来调节，使所配溶液的 pH 与要求的一致。

【例 2-10】 如需配制 5.0 L pH 为 5.0 的缓冲溶液，该用何种物质配制？计算各物质的用量。

【解】 首先选定用何种化学药品配制，其次计算药品质量或体积。pH=5.0 的弱酸性缓冲溶液应选用 pK_a 为 5 左右的弱酸及其共轭碱混合溶液，查询得 HAc 的 $pK_a = 4.74$，因此可用 HAc 和 NaAc 混合溶液配制该缓冲溶液，即可用冰醋酸或 36%醋酸和醋酸钠固体配制。

设该缓冲溶液中 HAc 浓度为 0.50 mol · L^{-1}

$$pH = pK_a^\ominus - \lg \frac{[HAc]}{[Ac^-]}$$

$$5.0 = 4.74 - \lg \frac{0.50}{[Ac^-]}$$

$$[Ac^-] = 0.91(mol \cdot L^{-1})$$

所需称取醋酸钠的质量为：

$$m(NaAc) = c(Ac^-) \cdot V(Ac^-) \cdot M(NaAc) = 0.91\ mol \cdot L^{-1} \times 5.0\ L \times 82.03\ g \cdot mol^{-1} = 373.2\ g$$

需要量取冰醋酸的体积：

$$V_2(HAc) = c_1(HAc) \cdot V(HAc)/c_2(HAc) = 0.5\ mol \cdot L^{-1} \times 5.0\ L/(17.5\ mol \cdot L^{-1}) = 0.142\,9\ L = 142.9\ mL$$

想一想

配制 pH=10.0 的缓冲溶液应该选择何种共轭酸碱对？各物质质量或体积如何计算？

2.2　滴定分析技术基本概念

2.2.1　滴定分析法

滴定分析法的常用术语

滴定分析法是化学分析法中的重要分析方法。具体方法是将一种已知其准确浓度的标准溶液滴加到被测物质的溶液中，直到化学反应完全为止，然后根据所用标准溶液的浓度和体积求得被测组分的含量。滴定分析法以测量溶液体积为基础，故又称容量分析法。

已知准确浓度的试剂溶液称为标准溶液。将标准溶液装在滴定管中，通过滴定管逐滴加入盛有一定量被测溶液的锥形瓶(或烧杯)中进行测定的这一操作过程称为滴定，其中，用于滴定的标准溶液又称为标准滴定溶液或滴定剂；被测物质的溶液称为试液。当加入标准滴定溶液的量与被测物质的量恰好符合化学反应式所表示的化学计量关系时，称反应到达化学计量点。化学计量点简称计量点，亦称等量点，以 sp 表示。在化学计量点时，反应往往没有易被人察觉的外部特征，因此通常加入某种试剂，利用该试剂的颜色突变来判断化学计量点的到达。这种能通过改变颜色确定化学计量点是否到达的试剂称为指示剂。滴定时，指示剂颜色改变的那一点称为滴定终点，简称终点，以 ep 表示。滴定终点往往与理论上的化学计量点不一致，它们之间存在很小的差别，由此造成的误差称为终点误差。终点误差是滴定分析误差的主要来源之一，其大小由化学反应的完全程度和指示剂的选择决定。此外，也可以用仪器分析方法来确定滴定终点。

知识点 1　滴定分析的特点

(1)滴定分析中加入的标准溶液的量与被测物质的量恰好是化学计量关系。

(2)此法适用于组分含量在 1%以上的各种物质的测定。

(3)该法快速、准确，仪器设备简单，操作简便。

(4)用途广泛。

知识点 2　滴定分析的分类

根据滴定分析法中标准滴定溶液和待测组分间的反应类型不同，可将其分为四大类。

滴定分析法的分类

1. 酸碱滴定法

以质子传递反应为基础的滴定分析方法称为酸碱滴定法，可用于测定酸、碱和两性物质。

反应实质：$H_3O^+ + OH^- \longrightarrow 2H_2O$

质子传递：$H_3O^+ + A^- \longrightarrow HA + H_2O$

2. 配位滴定法

以配位反应为基础的滴定分析方法称为配位滴定法，可用于测定金属离子。若用 EDTA 作配位剂，则反应为：$M^{n+} + Y^{4-} \longrightarrow MY^{(4-n)-}$(产物为配合物或配离子)。

3. 氧化还原滴定法

以氧化还原反应为基础的滴定分析方法称为氧化还原滴定法，可用于测定氧化还原性物质或能与氧化还原性物质定量反应的不具有氧化还原性的物质，如重铬酸钾法测铁，反应式如下：

$$Cr_2O_7^{2-} + 6Fe^{2+} + 14H^+ \longrightarrow 2Cr^{3+} + 6Fe^{3+} + 7H_2O$$

4. 沉淀滴定法

以沉淀反应为基础的滴定分析方法称为沉淀滴定法，其中较常用的有银量法，可用于测定卤素离子、Ag^+、CN^-、SCN^-。如银量法测定 Cl^- 的反应式如下：

$$Ag^+ + Cl^- \longrightarrow AgCl(\text{白色})$$

知识点 3　滴定反应的要求

(1)反应要按一定的化学方程式进行，即有确定的化学计量关系。

(2)反应必须定量进行，反应接近完全(>99.9%)。

(3)反应速度要快，或可通过改变温度、酸度、加入催化剂或改变滴定程序等方法加快反应速度。

(4)必须有适当的方法确定滴定终点。

按照以上要求，可以选择适当的反应，亦可将一些反应条件加以改变，使之满足滴定分析的要求。

知识点 4　**滴定分析的滴定方式**

1. 直接滴定法

用标准滴定溶液直接滴定被测物质溶液的方法叫直接滴定法。直接滴定法是最常用、最基本的滴定方式，方法简便、快速，引入的误差小。凡能满足滴定反应要求的反应都可以用直接滴定法，否则要采用其他方式进行。

2. 返滴定法(剩余量回滴法)

先向待测物质中准确加入一定量的过量标准溶液与其充分反应，然后再用另一种标准滴定溶液滴定剩余的前一种标准溶液，最后根据反应中所消耗的两种标准溶液的浓度和体积，求出待测物质的含量，这种滴定方式称为返滴定法。此滴定方式中用到两种标准溶液，一种过量加入，一种用于返滴定过量的标准溶液。返滴定法适用于滴定反应速度慢、需要加热或直接滴定无合适指示剂的滴定反应。

如配位滴定法测定 Al^{3+}，EDTA 与 Al^{3+} 反应慢，先加入过量的 EDTA 标准溶液，反应完全后再用 Zn^{2+} 标准滴定溶液滴定剩余的 EDTA。

3. 置换滴定法

对于不按一定的计量关系进行反应或有副反应的反应，可加入适当的试剂，使试剂和被测物反应置换出一定量的能被滴定的物质，再用适当的滴定剂滴定，通过计量关系求含量，这种滴定方式称为置换滴定法。

如 NH_4Cl、$(NH_4)_2SO_4$ 等铵盐，NH_4^+ 的 $K_a^\ominus=5.5\times10^{-10}$，电离常数较小，不能与碱定量反应，加入甲醛试剂与其反应，$4NH_4^+ + 6HCHO \longrightarrow (CH_2)_6N_4H^+ + 3H^+ + 6H_2O$，生成的 $(CH_2)_6N_4H^+$ ($K_a^\ominus=7.4\times10^{-6}$) 和 $3H^+$ 能与碱定量反应。

再如，$S_2O_3^{2-} + Cr_2O_7^{2-} \longrightarrow S_4O_6^{2-}/SO_4^{2-}$ (有副反应)，可先加入 KI 置换出 I_2，即 $Cr_2O_7^{2-} + 6I^- + 14H^+ \longrightarrow Cr^{3+} + 3I_2 + 7H_2O$，再用 $Na_2S_2O_3$ 滴定，即 $2S_2O_3^{2-} + I_2 \longrightarrow S_4O_6^{2-} + 2I^-$。

4. 间接滴定法

对于不和滴定剂直接反应的物质，可通过其他化学反应，生成一定量能被滴定的物质，再用适当的滴定剂滴定，通过计量关系求含量，这种滴定方式称为间接滴定法。

如 $KMnO_4$ 法测 Ca^{2+}，$KMnO_4$ 与 Ca^{2+} 不能发生氧化还原反应。先在被测物 Ca^{2+} 中加入 $C_2O_4^{2-}$，Ca^{2+} 与 $C_2O_4^{2-}$ 形成溶解度很小的 CaC_2O_4 沉淀，$Ca^{2+} + C_2O_4^{2-} = CaC_2O_4\downarrow$，沉淀经过滤、洗涤、除杂质后加入硫酸使其溶解并使溶液保持酸性，以已知准确浓度的 $KMnO_4$ 标准滴定溶液滴定 $C_2O_4^{2-}$，MnO_4^- 可以与 $C_2O_4^{2-}$ 迅速并完全反应，即可间接测定 Ca^{2+} 的含量。

返滴定法、置换滴定法和间接滴定法的应用大大扩展了滴定分析的应用范围。

2.2.2　标准溶液及配制方法

标准溶液的配制方法

知识点 1　**基准物质**

用于直接配制标准溶液或标定滴定分析中操作溶液浓度的物质称为基准物质。基准物质须具备以下条件：

(1) 组成恒定：实际组成与化学式符合。

(2) 纯度高：一般纯度应在 99.9%以上。

(3) 性质稳定：保存或称量过程中不分解、不吸湿、不风化、不易被氧化等。

(4) 具有较大的摩尔质量：称取质量大，称量误差小。

(5) 使用条件下易溶于水(或稀酸、稀碱)。

常用的基准物质，虽然符合上述条件，但由于贮存及微量杂质等因素的影响会造成一定误差，因而使用前都要经过一定的处理。处理方法及条件随基准物质的性质及杂质种类而不同。

利用基准物质除配制成标准溶液外，更多的是用来确定未知溶液的准确浓度。

知识点 2　标准溶液

标准溶液就是已知准确浓度的溶液。

1. 标准溶液浓度的表示方法

（1）物质的量浓度

以单位体积溶液里所含溶质 B(B 表示各种溶质)的物质的量来表示溶液组成的物理量，称为溶质 B 的物质的量浓度，单位 $mol \cdot L^{-1}$。

$$c(B)=\frac{n(B)}{V(\text{溶液})} \tag{2-19}$$

（2）滴定度

在滴定分析中为了计算方便，常用滴定度表示标准溶液的浓度。滴定度是指 1 mL 标准溶液中所含溶质的质量，或相当于待测组分的质量。常以“T”表示，单位为 $g \cdot mL^{-1}$。

滴定度以每毫升溶液所含溶质的质量表示时，称为直接滴定度，用符号 T_S表示，S 为标准溶液化学式。例如 $T_{AgNO_3}=0.007\ 649\ g \cdot mL^{-1}$，表示 1 mL $AgNO_3$标准溶液中含有 $AgNO_3$ 0.007 649 g。

滴定度以每毫升溶液相当于待测组分的质量表示时，用符号 $T_{B/S}$表示，B 为被测组分的化学式，S 为标准溶液化学式。例如 $T_{Na_2CO_3/HCl}=0.005\ 300\ g \cdot mL^{-1}$，表示 1 mL HCl 标准溶液相当于 Na_2CO_3 0.005 300 g。

2. 标准溶液浓度大小选择的依据

（1）滴定终点的敏锐程度。

（2）测量标准溶液体积的相对误差。

（3）分析试样的成分和性质。

（4）对分析结果准确度的要求。

3. 配制标准溶液的方法

（1）直接配制法

准确称量一定量的基准物质，溶解于适量溶剂后定量转移至容量瓶中，定容，摇匀，然后根据称取基准物质的质量和容量瓶的体积计算出该标准溶液的准确浓度。

如称取基准物质无水 Na_2CO_3 2.682 0 g，以水溶解后，定量转移至 500 mL 容量瓶中，定容，摇匀。其准确浓度为 $c(Na_2CO_3)=0.050\ 60\ mol \cdot L^{-1}$。计算如下：

$$c(Na_2CO_3)=\frac{m(Na_2CO_3)}{M(Na_2CO_3)V(Na_2CO_3)}=\frac{2.682\ 0\ g}{106.0\ g \cdot mol^{-1}\times 500.0\times 10^{-3}\ L}=0.050\ 60\ mol \cdot L^{-1}$$

直接配制法只适用于用基准物质配制标准溶液，对于非基准物质应用间接配制法进行配制。

（2）间接配制法(标定法)

间接配制法也叫标定法，即将试剂先配制成近似浓度的溶液，然后再用基准物或标准溶液确定其准确浓度。

① 配制：固体物质应在托盘天平上粗称所需的质量，溶解后，稀释到所需体积，摇匀，待标定。液体溶质或浓溶液，以量筒量取所需体积，然后再稀释到一定的体积，摇匀，待标定。

② 标定：用已知准确量的物质或溶液确定未知浓度溶液的准确浓度的过程称为标定，也叫作标化。一般可选用下列准确量的物质进行标定。

一是用基准物质标定(直接标定法)——准确称取一定量的基准物质与待标定的溶液作用，按具体步骤可分为称量法和移液管法。

A. 称量法：准确称取若干份少量的基准物质，分别溶解并用待标定溶液滴定，然后用每份基准物质的质量与待标定溶液的体积计算浓度，取浓度的平均值作为该溶液的准确浓度。这种方法称量基准物质的份数较多，偶然误差易发现，但称量时间较长。

B. 移液管法：准确称取一份较大量的基准物质，溶解后，于容量瓶中准确稀释到一定体积，摇匀，用移液管分取数份，分别用待标定溶液滴定，由基准物质的质量与待标定溶液的体积计算浓度。这种方法节省称量时间，但是偶然误差不易发现，基准物质用量也较多，并且要求使用互相校准过的移液管和容量瓶。

在实际工作中，多采用称量法标定溶液的准确浓度。

二是用已知浓度的标准溶液标定（互标法）——用已知准确浓度的标准溶液与待标定溶液相互滴定，由各溶液消耗的体积和已知的浓度计算待标定溶液的准确浓度。

三是用标准样品标定——将已知含量的标准样品，按测定步骤处理，用待标定溶液滴定，由标准样品质量及待标定溶液所消耗体积计算待标定溶液的准确浓度。这种方法得到的浓度可直接用滴定度表示。由于标准样品的组成与实际样品近似，所以误差较小。

不管采用哪种标定方法，都应力求标定过程、反应条件和测定物质含量时一致为好，这样可以减少和抵消实验中的系统误差。直接法制备标准溶液比较简单，但是必须有较多量的基准物质，因此，这种方法不适用于配制大量的标准溶液。而标定法只要一般级别的试剂，就可制备大量溶液，节省了比较昂贵的基准物质，当标定条件与测定条件相同时，又可以减少误差，其缺点是标定耗费时间较长。

4. 标准溶液的保存

制备好的标准溶液应保管好，使其浓度稳定不变。依溶液的性质，一般应注意以下问题。

（1）标准溶液应密封保存，防止溶剂蒸发。

（2）见光易挥发分解的溶液应贮存于棕色磨口瓶中，如 $KMnO_4$、$Na_2S_2O_3$、$AgNO_3$ 等溶液。

（3）易吸收 CO_2 并能腐蚀玻璃的较浓溶液，应贮存于带有橡胶塞及内壁涂有石蜡的玻璃瓶或聚乙烯瓶中，如 NaOH、KOH、EDTA 等溶液。对于碱溶液，还应在瓶口加装碱石灰干燥管，以防止在保存溶液时吸入 CO_2。

（4）由于溶剂易蒸发，挂于瓶内壁，使标准溶液浓度不匀，使用时应先摇匀。

2.2.3　滴定分析的计算

滴定分析计算依据

知识点 1　等物质的量的反应规则

1. 内容

在滴定分析中，滴定到达化学计量点时，被测组分的基本单元的物质的量等于所消耗的标准滴定溶液的基本单元的物质的量。

2. 表达式——等量式

$$n\left(\frac{1}{Z_1}\mathrm{A}\right)=n\left(\frac{1}{Z_2}\mathrm{B}\right) \tag{2-20}$$

注：A 是标准滴定溶液，B 是被测组分，$\frac{1}{Z_1}\mathrm{A}$ 和 $\frac{1}{Z_2}\mathrm{B}$ 分别是 A 和 B 的基本单元。显然，$n\left(\frac{1}{Z}\mathrm{B}\right)=Zn(\mathrm{B})$，因此 $c\left(\frac{1}{Z}\mathrm{B}\right)=Zc(\mathrm{B})$。

3. 滴定分析中基本单元确定的一般规律

（1）酸碱反应：以提供或接受 1 个 H^+ 的特定组合作为基本单元。

（2）氧化还原反应：以得到或失去 1 个电子的特定组合作为基本单元。

滴定分析计算示例

(3) 沉淀反应:以相当于1个$AgNO_3$的特定组合作为基本单元。

(4) 配位反应:以相当于1个EDTA的特定组合作为基本单元。

知识点2 滴定分析的计算

1. 标准滴定溶液浓度计算

【例2-11】 滴定25.00 mL $KMnO_4$溶液,需用$c(H_2C_2O_4)=0.250\,0\ mol\cdot L^{-1}$的$H_2C_2O_4$溶液26.50 mL,求$c\left(\frac{1}{5}KMnO_4\right)$,$c(KMnO_4)$。

【解】 $5H_2C_2O_4+2KMnO_4+3H_2SO_4 = 2MnSO_4+10CO_2\uparrow+K_2SO_4+8H_2O$

$$n\left(\frac{1}{5}KMnO_4\right)=n\left(\frac{1}{2}H_2C_2O_4\right)$$

$$c\left(\frac{1}{5}KMnO_4\right)V(KMnO_4)=2c(H_2C_2O_4)V(H_2C_2O_4)$$

$$c\left(\frac{1}{5}KMnO_4\right)=\frac{2\times 0.250\,0\ mol\cdot L^{-1}\times 26.50\ mL}{25.00\ mL}=0.530\,0\ mol\cdot L^{-1}$$

$$c(KMnO_4)=\frac{1}{5}c\left(\frac{1}{5}KMnO_4\right)=0.106\,0\ mol\cdot L^{-1}$$

【例2-12】 称取硼砂($Na_2B_4O_7\cdot 10H_2O$)0.485 3 g,用以标定盐酸溶液。已知化学计量点时消耗盐酸溶液24.75 mL,求此盐酸溶液的物质的量浓度。

【解】 $2HCl+Na_2B_4O_7\cdot 10H_2O = 2NaCl+4H_3BO_3+5H_2O$

$$n(HCl)=n\left(\frac{1}{2}Na_2B_4O_7\cdot 10H_2O\right)$$

$$c(HCl)\cdot V(HCl)=\frac{m(Na_2B_4O_7\cdot 10H_2O)}{M\left(\frac{1}{2}Na_2B_4O_7\cdot 10H_2O\right)}$$

$$c(HCl)=\frac{0.485\,3\ g}{\frac{1}{2}\times 381.37\ g\cdot mol^{-1}\times 24.75\times 10^{-3}\ L}=0.102\,8\ mol\cdot L^{-1}$$

2. 标准滴定溶液消耗体积估算

【例2-13】 称取0.584 4 g NaCl溶解于水,用$c(AgNO_3)=0.50\ mol\cdot L^{-1}$的$AgNO_3$标准溶液滴定,问需消耗$AgNO_3$标准溶液多少毫升?

【解】 $AgNO_3+NaCl = AgCl\downarrow+NaNO_3$

$$n(AgNO_3)=n(NaCl)$$

$$c(AgNO_3)V(AgNO_3)=\frac{m(NaCl)}{M(NaCl)}$$

$$V(AgNO_3)=\frac{0.584\,4\ g}{58.45\ g\cdot mol^{-1}\times 0.50\ mol\cdot L^{-1}}=0.020\,0\ L=20\ mL$$

3. 标定中基准物取用量估算

【例2-14】 标定$c(HCl)=0.10\ mol\cdot L^{-1}$的HCl溶液,要使消耗HCl溶液的体积约为30 mL,应称取多少克无水Na_2CO_3?

【解】 $Na_2CO_3 + 2HCl \longrightarrow 2NaCl + CO_2\uparrow + H_2O$

$$n\left(\frac{1}{2}Na_2CO_3\right) = n(HCl)$$

$$\frac{m(Na_2CO_3)}{M\left(\frac{1}{2}Na_2CO_3\right)} = c(HCl)V(HCl)$$

$$m(Na_2CO_3) = 0.10\ mol \cdot L^{-1} \times 30 \times 10^{-3}\ L \times \frac{1}{2} \times 106.0\ g \cdot mol^{-1} = 0.16\ g$$

4. 被测组分含量计算

【例 2-15】 称取工业草酸($H_2C_2O_4 \cdot 2H_2O$)1.680 g,溶解于 250 mL 容量瓶中,移取 25.00 mL 以 $c(NaOH)=0.104\ 5\ mol \cdot L^{-1}$ NaOH 标准溶液滴定消耗 24.65 mL,求工业草酸的纯度。

【解】 $H_2C_2O_4 \cdot 2H_2O + 2NaOH \longrightarrow Na_2C_2O_4 + 4H_2O$

$$n\left(\frac{1}{2}H_2C_2O_4 \cdot 2H_2O\right) = n(NaOH)$$

$$\frac{m(H_2C_2O_4 \cdot 2H_2O)}{M\left(\frac{1}{2}H_2C_2O_4 \cdot 2H_2O\right)} = c(NaOH)V(NaOH)$$

$$m(H_2C_2O_4 \cdot 2H_2O) = c(NaOH)V(NaOH)M\left(\frac{1}{2}H_2C_2O_4 \cdot 2H_2O\right)$$

$$w(H_2C_2O_4 \cdot 2H_2O) = \frac{c(NaOH)V(NaOH)M\left(\frac{1}{2}H_2C_2O_4 \cdot 2H_2O\right)}{m_s} \times 100\%$$

$$= \frac{0.104\ 5\ mol \cdot L^{-1} \times 24.65 \times 10^{-3}\ L \times \frac{1}{2} \times 126.07\ g \cdot mol^{-1}}{1.680\ g \times \frac{25\ mL}{250\ mL}} \times 100\% = 96.65\%$$

【例 2-16】 称取 0.518 5 g 含有水溶性氯化物的样品,以 $c(AgNO_3)=0.100\ 0\ mol \cdot L^{-1}$ $AgNO_3$ 标准溶液滴定,共消耗 44.20 mL。求样品中氯的质量分数。

【解】 $Ag^+ + Cl^- \longrightarrow AgCl\downarrow$

$$n(Cl) = n(AgNO_3)$$

$$m(Cl) = c(AgNO_3)V(AgNO_3)M(Cl)$$

$$w(Cl) = \frac{c(AgNO_3)V(AgNO_3)M(Cl)}{m_s} \times 100\%$$

$$= \frac{0.100\ 0\ mol \cdot L^{-1} \times 44.20 \times 10^{-3}\ L \times 35.45\ g \cdot mol^{-1}}{0.518\ 5\ g} \times 100\% = 30.22\%$$

【例 2-17】 今有工业浓碱液,取 2.00 mL 加蒸馏水稀释后,用 $c(HCl)=0.100\ 0\ mol \cdot L^{-1}$ HCl 标准溶液滴定消耗 35.00 mL。求工业浓碱液含 NaOH 的质量浓度。

【解】 $HCl + NaOH \longrightarrow NaCl + H_2O$

$$n(NaOH) = n(HCl)$$

$$\frac{m(NaOH)}{M(NaOH)} = c(HCl)V(HCl)$$

$$m(NaOH) = c(HCl)V(HCl)M(NaOH)$$

$$\rho(NaOH)=\frac{m(NaOH)}{V_{试液}}=\frac{c(HCl)V(HCl)M(NaOH)}{V_{试液}}$$
$$=\frac{0.100\ 0\ mol\cdot L^{-1}\times 35.00\times 10^{-3}\ L\times 40.00\ g\cdot mol^{-1}}{2.00\times 10^{-3}\ L}=70.0\ g\cdot L^{-1}$$

【例 2-18】 今有工业醋酸溶液 25.00 mL 加蒸馏水稀释 250.0 mL 后，用移液管移取 25.00 mL，以 $c(NaOH)=0.102\ 5\ mol\cdot L^{-1}$ NaOH 标准溶液滴定消耗 33.08 mL。求工业醋酸中含 HAc 的质量浓度。

【解】 $HAc+NaOH=\!=\!=NaAc+H_2O$

$$n(HAc)=n(NaOH)$$
$$\frac{m(HAc)}{M(HAc)}=c(NaOH)V(NaOH)$$
$$m(HAc)=c(NaOH)V(NaOH)M(HAc)$$
$$\rho(HAc)=\frac{c(NaOH)V(NaOH)M(HAc)}{V_{试液}}$$
$$=\frac{0.102\ 5\ mol\cdot L^{-1}\times 33.08\ mL\times 60.05\ g\cdot mol^{-1}}{25.00\ mL\times\frac{25\ mL}{250\ mL}}=81.44\ g\cdot L^{-1}$$

5. **物质的量浓度 c 与滴定度 T 的换算**

【例 2-19】 求 $c(HCl)=0.100\ 0\ mol\cdot L^{-1}$ HCl 标准溶液对 NaOH 的滴定度。

【解】 $HCl+NaOH=\!=\!=NaCl+H_2O$，$n(NaOH)=n(HCl)$

$$\frac{T_{NaOH/HCl}}{M(NaOH)}=\frac{c(HCl)}{1\ 000}$$
$$T_{NaOH/HCl}=\frac{c(HCl)M(NaOH)}{1\ 000}=\frac{0.100\ 0\ mol\cdot L^{-1}\times 40.00\ g\cdot mol^{-1}}{1\ 000}=4.000\times 10^{-3}\ g\cdot mL^{-1}$$

【例 2-20】 已知 HCl 标准溶液对 Na_2CO_3 的滴定度为 $5.300\times 10^{-3}\ g\cdot mL^{-1}$，求 HCl 标准溶液的物质的量浓度。

【解】 $2HCl+Na_2CO_3=\!=\!=2NaCl+CO_2\uparrow+H_2O$

$$n\left(\frac{1}{2}Na_2CO_3\right)=n(HCl)$$
$$\frac{T_{Na_2CO_3/HCl}}{M\left(\frac{1}{2}Na_2CO_3\right)}=\frac{c(HCl)}{1\ 000}$$
$$c(HCl)=\frac{1\ 000T_{Na_2CO_3/HCl}}{M\left(\frac{1}{2}Na_2CO_3\right)}$$
$$=\frac{1\ 000\times 5.300\times 10^{-3}\ g\cdot mL^{-1}}{\frac{1}{2}\times 106.0\ g\cdot mol^{-1}}=0.100\ 0\ mol\cdot L^{-1}$$

2.2.4 误差与偏差

知识点 1　准确度与误差

1. **真值**

某一物质本身具有的客观存在的真实数值，即为该量的真值。一般说来，真值是未知的，但下列情

况的真值可以认为是已知的。

(1) 理论真值，如某化合物的理论组成等。

(2) 计量学约定真值，如国际计量大会上确定的长度、质量、物质的量单位等。

(3) 相对真值，认定精度高一个数量级的测定值作为低一级的测量值的真值，这种真值是相对而言的，如厂矿实验室中标准试样及管理试样中组分的含量等可视为真值。

2. 准确度与误差

准确度是测量值 x 与真值 m 之间的符合程度。测量值 x 与真值 m 之间的差别越小，测量值越准确。准确度说明测定结果的可靠性，用误差值来量度，误差可用绝对误差 E_a 和相对误差 E_r 两种方法表示。绝对误差 E_a 表示测量值 x 与真值 m 之差，即

$$\text{绝对误差}=\text{测量值}-\text{真值} \tag{2-21}$$

$$E_a = x - m \tag{2-22}$$

但绝对误差不能完全说明测定的准确度。例如，被称量物质的质量分别为 1 g 和 0.1 g，称量的绝对误差同样是 +0.000 1 g，但其含义不同，故分析结果的准确度常用相对误差 E_r 表示。

相对误差 E_r 是指绝对误差 E_a 在真值 m 中所占的百分率，即

$$\text{相对误差}=\frac{\text{绝对误差}}{\text{真值}}\times 100\% \tag{2-23}$$

$$E_r = \frac{x-m}{m}\times 100\% \tag{2-24}$$

绝对误差和相对误差都有正值和负值。当误差为正值时，表示测定结果偏高；当误差为负值时，表示测定结果偏低。相对误差能反映误差在真值中所占的比例，用来比较在各种情况下测定结果的准确度比较合理，因此最常用。相对误差会随着测量值的增大而减小。但应注意，有时为了说明一些仪器测量的准确度，用绝对误差更清楚。例如，分析天平的称量误差为 ±0.000 1 g，常量滴定管的读数误差为 ±0.01 mL 等，都是用绝对误差来说明的。

知识点 2　误差及其产生的原因

1. 系统误差——可测误差

由于某种确定的原因引起的误差称为系统误差，其特点是具有重复性、恒定性(一定条件下不变)、单向性、可定性(大小可测出并校正，故又称为可定误差或可测误差)，影响测定的准确度。系统误差有以下几个主要来源。

(1) 方法误差：分析方法本身不够完美所造成的误差，如反应不能定量完成，有副反应发生，滴定终点与化学计量点不一致，存在干扰组分等。

(2) 仪器误差：主要是仪器本身不够准确或未经校准引起的，如天平两臂不等、量器(容量瓶、滴定管等)和仪表刻度不准等。

(3) 试剂误差：试剂不纯和蒸馏水中含有微量杂质所引起。

(4) 操作误差：分析工作者实际操作与正确操作稍有出入引起的，如滴定管读数总是偏高或偏低，坩埚灼烧后没有冷却到室温就称量等。对某种颜色变化不敏感，滴定时导致稍微过量等也会引起误差。

对于系统误差，查明原因后可设法消除，或测出其大小后对结果加以校正。

2. 随机误差(偶然误差)——不可测误差

随机误差是指由很多不可避免且无法控制的偶然因素引起的误差。偶然因素来自测定时环境的温度、湿度和气压的微小波动等。随机误差具有不可定性(时正时负，时大时小，难控制)，会影响测定的精密度，在同样条件下进行多次测定时其服从正态分布。

正态分布内容为以下两个方面：

(1) 小误差出现的机会多，大误差出现的机会少。

(2) 大小相等、符号相反的正负误差出现的机会相等。

由上可知，若测定次数较多，计算分析结果的算术平均值时，正负误差可以减小。

在定量分析中，除系统误差和随机误差外，还有一类"过失误差"，是指工作中的差错造成的误差，一般是因违反操作规程引起的，如溶液溅失、沉淀穿滤、加错试剂、读错刻度、记录和计算错误等，往往引起分析结果有较大的"误差"。这种"过失误差"不能算作随机误差，如证实是过失引起的，应弃去此结果。

知识点3 提高分析结果准确度的方法

1. 选择合适的分析方法

为了使测定结果达到一定的准确度，满足实际分析工作的需要，先要选择合适的分析方法。各种分析方法的准确度和灵敏度是不同的，如重量分析和滴定分析，灵敏度虽不高，但对于高含量组分的测定，能获得比较准确的结果，相对误差一般是千分之几。再如，用 $K_2Cr_2O_7$ 滴定法测得铁的含量为40.20%，若方法的相对误差为 0.2%，则铁的含量范围是 40.12%～40.28%。这一试样如果用光度法进行测定，按其相对误差为 2%计，可测得的铁的含量范围将在 39.4%～41.0%之间，显然这样的测定准确度太差。如果是含铁 0.50%的试样，尽管 2%的相对误差较大，但由于含量低，其绝对误差小，仅为0.02×0.50%=0.01%，这样的结果是满足要求的。相反，这么低含量的样品，若用重量法或滴定法则又是无法测量的。此外，在选择分析方法时还要考虑分析试样的组成。

2. 减小测量误差

在测定方法选定后，为了保证分析结果的准确度，必须尽量减小测量误差。例如，在重量分析中，测量步骤是称量，这就应设法减少称量误差。一般分析天平的称量误差是±0.000 1 g，用减量法称量两次，可能引起的最大误差是±0.000 2 g，为了使称量时的相对误差在 0.1%以下，试样质量就不能太小，从相对误差的计算中可得到：

$$相对误差=\frac{绝对误差}{真值}\times 100\%$$

$$试样质量=\frac{绝对误差}{相对误差}=\frac{\pm 0.000\ 2\ g}{\pm 0.001}=0.2\ g$$

可见试样质量必须在 0.2 g 以上才能保证称量的相对误差在 0.1%以内。

在滴定分析中，滴定管读数常有±0.01 mL 的误差。在一次滴定中，需要读数两次，这样可能造成±0.02 mL 的误差。所以，为了使测量时的相对误差小于 0.1%，消耗滴定剂体积必须在 20 mL 以上。一般常控制在 20～40 mL，以保证相对误差小于 0.1%。

应该指出，对不同测定方法，测量的准确度只要与该方法的准确度相适应就可以了。例如，用比色法测定微量组分，要求相对误差为 2%，若称取试样 0.5 g，则试样的称量误差小于 0.5 g×2%=0.01 g 即可，没有必要像重量法和滴定分析法那样，强调称准至±0.000 2 g。不过实际工作中，为了使称量误差可以忽略不计，一般将称量的准确度提高约一个数量级。如在上例中，宜称准至±0.001 g。

3. 增加平行测定次数，减小随机误差

如前所述，在消除系统误差的前提下，平行测定次数愈多，平均值愈接近真实值。因此，增加测定次数可以减小随机误差。

4. 消除测量过程中的系统误差

由于系统误差的产生有多方面的原因，因此应根据具体情况，采用不同的方法来检验和消除系统误差。

(1) 改善方法本身

方法本身的缺陷是系统误差最重要的来源，应尽可能找出原因，使其减免。如重量分析中，设法增

加沉淀的完全程度，减小杂质的吸附，避免称量时吸潮等；滴定分析中选择更合适的指示剂，减小终点误差，消除干扰离子的影响等。

(2) 对照试验

对照试验是检验系统误差的有效方法。进行对照试验时，常用已知准确结果的标准试样与被测试样一起进行对照试验，或用其他可靠的分析方法进行对照试验，也可由不同人员、不同单位进行对照试验。

用标样进行对照试验时，应尽量选择与试样组成相近的标准试样进行对照分析。根据标准试样的分析结果，采用统计检验方法确定是否存在系统误差。

由于标准试样的数量和品种有限，所以有些单位又自制一些"管理样"，以此代替标准试样进行对照分析。管理样事先经过反复多次分析，其中各组分的含量也是比较可靠的。

如果没有适当的标准试样和管理试样，有时可以自己制备"人工合成试样"来进行对照分析。人工合成试样是根据试样的大致成分由纯化合物配制而成，配制时要注意称量准确，混合均匀，以保证被测组分的含量是准确的。

进行对照试验时，如果对试样的组成不完全清楚，则可以采用"加入回收法"进行试验。这种方法是向试样中加入已知量的被测组分，然后进行对照试验，以加入的被测组分是否能定量回收，来判断分析过程是否存在系统误差。

用国家颁布的标准分析方法和所选的方法同时测定某一试样进行对照试验，也是经常采用的一种办法。

许多生产单位为了检查分析人员之间是否存在系统误差，常在安排试样分析任务时，将一部分试样重复安排在不同分析人员之间，相互进行对照试验，这种方法称为"内检"。有时又将部分试样送交其他单位进行对照分析，这种方法称为"外检"。

(3) 空白试验

由试剂和器皿带进杂质所造成的系统误差，一般可做空白试验来扣除。所谓空白试验就是在不加试样的情况下，按照试样分析同样的操作程序和条件进行试验。试验所得结果称为空白值。从试样分析结果中扣除空白值后，就得到比较可靠的分析结果。

空白值一般不应很大，否则扣除空白时会引起较大的误差。当空白值较大时，可通过提纯试剂和改用其他适当的器皿来解决问题。

(4) 校准仪器

仪器不准确引起的系统误差，可以通过校准仪器来减小。例如，砝码、移液管和滴定管等在精确的分析中，必须进行校准，并在计算结果时采用校正值。在日常分析工作中，因仪器出厂时已进行过校准，只要仪器保管妥善，通常可以不再进行校准。

(5) 分析结果的校正

分析过程中的系统误差，有时可采用适当的方法进行校正。例如，重量法测硅时，分离硅酸后的滤液中含有少量硅，可用比色法测出，然后把这部分硅加到重量分析结果中，以校正因沉淀不全而带来的负误差。

知识点 4　精密度与偏差

精密度是在受控条件下多次测定结果的相互符合程度，表达了测定结果的重复性和再现性，用偏差表示。

偏差

1. 绝对偏差与相对偏差

(1) 绝对偏差

绝对偏差表示某次测量值与平均值的差值。

$$d_i = x_i - \bar{x} \tag{2-25}$$

(2) 相对偏差

相对偏差表示绝对偏差在平均值中所占的比例。

$$d_{ir}=\frac{d_i}{\bar{x}}\times 100\% \tag{2-26}$$

因为测量是多次的，n 次测定有 n 个偏差，所以某次测量值的偏差无多大意义。为了说明各次测量之间相互符合的程度，通常用平均偏差表示精密度。

2. 平均偏差和相对平均偏差

(1) 平均偏差

① 总体——研究对象的全体。如对一个样品测定无限次，这无限多次测定数据的集合称为总体(实际上大于 30 次即可认为是总体)。

② 样本——从总体中随机抽出的一部分。如对样品做有限的 n 次重复测定，这组数据称为容量为 n 的样本。

③ 总体平均偏差

$$d=\frac{\sum |x_i-m|}{n} \tag{2-27}$$

④ 平均偏差(样本)

$$\bar{d}=\frac{\sum |x_i-\bar{x}|}{n} \tag{2-28}$$

(2) 相对平均偏差(样本)

$$\bar{d}_r=\frac{\bar{d}}{\bar{x}}\times 100\% \tag{2-29}$$

用平均偏差表示精密度仍不够理想，特别是当一组数据分散程度较大时，平均偏差不一定能反映精密度的好坏。

有甲乙两组数据，其各次测定的偏差如下。

甲组 d_i：+0.1，+0.4，0.0，−0.3，+0.2，+0.3，+0.2，−0.2，−0.4，+0.3

各偏差彼此接近，$\bar{d}_{甲}=0.24$。

乙组 d_i：−0.1，−0.2，+0.9，0.0，+0.1，+0.1，+0.0，+0.1，−0.7，−0.2

各偏差之间相差较大，$\bar{d}_{乙}=0.24$。

两组数据虽平均偏差相同，但乙组数据中有两个大偏差，很明显其离散程度大些。由此可见，用平均偏差表示精密度不尽满意。因此，在数理统计中，常用标准偏差表示精密度。

3. 标准偏差和相对标准偏差

(1) 总体标准偏差

当测定次数为无限多次时(>30 次)，测定的平均值接近真值 m，此时各测量值对总体平均值的偏离用标准偏差 σ 表示。

$$\sigma=\sqrt{\frac{\sum_{i=1}^{n}(x_i-m)^2}{n}} \tag{2-30}$$

实际工作中大多数测定次数都少于 30 次，所以真值 m 是不知道的，而是用平均值代替真值，用样

本的标准偏差 s 来衡量分析数据的分散程度。

（2）样本标准偏差

$$s=\sqrt{\frac{\sum_{i=1}^{n}(x_i-\bar{x})^2}{n-1}} \tag{2-31}$$

式中 $n-1$ 为自由度，以 f 表示，它说明在 n 次测定中，只有 $n-1$ 个可变偏差，引入 $n-1$，主要是为了校正以样本平均值代替总体平均值所引起的误差。

$$\lim_{n\to\infty}\frac{\sum(x_i-\bar{x})^2}{n-1}\approx\frac{\sum(x_i-m)^2}{n} \tag{2-32}$$

利用标准偏差衡量精密度时，将单次测量值的偏差加以平方，可以更好地将较大偏差对精密度的影响表示出来。上例中甲、乙两组数据的标准偏差分别为 $S_{甲}=0.28$，$S_{乙}=0.40$，可见甲组精密度好些，而用平均偏差不能显示这点。因此，用标准偏差衡量数据的分散程度比平均偏差更为恰当。

（3）样本的相对标准偏差（变异系数）

$$s_r=\frac{s}{\bar{x}}\times100\% \tag{2-33}$$

4. 极差

一组测量数据中，最大值（x_{max}）与最小值（x_{min}）之差称为极差。

$$R=x_{max}-x_{min} \tag{2-34}$$

用该法表示误差十分简单，适用于少数几次测定中估计误差的范围，它的不足之处是没有利用全部测量数据。测量结果的相对极差为：

$$相对极差=\frac{R}{\bar{x}}\times100\% \tag{2-35}$$

5. 公差

公差是生产部门对于分析结果允许误差的一种表示方法。它表示某项分析所允许的平行测定之间的绝对偏差。在例行分析中可以用公差作为判断分析结果是否合适的依据。若平行测定数据的偏差不超过公差，则测定结果有效，否则称为“超差”，此项分析应重做。

【例 2-21】 用酸碱滴定法测定某混合物中乙酸含量，得到结果见表 2-2，计算单次分析结果的平均偏差、相对平均偏差、标准偏差。

表 2-2　测定结果

x	$\lvert d_i\rvert$	d_i^2
10.48%	0.05%	2.5×10^{-7}
10.37%	0.06%	3.6×10^{-7}
10.47%	0.04%	1.6×10^{-7}
10.43%	0.00%	0
10.40%	0.03%	0.9×10^{-7}
$\bar{x}=10.43\%$	$\sum\lvert d_i\rvert=0.18\%$	$\sum d_i^2=8.6\times10^{-7}$

【解】 平均偏差 $\bar{d}=\frac{\sum|d_i|}{n}=\frac{0.18\%}{5}=0.036\%$

相对平均偏差 $\frac{\bar{d}}{\bar{x}}\times100\%=\frac{0.36\%}{10.43\%}\times100\%=0.35\%$

标准偏差 $s=\sqrt{\frac{\sum d_i^2}{n-1}}=\sqrt{\frac{8.6\times10^{-7}}{4}}=4.6\times10^{-4}=0.046\%$

答：这组数据的平均偏差为 0.036%；相对平均偏差为 0.35%；标准偏差为 0.046%。

知识点5 准确度与精密度的关系

精密度高，不一定准确度高；准确度高，一定要精密度好。精密度是保证准确度的先决条件，精密度高的分析结果才有可能获得高准确度。

定量分析工作中要求测量值或分析结果应达到一定的准确度与精密度。值得注意的是，并非精密度高者准确度就高。例如，甲、乙、丙三人同时测定一铁矿石中 Fe_2O_3 的含量(真实含量以质量分数表示为 50.36%)，各分析四次，测定结果见表 2-3。

表 2-3 测定结果

	1	2	3	4	平均值
甲	50.30%	50.30%	50.28%	50.29%	50.29%
乙	50.34%	50.35%	50.33%	50.36%	50.35%
丙	50.37%	50.48%	50.29%	50.26%	50.35%

将数据绘入图 2-1，可见甲的分析结果的精密度很好，但平均值与真实值相差较大，说明准确度低；丙的分析结果精密度不高，准确度也不高；只有乙的分析结果的精密度和准确度都比较高。所以，精密度高的不一定准确度就高，但准确度高一定要求精密度高，即一组数据精密度很差，自然失去了衡量准确度的前提。

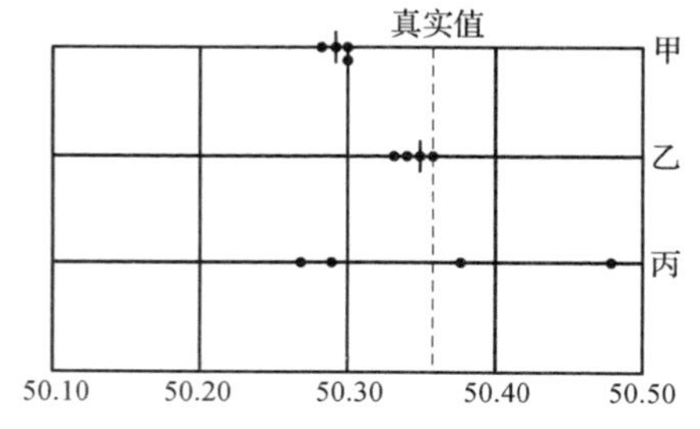

图 2-1 不同分析人员的分析结果

2.2.5 有效数字

在定量分析中，为了得到准确的分析结果，不仅要准确地进行各种测量，而且还要正确地记录和计算分析数据。分析结果所表达的不仅仅是试样中待测组分的含量，而且还反映了测量的准确程度。

有效数字

知识点1 有效数字

“有效数字”是指在分析工作中实际能够测量得到的数字。

1. 有效数字的读取与记录

在读取有效数字时应估读一位，且只能估读一位，估读的一位是可疑的，其余都是准确的，即在保留的有效数字中，只有最后一位数字是可疑的(有±1 的误差)，其余数字都是准确的。例如，滴定管的最小刻度是 0.1 mL，读数 25.31 mL 中，25.3 是确定的，0.01 是估出的，是可疑的，可能为(25.31±0.01)mL。有效数字的位数由所使用的仪器决定，不能任意增加或减少，如前例中滴定管的读数不能写成 25.310 mL，也不能写成 25.3 mL。

有效数字的读取与记录的原则是：有效数字的最后一位数值是可疑值。

2. 有效数字位数的确定

(1) 数字“0”：在第一个非“0”数字前的所有的“0”都不是有效数字，因为它只起定位作用，与精度无

关，例如，0.038 2 中的“0”不是有效数字；第一个非“0”数字后的所有的“0”都是有效数字，例如，1.000 8、7.200 中的“0”是有效数字。

(2) 在分析化学中，常遇到倍数、分数关系，如$\frac{1}{3}$、$\frac{1}{5}$等，非测量所得，可视为无限多位有效数字。

(3) 含有对数的有效数字，如 pH、pK_a、lg k 等，其有效数字的位数等于小数部分的位数，整数部分只说明这个数的方次，如 pH＝9.32 为两位有效数字而不是三位有效数字。

(4) $K\times10^n$ 的有效数字位数取决于 K，如 101×10^3 或 1.01×10^{-5} 都是三位有效数字。

【例 2-22】 确定下列几组数据的有效数字位数。

2.1，1.0，1.98，0.038 2，18.79%，7.200，43 219，1.000 8，100，1 000

【解】

2.1	1.0	两位有效数字
1.98	0.038 2	三位有效数字
18.79%	7.200	四位有效数字
43 219	1.000 8	五位有效数字
100	1 000	有效数字位数为无限多位

3. 有效数字修约规则

在处理数据过程中，涉及的各测量值的有效数字位数可能不同，因此需要按下述计算规则确定各测量值的有效数字位数。各测量值的有效数字位数确定后，要将其后多余的数字舍弃。舍弃多余的数字的过程称为“数字修约”，它所遵循的规则称为“数字修约规则”。可归纳为如下口诀：“四舍六入五取舍”。五取舍的含义是五后非零就进一，五后皆零视奇偶(五前为偶应舍去，五前为奇则进一)。

【例 2-23】 将下列数据修约到保留两位有效数字。

1.434 26，1.463 1，1.450 7，1.450 0，1.350 0

【解】 按上述修约规则：

(1) 1.434 26 修约为 1.4。

保留两位有效数字，第三位小于等于 4 时舍去。

(2) 1.463 1 修约为 1.5。

第三位大于等于 6 时进 1。

(3) 1.450 7 修约为 1.5。

第三位为 5，但其后面并非全部为 0 应进 1。

(4) 1.450 0 修约为 1.4。

第三位为 5，五后皆零，五前为偶应舍去。

(5) 1.350 0 修约为 1.4

第三位为 5，五后皆零，五前为奇则进一。

注意，若拟舍弃的数字为两位以上，应按规则一次修约，不能分次修约。例如，将 7.549 1 修约为 2 位有效数字，不能先修约为 7.55，再修约为 7.6，而应一次修约到位，即 7.5。在用计算器(或计算机)处理数据时，对于运算结果，亦应按照有效数字的计算规则进行修约。

知识点 2　有效数字运算规则

在进行结果运算时，应遵循下列规则。

1. 加减法

几个数据相加减时，它们最后结果的有效数字的保留应以小数点后位数最少的数据为准。

$$0.12+0.0354+42.716=42.8714\approx42.87$$

2. 乘除法

几个数据相乘或相除时，它们的积或商的有效数字位数的保留必须以各数据中有效数字位数最少的数据为准。

$$1.54 \times 31.76 = 48.910\ 4 \approx 48.9$$

3. 乘方和开方

对数据进行乘方或开方时，所得结果的有效数字位数保留应与原数据相同。例如：

$$6.72^2 = 45.158\ 4\ \text{保留三位有效数字则为}\ 45.2$$

$$\sqrt{9.65} = 3.106\ 44\ \text{保留三位有效数字则为}\ 3.11$$

4. 对数计算

所取对数的小数点后的位数(不包括整数部分)应与原数据的有效数字的位数相等。例如：

$$\lg 102 = 2.008\ 600\ 17\ \text{保留小数点后三位则为}\ 2.009$$

在有效数字运算时应注意以下问题：

(1) 在计算中常遇到分数、倍数等，可视为无限多位有效数字。

(2) 在乘除运算过程中，首位数为“8”或“9”的数据，有效数字位数可以多取一位。

(3) 在混合计算中，有效数字的保留以最后一步计算的规则执行。

(4) 表示分析方法的精密度和准确度时，大多数取 1～2 位有效数字。

(5) 有效数字不因单位的改变而改变。如 101 kg，不应写成 101 000 g，而应写为 101×10^3 g 或 1.01×10^5 g。

2.3 酸碱滴定法

2.3.1 酸碱指示剂

酸碱指示剂的变色原理

知识点 1　酸碱指示剂的作用原理

酸碱指示剂一般都是弱的有机酸或有机碱，在不同的酸度条件下具有不同的结构和颜色。例如，酚酞指示剂在水溶液中是一种无色的二元酸，有以下电离平衡存在，如图 2-2。

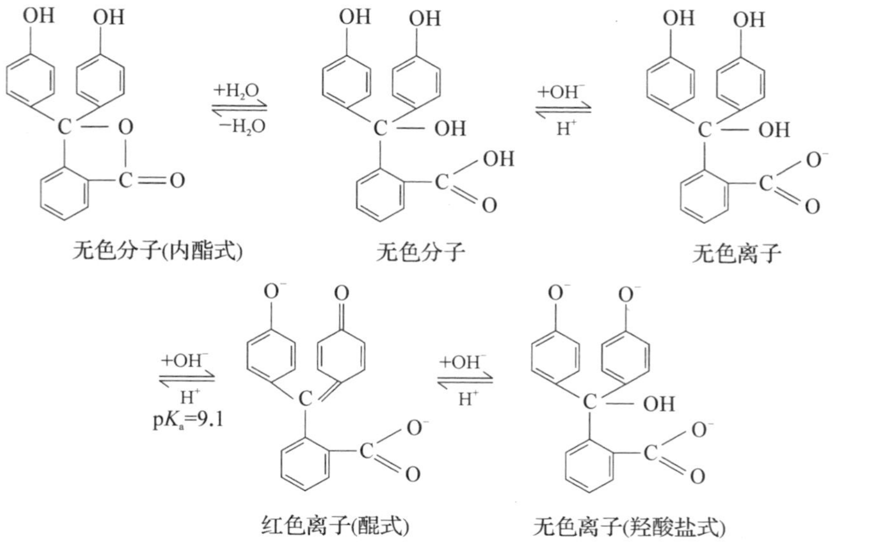

无色分子(内酯式)　$\underset{-H_2O}{\overset{+H_2O}{\rightleftharpoons}}$　无色分子　$\underset{H^+}{\overset{+OH^-}{\rightleftharpoons}}$　无色离子

$\underset{H^+}{\overset{+OH^-}{\rightleftharpoons}}$ ($pK_a=9.1$)　红色离子(醌式)　$\underset{H^+}{\overset{+OH^-}{\rightleftharpoons}}$　无色离子(羟酸盐式)

图 2-2　酚酞的电离平衡

碱性溶液中酚酞结构变化的过程也可简单表示为：

$$\text{无色分子} \underset{H^+}{\overset{OH^-}{\rightleftharpoons}} \text{无色离子} \underset{H^+}{\overset{OH^-}{\rightleftharpoons}} \text{红色离子} \underset{H^+}{\overset{\text{浓碱}}{\rightleftharpoons}} \text{无色离子}$$

上式表明，这个转变过程是可逆的，当溶液 pH 降低时，平衡向反方向移动，酚酞又变成无色分子。因此，酚酞在 pH<9.1 的酸性溶液中均呈无色，当 pH>9.1 时形成红色型体，在浓的强碱溶液中又呈无色。酚酞是一种单色指示剂。

再如另一种常用的酸碱指示剂甲基橙，是一种弱的有机碱，在溶液中有如下电离平衡存在，如图 2-3。

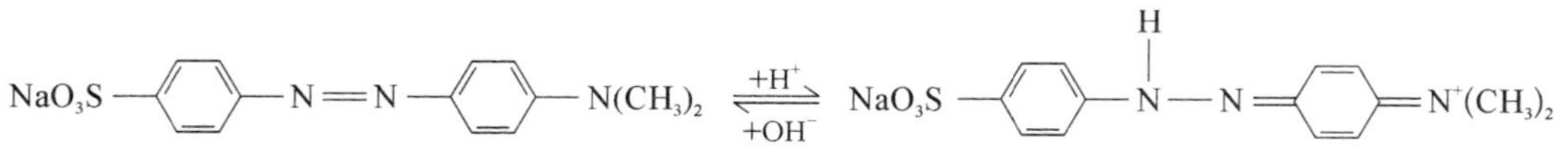

$$NaO_3S-C_6H_4-N=N-C_6H_4-N(CH_3)_2 \underset{+OH^-}{\overset{+H^+}{\rightleftharpoons}} NaO_3S-C_6H_4-NH-N=C_6H_4=N^+(CH_3)_2$$

黄色分子(偶氮式)　　　　红色分子(醌式)

图 2-3　甲基橙的电离平衡

显然，甲基橙与酚酞相似，在不同的酸度条件下具有不同的结构及颜色。所不同的是，甲基橙是一种双色指示剂，当 pH<3.1 时呈红色，当 pH>4.4 时呈黄色。

由此可见，酸碱指示剂在不同的酸度条件下具有不同的结构及颜色，当溶液酸度改变时，平衡发生移动，酸碱指示剂从一种结构变为另一种结构，从而使溶液的颜色发生相应的改变，这就是酸碱指示剂的变色原理。

知识点 2　酸碱指示剂的变色范围及其影响因素

1. 酸碱指示剂的变色范围

若以 HIn 表示一种弱酸型指示剂，In^- 为其共轭碱，在水溶液中存在以下平衡：

$$HIn \rightleftharpoons H^+ + In^-$$

相应的平衡常数为

$$K_a^\ominus(HIn) = \frac{[H^+] \cdot [In^-]}{[HIn]} \tag{2-36}$$

或

$$\frac{[In^-]}{[HIn]} = \frac{K_a^\ominus(HIn)}{[H^+]} \tag{2-37}$$

式中，$[In^-]$代表了碱色式的浓度，[HIn]代表了酸色式的浓度。

只要酸碱指示剂一定，$K_a^\ominus(HIn)$在一定条件下为一常数，$\frac{[In^-]}{[HIn]}$只取决于溶液中$[H^+]$的大小，所以酸碱指示剂能指示溶液酸度。

当溶液中的$[H^+]$发生改变时，$[In^-]$和[HIn]的比值也发生改变，溶液的颜色逐渐发生变化。一般来说，$\frac{[In^-]}{[HIn]} \geqslant 10$，人眼所看到的为碱式色；$\frac{[In^-]}{[HIn]} \leqslant 0.1$，人眼所看到的是酸式色；当$[In^-]=[HIn]$，即 $pH=pK_a^\ominus(HIn)$时为酸碱指示剂的理论变色点，溶液呈现酸碱指示剂的混合色，称为中间色（过渡色）。如表 2-4 所示。

表 2-4　指示剂变色情况

$\frac{[In^-]}{[HIn]}$	$<\frac{1}{10}$	$=\frac{1}{10}$	$=1$	$=10$	>10
指示剂颜色	酸式色	略带酸式色	中间色	略带碱式色	碱式色

因此，酸碱指示剂的变色范围一般是 $pH=pK_a^{\ominus}(HIn)\pm1$。

由此可见，不同的酸碱指示剂，$pK_a^{\ominus}(HIn)$不同，它们的变色范围就不同，所以不同的酸碱指示剂能指示不同的酸度变化。表 2－5 列出了一些常用的酸碱指示剂的变色范围。

表 2－5　常用的酸碱指示剂

指示剂	变色范围	颜色		$pK_{HIn}^{\ominus}$	用量/(滴/10 mL 试液)
	pH	酸色	碱色		
百里酚蓝	1.2～2.8	红	黄	1.65	1～2
甲基黄	2.9～4.0	红	黄	3.25	1
甲基橙	3.1～4.4	红	黄	3.45	1
溴酚蓝	3.0～4.6	黄	紫	4.1	1
溴甲酚绿	4.0～5.6	黄	蓝	4.9	1～3
甲基红	4.4～6.2	红	黄	5.0	1
溴百里酚蓝	6.2～7.6	黄	蓝	7.3	1
中性红	6.8～8.0	红	橙黄	7.4	1
酚红	6.7～8.4	黄	红	8.0	1
酚酞	8.0～9.6	无	红	9.1	1～2
百里酚蓝	8.0～9.6	黄	蓝	8.9	1～4
百里酚酞	9.4～10.6	无	蓝	10.0	1～2

2. 影响酸碱指示剂变色范围的主要因素

（1）视觉

酸碱指示剂的变色范围是靠人的眼睛观察出来的，人眼对不同颜色的敏感程度不同，不同人员对同一种颜色的敏感程度不同，以及酸碱指示剂两种颜色之间的相互掩盖作用，会导致变色范围的不同。例如，甲基橙的变色范围不是 pH＝2.4～4.4，而是 pH＝3.1～4.4，这就是由于人眼对红色比对黄色敏感，使得酸式一边的变色范围相对较窄。

（2）温度

温度改变会影响指示剂的电离常数 $K_a^{\ominus}(HIn)$的大小，当然也影响指示剂的变色范围。一般来说，温度升高，对碱性指示剂的影响要比对酸性指示剂的影响显著得多。对碱性指示剂，其变色范围将移向更碱性；对酸性指示剂，其变色范围将移向更酸性。例如，甲基橙指示剂在 18 ℃时的变色范围为 pH＝3.1～4.4，而 100 ℃时为 pH＝2.5～3.7；酚酞指示剂在 18 ℃时的变色范围为 pH＝8.0～10.0，而 100 ℃时为 pH＝8.1～9.0。因此，若用酸碱指示剂显示酸度控制的结果时就应注意这种影响。

（3）指示剂的用量

指示剂用量的多少，直接影响滴定的准确度。一方面是因为指示剂会消耗标准滴定溶液，另一方面是指示剂用量会影响指示剂变色敏锐程度及变色范围。

对于单色指示剂，如酚酞，指示剂用量的不同会影响变色范围，用量过多将会使变色范围向 pH 低的一方移动。另外，用量过多还会影响酸碱指示剂变色的敏锐程度。

设人眼观察$[In^-]$颜色的最小浓度$[In^-]=a$，则有$\frac{K_a^{\ominus}(HIn)}{[H^+]}=\frac{[In^-]}{[HIn]}=\frac{a}{c-a}$，由于 $K_a^{\ominus}(HIn)$和 a 为定值，则 c 增大时，$[H^+]$增大，pH 变小，因此会在较低 pH 处变色。

对于双色指示剂，若用量过多，即$[HIn]$大，在滴定至化学计量点时微过量的碱不能将多量的 HIn 转变为碱色式 In^-，看不出明显的碱式色，而仍呈过渡色，这样将多消耗一部分碱标准溶液去中和指示

剂。此外，由于变色过程拉长，终点也难以判断，因此会增大滴定误差。

（4）溶剂

不同溶剂的质子自递常数不同，使 $K_a^\ominus(\text{HIn})$ 也不同。指示剂在有机溶剂中，因电离平衡发生变化，变色范围也与在水溶液中有所不同。指示剂为有机弱酸，其变色范围向 pH 较大的方向移动；指示剂为有机弱碱，其变色范围向 pH 较小的方向移动。例如，酚酞在水溶液中 $pK_{\text{HIn}}^\ominus=9.1$，在乙醇中 $pK_{\text{HIn}}^\ominus=15.3$；甲基橙在水溶液中 $pK_{\text{HIn}}^\ominus=3.4$，在甲醇中 $pK_{\text{HIn}}^\ominus=2.8$。

（5）离子强度

理论变色点时，$\dfrac{[\text{In}^-]}{[\text{HIn}]}=1, a_{\text{H}^+}=\dfrac{K_a^\ominus(\text{HIn})}{\gamma_{\text{In}^-}}$

$$\text{pH}=-\lg a_{\text{H}^+}=pK_a^\ominus(\text{HIn})+\lg\gamma_{\text{In}^-}\approx pK_a^\ominus(\text{HIn})-0.502Z^2\left(\frac{\sqrt{I}}{1+\sqrt{I}}-0.30I\right)$$

离子强度增大时，理论变色点的 pH 减小，变色范围向 pH 减小的方向移动。

知识点 3　混合指示剂变色敏锐的原理

对于需要将酸度控制在较窄区间内的反应体系，可以采用混合指示剂来指示酸度的变化。混合指示剂是利用颜色的互补来提高变色的敏锐性，其具有变色敏锐、变色范围窄的特点。它的组成有以下两类。

（1）由两种或者两种以上的酸碱指示剂，按照一定的比例混合而成。例如，甲基红-溴甲酚绿是由溴甲酚绿和甲基红两种指示剂混合而成，其中溴甲酚绿 $pK_a^\ominus(\text{HIn})=4.9$、甲基红 $pK_a^\ominus(\text{HIn})=5.2$，前者酸色为黄色，碱色为蓝色；后者酸色为红色，碱色为黄色。

当溴甲酚绿和甲基红两种指示剂按照一定的比例混合后，由于共同作用的结果，使溶液在 pH<5.1 时显红色，在 pH>5.1 时显绿色。在 pH≈5.1 时，溴甲酚绿的碱性成分较多，显绿色，而甲基红的酸性成分较多，显橙红色，两种指示剂的颜色互补则得到灰色，变色非常敏锐。

表 2-6　甲基红-溴甲酚绿指示剂变色情况

pH	甲基红	溴甲酚绿	溴甲酚绿＋甲基红
pH<5.1	红	黄	橙
pH=5.1	橙红	绿	灰
pH>5.1	黄	蓝	绿

（2）由某种酸碱指示剂与一种非酸碱指示剂的惰性染料，按照一定的比例混合而成。在指示溶液酸度的过程中，酸碱指示剂的颜色会发生改变，而在这个过程中惰性染料本身并不发生颜色的改变，只是起衬托作用，通过颜色的互补来提高变色的敏锐性，如甲基橙-靛蓝二磺酸钠（染料）。

由此可见，混合指示剂是利用颜色的互补使酸色与碱色色差大，所以变色敏锐。配制混合指示剂时，应严格控制两种组分的比例，否则颜色变化将不显著。

几种常用的混合指示剂见表 2-7。

表 2-7　几种常用的混合指示剂

指示剂溶液的组成	理论变色点 pH	颜色		备　注
		酸式色	碱式色	
1 份 0.1%甲基橙乙醇溶液 1 份 0.1%次甲基蓝乙醇溶液	3.25	蓝紫	绿	pH=3.2，蓝紫色；pH=3.4，绿色
1 份 0.1%甲基橙水溶液 1 份 0.25%靛蓝二磺酸水溶液	4.1	紫	黄绿	pH=4.1，灰色
1 份 0.1%溴甲酚绿钠盐水溶液 1 份 0.2%甲基橙水溶液	4.3	橙	蓝绿	pH=3.5，黄色；pH=4.05，绿色；pH=4.3，浅绿色

续 表

指示剂溶液的组成	理论变色点 pH	颜色		备 注
		酸式色	碱式色	
3 份 0.1%溴甲酚绿乙醇溶液 1 份 0.2%甲基红乙醇溶液	5.1	酒红	绿	pH=5.1,灰色
1 份 0.1%溴甲酚绿钠盐水溶液 1 份 0.1%氯酚红钠盐水溶液	6.1	黄绿	蓝紫	pH=5.4,蓝绿色;pH=5.8,蓝色;pH=6.0,蓝带紫色;pH=6.2,蓝紫色
1 份 0.1%中性红乙醇溶液 1 份 0.1%次甲基蓝乙醇溶液	7.0	紫蓝	绿	pH=7.0,紫蓝色
1 份 0.1%甲酚红钠盐水溶液 3 份 0.1%百里酚蓝钠盐水溶液	8.3	黄	紫	pH=8.2,玫瑰红;pH=8.4,清晰的紫色
1 份 0.1%百里酚蓝 50%乙醇溶液 3 份 0.1%酚酞 50%乙醇溶液	9.0	黄	紫	从黄到绿,再到紫;pH=9.0,绿色
1 份 0.1%酚酞乙醇溶液 1 份 0.1%百里酚酞乙醇溶液	9.9	无	紫	pH=9.6,玫瑰红;pH=10,紫色
2 份 0.1%百里酚酞乙醇溶液 1 份 0.1%茜素黄 R 乙醇溶液	10.2	黄	紫	从微黄色变至黄色,再到青色

2.3.2 酸碱滴定原理

酸碱滴定法是指利用酸和碱在水中以质子转移反应为基础的滴定分析方法,可用于测定酸、碱和两性物质,是一种利用酸碱反应进行容量分析的方法。用酸作滴定剂可以测定碱,用碱作滴定剂可以测定酸,这是一种用途极为广泛的分析方法。最常用的酸标准溶液是盐酸,有时也用硝酸和硫酸,标定它们的基准物质是碳酸钠。酸碱滴定法在工、农业生产和医药卫生等方面都有非常重要的意义。三酸(盐酸、硫碳、硝酸)、二碱(纯碱、烧碱)是重要的化工原料,它们都用此法分析。

知识点 1　理解滴定曲线

强酸(碱)滴定强碱(酸)的离子反应式是:

$$H^+ + OH^- \longrightarrow H_2O$$

1. 滴定过程中 pH 变化

现以 0.100 0 mol/L NaOH 标准溶液滴定 20.00 mL 0.100 0 mol/L HCl 为例,讨论滴定过程中溶液 pH 的变化情况。

滴定过程可分为以下四个阶段。

(1) 滴定开始前:溶液的 pH 由 HCl 溶液的初始浓度决定,溶液的酸度为

$$[H^+]=0.100\ 0\ \text{mol/L}$$
$$pH=1.00$$

(2) 滴定开始至化学计量点前:溶液的 pH 由溶液中剩余 HCl 的酸度决定。

滴定开始至化学计量点前 0.1%,即滴入 NaOH 标准溶液 19.80 mL 时,溶液的 pH 由溶液中剩余的 0.02 mL HCl 决定。

$$[H^+]=\frac{0.100\ 0\times 0.02}{20.00+19.98}\ \text{mol/L}=5.00\times 10^{-5}\ \text{mol/L}$$
$$pH=4.30$$

(3) 滴定至化学计量点时：溶液的 pH 由体系产物及 H_2O 的电离决定。

当滴入 NaOH 标准溶液 20.00 mL 时，此时溶液中的 HCl 全部被 NaOH 中和。因此，溶液呈中性。

$$[H^+]=[OH^-]=1.00\times10^{-7}\ \text{mol/L}$$
$$pH=7.00$$

(4) 滴定至化学计量点后：溶液的 pH 由过量的 NaOH 浓度决定。

例如，滴定至化学计量点后 0.1%，即滴入 NaOH 标准溶液 20.02 mL 时，NaOH 过量 0.02 mL。此时溶液中$[OH^-]$为：

$$[OH^-]=\frac{0.100\,0\times0.02}{20.00+20.02}\ \text{mol/L}=5.00\times10^{-5}\ \text{mol/L}$$
$$pOH=4.30$$
$$pH=14.00-pOH=14.00-4.30=9.70$$

用完全类似的方法可以计算出整个滴定过程中加入任意体积 NaOH 溶液时的 pH 值，其结果如表 2-8 所示。

表 2-8　0.100 0 mol/L NaOH 滴定 20.00 mL 0.100 0 mol/L HCl 时溶液 pH 的变化(25 ℃)

加入 NaOH (mL)	HCl 被滴定百分数	剩余 HCl (mL)	过量 NaOH (mL)	$[H^+]$	pH
0	0	20.00	—	1.00×10^{-1}	1.00
18.00	90.00	2.00	—	5.26×10^{-3}	2.28
19.80	99.00	0.20	—	5.02×10^{-4}	3.30
19.98	99.90	0.02	—	5.00×10^{-5}	4.30 } 突跃范围
20.00	100.00	0.00	—	1.00×10^{-7}	7.00 } 突跃范围
20.02	100.1	—	0.02	2.00×10^{-10}	9.70 } 突跃范围
20.20	101.0	—	0.20	2.01×10^{-11}	10.70
22.00	110.0	—	2.00	2.10×10^{-12}	11.68

2. 滴定曲线和滴定突跃

以 NaOH 的加入量为横坐标，以溶液的 pH 为纵坐标，绘制出滴定过程中溶液的 pH 变化，所得到的滴定曲线如图 2-4 所示。

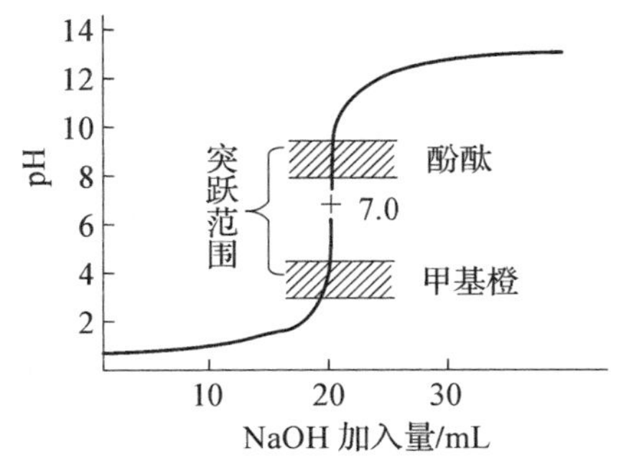

图 2-4　NaOH(0.100 0 mol/L)滴定 HCl(0.100 0 mol/L)的滴定曲线

由表 2-8 与图 2-4 可知：

(1) 从开始滴定到加入 NaOH 溶液 19.98 mL，溶液的 pH 从 1.00变到 4.30，仅改变了 3.30 个 pH 单位，pH 变化平缓，溶液仍在酸性区域。

(2) 加入的 NaOH 溶液从 19.98 mL 到 20.02 mL，即在计量点前后的±0.1%范围内加入 NaOH 0.04 mL 时，溶液的 pH 由 4.3 急剧变化至 9.7，改变了 5.40 个 pH 单位，溶液由酸性突变到碱性。从图 2-4中可以看出，在计量点前后曲线呈近似垂直的一段，表明溶液的 pH 发生了急剧变化。这种在化学计量点前后±0.1%范围内，溶液 pH 突然发生改变的现象称为滴定突跃，滴定突跃所在的 pH 范围称为滴定突跃范围。

(3) 化学计量点时，溶液的 pH=7.00，溶液为中性，计量点在突跃范围内。

(4) 化学计量点之后，继续滴加 NaOH 滴定液，则溶液的 pH 变化缓慢，曲线又趋平坦。

3. 指示剂的选择

滴定突跃具有非常重要的意义，它是选择指示剂的依据。选择的指示剂只要能在突跃范围变色，就能满足相对误差在±0.1%范围内，指示剂的选择遵照以下两个原则。

(1) 指示剂的变色范围全部或部分地落入滴定突跃范围内。

(2) 指示剂的理论变色点尽量靠近化学计量点时的 pH。

用 0.100 0 mol/L NaOH 滴定 0.100 0 mol/L HCl，其突跃范围为 4.30～9.70，则可选择甲基红、甲基橙与酚酞作指示剂。实际分析中通常选用酚酞作指示剂，因其终点颜色由无色变成浅红色，非常容易辨别。如果用 HCl(0.100 0 mol/L)滴定 NaOH(0.100 0 mol/L)时，滴定曲线恰好与图 2－4 对称，但 pH 变化方向相反，滴定突跃范围为 9.70～4.30。

4. 影响滴定突跃范围的因素

强酸(碱)滴定强碱(酸)的滴定突跃范围的大小与酸(碱)的浓度有关。图 2－5 是三种不同浓度的 NaOH 滴定液滴定相同浓度的 HCl 溶液的滴定曲线。可以看出，滴定突跃的大小与标准溶液的浓度有关。一般来说，浓度增大 10 倍，则滴定突跃范围就增加 2 个 pH 单位。如用 1.000 mol/L NaOH 滴定 HCl 溶液(1.000 mol/L)时，其滴定突跃范围为 3.30～10.70；若用 0.010 00 mol/L NaOH 滴定 HCl 溶液(0.010 00 mol/L)时，其滴定突跃范围为 5.30～8.70。为减少测量误差，一般滴定液的浓度控制在 0.1～0.5 mol/L 最为适宜。

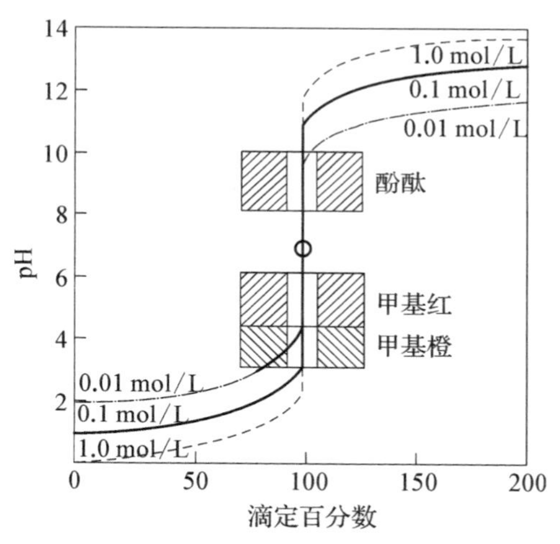

图 2－5 不同浓度 NaOH 滴定相同浓度 HCl 溶液的滴定曲线

知识点 2 滴定突跃变化的因素

强碱滴定弱酸

强碱滴定一元弱酸的滴定反应式为：

$$HA + OH^- \rightleftharpoons H_2O + A^-$$

强酸滴定一元弱碱的滴定反应式为：

$$BOH + H^+ \rightleftharpoons H_2O + B^+$$

下面以 0.100 0 mol/L NaOH 标准溶液滴定 20.00 mL 0.100 0 mol/L HAc 为例，讨论强碱滴定一元弱酸过程中 pH 的变化，绘制其滴定曲线。

1. 滴定过程中 pH 的变化

与讨论强酸强碱滴定曲线方法相似，讨论这一类滴定曲线也分为四个阶段。

(1) 滴定开始前：此时溶液的 pH 由 0.100 0 mol/L 的 HAc 溶液的酸度决定。根据弱酸 pH 计算的最简式：

$$[H^+]=\sqrt{cK_a^\ominus}$$

因此，$[H^+]=\sqrt{0.100\,0\times1.76\times10^{-5}}=1.33\times10^{-3}$

$$pH=2.88$$

(2) 滴定开始至化学计量点前：这一阶段的溶液是由未反应的 HAc 与反应产物 NaAc 组成，其 pH 由 HAc－NaAc 缓冲体系决定，即

$$[H^+]=K_a^\ominus(HAc)\frac{[HAc]}{[Ac^-]}$$

当滴定开始至化学计量点前 0.1%，即滴入 NaOH 标准溶液 19.80 mL 时(剩余 HAc 0.02 mL)。

$$[HAc]=\frac{0.100\,0\times0.02}{20.00+19.98}=5.0\times10^{-5}$$

$$[Ac^-]=\frac{0.100\,0\times19.98}{20.00+19.98}=5.0\times10^{-2}$$

因此，$[H^+]=1.76\times10^{-5}\times\frac{5.0\times10^{-5}}{5.0\times10^{-2}}=1.76\times10^{-8}$

$$pH=7.75$$

(3) 化学计量点时：滴入 NaOH 标准溶液 20.00 mL 时，此时溶液的 pH 由体系产物的电离决定。化学计量点时体系产物是 NaAc 与 H_2O，Ac^- 是一种弱碱，因此

$$[OH^-]=\sqrt{cK_b^\ominus(Ac^-)}$$

由于，$K_b^\ominus(Ac^-)=\frac{K_w^\ominus}{K_a^\ominus(HAc)}=\frac{1.0\times10^{-14}}{1.76\times10^{-5}}=5.68\times10^{-10}$

$$[Ac^-]=\frac{20.00}{20.00+20.00}\times0.100\,0=5.0\times10^{-2}$$

所以，$[OH^-]=\sqrt{5.0\times10^{-2}\times5.68\times10^{-10}}=5.33\times10^{-6}$

$$pOH=5.27\quad 即\quad pH=8.73$$

(4) 化学计量点后：此时溶液的组成是过量 NaOH 和滴定产物 NaAc。由于过量 NaOH 的存在，抑制了 Ac^- 的水解。因此，溶液的 pH 仅由过量 NaOH 的浓度来决定。

当滴定至化学计量点后 0.1%，即滴入 20.02 mL NaOH 溶液(NaOH 过量 0.02 mL)，则：

$$[OH^-]=\frac{0.02\times0.100\,0}{20.00+20.02}=5.0\times10^{-5}$$

$$pOH=4.30\quad 即\quad pH=9.70$$

按上述方法，可以计算出整个滴定过程中加入任意体积 NaOH 溶液时溶液的 pH，部分计算结果如表 2－9 所示。

表 2-9　0.100 0 mol/L NaOH 滴定 20.00 mL 0.100 0 mol/L HAc 时溶液 pH 的变化(25 ℃)

加入 NaOH/mL	HAc 被滴定百分数	计算式	pH	
0.00	0.00		2.88	
10.00	50.0	$[H^+]=\sqrt{[HAc]K_a^{\ominus}(HAc)}$	4.76	
19.80	99.0		6.76	
19.96	99.8		7.46	
19.98	99.9	$[H^+]=K_a^{\ominus}\dfrac{[HAc]}{[Ac^-]}$	7.70	滴定突跃
20.00	100.0		8.73	
20.02	100.1		9.70	
20.04	100.2	$[OH]=\sqrt{\dfrac{K_w^{\ominus}}{K_a^{\ominus}(HAc)}[Ac^-]}$	10.00	
20.20	101.0		10.70	
22.00	110.0	$[OH^-]=[NaOH]_{过量}$	11.70	

2. 滴定曲线和滴定突跃

根据滴定过程中各点的 pH 绘出 0.100 0 mol/L NaOH 滴定 20.00 mL HAc(0.100 0 mol/L)的滴定曲线,见图 2-6。

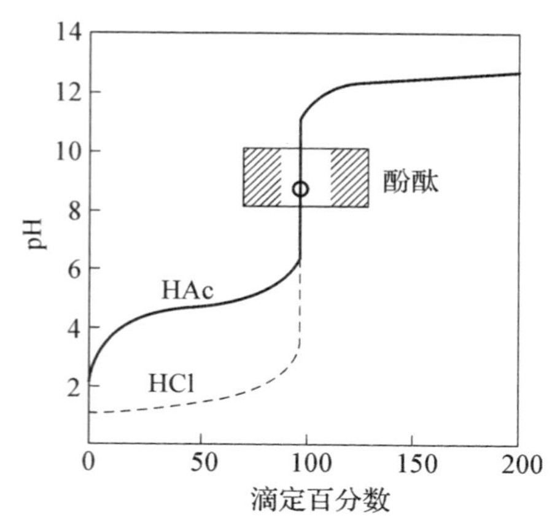

图 2-6　0.100 0 mol/L NaOH 滴定 0.100 0 mol/L HAc 的滴定曲线

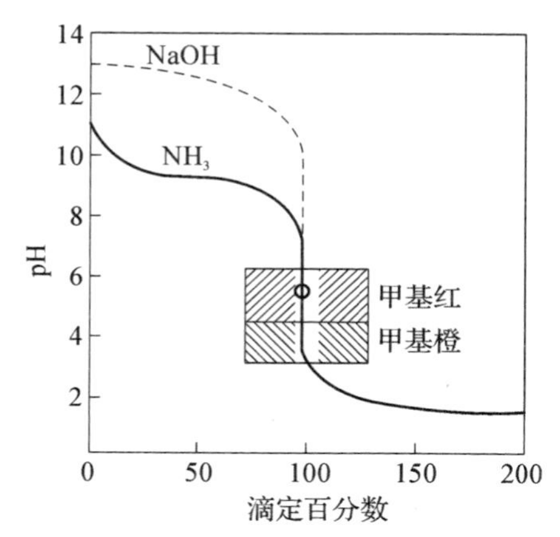

图 2-7　0.100 0 mol/L HCl 滴定同浓度 NH_3 的滴定曲线

比较图 2-4 和图 2-6 可以看出,在相同浓度的前提下,强碱滴定弱酸的突跃范围(7.70~9.70)比强碱滴定强酸的突跃范围(4.30~9.70)要小得多,且突跃范围主要集中在碱性区域。在化学计量点时,溶液不是呈中性而呈弱碱性(pH>7)。

用同样的方法可以计算并绘制出强酸滴定弱碱的滴定曲线,见图 2-7。在相同浓度的前提下,强酸滴定弱碱的突跃范围比强酸滴定强碱的突跃范围也要小得多,且突跃范围主要集中在酸性区域,在化学计量点时,溶液呈弱酸性(pH<7)。

3. 指示剂的选择

对于用 0.100 0 mol/L NaOH 滴定 0.100 0 mol/L HAc,其突跃范围为 7.70~9.70(化学计量点时 pH=8.73)。因此,在酸性区域变色的指示剂如甲基红、甲基橙等均不能使用,而只能选择酚酞、百里酚蓝等在碱性区域变色的指示剂。同理,若用 0.100 0 mol/L HCl 标准溶液滴定 0.100 0 mol/L NH_3 溶液,由于其突跃范围在 6.25~4.30(化学计量点时 pH=5.28),因此必须选择在酸性区域变色的指示剂,如甲基红或溴甲酚绿等。

可见，在强碱（酸）滴定一元弱酸（碱）中，指示剂的选择原则还是与强碱（酸）滴定强酸（碱）一样。但由于滴定突跃范围变小，因此指示剂的选择范围变小。

4. **影响滴定突跃范围的因素**

同强碱（强酸）滴定强酸（强碱）一样，强碱（强酸）滴定一元弱酸（弱碱）的滴定突跃范围的大小，与弱酸（弱碱）的浓度有关。此外，强碱（强酸）滴定一元弱酸（弱碱）的滴定突跃范围的大小，还与一元弱酸（弱碱）的电离常数 $K_a^\ominus$ 有关，如图 2－8 所示。

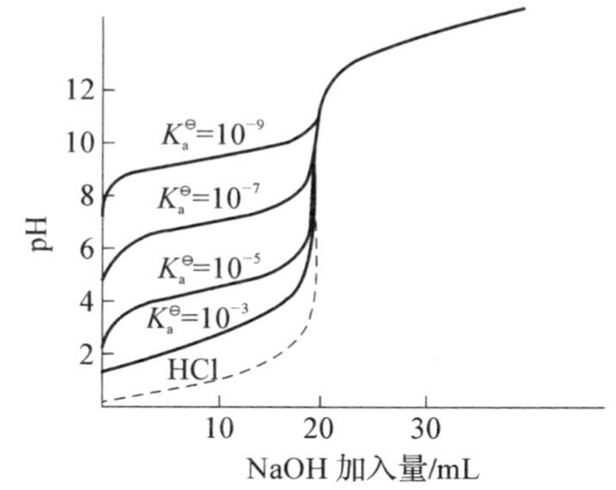

图 2－8　NaOH 滴定不同强度的一元弱酸的滴定曲线

从图 2－8 可以看出：

（1）当酸的浓度一定时，酸的 $K_a^\ominus$ 越大，酸性越强，滴定突跃范围越大；反之，酸的 $K_a^\ominus$ 越小，突跃范围越小。$K_a^\ominus \leqslant 10^{-9}$ 时，已无明显的滴定突跃，难以选用合适的指示剂确定滴定终点。

（2）当弱酸的 $K_a^\ominus$ 一定时，酸的浓度越大，滴定突跃范围越大；反之亦然。

因此，当弱酸的 $K_a^\ominus$ 和弱酸的浓度 c_a 低到一定限度时，滴定突跃消失，就不能被准确滴定。强碱准确滴定弱酸的条件是：$c_a K_a^\ominus \geqslant 10^{-8}$；强酸准确滴定弱碱的条件是：$c_b K_b^\ominus \geqslant 10^{-8}$。

2.3.3　酸碱滴定的应用示例

知识点 1　醋酸中 HAc 含量测定

醋酸含量的测定

1. **分析方法选择**

醋酸是一个弱酸，其 $c_a K_a^\ominus > 10^{-8}$，可用酸碱滴定法测定其含量。

2. **标准溶液及浓度的选择**

碱标准溶液一般用 NaOH 配制，最常用浓度为 0.1 mol・L^{-1}，但有时需用到浓度高达 1 mol・L^{-1} 和低至 0.01 mol・L^{-1} 的 NaOH 标准溶液。NaOH 易吸潮，也易吸收空气中的 CO_2，以致 NaOH 中常含有 Na_2CO_3。NaOH 还可能含有硫酸盐、硅酸盐、氯化物等杂质，因此应采用间接法配制其标准溶液，即先配成近似浓度的碱溶液，然后加以标定。

（1）标准碱溶液的配制

含有 Na_2CO_3 的碱标准溶液在用甲基橙作指示剂滴定强酸时，不会因 Na_2CO_3 的存在而引入误差；若用来滴定弱酸，用酚酞作指示剂，滴到酚酞出现浅红色时，Na_2CO_3 仅交换 1 个质子，即生成 $NaHCO_3$，于是就会引起一定的误差。因此应配制和使用不含 CO_3^{2-} 的标准碱溶液。

（2）NaOH 溶液的标定

标定 NaOH 溶液的基准物有 $H_2C_2O_4 \cdot 2H_2O$、KHC_2O_4、苯甲酸、邻苯二甲酸氢钾等，但最常用的是邻苯二甲酸氢钾。这种基准物容易用重结晶法制得纯品，不含结晶水，不吸潮，容易保存，摩尔质量大，标定时由于称量而造成的误差也较小，是一种良好的基准物。

3. **指示剂的选择**

根据滴定突跃范围及指示剂的变色范围可选择酚酞指示剂。

知识点 2　混合碱的分析

混合碱的组分主要有 NaOH、Na_2CO_3 和 $NaHCO_3$。由于 NaOH 与 $NaHCO_3$ 不可能共存，因此混合碱的组成或者为三种组分中任一种，或者为 NaOH 与 Na_2CO_3 的混合物，或者为 Na_2CO_3 与 $NaHCO_3$ 的混合物。若是单一组分的化合物，用 HCl 标准溶液直接滴定即可；若是两种组分的混合物，则一般用双指示剂法进行测定，具体操作如下。

双指示剂法

首先在混合碱溶液中加入酚酞指示剂(变色的 pH 范围为 8.0～10.0),用 HCl 标准溶液滴定。当溶液颜色由红色变为无色时,滴定反应到达第一化学计量点。混合碱中的 NaOH 与 HCl 完全反应(产物为 NaCl 和 H_2O),而 Na_2CO_3 与 HCl 反应一半生成 $NaHCO_3$,反应产物的 pH 约为 8.3。设此时消耗 HCl 标准滴定溶液的体积为 V_1。

混合碱的测定

然后,再加入甲基橙指示剂(变色的 pH 范围为 3.1～4.4),继续用 HCl 标准滴定溶液滴定。当溶液颜色由黄色转变为橙色时,滴定反应到达第二化学计量点。溶液中 $NaHCO_3$ 与 HCl 完全反应(产物为 NaCl 和 H_2CO_3),化学计量点时 pH 为 3.8～3.9。设此时消耗 HCl 标准滴定溶液的体积为 V_2。

按照化学计量关系,V_2 是把 $NaHCO_3$ 全部滴定为 H_2CO_3 所消耗的 HCl 标准滴定溶液的体积,而 Na_2CO_3 被滴定到 $NaHCO_3$ 和 $NaHCO_3$ 被滴定到 H_2CO_3,所消耗 HCl 标准滴定溶液的体积是相等的。如图 2－9。

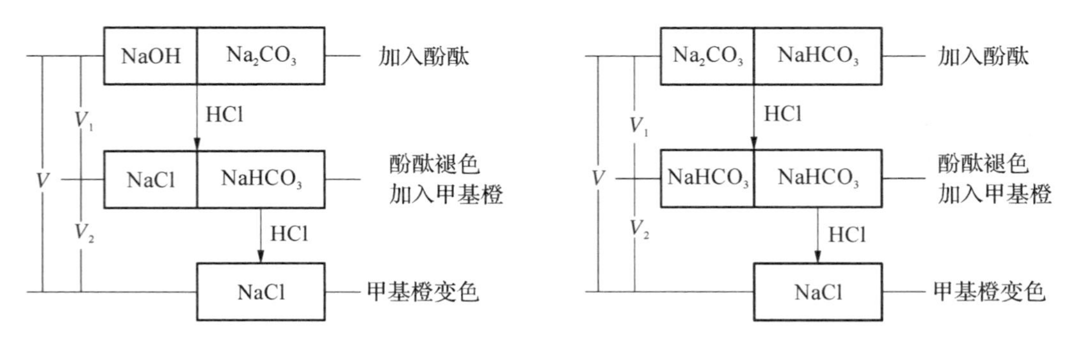

图 2－9　双指示剂法测定 NaOH 和 Na_2CO_3 混合碱(左);Na_2CO_3 和 $NaHCO_3$ 混合碱(右)

当 $V_1 > V_2$ 时,试样为 NaOH 与 Na_2CO_3 的混合物。滴定 Na_2CO_3 所需的 HCl 是由两次滴定加入的,并且两次的用量相等。因此滴定 NaOH 消耗 HCl 的体积为 $V_1 - V_2$,则试样中 NaOH 与 Na_2CO_3 的质量分数分别为:

$$w(\mathrm{NaOH})=\frac{c(\mathrm{HCl})(V_1-V_2)\times 10^{-3}M(\mathrm{NaOH})}{m_s} \tag{2-38}$$

$$w(\mathrm{Na_2CO_3})=\frac{c(\mathrm{HCl})(2\times V_2)\times 10^{-3}M\left(\frac{1}{2}\mathrm{Na_2CO_3}\right)}{m_s} \tag{2-39}$$

当 $V_1<V_2$ 时,试样为 Na_2CO_3 与 $NaHCO_3$ 的混合物,此时 V_1 为将 Na_2CO_3 滴定成 $NaHCO_3$ 所消耗的 HCl 标准滴定溶液的体积,故 Na_2CO_3 所消耗 HCl 溶液的体积为 $2V_1$,滴定 $NaHCO_3$ 所消耗的 HCl 溶液的体积为 V_2-V_1,则试样中 Na_2CO_3 和 $NaHCO_3$ 的质量分数分别为:

$$w(\mathrm{Na_2CO_3})=\frac{c(\mathrm{HCl})(2\times V_1)\times 10^{-3}M\left(\frac{1}{2}\mathrm{Na_2CO_3}\right)}{m_s} \tag{2-40}$$

$$w(\mathrm{NaHCO_3})=\frac{c(\mathrm{HCl})(V_2-V_1)\times 10^{-3}M(\mathrm{NaHCO_3})}{m_s} \tag{2-41}$$

可见,用双指示剂法测定混合碱时,还可以进行碱样组成的定性分析。由 V_1 和 V_2 的关系,可判断未知混合碱样的组成,如表 2－10。

表 2－10　V_1,V_2 关系与混合碱样的组成

V_1 与 V_2 关系	$V_1>V_2, V_2>0$	$V_1<V_2, V_1>0$	$V_1>0, V_2=0$	$V_1=V_2\neq 0$	$V_1=0, V_2>0$
碱样组成	$OH^- + CO_3^{2-}$	$HCO_3^- + CO_3^{2-}$	OH^-	CO_3^{2-}	HCO_3^-

【例 2-24】 某纯碱试样 1.000 g，溶于水后，以酚酞为指示剂，耗用 0.250 0 mol·L⁻¹ HCl 溶液 20.40 mL；再以甲基橙为指示剂，继续用 0.250 0 mol·L⁻¹ HCl 溶液滴定，共耗去 48.86 mL，求试样中各组分的含量。

【解】 $V_1=20.40\ \text{mL}$，$V_2=48.86\ \text{mL}-20.40\ \text{mL}=28.46\ \text{mL}$，$V_2>V_1$，由此可见试样为 Na_2CO_3 和 $NaHCO_3$。

$$w(Na_2CO_3)=\frac{c(HCl)(2\times V_1)\times 10^{-3}M\left(\frac{1}{2}Na_2CO_3\right)}{m_s}$$

$$=\frac{0.25\ \text{mol}\cdot\text{L}^{-1}\times 2\times 20.40\times 10^{-3}\ \text{L}\times\frac{1}{2}\times 106.0\ \text{g}\cdot\text{mol}^{-1}}{1.000\ \text{g}}=54.06\%$$

$$w(NaHCO_3)=\frac{c(HCl)(V_2-V_1)\times 10^{-3}M(NaHCO_3)}{m_s}$$

$$=\frac{0.250\,0\ \text{mol}\cdot\text{L}^{-1}\times(28.46-20.40)\times 10^{-3}\ \text{L}\times 84.0\ \text{g}\cdot\text{mol}^{-1}}{1.000\ \text{g}}=16.93\%$$

练一练

有一碱性溶液，可能是 NaOH、$NaHCO_3$、$NaCO_3$，或其中两者的混合物，用双指示剂法进行测定，开始用酚酞为指示剂，消耗 HCl 体积为 V_1，再用甲基橙为指示剂，又消耗 HCl 体积为 V_2，V_1 与 V_2 关系如下，试判断上述溶液的组成。

(1) $V_1>V_2$，$V_2\neq 0$；

(2) $V_1<V_2$，$V_1\neq 0$；

(3) $V_1=V_2\neq 0$；

(4) $V_1>V_2$，$V_2=0$；

(5) $V_1<V_2$，$V_1=0$。

实践项目三　缓冲溶液的配制和 pH 的测定

一、目的要求

(1) 掌握缓冲溶液的配制方法。

(2) 学会用酸度计测量溶液 pH 值的方法。

二、仪器与试剂

仪器：天平、PB-10 酸度计、pH 复合电极、250 mL 容量瓶(3 个)、烧杯等。

试剂：苯二甲酸氢钾(AR，110 ℃烘干)、磷酸二氢钾(AR，120 ℃烘干)、磷酸氢二钠(AR，120 ℃烘干)、十水四硼酸钠(AR，不烘)、酸性或碱性待测溶液 1 和 2、pH 试纸。

三、操作步骤

1. 缓冲溶液的配制

(1) pH=4.00 的标准缓冲溶液：称取在 110 ℃干燥的苯二甲酸氢钾 2.56 g，用无 CO_2 的水溶解并稀释至 250 mL。

(2) pH=6.86 的标准缓冲溶液：称取在 120 ℃干燥的磷酸二氢钾 0.85 g(或磷酸二氢钠 0.74 g)和磷酸氢二钠 0.89 g，用无 CO_2 的水溶解并稀释至 250 mL。

(3) pH＝9.18 的标准缓冲溶液：称取 0.955 g 四硼酸钠，用无 CO_2 的水溶解并稀释至 250 mL。

2. 酸度计的校正

用 pH 试纸确定水样的酸碱性；用 pH＝6.86 的标准缓冲溶液和另一标准缓冲溶液（由水样酸碱性决定）进行酸度计的二点校正。以下以 pH＝4.00 和 pH＝6.86 的标准缓冲溶液校正酸度计为例。

(1) 将电极浸入缓冲溶液（pH＝6.86）中，搅拌均匀至稳定。

(2) 按 Mode 键，直到显示出所需的 pH 测定方式。

(3) 在进行一个新的二点校正前，要将已经存储的校正点清除。使用 Setup 和 Enter 键可清除已有的缓冲液，并选择所需的缓冲液组。

(4) 按 Standardize（校正）键。pH 计识别出缓冲液并将闪烁显示缓冲液值（6.86），待稳定后按 Enter 键，测量值被存储，此时 pH 计显示斜率 100％。

(5) 将电极浸入第二个缓冲液（如 pH＝4.00）中，搅拌均匀，并等显示值稳定后按 Standardize（校正）键。pH 计识别出缓冲液，并显示出第 1 和第 2 个缓冲液值；系统进行电极校验，显示 OK 表示电极正常，显示 Erro 表示电极有故障，显示的电极斜率应该在 90％和 105％之间。

3. 水样 pH 的测定

将电极浸入待测水样，搅拌均匀，显示的 pH 即待测水样 pH。

四、注意事项

(1) 酸度计的输入端应保持干燥清洁。

(2) 缓冲溶液 pH 值配制要准确，否则会直接影响试液 pH 的准确性。

实践项目四　电离平衡和缓冲溶液性质验证

一、目的要求

(1) 能正确理解电解质电离的特点和影响平衡移动的因素。

(2) 会使用酸碱指示剂和用 pH 试纸测定 pH。

(3) 能掌握缓冲溶液配制的基本实验方法。

(4) 会使用 pH 试纸和 pH 计测定溶液 pH。

二、基本原理

1. 电离平衡概念

弱电解质在溶液中存在电离平衡。若 AB 为弱酸或弱碱，则在水溶液中存在电离平衡：$AB \rightleftharpoons A^+ + B^-$。达到平衡时溶液中未电离的 AB 的浓度和由 AB 电离产生的 A^+ 或 B^- 离子的浓度之间存在的定量关系为：$K^{\ominus}_{AB} = \dfrac{[A^+] \cdot [B^-]}{[AB]}$。若在此平衡体系中加入含有相同离子的强电解质，即增加 A^+ 或 B^- 离子的浓度，则平衡向生成 AB 分子的方向移动，使弱电解质 AB 的电离度降低，这种效应称为同离子效应。改变溶液的酸度或温度等条件，也可促使平衡移动。

2. 缓冲溶液概念

在一定程度上能抵抗外加少量酸、碱或稀释，而保持溶液 pH 基本不变的作用称为缓冲作用，具有缓冲作用的溶液称为缓冲溶液。

3. 缓冲溶液组成及计算公式

缓冲溶液一般是由共轭酸碱对组成的，如弱酸和弱酸盐、弱碱和弱碱盐。如果缓冲溶液由弱酸和弱酸盐(如 HAc - NaAc)组成，则 $pH=pK_a^\ominus-\lg\frac{[HAc]}{[Ac^-]}$。

4. 缓冲溶液性质

抗酸、碱，抗稀释作用：因为缓冲溶液中具有抗酸成分和抗碱成分，所以加入少量强酸或强碱，其 pH 基本上是不变的。稀释缓冲溶液时，酸和碱的浓度比值不改变，适当稀释不影响其 pH。

缓冲容量：缓冲容量是衡量缓冲溶液缓冲能力大小的尺度。缓冲容量的大小与缓冲组分浓度和缓冲组分的比值有关。缓冲组分浓度越大，缓冲容量越大；缓冲组分比值为 1∶1 时，缓冲容量最大。

三、试剂与仪器

1. 试剂

(1) 0.1 $mol\cdot L^{-1}$ HAc	50 mL	(2) 0.1 $mol\cdot L^{-1}$ NaAc	50 mL
(3) 0.1 $mol\cdot L^{-1}$ $NH_3\cdot H_2O$	2 mL	(4) 0.1 $mol\cdot L^{-1}$ HCl	2 mL
(5) 0.1 $mol\cdot L^{-1}$ NaOH	70 mL	(6) 2.0 $mol\cdot L^{-1}$ HCl	5 mL
(7) 2.0 $mol\cdot L^{-1}$ NaOH	5 mL	(8) 饱和 H_2S 水溶液	5 mL
(9) 0.1 $mol\cdot L^{-1}$ $MgCl_2$	5 mL	(10) 固体 NH_4Cl	2 g
(11) 固体 NaAc	1 g	(12) 酚酞试液	2 mL
(13) 甲基橙试液	2 mL		

2. 仪器

(1) 精密 pH 试纸	若干	(2) 醋酸铅试纸	若干
(3) 试管	6 支	(4) 试管架	1 个
(5) 试管夹	1 支	(6) 玻璃棒	1 根

四、操作步骤

1. 溶液的酸碱性

用 pH 试纸测定 0.1 $mol\cdot L^{-1}$ HCl 溶液，0.1 $mol\cdot L^{-1}$ HAc 溶液，蒸馏水，0.1 $mol\cdot L^{-1}$ $NH_3\cdot H_2O$ 溶液，0.1 $mol\cdot L^{-1}$ NaOH 溶液的 pH，填入表 2 - 11 并与理论值比较。

表 2 - 11　溶液的 pH

	0.1 $mol\cdot L^{-1}$ HCl	0.1 $mol\cdot L^{-1}$ HAc	蒸馏水	0.1 $mol\cdot L^{-1}$ $NH_3\cdot H_2O$	0.1 $mol\cdot L^{-1}$ NaOH
pH 测定值					
pH 计算值					

2. 同离子效应

(1) 在试管中加入 1 mL 0.1 $mol\cdot L^{-1}$ HAc 溶液，加 1 滴甲基橙试液，观察溶液的颜色；再加入少量固体 NaAc，观察溶液颜色的变化。

(2) 在试管中加入 1 mL 0.1 $mol\cdot L^{-1}$ $NH_3\cdot H_2O$ 溶液，加 1 滴酚酞试液，观察溶液的颜色；再加入少量固体 NH_4Cl，观察溶液颜色的变化。

3. 溶液酸度的影响

(1) 取 2 支试管，分别加入 2 mL 饱和 H_2S 水溶液和 1 滴石蕊试液，观察溶液的颜色，并用湿润的醋酸铅试纸检查有无 H_2S 气体放出。

向其中一支试管中滴加 2 mol·L^{-1} NaOH 溶液，至溶液呈碱性，观察溶液颜色的变化，检查有无 H_2S 气体放出。

向另一支试管中滴加 2 mol·L^{-1} HCl 溶液，至溶液呈酸性，观察溶液颜色的变化，检查有无 H_2S 气体放出。

(2) 取 2 支试管，分别加入 2 mL 0.1 mol·L^{-1} $MgCl_2$溶液后，滴加 0.1 mol·L^{-1} $NH_3 \cdot H_2O$ 溶液，观察现象。

向其中一支试管中加入少量固体 NH_4Cl，观察有什么变化；向另一支试管中滴加 2 mol·L^{-1} HCl 溶液，观察有什么变化。

4. 温度的影响

在试管中加入 1 mL 0.1 mol·L^{-1} NaAc 溶液和 1 滴酚酞试液，加热后观察颜色变化，并解释。

5. 缓冲溶液的性质

(1) 抗酸、碱和抗稀释

① 取 3 支试管，依次加入配制的 pH＝4.0、pH＝7.0、pH＝10.0 的缓冲溶液各 3 mL，用精密 pH 试纸测定各管中溶液的 pH，将结果记录在表 2-12 中。

② 向各管加入 5 滴 0.1 mol·L^{-1} HCl 溶液，混匀后用精密 pH 试纸测其 pH，记录在表 2-12 中。

③ 另取 3 支试管，依次加入配制的 pH＝4.0、pH＝7.0、pH＝10.0 的缓冲溶液各 3 mL 后，向各管加入 5 滴 0.1 mol·L^{-1} NaOH 溶液，混匀后用精密 pH 试纸测其 pH，记录在表 2-12 中。

④ 另取 3 支试管，依次加入配制的 pH＝4.0、pH＝7.0、pH＝10.0 的缓冲溶液各 3 mL 后，向各管中加入 7 mL 蒸馏水，混匀后再用精密 pH 试纸测其 pH，记录在表 2-12 中。

表 2-12 缓冲溶液的性质

实验序号	溶液类别	pH 值	加 5 滴 HCl 后 pH 值	加 5 滴 NaOH 后 pH 值	加 7 mL 蒸馏水后 pH 值
1	pH＝4.0 的缓冲溶液				
2	pH＝7.0 的缓冲溶液				
3	pH＝10.0 的缓冲溶液				
4	蒸馏水				
5	pH＝4 的 HCl 溶液				
6	pH＝10 的 NaOH 溶液				

(2) 对比实验

① 取 3 支试管，依次加入蒸馏水、pH＝4.0 的 HCl 溶液、pH＝10.0 的 NaOH 溶液各 3 mL，用 pH 试纸测其 pH，将结果记录在表 2-12 中。

② 向各管加入 5 滴 0.1 mol·L^{-1} HCl 溶液，混匀后用精密 pH 试纸测其 pH，记录在表 2-12 中。

③ 另取 3 支试管，依次加入蒸馏水、pH＝4.0 的 HCl 溶液、pH＝10.0 的 NaOH 溶液各 3 mL，向各管加入 5 滴 0.1 mol·L^{-1} NaOH 溶液，混匀后用精密 pH 试纸测其 pH，记录在表 2-12 中。

④ 另取 3 支试管，依次加入蒸馏水、pH＝4.0 的 HCl 溶液、pH＝10.0 的 NaOH 溶液各 3 mL，向各管中加入 7 mL 蒸馏水，混匀后再用精密 pH 试纸测其 pH，记录在表 2-12 中。

通过以上实验结果，说明缓冲溶液具有什么性质。

6. 缓冲溶液的缓冲容量

(1) 缓冲容量与缓冲组分浓度的关系

① 取两支试管，在一试管中加入 0.1 mol·L^{-1} HAc 溶液和 0.1 mol·L^{-1} NaAc 溶液各 3 mL，另

一试管中加入1 mol·L^{-1} HAc溶液和1 mol·L^{-1} NaAc溶液各3 mL，混匀后用精密pH试纸测定两试管内溶液的pH是否相同？

② 在两试管中分别滴入2滴甲基红试液，溶液呈现什么色(甲基红在pH<4.2时呈红色，pH>6.3时呈黄色)？

③ 在两试管中分别逐滴加入0.1 mol·L^{-1} NaOH溶液(每加入1滴NaOH均需摇匀)，直至溶液的颜色变成黄色，记录各试管所滴入NaOH的滴数。

比较说明哪一试管中缓冲溶液的缓冲容量大。

(2) 缓冲容量与缓冲组分比值的关系

① 取两只烧杯，用吸量管在一只烧杯中加入0.1 mol·L^{-1} NaH_2PO_4溶液和0.1 mol·L^{-1} Na_2HPO_4溶液各10 mL，另一只烧杯中加入2 mL 0.1 mol·L^{-1} NaH_2PO_4溶液和18 mL 0.1 mol·L^{-1} Na_2HPO_4溶液，混匀后用精密pH试纸分别测量其pH，记录。

② 在每只烧杯中各加入1.8 mL 0.1 mol·L^{-1} NaOH溶液，混匀后再用精密pH试纸分别测量其pH，记录。

比较说明哪种缓冲溶液的缓冲容量大。

五、思考题

在弱电解质溶液中加入含有相同离子的强电解质，对弱电解质电离平衡有什么影响？

实践项目五　分析天平基本操作

一、目的要求

(1) 了解分析天平的构造和使用规则。

(2) 练习砝码的使用。

(3) 练习天平的使用。

(4) 练习天平水平及零点的调节。

(5) 会用差减法称出物品的质量。

二、基本原理

杠杆原理：等臂天平中m(物体)$=m$(砝码)。

三、试剂与仪器

双盘半机械加码电光天平、托盘天平、称量瓶、瓷坩埚、重铬酸钾固体。

四、操作步骤

(1) 取两个瓷坩埚，在分析天平上准确称量，记录在表2-13中，记为m_0和m_0'。

(2) 取一个称量瓶，在分析天平上精确称量，记录为m_1；估计一下样品的体积，转移0.3～0.4 g样品(约1/3)至第一个坩埚中，称量并记录称量瓶的剩余量m_2；以同样方法再转移0.3～0.4 g样品至第二个坩埚中，称量其剩余量m_3。

(3) 分别精确称量两个已有样品的瓷坩埚，记录其质量为m_1'和m_2'。

(4) 计算称量瓶中敲出的样品质量、坩埚中试样质量及称量偏差。

(5) 完成以上操作后，进行计时称量练习。

五、数据记录与处理

表 2-13　减量法称量记录格式示例

	记　录　项　目	第一份	第二份
称量瓶	敲样前称量瓶＋样品质量(g)		
	敲样后称量瓶＋样品质量(g)		
	称量瓶中敲出的样品质量(g)		
坩埚	坩埚＋样品质量(g)		
	空坩埚质量(g)		
	坩埚中试样质量(g)		
	偏差(mg)		
	称量后天平零点(格)		

六、注意事项

(1) 称量前要做好准备工作(调水平、检查各部件是否正常、清扫、调零点)。
(2) 纸条应在称量瓶的中部,不得太靠上。
(3) 夹取称量瓶时,纸条不得碰称量瓶口。
(4) 敲样过程中,称量瓶口不能碰接受容器。
(5) 敲样过程中,称量瓶口不能离开接收容器。

七、思考题

(1) 使用天平前要对天平进行检查,应做哪些检查?
(2) 减量法称量调节天平零点时未调至 0,对称量结果是否有影响?
(3) 减量法称量过程中能否重新调零点?

实践项目六　滴定基本操作

一、目的要求

(1) 练习移液管、吸量管和容量瓶的使用。
(2) 练习酸式和碱式滴定管的洗涤、检漏、涂油、排气等操作。
(3) 练习酸式和碱式滴定管的滴定控制、读数以及摇动锥形瓶操作。
(4) 练习滴定终点的判断和控制。

二、基本原理

酸碱中和反应:$H^+ + OH^- \longrightarrow H_2O$

$$c_{酸} V_{酸} = c_{碱} V_{碱}$$

碱滴定酸:选酚酞作指示剂(pH=8.0～10.0;溶液由无色变为淡粉红色)
酸滴定碱:选甲基橙作指示剂(pH=3.0 ～ 4.4;pH>4.4 为黄色,pH<3.0 为橙色)

三、试剂与仪器

1. 试剂

(1) 0.1 mol·L^{-1} HCl	1 000 mL	(2) 0.1 mol·L^{-1} NaOH	500 mL
(3) 1 g·L^{-1}甲基橙溶液		(4) 2 g·L^{-1}酚酞溶液	

2. 仪器

(1) 移液管	25 mL×1	(2) 吸量管	10 mL×1
(3) 容量瓶	250 mL×1	(4) 酸式滴定管	50 mL×1
(5) 碱式滴定管	50 mL×1	(6) 锥形瓶	250 mL×1
(7) 烧杯	100 mL×1	(8) 量筒	50 mL×1
(9) 试剂瓶	500 mL×1,1 000 mL×1	(10) 玻璃棒	1 支
(11) 洗瓶	1 只	(12) 洗耳球	1 只
(13) 托盘天平	1 台		

四、基本操作

1. 移液管和吸量管的使用

移液管和吸量管都是一种准确量取一定体积液体的精密度量仪器，如图 2－10 所示。移液管是恒定容量的大肚管，只有一条刻度线，无分度刻度线，所以到了刻度线即为定温下的规定体积。一般容量有 1 mL,2 mL,5 mL,10 mL,20 mL,25 mL,50 mL,100 mL 等规格。吸量管是一种直线型的带分度刻度的移液管，管上标量为最大容量，一般有 0.1 mL,0.2 mL,0.5 mL,1 mL,2 mL,5 mL,10 mL 等规格。如 5 mL吸量管，最大容量为 5.00 mL，其分刻度为 5.00,4.50,4.00,…,0，因此，它可移取 0～5 mL 内任意体积的液体，精度比量筒高。具体使用方法如下：

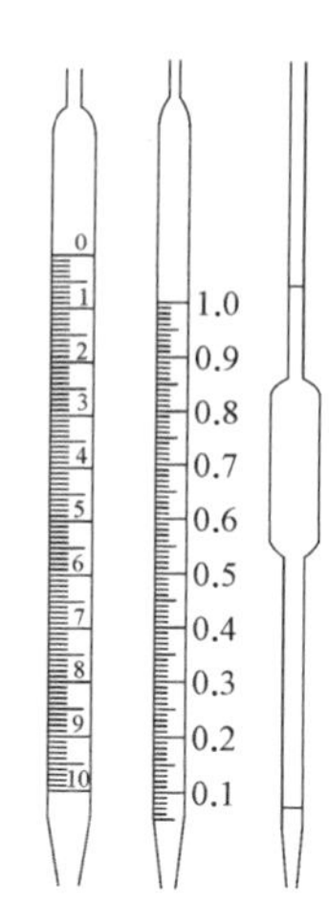

图 2－10　移液管和吸量管

(1) 检查

检查移液管的管口和尖嘴有无破损，若有破损则不能使用。

(2) 洗涤

先用自来水淋洗后，用铬酸洗涤液浸泡，操作方法如下：

① 用右手拿移液管或吸量管上端合适位置，食指靠近管上口，中指和无名指张开握住移液管外侧，拇指在中指和无名指中间位置握在移液管内侧，小指自然放松。

② 左手拿洗耳球，持握拳式，将洗耳球握在掌中，尖口向下，握紧洗耳球，排出球内空气，将洗耳球尖口插入或紧接在移液管(吸量管)上口，注意不能漏气。慢慢松开左手手指，将洗涤液慢慢吸入管内。

③ 吸取 1/4 移液管容量的酸洗液，然后用手按住，将移液管处于水平，两手托住转动让洗液润湿全部管壁，从上口倒出洗液。

④ 用自来水洗去残存洗液，然后用蒸馏水洗涤数次。

(3) 吸取溶液

① 吹去残留水。以左手拿洗耳球，将食指或拇指放在洗耳球的上方，右手手指拿住移液管或吸量管至标线以上的地方，将洗耳球紧接在移液管口上。管尖贴在吸水纸上，用洗耳球打气，吹去残留水。

② 待移液润洗。摇匀待吸溶液，将待吸溶液倒小部分于洗净并干燥的小烧杯中，用滤纸将清洗过的移液管尖端内外的水分吸干，并插入小烧杯中吸取溶液，当吸至移液管容量的 1/3 时，立即用右手食指按住管口，取出，横持并转动移液管，使溶液流遍全管内壁，将溶液从下端尖口处排入废液缸内。如此

操作，润洗 3～4 次后即可吸取溶液。

③ 吸取溶液。将用待吸溶液润洗过的移液管插入待吸液面下 1～2 cm 处，用洗耳球按上述操作方法吸取溶液(注意移液管插入溶液不能太深，并要边吸边往下插入，始终保持此深度)。当管内液面上升至标线以上约 1～2 cm 处时，迅速用右手食指堵住管口(此时若溶液下落至标线以下，应重新吸取)，将移液管提出待吸液面，并使管尖端接触待吸液容器内壁片刻后提起，用滤纸擦干移液管或吸量管下端黏附的少量溶液，如图 2－11(a)。注意：在移动移液管或吸量管时，应保持垂直，不能倾斜。

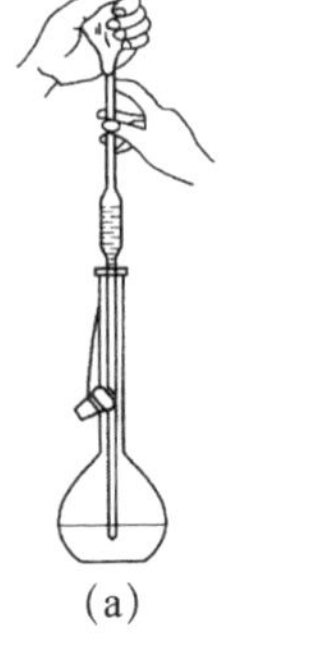

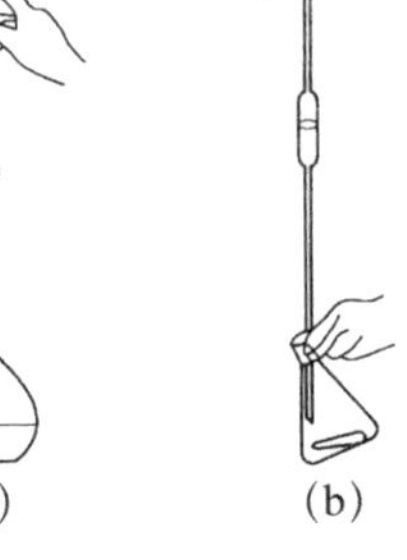

图 2－11　吸取(a)和放出(b)溶液的操作

(4) 调节液面

① 左手另取一个干净小烧杯，将移液管管尖紧靠小烧杯内壁，小烧杯倾斜约 45°，使移液管保持垂直，刻度线和视线保持水平(左手不能接触移液管)。

② 稍稍松开食指(可微微转动移液管或吸量管)，使管内溶液慢慢从下口流出，液面将至刻度线时，按紧右手食指，停顿片刻，再按上法将溶液的弯液面底线放至与标线上缘相切为止，立即用食指压紧管口。将尖口处紧靠烧杯内壁，向烧杯口移动少许，去掉尖口处的液滴。

③ 将移液管或吸量管小心移至承接溶液的容器中。

(5) 放出溶液

① 将移液管或吸量管直立，接收器倾斜，管下端紧靠接收器内壁，松开右手食指，使溶液自由地沿杯壁流下，如图 2－11(b)。

② 待液面下降到管尖后，停等 15 秒钟。将移液管或吸量管尖端靠承接器壁前后小距离滑动几下(或将移液管尖端靠接收器内壁旋转一周)。

③ 移走移液管(残留在管尖内壁处的少量溶液，不可用外力强使其流出，因校准移液管或吸量管时，已考虑了尖端内壁处保留溶液的体积。除在移液管身上标有“吹”字的，可用洗耳球吹出，不允许保留)。

④ 洗净移液管，放置在移液管架上。

2. 容量瓶的使用

容量瓶是用来把准确称量的物质配成准确浓度的溶液，或是精确地将浓溶液稀释成稀溶液的一种容量玻璃仪器。外形是一种细颈梨形平底玻璃瓶，带有磨口玻璃塞或塑料塞。玻璃塞可用橡皮筋或塑料绳固定在瓶颈上，开启时，塞子可自然挂在瓶颈上。

容量瓶上只有一个刻度，且标有 20 ℃字样，通常是在溶液温度为 20 ℃左右使用，其规格通常有 10 mL、25 mL、50 mL、100 mL、250 mL、500 mL 和 1 000 mL 等。容量瓶不可用作反应容器，不可加热，不可互换瓶塞，不宜贮存配好的溶液。容量瓶使用前要先检漏。

(1) 检漏

① 加水至标线附近，盖好瓶塞后，用左手食指按住塞子，其余手指拿住瓶颈标线以上部分，右手指尖托住瓶底，将瓶倒立 2 分钟，如不漏水，将瓶直立。

② 转动瓶塞 180°，再倒立 2 分钟，如不漏可使用(使用中，玻璃塞不应放在桌面上，以免玷污，操作时可用食指和中指夹瓶塞的扁头，当操作结束后随手将瓶盖盖上，也可用橡皮筋或细绳将瓶塞系在瓶颈上)。

③ 如果不渗水，先用自来水冲洗，再用蒸馏水洗 3 次备用。

(2) 溶液的配制

① 称量溶解。用固体物质配制溶液时，应洗净一只小烧杯，将准确称取的固体物置于烧杯中，加少量纯水或溶剂将固体溶解。若不溶解可适当加热，加速溶解。待完全溶解后转移到容量瓶中。

② 转移溶液。定量转移溶液时，右手拿玻璃棒，左手拿烧杯，使烧杯嘴紧靠玻璃棒，玻璃棒的下端

靠在瓶颈内壁上，使溶液沿玻璃棒和内壁流入容量瓶中。烧杯中溶液流完后，将烧杯沿玻璃棒向上提，并逐渐竖直烧杯。将玻璃棒放回烧杯，用水或溶剂洗玻璃棒及杯壁，再按上法将洗涤液转入容量瓶，如此重复洗涤，转移 5 次以上，保证溶液完全转入容量瓶中。

转移溶液时，烧杯口应紧靠玻璃棒，玻璃棒伸向瓶颈靠内壁，上部不要碰瓶口，让溶液沿玻璃棒及内壁流入瓶内，如图 2 - 12(a)。溶液流完后，使烧杯直立，玻璃棒放回烧杯中。

③ 定容。定量转移完成后再加水或溶剂至容量瓶体积约 3/4 处，用手指夹住瓶塞，拿起容量瓶。将容量瓶旋转摇动，使溶液混匀。继续加水或溶剂至距标线约 1 cm 处，改用滴管或洗瓶加水，直至溶液弯液面下缘与容量瓶的标度刻线相切为止，盖紧瓶塞。若玻璃瓶塞未用塑料绳系挂在瓶颈上，则瓶塞均应夹在手指间操作，直至盖回瓶口为止。

④ 混合均匀。定容后盖上瓶塞，用左手食指按住塞子，其余手指拿住瓶颈标线以上部分，右手指尖托住瓶底，如图 2 - 12(b)。将容量瓶倒转，使气泡上升到瓶顶，振荡瓶身，正立后再次倒转进行振荡，如此反复 7～8 次，旋转瓶塞 180°，继续振荡 7～8 次，使瓶内溶液混合均匀，如图 2 - 12(c)。

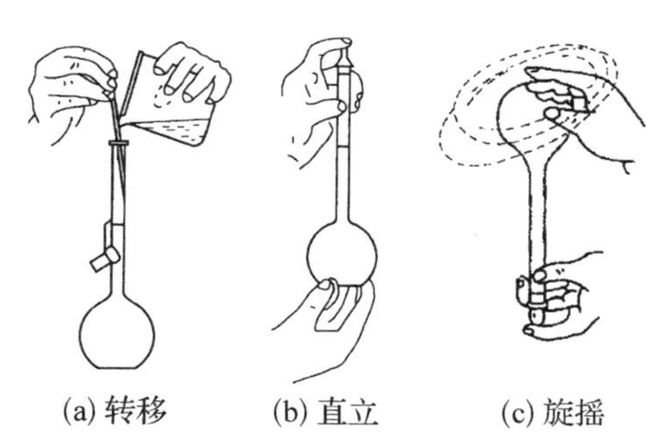

图 2 - 12　容量瓶的使用

(3) 定量稀释溶液

用移液管移取一定体积的溶液于容量瓶中，加水至距标线约 1 cm 处，等 1～2 分钟，使附在瓶颈内壁的溶液流下后，再用滴管滴加水至弯液面下缘与标线相切，然后盖上瓶塞，摇匀步骤同上。

3. 酸式和碱式滴定管的使用

滴定管主要用于精确地放出一定体积的溶液，分酸式和碱式两种，如图 2 - 13。酸式滴定管用玻璃活塞控制液体的流出，碱式滴定管用一段橡胶管里的玻璃珠控制。因此，能腐蚀玻璃的碱性物质不能装在酸式滴定管里，能腐蚀橡胶的强氧化性物质如高锰酸钾、碘和 $AgNO_3$ 等溶液也不能装在碱式滴定管里。

滴定管常用的规格有 25 mL 和 50 mL。此外，还有容积为 10 mL，5 mL，2 mL 和 1 mL 的半微量和微量滴定管。应根据滴定时标准溶液的用量，正确选用不同型号的滴定管。滴定管除无色外，还有棕色，用以装见光易分解的溶液，如高锰酸钾、碘和 $AgNO_3$ 等。

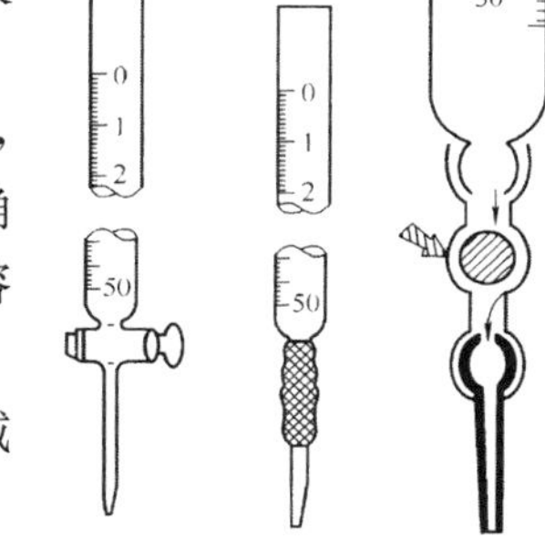

图 2 - 13　酸式滴定管和碱式滴定管

在平常的滴定分析中，因为酸式滴定管操作比较灵活、方便，所以除了强碱溶液外，一般均采用酸式滴定管进行滴定。

(1) 酸式滴定管的准备

① 洗涤

a. 用洗涤剂或铬酸洗液洗涤。

b. 自来水洗涤。

② 涂凡士林，如图 2 - 14。

a. 取下橡皮圈和活塞。

b. 用吸水纸擦干活塞及活塞套。

c. 将滴定管平放。

d. 蘸取少量凡士林，在活塞两端均匀涂一薄层。

e. 将活塞插入活塞套，向一个方向转动，至凡士林层完全透明为止。

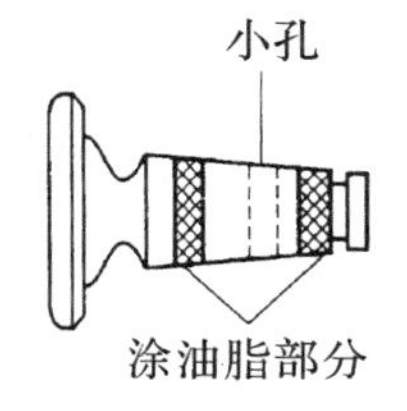

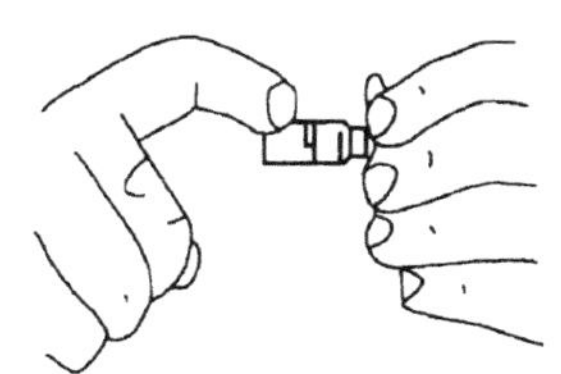

图 2 - 14　涂抹凡士林的操作

③ 检漏。用自来水充满滴定管，夹在滴定台架上，静止约 2 分钟，观察有无水滴渗出。将活塞旋转 180°，再检查一次。若漏水应重新涂凡士林；若前后两次均无水渗出，活塞转动也灵活，即可使用。

需注意还要检验是否堵塞，若堵塞则应擦净凡士林，并把小孔中的凡士林用滤纸和细铁丝除掉，或用洗耳球从管的上端往下吹气，把凡士林吹洗出来。堵塞严重的应把滴定管下端放置在热水中，利用热水把凡士林溶解而除去。

④ 润洗。用 10～15 mL 操作溶液将滴定管洗涤 2～3 次。操作时两手平托滴定管慢慢转动使操作溶液流遍全管，并使溶液从滴定管下端流出，以除去管内残留水分。再装入溶液进行滴定，否则引起操作溶液被稀释。注意应将操作溶液直接从试剂瓶中倒进滴定管，而不要依靠其他仪器(如漏斗，烧杯等)。

⑤ 赶除气泡。装满溶液后，右手持滴定管上部，使其倾斜 30°，左手迅速打开活塞，让溶液流出，将气泡冲走。

(2) 碱式滴定管的准备

与酸式滴定管相似。不同之处有两点：一是若漏液，则要更换玻璃珠及胶管；二是赶除气泡时，用左手拇指和食指捏住玻璃珠中间偏上部位，并将乳胶管向上弯曲，出口管斜向上，向一旁挤压玻璃珠，使溶液从管口流出，将气泡赶出，再轻轻使乳胶管恢复伸直，松开拇指和食指，如图 2-15。

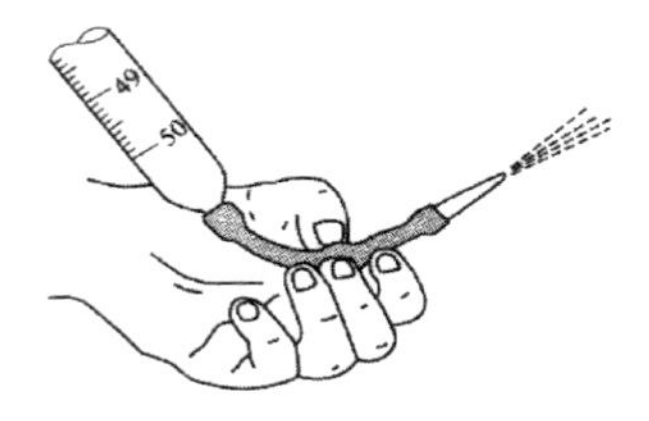

图 2-15　碱式滴定管排气泡操作

(3) 读数

在装取或放出溶液后的 1～2 min 再读数。读数时应拿滴定管上部无刻度部分，并使滴定管绝对垂直(不可拿装有液体的部分，以免液体和玻璃管膨胀，也不可倾斜)。对于无色溶液或浅色溶液，应读取弯液面下缘实线的最低点数值。视线要与最低点在同一水平面上，最好面对光源，如图 2-16。读数时也可以用黑白纸板作辅助，这样弯液面界线十分清晰。对于有色溶液(如高锰酸钾、碘等溶液)，其弯液面不够清晰，读数时，可读液面两侧最高点，即视线应与液面两侧最高点水平，如图 2-17。但初读与终读要一致，否则容易产生误差。注意，只有排除气泡后才可以读数。同时，读数要准确到 0.01 mL。

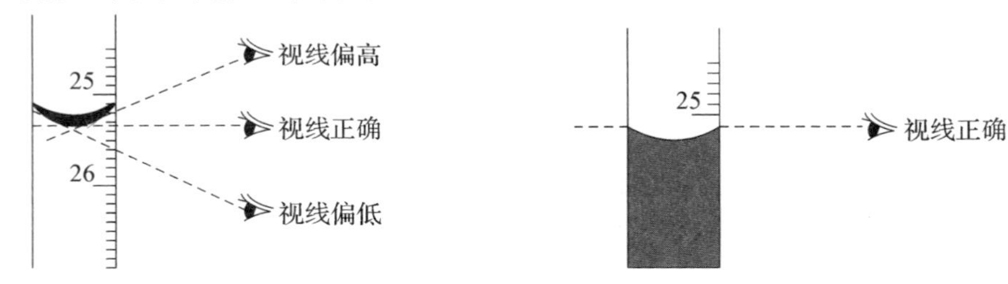

图 2-16　滴定管读数视线位置　　**图 2-17　深色溶液读数**

(4) 滴定操作

① 将滴定管装满溶液并将液面调节在“0.00”的位置，记录读数，然后将滴定管夹在滴定管架上。滴定管下端如有悬挂的液滴，也应除去。

② 滴定方法：用酸式滴定管时，左手无名指和小指向手心弯曲，控制掌心不接触活塞小端，绝对要注意不能使手心顶着活塞小端，以防活塞顶出造成漏水，拇指、食指、中指三指平行轻拿活塞柄。转动活塞时，不要把食指或中指伸直，防止产生使活塞拉出的力，如图 2-18(a)。操作动作要轻缓，手势要自然。活塞“T”字头与滴定管垂直表示关闭，平行则为最大流速，因此滴液速度由“T”字头与滴定管夹角决定。夹角小，滴液速度快，随着夹角增大，滴液速度逐渐减少至零。

③ 使用碱式滴定管时，应将左手拇指在前，食指在后，挤捏乳胶管(玻璃球的偏上处)，使乳胶管与玻璃球之间形成一条缝隙。滴液速度由挤压力的大小控制，注意绝对不能捏在玻璃球的下部，如图 2-18(b)，否则放手时橡皮管的管尖会产生气泡。

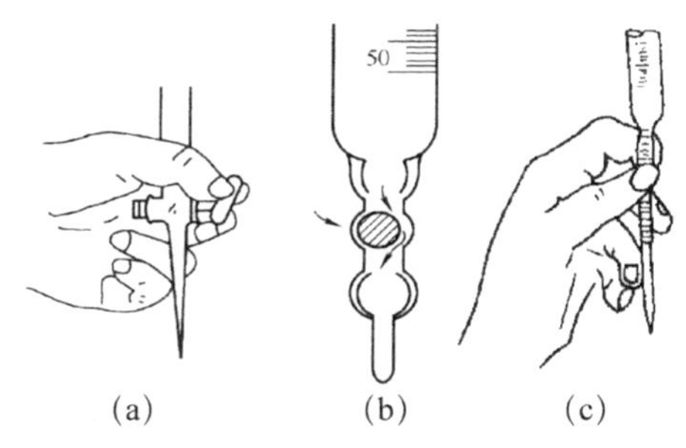

图 2-18　玻璃活塞(a)及玻璃珠(b)的控制

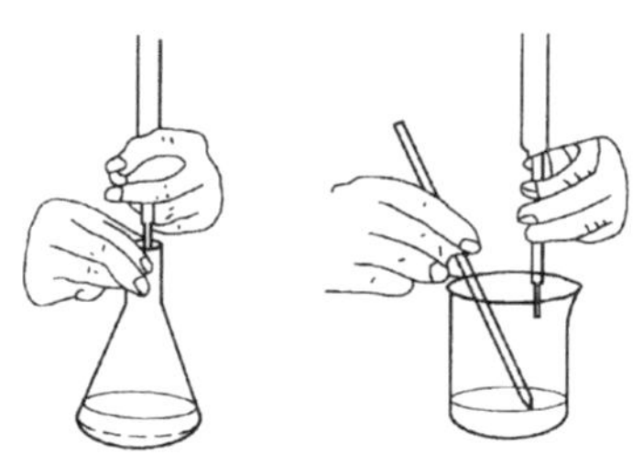

图 2-19　滴定操作法

(5) 滴定速度

在锥形瓶的被滴溶液中滴入几滴指示剂。按照实验规程，滴定管中的液体要逐滴滴下，每滴一滴都要摇动锥形瓶，摇动锥形瓶时，应微动腕关节，使溶液向同方向旋转，要使溶液旋转出现旋涡，但不能前后摇动，如图 2-19。滴定时，左手不能离开活塞，不能任溶液自流。当指示剂变色时，停止放液，读出滴定管读数。前后两个读数相减即为所用溶液体积。

(6) 半滴滴加操作

当观察到颜色接近终点时，每加一滴摇几下锥形瓶，最后每加半滴，摇几下锥形瓶，直到溶液出现明显的颜色变化为止。滴加半滴溶液时，使溶液悬挂在滴定管出口嘴上，用锥形瓶内壁将其靠落，再用洗瓶吹洗。滴定到了加半滴溶液阶段时，说明已接近终点，应用洗瓶将溅在内壁上的溶液吹洗下去。滴定结束后，滴定管内的溶液应弃去，不要倒回原瓶中，以免玷污操作溶液。

五、滴定终点练习

1. 以酚酞为指示剂，用 NaOH 滴定 HCl

(1) 用 0.1 $mol \cdot L^{-1}$ HCl 溶液和 NaOH 溶液分别润洗酸式、碱式滴定管，再分别装满溶液，赶去气泡，调好零点。

(2) 用酸式滴定管放出 20.00 mL HCl 溶液于已洗净的 250 mL 锥形瓶中，加入 50 mL 蒸馏水、2 滴酚酞指示剂，用 0.1 $mol \cdot L^{-1}$ NaOH 溶液滴定至溶液由无色变为浅粉红色，30 s 不褪色即为终点，记录读数于表 2-14，准确至 0.01 mL。

(3) 再往锥形瓶中放入 HCl 溶液 2.00 mL(共 22.00 mL)，继续用 NaOH 溶液滴定。注意 NaOH 溶液应逐滴或半滴滴入，挂在瓶壁上的 NaOH 溶液可用洗瓶中的蒸馏水吹洗下去，直至被滴定溶液呈现浅粉红色。如此重复操作 5 次，记录每次滴定的终点读数。

(4) 计算每次滴定体积比 $V(HCl)/V(NaOH)$ 及其相对平均偏差，其相对偏差应不超过 0.2%，否则要重新滴定。

2. 以甲基橙为指示剂，用 HCl 滴定 NaOH

(1) 用碱式滴定管放出 20.00 mL NaOH 溶液于已洗净的 250 mL 锥形瓶中，加入 50 mL 蒸馏水、2 滴甲基橙指示剂，用 0.1 $mol \cdot L^{-1}$ HCl 溶液滴定至溶液由黄色变为橙色，记录读数于表 2-15，准确至 0.01 mL。

(2) 再往锥形瓶中放入 NaOH 溶液 2.00 mL(共 22.00 mL)，继续用 HCl 溶液滴定。注意 HCl 溶液应逐滴或半滴滴入，挂在瓶壁上的 HCl 溶液可用洗瓶中蒸馏水吹洗下去，直至被滴定溶液呈现橙色。如此重复操作 5 次，记录每次滴定的终点读数。

(3) 计算每次滴定体积比 $V(NaOH)/V(HCl)$ 及其相对平均偏差，其相对偏差应不超过 0.2%，否则要重新滴定。

3. 酸碱体积比测定

(1) 以酚酞为指示剂：用25 mL移液管移取HCl溶液25.00 mL于锥形瓶中，加入50 mL蒸馏水、2滴酚酞指示剂，用NaOH溶液滴定至溶液由无色变为粉红色，30 s不褪色即为终点，记录读数于表2-16。如此重复4次，求出NaOH溶液体积的平均值，计算$V(HCl)/V(NaOH)$。

(2) 以甲基橙为指示剂：用25 mL移液管移取NaOH溶液25.00 mL于锥形瓶中，加入50 mL蒸馏水、2滴甲基橙指示剂，用HCl溶液滴定至溶液由黄色变为橙色，即为终点，记录读数于表2-17。如此重复4次，求出HCl溶液体积的平均值，计算$V(HCl)/V(NaOH)$。

六、数据记录与处理

表2-14　用NaOH溶液滴定HCl溶液

项　目	1	2	3	4	5
$V(HCl)/mL$	20.00	22.00	24.00	26.00	28.00
$V(NaOH)/mL$					
$V(HCl)/V(NaOH)$					
$V(HCl)/V(NaOH)$平均值					
相对平均偏差/%					

表2-15　用HCl溶液滴定NaOH溶液

项　目	1	2	3	4	5
$V(NaOH)/mL$	20.00	22.00	24.00	26.00	28.00
$V(HCl)/mL$					
$V(NaOH)/V(HCl)$					
$V(NaOH)/V(HCl)$平均值					
相对平均偏差/%					

表2-16　酸碱体积比测定

项　目	1	2	3	4
$V(HCl)/mL$	25.00	25.00	25.00	25.00
$V(NaOH)/mL$				
$V(NaOH)$平均值/mL				
$V(HCl)/V(NaOH)$				

表2-17　酸碱体积比测定

项　目	1	2	3	4
$V(NaOH)/mL$	25.00	25.00	25.00	25.00
$V(HCl)/mL$				
$V(HCl)$平均值/mL				
$V(HCl)/V(NaOH)$				

七、注意事项

(1) 滴定开始前和停顿后滴定管尖嘴不能悬挂液滴。

(2) 记录数据准确至小数点后第二位，即使最后一位或两位都是“0”。

八、思考题

(1) 酸式滴定管的活塞应如何涂油？
(2) 碱式滴定管漏液应如何处理？
(3) 滴定管尖嘴内的气泡如何赶除？
(4) 在滴定开始前和停止后，尖嘴外留有的液体各应怎样处理？

实践项目七　盐酸标准溶液的标定和工业纯碱溶液总碱度的测定

一、目的要求

(1) 能用减量法称取粉末样品，会正确使用移液管。
(2) 会用基准物质标定盐酸溶液浓度。
(3) 会测定工业纯碱溶液的总碱度。
(4) 会做空白实验。

二、基本原理

无水 Na_2CO_3 和硼砂等是常用作标定盐酸的基准物质。用 Na_2CO_3 作基准物标定时，先将其置于 270～300 ℃高温炉中灼烧至恒重，然后置于干燥器内冷却备用。标定反应如下：

$$Na_2CO_3 + 2HCl \longrightarrow 2NaCl + H_2O + CO_2\uparrow$$

当反应达化学计量点时，溶液 pH 为 3.89，可用溴甲酚绿-甲基红或甲基橙作指示剂。空白试验即用溶剂代替试样，其他试剂正常加入后进行滴定。

工业纯碱的主要成分为 Na_2CO_3，商品名为苏打，其中可能还含有少量 NaCl、Na_2SO_4、NaOH 及 $NaHCO_3$ 等成分。常以 HCl 标准溶液为滴定剂测定总碱度来衡量产品的质量。滴定反应如下：

$$Na_2CO_3 + 2HCl \longrightarrow 2NaCl + H_2CO_3$$
$$H_2CO_3 \longrightarrow CO_2\uparrow + H_2O$$

试样中若含有 $NaHCO_3$，则同时被中和。

反应产物 H_2CO_3 易形成过饱和溶液并分解为 CO_2 逸出。化学计量点时溶液 pH 为 3.8 至 3.9，可选用溴甲酚绿-甲基红或甲基橙为指示剂，用 HCl 标准溶液滴定，溶液由黄色转变为橙色即为终点。

三、试剂与仪器

1. 试剂

(1) $0.1\ mol\cdot L^{-1}$ HCl	500 mL	(2) 无水 Na_2CO_3	1.0 g
(3) $1\ g\cdot L^{-1}$ 甲基橙溶液	10 mL	(4) 碱试样	100 mL

2. 仪器

(1) 酸式滴定管	50 mL×1	(2) 分析天平	
(3) 锥形瓶	250 mL×3	(4) 试剂瓶	500 mL×1
(5) 量筒	50 mL×1	(6) 吸量管	10 mL×1

(7) 移液管　　25 mL×1　　(8) 洗耳球　　1只

四、操作步骤

1. 0.10 mol·L^{-1} HCl 溶液的配制

用吸量管移取浓盐酸(比重 1.19)约 4.3 mL 于洁净的 500 mL 试剂瓶中,加蒸馏水稀释到 500 mL,充分摇匀。

2. HCl 溶液的标定

(1) 用减量法称取 0.18 ~ 0.22 g 无水 Na_2CO_3 三份,分别置于 250 mL 锥形瓶中。

(2) 加 50 mL 蒸馏水,摇动,使其溶解。

(3) 加 2~3 滴甲基橙指示剂,用配制好的 HCl 溶液滴定至溶液由黄色变为橙色,读数并正确记录在表 2-18 内。重复上述操作,滴定其余两份基准物质。

(4) 做空白实验一次。

3. HCl 标准滴定溶液的浓度(mol·L^{-1})的计算

$$c(\mathrm{HCl})=\frac{m\times 1\,000}{[V_1-V_0]\times \frac{1}{2}M(\mathrm{Na_2CO_3})}$$

式中,m 为无水 Na_2CO_3 的质量,单位为 g;V_1 为 HCl 溶液的体积,单位为 mL;V_0 为空白实验 HCl 溶液的体积,单位为 mL;$M(Na_2CO_3)$ 为无水 Na_2CO_3 的摩尔质量,单位为 g·moL^{-1}。

4. 总碱度的测定

(1) 平行移取测定试液 25.00 mL 于锥形瓶中,加 25 mL 蒸馏水,加 3~4 滴甲基橙指示剂。

(2) 用 HCl 标准溶液滴定至溶液由黄色变为橙色,读数并正确记录在表 2-19 内。

(3) 平行测定 3 次,同时做空白实验一次。

试样中 Na_2CO_3 含量即为总碱度,按下式计算:

$$\rho(\mathrm{Na_2\,CO_3})=\frac{c(\mathrm{HCl})\times[V_1-V_0]\times\frac{1}{2}M(\mathrm{Na_2CO_3})}{V}$$

式中,$\rho(Na_2CO_3)$ 为试样溶液中的总碱度,单位为 g·L^{-1};$c(HCl)$ 为 HCl 标准溶液的浓度,单位为 mol·L^{-1};V_0 为空白实验 HCl 溶液的体积,单位为 mL;$M(Na_2CO_3)$ 为无水 Na_2CO_3 的摩尔质量,单位为 g·mol^{-1};V_1 为滴定消耗 HCl 标准溶液的体积,单位为 mL;V 为试样溶液的体积,单位为 mL。

五、数据记录和数据处理

表 2-18　HCl 标准溶液的标定

项　目	1	2	3
敲样前无水 Na_2CO_3 的质量/g			
敲样后无水 Na_2CO_3 的质量/g			
无水 Na_2CO_3 的质量 m/g			
天平零点/格			
消耗 HCl 溶液的体积 V_1/mL			
空白实验消耗 HCl 溶液的体积 V_0/mL			

续　表

项　目	1	2	3
$c(HCl)/(mol \cdot L^{-1})$			
$c(HCl)$平均值$/(mol \cdot L^{-1})$			
相对平均偏差(%)			

表 2-19　总碱度测定

项　目	1	2	3
试样溶液的体积 V/mL			
消耗 HCl 溶液的体积 V_1/mL			
空白试验消耗 HCl 溶液的体积 V_0/mL			
试样溶液中的总碱度 $\rho(Na_2CO_3)/(g \cdot L^{-1})$			
$\rho(Na_2CO_3)$平均值$/(g \cdot L^{-1})$			
相对平均偏差/%			

六、思考题

(1) 盐酸标准溶液能否直接配制？为什么？
(2) 用作标定的基准物质应具备哪些条件？
(3) 欲溶解 Na_2CO_3 基准物质，加水 50 mL 应以量筒量取还是用移液管吸取？为什么？

实践项目八　氢氧化钠标准溶液的标定和食醋总酸度的测定

一、目的要求

(1) 会用基准物法、互标法标定 NaOH 标准溶液浓度。
(2) 会测定食醋总酸度。

二、基本原理

标定 NaOH 标准溶液可用邻苯二甲酸氢钾作为基准物，也可用互标法，即用已知浓度的标准酸溶液标定。

邻苯二甲酸氢钾易得到纯制品，在空气中不吸水，容易保存，它与 NaOH 起反应时化学计量数为 1∶1，其摩尔质量较大，因此是标定碱标准溶液较好的基准物质。邻苯二甲酸氢钾通常于 105～110 ℃电烘箱中干燥至恒重后备用。标定反应如下：

$$C_6H_4(COOH)(COOK) + NaOH \longrightarrow C_6H_4(COONa)(COOK) + H_2O$$

反应产物是邻苯二甲酸钾钠盐，在水溶液中显弱碱性，故可选用酚酞作为指示剂。

食醋的主要成分是醋酸，此外还含有少量的其他弱酸，如乳酸等。食醋约含 3%～5%的 HAc，浓度较大时，滴定前要适当稀释。稀释会使食醋本身颜色变浅，便于终点颜色观察，也可以选择白醋作试样。

此外，少量CO_2即会干扰测定，因此稀释食醋试样用的蒸馏水应该煮沸。当用 NaOH 滴定时，所得结果为食醋的总酸度，通常用含量较多的 HAc 来表示。滴定反应如下：

$$HAc + NaOH \longrightarrow NaAc + H_2O$$

三、试剂与仪器

1. 试剂

(1) 0.10 mol·L^{-1} NaOH	500 mL	(2) 邻苯二甲酸氢钾固体	4.0 g
(3) 10 g·L^{-1}酚酞指示剂	10 mL	(4) 食醋试样	100 mL

2. 仪器

(1) 碱式滴定管	50 mL×1	(2) 锥形瓶	250 mL×3
(3) 量筒	50 mL×1	(4) 试剂瓶	500 mL×1
(5) 移液管	25 mL×1	(6) 烧杯	500 mL×1
(7) 洗耳球	1 只	(8) 托盘天平	1 台
(9) 分析天平	1 台		

四、操作步骤

1. NaOH 溶液的配制

用托盘天平称取固体 NaOH 2.0 g，置于 500 mL 洁净烧杯中，加少量蒸馏水溶解后，转移至500 mL 试剂瓶中，并稀释到 500 mL，摇匀。

2. NaOH 溶液的标定

(1) 互标法

① 0.100 0 mol·L^{-1}HCl 的配制和标定，见实践项目七。

② 准确移取 HCl 标准溶液 25.00 mL 三份，分别置于 250 mL 锥形瓶中。

③ 加入 75 mL 无二氧化碳的水，然后加入 1～2 滴 10 g·L^{-1}酚酞指示剂。

④ 用配制好的 NaOH 溶液滴定至溶液呈粉红色，并保持 30 s，读数并正确记录在表 2-20 内。重复上述操作，滴定其余两份。

⑤ 做空白实验。

NaOH 标准溶液浓度计算公式：

$$c(NaOH)=\frac{c(HCl)\times V(HCl)}{V_1-V_0}$$

式中，c(NaOH)为 NaOH 标准溶液的物质的量浓度，单位为 mol·L^{-1}；V_1为滴定时消耗 NaOH 标准溶液的体积，单位为 mL；c(HCl) 为 HCl 标准溶液的物质的量浓度，单位为 mol·L^{-1}；V(HCl) 为移取的 HCl 标准溶液的体积，单位为 mL；V_0为空白实验消耗 NaOH 溶液的体积，单位为 mL。

(2) 基准物法

① 准确称取于 105～110 ℃电烘箱中干燥至恒重的工作基准试剂邻苯二甲酸氢钾 0.68～0.82 g 三份，分别置于 250 mL 锥形瓶中。

② 加入 50 mL 无二氧化碳的水使之溶解，加入 2 滴 10 g·L^{-1}酚酞指示剂。

③ 用 NaOH 溶液滴定至溶液呈粉红色，30 s 不褪色即为终点，读数并正确记录在表 2-21 内。重复上述操作，滴定其余两份基准物质。

④ 做空白实验。

NaOH 标准溶液浓度按下式计算：

$$c(\mathrm{NaOH})=\frac{m\times 1\,000}{(V_1-V_0)M}$$

式中，m 为邻苯二甲酸氢钾的质量，单位为 g；V_1 为 NaOH 溶液的体积，单位为 mL；V_0 为空白实验 NaOH 溶液的体积，单位为 mL；M 为邻苯二甲酸氢钾的摩尔质量，单位为 g · $\mathrm{moL^{-1}}$。

3. 食醋中总酸度的测定

（1）用移液管吸取 25.00 mL 食醋试样置于 250 mL 容量瓶中，加 2 滴酚酞指示剂。

（2）用已标定好的 NaOH 溶液滴定至溶液呈粉红色，并保持 30 s，读数并在表 2-22 中记录消耗的 NaOH 标准滴定溶液的体积。

（3）平行测定 3 次，同时做空白实验。

$$\rho(\mathrm{HAc})=\frac{c(\mathrm{NaOH})[V_1-V_0]\times 10^{-3}\times M(\mathrm{HAc})}{25.00}\times 100$$

式中，$\rho(\mathrm{HAc})$ 为 HAc 的质量浓度，单位为 g/100 mL；$c(\mathrm{NaOH})$ 为 NaOH 标准溶液的物质的量浓度，单位为 mol · $\mathrm{L^{-1}}$；V_1 为消耗 NaOH 标准溶液的体积，单位为 mL；V_0 为空白实验消耗 NaOH 标准溶液的体积，单位为 mL；$M(\mathrm{HAc})$ 为 HAc 的摩尔质量，单位为 g · $\mathrm{moL^{-1}}$。

五、数据记录和数据处理

表 2-20　NaOH 标准溶液的标定（互标法）

项　目	1	2	3
HCl 标准溶液的体积 $V(\mathrm{HCl})$/mL			
HCl 标准溶液的浓度 $c(\mathrm{HCl})/(\mathrm{mol\cdot L^{-1}})$			
消耗 NaOH 溶液的体积 V_1/mL			
空白实验消耗 NaOH 溶液的体积 V_0/mL			
$c(\mathrm{NaOH})/(\mathrm{mol\cdot L^{-1}})$			
$c(\mathrm{NaOH})$平均值/$(\mathrm{mol\cdot L^{-1}})$			
相对平均偏差（%）			

表 2-21　NaOH 标准溶液的标定（基准物法）

项　目	1	2	3
敲样前邻苯二甲酸氢钾的质量/g			
敲样后邻苯二甲酸氢钾的质量/g			
邻苯二甲酸氢钾的质量 m/g			
天平零点/格			
消耗 NaOH 溶液的体积 V_1/mL			
空白实验消耗 NaOH 溶液的体积 V_0/mL			
$c(\mathrm{NaOH})/(\mathrm{mol\cdot L^{-1}})$			
$c(\mathrm{NaOH})$平均值/$(\mathrm{mol\cdot L^{-1}})$			
相对平均偏差（%）			

表 2-22　食醋总酸度的测定

项　目	1	2	3
试样体积 V/mL			
消耗 NaOH 标准溶液的体积 V_1/mL			
空白实验消耗 NaOH 标准溶液体积 V_0/mL			
c(NaOH)/(mol·L^{-1})			
ρ(HAc)/(g·$100^{-1}$$mL^{-1}$)			
ρ(HAc)平均值/(g·$100^{-1}$$mL^{-1}$)			
相对平均偏差/%			

六、思考题

(1) 为什么 NaOH 标准溶液都要先配成近似浓度，而后进行标定？
(2) 在溶解基准物质时，所加蒸馏水应用什么量具量取，是否要很准？为什么？
(3) 用邻苯二甲酸氢钾标定 NaOH 溶液为什么用酚酞作指示剂而不用甲基橙作指示剂？
(4) 用互标法和基准物法标定，哪种方法更好？为什么？

案　例

pH 快速测定技术

pH 计的使用

实验室利用酸度计测量水样的 pH 虽然准确，但每次测定都要配制标准缓冲溶液并需对酸度计进行校正，达不到对水样快速测定和方便的目的，也不利于野外操作。因此，便携式 pH 快速测定仪和 pH 快速检测试剂盒应运而生。

1. 便携式 pH 测定仪

便携式 pH 测定仪(如图 2-20)是为野外、流动性条件下测定 pH 而设计，仪器小巧、自带电源，使用方便，pH 测定准确。

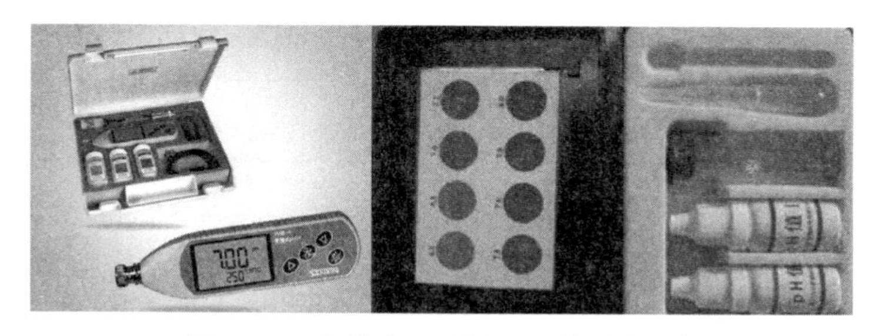

图 2-20　便携式 pH 计及 pH 检测试剂盒

2. pH 检测试剂盒

pH 检测试剂盒由小瓶溶液、小试管和滴管组成，采用比色法测定水样中氢离子浓度。检测方法是取待测水样冲洗试管 2 次，然后将水样加入试管中至试管的刻度线，按照比色卡背面的操作说明依次加入小瓶中试剂，晃动试管使之溶解或混合均匀，待反应完全后将试管放在比色卡边上，自上而下目视比色，管内色调与比色卡上标准色相同或是相近者，即为水样的 pH。这种方法对检测人员要求不高，也不要求专业方面的知识，在水产养殖、环境分析、污水废水排放与处理、工业用水、印染与漂洗、化工与轻

工、电镀表面处理、游泳池中的水质分析中被广泛使用。

案例

pH 与血液

我们知道人体内的组织液都有一定的 pH 范围，如血液的 pH＝7.35，如果略低人就会抑郁，如果略高人就会亢奋，当血液 pH＜4 或 pH＞8 时，人会死亡。而人体在新陈代谢的过程中会产生许多酸和碱，那么人体是怎么维持自身 pH 的呢？人呼吸的空气中含有二氧化碳，二氧化碳溶于水就会产生碳酸和碳酸氢根。因此人体的血液中含有一定量的 H_2CO_3 和 HCO_3^-，H_2CO_3 和 HCO_3^- 是一对共轭酸碱对。其中 HCO_3^- 是抗酸成分，遇到酸生成 H_2CO_3，转化为 CO_2，可以经肺部代谢；H_2CO_3 是抗碱成分，遇到碱生成 HCO_3^-，经肾代谢。这样人体的血液就可以抵抗外加的少量酸和碱而保持其 pH 在 7.35 左右。

习题

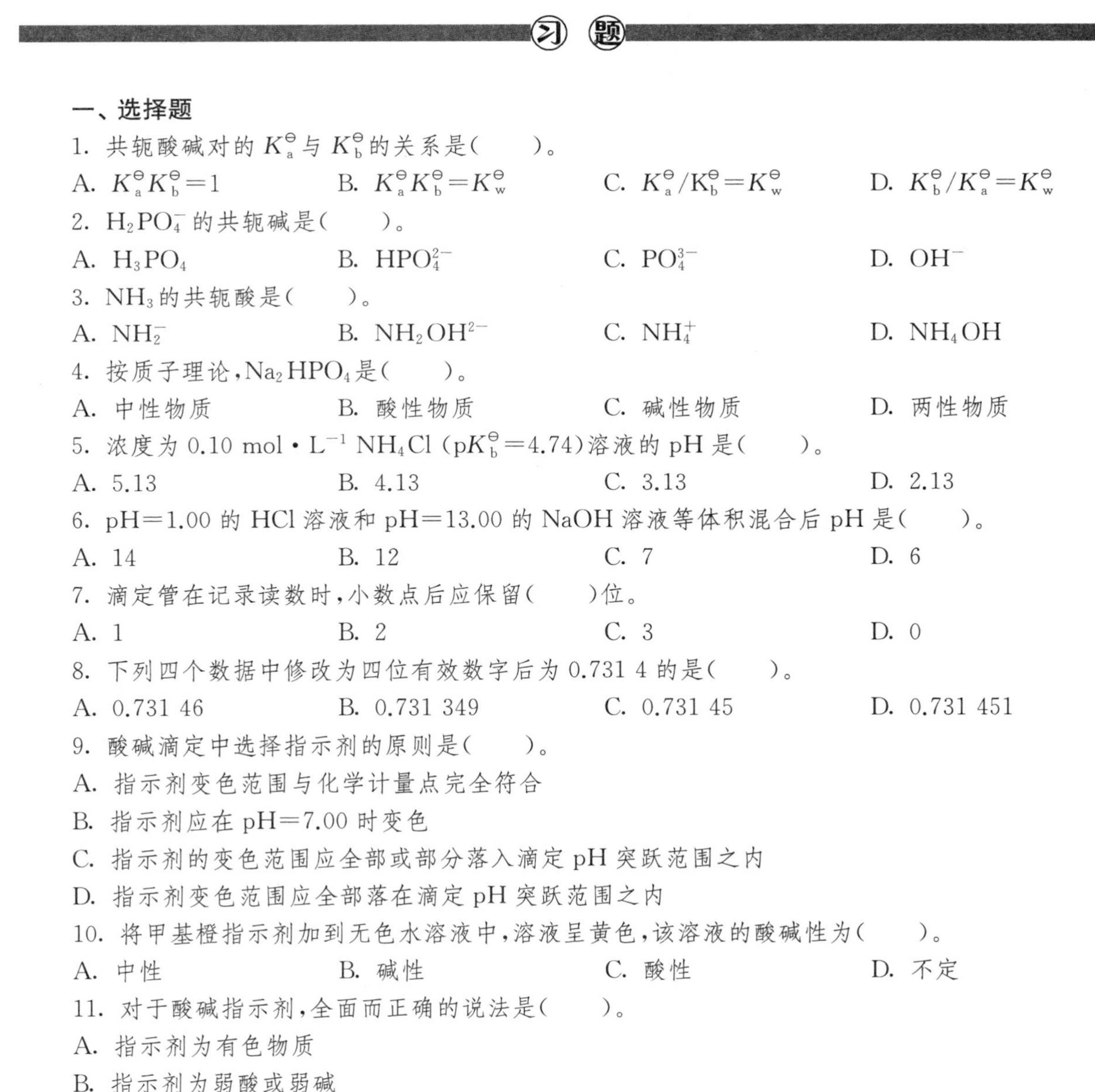

一、选择题

1. 共轭酸碱对的 $K_a^\ominus$ 与 $K_b^\ominus$ 的关系是（　　）。

A. $K_a^\ominus K_b^\ominus=1$　　B. $K_a^\ominus K_b^\ominus=K_w^\ominus$　　C. $K_a^\ominus/K_b^\ominus=K_w^\ominus$　　D. $K_b^\ominus/K_a^\ominus=K_w^\ominus$

2. $H_2PO_4^-$ 的共轭碱是（　　）。

A. H_3PO_4　　B. HPO_4^{2-}　　C. PO_4^{3-}　　D. OH^-

3. NH_3 的共轭酸是（　　）。

A. NH_2^-　　B. NH_2OH^{2-}　　C. NH_4^+　　D. NH_4OH

4. 按质子理论，Na_2HPO_4 是（　　）。

A. 中性物质　　B. 酸性物质　　C. 碱性物质　　D. 两性物质

5. 浓度为 0.10 mol·L^{-1} NH_4Cl（$pK_b^\ominus=4.74$）溶液的 pH 是（　　）。

A. 5.13　　B. 4.13　　C. 3.13　　D. 2.13

6. pH＝1.00 的 HCl 溶液和 pH＝13.00 的 NaOH 溶液等体积混合后 pH 是（　　）。

A. 14　　B. 12　　C. 7　　D. 6

7. 滴定管在记录读数时，小数点后应保留（　　）位。

A. 1　　B. 2　　C. 3　　D. 0

8. 下列四个数据中修改为四位有效数字后为 0.731 4 的是（　　）。

A. 0.731 46　　B. 0.731 349　　C. 0.731 45　　D. 0.731 451

9. 酸碱滴定中选择指示剂的原则是（　　）。

A. 指示剂变色范围与化学计量点完全符合

B. 指示剂应在 pH＝7.00 时变色

C. 指示剂的变色范围应全部或部分落入滴定 pH 突跃范围之内

D. 指示剂变色范围应全部落在滴定 pH 突跃范围之内

10. 将甲基橙指示剂加到无色水溶液中，溶液呈黄色，该溶液的酸碱性为（　　）。

A. 中性　　B. 碱性　　C. 酸性　　D. 不定

11. 对于酸碱指示剂，全面而正确的说法是（　　）。

A. 指示剂为有色物质

B. 指示剂为弱酸或弱碱

C. 指示剂为弱酸或弱碱，其酸式或碱式结构具有不同颜色

D. 指示剂在酸碱溶液中呈现不同颜色

12. 浓度为 0.1 mol·L^{-1}的下列酸，能用 NaOH 直接滴定的是(　　)。

A. HCOOH ($pK_a^\ominus=3.45$)　　B. H_3BO_3($pK_a^\ominus=9.22$)

C. NH_4NO_2($pK_b^\ominus=4.74$)　　D. H_2O_2($pK_a^\ominus=12$)

13. 标定盐酸溶液常用的基准物质是(　　)。

A. 无水 Na_2CO_3　　B. 草酸($H_2C_2O_4\cdot 2H_2O$)

C. $CaCO_3$　　D. 邻苯二甲酸氢钾

14. 标定 NaOH 溶液常用的基准物质是(　　)。

A. 无水 Na_2CO_3　　B. 邻苯二甲酸氢钾　　C. 硼砂　　D. $CaCO_3$

15. 用 0.100 0 mol·L^{-1} NaOH 标准溶液滴定 20.00 mL 0.100 0 mol·L^{-1} HAc，滴定突跃为 7.74～9.70，可用于这类滴定的指示剂是(　　)。

A. 甲基橙(3.1～4.4)　　B. 溴酚蓝(3.0～4.6)

C. 甲基红(4.0～6.2)　　D. 酚酞(8.0～9.6)

16. 某混合碱液，先用 HCl 滴至酚酞变色，消耗 V_1 mL，继续以甲基橙为指示剂，又消耗 V_2 mL，已知 $V_1<V_2$，其组成为(　　)。

A. $NaOH-Na_2CO_3$　　B. Na_2CO_3

C. $NaHCO_3$　　D. $NaHCO_3-Na_2CO_3$

二、填空题

1. 各类酸碱反应共同的实质是________________。

2. 根据酸碱质子理论，凡是能________质子的物质是酸；凡是能________质子的物质是碱；物质给出质子的能力越强，酸性就越________，其共轭碱的碱性就越________。

3. 因 1 个质子得失而相互转变的每一对酸碱，称为________。HPO_4^{2-} 是________的共轭酸，是________的共轭碱。

4. 各种缓冲溶液的缓冲能力可用________来衡量，其大小与________和________有关。

5. 甲基橙的变色范围是________，在 pH<3.1 时为________色。酚酞的变色范围是________，在 pH>9.6 时为________色。

6. 某酸碱指示剂 $pK^\ominus(In)=4.0$，则该指示剂变色的 pH 范围是________，一般在________时使用。

7. 混合指示剂是由一种酸碱指示剂和一种惰性染料或________，按一定的比例配制而成的。

8. 酸碱滴定曲线是以________变化为特征，滴定时酸碱的浓度越________，滴定突跃范围越________；酸碱的强度越________，则滴定的突跃范围越________。

9. 在测定工业硫酸含量时，选用________指示剂，终点时溶液颜色由________变________。

10. NaOH 滴定 HAc 应选在________性范围内变色的指示剂，这是由________________决定的。

11. 滴定操作时，眼睛应一直观察锥形瓶内________的变化。

12. 取完食醋后应立即盖好试剂瓶，以防食醋________。

13. 称取 NaOH 用________，称取邻苯二甲酸氢钾用________天平。

14. 如果以无水碳酸钠作为基准物质来标定 0.100 0 mol·L^{-1}左右的 HCl，欲使消耗 HCl 的体积在 20～30 mL，则应称取固体________ g，以________为指示剂。

15. 标定 NaOH 时最好选用________作为基准物质，这时应以________为指示剂。

三、判断题

1. $0.650\times 100=0.630\times(100+V)$ 中求出的 V 有 3 位有效数字。　(　　)

2. pH=3.05 的有效数字是三位。　(　　)

3. 有效数字中的所有数字都是准确有效的。　(　　)

4. 在分析数据中，所有的“0”都是有效数字。　(　　)

5. 6.788 50 修约为四位有效数字是 6.788。（　　）

6. 酸碱指示剂颜色变化的内因是指示剂内部结构的改变。（　　）

7. 酸碱滴定中有时需要用颜色变化明显的变色范围较窄的指示剂，即混合指示剂。（　　）

8. 酸碱指示剂的颜色随溶液 pH 的改变而变化。（　　）

9. 双指示剂就是混合指示剂。（　　）

10. 常用的酸碱指示剂，大多是弱酸或弱碱，所以滴加指示剂的多少及时间的早晚不会影响分析结果。（　　）

11. 如果 NaOH 标准溶液在放置时吸收了 CO_2，测定结果偏低。（　　）

12. 用移液管移取食醋试样 5.00 mL，移入 250 mL 锥形瓶中，加入的 20 mL 蒸馏水必须精确。（　　）

13. H_2SO_4 是二元酸，因此用 NaOH 滴定有两个突跃。（　　）

14. 强酸滴定弱碱达到化学计量点时 pH>7。（　　）

15. 双指示剂法就是在滴定碳酸盐时，由于出现两个终点，溶液 pH 有两个突跃，于是采用两种指示剂分别指示两个终点的测定方法。（　　）

16. 酸碱浓度每增大 10 倍，滴定突跃范围就增大 1 个 pH 单位。（　　）

17. 无论何种酸或碱，只要其浓度足够大，都可被强碱或强酸溶液定量滴定。（　　）

四、问答题

1. 根据酸碱质子理论，判断下列物质在水溶液中哪些是酸，哪些是碱，哪些是两性物质？写出它们的共轭酸或共轭碱。

HS^-，HCO_3^-，$NH_3 \cdot H_2O$，H_2O，HAc，Na_2HPO_4，OH^-，NH_4^+，$HC_2O_4^-$，Ac^-，$H_2PO_4^-$

2. 下列情况各引起什么误差？如果是系统误差，应如何消除？

(1) 砝码被腐蚀。

(2) 称量时，试样吸收了空气中的水。

(3) 天平的零点稍有变动。

(4) 读取滴定管的读数时，最后一位有效数字估计不准。

(5) $H_2C_2O_4 \cdot 2H_2O$ 基准物质结晶水部分风化。

(6) 试剂中含有被测物质。

3. 下列数据各包括了几位有效数字？

(1) 0.0330　　(2) 10.030　　(3) 0.01020　　(4) 8.7×10^{-5}

(5) $pK_a=4.74$　　(6) pH=10.00

五、计算题

1. 计算下列溶液的 pH。

(1) 0.10 $mol \cdot L^{-1}$ HCN；(2) 500 mL 含 0.17 g NH_3 的溶液；(3) 0.05 $mol \cdot L^{-1}$ 的 NaAc；(4) 0.05 $mol \cdot L^{-1}$ 的 NH_4Cl；(5) 0.05 $mol \cdot L^{-1}$ 的 H_3BO_3；(6) 0.1 $mol \cdot L^{-1}$ 的 NaCl；(7) 0.05 $mol \cdot L^{-1}$ 的 $NaHCO_3$。

2. 分别计算下列各混合溶液的 pH。

(1) 0.3 L 0.5 $mol \cdot L^{-1}$ HCl 与 0.2 L 0.5 $mol \cdot L^{-1}$ NaOH 混合。

(2) 0.25 L 0.2 $mol \cdot L^{-1}$ NH_4Cl 与 0.5 L 0.2 $mol \cdot L^{-1}$ NaOH 混合。

(3) 0.5 L 0.2 $mol \cdot L^{-1}$ NH_4Cl 与 0.5 L 0.2 $mol \cdot L^{-1}$ NaOH 混合。

(4) 0.5 L 0.2 $mol \cdot L^{-1}$ NH_4Cl 与 0.25 L 0.2 $mol \cdot L^{-1}$ NaOH 混合。

3. 用 30 mL 0.10 $mol \cdot L^{-1}$ HAc 溶液和 20 mL 0.20 $mol \cdot L^{-1}$ NaAc 溶液等体积混合，配成 50 mL 缓冲溶液，此缓冲溶液 pH 是多少？

4. 欲配制 500 mL pH=9.0，$[NH_4^+]=1.0\ mol \cdot L^{-1}$ 的缓冲溶液，需密度为 0.904 $g \cdot mL^{-1}$，氨的

质量分数为26%的浓氨水多少毫升？固体NH_4Cl多少克？

5. 根据有效数字保留规则，计算下列结果。

(1) $2.187\times0.854+9.6\times10^{-4}-0.032\ 6\times0.008\ 14$

(2) $51.38/(8.709\times0.094\ 6)$

(3) $\dfrac{9.87\times50.62}{0.005\ 164\times136.6}$

(4) $0.012\ 1+25.64+1.057\ 82+0.012\ 1\times25.64\times1.057\ 82$

(5) pH＝12.20的溶液的$[H^+]$

(6) $9.25\times0.213\ 34\div(1.200\times100)$

(7) $1+105.26+106.42+104.09+101.09+10-2.31+10-6.41$

6. 某硅酸盐样品中SiO_2含量共测定10次，结果为66.57，66.58，66.61，66.77，66.69，66.67，66.67，66.70，66.70，66.64。计算平均偏差。

7. 用0.100 0 $mol\cdot L^{-1}$的NaOH溶液滴定20.00 mL 0.100 0 $mol\cdot L^{-1}$的甲酸溶液时，化学计量点时pH为多少？应选何种指示剂指示终点？滴定突跃为多少？

8. 称取无水碳酸钠基准物0.145 0 g标定HCl溶液，消耗HCl溶液体积25.50 mL，计算HCl溶液的浓度为多少？

9. 称取混合碱2.256 0 g，溶解后转入250 mL容量瓶中定容。称取此试液25.00 mL两份：一份以酚酞为指示剂，用0.100 0 $mol\cdot L^{-1}$ HCl滴定耗去30.00 mL；另一份以甲基橙作指示剂耗去HCl 35.00 mL，问混合碱的组成是什么？含量各为多少？

10. 某试样含有Na_2CO_3、$NaHCO_3$及其他惰性物质。称取试样0.301 0 g，用酚酞作指示剂滴定，用去0.106 0 $mol\cdot L^{-1}$的HCl溶液20.10 mL，继续用甲基橙作指示剂滴定，共用去HCl 47.70 mL，计算试样中Na_2CO_3与$NaHCO_3$的百分含量。

11. 标定NaOH溶液时，用2.369 g邻苯二甲酸氢钾作基准物，以酚酞为指示剂滴定至终点，消耗NaOH溶液的体积为29.05 mL，计算NaOH溶液的浓度。

12. 吸取10 mL食醋样品，置于锥形瓶中，加2滴酚酞指示剂，用0.163 8 $mol\cdot L^{-1}$ NaOH溶液滴定醋中的HAc，消耗NaOH溶液28.15 mL，则试样中HAc浓度是多少？若吸取的HAc溶液$\rho=1.004\ g\cdot mL^{-1}$，计算试样中HAc的质量。

13. 用酸碱滴定法测定工业硫酸的含量，称取硫酸试样1.809 5 g，配成250 mL的溶液，移取25 mL该溶液，以甲基橙为指示剂，用浓度为0.123 3 $mol\cdot L^{-1}$的NaOH标准溶液滴定，到终点时消耗NaOH溶液31.42 mL，试计算该工业硫酸的含量？已知$M(H_2SO_4)=98.07$。

第 3 章
沉淀-溶解平衡与沉淀滴定

知识目标

1. 掌握影响沉淀-溶解平衡的因素。
2. 熟悉银量法的分类；了解银量法的应用范围。
3. 了解溶度积概念及沉淀反应必须具备的条件。

能力目标

1. 学会溶解度和浓度的换算、溶解度与溶度积的换算。
2. 学会判断同离子效应、盐效应、酸效应、配位效应对难溶电解质溶解度的影响。

电解质的溶解度是指在一定温度下，某物质在 100 g 溶剂（通常是水）中达到饱和状态时所溶解的克数。溶解度往往有很大的差异，习惯上将其划分为可溶、微溶和难溶等不同等级。如果物质的溶解度为 1～10 g 每 100 g 水，这种物质被称为可溶性物质；物质的溶解度小于 0.01 g 每 100 g 水时，被称为难溶性物质；溶解度介于可溶与难溶之间的，即溶解度为 0.01～1 g 每 100 g 水，被称为微溶性物质。

3.1 沉淀-溶解平衡

3.1.1 沉淀-溶解平衡与溶度积

任何难溶物在水中都有一定的溶解度，其中溶解在水中并全部发生电离的难溶物称为难溶强电解质。

知识点 1　沉淀-溶解平衡

在难溶强电解质的饱和溶液中，存在着未溶解的固体电解质和溶液中相应离子间的平衡，这类平衡属于多相离子平衡。

沉淀溶解平衡

在一定温度下，将难溶强电解质放入水中时，会发生溶解和沉淀两个过程。以硫酸钡为例，$BaSO_4$是由 Ba^{2+} 和 SO_4^{2-} 组成的，将其放入水中时，固体中的 Ba^{2+} 和 SO_4^{2-} 在水分子的作用下，不断由固体表面进入溶液中，成为无规则运动的水合离子，这是 $BaSO_4$的溶解过程。与此同时，溶解到溶液中的 Ba^{2+}(aq)和 SO_4^{2-}(aq)在不断运动中相互碰撞，或与未溶解的 $BaSO_4$ 表面碰撞时，会以固体 $BaSO_4$（沉淀）的形式析出，这是 $BaSO_4$的沉淀过程。任何难溶电解质的溶解和沉淀过程都是可逆的。开始时，溶解速率较大，沉淀速率较小。在一定条件下，当溶解和沉淀速率相等时，便建立了一种动态的多相离子平衡，这种平衡称为沉淀-溶解平衡。可表示如下：

$$BaSO_4(s) \rightleftharpoons Ba^{2+}(aq) + SO_4^{2-}(aq)$$

这个平衡的特点是：反应物为固体，生成物为离子，溶液为饱和溶液，服从化学平衡定律。aq 指在水溶液中。

知识点 2　溶度积

对于 $BaSO_4$ 的沉淀-溶解平衡，其平衡常数表达式为：

$$K^{\ominus} = \frac{[Ba^{2+}]/c^{\ominus} \cdot [SO_4^{2-}]/c^{\ominus}}{[BaSO_4]/c^{\ominus}}$$

$BaSO_4$ 是固体，其浓度并入常数项，于是得到标准状态下的沉淀-溶解平衡常数($K_{sp}^{\ominus}$)：

$$K_{sp}^{\ominus}(BaSO_4) = [Ba^{2+}]/c^{\ominus} \cdot [SO_4^{2-}]/c^{\ominus}$$

式中，$[Ba^{2+}]$ 为沉淀-溶解平衡时 Ba^{2+} 的平衡浓度，单位为 $mol \cdot L^{-1}$；$[SO_4^{2-}]$ 为沉淀-溶解平衡时 SO_4^{2-} 的平衡浓度，单位为 $mol \cdot L^{-1}$；$c^{\ominus}$ 为标准浓度，值为 1 $mol \cdot L^{-1}$。

$K_{sp}^{\ominus}$ 表示在一定温度下，难溶强电解质饱和溶液中离子的相对浓度各以其化学计量数为幂指数的乘积，其值为一常数。此常数称为标准溶度积常数，简称溶度积。为方便起见，后面各处均省略 $c^{\ominus}$，直接以平衡浓度来表示，即

$$K_{sp}^{\ominus}(BaSO_4) = [Ba^{2+}] \cdot [SO_4^{2-}]$$

在标准状态下，对于一般难溶强电解质(A_mB_n)的沉淀-溶解平衡可表示为：

$$A_mB_n(s) \rightleftharpoons mA^{n+}(aq) + nB^{m-}(aq)$$

溶度积表达式为：

$$K_{sp}^{\ominus}(A_mB_n) = [A^{n+}]^m[B^{m-}]^n \tag{3-1}$$

溶度积 $K_{sp}^{\ominus}$ 反映了难溶强电解质溶解能力的大小，其大小与物质溶解度有关。因物质的溶解度随温度改变而变化，所以同一种难溶强电解质在不同温度时，其 $K_{sp}^{\ominus}$ 值也不同，但与未溶解固体的量无关。溶度积等于沉淀-溶解平衡时离子浓度幂的乘积，每种离子浓度的幂与化学计量式中的计量数相等。要特别指出的是，在多相离子平衡系统中，必须有未溶解的固相存在，否则就不能保证系统处于平衡状态。298 K 时常见物质的溶度积见附录。

【例 3-1】 298 K 时，$Mg(OH)_2$ 在水中达到沉淀-溶解平衡，溶液中 Mg^{2+} 和 OH^- 的浓度分别为 2.62×10^{-4} $mol \cdot L^{-1}$ 和 6.87×10^{-4} $mol \cdot L^{-1}$，计算该温度下 $Mg(OH)_2$ 的溶度积。

【解】 依据公式(3-1)可得 $Mg(OH)_2$ 溶度积为：

$$\begin{aligned} K_{sp}^{\ominus}[Mg(OH)_2] &= [Mg^{2+}] \cdot [OH^-]^2 \\ &= 2.62\times10^{-4}\times(6.87\times10^{-4})^2 \\ &= 1.2\times10^{-10} \end{aligned}$$

知识点 3　溶解度和浓度的换算

在有关溶度积的计算中，离子浓度必须是物质的量浓度，其单位为 $mol \cdot L^{-1}$；而通常使用的溶解度的单位是 g/100 g H_2O，有时也使用 $g \cdot L^{-1}$ 或 $mol \cdot L^{-1}$ 作单位。对难溶电解质溶液来说，其饱和溶液是极稀的溶液，可将溶剂的质量看作与溶液的质量相等，这样就能很便捷地计算出溶液浓度，进而求得溶度积。因此，二者间可以相互换算。换算时注意两点：一是溶解度的单位要用 $mol \cdot L^{-1}$ 表示，二是饱和溶液的密度近似等于纯水的密度($1\ g \cdot mL^{-1}$)。

【例 3-2】 在 25 ℃下，将固体 AgCl 放入纯水中，不断搅拌并使系统中有剩余的未溶解的 AgCl。几天后，确定已达到沉淀溶解平衡时，测定 AgCl 的溶解度为 1.92×10^{-3} g·L^{-1}。试将其溶解度换算成以 moL·L^{-1}表示。

【解】 $s(\text{AgCl})=(1.92\times10^{-3}\ \text{g}\cdot\text{L}^{-1})/(143.4\ \text{g}\cdot\text{mol}^{-1})$
$=1.34\times10^{-5}\ \text{mol}\cdot\text{L}^{-1}$

知识点 4　$K_{sp}^{\ominus}$与溶解度的换算

如 $BaSO_4$的沉淀通常称为 AB 型沉淀，在饱和溶液中有下列平衡：

$$BaSO_4(s) \rightleftharpoons Ba^{2+}(aq) + SO_4^{2-}(aq)$$

平衡浓度(mol·L^{-1})　　　　s　　　　s

$$K_{sp}^{\ominus}(BaSO_4)=[Ba^{2+}]\cdot[SO_4^{2-}]=s^2$$

同理，对于 AB，A_2B/AB_2，A_3B/AB_3型难溶强电解质的 $K_{sp}^{\ominus}$与溶解度(s)之间的关系，可用通式表示如下：

① AB 型难溶强电解质：$K_{sp}^{\ominus}=(s/c^{\ominus})^2$。

② A_2B/AB_2型难溶强电解质：$K_{sp}^{\ominus}=4(s/c^{\ominus})^3$。

③ A_3B/AB_3型难溶强电解质：$K_{sp}^{\ominus}(A_3B)=27(s/c^{\ominus})^4$。

如果已知某难溶强电解质的溶解度，可利用以上公式计算出溶度积。相反，已知溶度积，也可利用以上公式计算出溶解度。

【例 3-3】 求例 3-2 中 AgCl 的 $K_{sp}^{\ominus}$。

【解】 设 AgCl 的溶解度为 s

在饱和溶液中存在平衡　　$AgCl \rightleftharpoons Ag^+ + Cl^-$

平衡浓度(mol·L^{-1})　　　s　　s

故 $K_{sp}^{\ominus}(\text{AgCl})=[Ag^+]\cdot[Cl^-]=s^2=(1.34\times10^{-5})^2=1.80\times10^{-10}$

【例 3-4】 在 25 ℃时，Ag_2CrO_4溶度积为 1.1×10^{-12}，试求 Ag_2CrO_4(s)在水中的溶解度(g·L^{-1})。

【解】 设 Ag_2CrO_4(s)的溶解度为 s

Ag_2CrO_4在饱和溶液中存在平衡　　$Ag_2CrO_4 \rightleftharpoons 2Ag^+ + CrO_4^{2-}$

平衡浓度(mol·L^{-1})　　　$2s$　　s

故 $K_{sp}^{\ominus}(Ag_2CrO_4)=[Ag^+]^2\cdot[CrO_4^{2-}]=4s^3$

$$s=6.5\times10^{-5}\ \text{mol}\cdot\text{L}^{-1}$$

换算单位：$s=6.5\times10^{-5}\ \text{mol}\cdot\text{L}^{-1}\times331.7\ \text{g}\cdot\text{mol}^{-1}=2.2\times10^{-2}\ \text{g}\cdot\text{L}^{-1}$

练一练

已知 298 K 时，$K_{sp}^{\ominus}(\text{AgCl})=1.8\times10^{-10}$，试求出在该温度下的溶解度。

对于同一类型难溶强电解质，可以用 $K_{sp}^{\ominus}$比较溶解度的大小：$K_{sp}^{\ominus}$大，溶解度大；$K_{sp}^{\ominus}$小，溶解度小。但对不同类型难溶强电解质，则不能用 $K_{sp}^{\ominus}$比较溶解度，必须通过换算。如上例中，$K_{sp}^{\ominus}(\text{AgCl}) > K_{sp}^{\ominus}(Ag_2CrO_4)$，但 AgCl 的溶解度小于 Ag_2CrO_4的溶解度。

3.1.2 溶度积规则及其应用

溶度积规则

知识点1　溶度积规则

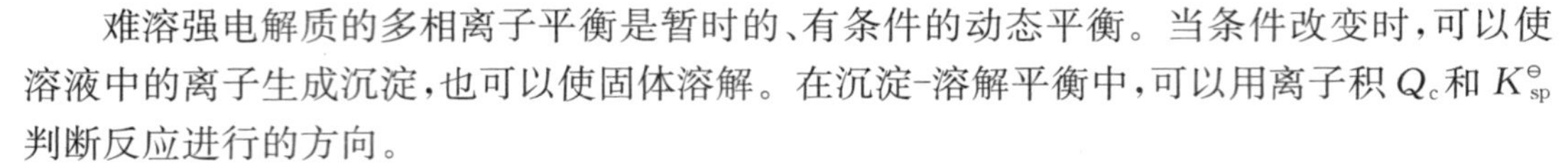

难溶强电解质的多相离子平衡是暂时的、有条件的动态平衡。当条件改变时，可以使溶液中的离子生成沉淀，也可以使固体溶解。在沉淀-溶解平衡中，可以用离子积 Q_c 和 $K_{sp}^{\ominus}$ 判断反应进行的方向。

A_mB_n 为难溶强电解质，沉淀-溶解平衡为：

$$A_mB_n(s) \rightleftharpoons mA^{n+}(aq) + nB^{m-}(aq)$$

在任意时刻（未必是平衡状态），溶液中离子浓度幂的乘积用 Q_c 来表示，则

$$Q_c = \{[A^{n+}]/c^{\ominus}\}^m \cdot \{[B^{m-}]/c^{\ominus}\}^n$$

为方便起见，后面各处均省略 $c^{\ominus}$，直接以平衡浓度来表示。即

$$Q_c = [A^{n+}]^m \cdot [B^{m-}]^n \tag{3-2}$$

式中，$[A^{n+}]$ 和 $[B^{m-}]$ 表示任意时刻难溶强电解质溶液中离子的相对浓度。需要特别注意：虽然离子积表达形式与溶度积类似，但各离子的浓度不一定是平衡浓度。

根据平衡移动的原理，可得出以下结论：

① 当 $Q_c < K_{sp}^{\ominus}$ 时，为未饱和溶液，无沉淀生成或原有沉淀溶解。

② 当 $Q_c = K_{sp}^{\ominus}$ 时，为饱和溶液，沉淀、溶解达到动态平衡状态。

③ 当 $Q_c > K_{sp}^{\ominus}$ 时，为过饱和溶液，有沉淀生成，直到溶液中离子积等于溶度积。

上述规则称为溶度积规则。不难看出，通过控制离子的浓度，可以使沉淀-溶解平衡发生定向移动，使沉淀向需要的方向转化。

利用溶度积规则，不仅可以通过改变离子的浓度控制沉淀反应的方向，还可以将混合溶液中的离子进行分离。

知识点2　沉淀的生成

根据溶度积规则，要从溶液中沉淀出某一种离子，必须加入一种沉淀剂，使溶液中所含组成沉淀的各离子的离子积大于其溶度积，从而析出沉淀。

【例3-5】 在室温时将 0.004 mol·L^{-1} $AgNO_3$ 溶液和 0.002 mol·L^{-1} K_2CrO_4 溶液等体积混合，有无红色 Ag_2CrO_4 沉淀析出？

【解】 两种溶液等体积混合，体积增加一倍，浓度各减小一半。

$$Q_c = [Ag^+]^2 \cdot [CrO_4^{2-}] = 0.002^2 \times 0.001 = 4 \times 10^{-9}$$

查附录得：Ag_2CrO_4 的 $K_{sp}^{\ominus} = 1.1 \times 10^{-12}$

$Q_c > K_{sp}^{\ominus}$，所以有 Ag_2CrO_4 沉淀生成。

知识点3　分步沉淀

当溶液中同时存在两种或两种以上的离子与某一沉淀剂均能发生沉淀反应时，沉淀不是同时发生的，而是按生成的难溶物质溶解度由小到大的次序先后沉淀，这种现象称为分步沉淀。当难溶物质属同类型且其离子浓度相同时，可直接由 $K_{sp}^{\ominus}$ 判断沉淀的先后顺序，$K_{sp}^{\ominus}$ 小者先沉淀；而当离子浓度不同或者难溶物类型不同时，不能直接由 $K_{sp}^{\ominus}$ 判断，而要根据溶度积规则来判断。

利用分步沉淀分离混合物中离子的原则是：先沉淀的离子应完全沉淀，即溶液中的残留离子浓度小于等于 10^{-5} mol/L（完全沉淀的要求）时，后沉淀的离子不沉淀，其离子浓度应保持初始浓度（不考虑溶液体积的变化）。

要分离不同的离子，必须加入沉淀剂。为了将溶液中的某一或某些组分分离，常常需要向溶液中加入一些物质与需要分离的组分进行反应，生成难溶解的化合物，从而通过过滤等操作达到分离纯化的效果，加进去的试剂称为沉淀剂。计算时必须先考虑哪个离子先沉淀，所需沉淀剂浓度多少。

【例 3-6】 在浓度均为 0.010 $mol \cdot L^{-1}$ 的 Cl^-、I^- 混合溶液中，逐滴加入 $AgNO_3$ 溶液，哪种离子先沉淀？能否通过分步沉淀来分离？

【解】 这里的沉淀剂就是 $AgNO_3$ 溶液，与 Cl^-、I^- 两种离子反应生成沉淀的是其中的 Ag^+。

计算 AgCl 和 AgI 开始沉淀时所需 Ag^+ 的浓度。

AgI 开始沉淀时 $c_1(Ag^+)=\dfrac{K_{sp}^{\ominus}(AgI)}{c(I^-)}=\dfrac{8.5\times10^{-17}}{0.010}=8.5\times10^{-15}\ mol \cdot L^{-1}$

AgCl 开始沉淀时 $c_2(Ag^+)=\dfrac{K_{sp}^{\ominus}(AgCl)}{c(Cl^-)}=\dfrac{1.8\times10^{-10}}{0.010}=1.8\times10^{-8}\ mol \cdot L^{-1}$

可见，沉淀 I^- 所需 Ag^+ 浓度比沉淀 Cl^- 小得多，显然 AgI 先沉淀。

随着 I^- 不断被沉淀为 AgI，溶液中 I^- 浓度不断减小，若要使 AgI 继续沉淀，必须不断加入 $AgNO_3$，以提高溶液中 Ag^+ 的浓度，满足 AgI 不断析出的要求。当 Ag^+ 浓度增加到 $1.8\times10^{-8}\ mol \cdot L^{-1}$ 时，AgCl 开始沉淀。这时由于 AgI 和 AgCl 处在同一饱和溶液，故溶液中 Ag^+ 浓度必然同时满足下列关系式：

$$[Ag^+]\cdot[I^-]=K_{sp}^{\ominus}(AgI)$$

$$[Ag^+]\cdot[Cl^-]=K_{sp}^{\ominus}(AgCl)$$

即
$$\frac{K_{sp}^{\ominus}(AgI)}{[I^-]}=\frac{K_{sp}^{\ominus}(AgCl)}{[Cl^-]}$$

当 Cl^- 开始沉淀时（也就是 $Ag^+=1.8\times10^{-8}\ mol \cdot L^{-1}$），溶液中 I^- 离子的残留浓度为

$$[I^-]=\frac{K_{sp}^{\ominus}(AgI)}{K_{sp}^{\ominus}(AgCl)}\times[Cl^-]=\frac{8.5\times10^{-17}}{1.8\times10^{-10}}\times0.010=4.7\times10^{-9}<10^{-5}$$

说明当 Cl^- 开始沉淀时，I^- 已沉淀完全，故两者可以通过分步沉淀来分离。

练一练

在含有 0.1 $mol \cdot L^{-1}$ 的 Cl^-、Br^- 和 I^- 离子的混合溶液中，逐滴加入 $AgNO_3$ 溶液，能分别生成 AgCl、AgBr、AgI 沉淀，问沉淀的顺序是什么？

已知 $K_{sp}^{\ominus}(AgCl)=1.8\times10^{-10}$，$K_{sp}^{\ominus}(AgBr)=5.0\times10^{-13}$，$K_{sp}^{\ominus}(AgI)=8.5\times10^{-17}$。

知识点 4　沉淀转化

在含有沉淀的溶液中，加入适当的沉淀剂，可使溶度积较大的难溶物转化为溶度积较小的难溶物。

例如，$K_{sp}^{\ominus}(CaCO_3)=3.36\times10^{-9}$，$K_{sp}^{\ominus}(CaSO_4)=4.93\times10^{-5}$，$K_{sp}^{\ominus}(CaCO_3)<K_{sp}^{\ominus}(CaSO_4)$，向含有 $CaSO_4$ 的溶液中加入高浓度的 Na_2CO_3 溶液，能使 $CaSO_4$ 转化为 $CaCO_3$ 沉淀。这一原理常用于锅炉除垢，即 $CaSO_4$ 不溶于酸，比较难清除，转化为 $CaCO_3$ 后沉淀疏松，并可溶于酸，容易清除。

$$CaSO_4(s) \rightleftharpoons Ca^{2+}(aq) + SO_4^{2-}(aq)$$

$$+$$

$$CO_3^{2-}(aq)$$

$$\Updownarrow$$

$$CaCO_3(s)$$

沉淀的转化过程是指溶解度较大的沉淀不断溶解，而溶解度较小的沉淀不断生成的过程。因此，对于相同类型的难溶强电解质可以直接利用溶度积比较，由溶解度较大的转化为溶解度较小的沉淀，两种沉淀的溶解度差别愈大，沉淀转化得愈完全。

【例 3-7】 在 1.0 L 浓度为 1.6 mol/L Na_2CO_3 溶液中，能否使 0.10 mol/L 的 $BaSO_4$ 沉淀完全转化为 $BaCO_3$？若要使 $BaSO_4$ 完全转化为 $BaCO_3$ 沉淀，至少应加多少 Na_2CO_3？

【解】 (1)已知 $K^{\ominus}_{sp}(BaSO_4)=1.1\times10^{-10}$，$K^{\ominus}_{sp}(BaCO_3)=5.1\times10^{-9}$

沉淀转化反应为

$$BaSO_4(s)+CO_3^{2-}(aq) \rightleftharpoons BaCO_3(s)+SO_4^{2-}(aq)$$

$$K^{\ominus}=\frac{[SO_4^{2-}]}{[CO_3^{2-}]}=\frac{K^{\ominus}_{sp}(BaSO_4)}{K^{\ominus}_{sp}(BaCO_3)}=\frac{1.1\times10^{-10}}{5.1\times10^{-9}}=0.022$$

设能转化 $BaSO_4$ 为 x mol/L，则平衡时

$$[SO_4^{2-}]=x,[CO_3^{2-}]=1.6-x$$

$$K^{\ominus}=\frac{K^{\ominus}_{sp}(BaSO_4)}{K^{\ominus}_{sp}(BaCO_3)}=\frac{[SO_4^{2-}]}{[CO_3^{2-}]}=\frac{x}{1.6-x}=0.042$$

得 $x=0.064$，即 $c(SO_4^{2-})=0.064$ mol/L

可见，在给定条件下，只有 0.064 mol/L 的 $BaSO_4$ 沉淀转化为 $CaCO_3$ 沉淀。

(2) 欲使 $BaSO_4$ 完全转化成 $BaCO_3$，应提高 CO_3^{2-} 的浓度，其转化条件为

$$\frac{[CO_3^{2-}]}{[SO_4^{2-}]}=\frac{K^{\ominus}_{sp}(BaCO_3)}{K^{\ominus}_{sp}(BaSO_4)}=\frac{5.1\times10^{-9}}{1.1\times10^{-10}}=46.4$$

当 0.10 mol/L 的 $BaSO_4$ 完全被转化后，SO_4^{2-} 的浓度为 0.10 mol/L，则有

$$c(CO_3^{2-})=46.4\times c(SO_4^{2-})=46.4\times0.10\ \text{mol}\cdot\text{L}^{-1}=4.64\ \text{mol/L}$$

即要使 0.10 mol/L 的 $BaSO_4$ 全部转化为 $BaCO_3$，在 1 L 溶液中至少应加入 4.64 mol 的 Na_2CO_3。

从(1)的计算可看出，转化反应的平衡常数 $K^{\ominus}$ 不是很小，只要改变条件，转化是可以实现的。实际中，为了保证转化完全，可以将沉淀转化后的溶液分离出去，在沉淀中继续加入 1.6 mol/L Na_2CO_3 重复处理，如此经过二次处理，便能将0.10 mol/L的 $BaSO_4$ 全部转化为 $BaCO_3$。

知识点 5　判断沉淀的完全程度

当利用沉淀反应来制备物质或分离杂质时，沉淀是否完全是关键问题。由于难溶强电解质溶液中始终存在着沉淀-溶解平衡，不论加入的沉淀剂如何过量，被沉淀离子的浓度都不可能等于零。因此，所谓“完全沉淀”，并不是说溶液中某种离子绝对不存在了，而是指其含量少至某一标准。通常溶液中残留的离子浓度$\leqslant1.0\times10^{-5}\ \text{mol}\cdot\text{L}^{-1}$时，即可认为沉淀完全。在定量分析中，一般要求残留的离子浓度$\leqslant1.0\times10^{-6}\ \text{mol}\cdot\text{L}^{-1}$。

【例 3-8】 取 5 mL 0.002 0 mol·L^{-1} 的 Na_2SO_4 溶液，加到 5 mL 0.020 mol·L^{-1} 的 $BaCl_2$ 溶液中，试计算 SO_4^{2-} 是否沉淀完全？$K^{\ominus}_{sp}(BaSO_4)=1.1\times10^{-10}$。

【解】 等体积混合后

$$c(SO_4^{2-})=0.002\,0/2=0.001\,0\ \text{mol}\cdot\text{L}^{-1}$$

$$c(Ba^{2+})=0.02\,0/2=0.010\ \text{mol}\cdot\text{L}^{-1}$$

$$Q_c=[SO_4^{2-}]\cdot[Ba^{2+}]=0.001\,0\times0.010=1.0\times10^{-5}$$

$$Q_c\gg1.1\times10^{-10}$$

所以，有 $BaSO_4$ 沉淀析出。因为 $c(SO_4^{2-})<c(Ba^{2+})$，所以当析出沉淀后，溶液中 Ba^{2+} 过剩，除去与 SO_4^{2-} 反应的 0.001 0 mol·L^{-1}，过剩的 Ba^{2+} 浓度为 $c(Ba^{2+})=0.010-0.001\ 0=0.009\ 0$ mol·L^{-1}。一般在沉淀过程中为了保证沉淀的完全，均要使沉淀剂过量。

达到平衡时，溶液中 SO_4^{2-} 浓度应为：

$$[SO_4^{2-}]=\frac{K_{sp}^{\ominus}(BaSO_4)}{[Ba^{2+}]}=\frac{1.1\times10^{-10}}{0.009\ 0}=1.2\times10^{-8}<1.0\times10^{-5}$$

所以 SO_4^{2-} 已沉淀完全。

对于某些沉淀（如难溶的弱酸盐、金属氢氧化物和金属硫化物）反应，沉淀能否生成取决于溶液的 pH，而且开始沉淀和沉淀完全的 pH 也不相同。

知识点 6　生成金属氢氧化物沉淀

在 $M(OH)_n$ 型难溶氢氧化物的沉淀-溶解平衡中：

$$M(OH)_n(s) \rightleftharpoons M^{n+}(aq)+n\,OH^-(aq)$$

$$K_{sp}^{\ominus}[M(OH)_n]=[M^{n+}]\cdot[OH^-]^n$$

若要使 M^{n+} 开始生成沉淀 $M(OH)_n$，溶液中 OH^- 的最低浓度为：

$$[OH^-]=\sqrt[n]{\frac{K_{sp}^{\ominus}\{M(OH)_n\}}{[M^{n+}]}} \tag{3-3}$$

若要使 M^{n+} 沉淀完全，即溶液中 $c(M^{n+})\leqslant1.0\times10^{-5}$ mol·L^{-1}时，OH^- 的最低浓度为：

$$[OH^-]=\sqrt[n]{\frac{K_{sp}^{\ominus}\{M(OH)_n\}}{[M^{n+}]}}=\sqrt[n]{\frac{K_{sp}^{\ominus}\{M(OH)_n\}}{1.0\times10^{-5}}} \tag{3-4}$$

由此可见，难溶氢氧化物在溶液中开始沉淀和沉淀完全的 pH 主要取决于其溶度积 $K_{sp}^{\ominus}$的大小。不同难溶氢氧化物的 $K_{sp}^{\ominus}$不同，因此，调节溶液的 pH，可将金属离子以氢氧化物的形式进行分离或提纯。

【例 3-9】 在 0.10 mol·L^{-1} 的 $CuSO_4$ 溶液中，含有 0.010 mol·L^{-1} 的 Fe^{3+}，应控制溶液的 pH 为多少，才能除去 Fe^{3+}？

【解】 Fe^{3+} 可通过形成 $Fe(OH)_3$ 沉淀除去。对 0.010 mol·L^{-1} 的 Fe^{3+} 沉淀完全时的 pH 应满足 Cu^{2+} 不沉淀的要求。

$$Fe(OH)_3(s) \rightleftharpoons Fe^{3+}(aq)+3OH^-(aq)$$

$$[Fe^{3+}]\cdot[OH^-]^3=K_{sp}^{\ominus}\{Fe(OH)_3\}$$

欲使 $Fe(OH)_3$ 沉淀完全，溶液中 Fe^{3+} 的浓度应达到 1.0×10^{-5} mol·L^{-1}，此时

$$[OH^-]=\sqrt[3]{\frac{K_{sp}^{\ominus}\{Fe(OH)_3\}}{[Fe^{3+}]}}=\sqrt[3]{\frac{2.97\times10^{-39}}{1.0\times10^{-5}}}=6.67\times10^{-12}\ \text{mol}\cdot\text{L}^{-1}$$

$$pOH=11.18$$

则
$$pH=2.82$$

即 $Fe(OH)_3$ 沉淀完全的 pH 是 2.82，增大 pH 可进一步产生沉淀，但同时应考虑产生 Cu^{2+} 沉淀的 pH。

$$Cu(OH)_2(s) \rightleftharpoons Cu^{2+}(aq)+2OH^-(aq)$$

根据溶度积规则，当 Cu^{2+} 开始沉淀时，应满足

$$[Cu^{2+}]\cdot[OH^-]^2=K_{sp}^{\ominus}\{Cu(OH)_2\}$$

$$[OH^-]=\sqrt{\frac{K_{sp}^{\ominus}[Cu(OH)_2]}{[Cu^{2+}]}}=\sqrt{\frac{2.20\times10^{-20}}{0.10}}=4.69\times10^{-10}\ mol\cdot L^{-1}$$

即

$$pOH=9.33, pH=4.67$$

计算可知，溶液的 pH 应控制在 2.82～4.67 之间，就能达到除去 Fe^{3+} 而 Cu^{2+} 不沉淀的目的。

练一练

某溶液中 Zn^{2+} 浓度为 0.1 $mol\cdot L^{-1}$，试计算 $Zn(OH)_2$ 开始沉淀和沉淀完全时的 pH。其中，$K_{sp}\{Zn(OH)_2\}=1.2\times10^{-17}$。

知识点 7　生成金属硫化物沉淀

当 M^{2+} 离子在饱和 H_2S 溶液中沉淀为 MS 型金属硫化物时，同时存在下列平衡：

$$M^{2+}(aq)+S^{2-}(aq)\rightleftharpoons MS(s)\qquad 1/K_{sp}^{\ominus}(MS)$$

$$H_2S(aq)\rightleftharpoons H^+(aq)+HS^-(aq)\qquad K_{a1}^{\ominus}$$

$$HS^-(aq)\rightleftharpoons H^+(aq)+S^{2-}(aq)\qquad K_{a2}^{\ominus}$$

将各式相加，得到沉淀生成反应方程式：

$$M^{2+}(aq)+H_2S(aq)\rightleftharpoons MS(s)+2H^+(aq)$$

其平衡常数为：

$$K^{\ominus}=\frac{[H^+]^2}{[H_2S]\cdot[M^{2+}]}=\frac{K_{a1}^{\ominus}\cdot K_{a2}^{\ominus}}{K_{sp}^{\ominus}(MS)}$$

因饱和 H_2S 溶液 $c(H_2S)=0.1\ mol\cdot L^{-1}$，故 MS 型金属硫化物开始沉淀时，溶液中的 H^+ 最大应为：

$$[H^+]=\sqrt{\frac{0.10\cdot[M^{2+}]\cdot K_{a1}^{\ominus}\cdot K_{a2}^{\ominus}}{K_{sp}^{\ominus}(MS)}}\qquad(3-5)$$

若要使 M^{2+} 沉淀完全，即溶液中 $c(M^{n+})\leqslant1.0\times10^{-5}\ mol\cdot L^{-1}$，溶液中的 H^+ 最大应为：

$$[H^+]=\sqrt{\frac{0.10\times1.0\times10^{-5}\times K_{a1}^{\ominus}\times K_{a2}^{\ominus}}{K_{sp}^{\ominus}(MS)}}\qquad(3-6)$$

3.1.3　影响沉淀-溶解平衡的因素

影响微溶电解质溶解度的因素较多，这里只讨论有其他电解质存在时对溶解度有影响的同离子效应、盐效应、配位效应和酸效应。

知识点 1　同离子效应

除加入沉淀剂可使沉淀-溶解平衡向生成沉淀的方向移动外，加入含有相同离子的易溶强电解质也可产生相同的作用。这种在难溶强电解质溶液中加入含有相同离子的易溶强电解质，使难溶强电解质溶解度降低的现象称为同离子效应。

【例 3-10】 计算 298 K 时 $BaSO_4$ 在 0.10 mol·L^{-1} Na_2SO_4 溶液中的溶解度。

【解】 设 $BaSO_4$ 的溶解度(s)为 x mol·L^{-1}

$$BaSO_4(s) \rightleftharpoons Ba^{2+}(aq) + SO_4^{2-}(aq)$$

平衡浓度/(mol·L^{-1})　　x　　$0.10+x$

$$K_{sp}^{\ominus}(BaSO_4) = [Ba^{2+}]\cdot[SO_4^{2-}]$$

$$1.1\times10^{-10} = (x+0.10)\cdot x$$

因为 $K_{sp}^{\ominus}(BaSO_4)$ 很小，x 比 0.10 小得多，所以 $x+0.10\approx0.10$

故
$$0.10x = 1.1\times10^{-10}$$

$$x = 1.1\times10^{-9}$$

即
$$s(BaSO_4) = 1.1\times10^{-9}\ \text{mol}\cdot\text{L}^{-1}$$

298 K 时，$BaSO_4$ 在 0.10 mol·L^{-1} Na_2SO_4 溶液中的溶解度为纯水(1.05×10^{-5} mol·L^{-1})中的万分之一。

由此可见，利用同离子效应，可以使某种离子的溶解度减小。因此在进行沉淀反应时，为确保某一离子沉淀完全，可加入适当过量的沉淀剂。

练一练

求在 298 K 时，AgCl 在 0.010 mol·L^{-1}的 $AgNO_3$ 溶液中的溶解度。

已知氯化银的 $K_{sp}^{\ominus}=1.8\times10^{-10}$。

知识点 2　盐效应

加入适当过量沉淀剂会使沉淀趋于完全，但是并非沉淀剂越多越好。实验证实，加入过量的沉淀剂，增大了溶液中阴、阳离子的浓度，带相反电荷的离子间的相互吸引和相互牵制阻碍了离子的运动，减小了离子的运动速度，从而降低了沉淀生成的速率。沉淀溶解的速率暂时超过了沉淀生成的速率，平衡向溶解方向移动，难溶强电解质的溶解度增大。这种加入易溶强电解质可使难溶强电解质溶解度稍有增大的效应称为盐效应。

表 3-1 列出了 $PbSO_4$ 在 Na_2SO_4 溶液中的溶解度。可以看出，当 Na_2SO_4 浓度由零增加到 0.04 mol·L^{-1}时，$PbSO_4$ 溶解度不断降低，此时，同离子效应起主导作用。但当 Na_2SO_4 浓度超过 0.04 mol·L^{-1}时，溶解度又有所增加，说明此时盐效应的作用已很明显。

表 3-1　$PbSO_4$ 在 Na_2SO_4 溶液中的溶解度

$c(Na_2SO_4)$/(mol·L^{-1})	0	0.001	0.01	0.02	0.04	0.10	0.20
$s(PbSO_4)$/(mol·L^{-1})	1.5×10^{-4}	2.4×10^{-5}	1.6×10^{-5}	1.4×10^{-5}	1.3×10^{-5}	1.5×10^{-5}	2.3×10^{-5}

同离子效应和盐效应是影响沉淀-溶解平衡的两个重要因素。在实际工作中，沉淀剂的用量一般以过量 20%～50%为宜。表 3-1 的数据还表明在沉淀剂过量不多时，同离子效应对难溶强电解质溶解度的影响大于盐效应。因此，在有同离子效应的计算中，往往忽略盐效应。

知识点 3　配位效应

在沉淀-溶解平衡体系中，若加入适当的配位剂，被沉淀的离子与配位剂发生配位反应，也会使沉淀-溶解平衡向着沉淀溶解的方向移动，从而使沉淀溶解度增大。这种因加入配位剂而使沉淀溶解度增大的作用称为配位效应。

配位效应对沉淀溶解度的影响与配位剂的浓度以及所形成配合物的稳定性有关。配合物的稳定性越高，沉淀越易溶解。

如果沉淀反应中的配位剂又是沉淀剂时，则同时存在配位效应和同离子效应，这样沉淀剂的加入量必须适当。例如室温时，AgCl 沉淀在不同浓度的 NaCl 溶液中的溶解度见表 3-2。

表 3-2 室温时 AgCl 沉淀在不同浓度的 NaCl 溶液中的溶解度

NaCl 浓度/($mol \cdot L^{-1}$)	0	0.003 9	0.009 2	0.036	0.082	0.35	0.50
AgCl 溶解度/($mg \cdot L^{-1}$)	2.0	0.10	0.13	0.27	0.52	2.4	4.0

在 NaCl 浓度为 0.003 9 $mol \cdot L^{-1}$时，AgCl 的溶解度最小。随着 NaCl 浓度的增加，因 AgCl 与配位剂 Cl^- 发生了配位反应：

$$AgCl(s) + 2Cl^-(aq) \rightleftharpoons [AgCl_2]^-(aq)$$

故使 AgCl 的溶解度反而增加。

知识点 4　酸效应

在选择沉淀剂时，还要考虑沉淀剂的电离和水解等因素。正确控制溶液 pH，才能确保沉淀完全。溶液的酸度给沉淀溶解度带来的影响称为酸效应。

对于 $BaSO_4$、AgCl 等强酸盐沉淀，酸效应对其溶解度影响较小；对于 $CaCO_3$、CaC_2O_4、ZnS、FeS 等弱酸盐沉淀和金属氢氧化物沉淀，酸效应对其溶解度影响较大，有的可被完全溶解，并在其溶解反应产物中有弱电解质生成。

(1) 生成弱酸

由弱酸所形成的难溶盐如 $CaCO_3$、FeS 等，当溶液中 H^+ 离子浓度较大时，生成相应的弱酸，使平衡体系中弱酸根离子浓度减小，从而满足了 $Q_c < K^{\ominus}_{sp}$，沉淀溶解。例如，FeS 在 HCl 溶液中有下列平衡：

$$FeS(s) \rightleftharpoons Fe^{2+}(aq) + S^{2-}(aq)$$

$$S^{2-}(aq) + H^+(aq) \rightleftharpoons HS^-(aq)$$

$$HS^-(aq) + H^+(aq) \rightleftharpoons H_2S$$

即溶解平衡

$$FeS(s) + 2H^+(aq) \rightleftharpoons Fe^{2+}(aq) + H_2S(aq)$$

由于 H^+ 的作用，降低了溶液中 S^{2-} 离子的浓度，因此促使 FeS 沉淀溶解。

(2) 生成水

金属氢氧化物在酸性溶液中发生溶解反应，生成了弱电解质水，例如：

$$Fe(OH)_3(s) \rightleftharpoons Fe^{3+}(aq) + 3OH^-(aq)$$

$$H^+(aq) + OH^-(aq) \rightleftharpoons H_2O$$

即

$$Fe(OH)_3(s) + 3H^+(aq) \rightleftharpoons Fe^{3+}(aq) + 3H_2O$$

由于 H^+ 和 OH^- 结合生成 H_2O，降低了溶液中 OH^- 离子的浓度，因此促使 $Fe(OH)_3$沉淀溶解。

(3) 生成弱碱

一些溶度积较大的金属氢氧化物沉淀能溶于铵盐中，这是因为生成了弱碱 NH_3的缘故。如：

$$Mg(OH)_2(s) + 2NH_4^+(aq) \rightleftharpoons Mg^{2+}(aq) + 2NH_3 + 2H_2O$$

但 $Fe(OH)_3$、$Al(OH)_3$溶度积很小，不能溶于铵盐中。

总之，溶液的酸度对于弱酸盐沉淀、金属氢氧化物的沉淀和一些硫化物沉淀的溶解度影响较大。因此，要使这些沉淀反应完全，应尽可能地控制在适当的酸度条件下进行。

【例 3-11】 今有 0.1 mol $Mg(OH)_2$，问需用 1 L 多少浓度的 NH_4Cl 才能使它溶解？

$K_{sp}^{\ominus}\{Mg(OH)_2\}=1.8\times10^{-11}$　$K_b^{\ominus}(NH_3)=1.8\times10^{-5}$

【解】 设溶解完全后溶液中 NH_4^+ 的浓度为 x mol·L^{-1}，$Mg(OH)_2$ 溶于 NH_4^+ 反应为

$$Mg(OH)_2+2NH_4^+ \rightleftharpoons Mg^{2+}+2NH_3+2H_2O$$

$$c/(mol\cdot L^{-1})\qquad x\qquad 0.10\qquad 0.20$$

$$K^{\ominus}=\frac{[Mg^{2+}][NH_3]^2}{[NH_4^+]^2}=\frac{[Mg^{2+}][OH^-]^2[NH_3]^2}{[NH_4^+]^2[OH^-]^2}=\frac{K_{sp}^{\ominus}}{(K_b^{\ominus})^2}=\frac{1}{18}$$

$$\frac{0.10\times(0.20)^2}{x^2}=\frac{1}{18}$$

解得　$x=0.27$ mol·L^{-1}

由于使 $Mg(OH)_2$ 完全溶解需用去 0.2 mol NH_4^+，再加平衡时 NH_4^+ 的浓度 0.27 mol，故共需 NH_4Cl 的浓度为 $c(NH_4Cl)=(0.20\ mol+0.27\ mol)/1\ L=0.47\ mol\cdot L^{-1}$。

3.2　沉淀滴定法

利用生成难溶性银盐反应来进行测定的方法称为银量法。银量法可以测定 Cl^-、Br^-、I^-、Ag^+、SCN^- 等，还可以测定经过处理而能定量地产生这些离子的有机物，如六六六、二氯酚等有机药物的测定。

沉淀滴定法是以沉淀反应为基础的滴定分析方法，能生成沉淀的化学反应不少，但适用于沉淀滴定法的沉淀反应并不多。能用于沉淀滴定法进行定量分析的反应，必须具备下列条件：

① 沉淀反应必须迅速、定量地完成。

② 沉淀物的溶解度必须很小。

③ 有适当方法指示滴定终点。

④ 沉淀的吸附现象应不妨碍终点的确定。

⑤ 沉淀物有恒定的组成，反应物之间有准确的化学计量关系。

目前应用最多的是生成难溶银盐的反应。

例如：

$$Ag^+ + X^- \rightleftharpoons AgX\downarrow\ (X^- \text{ 为 } Cl^-、Br^-、I^-)$$

$$Ag^+ + SCN^- \rightleftharpoons AgSCN\downarrow$$

根据确定终点所用指示剂的不同，银量法分为莫尔法、佛尔哈德法和法扬司法三种。

3.2.1　莫尔法

以硝酸银为标准溶液，用铬酸银为指示剂，在中性或弱碱性溶液中直接测定氯化物或溴化物含量的银量法，称为莫尔法。

知识点 1　莫尔法原理

莫尔法

在含有 Cl^- 的中性溶液中，以 K_2CrO_4 作指示剂，用 $AgNO_3$ 标准溶液滴定，由于 AgCl 的溶解度比 Ag_2CrO_4 小，根据分步沉淀原理，溶液中首先析出 AgCl 沉淀。当 AgCl 定量沉淀后，过量的 $AgNO_3$ 与 CrO_4^{2-} 生成砖红色的 Ag_2CrO_4 沉淀，即为滴定终点。滴定反应与指示剂的反应分别为：

$$Ag^+ + Cl^- \rightleftharpoons AgCl\downarrow(\text{白色})\qquad K_{sp}^{\ominus}(AgCl)=1.8\times10^{-10}$$

$$2Ag^+ + CrO_4^{2-} \rightleftharpoons Ag_2CrO_4(\text{砖红色}) \qquad K_{sp}^{\ominus}(Ag_2CrO_4) = 1.1 \times 10^{-12}$$

莫尔法中指示剂的浓度和溶液的酸度是两个主要问题。

若指示剂 K_2CrO_4 的浓度过高，终点将过早出现，且因溶液颜色过深而影响终点的观察。若 K_2CrO_4 的浓度过低，则终点将出现过迟，也影响滴定的准确度。实验证明，K_2CrO_4 的滴定浓度以 5.0×10^{-5} mol·L^{-1} 为宜。

莫尔法滴定反应要在中性或弱碱性介质中进行。酸度太高会使 CrO_4^{2-} 转化为 $Cr_2O_7^{2-}$，溶液中 CrO_4^{2-} 的浓度将减小，指示终点的 Ag_2CrO_4 沉淀过迟出现，甚至难以出现。但如果溶液的碱性太强，则有 Ag_2O 沉淀出现。通常莫尔法要求溶液的最适宜 pH 为 6.5～10.5。

知识点 2　莫尔法应用范围

莫尔法可直接滴定 Cl^- 或 Br^-，但由于 AgI 及 AgSCN 沉淀具有强烈的吸附作用，使终点变色不明显，所以不能用于滴定 I^- 及 SCN^-。莫尔法还可用于测定试样中的 Ag^+，但只能用返滴定法间接进行，即在试样中加入过量的 NaCl 标准溶液，然后用 $AgNO_3$ 标准溶液返滴定过量的 Cl^-。

凡能与 Ag^+ 生成沉淀或配合物的物质都干扰测定，应设法消除，如加入过量的 Na_2SO_4 可消除 Ba^{2+} 的干扰。

练一练

称取 NaCl 试液 20.00 mL，加入 K_2CrO_4 指示剂，用 0.102 3 mol·L^{-1} $AgNO_3$ 标准溶液滴定，用去 27.00 mL。求每升溶液中含 NaCl 多少克？

3.2.2　佛尔哈德法

以 SCN^- 为标准溶液，用铁铵矾$[NH_4Fe(SO_4)_2 \cdot 12H_2O]$为指示剂，在酸性溶液中测定 Ag^+ 或卤离子含量的银量法，称为佛尔哈德法。按滴定方式的不同可分为直接滴定法和返滴定法两种。

知识点 1　佛尔哈德法直接滴定测定 Ag^+

佛尔哈德法

在含有 Ag^+ 的酸性溶液中，以铁铵矾作指示剂，用 NH_4SCN 或 KSCN(也可用 NaSCN)标准溶液滴定，溶液中首先析出 AgSCN 沉淀。当 Ag^+ 定量沉淀后，过量的 SCN^- 与 Fe^{3+} 生成红色配合物，即为终点。滴定反应、指示剂的反应如下：

$$Ag^+ + SCN^- \rightleftharpoons AgSCN\downarrow(\text{白色})$$

$$Fe^{3+} + SCN^- \rightleftharpoons [Fe(SCN)]^{2+}(\text{红色})$$

知识点 2　佛尔哈德法返滴定测定 Cl^-、Br^-、I^-、SCN^-

先于试液中加入过量的 $AgNO_3$ 标准溶液，以铁铵矾作指示剂，再用 NH_4SCN 标准溶液滴定剩余的 Ag^+。由于 AgSCN 的溶解度比 AgCl 小，所以终点后，过量的 SCN^- 将与 AgCl 发生置换反应，使 AgCl 沉淀转化为 AgSCN。

$$AgCl + SCN^- \rightleftharpoons AgSCN\downarrow + Cl^-$$

因此，当溶液中出现红色之后，随着不断地摇动溶液，红色又逐渐消失，得不到正确的终点。

为了避免上述误差，通常采取下述措施：

(1) 将溶液煮沸，使 AgCl 沉淀凝聚，以减少 AgCl 沉淀对 Ag^+ 的吸附，滤去 AgCl 沉淀，并用稀 HNO_3 洗涤沉淀，洗涤液并入滤液中，然后用 NH_4SCN 标准溶液返滴定滤液中过量的 Ag^+。

(2) 加入有机溶剂如硝基苯或邻苯二甲酸二丁酯 1～2 mL，用力摇动，使 AgCl 沉淀表面覆盖一层有机溶剂，避免沉淀与溶液接触，阻止 SCN^- 与 AgCl 发生转化反应。此法比较简便，但硝基苯毒性较强。

(3) 提高 Fe^{3+} 的浓度以减小终点时 SCN^- 的浓度，从而减小滴定误差。实验证明，当控制 Fe^{3+} 的浓度为 0.2 mol·L^{-1}时，滴定误差小于 0.1%。

用返滴定法测定溴化物或碘化物时，由于 AgBr 及 AgI 的溶解度均比 AgSCN 小，不发生上述的转化反应。但在测定碘化物时，指示剂必须在加入过量的 $AgNO_3$溶液后才能加入，否则 Fe^{3+} 会将 I^- 氧化为 I_2，影响分析结果的准确度。

知识点3　佛尔哈德法滴定条件与应用范围

利用佛尔哈德法时需注意控制指示剂浓度和溶液的酸度。实验表明，$[Fe(SCN)]^{2+}$ 的最低浓度为 6×10^{-5} mol·L^{-1}时，能观察到明显的红色。滴定反应要在 HNO_3 介质中进行，溶液酸度一般大于 0.3 mol·L^{-1}。另外，用 NH_4SCN 标准溶液直接滴定 Ag^+ 时要充分摇荡，避免 AgSCN 沉淀对 Ag^+ 的吸附，防止终点过早出现。

由于佛尔哈德法在酸性介质中进行，许多弱酸根离子的存在不影响测定，因此选择性高于莫尔法。佛尔哈德法可用于测定 Cl^-、Br^-、I^-、SCN^-、Ag^+ 等，但强氧化剂、氮的氧化物、铜盐、汞盐等能与 SCN^- 作用，对测定有干扰，需预先除去。

练一练

称取银合金试样 0.300 0 g，溶解后加入铁铵矾指示剂 2 mL，用 0.100 0 mol·L^{-1} NH_4SCN 标准溶液滴定至溶液呈淡棕红色，消耗 NH_4SCN 标准溶液 23.80 mL。计算试样中银的质量分数。

3.2.3　法扬司法

法扬司法

知识点1　法扬司法滴定原理

法扬司法是利用吸附指示剂确定滴定终点的银量法。吸附指示剂是一类有机染料，当它吸附在沉淀表面上以后，由于其分子结构发生改变，因而改变了颜色。

例如，用 $AgNO_3$标准溶液滴定 Cl^- 时，常用荧光黄作吸附指示剂。荧光黄是一种有机弱酸，可以用 HFIn 表示，在溶液中存在电离平衡：

$$HFIn \rightleftharpoons FIn^- + H^+$$

荧光黄阴离子 FIn^- 显黄绿色，在化学计量点前，由于溶液中 Cl^- 过量，AgCl 的表面只能吸附 Cl^- 而带负电荷，即 AgCl·Cl^-，不吸附 FIn^-，溶液呈现指示剂阴离子的黄绿色。当滴定到化学计量点后，稍过量的 Ag^+ 被 AgCl 吸附而使沉淀表面带正电荷，形成 AgCl·Ag^+，这时，带正电荷的胶粒强烈地吸附 FIn^-，可能由于在 AgCl 表面上形成了荧光黄银化合物，使其结构发生变化而呈现粉红色。可用下列简式表示：

$$AgCl\cdot Ag^+ + FIn^- \rightleftharpoons AgCl\cdot Ag\cdot FIn$$

（黄绿色）　　（粉红色）

如果用 NaCl 滴定 Ag^+，则颜色的变化恰好相反。

知识点2　法扬司法滴定条件与应用范围

(1) 由于吸附指示剂是吸附在沉淀表面而变色，为了使终点的颜色变得更明显，就必须使沉淀有较大表面，这就需要让 AgCl 沉淀保持溶胶状态。所以，滴定时一般要先加入糊精或淀粉溶液等胶体保护剂。

(2) 滴定必须在中性、弱碱性或很弱的酸性(如 HAc)溶液中进行。这是因为酸度较大时，指示剂的阴离子与 H^+ 结合，形成不带电荷的荧光黄分子($K_a=10^{-7}$)而不被吸附。因此，一般应在 pH=7～10 的酸度下滴定。对于酸性稍强一些的吸附指示剂(即电离常数大一些)，溶液的酸性也可以大一些。如二氯荧光黄($K_a=10^{-4}$)可在 pH=4～10 范围内进行滴定；曙红(四溴荧光黄，$K_a=10^{-2}$)的酸性更强些，在 pH=2 时仍可以应用。

(3) 因卤化银易感光变灰，影响终点观察，所以应避免在强光下滴定。

(4) 不同的指示剂离子被沉淀吸附的能力不同，在滴定时选择指示剂的吸附能力，应小于沉淀对被测离子的吸附能力。否则在计量点之前，指示剂离子即取代了被吸附的被测定离子而改变颜色，使终点提前出现。当然，如果指示剂离子吸附的能力太弱，则终点出现太晚，也会造成太大误差。

法扬司法可应用于 Ag^{+}、Cl^{-}、Br^{-}、I^{-}、SO_4^{2-} 等离子的测定。

3.2.4 应用示例

知识点 1　莫尔法测定水样中 Cl^{-} 含量

地面水和地下水都会含有氯化物，主要是钠、钙、镁的盐类，自来水用氯气消毒时也会带入一定量的氯化物，运用莫尔法就可对其进行测定。

准确吸取 100 mL 水样放入锥形瓶中，加入指示剂 K_2CrO_4 2 mL，用硝酸银标准溶液滴定至砖红色，消耗硝酸银体积为 V_1。同时做空白实验，消耗硝酸银体积为 V_2。

按下式计算：

氯化物(Cl^{-}/mg·L^{-1})= $c(AgNO_3)\times(V_1-V_2)\times M(Cl^{-})\times 1\,000/100$

知识点 2　佛尔哈德法测定银盐中银含量

准确称取银盐试样 0.25～0.3 g，置于锥形瓶中，加入 6 mol·L^{-1} HNO_3溶液 10 mL，加热溶解后，加水 50 mL，加入铁铵矾指示剂 2 mL，在充分剧烈摇动下，用 0.1 mol·L^{-1} NH_4SCN 标准溶液滴定至溶液呈淡棕红色，经轻轻摇动后也不消失，即为终点。记录所消耗 NH_4SCN 标准溶液的体积。计算试样中银的质量分数。

按下式计算：

$$w(Ag)=\frac{c(NH_4SCN)\times V(NH_4SCN)\times M(Ag)}{m_s}\times 100\%$$

知识点 3　法扬司法测定碘化钾含量

称取 0.25 g 预先在 105 ℃烘干至恒重的试样置于锥形瓶中，用 50 mL 水溶解，加入冰醋酸 5 mL，加热后，加入 0.5%(m/V)曙红钠指示剂 3 滴，用 0.1 mol·L^{-1}硝酸银标准溶液滴定至溶液呈肉红色，即为终点。

按下式计算：

$$w(I)=\frac{c(AgNO_3)\times V(AgNO_3)\times M(I)}{m_s}\times 100\%$$

实践项目九　难溶电解质的生成和性质验证

一、目的要求

(1) 能运用溶度积规则解释沉淀的生成、溶解、转化。

(2) 会使用电动离心机。

二、基本原理

在难溶电解质的饱和溶液中，未溶解的固体与溶液中相应离子之间建立了多相离子平衡。例如，在一定温度下，PbS 的沉淀平衡：

$$PbS(s) \rightleftharpoons Pb^{2+}(aq) + S^{2-}(aq)$$
$$K_{sp}^{\ominus}(PbS) = [Pb^{2+}] \cdot [S^{2-}]$$

在难溶电解质溶液中可存在三种不同状态：

① $Q_c = K_{sp}^{\ominus}$时，动态平衡，溶液是饱和状态。

② $Q_c > K_{sp}^{\ominus}$时，溶液是过饱和状态；平衡向沉淀生成的方向移动，直至 $Q_c = K_{sp}^{\ominus}$。

③ $Q_c < K_{sp}^{\ominus}$时，溶液是不饱和状态；平衡向沉淀溶解的方向移动(或没有沉淀生成)。

当溶液中同时含有数种离子时，加入一种共沉淀剂，离子按照达到溶度积的先后顺序依次沉淀，即分步沉淀。

两种沉淀之间，溶解度大的易转化成溶解度小的沉淀，溶解度差别越大，越易转化。同类型沉淀，$K_{sp}^{\ominus}$大的易转化为 $K_{sp}^{\ominus}$小的，二者的 $K_{sp}^{\ominus}$相差越大，越易发生转化。例如：

$$Ag_2CrO_4(s) + 2Cl^-(aq) \rightleftharpoons 2AgCl(s) + CrO_4^{2-}(aq)$$
$$K^{\ominus} = \frac{K_{sp}^{\ominus}(Ag_2CrO_4)}{K_{sp}^{\ominus}(AgCl)} = 1.1 \times 10^3$$

在纯水中 Ag_2CrO_4的溶解度大于 AgCl 的溶解度，则上述反应达到平衡时 K 值很大，砖红色极易转化为白色沉淀，但逆向转化极难。

三、试剂仪器

1. 试剂

(1) 0.1 $mol \cdot L^{-1}$ $MnSO_4$	1 mL	(2) 0.1 $mol \cdot L^{-1}$ NaCl	2 mL
(3) 0.1 $mol \cdot L^{-1}$ $ZnSO_4$	1 mL	(4) 2.0 $mol \cdot L^{-1}$ HCl	2 mL
(5) 0.1 $mol \cdot L^{-1}$ $AgNO_3$	5 mL	(6) 浓 HCl	1 mL
(7) 2.0 $mol \cdot L^{-1}$ NaAc	2 mL	(8) 2.0 $mol \cdot L^{-1}$ HNO_3	2 mL
(9) 5% H_2O_2	2 mL	(10) 0.1 $mol \cdot L^{-1}$ $CdSO_4$	1 mL
(11) 0.1 $mol \cdot L^{-1}$ Na_2S	1 mL	(12) 0.1 $mol \cdot L^{-1}$ $CuSO_4$	1 mL
(13) 0.1 $mol \cdot L^{-1}$ $CaCl_2$	1 mL	(14) 0.1 $mol \cdot L^{-1}$ Na_2CO_3	1 mL
(15) 0.1 $mol \cdot L^{-1}$ K_2CrO_4	2 mL	(16) 0.1 $mol \cdot L^{-1}$ $Pb(NO_3)_2$	1 mL
(17) 2.0 $mol \cdot L^{-1}$ H_2SO_4	2 mL		

2. 仪器

(1) 水浴锅	1 只	(2) 毛细滴管	1 支
(3) 试管	16 支	(4) 试管刷	1 支
(5) 玻璃棒	1 支	(6) 酒精灯	1 只
(7) 离心试管	2 支	(8) 离心机	1 台

四、操作步骤

1. 沉淀生成

取 4 支试管，分别加入 $AgNO_3$、$AgNO_3$、$Pb(NO_3)_2$、$Pb(NO_3)_2$溶液各 5 滴，再分别加入 NaCl、K_2CrO_4、K_2CrO_4、Na_2S 溶液各 2 滴，观察现象。放置，留作沉淀转化使用。

2. 沉淀溶解

取 4 支试管，分别加入 0.10 $mol \cdot L^{-1}$的 $MnSO_4$、$ZnSO_4$、$CdSO_4$、$CuSO_4$溶液各 2 滴，再依次加入 0.1 $mol \cdot L^{-1}$ Na_2S 溶液各 2 滴，观察现象。

向上述试管中分别加入稀 HAc、稀 HCl、浓 HCl、HNO_3各 2 mL，振荡。若沉淀未完全溶解，可微微加热。

3. 分步沉淀

取一支洁净的离心试管，滴加 0.10 mol·L^{-1}的 NaCl、K_2CrO_4各 5 滴，稀释至 2 mL，然后滴加 5 滴 0.10 mol·L^{-1} $AgNO_3$，用玻璃棒轻缓搅拌均匀，用离心机沉降，观察沉淀颜色。用洁净毛细滴管吸取上层清液加入另一试管中，再加数滴 0.10 mol·L^{-1} $AgNO_3$溶液，观察沉淀颜色变化。

4. 沉淀转化

(1) 取开始实验制得的 Ag_2CrO_4沉淀，向其中滴加 0.10 mol·L^{-1}的 NaCl 溶液，边滴加边振荡试管，直到砖红色沉淀全部转化为白色沉淀为止。

(2) 向已制得的 PbS 沉淀中加入 H_2O_2溶液 1 mL，振荡试管，观察黑色沉淀转化为白色沉淀。如仍未转化，再加 1 mL H_2O_2溶液。

(3) 取 2 支试管，分别加入 0.10 mol·L^{-1}的 $CaCl_2$溶液 0.5 mL，再各滴加 0.5 mL 2.0 mol·L^{-1} H_2SO_4溶液，均用 2 mL 蒸馏水稀释。待沉淀沉降后，弃去清液，观察沉淀的形状。留下备用。

在其中一支试管中加入 0.10 mol·L^{-1} Na_2CO_3溶液 1 mL，观察沉淀的变化，再加蒸馏水稀释到 3 mL，待沉淀沉降后，弃去清液，再加入 0.5 mL 稀 HCl，观察沉淀是否溶解。

向另一支试管的沉淀中加入 0.5 mL 稀 HCl，观察沉淀是否溶解。

五、注意事项

离心机的使用：

(1) 若有多个离心试管中的溶液需离心分离，应放在对称的套管中且其重量应相近。若只有一支离心试管中的溶液需离心分离，则应取一支装有等量水的离心试管放入其对称位置。这是为了保持离心机的平衡，避免转动时发生震动，损坏离心机。

(2) 启动离心机时应由慢速开始，待运转平稳后再加快。

(3) 转速一般不超过 2 000 r/min，离心时间 3 ～ 4 min。

(4) 关机后，应待离心机转动自行停止后取出试管。

六、思考题

(1) 从沉淀的溶解实验中总结金属硫化物的溶解效应有哪几种？它们分别受到哪种效应的作用？

(2) 在实验步骤 3 中，为什么 AgCl 和 Ag_2CrO_4不会同时沉淀？

(3) Ag_2CrO_4为什么能转化为 AgCl 沉淀？

(4) 为什么 $CaCO_3$能溶于 HCl 溶液，而 $CaSO_4$不能？$CaSO_4$转化为 $CaCO_3$的实验意义何在？

(5) 在 PbS 转化为 $PbSO_4$沉淀时，为什么要加 H_2O_2？

牙齿怎么了？

牙釉质脱矿是在口腔里的有机酸的作用下，产生钙质的脱失，导致牙齿腐蚀脱落的现象，这会导致龋齿的概率大大增加。牙齿钙化是牙齿发育期间的一种正常的阶段。牙齿的硬组织牙釉质是由有机物和无机物组成的，其中的无机物包括钙离子。牙齿的钙化大部分是在孕期完成的，所以如果孕期营养缺乏会引起牙齿钙化不好，一旦出生之后再补钙对牙齿基本没有作用。牙齿硬组织的钙物质容易在酸的作用下，发生牙齿的脱矿。如果不及时进行涂氟或者是再矿化，很快会形成龋洞。

使牙齿局部钙化的，基本都是含氟的物质。氟有非常确切的防龋作用，氟广泛存在于自然界，是人体必需的微量元素之一，而发现氟化物能够预防龋齿，是20世纪预防口腔医学对人类的最大贡献。简单说来，氟既能防止牙齿表面溶解，可生成氟化钙沉淀，还能促进已经发生了溶解的表面重新坚固起来。因此，应用氟化物防龋齿的做法就应运而生，含氟牙膏、含氟漱口水、氟化泡沫等先后出现。

习　题

一、选择题

1. 难溶强电解质 AB_2 的 $c=1.0\times10^{-3}\ mol\cdot L^{-1}$，其 $K_{sp}^{\ominus}$ 是(　　)。

A. 1.0×10^{-6}　　B. 1.0×10^{-9}　　C. 4.0×10^{-6}　　D. 4.0×10^{-9}

2. 某难溶强电解质 c 和 $K_{sp}^{\ominus}$ 的关系是 $K_{sp}^{\ominus}=4c^3$，它的分子式可能是(　　)。

A. AB　　B. A_2B_3　　C. A_3B_2　　D. A_2B

3. 在饱和的 $BaSO_4$ 溶液中，加入适量的 NaCl，则 $BaSO_4$ 的溶解度(　　)。

A. 增大　　B. 不变　　C. 减小　　D. 无法确定

4. 已知 $K_{sp}^{\ominus}[Mg(OH)_2]=1.8\times10^{-11}$，$Mg(OH)_2$ 在 $0.01\ mol\cdot L^{-1}$ NaOH 溶液里 Mg^{2+} 浓度是(　　)$mol\cdot L^{-1}$。

A. 1.8×10^{-9}　　B. 3.6×10^{-6}　　C. 1.8×10^{-7}　　D. 1.0×10^{-4}

5. 在含有 $Mg(OH)_2$ 沉淀的饱和溶液中加入固体 NH_4Cl 后，则 $Mg(OH)_2$ 沉淀(　　)。

A. 溶解　　B. 增多　　C. 不变　　D. 无法判断

6. 微溶化合物 A_2B_3 水溶液中，测得 B 的浓度为 $3.0\times10^{-3}\ mol\cdot L^{-1}$，则微溶化合物 A_2B_3 的溶度积为(　　)。

A. 1.1×10^{-13}　　B. 2.4×10^{-13}　　C. 1.08×10^{-13}　　D. 2.6×10^{-11}

7. 下列可减小沉淀溶解度的是(　　)。

A. 酸效应　　B. 盐效应　　C. 同离子效应　　D. 配位效应

8. 在沉淀滴定中，莫尔法选用的指示剂是(　　)。

A. 铬酸钾　　B. 重铬酸钾　　C. 铁铵矾　　D. 荧光黄

9. 莫尔法依据的原理是(　　)。

A. 生成沉淀颜色不同　　B. AgCl 和 Ag_2CrO_4 溶解度不同

C. AgCl 和 Ag_2CrO_4 溶度积不同　　D. 分步沉淀

10. 莫尔法能用于 Cl^- 和 Br^- 的测定，其条件是(　　)。

A. 酸性条件　　B. 中性和弱碱性条件

C. 碱性条件　　D. 没有固定条件

11. 指出下列条件适用于佛尔哈德法的是(　　)。

A. pH=6.5～10　　B. 以 K_2CrO_4 作指示剂

C. 滴定酸度为 $0.1\sim1\ mol\cdot L^{-1}$　　D. 以荧光黄为指示剂

12. 莫尔法测定 Cl^- 时，要求介质 pH 为6.5～10，若酸度过高，则会产生(　　)。

A. AgCl 沉淀不完全　　B. AgCl 吸附 Cl^- 的作用增强

C. Ag_2CrO_4 的沉淀不易形成　　D. AgCl 的沉淀易溶解

二、判断题

1. 由于 $K_{sp}^{\ominus}(AgCl)>K_{sp}^{\ominus}(Ag_2CrO_4)$，则 AgCl 的溶解度大于 Ag_2CrO_4 的溶解度。(　　)

2. 因为 Ag_2CrO_4 的溶度积($K_{sp}^{\ominus}=2.0\times10^{-12}$)比 AgCl 的溶度积($K_{sp}^{\ominus}=1.8\times10^{-10}$)小得多，所以，$AgCrO_4$ 必定比 AgCl 更难溶于水。(　　)

3. AgCl 在 1 mol·L^{-1} NaCl 的溶液中，由于盐效应的影响，使其溶解度比在纯水中要略大一些。 （ ）

4. 溶解度大的难溶电解质的溶度积一定大。 （ ）

5. 为了使某种离子沉淀得很完全，所加沉淀试剂越多，则沉淀得越完全。 （ ）

6. 所谓沉淀完全，就是指溶液中这种离子的浓度为零。 （ ）

7. 对含有多种可被沉淀的离子的溶液来说，当逐滴慢慢加入沉淀试剂时，一定是浓度大的离子先被沉淀出来。 （ ）

8. $CaCO_3$和 PbI_2的溶度积非常接近，皆约为 10^{-8}，故两者的饱和溶液中，Ca^{2+} 离子与 Pb^{2+} 离子的浓度近似相等。 （ ）

9. 在常温下，Ag_2CrO_4和 $BaCrO_4$的溶度积分别为 2.0×10^{-12}和 1.6×10^{-10}，前者小于后者，因此 Ag_2CrO_4要比 $BaCrO_4$难溶于水。 （ ）

10. 佛尔哈德法应在酸性条件下进行测定。 （ ）

三、填空题

1. 莫尔法是以________为标准溶液，以________为指示剂测定________等离子的沉淀滴定法的一种。

2. 佛尔哈德法是以________或________为标准溶液，以________为指示剂测定________等离子的沉淀滴定法的一种。

3. 沉淀滴定法中莫尔法的指示剂是________。

4. 沉淀滴定法中莫尔法滴定的酸度条件，即 pH=________。

5. 沉淀滴定法中佛尔哈德法的指示剂是________。

6. 沉淀滴定法中佛尔哈德法测定 Cl^- 时，为保护 AgCl 的沉淀不被溶解须加入的试剂是________。

7. 沉淀滴定法中，莫尔法测定 Cl^- 时的终点颜色变化是________。

8. 法扬司法采用的指示剂是________。

四、简答题

1. 在氨水中 AgCl 能溶解，AgBr 仅稍溶解，而在 $Na_2S_2O_3$溶液中 AgCl 和 AgBr 均能溶解，解释此现象。

2. CaF_2沉淀在 pH=3 溶液中的溶解度较 pH=5 中的大，为什么？

3. 什么叫沉淀滴定法？沉淀滴定法所用的沉淀反应必须具备哪些条件？

4. 写出莫尔法和佛尔哈德法测定 Cl^- 的主要反应，并指出各种方法选用的指示剂和酸度条件。

五、计算题

1. 298 K 时 $K_{sp}^{\ominus}(PbI_2)=9.8\times10^{-9}$，若溶解的 PbI_2全部电离。计算：

(1) PbI_2在纯水中的溶解度。

(2) PbI_2在 0.02 mol·L^{-1} KI 溶液中的溶解度。

2. 50 mL 含 Ba^{2+}离子浓度为 0.01 mol·L^{-1}的溶液与 30 mL 浓度为 0.02 mol·L^{-1}的 Na_2SO_4溶液混合。(1)是否会产生 $BaSO_4$沉淀？(2)反应后溶液中的 Ba^{2+}浓度为多少？

3. 设溶液中 Cl^-和 CrO_4^{2-}的浓度均为 0.010 0 mol·L^{-1}，当慢慢滴加 $AgNO_3$溶液时，问 AgCl 和 Ag_2CrO_4哪个先沉淀？当 Ag_2CrO_4沉淀时，溶液中的 Cl^- 浓度是多少？$K_{sp}^{\ominus}(AgCl)=1.8\times10^{-10}$，$K_{sp}^{\ominus}(Ag_2CrO_4)=1.1\times10^{-12}$。

4. 欲除去 0.1 mol·L^{-1} Fe^{2+} 溶液中含有的杂质 Fe^{3+}。控制 pH 在什么范围内，可使 Fe^{3+} 以 $Fe(OH)_3$形式沉淀完全，而 Fe^{2+}不产生沉淀（提示：当 Fe^{3+}的浓度小于 1×10^{-5} mol·L^{-1}时，可认为沉淀完全）。已知 $K_{sp}^{\ominus}[Fe(OH)_3]=2.97\times10^{-39}$，$K_{sp}^{\ominus}[Fe(OH)_2]=4.87\times10^{-17}$。

5. 称取 NaCl 试液 20.00 mL，加入 K_2CrO_4指示剂，用 0.102 3 mol·L^{-1} $AgNO_3$标准溶液滴定，用去 27.00 mL。求每升溶液中含 NaCl 多少克？

6. 称取银合金试样 0.300 0 g，溶解后加入铁铵矾指示剂，用 0.100 0 mol·L^{-1} NH_4SCN 标准溶液滴定，用去 23.80 mL，计算银的质量分数。

7. 称取可溶性氯化物试样 0.226 6 g 用水溶解后，加入 0.112 1 mol·L^{-1} $AgNO_3$ 标准溶液 30.00 mL。过量的 Ag^+ 用 0.118 5 mol·L^{-1} NH_4SCN 标准溶液滴定，用去 6.50 mL，计算试样中氯的质量分数。

8. 某溶液含有 Fe^{3+} 和 Fe^{2+}，其浓度均为 0.050 mol·L^{-1}，要求 $Fe(OH)_3$ 沉淀而不生成 $Fe(OH)_2$ 沉淀，须控制 pH 在什么范围？

9. 根据 AgI 的溶度积，计算：

(1) AgI 在纯水中的溶解度(g·L^{-1})。

(2) 在 0.001 mol·L^{-1} KI 溶液中 AgI 的溶解度(g·L^{-1})。

(3) 在 0.010 mol·L^{-1} $AgNO_3$ 溶液中 AgI 的溶解度(g·L^{-1})。

10. 1 g 的 FeS 固体能否溶于 100 mL 1.0 mol·L^{-1} 的盐酸溶液中？已知 FeS 的溶度积常数为 6.0×10^{-18}，H_2S 的总电离平衡常数为 9.23×10^{-22}，相对分子质量 $M(FeS)=87.9$。

11. 在含有 0.50 mol·L^{-1} $MgCl_2$ 溶液中加入等体积的 0.10 mol·L^{-1} 氨水，能否产生 $Mg(OH)_2$ 沉淀？若氨水中同时含有 0.02 mol·L^{-1} 的 NH_4Cl，能否产生沉淀？若使 $Mg(OH)_2$ 恰好不产生沉淀，须再加入 NH_4Cl 多少克？

12. 在离子浓度各为 0.1 mol·L^{-1} 的 Fe^{3+}、Cu^{2+}、H^+ 等离子的溶液中，是否会生成铁和铜的氢氧化物沉淀？向溶液中逐滴加入 NaOH 溶液时(设总体积不变)，能否将 Fe^{3+}、Cu^{2+} 离子分离？

13. 1 L 0.1 mol·L^{-1} 的 Na_2CO_3 溶液可使多少克 $CaSO_4$ 转化成 $CaCO_3$？

第 4 章
氧化还原平衡与氧化还原滴定

知识目标

1. 掌握氧化数、氧化剂、还原剂。
2. 掌握氧化还原反应和电对。
3. 掌握氧化数法配平反应方程式。
4. 掌握原电池符号表示。
5. 掌握电极电势的计算及其影响因素。

能力目标

1. 学会氧化数的计算。
2. 能应用能斯特方程计算非标准条件下的电极电势，学会应用电极电势对比判断出原电池的正负极、氧化还原反应进行的方向。
3. 能利用氧化还原滴定分析方法定量分析特定物质的浓度。

氧化还原反应是化学反应中的三大基本反应之一，它的用途非常广泛，除工业生产外，在生活中也非常常见。例如，为保证道路上的行车安全，我们经常可以看到交警拿着酒精检测仪对过往的司机进行酒精检测，酒精检测仪反应原理是把呈黄色的强氧化剂三氧化铬(CrO_3)负载在硅胶上，而人呼出的酒精具有还原性，通过氧化还原反应生成蓝绿色的硫酸铬[$Cr_2(SO_4)_3$]，反应过程颜色变化明显，据此来检测呼出的酒精蒸气。

4.1 氧化还原反应

氧化还原反应是物质之间有电子转移(或共用电子对偏移)的化学反应。当电子转移时元素的氧化数也会发生变化，因此氧化还原反应也是指元素氧化数发生变化的化学反应。

4.1.1 氧化还原反应概念

氧化还原反应

根据氧化还原反应的定义，需从氧化数、氧化剂和还原剂、氧化还原半反应和电对等方面理解氧化还原反应。

知识点 1　氧化数

1970 年，国际纯粹和应用化学联合会(IUPAC)确定：氧化数是某元素一个原子的荷电数(原子所带净电荷)，这种荷电数是假设将成键电子指定给电负性较大的原子而求得。当得到电子或电子对偏向自己时为负氧化数，反之为正氧化数。确定氧化数的规则如下：

(1) 单质元素的氧化数为零，如 Cl_2 中的 Cl，金属 Cu、Al 等。

(2) 在电中性化合物中，所有元素氧化数的代数和为零，如 KCl 中元素代数和为零。

(3) 单原子离子元素的氧化数等于它所带的电荷数，如 Cu^{2+} 的氧化数为＋2；多原子的离子中所有元素氧化数的代数和等于离子所带的电荷数，如 SO_4^{2-} 中元素氧化数代数和为－2。

(4) 氧在化合物中的氧化数一般为－2，但下列情况除外：

在过氧化物中，氧的氧化数为－1，如 H_2O_2 中氧的氧化数。

在超氧化物中，氧的氧化数为－1/2，如 KO_2 中氧的氧化数。

在臭氧化物中，氧的氧化数为－1/3，如 KO_3 中氧的氧化数。

在氟氧化物中，氧的氧化数可为＋1 或＋2，如 O_2F_2 和 OF_2 中氧的氧化数。

(5) 氢在化合物中的氧化数一般为＋1，但在活泼金属的氢化物中，氢的氧化数为－1，如 NaH 中氢的氧化数。

(6) 在共价化合物中，共用电子对偏向电负性大的元素的原子，原子的"形式电荷数"即为其氧化数。

根据以上规则，既可以计算出化合物分子中各种组成元素的氧化数，亦可以计算多原子离子中各组成元素的氧化数。请注意：由于氧化数是在指定条件下的计算结果，所以氧化数不一定是整数，还可以是小数或分数。

【例 4-1】 计算重铬酸根 $Cr_2O_7^{2-}$ 和硫酸铬 $Cr_2(SO_4)_3$ 中 Cr 的氧化数。

【解】 已知 S 的氧化数为＋6，O 的氧化数为－2；另假设 $K_2Cr_2O_7$ 和 $Cr_2(SO_4)_3$ 中 Cr 的氧化数分别为 x_1 和 x_2。根据氧化数规则计算如下：

$$2x_1+(-2)\times 7=-2$$

$$2x_2+(+6)\times 3+(-2)\times 4\times 3=0$$

解得

$$x_1=+6,x_2=+3$$

所以重铬酸根 $Cr_2O_7^{2-}$ 和硫酸铬 $Cr_2(SO_4)_3$ 中 Cr 的氧化数分别是＋6 和＋3。

知识点 2　氧化剂和还原剂

在氧化还原反应中，如果某物质的组成原子或离子氧化数升高，则称此物质为还原剂，反之，称为氧化剂。还原剂使另一物质还原，其本身在反应中被氧化，它的反应产物称为氧化产物；氧化剂使另一物质氧化，其本身在反应中被还原，它的反应产物称为还原产物。如工业上常见的热还原法冶炼金属的反应：

$$\underset{\text{氧化剂}}{\overset{+3}{Fe}_2O_3} + \underset{\text{还原剂}}{3\overset{+2}{C}O} \xrightarrow{\text{高温}} \underset{\text{还原产物}}{2\overset{0}{Fe}} + \underset{\text{氧化产物}}{3\overset{+4}{C}O_2}$$

当氧化剂和还原剂是同一物质时，此时的氧化还原反应称为自身氧化还原反应。如：

$$2KClO_3 \xrightarrow{\triangle} 2KCl+3O_2\uparrow$$

当某物质中同一元素同一氧化态的原子部分被氧化、部分被还原，此时的氧化还原反应称为歧化反应，歧化反应是自身氧化还原反应的一种特殊类型。如：

$$Cl_2+H_2O \longrightarrow HClO+HCl$$

【例 4-2】 请指出反应 $2KMnO_4+5H_2O_2+3H_2SO_4 \longrightarrow 2MnSO_4+K_2SO_4+5O_2\uparrow+8H_2O$ 中的氧化剂、还原剂、氧化产物和还原产物。

【解】 各相应原子的氧化数变化如下：

$$\underset{\text{氧化剂}}{2K\overset{+7}{Mn}O_4} + \underset{\text{还原剂}}{5H_2\overset{-1}{O_2}} + 3H_2SO_4 \longrightarrow \underset{\text{还原产物}}{2\overset{+2}{Mn}SO_4} + K_2SO_4 + \underset{\text{氧化产物}}{5\overset{0}{O_2}\uparrow} + 8H_2O$$

(1) 上述反应中，$KMnO_4$中 Mn 的氧化数为+7，反应生成 $MnSO_4$中 Mn 的氧化数为+2，因此 $KMnO_4$是氧化剂，它本身被还原，故 $MnSO_4$是还原产物。

(2) 同样的，H_2O_2中 O 的氧化数为−1，反应生成 O_2中 O 的氧化数为 0，因此 H_2O_2是还原剂，它本身被氧化，故 O_2是氧化产物。

上述反应中，虽然 H_2SO_4也参加了反应，但没有氧化数的变化，通常把这类物质称为介质。

知识点 3　氧化还原半反应和电对

任何氧化还原反应都可以拆成两个半反应，其中表示氧化过程的称为氧化反应，表示还原过程的称为还原反应。例如，氧化还原反应 $Zn + Cu^{2+} \longrightarrow Zn^{2+} + Cu$ 可拆分为：

氧化反应　　$Zn - 2e^- \longrightarrow Zn^{2+}$

还原反应　　$Cu^{2+} + 2e^- \longrightarrow Cu$

每一个半反应都是由同一种元素不同氧化数的两种物质构成，其中氧化数较高的称为氧化态或氧化型物质，如上述 Zn^{2+}、Cu^{2+}；氧化数较低的称为还原态或还原型物质，如 Zn、Cu。半反应中的氧化态和还原态是彼此依存、相互转化的，这种共轭的氧化还原整体称为氧化还原电对，用“氧化态/还原态”表示，如 Cu^{2+}/Cu，Zn^{2+}/Zn。一个电对就代表一个半反应，半反应可用下列通式表示：

$$\text{氧化态} + ne^- \longrightarrow \text{还原态}$$

【例 4-3】 请写出 $2Fe^{3+} + 2I^- \longrightarrow 2Fe^{2+} + I_2$ 的氧化还原半反应和电对。

【解】 由以上氧化还原反应可拆分得到两个半反应如下：

氧化反应　　$2I^- - 2e^- \longrightarrow I_2$

还原反应　　$2Fe^{3+} + 2e^- \longrightarrow 2Fe^{2+}$

相应的氧化还原电对为 I_2/I^- 和 Fe^{3+}/Fe^{2+}。

4.1.2　氧化还原反应方程式的配平

氧化还原反应的特征是元素的氧化数发生变化，常用的配平氧化还原反应方程式的方法有氧化数法和离子-电子法两种。

知识点 1　氧化数法

氧化数法配平原则如下：

(1) 反应中氧化剂的氧化数降低的总数与还原剂的氧化数升高的总数相等。

(2) 反应前后各原子数目相等。

【例 4-4】 配平 $Cu_2S + HNO_3 \longrightarrow Cu(NO_3)_2 + H_2SO_4 + NO\uparrow$ 反应的化学方程式。

【解】 根据氧化数法原则，配平步骤如下：

(1) 写出未配平的反应式，并将有变化的氧化数注明在相应的元素符号的上方。

$$\overset{+1}{Cu_2}\overset{-2}{S} + H\overset{+5}{N}O_3 \longrightarrow \overset{+2}{Cu}(NO_3)_2 + H_2\overset{+6}{S}O_4 + \overset{+2}{N}O\uparrow$$

(2) 按最小公倍数的原则，对还原剂的氧化数升高值和氧化剂的氧化数降低值各乘以适当系数，使两者绝对值相等。

氧化数升高值：Cu $2\times[(+2)-(+1)]=+2$
S $(+6)-(-2)=+8$ } $=+10$ | $\times 3=+30$

氧化数降低值：N $(+2)-(+5)=-3$ | $\times 10=-30$

(3) 将系数分别写入还原剂和氧化剂化学式前，并配平氧化数有变化的元素原子个数。

$$3Cu_2S+10HNO_3 \longrightarrow 6Cu(NO_3)_2+3H_2SO_4+10NO\uparrow$$

(4) 配平其他元素的原子数，必要时可加上适当数目的酸、碱以及水分子。上式右边有 12 个未被还原的 NO_3^-，所以左边要增加 12 个 HNO_3，即

$$3Cu_2S+22HNO_3 \longrightarrow 6Cu(NO_3)_2+3H_2SO_4+10NO\uparrow$$

(5) 检查氢和氧原子个数，显然在反应式右边应配上 $8H_2O$。两边各元素的原子数目相等后，把箭头改为等号，即得到最终配平的反应方程式如下：

$$3Cu_2S+22HNO_3 = 6Cu(NO_3)_2+3H_2SO_4+10NO\uparrow+8H_2O$$

知识点 2　离子-电子法

离子-电子法是较为常用的配平方法，其配平原则如下：

(1) 氧化剂和还原剂得失电子总数相等。

(2) 反应前后各元素的原子数目相等。

【例 4-5】 配平在酸性介质中 $MnO_4^-+H_2C_2O_4 \longrightarrow Mn^{2+}+CO_2$ 反应的化学方程式。

【解】 根据离子-电子法原则，配平步骤如下：

(1) 在酸性介质中，可将反应拆分为以下两个半反应，并配平原子数和电子数。

$$H_2C_2O_4 \longrightarrow 2CO_2+2H^++2e^- \quad \times 5$$

$$MnO_4^-+8H^++5e^- \longrightarrow Mn^{2+}+4H_2O \quad \times 2$$

(2) 合并两个半反应，即得最终配平的反应式：

$$2MnO_4^-+5H_2C_2O_4+6H^+ = 2Mn^{2+}+10CO_2\uparrow+8H_2O$$

配平半反应式时，如果氧化剂或还原剂与其产物内所含的氧原子数目不同，可以根据介质的酸碱性，分别在半反应式中加 H^+、OH^- 和 H_2O，并利用水的电离平衡使两边的氢和氧原子数相等。

4.2 原电池

在氧化还原反应过程中，氧化剂与还原剂之间的电子转移若不是电子的定向移动，不能产生电流，那么反应的化学能就会转变为热能，使溶液温度升高。但若有一种装置，能够使电子实现从还原剂到氧化剂的间接传递，使反应化学能转变为电能，这种装置就称为原电池。

4.2.1 原电池组成

组成原电池的四要素如下：

(1) 电极材料：两个电极上有活泼性不同的物质，其中至少一种物质是金属。

(2) 闭合电路：两个电极之间用导线连接。

(3) 电解质溶液:两个电极需浸没在电解质溶液中。

(4) 化学反应:两个电极能够自发发生化学反应。

知识点1　原电池反应

Cu－Zn 原电池是最为常见的原电池,把 Zn 片和 $ZnSO_4$溶液、Cu 片和 $CuSO_4$溶液分别放在两个容器内,两溶液以盐桥(由饱和 KCl 溶液和琼脂装入 U 形管中制成,其作用是沟通两个半电池,保持溶液的电荷平衡,使反应能持续进行)沟通,金属片之间用导线接通,并串联一个检流计。

当线路接通后,会看到检流计的指针立刻发生偏转,说明导线上有电流通过;从指针偏转的方向判断,电流是由 Cu 极流向 Zn 极或者电子是由 Zn 极流向 Cu 极。同时,Zn 片慢慢溶解,Cu 片上有金属铜析出。说明在发生上述氧化还原反应的同时,把化学能转变为电能。这就是铜锌原电池的原理,其示意图如图 4－1。

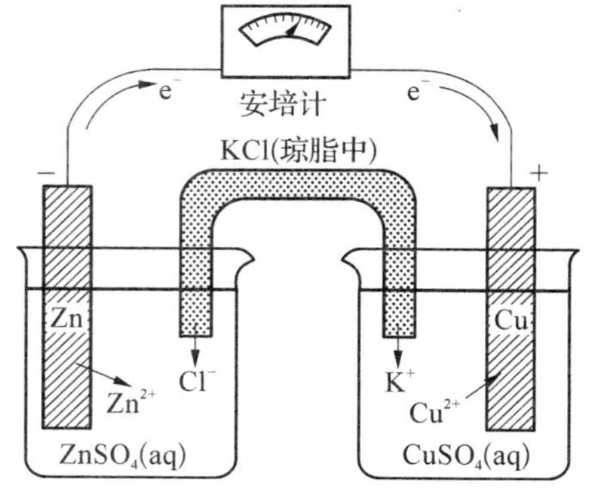

图 4－1　Cu－Zn 原电池示意图

原电池中,组成原电池的导体称为电极。电子流出的电极为负极,电子流入的电极为正极,正、负电极之间发生氧化还原反应。在 Cu－Zn 原电池中两个电极反应如下:

负极(Zn)　　$Zn-2e^- \longrightarrow Zn^{2+}$　　发生氧化反应

正极(Cu)　　$Cu^{2+}+2e^- \longrightarrow Cu$　　发生还原反应

原电池反应　　$Zn+Cu^{2+} \rightleftharpoons Zn^{2+}+Cu$

【例 4－6】 请根据图 4－2 写出原电池的正负极和原电池反应。

【解】 根据原电池正负极得失电子和反应的相关特点,其电极反应如下:

负极(Zn)　$Zn-2e^- \longrightarrow Zn^{2+}$(氧化反应)

正极(Cu)　$2H^+ +2e^- \longrightarrow H_2\uparrow$(还原反应)

原电池反应　$Zn+2H^+ \rightleftharpoons Zn^{2+}+H_2\uparrow$

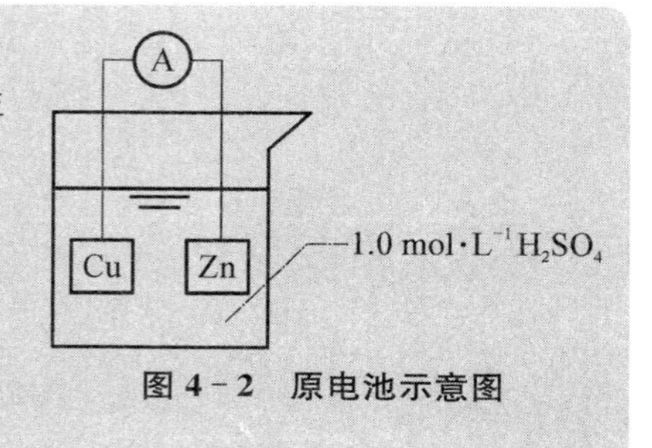

图 4－2　原电池示意图

综上可知,实际上原电池不仅可分置于两个容器中进行,还可以在一个容器中进行。当原电池在一个容器中进行的时候,就不需要用到盐桥,此时的电解质溶液同时起到了盐桥的作用。

4.2.2　原电池符号

每个原电池都是由两个半电池组成。每个半电池都是由同一元素不同氧化数的两种物质,即一个电对构成。通常,可以用电池符号表示一个原电池的组成。

知识点1　原电池表示方法

以 4.2.1 中 Cu－Zn 原电池为例,Cu－Zn 原电池是由 Zn 和 $ZnSO_4$溶液、Cu 和 $CuSO_4$溶液两个半电池组成。电极反应又称为半电池反应,两个半电池反应之和为电池反应。如:

半电池反应　　$Zn-2e^- \longrightarrow Zn^{2+}$

　　　　　　　$Cu^{2+}+2e^- \longrightarrow Cu$

电池反应(氧化还原反应)　　$Zn+Cu^{2+} \rightleftharpoons Zn^{2+}+Cu$

在每个半电池中都包含一个氧化还原电对,上述 Cu－Zn 原电池中的氧化还原电对分别是 Zn^{2+}/Zn,Cu^{2+}/Cu。因此,可用电池符号来表示原电池的组成。如 Cu－Zn 原电池可表达如下:

$$(-)Zn(s)\,|\,ZnSO_4(c_1)\,\|\,CuSO_4(c_2)\,|\,Cu(s)(+)$$

电池符号书写有如下规定:

(1) 一般把负极写左边,正极写右边。

(2) 用"|"表示界面;不存在界面用","表示;用"‖"表示盐桥。

(3) 电极反应物质为溶液时要注明其浓度;若为气体时要注明其分压。如不注明,一般指 1 mol·L^{-1} 或 101.325 kPa。

(4) 对于某些电极的电对自身不是金属导电体时,则需外加一个能导电而又不参与电极反应的惰性电极,通常用 Pt 或 C 作惰性电极。

【例 4-7】 写出下列电池反应对应的电池符号。

(1) $2Fe^{3+}+2I^{-} \rightleftharpoons 2Fe^{2+}+I_2$ (2) $Zn+2H^{+} \rightleftharpoons Zn^{2+}+H_2\uparrow$

【解】 根据电池符号书写规定,上述电池反应对应的电池符号如下:

(1) $(-)Pt|I_2(s)|I^-(c_1)\|Fe^{2+}(c_2),Fe^{3+}(c_3)|Pt(+)$

(2) $(-)Zn(s)|Zn^{2+}(c_1)\|H^+(c_2)|H_2(p_{H2})|Pt(+)$

4.3 电极电势

上一节的 Cu-Zn 原电池中,电子由 Zn 极(负极)流向 Cu 极(正极),这是因为原电池正极的电势比负极的电势高。之所以出现两个电极电势的不平等,与金属及其盐溶液之间的相互作用有关。

电极电势

4.3.1 标准电极电势

要理解什么是标准电极电势,首先需要了解电极电势产生的原因。

知识点1 电极电势的产生

金属晶体中存在金属离子和自由电子。将一种金属插入其盐溶液时,一方面,金属表面晶格上的金属离子受到溶液中水分子的吸引,有脱离晶格并以水合离子(M^{n+})状态进入溶液的倾向;另一方面,盐溶液中的金属离子(M^{n+})有着从金属(M)表面获得电子,从而沉积在金属表面的倾向。这两种对立的倾向可达到下列平衡:

$$M-ne^{-} \rightleftharpoons M^{n+}$$

若金属越活泼或溶液中金属离子浓度越小,则金属溶解的趋势大于溶液中金属离子沉淀到金属表面的趋势,平衡时金属表面带负电,靠近金属附近的溶液带正电(如图 4-3 所示)。反之,若金属越不活泼或溶液中金属离子浓度越大,则金属溶解的趋势小于溶液中金属离子沉淀的趋势,平衡时金属表面带正电,而金属附近的溶液带负电。这样,由于双电层的作用在金属和盐溶液之间产生了电势差,该电势差称为金属的电极电势 φ。原电池两电极间的电势差称为原电池的电动势,可表示为 $E=\varphi_{(+)}-\varphi_{(-)}$,单位为伏(V)。

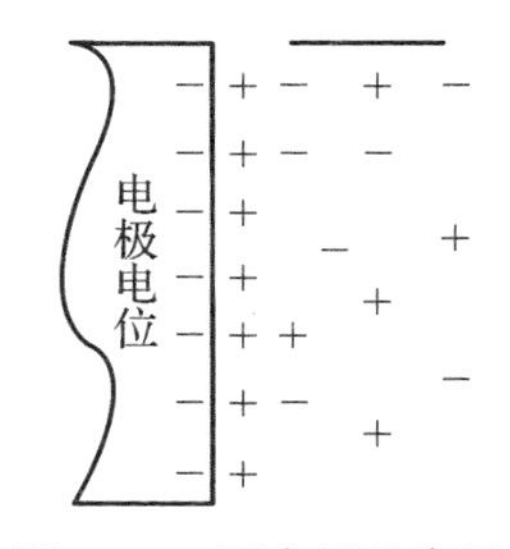

图 4-3 双电层示意图

【例 4-8】 请画出当金属不活泼或溶液中金属离子浓度大时,金属表面双电层示意图。

【解】 根据电极电势产生的原因,当金属不活泼或溶液中金属离子浓度大时,平衡时金属表面带正电,而金属附近的溶液带负电。故其双电层示意图如图 4-4 所示:

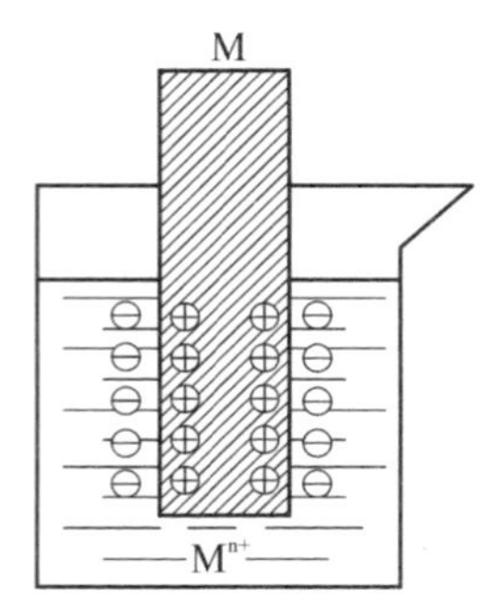

图 4-4　例 4-8 中双电层示意图

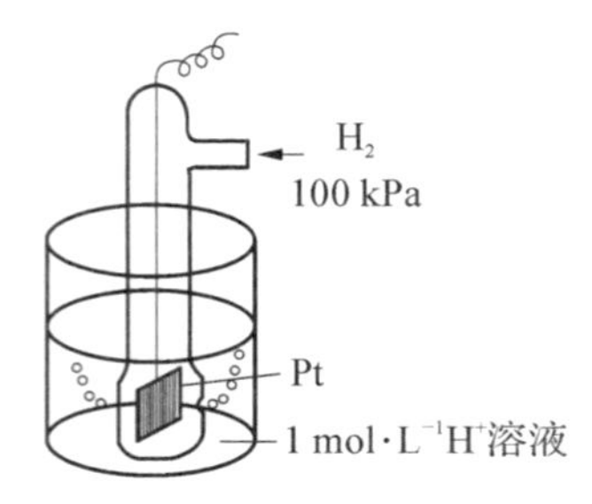

图 4-5　标准氢电极

知识点 2　标准氢电极

标准氢电极

到目前为止，电极电势的绝对值还无法测量，常用比较法确定其相对值，为此就需要选择标准电极。常规下，都是以标准氢电极作为比较的标准。

如图 4-5 所示，把镀有铂黑的铂片浸入氢离子浓度为 1 mol·L^{-1}的溶液中，不断通入标准压力（$p^{\ominus}=101.325$ kPa，⊖表示标准状态）的纯净氢气，氢气被铂黑吸附达到饱和，并与溶液中的 H^+ 建立了动态平衡：

$$H_2 \rightleftharpoons 2H^+ + 2e^-$$

氢气与溶液中的 H^+ 构成 H^+/H_2电对。也就是说，在标准状态下，饱和氢气的铂片和酸溶液构成电极，这种电极称为标准氢电极。规定在任何温度下标准氢电极的电极电势为零，即 $\varphi^{\ominus}(H^+/H_2)=0.000\ 0$ V。

【例 4-9】　请写出标准氢电极的电极符号。

【解】　根据标准氢电极的定义，其电极符号可书写如下：

$$H^+(1\ \text{mol}\cdot L^{-1})|H_2(g, p^{\ominus})|Pt$$

知识点 3　标准电极电势

任何处于标准状态（规定温度为 298 K，与电极有关的气体压力为 101.325 kPa，离子浓度为 1 mol·L^{-1}）的电极电势，都称为标准电极电势，可用 $\varphi^{\ominus}$（氧化态/还原态）表示。欲测定某电极的标准电极电势，可把它与标准氢电极组成一个原电池，用检流计测定该原电池的标准电动势 $E^{\ominus}$，再根据 $E^{\ominus}=\varphi^{\ominus}_{(+)}-\varphi^{\ominus}_{(-)}$ 求得某电极的标准电极电势。

【例 4-10】　请写出酸性溶液中铜电极标准电极电势的测试方法。

【解】　铜电极的标准电极电势的绝对值是无法直接测量的，其间接测量步骤如下：

(1) 将处于标准态的铜电极与标准氢电极组成原电池。

(2) 根据检流计指针偏转方向，可确定标准铜电极为正极，标准氢电极为负极。

(3) 测得 298 K 时该原电池的标准电动势 $E^{\ominus}=0.341\ 9$ V。

(4) 根据 $E^{\ominus}=\varphi^{\ominus}(+)-\varphi^{\ominus}(-)=\varphi^{\ominus}(Cu^{2+}/Cu)-\varphi^{\ominus}(H^+/H_2)=0.341\ 9$ V，求得：

$$\varphi^{\ominus}(Cu^{2+}/Cu)=0.341\ 9\ \text{V}$$

用类似方法可测得一系列金属或大多数电对的标准电极电势，附录中列出了 298 K 时各种电对的标准电极电势。需注意：

(1) 标准电极电势不因书写方向的改变而改变，是强度性质，无加和性。

(2) 在酸性溶液或者中性溶液中的标准电极电势用 $\varphi^{\ominus}_A$ 表示，在碱性溶液中的标准电极电势用 $\varphi^{\ominus}_B$

表示。

(3) 书后附录中列举的标准电极电势是在标准状态下的水溶液中测定的，对非水溶液、高温下固相及液相反应不适用，在使用时应注意。

4.3.2 非标准电极电势的计算

电极电势值不仅取决于电对，还与温度、溶液中的离子浓度或气体的压力有关，也就是说在不同条件下，特定电极的电极电势值不是固定不变的。

知识点 1　能斯特方程

对于任意电极，当电极反应为“氧化态$+ne^- \rightleftharpoons$还原态”形式时，电极电势的计算通式，即能斯特(Nernst)方程为：

$$\varphi(\text{氧化态}/\text{还原态})=\varphi^{\ominus}(\text{氧化态}/\text{还原态})+\frac{RT}{nF}\ln\frac{[\text{氧化态}]}{[\text{还原态}]} \qquad (4-1)$$

式中，φ(氧化态/还原态)为电对在某一条件下的电极电势，单位为 V；$\varphi^{\ominus}$(氧化态/还原态)为电对的标准电极电势，单位为 V；[氧化态]和[还原态]分别为电极反应中氧化态、还原态一侧各物质平衡浓度的幂次积，若是气体，则用相对分压；F 为法拉第常数，值为 96 485 C·mol^{-1}；R 为气体热力学常数，值为8.314 J·mol^{-1}·K^{-1}；T 为反应的热力学温度，单位为 K；n 为电极反应中电子转移的物质的量，单位为 mol。

若反应的温度为 298 K，并将上述各种数据代入式(4－1)中，自然对数换为常用对数，式(4－1)可改为：

$$\varphi(\text{氧化态}/\text{还原态})=\varphi^{\ominus}(\text{氧化态}/\text{还原态})+\frac{0.059\,2}{n}\lg\frac{[\text{氧化态}]}{[\text{还原态}]} \qquad (4-2)$$

【例 4－11】 试计算下列电池在 298 K 时的电动势。

$$(-)Zn|Zn^{2+}(0.1\ mol\cdot L^{-1})\parallel Cu^{2+}(0.3\ mol\cdot L^{-1})|Cu(+)$$

【解】 上述电池电解质溶液浓度均非标准状态 1 mol·L^{-1}，因此需要根据公式(4－2)求得非标准状态下的电极电势值，解题步骤如下。

(1) 写出电极反应和电池反应。

负极：$Zn \longrightarrow Zn^{2+}+2e^-$

正极：$Cu^{2+}+2e^- \longrightarrow Cu$

电池反应：$Zn+Cu^{2+} \rightleftharpoons Zn^{2+}+Cu$

(2) 查附录表得 $\varphi^{\ominus}(Zn^{2+}/Zn)=-0.761\,8$ V；$\varphi^{\ominus}(Cu^{2+}/Cu)=0.341\,9$ V。

(3) 分别计算两个电极的电极电势：

$$\varphi(Cu^{2+}/Cu)=\varphi^{\ominus}(Cu^{2+}/Cu)+\frac{0.059\,2}{n}\lg\frac{[Cu^{2+}]}{[Cu]}=0.341\,9+\frac{0.059\,2}{2}\lg\frac{0.3}{1}=0.326\,4\ V$$

$$\varphi(Zn^{2+}/Zn)=\varphi^{\ominus}(Zn^{2+}/Zn)+\frac{0.059\,2}{n}\lg\frac{[Zn^{2+}]}{[Zn]}=-0.761\,8+\frac{0.059\,2}{2}\lg\frac{0.1}{1}=-0.791\,4\ V$$

(4) 计算电池电动势为 $E^{\ominus}=\varphi(+)-\varphi(-)=\varphi(Cu^{2+}/Cu)-\varphi(Zn^{2+}/Zn)$

$=0.326\,4-(-0.791\,4)=1.117\,8$ V

知识点 2　浓度对电极电势的影响

对于某一电极来讲，在常温或温度变动不大的情况下，一般认为电极电势不随温度变化。对电极电势影响较大的是离子浓度。

由能斯特方程可以看出，若还原态物质的浓度增大，则电极电势减小；若氧化态物质的浓度增大，则电极电势增大。一般认为，每一电极都有一个极限最低浓度，低于这个浓度，能斯特方程将不能使用。例如，金属电极中金属离子的浓度一般不能低于 1×10^{-6} mol·L^{-1}。

【例 4-12】 计算当 $c(OH^-)=0.1$ mol·L^{-1}时，电对 O_2/OH^- 的电极电势。已知氧气的压力 $p(O_2)=101.325$ kPa。

【解】 根据题目可写出电极反应如下：

$$O_2(g)+2H_2O(l)+4e^- \longrightarrow 4OH^-(aq)$$

查附录表得 $\varphi^\ominus(O_2/OH^-)=0.401$ V。

由能斯特方程可求得电对 O_2/OH^- 的电极电势：

$$\varphi(O_2/OH^-)=\varphi^\ominus(O_2/OH^-)+\frac{0.059\,2}{n}\lg\frac{p_{O_2}/p^\ominus}{[OH^-]^4}=0.401+\frac{0.059\,2}{4}\lg\frac{1}{(0.1)^4}$$
$$=0.460\ \text{V}$$

知识点 3　酸度对电极电势的影响

如果电极反应中包含着 H^+ 和 OH^-，那么介质的酸度对电极电势也会产生影响。

【例 4-13】 计算在 $c(H^+)=10$ mol·L^{-1}的酸性介质中，电对 MnO_2/Mn^{2+} 的电极电势。已知锰离子的浓度 $c(Mn^{2+})=1$ mol·L^{-1}。

【解】 根据题目可写出电极反应如下：

$$MnO_2(s)+4H^+(aq)+2e^- \longrightarrow Mn^{2+}(aq)+2H_2O(l)$$

查附录表得 $\varphi^\ominus(MnO_2/Mn^{2+})=1.224$ V。

由能斯特方程可求得电对 MnO_2/Mn^{2+} 的电极电势：

$$\varphi(MnO_2/Mn^{2+})=\varphi^\ominus(MnO_2/Mn^{2+})+\frac{0.059\,2}{n}\lg\frac{[H^+]^4}{[Mn^{2+}]}=1.224+\frac{0.059\,2}{2}\lg\frac{10^4}{1}$$
$$=1.342\ \text{V}$$

知识点 4　沉淀对电极电势的影响

在氧化还原反应中，若加入一种能与电对的氧化态或还原态生成沉淀的沉淀剂时，也会改变氧化态或还原态的浓度，从而引起电对的电极电势变化。

【例 4-14】 计算在标准条件下，若溶液中加入 NaCl 产生 AgCl 沉淀时，Ag^+/Ag 电对的电极电势。

【解】 当溶液中加入 NaCl，其平衡方程式为 $Ag^+ + Cl^- \rightleftharpoons AgCl\downarrow$

当达到平衡时，如果 Cl^- 离子浓度为 1 mol·L^{-1}，Ag^+ 离子浓度则为：

$$[Ag^+]=K_{sp}^\ominus(AgCl)/[Cl^-]=1.8\times10^{-10}\ \text{mol}\cdot\text{L}^{-1}$$

根据题目，Ag^+/Ag 电对的电极反应为 $Ag^+(aq)+e^- \longrightarrow Ag(s)$

查附录表得 $\varphi^\ominus(Ag^+/Ag)=0.799\,6$ V。

由能斯特方程可求得此时电对 Ag^+/Ag 的电极电势：

$$\varphi(Ag^+/Ag)=\varphi^\ominus(Ag^+/Ag)+\frac{0.059\,2}{n}\lg\frac{[Ag^+]}{[Ag]}=0.799\,6+\frac{0.059\,2}{1}\lg\frac{1.8\times10^{-10}}{1}=0.222\,7\ \text{V}$$

因此，加入 NaCl 产生 AgCl 沉淀后形成了一种新的 AgCl/Ag 电极，电极电势下降 0.576 9 V。

4.3.3　电极电势的应用

电极电势的数值是比较重要的，除用来判断原电池的正负极、计算原电池的电动势外，还可用来比

较氧化剂和还原剂的相对强弱，判断氧化还原反应进行的方向、顺序、程度等。

知识点 1　比较氧化剂和还原剂的相对强弱

氧化态物质氧化能力强弱和还原态物质还原能力强弱可以从 φ 值大小来判断。φ 越大，氧化态物质氧化能力越强，对应的还原态物质还原能力越弱。

【例 4-15】 $\varphi^\ominus(MnO_4^-/Mn^{2+})=1.507\ V$，$\varphi^\ominus(Cr_2O_7^{2-}/Cr^{3+})=1.33\ V$，$\varphi^\ominus(Cl_2/Cl^-)=1.36\ V$。请比较其氧化性和还原性强弱。

【解】 因为 $\varphi^\ominus(MnO_4^-/Mn^{2+})>\varphi^\ominus(Cl_2/Cl^-)>\varphi^\ominus(Cr_2O_7^{2-}/Cr^{3+})$，所以氧化性由强到弱的顺序是 $MnO_4^->Cl_2>Cr_2O_7^{2-}$，还原性由强到弱的顺序是 $Cr^{3+}>Cl^->Mn^{2+}$。

知识点 2　选择适当的氧化剂和还原剂

根据 φ 的大小可选择适当的氧化剂或还原剂，使之选择性地氧化或还原某些物质，从而使氧化还原反应有效地进行。

【例 4-16】 某一溶液含有 Cl^-、Br^-、I^- 三种离子，从 MnO_4^-、Fe^{3+} 选一种氧化剂只氧化 I^- 而不氧化 Cl^- 和 Br^-。

【解】 查附录表得 $\varphi^\ominus(Cl_2/Cl^-)=1.36\ V$，$\varphi^\ominus(Br_2/Br^-)=1.087\ V$，$\varphi^\ominus(I_2/I^-)=0.535\ V$，

$$\varphi^\ominus(MnO_4^-/Mn^{2+})=1.507\ V,\ \varphi^\ominus(Fe^{3+}/Fe^{2+})=0.771\ V。$$

因为 $\varphi^\ominus(MnO_4^-/Mn^{2+})>\varphi^\ominus(Cl_2/Cl^-)>\varphi^\ominus(Br_2/Br^-)>\varphi^\ominus(I_2/I^-)$，所以 MnO_4^- 能将 Cl^-、Br^-、I^- 全部氧化。

而 $\varphi^\ominus(I_2/I^-)<\varphi^\ominus(Fe^{3+}/Fe^{2+})<\varphi^\ominus(Br_2/Br^-)<\varphi^\ominus(Cl_2/Cl^-)$，$Fe^{3+}$ 可以使 I^- 氧化，而不能将 Cl^-、Br^- 氧化。故应选择 Fe^{3+} 而不是 MnO_4^-。

知识点 3　判断氧化还原反应进行的方向

对于由氧化还原反应组成的原电池，如果 $E=\varphi_{(+)}-\varphi_{(-)}>0$，则该氧化还原反应可自发进行；如果 $E=\varphi_{(+)}-\varphi_{(-)}<0$，则反应不能自发进行。

【例 4-17】 已知 $\varphi^\ominus(Fe^{3+}/Fe^{2+})=0.771\ V$，$\varphi^\ominus(I_2/I^-)=0.535\ V$，判断标准状态下反应自发进行的方向。

【解】 因为 $\varphi^\ominus(Fe^{3+}/Fe^{2+})-\varphi^\ominus(I_2/I^-)=0.771\ V-0.535\ V=0.236\ V>0$，故原电池电极反应为：

正极　$2Fe^{3+}+2e^-\longrightarrow 2Fe^{2+}$

负极　$2I^--2e^-\longrightarrow I_2$

反应进行的方向为 $2I^-+2Fe^{3+}\longrightarrow I_2+2Fe^{2+}$

知识点 4　判断氧化还原反应的先后次序

在较复杂的反应体系中，氧化还原反应总是在最强的氧化剂和最强的还原剂之间首先发生，即在 $\Delta\varphi$ 最大的相关物质间首先发生。

【例 4-18】 标准状态下，向含 I^- 和 Br^- 的混合溶液中通入 Cl_2，首先反应的是哪种离子？

【解】 查附录表得 $\varphi^\ominus(Cl_2/Cl^-)=1.36\ V$，$\varphi^\ominus(Br_2/Br^-)=1.087\ V$，$\varphi^\ominus(I_2/I^-)=0.535\ V$。

由于 $\varphi^\ominus(Cl_2/Cl^-)>\varphi^\ominus(Br_2/Br^-)>\varphi^\ominus(I_2/I^-)$，因此 I^- 和 Br^- 都可以与 Cl_2 反应。

但 $\varphi^\ominus(Cl_2/Cl^-)-\varphi^\ominus(I_2/I^-)>\varphi^\ominus(Cl_2/Cl^-)-\varphi^\ominus(Br_2/Br^-)$，所以先反应的是 I^-。

知识点 5　判断氧化还原反应进行的程度

氧化还原反应同其他可逆反应一样，用平衡常数可以定量地说明反应进行的程度。从理论上讲，任何氧化还原反应都可以在原电池中进行。例如：

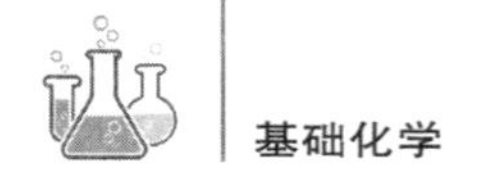

$$Cu + 2Ag^{+} \xlongequal{} Cu^{2+} + 2Ag$$

当反应开始时，设各离子浓度都为 1 mol · L^{-1}，两个半电池的电极电势分别为 $\varphi^{\ominus}(Ag^{+}/Ag)=$ 0.799 6 V(正极)和 $\varphi^{\ominus}(Cu^{2+}/Cu)=0.341\ 9$ V(负极)，得原电池的电动势：

$$E^{\ominus}=\varphi^{\ominus}(Ag^{+}/Ag)-\varphi^{\ominus}(Cu^{2+}/Cu)=0.799\ 6\ \text{V}-0.341\ 9\ \text{V}=0.457\ 7\ \text{V}$$

随着反应向正向进行，正极中 Ag^{+} 浓度不断降低，银电极的电极电势不断降低；负极中 Cu^{2+} 浓度不断增加，铜电极的电极电势不断升高。正、负两电极的电势逐渐接近，电动势也逐渐变小。最后，两电极的电势必将相等。此时，原电池的电动势等于零，氧化还原反应达到平衡状态，各离子浓度均为平衡浓度。

根据上述平衡原理，从两个电对的电极电势的数值，可计算标准平衡常数 $K^{\ominus}$：

$$\lg K^{\ominus}=\frac{n[\varphi^{\ominus}_{(+)}-\varphi^{\ominus}_{(-)}]}{0.059\ 2}=\frac{nE^{\ominus}}{0.059\ 2} \tag{4-3}$$

由式(4-3)可知，当 $E^{\ominus}$ 值越大，平衡常数 $K^{\ominus}$ 值也就越大，反应进行得越完全。当温度一定时，氧化还原反应的标准平衡常数与标准态的电池电动势 $E^{\ominus}$ 及转移的电子数有关，即标准平衡常数只与氧化剂和还原剂的本身有关，而与反应物的浓度无关。

【例 4-19】 写出电池(－)Cd(s)|Cd^{2+}(0.01 mol · L^{-1}) ‖ Cl^{-}(0.5 mol · L^{-1})|$Cl_2(p^{\ominus})$|Pt(＋)的电极反应和电池反应，并计算 298 K 时该电池反应的标准平衡常数。

【解】 由题中电池可写出电极反应和电池反应如下：

负极　$Cd(s)-2e^{-}\longrightarrow Cd^{2+}$

正极　$Cl_2(p^{\ominus})+2e^{-}\longrightarrow 2Cl^{-}$

电池反应　$Cd(s)+Cl_2(p^{\ominus})\xlongequal{}Cd^{2+}+2Cl^{-}$

查附录表得 $\varphi^{\ominus}(Cd^{2+}/Cd)=-0.403$ V，$\varphi^{\ominus}(Cl_2/Cl^{-})=1.358$ V，则

$$E^{\ominus}=\varphi^{\ominus}(Cl_2/Cl^{-})-\varphi^{\ominus}(Cd^{2+}/Cd)=1.358\ \text{V}-(-0.403\ \text{V})=1.761\ \text{V}$$

将以上数值代入公式(4-3)得：$\lg K^{\ominus}=\frac{nE^{\ominus}}{0.059\ 2}=\frac{2\times1.761}{0.059\ 2}=59.49$

解得 $K^{\ominus}=3.09\times10^{59}$，因此该氧化还原反应会进行得相当完全。

知识点 6　元素标准电极电势图

电极电势的另一个特殊应用就是元素标准电极电势图或拉提默图。大多数非金属元素和过渡元素可以存在不同种的氧化态，各种氧化态之间都有相应的标准电极电势，将标准电极电势以图解方式表示。比较简单的元素电势图是把同一元素的各种氧化态按照高低顺序排列成横排，在两种氧化态之间若构成一个电对，就用一条线把它们连接起来，并在线的上方标出这个电对所对应的标准电极电势。例如，碘的元素电势图：

$$H_5IO_6 \xrightarrow{+1.601} IO_3^{-} \xrightarrow{+1.13} HIO \xrightarrow{+1.419} I_2 \xrightarrow{+0.535} I^{-}$$

（IO_3^{-} 至 I_2：+1.195；HIO 至 I^{-}：+0.987）

碘的元素电势图可以形象地说明同种元素不同种氧化态物质之间氧化和还原能力的相对大小。当一种元素处于某种氧化态时，也可以借此判断是否可以发生歧化反应。

假设元素的不同氧化数的三种物质组成两个电对，按其氧化数由高到低排列的顺序为 A、B、C，元素电势图如下：

$$A \xrightarrow{\varphi^{\ominus}_{(左)}} B \xrightarrow{\varphi^{\ominus}_{(右)}} C$$

若 B 能发生歧化反应，则 $E^{\ominus}=\varphi^{\ominus}_{(+)}-\varphi^{\ominus}_{(-)}=\varphi^{\ominus}_{(右)}-\varphi^{\ominus}_{(左)}>0$，$\varphi^{\ominus}_{(右)}>\varphi^{\ominus}_{(左)}$。若 $\varphi^{\ominus}_{(右)}<\varphi^{\ominus}_{(左)}$，则 B 不能发生歧化反应，只能发生歧化反应的逆反应。

【例 4-20】 铜元素的标准电极电势图和铁元素的标准电极电势图分别如下，请判断：(1) Cu^{+} 能否发生歧化反应？(2) Fe^{2+} 能否发生歧化反应？

$$\overset{+0.342}{\overbrace{Cu^{2+} \xrightarrow{+0.153} Cu^{+} \xrightarrow{+0.521} Cu}} \qquad \overset{-0.037}{\overbrace{Fe^{3+} \xrightarrow{+0.77} Fe^{2+} \xrightarrow{-0.447} Fe}}$$

【解】 (1) 因为 $\varphi^{\ominus}_{(右)}>\varphi^{\ominus}_{(左)}$，故 Cu^{+} 会发生歧化反应。

(2) 因为 $\varphi^{\ominus}_{(右)}<\varphi^{\ominus}_{(左)}$，故 Fe^{2+} 不会发生歧化反应。

4.4　氧化还原滴定法

氧化还原滴定法是以氧化还原反应为基础的滴定分析方法。利用氧化还原滴定法可以直接或间接测定许多具有氧化性或还原性的物质，某些非变价元素（如 Ca^{2+}、Sr^{2+}、Ba^{2+} 等）也可以用氧化还原滴定法间接测定。因此，它的应用非常广泛。

氧化还原滴定

4.4.1　氧化还原滴定的可行性

是否可以用氧化还原反应进行滴定分析，首先需要了解氧化还原滴定曲线和指示剂。

知识点 1　氧化还原滴定曲线

在氧化还原滴定中，随着标准溶液的不断加入，氧化剂或还原剂的浓度发生改变，相应电对的电极电势也随之不断改变，在化学计量点附近溶液的电极电势产生突跃。表示滴定过程中溶液电极电势变化的曲线称为氧化还原滴定曲线，此氧化还原滴定曲线以溶液电极电势 φ 为纵坐标，以加入滴定剂的量为横坐标。φ 值的大小可以通过实验方法测得，也可用能斯特方程式进行计算。

如用 0.100 0 $mol \cdot L^{-1}$ $Ce(SO_4)_2$ 标准溶液滴定 20.00 mL 0.100 0 $mol \cdot L^{-1}$ $FeSO_4$ 溶液的滴定曲线见图 4-6。从曲线可以看出，计量点前后有一个相当大的突跃范围，这与两电对的标准电极电势 $\varphi^{\ominus}$ 有关，两电对的标准电极电势差值 $\Delta\varphi^{\ominus}$ 越大，滴定突跃范围越大。一般 $\Delta\varphi^{\ominus}\geqslant 0.40$ V 时，才有明显的突跃。因此，可通过 $\varphi^{\ominus}$ 值粗略选择相应的指示剂和判断氧化还原滴定的可能性。

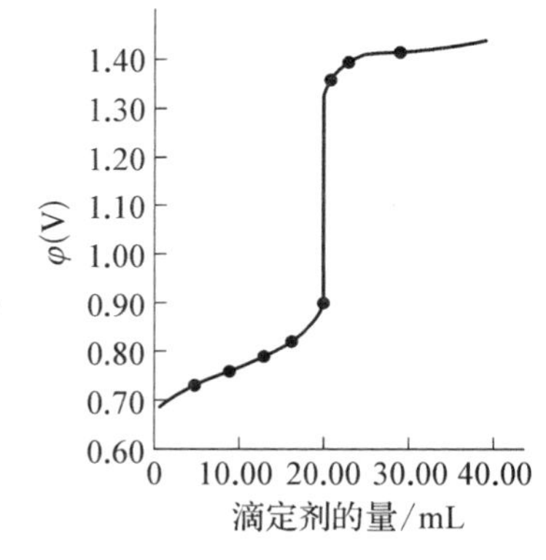

图 4-6　氧化还原滴定曲线

【例 4-21】 氧化还原滴定曲线中，化学计量点的位置与氧化剂和还原剂的电子转移数有什么关系？

【解】 假设两个半电池反应中，电子转移数分别为 n_1、n_2，那么，化学计量点的位置与氧化剂和还原剂的电子转移数关系如下：

当 $n_1=n_2$ 时，化学计量点的位置恰好在滴定突跃的中间。

当 $n_1\neq n_2$ 时，化学计量点的位置偏向电子转移数较多的电对一方，n_1 与 n_2 数值相差越大，化学计量点的位置偏向越多。

知识点 2　氧化还原滴定法的指示剂

氧化还原滴定法的指示剂主要分为三类。

(1) 自身指示剂

有些滴定剂本身有很深的颜色，而滴定产物无色或颜色很浅，则滴定时就无须另加指示剂。例如，MnO_4^-具有很深的紫红色，用它来滴定Fe^{2+}或$C_2O_4^{2-}$溶液时，反应的产物Mn^{2+}、Fe^{3+}、CO_2颜色都很浅甚至无色，滴定到计量点后，稍过量的MnO_4^-就能使溶液呈现浅粉红色。这种以滴定剂本身的颜色变化就能指示滴定终点的物质称为自身指示剂。

(2) 特殊指示剂

有些物质本身并不具有氧化还原性，但它能与滴定剂、被测物或反应产物产生很深的特殊颜色，因而可指示滴定终点。例如，淀粉与碘生成深蓝色配合物，此反应极为灵敏。因此，碘量法中常用淀粉作指示剂，可根据蓝色的出现或褪去来判断终点到达。

(3) 氧化还原指示剂

指示剂本身是氧化剂或还原剂，其氧化态与还原态具有不同的颜色。在滴定过程中，因被氧化或被还原而发生颜色变化从而指示终点。若以In(Ox)和In(Red)分别表示指示剂的氧化态和还原态，滴定中指示剂的电极反应可表示为：

$$\underset{(\text{氧化态颜色})}{In(Ox)} + ne^- \rightleftharpoons \underset{(\text{还原态颜色})}{In(Red)}$$

由能斯特方程式可推算氧化还原指示剂的变色范围是$\varphi_{In}=\varphi_{In}^{\ominus}\pm\frac{0.059\ 2}{n}$。

氧化还原指示剂的选择原则与酸碱指示剂的选择原则类似，即指示剂变色的电极电势要全部或部分落在滴定曲线突跃范围内。

另外，值得注意的是氧化还原指示剂本身的氧化还原作用也要消耗一定量的标准溶液，当标准溶液浓度较大时，其影响可忽略不计，但在较精确测定或用较稀(<0.01 mol·L^{-1})的标准溶液进行测定时，则需做空白试验以校正指示剂的误差。

【例 4-22】 常用的氧化还原指示剂有哪些？其颜色怎样变化？

【解】 常用的氧化还原指示剂有亚甲基蓝、二苯胺和二苯胺磺酸钠，它们的标准电极电势以及颜色变化如表 4-1所示。

表 4-1　常用的氧化还原指示剂及其颜色变化

指示剂	$\varphi_{In}^{\ominus}$/V	氧化态	还原态
亚甲基蓝	0.53	蓝绿	无色
二苯胺	0.76	紫色	无色
二苯胺磺酸钠	0.84	紫红	无色

4.4.2　常用的氧化还原滴定法

在氧化还原滴定中，要使分析反应定量地进行完全，常用强氧化剂和强还原剂作为标准溶液。根据所用标准溶液不同，氧化还原滴定法可分为高锰酸钾法、重铬酸钾法、碘量法、铈量法、溴酸钾法等，其中前三种方法最常用。

知识点 1　高锰酸钾法

在微酸、中性或弱碱性溶液中，MnO_4^-会被还原为棕色不溶物MnO_2，因MnO_2能使溶液浑浊，妨碍终点观察，所以高锰酸钾法通常在较强的酸性溶液中进行。滴定时使用H_2SO_4控制酸度，避免使用

HNO_3(有氧化性)和 HCl(有还原性)。

高锰酸钾法

在强酸性溶液中,MnO_4^- 被还原为 Mn^{2+}:

$$MnO_4^- + 8H^+ + 5e^- \longrightarrow Mn^{2+} + 4H_2O \quad \varphi^\ominus(MnO_4^-/Mn^{2+}) = 1.507\ V$$

$KMnO_4$ 还原为 Mn^{2+} 的反应在常温下进行得较慢。因此,滴定较难氧化的物质时,常需要加热或加催化剂。高锰酸钾法的指示剂是 $KMnO_4$ 本身,在 100 mL 水中只要加 1 滴 0.1 mol·L^{-1} $KMnO_4$ 溶液就可以呈现明显的紫红色,而它的还原产物 Mn^{2+} 则近无色,所以高锰酸钾法不需另加指示剂。

高锰酸钾法的主要缺点是选择性较差,标准溶液不够稳定。纯的 $KMnO_4$ 溶液是相当稳定的,但一般 $KMnO_4$ 试剂中常含有少量 MnO_2 和其他杂质,而且蒸馏水中也含有微量还原性物质,它们可与 $KMnO_4$ 反应而析出 MnO_2 沉淀。MnO_2 具有催化作用,会进一步促进 $KMnO_4$ 溶液的分解,故 $KMnO_4$ 标准溶液不能用直接法配制。通常先配成近似浓度的溶液,配好后加热微沸 1 小时左右,然后需放置 2～3 天,使溶液中可能存在的还原性物质完全氧化,过滤除去 MnO_2 沉淀,并保存于棕色瓶中,存放在阴暗处以待标定。

【例 4-23】 怎样用高锰酸钾法测定 Ca^{2+} 的浓度?

【解】 用 $KMnO_4$ 无法直接滴定 Ca^{2+},因此采用间接滴定法测定 Ca^{2+},步骤如下:

① 先将试样中的 Ca^{2+} 沉淀为 CaC_2O_4;② 将沉淀 CaC_2O_4 过滤,洗净,并用稀硫酸溶解;③ 用 $KMnO_4$ 标准溶液滴定。

其有关反应式如下:

$$Ca^{2+} + C_2O_4^{2-} \longrightarrow CaC_2O_4\downarrow$$

$$CaC_2O_4 + 2H^+ \longrightarrow H_2C_2O_4 + Ca^{2+}$$

$$2MnO_4^- + 5H_2C_2O_4 + 6H^+ \longrightarrow 2Mn^{2+} + 10CO_2\uparrow + 8H_2O$$

根据物质的量守恒,$\frac{1}{2}n(KMnO_4) = \frac{1}{5}n(H_2C_2O_4) = \frac{1}{5}n(Ca^{2+})$,因 $KMnO_4$ 是标准溶液,故 $n(KMnO_4)$ 是已知的,根据所取的体积就可以计算得到 Ca^{2+} 的浓度。

知识点 2　重铬酸钾法

重铬酸钾法是以 $K_2Cr_2O_7$ 为标准溶液的氧化还原滴定法。在酸性溶液中,$K_2Cr_2O_7$ 与还原剂作用被还原为 Cr^{3+},半反应为:

$$Cr_2O_7^{2-} + 14H^+ + 6e^- \rightleftharpoons 2Cr^{3+} + 7H_2O \qquad \varphi^\ominus(Cr_2O_7^{2-}/Cr^{3+}) = 1.33\ V$$

室温下 $K_2Cr_2O_7$ 不与 Cl^- 作用,故可在 HCl 溶液中滴定,选择性高。但当 HCl 浓度太大或将溶液煮沸时,$K_2Cr_2O_7$ 也能部分地被 Cl^- 还原。

重铬酸钾法中,虽然橙色的 $Cr_2O_7^{2-}$ 被还原后转化为绿色的 Cr^{3+},但由于 $Cr_2O_7^{2-}$ 的颜色不是很深,故不能根据自身的颜色变化来确定终点,需另加氧化还原指示剂,一般采用二苯胺磺酸钠作指示剂。

重铬酸钾法常用于铁和土壤有机质的测定,$K_2Cr_2O_7$ 的氧化能力不如 $KMnO_4$ 强,应用范围也不如 $KMnO_4$ 法广泛。但 $K_2Cr_2O_7$ 易提纯,可直接配制标准溶液,其标准溶液非常稳定,可长期保存。

【例 4-24】 怎样用重铬酸钾法测定亚铁盐中 Fe^{2+} 的含量?

【解】 亚铁盐中亚铁含量的测定可用 $K_2Cr_2O_7$ 标准溶液直接滴定,在酸性溶液中反应式为:

$$Cr_2O_7^{2-} + 6Fe^{2+} + 14H^+ \longrightarrow 2Cr^{3+} + 6Fe^{3+} + 7H_2O$$

准确称取试样,在酸性条件下溶解后,加入适量的 H_3PO_4,并加入二苯胺磺酸钠指示剂,滴定至终点。

根据物质的量守恒，$n(K_2Cr_2O_7)=\frac{1}{6}n(Fe^{2+})$，因 $K_2Cr_2O_7$ 是标准溶液，故 $n(KMnO_4)$ 是已知的，根据所取的亚铁盐重量就可以计算得到亚铁盐中 Fe^{2+} 的含量。

知识点 3　碘量法

碘量法是利用 I_2 的氧化性和 I^- 的还原性进行滴定的分析方法。

$$I_2+2e^- \rightleftharpoons 2I^- \qquad \varphi^{\ominus}(I_2/I^-)=0.53\ V$$

碘量法

从电极电势可知，I_2 是一种较弱的氧化剂，而 I^- 是中等强度的还原剂。对于电对电极电势低于 $\varphi^{\ominus}(I_2/I^-)$ 的还原性物质如 $S_2O_3^{2-}$、SO_3^{2-}、AsO_3^{3-}、SbO_3^{3-} 和维生素 C 等，能用 I_2 标准溶液直接滴定，这种方法称为直接碘量法。用直接碘量法来测定还原性物质时，一般应在弱碱性、中性或弱酸性溶液中进行。I_2 标准溶液可用升华法制得的纯碘直接配制，但 I_2 具有挥发性和腐蚀性，不宜在天平上称量，故通常先配成近似浓度的溶液，然后进行标定。碘在水中的溶解度很小，通常在配制 I_2 溶液时加入过量的 KI 以增加其溶解度，降低 I_2 的挥发性。直接碘量法可利用淀粉作指示剂，I_2 遇淀粉呈蓝色。

对于电对电极电势高于 $\varphi^{\ominus}(I_2/I^-)$ 的氧化性物质如 Cu^{2+}、$Cr_2O_7^{2-}$、CrO_4^{2-}、MnO_4^-、H_2O_2 和漂白粉等，可先将 I^- 氧化成 I_2，再用 $Na_2S_2O_3$ 标准溶液滴定生成的 I_2，这种滴定方法称为间接碘量法。间接碘量法测定氧化性物质时，须在中性或弱酸性溶液中进行。间接碘量法也用淀粉作指示剂，但它不是在滴定前加入。因为指示剂加得过早，淀粉与 I_2 形成的牢固结合会使 I_2 不易与 $Na_2S_2O_3$ 立即作用，导致滴定终点不敏锐，故淀粉一般在临近终点时加入。

【例 4-25】 怎样用间接碘量法测定溶液中硫酸铜的含量？

【解】 在硫酸铜溶液中加入过量的 KI，使 Cu^{2+} 与 KI 作用生成 CuI，并析出等物质的量的 I_2，再用 $Na_2S_2O_3$ 标准溶液滴定析出的 I_2。

$$2Cu^{2+}+4I^- \longrightarrow 2CuI\downarrow+I_2$$
$$I_2+2S_2O_3^{2-} \longrightarrow 2I^-+S_4O_6^{2-}$$

因 CuI 溶解度相对较大，且对 I_2 的吸附较强，终点不明显。为此，在化学计量点前加入 KSCN，使 CuI 转化为更难溶的 CuSCN 沉淀，CuSCN 吸附碘的倾向较小，提高了测定的准确度。但应注意，SCN^- 对 I_2 和 Cu^{2+} 同时还有还原作用，故应在近终点时加入。

$$CuI(s)+SCN^- \longrightarrow CuSCN\downarrow+I^-$$

为了防止 Cu^{2+} 的水解，反应必须在酸性溶液中（pH=3.5～4）进行，由于 Cu^{2+} 容易与 Cl^- 形成配离子，因此酸化时常用 H_2SO_4 或 HAc 而不用 HCl。另外，由于 Fe^{3+} 容易氧化 I^- 生成 I_2，使结果偏高。若试样中含有 Fe^{3+} 时，应分离除去或加入 NaF 使 Fe^{3+} 形成配离子 $[FeF_6]^{3-}$ 而掩蔽，以消除干扰。

根据物质的量守恒，$\frac{1}{2}n(Na_2S_2O_3)=n(I_2)=\frac{1}{2}n(Cu^{2+})$，因 $Na_2S_2O_3$ 是标准溶液，故 $n(Na_2S_2O_3)$ 是已知的，根据硫酸铜相对分子质量和溶液体积就可以计算得到溶液中硫酸铜的含量。

实践项目十　氧化还原性物质的生成与性质验证

一、目的要求

（1）能掌握几种重要的氧化剂、还原剂的氧化还原性质。

（2）能掌握电极电势、反应介质的酸度、反应物的浓度、沉淀平衡、配位平衡等对氧化还原反应的影响。

（3）会装配电解池。

二、基本原理

氧化还原反应是一类很重要的化学反应，其本质特征是在反应过程中有电子的转移，因而使元素的氧化数发生变化。影响氧化还原反应方向的主要因素有电极电势、反应介质的酸度、反应物浓度、沉淀平衡、配位平衡等。

原电池和电解池装置的作用原理在实践中，特别是在分析化学中有着非常重要的应用。

三、仪器与试剂

1. 仪器

仪器	数量	仪器	数量
（1）水浴锅	1 只	（2）滴管	1 支
（3）试管	16 支	（4）试管刷	1 支
（5）玻璃棒	1 支	（6）酒精灯	1 只
（7）离心试管	2 支	（8）离心机	1 台
（9）烧杯	100 mL×2　250 mL×1	（10）量筒	10 mL×1　100 mL×1
（11）洗瓶	500 mL×1	（12）表面皿	9 cm×1
（13）盐桥	1 只	（14）导线	2 根
（15）电位差计	1 台	（16）U 形管	1 只
（17）石墨电极	2 根	（18）锌片电极	1 片
（19）直流电源	1 台	（20）铜片电极	1 片

2. 试剂

试剂	用量	试剂	用量
（1）0.2 $mol \cdot L^{-1}$ $CuSO_4$	1 mL	（2）1.0 $mol \cdot L^{-1}$ $CuSO_4$	50 mL
（3）0.1 $mol \cdot L^{-1}$ KI	8 mL	（4）2.0 $mol \cdot L^{-1}$ HCl	2 mL
（5）6.0 $mol \cdot L^{-1}$ HCl	2 mL	（6）浓 HCl	1 mL
（7）3.0 $mol \cdot L^{-1}$ H_2SO_4	6 mL	（8）2.0 $mol \cdot L^{-1}$ HNO_3	2 mL
（9）10% H_2O_2	2 mL	（10）浓 HNO_3	2 mL
（11）1.0 $mol \cdot L^{-1}$ NaOH	1 mL	（12）0.1 $mol \cdot L^{-1}$ $FeSO_4$	1 mL
（13）6.0 $mol \cdot L^{-1}$ NaOH	1 mL	（14）0.2 $mol \cdot L^{-1}$ $SnCl_2$	1 mL
（15）0.1 $mol \cdot L^{-1}$ $K_2Cr_2O_7$	2 mL	（16）0.1 $mol \cdot L^{-1}$ KBr	1 mL
（17）0.1 $mol \cdot L^{-1}$ $Na_2S_2O_3$	2 mL	（18）0.5 $mol \cdot L^{-1}$ $Na_2S_2O_3$	1 mL
（19）0.1 $mol \cdot L^{-1}$ $KMnO_4$	3 mL	（20）0.1 $mol \cdot L^{-1}$ Na_2SO_3	2 mL
（21）0.1 $mol \cdot L^{-1}$ $FeCl_3$	3 mL	（22）0.1 $mol \cdot L^{-1}$ Na_3AsO_4	1 mL
（23）1.0 $mol \cdot L^{-1}$ $ZnSO_4$	50 mL	（24）浓 $NH_3 \cdot H_2O$	10 mL
（25）饱和溴水	1 mL	（26）饱和碘水	1 mL
（27）0.1 $mol \cdot L^{-1}$ $FeCl_3$	1 mL	（28）CCl_4	6 mL
（29）饱和 NH_4F 溶液	1 mL	（30）酚酞试液	1 mL
（31）1%淀粉溶液	1 mL	（32）饱和食盐水	10 mL
（33）固体 MnO_2	2 g	（34）固体 $NaHCO_3$	1 g
（35）淀粉-KI 试纸	2 张	（36）锌粒	2 粒
（37）红色石蕊试纸	2 张		

四、操作步骤

1. 几种常见的氧化剂和还原剂的氧化还原性质

(1) Fe^{3+}的氧化性与Fe^{2+}的还原性。在试管中加入5滴0.1 mol·L^{-1} $FeCl_3$溶液，再逐滴加入0.2 mol·L^{-1} $SnCl_2$溶液，边滴边摇动试管，直到溶液黄色褪去。再向该无色溶液中滴加4～5滴10% H_2O_2溶液，观察溶液颜色的变化。写出有关离子方程式。

(2) I_2的氧化性与I^-的还原性。在试管中加入2滴0.1 mol·L^{-1} KI溶液、2滴3 mol·L^{-1} H_2SO_4溶液及1 mL蒸馏水，摇匀。再逐滴加入0.1 mol·L^{-1} $KMnO_4$溶液至溶液呈淡黄色，然后滴入0.1 mol·L^{-1} $Na_2S_2O_3$溶液至黄色褪去。写出有关离子方程式。

(3) H_2O_2的氧化性和还原性

① H_2O_2的氧化性。在试管中加入2滴0.1 mol·L^{-1} KI溶液和3滴3 mol·L^{-1} H_2SO_4溶液，再加入2～3滴10% H_2O_2溶液，观察溶液颜色的变化。再加入15滴CCl_4溶液，振荡，观察CCl_4层的颜色，并做出解释。

② H_2O_2的还原性。在试管中加入5滴0.1 mol·L^{-1} $KMnO_4$溶液和5滴3 mol·L^{-1} H_2SO_4溶液，再逐滴加入10% H_2O_2溶液，直至紫色褪去。观察是否有气泡产生，写出离子方程式。

(4) $K_2Cr_2O_7$的氧化性。在试管中加入5滴0.1 mol·L^{-1} $K_2Cr_2O_7$溶液，再加入5滴3 mol·L^{-1} H_2SO_4溶液，然后加入0.1 mol·L^{-1} Na_2SO_3溶液，观察溶液颜色的变化。写出离子方程式。

2. 电极电势与氧化还原反应的关系

(1) 在试管中加入10滴0.1 mol·L^{-1} KI溶液、5滴0.1 mol·L^{-1} $FeCl_3$溶液，混匀，再加入20滴CCl_4溶液，充分振荡后，静置片刻，观察CCl_4层的颜色。

用0.1 mol·L^{-1} KBr溶液代替0.1 mol·L^{-1} KI溶液进行上述同样实验，观察现象。

(2) 向试管中加入1滴溴水、5滴0.1 mol·L^{-1} $FeSO_4$溶液，混匀，再加入1 mL CCl_4溶液，振荡后观察CCl_4层的颜色。

以碘水代替溴水进行上述同样实验，观察现象。

根据以上四个实验结果，比较Br_2/Br^-，I_2/I^-及Fe^{3+}/Fe^{2+}三个电对的标准电极电势高低，指出其中最强的氧化剂和最强的还原剂，并说明电极电势与氧化还原反应方向的关系。

3. 介质的酸碱性对氧化还原反应的影响

(1) 取三支试管，分别加入1滴0.1 mol·L^{-1} $KMnO_4$溶液，再在第一支试管中加入4滴3 mol·L^{-1} H_2SO_4溶液，在第二支试管中加入4滴6 mol·L^{-1} NaOH溶液，第三支试管中加入4滴蒸馏水，然后在三支试管中各加入4～5滴$Na_2S_2O_3$溶液，摇匀，观察各试管有何变化。说明其结果，写出有关离子方程式。

(2) 在试管中加入4滴0.1 mol·L^{-1} $K_2Cr_2O_7$溶液，再加入1滴1 mol·L^{-1} NaOH溶液，再加入10滴0.1 mol·L^{-1} Na_2SO_3溶液，观察颜色变化，并说明原因。继续加入10滴3 mol·L^{-1} H_2SO_4溶液，观察溶液颜色的变化。写出有关离子方程式。

(3) 在试管中加入5滴0.1 mol·L^{-1} Na_3AsO_4溶液、2滴KI溶液，混匀，微热。再加入2滴6 mol·L^{-1} HCl溶液和1滴1%淀粉溶液，观察现象。然后加入少许$NaHCO_3$固体，以调节溶液至微碱性，观察颜色变化。再加入1滴6 mol·L^{-1} HCl溶液，观察溶液颜色变化，并加以解释。

4. 浓度对氧化还原反应的影响

(1) 取少量固体MnO_2于试管中，滴入5滴2 mol·L^{-1} HCl溶液，观察现象。用湿润的淀粉-KI试纸检查是否有Cl_2产生。

以浓HCl代替2 mol·L^{-1} HCl溶液进行试验，并检查是否有Cl_2产生。

（2）向两支分别盛有 2 mL 浓 HNO_3 和 2 mL 2 mol·L^{-1} HNO_3 溶液的试管中各加入一小粒锌，观察现象，试管中产物有何不同？浓 HNO_3 的还原产物可以从气体来判断，稀 HNO_3 的还原产物可以用检验溶液中有无 NH_4^+ 的方法来判断。

5. 沉淀对氧化还原反应的影响

在试管中加入 20 滴 0.2 mol·L^{-1} $CuSO_4$ 溶液、4 滴 3 mol·L^{-1} H_2SO_4 溶液，混匀，再加入 10 滴 0.1 mol·L^{-1} KI 溶液。然后滴加 0.5 mol·L^{-1} $Na_2S_2O_3$ 溶液，以除去反应中生成的碘。离心分离后观察沉淀的颜色，并用电极电势解释现象。写出反应方程式。

6. 配合物的形成对氧化还原反应的影响

向试管中加入 10 滴 0.1 mol·L^{-1} $FeCl_3$ 溶液，再滴加饱和 NH_4F 溶液至溶液恰好为无色，然后再滴入 10 滴 0.1 mol·L^{-1} KI 溶液及 5 滴 CCl_4 溶液，充分振荡，静置后观察 CCl_4 层的颜色。与步骤 2(1) 的结果比较，并解释。

7. 原电池

（1）在两个 100 mL 烧杯中分别加入 50 mL 1 mol·L^{-1} $CuSO_4$ 溶液和 50 mL 1 mol·L^{-1} $ZnSO_4$ 溶液，再分别插入铜片和锌片，组成两个电极。两烧杯用盐桥连接，并将锌片和铜片通过导线分别与伏特计的负极和正极相连接，测定两电极间的电势差。

（2）在 $CuSO_4$ 溶液中加入浓 $NH_3·H_2O$ 至生成的沉淀溶解，此时 Cu^{2+} 与 NH_3 配合。

$$Cu^{2+} + 4NH_3 \rightleftharpoons [Cu(NH_3)_4]^{2+}\text{（深蓝色）}$$

测量此时两电极的电势差，观察有何变化。

（3）在 $ZnSO_4$ 溶液中加入浓 $NH_3·H_2O$ 至生成的沉淀全部溶解，此时 Zn^{2+} 与 NH_3 配合。

$$Zn^{2+} + 4NH_3 \rightleftharpoons [Zn(NH_3)_4]^{2+}\text{（无色）}$$

测量电势差，观察又有何变化。

（4）以上结果说明了什么？

8. 电解饱和食盐水

在一 U 形玻璃管中加入饱和食盐水，用石墨作电极分别与交流电源的正极和负极相接。在阳极附近的液面滴加 1%淀粉和 1 滴 0.1 mol·L^{-1} KI 溶液，阴极附近的液面加 1 滴酚酞试液，观察现象，并写出电极反应和电解总反应方程式。

五、思考题

（1）Fe^{3+} 能将 Cu 氧化成 Cu^{2+}，而 Cu^{2+} 又能将 Fe 氧化成 Fe^{2+}，这两个反应是否有矛盾？为什么？

（2）H_2O_2 为什么既有氧化性又有还原性？

（3）以 $KMnO_4$ 为例，说明 pH 对氧化还原产物的影响。

（4）说明 $K_2Cr_2O_7$ 和 K_2CrO_4 在溶液中的相互转化，比较它们的氧化能力。

实践项目十一　高锰酸钾标准溶液的标定和过氧化氢含量的测定

一、目的要求

（1）会配制和保存 $KMnO_4$ 标准溶液。

(2) 会用 $Na_2C_2O_4$ 作为基准物标定 $KMnO_4$ 溶液。

(3) 会用 $KMnO_4$ 标准溶液测定 H_2O_2 含量。

二、基本原理

市售的 $KMnO_4$ 试剂常含有少量杂质，同时，由于 $KMnO_4$ 是强氧化剂，容易与水中有机物、空气中尘埃等还原性物质反应，且自身能自动分解，因此 $KMnO_4$ 标准溶液不能直接配制成准确浓度，只能配制成粗略浓度，经过煮沸、过滤处理后，用基准物标定其准确浓度。

$KMnO_4$ 标准溶液应保存在棕色试剂瓶中，并定期进行标定。标定 $KMnO_4$ 溶液的基准物有 $(NH_4)_2Fe(SO_4)_2 \cdot 6H_2O$、$(NH_4)_2C_2O_4$、$Na_2C_2O_4$、$FeSO_4 \cdot 7H_2O$、$H_2C_2O_4 \cdot 2H_2O$ 和纯铁丝等。由于 $Na_2C_2O_4$ 易提纯，性质稳定且不含结晶水，因此是标定 $KMnO_4$ 溶液最常用的基准物。在酸性介质中 $Na_2C_2O_4$ 与 $KMnO_4$ 发生下列反应：

$$2MnO_4^- + 5C_2O_4^{2-} + 16H^+ \longrightarrow 2Mn^{2+} + 10CO_2\uparrow + 8H_2O$$

酸性溶液中 H_2O_2 遇氧化性比它更强的 $KMnO_4$，则按下式被氧化：

$$2MnO_4^- + 6H^+ + 5H_2O_2 \longrightarrow 2Mn^{2+} + 8H_2O + 5O_2\uparrow$$

利用 MnO_4^- 离子本身的颜色指示滴定终点。

滴定时应注意以下几点：

(1) 温度

上述反应在室温下进行较慢，常需将溶液加热到 75～80 ℃，并趁热滴定，滴定完毕时的温度不应低于 60 ℃。但加热温度不能过高，若高于 90 ℃，$H_2C_2O_4$ 会分解。

(2) 酸度

滴定反应需在酸性介质中进行，并以 H_2SO_4 调节酸度，不能用 HCl 或 HNO_3 调节，因为 Cl^- 有还原性，能与 MnO_4^- 反应；HNO_3 有氧化性，能与被滴定的还原性物质反应。为使反应定量进行，溶液酸度一般控制在 0.5～1.0 $mol \cdot L^{-1}$ 范围内。

(3) 滴定速度

滴定反应为自动催化反应，反应中生成的 Mn^{2+} 离子具有催化作用。因此滴定开始时的速度不宜太快，应逐滴加入，待到第一滴 $KMnO_4$ 溶液颜色褪去后，再加入第二滴。否则酸性热溶液中 MnO_4^- 来不及与 $C_2O_4^{2-}$ 反应而分解，导致结果偏低。

(4) 滴定终点

$KMnO_4$ 溶液为自身指示剂。当反应到达化学计量点附近时，滴加一滴 $KMnO_4$ 溶液后，锥形瓶中溶液呈稳定的微红色且半分钟不褪色即为终点。若在空气中放置一段时间后，溶液颜色消失，不必再加入 $KMnO_4$ 溶液，这是因为 $KMnO_4$ 溶液与空气中还原性物质发生反应所致。

三、仪器与试剂

1. 仪器

(1) 分析天平	1 台	(2) 酸式滴定管	50 mL×1
(3) 锥形瓶	250 mL×3	(4) 温度计	100 ℃×1
(5) 烧杯	250 mL×1　500 mL×1	(6) 玻璃棒	1 支
(7) 塑料洗瓶	1 只	(8) 微孔玻璃漏斗	1 只
(9) 吸量管	10 mL×1	(10) 量筒	50 mL×1
(11) 移液管	25 mL×1	(12) 电炉	1 台
(13) 托盘天平	1 台		

2. 试剂

(1) $KMnO_4$(固体AR) 1.6 g (2) $Na_2C_2O_4$溶液(基准试剂) 1.0 g
(3) H_2O_2溶液(含量约30%) 100 mL (4) H_2SO_4溶液($3.0\ mol \cdot L^{-1}$) 100 mL

四、操作步骤

1. $0.02\ mol \cdot L^{-1}$ $KMnO_4$溶液的配制

(1) 在托盘天平上称取1.6 g $KMnO_4$溶解于500 mL去离子水中。

(2) 加热煮沸半小时,冷却后在暗处放置一周。

(3) 用微孔玻璃漏斗(或玻璃棉)过滤,滤液贮存于棕色试剂瓶中备用。

2. $KMnO_4$标准溶液浓度的标定

(1) 在分析天平上用递减称量法准确称取0.15~0.20 g $Na_2C_2O_4$基准物四份,分别加入洁净的250 mL锥形瓶中。

(2) 加入20~30 mL去离子水溶解,再加入10~15 mL $3.0\ mol \cdot L^{-1}$ H_2SO_4溶液,摇均匀。

(3) 加热至75~80 ℃。

(4) 趁热用$KMnO_4$标准溶液滴定到溶液呈微红色且半分钟不褪色即为终点。滴定终点时,溶液温度应不低于60 ℃。

(5) 记录消耗$KMnO_4$溶液的体积,平行测定四次。

(6) 根据称取$Na_2C_2O_4$基准物的质量、消耗$KMnO_4$溶液的体积,计算$KMnO_4$标准溶液的浓度。

3. 过氧化氢含量的测定

(1) 移取H_2O_2样品溶液1.00 mL于250 mL容量瓶中。

(2) 加水稀释至刻度,摇匀。

(3) 用移液管移取25.00 mL于250 mL锥形瓶中。

(4) 加$3\ mol \cdot L^{-1}$的H_2SO_4溶液10 mL,用$0.02\ mol \cdot L^{-1}$ $KMnO_4$标准溶液滴定至显微红色,30秒不褪色,即达终点。

(5) 平行测定四次。

五、数据处理和记录

1. $0.02\ mol \cdot L^{-1}$ $KMnO_4$标准溶液的标定

计算公式:

$$c(KMnO_4)=\frac{2\times m(Na_2C_2O_4)}{5\times V(KMnO_4)\times\frac{M(NaC_2O_4)}{1\ 000}}$$

式中,$c(KMnO_4)$为$KMnO_4$溶液的浓度,单位为$mol \cdot L^{-1}$;$m(Na_2C_2O_4)$为$Na_2C_2O_4$的质量,单位为g;$M(Na_2C_2O_4)$为$Na_2C_2O_4$的摩尔质量,单位为$g \cdot mol^{-1}$;$V(KMnO_4)$为滴定时消耗$KMnO_4$标准溶液的体积,单位为mL。

表4-2 $KMnO_4$标准溶液标定

项 目	1	2	3	4
敲样前质量/g				
敲样后质量/g				

续 表

项　目	1	2	3	4
$Na_2C_2O_4$的准确质量 m/g				
天平零点/格				
滴定时消耗 $KMnO_4$ 标准溶液的体积 $V(KMnO_4)$/mL				
$c(KMnO_4)/(mol \cdot L^{-1})$				
$c(KMnO_4)$的平均值/$(mol \cdot L^{-1})$				
相对平均偏差/%				

2. H_2O_2含量测定

计算公式：

$$\rho(H_2O_2)=\frac{5\times c(KMnO_4)\times V(KMnO_4)\times 10^{-3}\times \frac{1}{2}M(H_2O_2)}{V\times \frac{25}{250}}\times 1\ 000$$

式中，$\rho(H_2O_2)$为过氧化氢的质量浓度，单位为 $g \cdot L^{-1}$；$c(KMnO_4)$为 $KMnO_4$标准溶液的浓度，单位为 $mol \cdot L^{-1}$；$V(KMnO_4)$为滴定时消耗 $KMnO_4$标准溶液的体积，单位为 mL；V 为过氧化氢的体积，单位为 mL；$M(H_2O_2)$为过氧化氢的摩尔质量，单位为 $g \cdot mol^{-1}$。

表 4-3　H_2O_2含量测定

项　目	1	2	3	4
H_2O_2试样的体积 V/mL				
滴定时消耗 $KMnO_4$ 标准滴定溶液的体积 V_1/mL				
$c(KMnO_4)/(mol \cdot L^{-1})$				
$\rho(H_2O_2)/(g \cdot L^{-1})$				
$\rho(H_2O_2)$平均值/$(g \cdot L^{-1})$				
相对平均偏差/%				

六、思考题

(1) 配制 $KMnO_4$标准溶液时，为什么要煮沸 $KMnO_4$溶液，并放置一周，过滤后才能标定？

(2) 用 $Na_2C_2O_4$作为基准物标定 $KMnO_4$标准溶液时，应注意哪些事项？

新能源汽车发展的心脏

在人类发展过程中，已经发生了两次交通能源动力的变革：第一次变革是 18 世纪 60 年代的煤和蒸汽机技术，第二次变革是 19 世纪 70 年代的石油和内燃机技术。这两次变革都对人类的生产和生活带来了巨大的变化。现在，人类即将迎来交通能源动力的第三次变革，即以电力和动力电池为交通能源动力，新能源汽车的发展是这一变革的重要体现。

如果说内燃机汽车的"心脏"是动力系统，那么新能源汽车的"心脏"就是电池系统。根据新能源汽车所装载的电池特点，可分为物理电池、生物电池和化学电池三大类。目前化学电池是新能源汽车发展的主流，主要研究的方向有锂离子电池和氢燃料电池等。

(1) 锂离子电池

首个商用锂离子电池是由索尼公司在20世纪90年代初推出的。到了20世纪90年代末，我国天津电源研究所迎头赶上，踏上商业化生产锂离子电池的道路。如今，我国已成为世界上最大的锂离子电池生产国。

锂离子电池的正极材料通常是锂合金金属氧化物，如钴酸锂、锰酸锂、镍酸锂、磷酸铁锂等；负极材料通常是以石墨为主，偶尔也会使用锂金属、锂合金、硅碳负极、氧化物负极材料等；锂离子电池的电解质通常采用非电解质。

对于正极上的反应，放电时锂离子嵌入，充电时锂离子脱嵌，如磷酸铁锂：

$$\text{放电时}\quad Li_{1-x}FePO_4 + xLi^+ + xe^- \longrightarrow LiFePO_4$$
$$\text{充电时}\quad LiFePO_4 \longrightarrow Li_{1-x}FePO_4 + xLi^+ + xe^-$$

对于负极上的反应，放电时锂离子脱嵌，充电时锂离子嵌入，如：

$$\text{放电时}\quad Li_xC_6 \longrightarrow xLi^+ + xe^- + 6C$$
$$\text{充电时}\quad xLi^+ + xe^- + 6C \longrightarrow Li_xC_6$$

(2) 氢燃料电池

若无外接特殊装置，氢气和氧气就只能通过燃烧产生热能和水。而氢燃料电池通过特殊装置，将液态氢与空气中的氧气结合产生的能量转化为电能，从而推动汽车前进。氢动力汽车是一种真正意义上实现零排放的汽车，因为氢燃料电池生成的产物是水，对环境无污染。

酸性氢燃料电池的工作原理是：将氢气输送到燃料电池的负极，经过催化剂的作用，氢原子失去电子生成 H^+，H^+ 穿过质子交换膜，到达燃料电池的正极；失去的电子通过外部电路，到达燃料电池的正极，从而在外电路中产生电流；电子到达正极板后，氧原子和 H^+ 结合为水，其电极反应如下：

$$\text{负极}\quad 2H_2 - 4e^- \longrightarrow 4H^+$$
$$\text{正极}\quad O_2 + 4e^- + 4H^+ \longrightarrow 2H_2O$$
$$\text{总反应式}\quad 2H_2 + O_2 \longrightarrow 2H_2O$$

综上，尽管氢燃料电池优势明显，但其成本过高，加之氢燃料安全存储和运输方面的技术条件限制，目前氢燃料电池的发展还是有很大瓶颈的。相较于其他化学电池如铅酸蓄电池、镍镉蓄电池、银锌蓄电池等，锂离子电池在能量密度、使用寿命和环保性能上的特殊优势，使锂离子电池正在成为新能源汽车发展的"坚强心脏"。

习题

一、选择题

1. $Na_2S_2O_3$ 中 S 的氧化数是( )。

A. -2　　B. $+2$　　C. $+4$　　D. $+6$

2. 下列有关氧化数的叙述中，不正确的是( )。

A. 在单质分子中，元素的氧化数为零　　B. H 的氧化数总是+1，O 的氧化数总是-2

C. 氧化数可以是整数或分数　　D. 在多原子分子中，各元素氧化数之和为零

3. 在氧化还原反应 $Cl_2 + 2NaOH \longrightarrow NaClO + NaCl + H_2O$ 中( )。

A. Cl_2是氧化剂　　B. Cl_2是还原剂

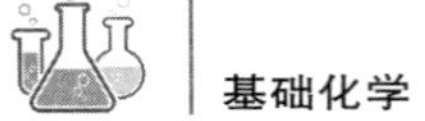

C. Cl_2既是氧化剂，又是还原剂　　D. Cl_2既不是氧化剂，又不是还原剂

4. 下列反应中，不属于氧化还原反应的是(　　)。

A. $SnCl_2+2FeCl_3 \longrightarrow SnCl_4+2FeCl_2$　　B. $Cl_2+2NaOH \longrightarrow NaClO+NaCl+H_2O$

C. $K_2Cr_2O_7+2KOH \longrightarrow 2K_2CrO_4+H_2O$　　D. $Zn+CuSO_4 \longrightarrow ZnSO_4+Cu$

5. 关于歧化反应的下列叙述中，正确的是(　　)。

A. 歧化反应是同种物质内两种元素之间发生的氧化还原反应

B. 歧化反应是同种物质内同种元素之间发生的氧化还原反应

C. 歧化反应是两种物质中同种元素之间发生的氧化还原反应

D. 歧化反应是两种物质中两种元素之间发生的氧化还原反应

6. 300 K 时，$\varphi^\ominus(S/H_2S)=0.14\ V$，$\varphi^\ominus(SO_2/S)=0.44\ V$，$2.303\ RT/F=0.060\ V$，则 300 K 时反应 $2H_2S(aq)+SO_2(aq) \longrightarrow 3S(s)+2H_2O(l)$ 的标准平衡常数 $K^\ominus$ 为(　　)。

A. 1.0×10^{20}　　B. 1.0×10^{-21}　　C. 1.0×10^{10}　　D. 1.0×10^{5}

7. 已知 $\varphi^\ominus(Cu^+/Cu)=0.52\ V$，$\varphi^\ominus(Cu^{2+}/Cu)=0.34\ V$，则 $\varphi^\ominus(Cu^{2+}/Cu^+)$为(　　)。

A. 0.16 V　　B. 0.18 V　　C. 0.86 V　　D. 0.70 V

8. 用氧化还原反应 $Zn+2Ag^+ \longrightarrow Zn^{2+}+2Ag$ 组成原电池，欲使该原电池的电动势增大，可采取的措施是(　　)。

A. 降低 Zn^{2+} 浓度　　B. 降低 Ag^+ 浓度

C. 增加 Zn^{2+} 浓度　　D. 加大 Ag 电极的表面积

9. 原电池 (−) $Fe|Fe^{2+}(c)\parallel Ni^{2+}(0.010\ mol/L)|Ni$(+)在 300 K 的电动势为 0.16 V。已知 $\varphi^\ominus(Ni^{2+}/Ni)=-0.24\ V$，$\varphi^\ominus(Fe^{2+}/Fe)=-0.40\ V$，$2.303\ RT/F=0.060\ V$，则 Fe^{2+}浓度为(　　)。

A. 0.001 0 mol/L　　B. 0.010 mol/L　　C. 0.10 mol/L　　D. 1.0 mol/L

10. 将反应 $Fe^{2+}+Ag^+ \longrightarrow Fe^{3+}+Ag$ 组成原电池，下列表示符号正确的是(　　)。

A. $(-)Pt|Fe^{2+},Fe^{3+}\parallel Ag^+|Ag(+)$　　B. $(-)Cu|Fe^{2+},Fe^{3+}\parallel Ag^+|Ag(+)$

C. $(-)Ag|Fe^{2+},Fe^{3+}\parallel Ag^+|Ag(+)$　　D. $(-)Pt|Fe^{2+},Fe^{3+}\parallel Ag^+|Cu(+)$

11. 在 298 K 时，某电池 $(-)A|A^{2+}(0.10\ mol/L)\parallel B^{2+}(0.10\ mol/L)|B(+)$ 的电动势 $E=0.27\ V$，则该电池的标准电动势 $E^\ominus$为(　　)。

A. 0.24 V　　B. 0.27 V　　C. 0.30 V　　D. 0.33 V

12. 根据元素的标准电极电势图 $M^{4+}\xrightarrow{+0.10\ V}M^{2+}\xrightarrow{+0.40\ V}M$，下列说法正确的是(　　)。

A. M^{4+}是强氧化剂　　B. M 是强还原剂

C. M^{4+}能与 M 反应生成 M^{2+}　　D. M^{2+}能转化生成 M 和 M^{4+}

13. 已知溴在酸性介质中的电势图为

$$\varphi_A^\ominus/V\quad BrO_4^- \xrightarrow{+1.76} BrO_3^- \xrightarrow{+1.49} HBrO \xrightarrow{+1.59} Br_2 \xrightarrow{+1.07} Br^-$$

下列说法不正确的是(　　)。

A. 酸性介质中，溴元素中间价态的物质均易发生歧化

B. 酸性介质中，HBrO 能发生歧化

C. 酸性介质中，BrO_4^- 能将 Br^- 氧化为 BrO_3^-

D. 酸性介质中，溴的含氧酸根都具有较强的氧化性

二、填空题

1. $KMnO_4$中 Mn 的氧化数是________，$MnSO_4$中 Mn 的氧化数是________。

2. 对于氧化还原反应 $K_2Cr_2O_7+3Na_2SO_3+4H_2SO_4 \longrightarrow K_2SO_4+Cr_2(SO_4)_3+3Na_2SO_4+4H_2O$，$Na_2SO_3$是________剂，$K_2Cr_2O_7$是________剂。

3. 用氧化数法配平下列方程式：

(1) $KClO_3 \longrightarrow KClO_4 + KCl$

(2) $NaNO_2 + NH_4Cl \longrightarrow N_2 + NaCl + H_2O$

(3) $K_2Cr_2O_7 + FeSO_4 + H_2SO_4 \longrightarrow Cr_2(SO_4)_3 + Fe_2(SO_4)_3 + K_2SO_4 + H_2O$

(4) $CsCl + Ca \longrightarrow CaCl_2 + Cs$

4. 用离子-电子法配平下列方程式：

(1) $K_2Cr_2O_7 + H_2S + H_2SO_4 \longrightarrow K_2SO_4 + Cr_2(SO_4)_3 + S + H_2O$

(2) $MnO_4^- + H_2O_2 + H^+ \longrightarrow O_2 + Mn^{2+} + H_2O$

(3) $Cr(OH)_4^{2-} + H_2O_2 \longrightarrow CrO_4^{2-} + H_2O$

(4) $Hg + NO_3^- + H^+ \longrightarrow Hg_2^{2+} + NO + H_2O$

5. 电对的标准电极电势是以该电对与标准________组成的原电池的______________。

6. $KMnO_4$溶液常会出现褐色沉淀，是因为________________________________。

7. 原电池中，发生还原反应的电极为________极，发生氧化反应的电极为________极，原电池可将________能转化为________能。

8. 已知$BrO_3^- + 2H_2O + 4e^- \longrightarrow BrO^- + 4OH^-$　$\varphi_1^\ominus$

$BrO^- + H_2O + 2e^- \longrightarrow Br^- + 2OH^-$　$\varphi_2^\ominus$

已知 $\varphi_2^\ominus > \varphi_1^\ominus$，则可能发生的反应方程式为____________________。

三、判断题

1. 从公式 $\ln K^\ominus = nFE^\ominus/(RT)$ 可以看出，氧化还原反应的标准平衡常数 $K^\ominus$ 与温度有关，但与反应物和产物的浓度或分压力无关。（　）

2. 在氧化还原反应中，两个电对的电极电势相差越大，化学反应速率就越快。（　）

3. H_2O_2既可以作氧化剂，也可以作还原剂。（　）

4. 反应 $Cl_2 + 2NaOH \longrightarrow NaClO + NaCl + H_2O$ 是氧化还原反应，也是歧化反应。（　）

5. 氢电极的电极电势 $\varphi(H^+/H_2)$ 等于零。（　）

四、简答题

1. 下列物质中哪些只能作氧化剂？哪些只能作还原剂？哪些既能作氧化剂又能作还原剂？

$KMnO_4$，H_2O_2，$K_2Cr_2O_7$，Na_2S，Zn，Na_2SO_3

2. 将电对 Cu^{2+}/Cu 和 Zn^{2+}/Zn 组成原电池：$(-)\ Zn|Zn^{2+}(c_1)\|Cu^{2+}(c_2)|Cu\ (+)$，改变下列条件对原电池的电动势有何影响？

(1) 增大 Zn^{2+} 浓度；(2) 增大 Cu^{2+} 浓度；(3) 往 Cu^{2+} 溶液中加入浓氨水；(4) 往 Zn^{2+} 溶液中加入浓氨水。

3. 将下列氧化还原反应组成原电池，用原电池符号表示原电池的组成。

(1) $Fe(s) + Cu^{2+}(c_1) \longrightarrow Fe^{2+}(c_2) + Cu(s)$

(2) $Sn^{2+} + Pb^{2+} \longrightarrow Sn^{4+} + Pb$

4. 写出下列电池中各个电极反应和电池反应。

(1) $(-)Pt, H_2(p_1)|HCl(c)|Cl_2(p_2), Pt(+)$

(2) $(-)Pt|Cu^{2+}, Cu^+\|Fe^{3+}, Fe^{2+}|Pt(+)$

5. 铬的标准电极电势图为 $Cr_2O_7^{2-} \xrightarrow{+1.33} Cr^{3+} \xrightarrow{-0.424} Cr^{2+} \xrightarrow{-0.90} Cr$

(1) 当固体 Cr_2O_3 溶解于 pH=0 的强酸时，写出溶解反应的方程式。

(2) 计算下列半反应的标准电极电势：$Cr_2O_7^{2-}(aq) + 12e^- + 14H^+ \longrightarrow 2Cr(s) + 7H_2O(l)$

6. 下面两个平衡：$2Cu^+ \rightleftharpoons Cu^{2+} + Cu$，$Hg + Hg^{2+} \rightleftharpoons Hg_2^{2+}$

(1) 这两个平衡在形式上是相反的，为什么会出现这种情况？

(2) 在什么情况下平衡会向左移动？试举一个示例。

五、计算题

1. 300 K 时，$\varphi^{\ominus}(Ag^+/Ag)=0.80\ V$，$2.303\ RT/F=0.060\ V$，$K^{\ominus}_{sp}(AgCl)=1.0\times10^{-10}$。试计算300 K时电对 AgCl/Ag 的标准电极电势。

2. 300 K 时，$\varphi^{\ominus}(Ag^+/Ag)=0.80\ V$，$2.303\ RT/F=0.060\ V$，$K^{\ominus}_{稳}\{[Ag(NH_3)_2]^+\}=1.0\times10^7$。试计算 300 K 时电对$[Ag(NH_3)_2]^+/Ag$ 的标准电极电势。

3. 在 300 K 时，$\varphi^{\ominus}(Ag^+/Ag)=0.80\ V$，$\varphi^{\ominus}(Cu^{2+}/Cu)=0.34\ V$，$2.303\ RT/F=0.060\ V$。将铜片插入 0.10 $mol\cdot L^{-1}$ $CuSO_4$溶液中，银片插入 0.10 $mol\cdot L^{-1}$ $AgNO_3$溶液中组成原电池。

(1) 计算此原电池的电动势。

(2) 写出此原电池的符号。

(3) 写出电极反应和电池反应。

4. 在 300 K 时，$\varphi^{\ominus}(Cu^+/Cu)=0.52\ V$，$\varphi^{\ominus}(Cu^{2+}/Cu^+)=0.16\ V$，$2.303\ RT/F=0.060\ V$。计算反应 $2Cu^+(aq)\rightleftharpoons Cu^{2+}(aq)+Cu(s)$ 在 300 K 时的标准平衡常数。

5. 试计算 298 K 时，反应 $Sn(s)+Pb^{2+}(aq)\rightleftharpoons Sn^{2+}(aq)+Pb(s)$的平衡常数；如果反应开始时，$c(Pb^{2+})=2.0\ mol/L$，平衡时 $c(Pb^{2+})$和 $c(Sn^{2+})$各为多少？

6. 计算下列电池在 25℃时的电动势。

(1) $(-)Pt|H_2(p=100\ 000\ Pa)|HBr(0.5\ mol/L)|AgBr(s)|Ag(+)$

(2) $(-)Zn(s)|ZnCl_2(0.02\ mol/L)|Cl_2(P=50\ 000\ Pa)|Pt(+)$

(3) $(-)Pt|H_2(p=50\ 000\ Pa)|NaOH(0.1\ mol/L)|O_2(p^{\ominus})|Pt(+)$

(4) $(-)Pt|H_2(p=100\ 000\ Pa)|HCl(10^{-4}\ mol/L)|Hg_2Cl_2(s)|Hg(l)(+)$

7. 以电池反应 $Cu+Cl_2\longrightarrow Cu^{2+}+2Cl^-$ 组成原电池，已知 $p(Cl_2)=100\ kPa$，$c(Cu^{2+})=0.10\ mol/L$，$c(Cl^-)=0.10\ mol/L$，试写出原电池符号并计算电池电动势。

8. 求下列原电池的以下各项：(1) 电极反应；(2) 电池反应；(3) 电动势；(4) 电池反应的平衡常数。

$(-)Pt|Fe^{2+}(0.1\ mol/L),Fe^{3+}(1\times10^{-5}\ mol/L)\parallel Cr^{3+}(1\times10^{-5}\ mol/L),Cr_2O_7^{2-}(0.1\ mol/L),H^+(0.1\ mol/L)|Pt(+)$

9. 在 0.1 mol/L 的 Fe^{3+}溶液中加入足够的铜屑，室温下反应达到平衡，求 Fe^{3+}、Fe^{2+}和 Cu^{2+}的浓度。如果在 0.1 mol/L 的 Cu^{2+}溶液中加入适量的 Fe 粉，问达到平衡后溶液的 Cu^{2+}浓度是多大？

10. 用 KIO_3作基准物标定 $Na_2S_2O_3$溶液。称取 0.150 g KIO_3与过量的 KI 作用，析出的碘用 $Na_2S_2O_3$溶液滴定，用去 24.00 mL。此 $Na_2S_2O_3$溶液的浓度为多少？

11. 以 $K_2Cr_2O_7$标准溶液滴定 0.400 g 褐铁矿，若所用 $K_2Cr_2O_7$溶液的体积(以 mL 为单位)与试样中 Fe_2O_3百分含量相等，求 $K_2Cr_2O_7$溶液对铁的滴定度？

12. 欲配制 500 mL，$c(1/6\ K_2Cr_2O_7)=0.500\ 0\ mol/L$ 的 $K_2Cr_2O_7$溶液，问应称取 $K_2Cr_2O_7$多少克？

13. 今有 $PbO-PbO_2$混合物，称取试样 1.234 g，加入 20.00 mL 0.250 0 mol/L 草酸溶液将 PbO_2还原为 Pb^{2+}，然后用氨中和，这时 Pb^{2+}以 PbC_2O_4形式沉淀。过滤，滤液酸化后用 $KMnO_4$滴定，消耗 0.040 0 mol/L $KMnO_4$溶液 10.00 mL。沉淀溶解于酸中，滴定时消耗 0.040 0 mol/L $KMnO_4$溶液 30.00 mL。计算试样中 PbO 和 PbO_2的百分含量。

14. 测定血液中的钙时，常将钙以 CaC_2O_4 的形式完全沉淀，过滤洗涤，溶于硫酸中，然后用 0.002 000 mol/L的 $KMnO_4$标准溶液滴定。现将 2.00 mL 血液稀释至 50.00 mL，取此溶液 20.00 mL，进行上述处理，用该 $KMnO_4$溶液滴定至终点时用去 2.45 mL，求血液中钙的浓度。

15. 测定钢样中铬的含量。称取 0.165 0 g 不锈钢样，溶解并将其中的铬氧化成 $Cr_2O_7^{2-}$，然后加入 $c(Fe^{2+})=0.105\ 0\ mol/L$ 的 $FeSO_4$标准溶液 40.00 mL，过量的 Fe^{2+}在酸性溶液中用 $c(KMnO_4)=0.020\ 04\ mol/L$的 $KMnO_4$溶液滴定，用去 25.10 mL，计算试样中铬的含量。

第 5 章

配位平衡和配位滴定

知识目标

1. 掌握配合物的组成、命名、化学式的写法。
2. 掌握配离子的稳定常数及其有关计算。
3. 理解 EDTA 滴定法原理。
4. 掌握 EDTA 滴定应用。

能力目标

1. 能够熟练书写配合物的化学式及命名。
2. 能够熟练准确指出中心离子或原子、配体、配位原子和配位数。
3. 能够运用配位平衡的知识计算出配合物溶液中各离子浓度。
4. 能利用配位滴定原理定量分析离子含量。

1704 年，科学家第一次人工合成了配位化合物 $KFe[Fe(CN)_6]$，随后成千上万种配位化合物相继被合成出来，配位化合物的制备、结构和性质已成为无机化学的重要研究课题。配位化合物的应用日益广泛，使配位化学成为与物理化学、有机化学、生物化学和环境科学相互渗透、交叉的新兴学科。

5.1 配位化合物的基本概念

配位化合物简称配合物，是一类组成复杂、应用广泛的化合物。通常以酸、碱、盐形式存在，也可以电中性的配位分子形式存在，如 $[Cu(NH_3)_4]SO_4$、$K_4[Fe(CN)_6]$、$[Fe(CO)_5]$ 等。配位单元一般是指由金属原子或金属离子与其他分子或离子以配位键结合而形成的复杂离子或化合物，如 $[Cu(NH_3)_4]^{2+}$、$[Fe(CN)_6]^{4-}$、$[Fe(CO)_5]$、$[PtCl_2(NH_3)_2]$ 等。离子型配位单元又称为配离子。根据配离子所带电荷的不同，可分为配阳离子和配阴离子，如 $[Cu(NH_3)_4]^{2+}$、$[Fe(CN)_6]^{4-}$。

5.1.1 配合物的组成

配合物的核心是配位单元。通常把配合物分为内界和外界两个部分，内界是配离子，外界为简单离子，内界和外界之间以离子键结合，如图 5 - 1 所示。

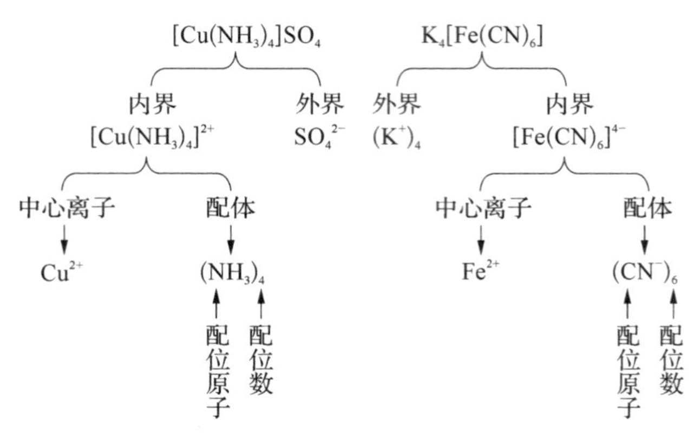

图 5-1 配合物的组成

知识点 1 形成体

在配离子(或配位分子)中,接受孤对电子的原子或阳离子统称为形成体,又称为中心原子或中心离子。形成体位于配合物的中心位置,是配合物的核心部分。形成体必须具有空轨道,可以接受孤对电子。常见的形成体多为副族的金属离子或原子,如$[Cu(NH_3)_4]^{2+}$的中心离子是Cu^{2+},$[Fe(CO)_5]$的中心原子是 Fe。

知识点 2 配位体和配位原子

在配合物中,与形成体以配位键结合的阴离子或中性分子称为配位体,简称配体,如$[Cu(NH_3)_4]SO_4$、$K_4[Fe(CN)_6]$和$[Fe(CO)_5]$中的NH_3、CN^-和 CO 都是配位体。配位体中能提供孤对电子,与中心原子或离子以配位键相结合的原子称为配位原子,如NH_3中的 N、CN^-中的 C,以及 CO 中的 C。常见的配位体有NH_3、H_2O、CN^-、SCN^-、Cl^-等。常见的配位原子有 N、O、C、S、Cl 等。

按配位体中配位原子的多少,配位体可分为单齿配位体和多齿配位体。含有一个配位原子的配位体为单齿配位体,常见的单齿配体有中性分子H_2O、NH_3、CO、CH_3NH_2等,阴离子X^-、OH^-、CN^-、ONO^-、NO_2^-、SCN^-、NCS^-等。含有两个或两个以上配位原子的配位体为多齿配位体。如:

$H_2\ddot{N}—CH_2CH_2—\ddot{N}H_2$

乙二胺

$$\begin{matrix} {}^-\ddot{O}OCH_2C & & & & CH_2CO\ddot{O}^- \\ & \diagdown & & \diagup & \\ & & \ddot{N}—CH_2CH_2—\ddot{N} & & \\ & \diagup & & \diagdown & \\ {}^-\underset{\cdot\cdot}{O}OCH_2C & & & & CH_2CO\underset{\cdot\cdot}{O}^- \end{matrix}$$

乙二胺四乙酸根离子

多齿配位体与中心离子形成的配合物称为螯合物。

知识点 3 配位数

在配合物中,与中心原子或配离子结合成键的配位原子的数目称为配位数,如$K_4[Fe(CN)_6]$中有 6 个 C 原子与Fe^{2+}成键,Fe^{2+}的配位数是 6。对于单齿配体的配合物,配位数等于配位体的总数;对多齿配体,配位数=配位体数×每个配位体的配位原子数。如$[Cu(en)_2]^{2+}$中,en(en 代表乙二胺)为双齿配体,故Cu^{2+}离子的配位数为$2×2=4$;$[Co(en)_2Cl_2]^+$中Co^{3+}离子的配位数为$(2×2)+(2×1)=6$。

中心原子或离子最常见的配位数为 2、4 和 6,也有极少数的配位数为 3、5、7、8 等。

知识点 4 配离子的电荷

配离子的电荷数等于中心原子或离子与配位体电荷数的代数和。例如,在$[Cu(NH_3)_4]SO_4$中,配离子的电荷数为+2,写作$[Cu(NH_3)_4]^{2+}$;在$K_4[Fe(CN)_6]$中,配离子的电荷数为-4,写作$[Fe(CN)_6]^{4-}$。

由于配合物是电中性的,因此,外界离子的电荷总数和配离子的电荷总数相等,符号相反,所以配离子的电荷数也可以根据外界离子来确定。

5.1.2　配合物的命名

配合物与一般无机化合物的命名原则相同，命名顺序是阴离子在前，阳离子在后，像一般无机化合物中的酸、碱、盐一样，命名为“某化某”“某酸”“氢氧化某”和“某酸某”。

知识点 1　配离子的命名顺序

配离子的命名顺序为：配位体数目（中文数字表示）—配位体名称—合—中心原子名称—中心原子氧化数（罗马数字表示）。有的配离子可用简称，如：

$[Ag(NH_3)_2]^+$　二氨合银（Ⅰ）配离子　（银氨配离子）

$[Fe(CN)_6]^{3-}$　六氰合铁（Ⅲ）配离子

$[Fe(CO)_5]$　五羰基合铁（0）

知识点 2　配位体的命名顺序

若配位体不止一种，则命名顺序为先无机配位体，后有机配位体；先阴离子，后中性分子。若均为中性分子或均为阴离子，可按配位原子元素符号英文字母顺序排列。不同配位体之间以圆点“·”分开，复杂的配位体名称写在圆括号中，以免混淆。

例如：

$[Co(NH_3)_5H_2O]^{3+}$　五氨·一水合钴（Ⅲ）配离子

$[Ag(NH_3)_2]OH$　氢氧化二氨合银（Ⅰ）

$[Cu(NH_3)_4]SO_4$　硫酸四氨合铜（Ⅱ）

$K_3[Fe(CN)_6]$　六氰合铁（Ⅲ）酸钾（铁氰化钾或赤血盐）

$H_2[PtCl_6]$　六氯合铂（Ⅳ）酸

$[CrCl_2(H_2O)_4]Cl$　氯化二氯·四水合铬（Ⅲ）

5.2　配合物在水溶液中的稳定性

5.2.1　配位平衡

含配离子的可溶性配合物在水溶液中内界和外界全部离解，如：

$$[Cu(NH_3)_4]SO_4 \longrightarrow [Cu(NH_3)_4]^{2+} + SO_4^{2-}$$

离解出的配离子在水溶液中有一小部分会再离解为其组成离子和分子，这种离解如同弱电解质在水溶液中的电离，存在着离解平衡，亦称为配位平衡。

$$[Cu(NH_3)_4]^{2+} \underset{配位}{\overset{离解}{\rightleftharpoons}} Cu^{2+} + 4NH_3$$

对于不同的配离子，离解的程度不同。为定量描述不同配离子在溶液中的离解程度，一般用配合物的不稳定常数（$K^{\ominus}_{不稳}$）或稳定常数（$K^{\ominus}_{稳}$）来表示。

知识点 1　配离子的离解常数

当配离子在溶液中离解达到平衡时，如 $[Cu(NH_3)_4]^{2+} \rightleftharpoons Cu^{2+} + 4NH_3$

其平衡常数为：

$$K^{\ominus}_{不稳} = \frac{[Cu^{2+}][NH_3]^4}{[Cu(NH_3)_4^{2+}]} \tag{5-1}$$

$K^{\ominus}_{不稳}$（或 $K^{\ominus}_{is}$）称为配合物$[Cu(NH_3)_4]^{2+}$的不稳定常数。一般来说，$K^{\ominus}_{不稳}$越大，配离子离解出来的

物质浓度也越大，说明该配离子越不稳定。

若以配离子的生成表示上述平衡，则相应平衡常数称为该配离子的稳定常数，用 $K^{\ominus}_{稳}$ 表示。如

$$Cu^{2+}+4NH_3 \rightleftharpoons [Cu(NH_3)_4]^{2+}$$

$$K^{\ominus}_{稳}=\frac{[Cu(NH_3)_4^{2+}]}{[Cu^{2+}][NH_3]^4} \tag{5-2}$$

$K^{\ominus}_{稳}$（或 $K^{\ominus}_{s}$）值越大，表示该配离子在水中越稳定。

显然，任何一个配离子的稳定常数与其不稳定常数互为倒数关系：

$$K^{\ominus}_{稳}=\frac{1}{K^{\ominus}_{不稳}} \tag{5-3}$$

在溶液中配离子的离解或生成都是分步进行的，每一步都有一个对应的不稳定常数或稳定常数，称为逐级不稳定常数或逐级稳定常数。例如：

$$Cu^{2+}+NH_3 \rightleftharpoons [Cu(NH_3)]^{2+} \qquad K^{\ominus}_{稳1}=\frac{[Cu(NH_3)^{2+}]}{[Cu^{2+}][NH_3]}=\frac{1}{K^{\ominus}_{不稳4}}$$

$$[Cu(NH_3)]^{2+}+NH_3 \rightleftharpoons [Cu(NH_3)_2]^{2+} \qquad K^{\ominus}_{稳2}=\frac{[Cu(NH_3)_2^{2+}]}{[Cu(NH_3)^{2+}][NH_3]}=\frac{1}{K^{\ominus}_{不稳3}}$$

$$[Cu(NH_3)_2]^{2+}+NH_3 \rightleftharpoons [Cu(NH_3)_3]^{2+} \qquad K^{\ominus}_{稳3}=\frac{[Cu(NH_3)_3^{2+}]}{[Cu(NH_3)_2^{2+}][NH_3]}=\frac{1}{K^{\ominus}_{不稳2}}$$

$$[Cu(NH_3)_3]^{2+}+NH_3 \rightleftharpoons [Cu(NH_3)_4]^{2+} \qquad K^{\ominus}_{稳4}=\frac{[Cu(NH_3)_4^{2+}]}{[Cu(NH_3)_3^{2+}][NH_3]}=\frac{1}{K^{\ominus}_{不稳1}}$$

若将逐级稳定常数依次相乘，就得到各级累积稳定常数（β_n）：

$$\beta_1=K^{\ominus}_{稳1}=\frac{[Cu(NH_3)^{2+}]}{[Cu^{2+}][NH_3]}$$

$$\beta_2=K^{\ominus}_{稳1}K^{\ominus}_{稳2}=\frac{[Cu(NH_3)_2^{2+}]}{[Cu^{2+}][NH_3]^2}$$

$$\beta_3=K^{\ominus}_{稳1}K^{\ominus}_{稳2}K^{\ominus}_{稳3}=\frac{[Cu(NH_3)_3^{2+}]}{[Cu^{2+}][NH_3]^3}$$

$$\beta_4=K^{\ominus}_{稳1}K^{\ominus}_{稳2}K^{\ominus}_{稳3}K^{\ominus}_{稳4}=\frac{[Cu(NH_3)_4^{2+}]}{[Cu^{2+}][NH_3]^4}$$

最后一级累积稳定常数为各级配合物的总的稳定常数。

多配体配离子的总不稳定常数或总稳定常数等于逐级不稳定常数或逐级稳定常数的乘积：

$$K^{\ominus}_{不稳}=K^{\ominus}_{不稳1}\cdot K^{\ominus}_{不稳2}\cdot \cdots \cdot K^{\ominus}_{不稳(n-1)}\cdot K^{\ominus}_{不稳n}$$

$$K^{\ominus}_{稳}=K^{\ominus}_{稳1}\cdot K^{\ominus}_{稳2}\cdot \cdots \cdot K^{\ominus}_{稳(n-1)}\cdot K^{\ominus}_{稳n}$$

本书中 $K^{\ominus}_{稳}$ 或 $K^{\ominus}_{不稳}$ 均为配离子的总稳定常数或总不稳定常数。

$K^{\ominus}_{稳}$ 或 $K^{\ominus}_{不稳}$ 和其他化学平衡常数一样，不随浓度变化，只随温度变化。在分析化学手册中，列出的经常是各级稳定常数 K_n 或累积稳定常数 β_n，或是它们的对数值，使用时不要混淆。

知识点2　配位平衡的移动

配位平衡的移动

金属离子 M^{n+} 和配位体 A^- 生成配离子 $MA_x^{(n-x)+}$，在水溶液中存在如下平衡：

$$M^{n+}+xA^- \rightleftharpoons MA_x^{(n-x)+}$$

根据平衡移动原理，改变 M^{n+} 或 A^- 的浓度，会使上述平衡发生移动。若在上述溶液

中加入某种试剂使 M^{n+} 生成难溶化合物，会使平衡向左移动；若改变溶液的酸度使 A^- 生成难离解的弱酸，也可使平衡向左移动。

配位平衡同样是一种相对的平衡状态，它与溶液的酸度、沉淀反应、氧化还原反应等都有密切的关系。

1. 与酸度的关系

根据酸碱质子理论，所有的配位体都可以看作是一种碱。因此，在增加溶液中的 H^+ 浓度时，由于配位体同 H^+ 结合成弱酸使配位平衡向右移动，配离子被破坏，这种现象称为酸效应，例如：

$$
\begin{array}{ccc}
[Ag(NH_3)_2]^+ \rightleftharpoons & Ag^+ + & 2NH_3 \\
 & & + \\
 & & 2H^+ \\
 & & \Downarrow\!\!\Uparrow \\
 & & 2NH_4^+
\end{array}
$$

配位体的碱性愈强，溶液的 pH 愈小，配离子愈易被破坏。

金属离子在水中，都会有不同程度的水解。溶液的 pH 愈大，愈有利于水解的进行。例如，Fe^{3+} 在碱性介质中容易发生水解反应，溶液的碱性愈强，水解愈彻底，生成 $Fe(OH)_3$ 沉淀。

$$
\begin{array}{ccc}
[FeF_6]^{3-} \rightleftharpoons & Fe^{3+} & + 6F^- \\
 & + & \\
 & 3OH^- & \\
 & \Downarrow\!\!\Uparrow & \\
 & Fe(OH)_3 &
\end{array}
$$

因此，在碱性介质中，由于 Fe^{3+} 水解成难溶的 $Fe(OH)_3$ 沉淀而使平衡向右移动，因而$[FeF_6]^{3-}$ 离解，这种现象称为金属离子的水解效应。

2. 与沉淀反应的关系

当向含有氯化银沉淀的溶液中加入氨水时，沉淀即溶解。

$$
\begin{array}{ccc}
AgCl(s) \rightleftharpoons & Ag^+ & + Cl^- \\
 & + & \\
 & 2NH_3 & \\
 & \Downarrow\!\!\Uparrow & \\
 & [Ag(NH_3)_2]^+ &
\end{array}
$$

当在上述溶液中加入溴化钠溶液时，又有淡黄色的沉淀生成。

$$
\begin{array}{ccc}
[Ag(NH_3)_2]^+ \rightleftharpoons & Ag^+ & + 2NH_3 \\
 & + & \\
 & Br^- & \\
 & \Downarrow\!\!\Uparrow & \\
 & AgBr &
\end{array}
$$

由于 AgBr 的溶解度比 AgCl 的溶解度小得多，因而 Br^- 争夺 Ag^+ 的能力比 Cl^- 大，所以能产生 AgBr 沉淀而不能产生 AgCl 沉淀。因此，沉淀剂与金属离子生成沉淀的溶解度愈小，愈能使配离子破坏而生成沉淀。

3. 与氧化还原反应的关系

配位反应的发生可以改变金属离子的氧化能力，影响氧化还原反应的方向。例如，Fe^{3+} 可以把 I^- 氧化成 I_2，化学方程式为 $2Fe^{3+} + 2I^- \longrightarrow 2Fe^{2+} + 2I_2$，在加入 F^- 后，由于生成$[FeF_6]^{3-}$，减少了 Fe^{3+} 的浓度，使平衡向左移动。

又如 Cu 置换 Hg 的反应：$Cu + Hg^{2+} \longrightarrow Cu^{2+} + Hg$

$$\Big\Downarrow CN^-$$

$$[Hg(CN)_4]^{2-}$$

若无 CN^-，该反应正向进行；当加入 CN^- 后，形成$[Hg(CN)_4]^{2-}$，溶液中$[Hg^{2+}]$大大降低，$\varphi(Hg^{2+}/Hg)$从 0.851 V 降至−0.37 V，其氧化能力也大为降低，导致该反应逆向进行。由此得出结论：形成配合物后，金属离子的氧化能力减弱，而金属的还原性增强。

【例 5-1】 已知 298 K 时 $\varphi^{\ominus}(Ag^+/Ag)=0.799\ 6$ V，$[Ag(NH_3)_2]^+$ 的 $K^{\ominus}_{稳}=1.7\times10^7$，计算氧化还原电对$[Ag(NH_3)_2]^+/Ag$ 的标准电极电势。

【解】 $[Ag(NH_3)_2]^+ + e^- \rightleftharpoons Ag^+ + 2NH_3$

根据 Nernst 方程式，电对的电极电势为：

$$\varphi(Ag^+/Ag)=\varphi^{\ominus}(Ag^+/Ag)+0.059\ 2\lg[Ag^+]$$

在溶液中，上述电对的 Nernst 方程可改写为：

$$\varphi([Ag(NH_3)_2]^+/Ag)=\varphi^{\ominus}(Ag^+/Ag)+0.059\ 2\lg\frac{[Ag(NH_3)_2^+]}{[NH_3]K^{\ominus}_{稳}}$$

在 298 K 及标准状态时，$[NH_3]=[Ag(NH_3)_2^+]=1.0$。代入上式得：

$$\begin{aligned}\varphi^{\ominus}([Ag(NH_3)_2]^+/Ag)&=\varphi^{\ominus}(Ag^+/Ag)+0.059\ 2\lg\frac{1}{K^{\ominus}_{稳}}\\&=0.799\ 6+0.059\ 2\lg\frac{1}{1.7\times10^7}\\&=0.372\ \text{V}\end{aligned}$$

5.2.2 配合物稳定常数的应用

利用配离子的稳定常数，可以计算配合物溶液中有关离子的浓度，判断配离子与沉淀之间、配离子之间转化的可能性。

知识点 1　计算配合物溶液中有关离子的浓度

由于一般配离子的逐级稳定常数彼此相差不太大，因此在计算离子浓度时应注意考虑各级配离子的存在。但在实际工作中，一般所加配位剂过量，此时中心离子基本上处于最高配位状态，而低级配离子可以忽略不计，这样就可以根据总的稳定常数 $K^{\ominus}_{稳}$ 进行计算。

【例 5-2】 计算溶液中与 1.0×10^{-3} mol·L^{-1} $[Cu(NH_3)_4]^{2+}$ 和 1.0 mol·L^{-1} NH_3 处于平衡状态时游离 Cu^{2+} 的浓度（已知$[Cu(NH_3)_4]^{2+}$ 的 $K^{\ominus}_{稳}=2.09\times10^{13}$）。

【解】 设平衡时 $c(Cu^{2+})=x$ mol·L^{-1}

$$Cu^{2+} + 4NH_3 \rightleftharpoons [Cu(NH_3)_4]^{2+}$$

平衡浓度/(mol·L^{-1})　　x　　1.0　　1.0×10^{-3}

已知$[Cu(NH_3)_4]^{2+}$ 的 $K^{\ominus}_{稳}=2.09\times10^{13}$

有

$$K^{\ominus}_{稳}=\frac{[Cu(NH_3)_4^{2+}]}{[Cu^{2+}][NH_3]^4}=\frac{1.0\times10^{-3}}{x\times(1.0)^4}=2.09\times10^{13}$$

$$x=\frac{1.0\times10^{-3}}{1.0\times2.09\times10^{13}}=4.8\times10^{-17}$$

即

$$c(Cu^{2+})=4.8\times10^{-17}\ \text{mol}\cdot\text{L}^{-1}$$

【例 5-3】 将 10.0 mL 0.20 mol·L^{-1} $AgNO_3$溶液与 10.0 mL 1.0 mol·L^{-1} $NH_3 \cdot H_2O$ 溶液混合，计算溶液中 $c(Ag^+)$值。

【解】 设平衡时 $c(Ag^+)=x$ mol·L^{-1}

两种溶液混合后，因溶液中 $NH_3 \cdot H_2O$ 过量，Ag^+ 能定量地转化为$[Ag(NH_3)_2]^+$，且每形成 1 mol $[Ag(NH_3)_2]^+$ 要消耗 2 mol $NH_3 \cdot H_2O$。

	$Ag^+ + 2NH_3$	$\rightleftharpoons$	$[Ag(NH_3)_2]^+$
起始浓度/(mol·L^{-1})	0.10　0.50		0
平衡浓度/(mol·L^{-1})	x　$0.50-(2\times0.10-2x)\approx0.30$		$0.10-x\approx0.10$

$$K^{\ominus}_{稳}=\frac{[Ag(NH_3)_2^+]}{[Ag^+][NH_3]}=1.12\times10^7$$

$$x=\frac{0.10}{(0.30)^2\times1.12\times10^7}=9.9\times10^{-8}$$

$$c(Ag^+)=9.9\times10^{-8}\ \text{mol}\cdot\text{L}^{-1}$$

知识点 2　判断配离子与沉淀之间转化的可能性

判断的方法是：首先明确配离子与沉淀之间转化的反应式，然后计算出沉淀反应的离子积，根据离子积与溶度积的大小，判断该反应转化的可能性。

【例 5-4】 在 1.0 L 例 5-2 所述的溶液中，(1) 加入 0.001 mol NaOH，有无 $Cu(OH)_2$ 沉淀生成？(2) 若加入 0.001 mol Na_2S，有无 CuS 沉淀生成？（设溶液体积基本不变）

【解】 (1) 当加入 0.001 mol NaOH 后，溶液中的 $c(OH^-)=0.001$ mol·L^{-1}，已知 $Cu(OH)_2$ 的 $K^{\ominus}_{sp}=2.2\times10^{-20}$，则该溶液中有关离子浓度的乘积：

$$\begin{aligned}Q_c&=[Cu^{2+}]\cdot[OH^-]^2\\&=4.8\times10^{-17}\times(10^{-3})^2=4.8\times10^{-23}<K^{\ominus}_{sp}[Cu(OH)_2]=2.2\times10^{-20}\end{aligned}$$

因此，加入 0.001 mol NaOH 后无 $Cu(OH)_2$ 沉淀生成。

(2) 若加入 0.001 mol Na_2S，溶液中 $c(S^{2-})=0.001$ mol·L^{-1}（S^{2-} 的水解忽略不计），已知 CuS 的 $K^{\ominus}_{sp}=6.0\times10^{-37}$，则该溶液中有关离子浓度的乘积：

$$\begin{aligned}Q_c&=[Cu^{2+}][S^{2-}]\\&=4.8\times10^{-17}\times10^{-3}=4.8\times10^{-20}>K^{\ominus}_{sp}(CuS)=6.0\times10^{-37}\end{aligned}$$

因此，加入 0.001 mol Na_2S 后有 CuS 沉淀生成。

知识点 3　判断配离子之间转化的可能性

配离子之间的转化，与沉淀之间的转化相类似，反应向着生成更稳定的配离子的方向进行。两种配离子的稳定常数相差越大，转化越完全。

【例 5-5】 向含有$[Ag(NH_3)_2]^+$的溶液中加入 KCN，此时可能发生下列反应：

$$[Ag(NH_3)_2]^+ + 2CN^- \rightleftharpoons [Ag(CN)_2]^- + 2NH_3$$

通过计算，判断$[Ag(NH_3)_2]^+$是否能转化为$[Ag(CN)_2]^-$。

【解】 此反应的平衡常数表达式为：

$$K^{\ominus}=\frac{[Ag(CN)_2^-][NH_3]^2}{[Ag(NH_3)_2^+][CN^-]^2}$$

分子、分母同乘$[Ag^+]$，有

$$K^{\ominus}=\frac{[Ag(CN)_2^-][NH_3]^2}{[Ag(NH_3)_2^+][CN^-]^2}\times\frac{[Ag^+]}{[Ag^+]}=\frac{K^{\ominus}_{稳}\{[Ag(CN)_2]^-\}}{K^{\ominus}_{稳}\{[Ag(NH_3)_2]^+\}}$$

查附录得知$[Ag(NH_3)_2]^+$和$[Ag(CN)_2]^-$的$K^{\ominus}_{稳}$分别为1.12×10^7和1.26×10^{21}。则

$$K^{\ominus}=\frac{1.26\times10^{21}}{1.12\times10^{7}}=1.12\times10^{14}$$

$K^{\ominus}$值很大，说明转化反应能进行完全，$[Ag(NH_3)_2]^+$可以完全转化为$[Ag(CN)_2]^-$。

5.3 配位滴定法

以配位反应为基础的滴定分析方法，称为配位滴定法。作为配位滴定的反应必须符合以下条件：

(1) 生成的配合物要有确定的组成。

(2) 生成的配合物要有足够的稳定性，即$K^{\ominus}_{稳}\geqslant10^8$，以保证反应进行完全。

(3) 配位反应速度要足够快。

(4) 有适当的方法指示滴定终点。

5.3.1 方法原理

目前，应用最广泛的配位剂是乙二胺四乙酸(EDTA)，它可以和许多金属离子形成螯合物。

知识点1　螯合物

螯合物是由中心离子和多齿配体结合而成的具有环状结构的配合物。例如，Cu^{2+}与两个乙二胺($H_2N—CH_2—CH_2—NH_2$)形成两个五元环的螯合离子$[Cu(en)_2]^{2+}$：

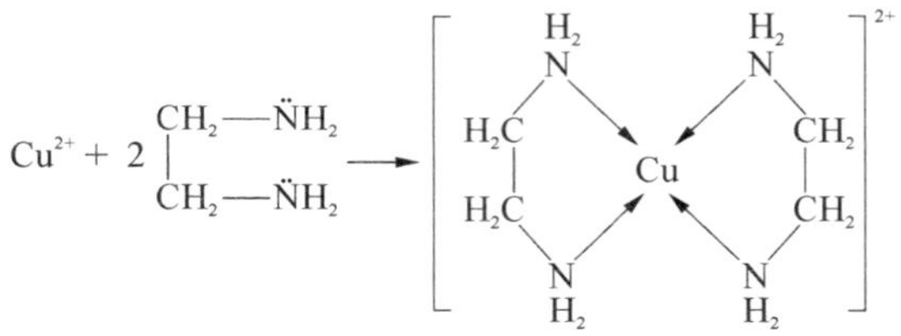

$$Cu^{2+}+2\ \begin{matrix}CH_2—\ddot{N}H_2\\|\\CH_2—\ddot{N}H_2\end{matrix}\longrightarrow[Cu(en)_2]^{2+}$$

在$[Cu(en)_2]^{2+}$中，乙二胺是一个二齿配体，每个乙二胺分子有两个氮原子可与中心离子结合，好像螃蟹双螯钳住中心离子，所以通常把形成螯合物的配合剂称为螯合剂。乙二胺四乙酸(H_4Y)具有4个可置换的H^+和6个配位原子(2个氨基氮原子和4个羟基氧原子)，是应用最广的氨羧配位剂，大多数金属离子都能与之形成很稳定的具有五元环的螯合物。$[CaY]^{2-}$的结构如图5-2所示。

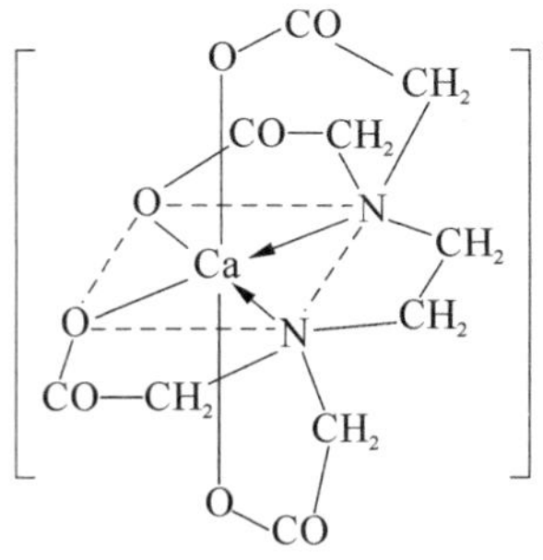

图5-2　$[CaY]^{2-}$结构示意图

螯合物中的环称为螯环，螯环的形成使螯合物具有特殊的稳定性。通常螯合物比结构相似而且配位原子相同的非螯形配合物稳定。

螯合物的稳定性还与螯环的大小和多少有关。一般五元环或六元环的螯合物最稳定。一个多齿配体与中心离子形成的螯环数越多，螯合物越稳定。如在螯合离子$[CaY]^{2-}$中，有5个五元环，因而它很稳定，利用这种性质可以测定硬水中Ca^{2+}、Mg^{2+}的含量。

知识点2　配位滴定法原理

用EDTA为配位剂与金属离子进行配位反应的滴定法，称为EDTA滴定法。

EDTA是乙二胺四乙酸的英文缩写，其结构简式为：

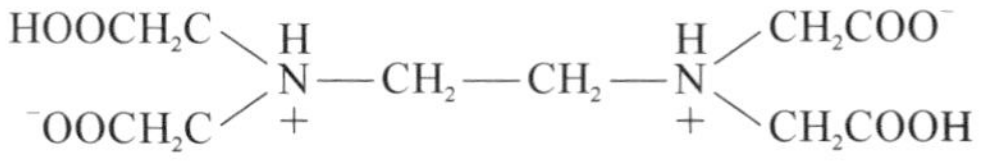

$$\begin{matrix}HOOCH_2C\\{}^-OOCH_2C\end{matrix}\!\!>\overset{H}{\underset{+}{N}}—CH_2—CH_2—\overset{H}{\underset{+}{N}}<\!\!\begin{matrix}CH_2COO^-\\CH_2COOH\end{matrix}$$

EDTA 是四元酸,用 H_4Y 表示。由于它在水中溶解度很小(22 ℃时 100 g 水中约能溶解 0.02 g),不适合作为滴定剂,故常用其二钠盐($Na_2H_2Y \cdot 2H_2O$),也简称为 EDTA。$Na_2H_2Y \cdot 2H_2O$ 是一种白色结晶状粉末,无臭、无毒,吸湿性小,易溶于水,室温下饱和水溶液的浓度约为 0.3 mol · L^{-1},通常将其配制成 0.01～0.10 mol · L^{-1}的标准溶液用于滴定分析。在水溶液中,EDTA 的两个羧酸根可再接受两个 H^+ 形成 H_6Y^{2+},这样,它就相当于一个六元酸,有六级离解平衡。

$$H_6Y^{2+} \rightleftharpoons H^+ + H_5Y^+ \qquad K_{a1}^{\ominus} = 10^{-0.9}$$
$$H_5Y^+ \rightleftharpoons H^+ + H_4Y \qquad K_{a2}^{\ominus} = 10^{-1.6}$$
$$H_4Y \rightleftharpoons H^+ + H_3Y^- \qquad K_{a3}^{\ominus} = 10^{-2.0}$$
$$H_3Y^- \rightleftharpoons H^+ + H_2Y^{2-} \qquad K_{a4}^{\ominus} = 10^{-2.67}$$
$$H_2Y^{2-} \rightleftharpoons H^+ + HY^{3-} \qquad K_{a5}^{\ominus} = 10^{-6.16}$$
$$HY^{3-} \rightleftharpoons H^+ + Y^{4-} \qquad K_{a6}^{\ominus} = 10^{-10.26}$$

也就是说,在水溶液中 EDTA 以七种粒子形式 H_6Y^{2+}、H_5Y^+、H_4Y、H_3Y^-、H_2Y^{2-}、HY^{3-} 和 Y^{4-} 存在。pH<1 时,主要以 H_6Y^{2+} 形式存在;pH>10.26 时,主要以 Y^{4-} 形式存在。

EDTA 与金属离子配位反应的主要特点有:

(1) EDTA 与不同价态的金属离子生成配合物时,化学反应计量系数一般都为 1∶1。例如:

$$Mg^{2+} + H_2Y^{2-} \rightleftharpoons MgY^{2-} + 2H^+$$
$$Fe^{3+} + H_2Y^{2-} \rightleftharpoons FeY^- + 2H^+$$

通常表示为
$$M + Y \rightleftharpoons MY\text{(略去电荷)}$$

因此,EDTA 配位滴定反应以 EDTA 分子和被滴定金属离子作为基本单元,定量计算非常方便。

(2) EDTA 与多数金属离子生成稳定的配合物,配位反应进行完全。该配位反应的平衡常数可表示为 $K_{MY}^{\ominus}$,称为金属离子与 EDTA 配合物的稳定常数,附录中列出了一些常见金属离子与 EDTA 配合物的稳定常数。金属离子与 EDTA 生成配合物的稳定性与金属离子的价态有关。除一价金属离子外,其余金属离子配合物的 $\lg K_{MY}^{\ominus}$值一般大于 8,适宜进行配位滴定。

(3) EDTA 与大多数金属离子的配位反应速率快,生成的配合物易溶于水,滴定可以在水溶液中进行,而且容易找到合适的指示剂。

知识点 3　酸效应曲线及其应用

乙二胺四乙酸是多元弱酸,在水溶液中分级离解:

$$H_6Y^{2+} \underset{+H^+}{\overset{-H^+}{\rightleftharpoons}} H_5Y^+ \underset{+H^+}{\overset{-H^+}{\rightleftharpoons}} H_4Y \underset{+H^+}{\overset{-H^+}{\rightleftharpoons}} H_3Y^- \underset{+H^+}{\overset{-H^+}{\rightleftharpoons}} H_2Y^{2-} \underset{+H^+}{\overset{-H^+}{\rightleftharpoons}} HY^{3-} \underset{+H^+}{\overset{-H^+}{\rightleftharpoons}} Y^{4-}$$

像其他多元弱酸一样,EDTA 的分析浓度等于各种存在形式浓度之和。但是,在 EDTA 的各种存在形式中只有阴离子 Y^{4-} 才能与金属离子直接配位,因此 Y^{4-} 的浓度[Y]称为 EDTA 的有效浓度。[Y]愈大,EDTA 配位能力愈强。而[Y]的大小又与溶液的酸度有关,溶液酸度愈高,上述离解平衡向左移动,Y^{4-} 与 H^+ 结合成 HY^{3-}、H_2Y^{2-}、H_3Y^-、H_4Y 等形式的可能性愈大,MY 愈不稳定;酸度降低时,[Y]增大有利于配位反应,但金属离子与 OH^- 结合成氢氧化物沉淀的可能性也增强,故 EDTA 滴定中选择合适的酸度十分重要。

各种金属离子的 $K_{MY}^{\ominus}$值不同,对于稳定性较低的配合物($K_{MY}^{\ominus}$较小)溶液酸度必须低一些,而对于稳定性较高的配合物溶液酸度可以高一些。因此,配合物愈稳定,配位滴定允许的酸度愈高(即允许的 pH 愈低)。将金属离子的 $\lg K_{MY}^{\ominus}$值与用 EDTA 滴定时最低允许 pH 绘制成关系曲线,就得到 EDTA 的酸效应曲线,如图 5-3 所示。利用酸效应曲线,可以选择滴定金属离子的酸度条件,还可判断共存的其他金属离子是否有干扰。

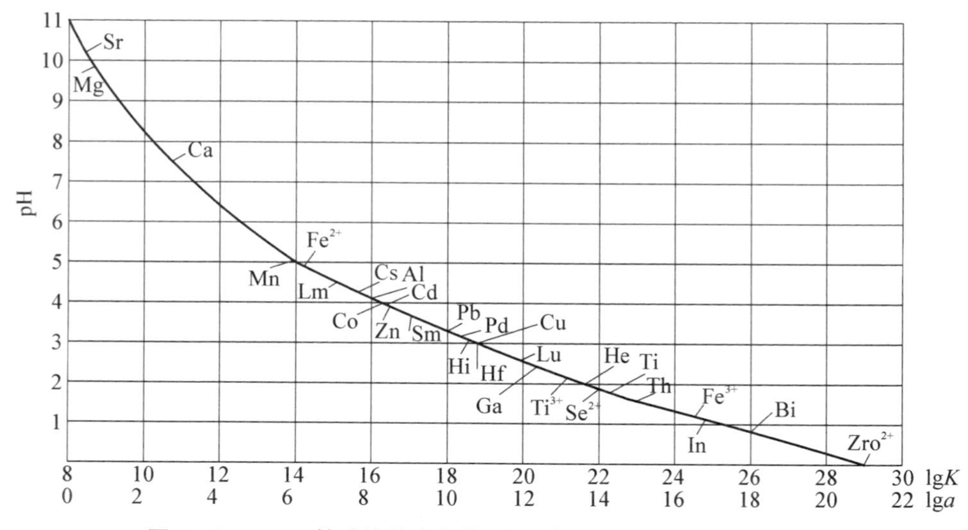

图 5-3 EDTA 的酸性效应曲线(金属离子浓度为 0.01 mol·L^{-1})

1. 选择滴定的酸度条件

在酸效应曲线上找出被测离子的位置,由此做水平线,所得 pH 就是单独滴定该金属离子的最低允许 pH。如果曲线上没有直接标明被测离子,可由被测离子的 $\lg K_{MY}^{\ominus}$值处向曲线做垂线,与曲线的交点即为被测离子的位置,然后按上述方法便可找出滴定的最低允许 pH。

【例 5-6】 试从图 5-3 中查出用 EDTA 分别滴定 0.01 mol·L^{-1} Al^{3+}、Zn^{2+}、Ca^{2+}和 Mg^{2+} 的最高允许酸度(最低允许 pH)。

【解】 在酸效应曲线图上找出指定金属离子的点,对应的纵坐标即为单独滴定该金属离子的最低允许 pH。结果为:

Al^{3+} pH=4.1 Zn^{2+} pH=3.8

Ca^{2+} pH=7.5 Mg^{2+} pH=9.7

2. 判断干扰情况

在酸效应曲线上,位于被测离子下方的其他离子显然干扰被测离子的滴定,因为它们也符合被定量滴定的酸度条件。位于被测离子上方的其他离子是否干扰呢? 在酸效应曲线上,一种离子由开始部分被配位到全部定量配位的过渡,大约相当于 5 个 $\lg K_{MY}^{\ominus}$ 单位。当两种离子浓度相近,若其配合物的 $\lg K_{MY}^{\ominus}$之差小于 5,位于酸效应曲线上方的离子会由于部分被配位而干扰被测离子的滴定。

【例 5-7】 在 pH=4 的条件下,用 EDTA 滴定 Zn^{2+} 时,试液中共存的 Cu^{2+}、Mn^{2+}、Ca^{2+} 是否有干扰?

【解】 从酸效应曲线图上可以看出,Cu^{2+} 位于 Zn^{2+} 的下方,$\lg K_{MY}^{\ominus}$ 之差小于 5,明显干扰;Mn^{2+} 和 Ca^{2+} 位于 Zn^{2+} 的上方,而且 $\lg K_{ZnY}^{\ominus}-\lg K_{MnY}^{\ominus}=16.5-14.0=2.5<5$,$Mn^{2+}$ 有干扰;$\lg K_{ZnY}^{\ominus}-\lg K_{CaY}^{\ominus}=16.5-10.7=5.8>5$,$Ca^{2+}$ 不干扰。

应当指出,酸度对 EDTA 配位滴定的影响是多方面的,上面所述只是酸度影响的主要方面。酸度低些,固然 EDTA 的配位能力增强,但酸度太低某些金属离子会水解生成氢氧化物沉淀,如 Fe^{3+} 在 pH>3 生成 $Fe(OH)_3$沉淀,Mg^{2+} 在 pH>11 生成 $Mg(OH)_2$沉淀。此外,金属指示剂的变色、掩蔽剂掩蔽干扰离子等也要求一定的酸度。因此,必须全面考虑酸度的影响,使指定金属离子的配位滴定控制在一定的酸度范围内。由于配位反应本身还会释放出 H^+,使溶液酸度增高,通常需要加入一定 pH 的酸

碱缓冲溶液，以保持滴定过程中溶液酸度基本不变。

5.3.2　金属指示剂

在配位滴定中，通常利用一种能与金属离子生成有色配合物的显色剂指示滴定过程中金属离子浓度的变化，这种显色剂称为金属指示剂。

知识点 1　金属指示剂的作用原理

金属指示剂是一种能与金属离子配位的配合剂，一般为有机染料。由于它与金属离子配位前后的颜色不同，所以能作为指示剂来确定终点。现以金属指示剂铬黑 T 为例说明其作用原理。

铬黑 T 属偶氮染料，结构式为：

它溶于水后，结合在磺酸根上的 Na^+ 全部离解，其余部分以阴离子（HIn^-）形式存在于溶液中，相当于二元弱酸。随着溶液 pH 的升高，分两级离解，呈现出三种不同的颜色。

$$H_2In^- \underset{+H^+}{\overset{-H^+}{\rightleftharpoons}} HIn^{2-} \underset{+H^+}{\overset{-H^+}{\rightleftharpoons}} In^{3-}$$

pH<6.3	pH=7～11	pH>11.6
紫红色	蓝色	橙色

由于铬黑 T 能与一些阳离子如 Mg^{2+}、Zn^{2+}、Pb^{2+} 等形成酒红色配合物，因而只有当 pH 在 7～11 范围内才能使用这种指示剂，超出此范围指示剂本身接近红色，不能明显地指示终点。

如果在 pH 为 10 的含 Mg^{2+} 的溶液中，加入少量铬黑 T，它与 Mg^{2+} 生成酒红色的 $MgIn^-$ 配合物：

$$Mg^{2+} + \underset{(蓝色)}{HIn^{2-}} \rightleftharpoons \underset{(酒红色)}{MgIn^-} + H^+$$

滴定开始后，加入的 EDTA 先与游离 Mg^{2+} 配位，生成无色的 MgY^{2-} 配离子：

$$Mg^{2+} + HY^{3-} \rightleftharpoons MgY^{2-} + H^+$$

化学计量点前溶液一直保持酒红色，化学计量点时，游离的 Mg^{2+} 完全被配位。由于配离子 $MgIn^-$ 不如 MgY^{2-} 稳定，稍微过量的 EDTA 会夺取 $MgIn^-$ 中的 Mg^{2+}，而游离出指示剂的阴离子 HIn^{2-}，溶液由酒红色变为蓝色即为滴定终点。

$$\underset{(酒红色)}{MgIn^-} + HY^{3-} \rightleftharpoons MgY^{2-} + \underset{(蓝色)}{HIn^{2-}}$$

在实际工作中，一般采用实验方法来选择指示剂，即先试验其终点时颜色变化是否敏锐，然后再检查滴定结果是否准确，这样就可确定该指示剂是否符合要求。

知识点 2　金属指示剂使用注意事项

滴定到终点后，稍过量的 EDTA 并不能夺取 MIn 有色配合物中的金属离子，使指示剂在化学计量点附近不发生颜色变化，这种现象称为指示剂的封闭。产生指示剂封闭现象的原因有：

（1）溶液中存在能与指示剂形成十分稳定的有色配合物的某些干扰离子，因而产生封闭现象。对于这种情况，一般需要加入适当的掩蔽剂来消除这些离子的干扰。

（2）有时有色配合物的颜色变化为不可逆反应引起的，即虽然 MIn 的稳定性不及 MY 的稳定性高，但有色配合物并不能被 EDTA 破坏，指示剂无法游离出来而产生封闭现象。

在配位滴定中，常遇到一些离子对某些指示剂有封闭作用。这时需要根据不同情况采用不同的方法来消除。例如，以铬黑 T 为指示剂，用 EDTA 滴定 Ca^{2+}、Mg^{2+} 时，Fe^{3+}、Al^{3+} 对指示剂有封闭作用，可用三乙醇胺作掩蔽剂消除干扰；Cu^{2+}、Co^{2+}、Ni^{2+} 等对指示剂的封闭作用，可用 KCN 或 Na_2S 等作掩蔽剂来消除。若封闭现象是由被滴定离子本身引起的，则可以先加入过量的 EDTA，然后进行返滴定来消除。

有些金属指示剂本身及其与金属离子形成的配合物的溶解度很小，因而终点的颜色变化不明显；有些金属指示剂 MIn 的稳定性只是稍稍小于 MY，EDTA 与 MIn 之间的置换反应很慢，终点拖后，或颜色转变不敏锐，这种现象称为指示剂的僵化。例如，使用 PAN[1-(2-吡啶偶氮)-2-萘酚]指示剂时容易发生僵化现象，可采用适当加热或加入少量乙醇以避免。

5.3.3 配位滴定法应用示例

在配位滴定中，采用不同的滴定方式，不仅可以扩大配位滴定的应用范围，而且可以提高配位滴定的选择性。配位滴定按滴定方式来分主要有直接滴定法、返滴定法、置换滴定法、间接滴定法等。

知识点 1　标准溶液的配制

常用 EDTA 标准溶液的浓度为 0.01～0.05 $mol \cdot L^{-1}$，一般用 EDTA 的二钠盐（$Na_2H_2Y \cdot H_2O$）配制。

例如，0.01 $mol \cdot L^{-1}$ EDTA 标准溶液的配制：称取分析纯的 EDTA 二钠盐 1.9 g，溶于 200 mL 温水中，必要时过滤，冷却后用蒸馏水稀释至 500 mL，摇匀，保存在试剂瓶内备用。

知识点 2　标准溶液的标定

标定 EDTA 的基准物质很多，如金属锌、铜、氧化锌、碳酸钙及七水合硫酸镁等。

氧化锌的纯度高且稳定，Zn^{2+} 离子及 ZnY 均为无色，既能在 pH 为 5～6 时以二甲酚橙为指示剂来标定，又可在 pH 为 10 的氨性溶液中以铬黑 T 为指示剂来标定，终点均很敏锐，所以实验室中多采用氧化锌为基准物。

EDTA 标准溶液最好贮存在聚乙烯或硬质玻璃瓶中。若在软质玻璃瓶中存放，玻璃瓶中的 Ca^{2+} 会被 EDTA 溶解（形成 CaY），从而使 EDTA 的浓度不断降低。通常较长时间保存的 EDTA 标准溶液，使用前应再标定。

知识点 3　配位滴定分析结果的计算

由于 EDTA 通常与各种价态的金属离子以 1∶1 配位，因此分析结果的计算比较简单。

$$\mathrm{M'} + \mathrm{Y} \rightleftharpoons \mathrm{M'Y}$$

$$n(\mathrm{M'}) = n(\mathrm{Y}) = c(\mathrm{Y}) \cdot V(\mathrm{Y})$$

$$w(\mathrm{M'}) = \frac{c(\mathrm{Y}) \times V(\mathrm{Y}) \times M(\mathrm{M'})}{m_s} \times 100\% \tag{5-4}$$

式中，$n(\mathrm{M'})$ 为金属离子（M′）的物质的量，单位为 mol；$n(\mathrm{Y})$ 为 EDTA 的物质的量，单位为 mol；$c(\mathrm{Y})$ 为 EDTA 标准溶液的浓度，单位为 $mol \cdot L^{-1}$；$V(\mathrm{Y})$ 为滴定所消耗 EDTA 的体积，单位为 L；$M(\mathrm{M'})$ 为金属离子的摩尔质量，单位为 $g \cdot mol^{-1}$；m_s 为试样的质量，单位为 g。

知识点 4　直接滴定及其示例

直接滴定方式是配位滴定中的基本滴定方式，这种方式是将试样处理成溶液后，调至所需要的酸度，加入必要的其他试剂和指示剂，直接用 EDTA 滴定，一般情况下引入误差较少，所以，在可能范围内尽量采用直接滴定法。

示例:水的总硬度测定

测定水的总硬度,就是测定水中 Ca^{2+}、Mg^{2+} 的总量,然后换算为相应的硬度单位。我国规定每升水含 10 mg CaO为 1 度。

取适量水样 $V_{水}$(mL)加 NH_3-NH_4Cl 缓冲液,调节溶液的 pH=10,以铬黑 T 为指示剂,用 EDTA 滴定至溶液由酒红色变为纯蓝色即为终点。记录 EDTA 消耗的体积,计算出水的总硬度。水总硬度的表示法:

$$总硬度(度)=\frac{c(Y)\times V(Y)\times M(CaO)}{V_{水}\times 10}\times 1\,000 \tag{5-5}$$

水中 Fe^{3+}、Al^{3+}、Cu^{2+}、Pb^{2+}、Mn^{2+} 等离子量较大时,对测定有干扰。应加掩蔽剂,Fe^{3+}、Al^{3+} 用三乙醇胺掩蔽,Cu^{2+}、Pb^{2+} 等可用 KCN 或 Na_2S 等掩蔽。

知识点 5　返滴定及其示例

在配位滴定中,有些待测离子虽然能与 EDTA 形成稳定的配合物,但缺少合适的指示剂;或有些待测离子与 EDTA 配位的速度很慢,本身又易水解,此时一般采用返滴定方式来滴定。即先加入过量的 EDTA 标准溶液,使待测离子完全反应后,再用其他金属离子标准溶液返滴定过量的 EDTA。

示例:铝盐的测定

由于 Al^{3+} 与 EDTA 的配位速度较慢,对二甲酚橙指示剂有封闭作用,还会与 OH^- 形成多羟基配合物,因此,不能用 EDTA 直接滴定,而是采用返滴定法测定铝的含量。现以氢氧化铝凝胶含量的测定为例,其中氢氧化铝含量以 Al_2O_3 计。

称取试样 m_s(g),加体积比 1∶1 的 HCl,加热煮沸使其溶解。冷至室温,过滤,滤液定容至 250 mL。量取 25.00 mL,加氨水至恰好析出白色沉淀,再加稀 HCl 至沉淀刚好溶解。加 HAc-NaAc 缓冲液调至 pH=5。加已知准确浓度的过量的 EDTA 标准溶液 V_1(mL),煮沸,冷至室温。加二甲酚橙指示剂,以锌标准溶液滴定至溶液由黄色变为淡紫红色,记下消耗的锌标准溶液体积 V_2(mL)。

$$w(Al^{3+})=\frac{c(Y)\times[V_1(Y)-V_2(Y)]\times M(Al^{3+})}{1\,000\times m_s\times\frac{1}{10}}\times 100\% \tag{5-6}$$

知识点 6　置换滴定及其示例

用一种配位剂置换 MY 中的 Y,然后用其他金属离子标准溶液滴定释放出来的 Y,即可求得待测金属离子的含量,也可以进行其他置换。

示例 1:Sn^{4+} 的测定

测定 Sn^{4+} 时,可于试液中加入过量的 EDTA,将可能存在的 Pb^{2+}、Zn^{2+}、Cd^{2+},Bi^{3+} 等一起与 Y 配位。然后用 Zn^{2+} 标准溶液滴定,除去过量的 Y,滴定完成后,加入 NH_4F 选择性地将 SnY 中的 EDTA 释放出来,再用 Zn^{2+} 标准溶液滴定释放出来的 EDTA,即可求得 Sn^{4+} 的含量。

示例 2:Ag^+ 的测定

Ag^+ 与 EDTA 的配合物不稳定,$\lg K^{\ominus}_{AgY}=7.8$,不能用 EDTA 直接滴定。但是在含 Ag^+ 的试液中加入过量的 $Ni(CN)_4^{2-}$,会发生如下置换反应:

$$2Ag^+ + Ni(CN)_4^{2-} \rightleftharpoons 2[Ag(CN)_2]^- + Ni^{2+}$$

在 pH=10 的氨性缓冲溶液中,以紫脲酸胺作指示剂,用 EDTA 滴定置换出来的 Ni^{2+},即可求得 Ag^+ 的含量。

知识点 7　间接滴定及其示例

有些金属离子和非金属离子不能与 EDTA 配位或生成的配合物不稳定,可进行间接滴定。

示例1:钠盐的测定

先将 Na^+ 沉淀为醋酸铀酰锌钠 $NaAc \cdot Zn(Ac)_2 \cdot 3UO_2(Ac)_2 \cdot 9H_2O$,分离出沉淀,洗净并将其溶解,然后用EDTA滴定 Zn^{2+},从而求出试样中 Na^+ 的含量。

示例2:SO_4^{2-} 的测定

先向 SO_4^{2-} 试液中加入一定量过量的标准 Ba^{2+} 溶液,使之生成 $BaSO_4$ 沉淀,分离沉淀。取一定量的溶液,用EDTA标准溶液滴定剩余 Ba^{2+},间接求出 SO_4^{2-} 的含量。

实践项目十二　配位化合物的生成和性质验证

一、目的要求

(1) 了解配位化合物的组成、配离子与简单离子的区别。

(2) 了解配位化合物与复盐的区别。

(3) 熟悉配位平衡的移动。

(4) 了解配位平衡与氧化还原平衡的关系。

二、仪器与试剂

1. 仪器

试管、玻璃棒、酒精灯、滴管、烧杯。

2. 试剂

0.1 mol·L^{-1} $CuSO_4$;0.1 mol·L^{-1} $HgCl_2$;0.1 mol·L^{-1} KI;0.1 mol·L^{-1} NaF;0.1 mol·L^{-1} $AgNO_3$;0.1 mol·L^{-1} Na_2CO_3;2.0 mol·L^{-1} H_2SO_4;0.1 mol·L^{-1} NaCl;2.0 mol·L^{-1} $NH_3 \cdot H_2O$;0.1 mol·L^{-1} KBr;6.0 mol·L^{-1} $NH_3 \cdot H_2O$;0.1 mol·L^{-1} NaOH;0.1 mol·L^{-1} $NH_4Fe(SO_4)_2$;0.1 mol·L^{-1} $K_3[Fe(CN)_6]$;0.1 mol·L^{-1} $BaCl_2$;0.1 mol·L^{-1} Na_2S;0.1 mol·L^{-1} $Ni(NO_3)_2$;0.1 mol·L^{-1} KSCN;饱和 $Na_2S_2O_3$;1.0 mol·L^{-1} $Na_2S_2O_3$;1.0 mol·L^{-1} $FeCl_3$;0.1 mol·L^{-1} $FeCl_3$;CCl_4;丁二酮肟溶液。

三、操作步骤

1. 配离子的生成和配位化合物的组成

(1) 在试管中加入1 mL 0.1 mol·L^{-1}的 $CuSO_4$溶液,逐滴加入6 mol·L^{-1} $NH_3 \cdot H_2O$,边加边振荡试管,观察 $Cu_2(OH)_2SO_4$沉淀的产生,继续滴加 $NH_3 \cdot H_2O$,观察沉淀因深蓝色配离子 $Cu(NH_3)_4^{2+}$的生成而溶解。写出反应方程式。

向上述所得的 $Cu(NH_3)_4^{2+}$ 配离子溶液中加入过量的 $NH_3 \cdot H_2O$ 后,分成两份,一份滴加少量的0.1 mol·L^{-1} NaOH溶液,另一份滴加0.1 mol·L^{-1} $BaCl_2$溶液,观察现象,说明配位化合物的组成。

(2) 在试管中加入1 mL 0.1 mol·L^{-1} $HgCl_2$溶液,滴加3滴0.1 mol·L^{-1} KI溶液,观察红色 HgI_2沉淀的产生,继续滴加KI溶液,观察 HgI_4^{2-} 配离子的生成和沉淀的溶解,红色消失。写出反应方程式。

2. 配离子与简单离子的区别

取两支试管，分别加入 1 mL 0.1 mol・L^{-1} $K_3[Fe(CN)_6]$溶液和 1 mL 0.1 mol・L^{-1} $FeCl_3$溶液，然后均滴加 0.1 mol・L^{-1} KSCN 溶液，观察现象，并说明两者产生不同现象的原因。

3. 配位化合物与复盐的区别

取两支试管，均加入 1 mL 0.1 mol・L^{-1} $NH_4Fe(SO_4)_2$溶液，分别滴加 0.1 mol・L^{-1} KSCN 溶液和 0.1 mol・L^{-1} $BaCl_2$溶液，根据现象说明溶液中存在何种自由离子。比较 $NH_4Fe(SO_4)_2$ 和 $K_3[Fe(CN)_6]$在结构上有何不同。

4. 配位平衡的移动

(1) 在一支试管中，加入 5 滴 0.1 mol・L^{-1} $FeCl_3$溶液，然后滴加 5 滴 0.1 mol・L^{-1} KSCN 溶液，将血红色溶液以 10 mL 水冲稀，分成三份。

第一份溶液中加入 0.5 mol・L^{-1} $FeCl_3$溶液；第二份溶液中加入 0.5 mol・L^{-1} KSCN 溶液；第三份与实验后的第一、第二份溶液进行比较，说明配位平衡移动的情况。

(2) 在试管中加入 1 mL 0.1 mol・L^{-1} $CuSO_4$溶液，逐滴加入 6 mol・L^{-1} NH_3・H_2O 至沉淀刚好溶解，然后将溶液分为两份。一份以水稀释，另一份滴加 2 mol・L^{-1} H_2SO_4溶液，观察沉淀重新生成，说明配位平衡的移动情况。

5. 配位平衡与氧化还原平衡

在试管中加入 1 mL 0.1 mol・L^{-1} $FeCl_3$溶液，滴加 0.1 mol・L^{-1} KI 溶液至棕色，加入少量 CCl_4，振荡后观察 CCl_4层中碘的颜色。写出反应方程式。

另取一支试管，加入 1 mL 0.1 mol・L^{-1} $FeCl_3$溶液，滴加 1 mol・L^{-1} NaF 溶液至无色，再加入 0.1 mol・L^{-1} KI 溶液和少量 CCl_4，振荡，观察 CCl_4层中碘的颜色，解释现象并写出有关反应方程式。

6. 配位平衡与沉淀平衡

向一支试管中加入 5 滴 0.1 mol・L^{-1} $AgNO_3$溶液，然后按下列顺序进行实验(要求：凡是生成沉淀的步骤，刚生成沉淀即可；凡是沉淀溶解的步骤，沉淀刚溶解即可。因此，试剂必须逐滴加入，边滴边摇动)。

(1) 滴加 0.1 mol・L^{-1} Na_2CO_3溶液至沉淀生成。

(2) 滴加 2 mol・L^{-1} NH_3・H_2O 至沉淀溶解。

(3) 滴加 1 滴 0.1 mol・L^{-1} NaCl 溶液，观察沉淀的生成。

(4) 滴加 6 mol・L^{-1} NH_3・H_2O 至沉淀溶解。

(5) 滴加 1 滴 0.1 mol・L^{-1} KBr 溶液，观察沉淀的生成。

(6) 滴加 1 mol・L^{-1} $Na_2S_2O_3$溶液至沉淀溶解。

(7) 滴加 1 滴 0.1 mol・L^{-1} KI 溶液，观察沉淀的生成。

(8) 滴加饱和的 $Na_2S_2O_3$溶液至沉淀溶解。

(9) 滴加 0.1 mol・L^{-1} Na_2S 溶液，观察沉淀的生成。

观察实验现象，写出各步反应方程式。

7. 螯合物的形成

在一支试管中加入 5 滴 0.1 mol・L^{-1} $Ni(NO_3)_2$溶液，观察溶液的颜色。逐滴加入 2 mol・L^{-1} NH_3・H_2O，边加边振荡，并嗅其氨味，如果无氨味，再加二滴，直到出现氨味，并注意观察溶液颜色。然后滴加 5 滴丁二酮肟溶液，摇动，观察玫瑰红色结晶的生成。

四、思考题

(1) 配位化合物与简单无机化合物在结构上有什么不同？

(2) 配离子与简单离子在结构上有何区别?
(3) 配位化合物与复盐在结构上和性质上有什么不同?
(4) Fe^{3+} 和 $[FeF_6]^{3-}$ 的氧化性有何不同?
(5) 简述影响配位平衡移动的因素。

实践项目十三　EDTA 标准溶液的标定和自来水总硬度的测定

一、目的要求

(1) 掌握 EDTA 溶液的配制和标定方法、标定原理。
(2) 了解铬黑 T 指示剂的应用条件,能正确判断终点颜色的变化。
(3) 掌握配位滴定法测定水的硬度的原理和方法。
(4) 了解钙指示剂的应用条件,能正确判断终点颜色的变化。
(5) 了解水的总硬度的表示方法,掌握计算方法。

二、基本原理

EDTA 制成溶液后,可用 ZnO 基准物标定。当用缓冲溶液控制溶液酸度为 pH=10 时,EDTA 可与 Zn^{2+} 反应生成稳定的配合物。以铬黑 T 为指示剂,终点由酒红色变为纯蓝色。反应如下:

$$HIn^{2-} + Zn^{2+} = ZnIn^- + H^+$$

$$Zn^{2+} + H_2Y^{2-} = ZnY^{2-} + 2H^+$$

$$ZnIn^- + H_2Y^{2-} = ZnY^{2-} + HIn^{2-} + H^+$$

水的总硬度,一般是指水中钙、镁的总量。用氨-氯化铵缓冲溶液控制水试样 pH=10,以铬黑 T 为指示剂,用 EDTA 标准滴定溶液直接滴定 Ca^{2+} 和 Mg^{2+},终点为纯蓝色。

三、仪器与试剂

1. 仪器

酸式滴定管(50 mL)、锥形瓶、量筒、试剂瓶、移液管(25 mL)、容量瓶(250 mL)。

2. 试剂

0.02 $mol \cdot L^{-1}$ EDTA(用托盘天平称取固体乙二胺四乙酸二钠 4 g,加 500 mL 水,加热溶解,冷却,摇匀)。
氧化锌(基准物),于 800 ℃灼烧至恒重。
盐酸溶液(20%)、氨水溶液(10%)、铬黑 T 指示剂(5 $g \cdot L^{-1}$)。
氨-氯化铵缓冲溶液(pH≈10):称取 20 g 氯化铵,溶于 600 mL 水,加 70~80 mL 氨水,稀释至 1 000 mL。

四、操作步骤

1. EDTA 标准溶液的标定

(1) 准确称取 0.35~0.45 g 氧化锌,用少量水润湿,加 3 mL 盐酸溶液(20%)溶解,移入 250 mL 容量瓶中,稀释至刻度,摇匀。

(2) 用移液管移取 25.00 mL 配制好的 Zn^{2+} 溶液,加 25 mL 水,用氨水溶液(10%)调节溶液 pH 至

7～8(恰好浑浊)。

(3) 加 10 mL 氨-氯化铵缓冲溶液(pH≈10)及 3～4 滴铬黑 T 指示剂。

(4) 用配制好的 EDTA 标准滴定溶液滴定至溶液由酒红色变为纯蓝色,即为终点。记录消耗的 EDTA 标准滴定溶液的体积 V_2。

(5) 平行实验 3～4 次,同时做空白实验。

EDTA 标准滴定溶液的浓度[c(EDTA)]的单位以摩尔每升($mol \cdot L^{-1}$)表示,按下式计算:

$$c(\mathrm{EDTA})=\frac{m\times\frac{V_1}{250}\times 1\,000}{[V_2-V_0]M(\mathrm{ZnO})}$$

式中,m 为氧化锌的质量,单位为 g;V_1 为移取氧化锌溶液的体积,单位为 mL;V_2 为消耗的 EDTA 标准滴定溶液的体积,单位为 mL;V_0 为空白实验消耗的 EDTA 标准滴定溶液的体积,单位为 mL;M(ZnO)为氧化锌的摩尔质量,单位为 $g \cdot mol^{-1}$。

2. 总硬度的测定

(1) 用移液管移取水样 25.00 mL 于 250 mL 锥形瓶中,加 25 mL 水,加入 NH_3- NH_4Cl 缓冲溶液 5 mL,铬黑 T 指示剂 3～4 滴。

(2) 用 EDTA 标准滴定溶液滴定至溶液由酒红色变成纯蓝色,即为终点。记录消耗 EDTA 标准滴定溶液的体积 V_1。

(3) 平行实验 3～4 次,同时做空白实验。

水中总硬度的计算公式:

$$\rho_{总}(\mathrm{CaCO_3})=\frac{c(\mathrm{EDTA})[V_1-V_0]M(\mathrm{CaCO_3})}{V}\times 1\,000$$

$$度(^\circ)=\frac{c(\mathrm{EDTA})[V_1-V_0]M(\mathrm{CaO})}{V\times 10}\times 1\,000$$

式中,$\rho_{总}(CaCO_3)$为水样的总硬度,单位为 $mg \cdot L^{-1}$;$\rho_{钙}(CaCO_3)$为水样的钙硬度,单位为 $mg \cdot L^{-1}$;c(EDTA)为 EDTA 标准滴定溶液的浓度,单位为 $mol \cdot L^{-1}$;V_1 为测定总硬度时消耗 EDTA 标准滴定溶液的体积,单位为 mL;V_0 为空白实验消耗 EDTA 标准滴定溶液的体积,单位为 mL;V 为所取水样体积,单位为 mL;$M(CaCO_3)$为 $CaCO_3$ 的摩尔质量,单位为 $g \cdot mol^{-1}$;M(CaO)为 CaO 的摩尔质量,单位为 $g \cdot mol^{-1}$。

五、数据记录和数据处理

表 5-1　EDTA 溶液的标定

项　目	1	2	3	4
敲样前质量/g				
敲样后质量/g				
氧化锌的质量 m/g				
天平零点/格				
氧化锌溶液的体积 V_1/mL				
消耗 EDTA 溶液的体积 V_2/mL				
空白试验消耗 EDTA 溶液的体积 V_0/mL				
c(EDTA)/($mol \cdot L^{-1}$)				
c(EDTA)平均值/($mol \cdot L^{-1}$)				
相对平均偏差/%				

表 5-2　水中总硬度的测定

项　目	1	2	3	4
所取水样体积 V/mL				
消耗 EDTA 标准滴定溶液的体积 V_1/mL				
空白试验消耗 EDTA 溶液的体积 V_0/mL				
c(EDTA)/(mol·L^{-1})				
$\rho_{总}(CaCO_3)$/(mg·L^{-1})				
总硬度的平均质量浓度/(mg·L^{-1})				
相对平均偏差/%				

六、注意事项

(1) EDTA 二钠盐在水中溶解较慢，可加热使其溶解或放置过夜。

(2) ZnO 粉末加稀盐酸溶解实质上是酸碱反应，一定要等反应完全后才可加水稀释。

(3) 铬黑 T 指示剂加入量要适中，否则溶液颜色过深或过浅均不利于终点判断。

七、思考题

(1) 用 ZnO 标定 EDTA 标准溶液时，为什么要加 NH_3-NH_4Cl 缓冲液？

(2) 用铬黑 T 指示剂时，为什么要控制 pH=10？

(3) 用氨水调节 pH 时，先出现白色沉淀，后又溶解，解释现象并写出反应式。

案例

化学家故事：中国化学家——戴安邦

戴安邦，无机化学家、化学教育家，致力于化学教育和科学研究 70 年。他对启发式教学和全面的化学教育有精辟的见解并身体力行，影响深远。他一贯从实际出发选择研究课题，在实际问题中进行基础理论的研究，把解决实际问题、发展学科和培养人才三者有机结合，取得了丰硕的成果。他在学术上的重要成就是配位化学的开拓工作，他是中国配位化学的奠基人之一。

戴安邦出生于江苏省丹徒区，1924 年毕业于金陵大学化学系。1928 年戴安邦获中国医学会奖学金赴美国纽约哥伦比亚大学化学系深造，由于勤奋刻苦，每门功课成绩均优，次年 6 月获硕士学位，并于 12 月被选为美国荣誉化学学会会员，荣获金钥匙，又被选为美国荣誉科学学会会员，再度荣获金钥匙。后通过博士生预试，攻读博士学位，师从胶体化学家托马斯教授，用配位化学观点进行“氧化铝水溶胶的研究”。戴安邦充分发挥自己扎实的化学功底和精湛的实验技术，使论文工作很快有了创造性的结果，导师称这是他遇到过的最好的博士生。1931 年 6 月，戴安邦获博士学位。博士论文一在美国化学会志发表，就受到学术界的瞩目，在 1934 年出版的托马斯著《胶体化学》和 1956 年出版的拜勒主编的《配位化合物化学》中均直接引用这篇博士论文的研究结果。

1931 年 9 月，戴安邦回国任金陵大学副教授，1933 年任教授。在繁重的教学工作之余，全力投入成立化学组织和出版化学刊物的工作。1932 年 8 月中国化学会在南京成立，戴安邦是发起人之一。1934 年 1 月，中国化学会《化学》杂志(《化学通报》前身)创刊，他任总编辑兼总经理。他在创刊号中撰文呼吁：“吾国之贫弱已臻极点。富国之策，虽不止一端，要在开辟天然富源，促进生产建设，发达国防工业，而待举百端，皆须化学家之努力。”作为一名中国化学家，他就是本着这种精神身体力行的。他主持《化学》刊物 17 年，为普及化学教育，提倡化学研究和推广化学应用做出了重大贡献。

1937 年 11 月，日本侵华战火蔓延江南，戴安邦随金陵大学西迁成都。由于战争的影响，当时仪器

药品奇缺，实验教学已难以维持。1940 年初，他为四川省教育厅创办了“四川省科学仪器制造所”，并兼任该所副所长，负实际责任。在人力物力极端困难的情况下，大量生产中学化学、物理和生物教学所需的仪器、药品、模型和标本等，使该省和部分邻省学校的这三门课程的实验工作在物资匮乏的战争年代里得以维持，他还结合实际条件编写实验教程，由四川省教育厅出版。

抗日战争胜利后，1947 年 8 月，戴安邦作为访问学者赴美国伊利诺伊大学分析化学系，主要研究无机沉淀的晶化作用，应用 X 射线衍射法测定制成样品的晶体结构，并阐明了磷酸铬的多晶现象。该系系主任克拉克教授对他颇为欣赏，一年后欲挽留他继续工作，戴安邦则介绍他的学生代替，自己按期回国。

中华人民共和国成立以后，戴安邦继续在金陵大学以及院系调整以后的南京大学任教。20 世纪 50 年代末，他看到了经典无机化学的现代化，新型配合物的大量涌现以及这些化合物结构和反应机理研究的成功，特别是配位场理论的创立，使得维尔纳配位理论有了新的发展。1963 年他创建南京大学络合物化学研究室，并于 1978 年扩建为南京大学配位化学研究所。1988 年又创建了南京大学配位化学国家重点开放实验室。1987 年 7 月第 25 届国际配位化学会议在南京召开，这是一次有 44 个国家和地区代表共约 1 000 人参加的化学盛会，戴安邦被推举为大会主席，苏联科学院普通及无机化学研究所给他颁发了秋加也夫奖章，以表彰他在配位化学方面的贡献。

立身首要是品德，人生价值在奉献！戴安邦先生以全部的精力和心血，点燃了知识、道德的火炬，照亮了一批又一批、一代又一代青年学生的心灵，把他们引入科学的殿堂，推向社会，成为国家建设的栋梁。他坚持以国家和人民的实际需要为科研目标，潜心研究，为我国配位化学跻身于国际学术前沿做出了卓越贡献。

习题

一、选择题

1. 配合物$[Co(NH_3)_2(en)_2]Cl_3$中，中心原子的配位数为(　　)。

A. 2　　B. 3　　C. 4　　D. 6

2. 配离子$[CoCl_2(en)_2]^+$中，中心原子的配位数是(　　)。

A. 6　　B. 5　　C. 4　　D. 3

3. 乙二胺四乙酸根可提供的配位原子数为(　　)。

A. 2　　B. 4　　C. 6　　D. 8

4. 在配合物中，中心原子的配位数等于(　　)。

A. 配体的数目　　B. 与中心原子结合的配位原子的数目

C. 配离子的电荷数　　D. 配合物外界的数目

5. 下列配离子中，最不稳定的是(　　)。

A. $[HgI_4]^{2-}$($K^{\ominus}_{稳}=5.7\times10^{29}$)　　B. $[Zn(NH_3)_4]^{2+}$($K^{\ominus}_{稳}=2.88\times10^{9}$)

C. $[Ni(CN)_4]^{2-}$($K^{\ominus}_{稳}=2.0\times10^{31}$)　　D. $[Cu(NH_3)_4]^{2+}$($K^{\ominus}_{稳}=2.09\times10^{13}$)

6. 下列配体中，属于单齿配体的是(　　)。

A. $N(CH_2COOH)_3$　　B. en　　C. EDTA　　D. SCN^-

7. 下列配体中，属于多齿配体的是(　　)。

A. Cl^-　　B. H_2O　　C. EDTA　　D. NH_3

8. 配离子的标准稳定常数$K^{\ominus}_{稳}$与标准不稳定常数$K^{\ominus}_{不稳}$的关系是(　　)。

A. $K^{\ominus}_{稳}=K^{\ominus}_{不稳}$　　B. $K^{\ominus}_{稳}K^{\ominus}_{不稳}=1$　　C. $K^{\ominus}_{不稳}=-K^{\ominus}_{稳}$　　D. $K^{\ominus}_{稳}K^{\ominus}_{不稳}=K^{\ominus}_{w}$

9. 按配合物的价键理论，配合物中心原子与配体之间的结合力为(　　)。

A. 离子键　　B. 配位键　　C. 氢键　　D. 正常共价键

10. 在Fe^{3+}、Al^{3+}、Ca^{2+}、Mg^{2+}的混合液中，用 EDTA 法测定Fe^{3+}和Al^{3+}，要消除Ca^{2+}和Mg^{2+}的干扰，最简便的方法是采用(　　)。

A. 沉淀分离法　　　B. 控制酸度法　　　C. 溶液萃取法　　　D. 离子交换法

二、填空题

1. 配合物$[Ag(NH_3)_2]NO_3$命名为________，内界是________，外界是________，中心原子是________，配体是________，配位原子是________，配位数是________。

2. 配位化合物$[Co(NH_3)_4(H_2O)_2]Cl_3$的内界是________，外界是________，配体是________，配位原子是________，中心原子的氧化数是________，配位数是________。

3. 如果配体均为单齿配体，则配体的数目________中心原子的配位数；如配体中有多齿配体，则中心原子的配位数________配体的数目。

4. EDTA的名称是________，用符号________表示。配制标准溶液时一般采用________，分子式为________，其水溶液pH为______。

5. 一般情况下水溶液中的EDTA总是以________等________形体存在，其中以________与金属离子形成的配合物最稳定，但仅在________时EDTA才主要以此种形体存在。除个别金属离子外，EDTA与金属离子形成配合物时，配合比都是______。

三、判断题

1. 按配合物的价键理论，中心原子与配体是以配位键结合的。（　　）
2. 当配离子转化为沉淀时，难溶电解质的溶解度越小，则越易转化。（　　）
3. 只要金属离子能与EDTA形成配合物，都能用EDTA直接滴定。（　　）
4. 用$K^{\ominus}_{稳}$比较配离子的稳定性时，与中心原子结合的配体数目必须相同。（　　）
5. EDTA与金属离子通常都能形成配合比为1∶1的螯合物。（　　）
6. 多齿配体与中心原子形成的螯合环越大，螯合物就越稳定。（　　）
7. 在配位个体中，中心原子的配位数等于配体的数目。（　　）
8. 配位个体中配体的数目不一定等于中心原子的配位数。（　　）
9. 游离金属指示剂本身的颜色一定要和与金属离子形成的配合物颜色有差别。（　　）
10. 对于配体个数相同的配位个体，其$K^{\ominus}_{稳}$越大，配位个体就越稳定。（　　）

四、简答题

1. 命名下列配合物，指出它们的配体、配位原子及配位数。

(1) $[Ni(NH_3)_4](OH)_2$　　(2) $[CoCl_2(NH_3)_4]Cl$

(3) $K_3[Fe(CN)_6]$　　(4) $H[PtCl_3(NH_3)]$

(5) $NH_4[Cr(SCN)_4(NH_3)_2]$　　(6) $[CoCl_2(NH_3)_3(H_2O)]Cl$

(7) $[Ni(CO)_4]$　　(8) $[Co(en)_3]Cl_3$

五、计算题

1. 用$CaCO_3$基准物质标定EDTA溶液的浓度，称取0.100 5 g $CaCO_3$基准物质溶解后定容为100.0 mL。移取25.00 mL钙溶液，在pH=12时用钙指示剂指示终点，以待标定EDTA滴定之，用去24.90 mL。计算EDTA的浓度。

2. 在25.00 mL含Ni^{2+}、Zn^{2+}的溶液中，加入50.00 mL的0.150 0 mol·L^{-1} EDTA溶液，用0.100 0 mol·L^{-1} Mg^{2+}标准溶液返滴定过量的EDTA，用去17.52 mL，然后加入二巯丙醇解蔽Zn^{2+}，释放出EDTA，再用22.00 mL Mg^{2+}溶液滴定。计算原溶液中Ni^{2+}、Zn^{2+}的浓度。

3. 测定水中钙、镁含量时，取100 mL水样，调节pH=10，用铬黑T作指示剂，用去0.100 mol·L^{-1} EDTA 25.00 mL，另取一份100 mL水样，调节pH=12，用钙作指示剂，耗去EDTA 14.25 mL，每升水样中含CaO，MgO各为多少毫克？

4. 称取含Fe_2O_3的试样0.201 5 g。溶解后，在pH=2条件下，以磺基水杨酸为指示剂，加热至50 ℃左右，以0.020 08 mol·L^{-1}的EDTA滴定至红色消失，消耗EDTA 15.20 mL。计算试样中Fe_2O_3的质量分数（以%表示）。

第 6 章
物质结构

知识目标

1. 了解物质的内部组成和结构。
2. 掌握核外电子排布规律。
3. 掌握用四个量子数描述电子的运动状态。
4. 掌握分子极性判断方法。
5. 熟悉分子间力、氢键的形成对物质物理性质的影响。
6. 熟悉常见单质和化合物的性质。

能力目标

1. 学会核外电子的排布，背熟元素周期表。
2. 能运用四个量子数说明核外电子运动状态。
3. 熟记常见单质和常见化合物的性质。

宇宙中纷繁复杂的数千万种物质是由化学元素周期表中有限的一百多种元素神奇地衍生出来的，这些物质构成了浩瀚苍穹、深邃宇宙和多彩的世界。微观粒子的运动，不能用经典力学(牛顿力学)来描述，因为微观粒子的运动具有特殊性。要研究微观粒子，首先要了解其运动的特殊性。本章介绍了核外电子的运动状态、元素周期表、共价键和分子结构、晶体结构与性能、常见单质与化合物性质。

物质发生化学反应时，原子核外电子运动状态的变化导致原子间结合方式发生改变，随之产生性质各异的不同种物质。

6.1　核外电子的运动状态

电子，是最早发现的基本粒子，带负电，电量为 $1.602\ 176\ 634\times10^{-19}$ 库仑，是电量的最小单元，质量为 $9.109\ 56\times10^{-31}$ kg，常用符号 e 表示，1897 年由英国物理学家约瑟夫・约翰・汤姆生在研究阴极射线时发现。一切原子都由一个带正电的原子核和围绕它运动的若干电子组成。电荷的定向运动形成电流，如金属导线中的电流。利用电场和磁场，能按照需要控制电子的运动(在固体、真空中)，从而制造出各种电子仪器和元件，如各种电子管、电子显微镜等。1924 年，法国物理学家德布罗意在光具有波粒二象性的启发下，提出了微观粒子也具有波粒二象性的预言，1927 年戴维逊和革莫用已知能量的电子在晶体上的衍射实验证明了德布罗意的预言。

6.1.1 电子云的概念

对宏观物体的运动，可以用经典力学来描述。例如，火车在轨道上奔驰、人造卫星按一定轨道围绕地球运行，都可以测定或根据一定的数据计算出它们在某一时刻的位置和速度，并能描绘出它们的运动轨迹。而在原子核外运动的电子则不同，它不遵循经典力学的规律，必须用20世纪初创立的量子力学理论来描述。

原子核外电子

知识点1 电子云

电子云是物理和化学中的一个概念，就是用统计的方法对核外电子空间分布的形象描绘，它区别于行星轨道式模型。电子有波粒二象性，它不像宏观物体的运动那样有确定的轨道，因此画不出它的运动轨迹，也不能预言它在某一时刻究竟出现在核外空间的哪个地方，只能知道它在某处出现的机会有多少。为此，就以单位体积内电子出现概率，即概率密度来表示，如图6-1中的小黑点的疏密。小黑点密处表示电子出现的概率密度大，小黑点疏处表示电子出现的概率密度小，看上去好像一片带负电的云状物笼罩在原子核周围，因此被称为“电子云”。1926年奥地利学者薛定谔在德布罗意关系式的基础上，对电子的运动做了适当的数学处理，提出了著名的薛定谔方程式。这个方程式的解，如果用三维坐标以图形表示的话，就是电子云。在量子力学中，用一个波函数$\Psi(x,y,z)$表征电子的运动状态，并且用它的模的平方$|\Psi|^2$表示单位体积内电子在核外空间某处出现的概率，即概率密度，所以电子云实际上就是$|\Psi|^2$在空间的分布。研究电子云的空间分布主要包括它的径向分布和角度分布两个方面。径向分布探究电子出现的概率大小和离核远近的关系，被看作在半径为r，厚度为$\mathrm{d}r$的薄球壳内电子出现的概率。角度分布探究电子出现的概率和角度的关系。如图6-2，s态电子角度分布呈球形对称，同一球面上不同角度方向上电子出现的概率密度相同；p态电子呈8字形，不同角度方向上概率密度不等，有了p_z的角度分布，再有$n=2$时2p的径向分布，就可以综合两者得到$2p_z$的电子云图形；由于2p和3p的径向分布不同，$2p_z$和$3p_z$的电子云图形也不同。

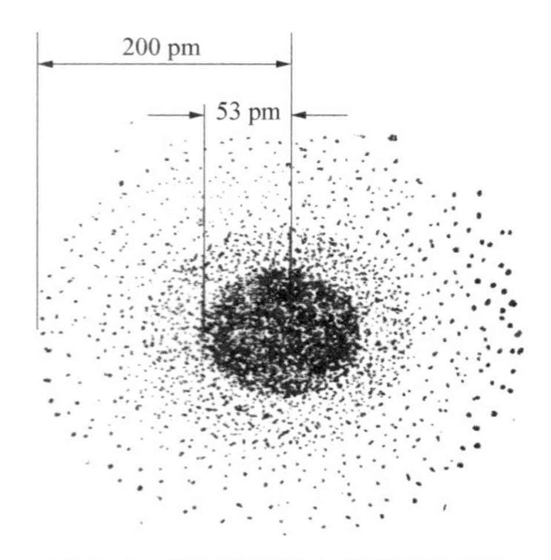

图6-1 基态氢原子1s电子云示意图

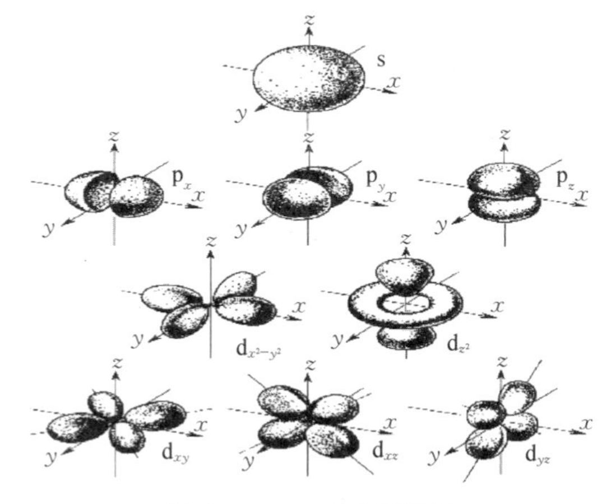

图6-2 s,p,d电子云图

6.1.2 核外电子运动状态研究史

知识点1 玻尔氢原子结构理论

物质受到高能量激发后，会以光谱的形式发射出能量，经分光后所得的按波长顺序排列的若干条不连续的谱线称为原子发射光谱。不同元素的原子发射光谱是不同的，最简单的是氢原子发射光谱，1883年瑞典物理学家巴耳末(Balmer)首先在可见光区发现了氢原子发射光谱的四条谱线，称为Balmer系，图6-3为氢原子发射光谱图。

氢原子光谱的实验事实与原子结构模型和经典电磁学理论的矛盾促进了人们对原子结构理论

的进一步探索。为了解释氢原子光谱，1913 年，丹麦的物理学家玻尔(Bohr)根据普朗克(Planck)的量子论和爱因斯坦(Einstein)的光子学说中光子能量与辐射频率的关系提出了玻尔氢原子结构理论。该理论指出：

(1) 原子核外电子不能在任意的轨道上运动，只能在符合玻尔量子化条件的、具有确定半径的圆形轨道上运动，这种轨道称为稳定轨道，电子在稳定的原子轨道上运动时，既不吸收能量也不放出能量。

(2) 电子在不同的稳定轨道上运动，其能量是不同的，轨道离核越远，能量越高；当原子处于能量最低的状态时称为基态，其他的状态称为激发态。

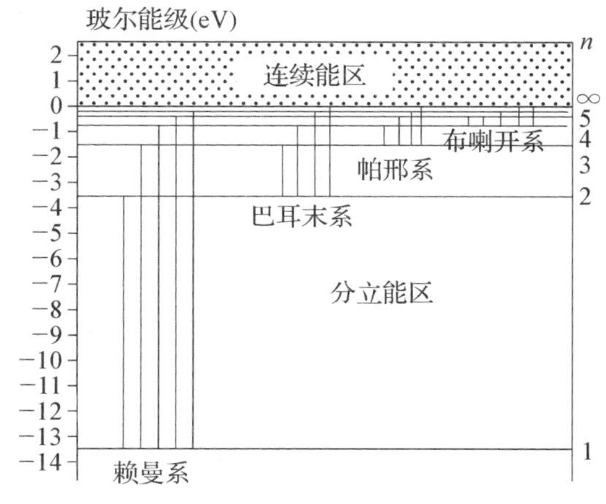

图 6－3　氢原子发射光谱图

(3) 电子在不同的原子轨道间跃迁时，才能发生能量的辐射或吸收；通常情况下，电子处于基态，在高能量作用下，电子被激发到离核较远的高能量轨道后，会自发地跃迁回低能量轨道，同时发射出光，发射光谱的能量取决于两个轨道间的能量差。

玻尔氢原子结构理论第一次将量子化的概念引入了原子结构，成功地解释了氢原子和类氢离子的光谱，也能解释原子发光现象，对原子结构理论的发展起到了重要的作用，但是，该理论只能用于说明氢原子及类氢离子(如 He^{+}、Li^{2+} 等)的光谱，而不能用于多电子原子体系，即使对于氢原子及类氢离子光谱，也不能解释其精细结构。究其原因，玻尔假说只是在经典力学连续性的基础之上加入了一些人为的量子化条件，它仍然是应用牛顿力学解决问题的，没有摆脱经典力学的束缚，因而，该理论不能正确反映微观粒子的运动规律，不可能认识到电子这种微观粒子运动的本质。随着量子力学的形成和发展，微观粒子的运动特征才逐渐被认识。

知识点 2　电子的波粒二象性

1924 年，法国物理学家德布罗意(De Broglie)在光具有波粒二象性的启发下，提出了电子等微观粒子也具有波粒二象性的假设。

德布罗意大胆推测，电子、原子等微观粒子也应和光子一样，既具有波动性，也具有微粒性。1927 年，美国物理学家戴维逊(Davisson)和革末(Germer)用已知能量的电子在晶体上进行衍射实验，得到了与 X 射线相似的衍射环纹，证实了电子波的存在。

电子运动的波粒二象性特征还可以通过海森伯格(Heisenberg)测不准原理来进一步佐证。对于宏观的物质体系，根据经典力学，在运动过程中的某一瞬间，其位置和动量可以同时准确地加以确定。但对于微观体系中高速运动的电子，由于质量小、运动速度快、具有波动性，因此其运动瞬间的位置和动量是不能同时准确测定的，这个观点是德国物理学家海森伯格在 1927 年提出来的，所以称为海森伯格测不准原理，其数学表达式可简化为：

$$\Delta x \cdot \Delta p \geqslant \frac{h}{2\pi}$$

Δx 表示电子在 x 轴上位置测定的偏差，Δp 表示电子动量测定的偏差，h 为普朗克(Plank)常数。Δx 和 Δp 两者的乘积必须大于等于 $h/2\pi$，即当位置测定越准确，Δx 的值越小，电子的动量测定就越不准确，Δp 的值就越大，反之亦然。

海森伯格测不准原理并不是说电子的运动是不可知的，而是进一步说明了人们对电子运动特征的深入认识，电子的运动与宏观物体的运动特征是不相同的，电子是具有波动性的。

知识点 3　四个量子数

一组特定的量子数确定一个波函数，因此，量子数取值对描述电子的运动状态是非常重要的，我们必须了解量子数的取值及物理意义。

1926 年，奥地利物理学家薛定谔从电子的波粒二象性出发，提出了一个描述核外电子运动状态的数学表达式，命名为薛定谔方程。薛定谔方程为一个二阶偏微分方程：

$$\frac{\partial^2\psi}{\partial x^2}+\frac{\partial^2\psi}{\partial y^2}+\frac{\partial^2\psi}{\partial z^2}+\frac{8\pi^2 m}{h^2}(E-V)\psi=0$$

式中，m 为电子的质量；E 为电子的能量；V 为电子的势能；ψ 是波函数；h 是普朗克常数。

求解薛定谔方程也就求出了描述核外电子运动状态的波函数 ψ。ψ 不是一个具体的数值，而是一个包含 n、l、m 三个常数项的数学函数式。只有当 n、l、m 的取值符合一定要求时，薛定谔方程的解 ψ 才能表示电子的一种空间运动状态。在量子力学中把确定波函数的这类特定常数 n、l、m 称为量子数。

1. 主量子数

主量子数用 n 表示，其取值为正整数，即 $n=1$、2、3、4、5、6、7…，各取值还可用相应的光谱符号 K、L、M、N、O、P、Q…来表示，主量子数取值相同的一组原子轨道为一个电子层，如 $n=1$ 为第一电子层，即 K 层，$n=2$ 为第二层，即 L 层……

主量子数确定了电子层，主量子数的大小表明了电子出现概率最大处离核的远近，即原子轨道离核的远近，同时说明了原子轨道能量的高低。主量子数取值越大，电子出现概率最大处离核越远，能量越高。对单电子原子体系，其原子轨道的能量只决定于主量子数，只要主量子数相同，原子轨道的能量就相等；对多电子原子体系，原子轨道的能量同时受到主量子数和角量子数的影响。

2. 角量子数

角量子数也称为副量子数，用符号 l 表示，其取值规定为 0、1、2、3…$n-1$。角量子数取值相同的一组原子轨道称为一个电子亚层，一个电子层中含有的电子亚层数等于该电子层所对应的主量子数的取值。

l 的取值受 n 的制约，当 $l=0$、1、2、3 时，分别称为 s、p、d、f 亚层。

$n=1$ 时，$l=0$，K 层只有 s 亚层；

$n=2$ 时，$l=0$、1，L 层有 s、p 亚层；

$n=3$ 时，$l=0$、1、2，M 层有 s、p、d 亚层；

$n=4$ 时，$l=0$、1、2、3，N 层有 s、p、d、f 亚层。

角量子数表明了原子轨道角动量的大小，具体而言，它体现的是原子轨道在空间各个方向上的伸展情况，即决定了原子轨道的形状。角量子数取值不同，原子轨道的形状就不同，例如，$l=0$ 时的 s 轨道为球形，说明电子运动与角度无关；$l=1$ 的 p 轨道为两个哑铃形等。

角量子数和主量子数一起决定多原子轨道的能量。

3. 磁量子数 m

m 称为磁量子数，取值为 0、±1、±2…±l。磁量子数的取值和取值个数是由角量子数确定的，在一个电子亚层中，磁量子数的取值个数为 $2l+1$。

磁量子数与原子轨道的能量无关，它体现的是电子绕核运动的角动量在空间给定方向上的分量，即磁量子数确定的是原子轨道在空间的伸展方向。一个磁量子数的取值决定原子轨道的一种伸展方向，一种伸展方向就是一个原子轨道，因此，一个电子亚层中的原子轨道数与磁量子数的取值个数相同，即一个电子亚层中有$(2l+1)$个原子轨道。例如，$l=1$ 的 p 电子亚层为哑铃形，但哑铃在空间三维坐标系中是沿 x 轴、y 轴分布还是沿 z 轴分布，就是由磁量子数决定的，此时，$m=0$、$+1$、-1，有三个取值，说明 p 轨道有三种空间伸展方向，该亚层中有三个原子轨道，他们分别沿着 x、y 和 z 轴分布。

在一个电子亚层中，各原子轨道的能量是相等的，称这种能量相等的原子轨道为简并轨道，简并轨道的数目称为简并度。但要注意的是，单电子原子体系与多电子原子体系简并轨道的情况不同。由于单电子原子体系的原子轨道能量只决定于主量子数，所以，主量子数相同，电子层中各轨道的能量都是相等的，都是简并轨道；而在多电子原子中，n、l 都相同的轨道为简并轨道。

【例 6-1】 指出 H 原子和 Cu 原子中 $n=3$ 的电子层中，有哪些原子轨道，哪些是简并轨道，简并度分别是多少？

【解】 $n=3$ 的电子层中，电子亚层有 3s、3p、3d。

H 原子为单电子原子体系，3s、3p、3d 都是简并轨道，简并度为 9。

Cu 原子为多电子原子体系，3p 亚层为简并轨道，简并度为 3；3d 亚层为简并轨道，简并度为 5。

4. 自旋磁量子数

一条原子发射光谱经精密光谱仪分光后，可以得到频率非常相近的两条谱线——光谱的精细结构，这种精细结构是难以仅仅用电子的轨道运动来解释的。为了说明光谱的精细结构，1925 年乌伦贝克(Uhlenbeck)和歌德希密特(Goudsmit)提出了电子自旋运动的假设，认为电子绕核运动的同时还有自旋运动，电子的自旋有两种状态。为描述电子的自旋运动，引入了自旋磁量子数，用 m_s 来表示，m_s 的取值只有 +1/2 和 −1/2 两种。当两个电子的自旋磁量子数取值相同时，称为自旋平行，可用两个同向的箭头“↑↑”或“↓↓”来形象地表示；若两个电子的自旋磁量子数取值不同，则称为自旋反平行，用两个反方向的箭头“↑↓”来表示。电子自旋运动的假设后来由实验所证实，但要注意，电子的自旋运动与经典力学中地球绕自身地轴的自旋不同，它仅仅表示电子运动的两种不同状态。

由四个量子数的取值规则及物理意义可见，由于原子轨道的形状不同，电子层中有不同的亚层；由于原子轨道的伸展方向不同，电子亚层中可能有几个不同的原子轨道。一个电子层中有 n 个亚层，一个电子亚层中有 $(2l+1)$ 个轨道，一个电子层中有 n^2 个轨道。确定一个原子轨道，需要 n、l、m 三个量子数；确定一个原子轨道的能量时，单电子原子体系只需要一个量子数 n，多电子原子体系需要 n、l 两个量子数，m_s 说明了电子的自旋运动状态。在现代原子结构理论中，就是用四个量子数 n、l、m、m_s 的取值来描述电子的运动状态。主量子数为 1～4 的原子轨道及量子数的取值见表 6-1。

表 6-1　量子数与电子的运动状态

主量子数 n	电子层符号	角量子数 l	亚层符号	磁量子数 m	电子层中轨道数	自旋量子数 m_s	最大容纳电子数
1	K	0	1s	0	1	±1/2	2
2	L	0	2s	0	4	±1/2	8
		1	2p	0，±1			
3	M	0	3s	0	9	±1/2	18
		1	3p	0，±1			
		2	3d	0，±1，±2			
4	N	0	4s	0	16	±1/2	32
		1	4p	0，±1			
		2	4d	0，±1，±2			
		3	4f	0，±1，±2，±3			

6.1.3 核外电子排布规律

知识点1 屏蔽效应和轨道能量

(1) 在多电子原子体系中，电子在各个原子轨道中的排布是按照原子轨道的能量高低进行的，因此，首先要明确多电子原子体系中原子轨道的能量高低。

(2) 单个电子在原子轨道上运动的能量为轨道能量。在氢原子和类氢离子中，由于只有一个电子，只存在电子与原子核间的作用力，电子运动的轨道能量只由主量子数确定，但在多电子原子体系中，除各个电子与原子核间的吸引力外，还有电子与电子之间的排斥作用力。电子之间的排斥作用，往往减弱了原子核对电子的吸引，从而引起作用在电子上的有效核电荷降低，这种现象称为屏蔽效应。

(3) 在多电子原子体系中，原子轨道的能量主要取决于主量子数和角量子数，但也受到屏蔽效应和钻穿效应的影响。即：

① n 相同时，l 越大，原子轨道的能量越高，如 $E_{3s}<E_{3p}<E_{3d}$。

② l 相同时，n 越大，原子轨道的能量越高，如 $E_{1s}<E_{2s}<E_{3s}$。

③ n、l 均不同时，一些 n 值较大的轨道能量可能低于 n 值较小的轨道，如 $E_{3d}>E_{4s}$，$E_{4d}>E_{5s}$，这称为能级交错现象。

知识点2 近似能级图

美国化学家鲍林在 1939 年根据光谱实验的结果，总结出多电子原子的原子轨道的近似能级高低顺序，如图 6-4 所示。经过计算，将能量相近的原子轨道组合，形成能级组，按这种方法，他将整个原子轨道划分成 7 个能级组。

表 6-2 鲍林多电子原子的原子轨道能级组

第一组	第二组	第三组	第四组	第五组	第六组	第七组
1s	2s 2p	3s 3p	4s 3d 4p	5s 4d 5p	6s 4f 5d 6p	7s 5f 6d 7p

图中每个方框代表一个能级组，相当于周期表中的一个周期；方框内的每一横排圆的数目表示各能级组中包含的原子轨道数；方框和圆的位置高低表示各能级组和原子轨道能量的相对高低。由图中可以看出，相邻两个能级组之间的能量差较大，而每个能级组中的能级之间的能量差比较小。

中国化学家徐光宪教授提出了多电子原子的原子轨道能级的定量依据，将 $(n+0.7l)$ 中整数相同的轨道划分为一个能级组。

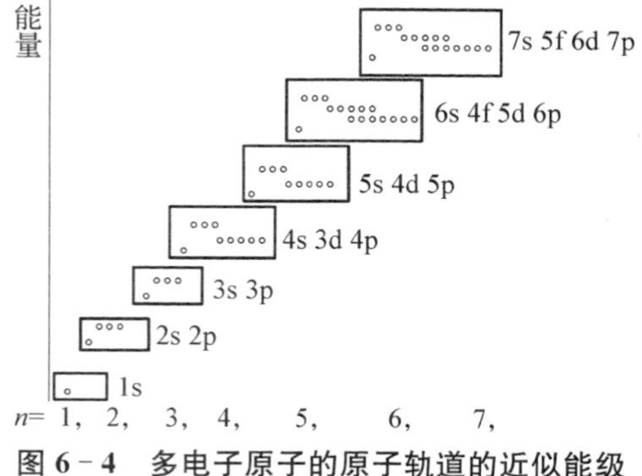

图 6-4 多电子原子的原子轨道的近似能级

表 6-3 徐光宪多电子原子的原子轨道能级组

能级	1s	2s	2p	3s	3p	4s	3d	4p	5s	4d	5p	6s	4f	5d	6p
	1.0	2.0	2.7	3.0	3.7	4.0	4.4	4.7	5.0	5.4	5.7	6.0	6.1	6.4	6.7
能级组	1	2		3		4			5			6			

根据徐光宪能级分组规则得到的能级组划分次序，与鲍林近似能级图是一致的。鲍林的原子轨道能级图是针对多电子原子体系的原子轨道近似能级顺序，它形象地说明了多电子原子体系中原子轨道能量的高低以及能级组的划分，指明了多电子原子体系中电子的填充顺序。但要注意，鲍林的原子轨道能级图是按原子轨道的能量高低来排列的，而不是按原子轨道离核的远近顺序或主量子数、角量子数依次增大的顺序来排列的。

知识点 3　**核外电子排布规则**

1. 核外电子排布的三个基本规则

多电子原子体系基态原子核外电子的排布必须遵循三个基本规则。

（1）泡利不相容原理

1925 年，奥地利物理学家泡利(Pauli)根据光谱实验的事实总结得出：在同一原子中，没有运动状态完全相同的电子，或者说在同一原子中，没有四个量子数完全相同的电子。这就是泡利不相容原理。根据前面所学的四个量子数的取值规则及泡利不相容原理，可以推断在一个原子轨道中最多只能容纳两个自旋状态相反的电子；在一个电子亚层中最多可以填充 $2(2l+1)$ 个电子；在一个电子层中最多可以填充 $2n^2$ 个电子。

（2）能量最低原理

这是一个物理世界普遍适用的原理，基态多电子原子在进行核外电子填充时，在不违背泡利不相容原理的前提下，总是尽可能地优先占据能量最低的轨道，只有这样，整个原子体系的能量才是最低的，原子也才是最稳定的。根据能量最低原理，核外电子总是按照能级图中原子轨道的能量顺序从低到高依次填充。

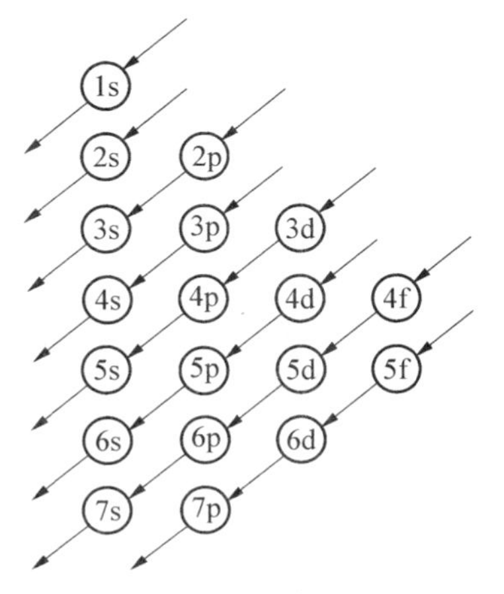

图 6－5　电子填充顺序

（3）洪特规则

洪特规则是 1925 年，由德国的科学家洪特(Hund)根据光谱数据总结出来的。该规则指出，电子在填充 n、l 相同，能量相等的简并轨道时，总是尽可能地以自旋平行的方式单独填充进入简并轨道。这是因为当一个原子轨道已经被一个电子占有后，另一个电子要继续填入该轨道时，就必然克服先填入的那个电子的排斥作用力，从而使整个体系的能量升高，这种克服两电子之间的排斥力而使其在原子轨道中成对所需要的额外的能量称为电子成对能。当电子单独填充进入简并轨道时，就不需要这种电子成对能，整个原子体系的能量就低一些。可见，洪特规则实际上是能量最低原理的补充。

在洪特规则中还有一类特例，当某组简并轨道的电子处于全充满，如 p6、d10、f14；半充满，如 p3、d5、f7 和全空如 p0、d0、f0 时，其能量是最低的，原子体系最稳定，因此，电子填充时总是优先形成这类排布。

2. 核外电子排布的表示方法

（1）电子排布式：

P　　　$1s^2\ 2s^2 2p^6 3s^2 3p^3$

Cl　　　$1s^2\ 2s^2 2p^6 3s^2 3p^5$

核外电子排布总式：

$1s^2\ 2s^2\ 2p^6 3s^2\ 3p^6\ 3d^{10}\ 4s^2\ 4p^6\ 4d^{10}\ 5s^2\ 5p^6\ 4f^{14} 5d^{10}\ 5f^{14}\ 6s^2\ 6p^6\ 6d^{10}\ 7s^2\ 7p^6$

（2）轨道表示式：

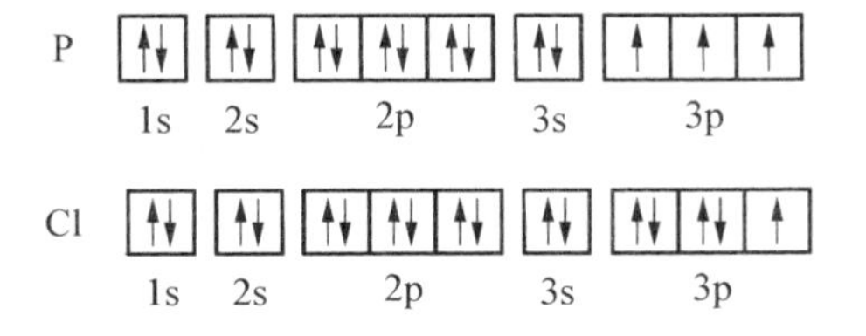

（3）原子实表示法：

K　　　[Ar] $4s^1$

Fe　　　[Ar] $3d^6 4s^2$

6.2 元素周期表

6.2.1 电子结构与元素周期表

知识点1 元素周期表

1. 周期

周期表中共有七个横行，每一行上的元素组成一个周期。周期表中共有7个周期。

第1周期　2种元素　短周期
第2周期　8种元素　短周期
第3周期　8种元素　短周期
第4周期　18种元素　长周期
第5周期　18种元素　长周期
第6周期　32种元素　长周期
第7周期　32种元素　不完全周期

周期数＝能级组数＝电子层数

2. 族

周期表中元素分为16个族：八个主族ⅠA～ⅧA(其中ⅧA也可写成0族)，八个副族ⅠB～ⅧB(其中ⅧB也可写成Ⅷ)。

主族元素的族数＝最外层的电子数；若最外层电子数＝8，则为0族元素。

3. 分区

(1) s区 $ns^{1\sim2}$，最后的电子填在 ns 上，包括ⅠA、ⅡA，属活泼金属，为碱金属和碱土金属。

(2) p区 $ns^2np^{1\sim6}$，最后的电子填在 np 上，包括ⅢA～ⅧA，为非金属和少数金属。

(3) d区 $(n-1)d^{1\sim10}ns^{1\sim2}$，最后的电子填在 $(n-1)d$ 上，包括ⅢB～ⅧB，为过渡金属。

(4) ds区 $(n-1)d^{10}ns^{1\sim2}$，$(n-1)d$ 全充满，最后的电子填在 ns 上，包括ⅠB～ⅡB，为过渡金属。

(5) f区 $(n-2)f^{1\sim14}(n-1)d^{0\sim2}ns^2$，包括镧系和锕系元素，为内过渡元素或内过渡系。

表6-4　周期与能级组的关系

能级组			周　期		
序数	能级	填充电子数	序数	原子序数	元素数
1	1s	2	1	1～2	2
2	2s2p	8	2	3～10	8
3	3s3p	8	3	11～18	8
4	4s3d4p	18	4	19～36	18
5	5s4d5p	18	5	37～54	18
6	6s4f5d6p	32	6	55～86	32
7	7s5f6d(未完)	未填满	7	87～	未完成

Cr的电子结构为 $Cr[Ar]3d^54s^1$，判断Cr所在的周期数。

由于最后一个电子填在最高的能级组 $n=4$ 的4s轨道上，所以Cr为第四周期元素。

元素的性质是原子内部结构的反映，随着核电荷的递增，原子的电子层结构呈周期性变化，元素的一些基本性质也必然呈现周期性变化。

知识点 2　元素基本性质的周期性变化

1. 原子半径的周期性变化

元素周期表

将原子近似看作球形，用原子半径来度量原子的大小。原子半径是根据原子存在的不同形式来定义的：共价化合物中相邻两个原子核间距离的一半称为共价半径；金属晶体中相邻两个原子核间距离的一半称为金属半径；稀有气体分子间的作用力是范德华力，相邻两个原子核间距离的一半称为范德华半径。一般来说，共价半径＜金属半径＜范德华半径。同一类型的原子半径可以相互比较，不同类型的原子半径之间不能比较。各元素的原子半径见图 6－6。由图 6－6 可看出，元素的原子半径呈周期性变化。对于主族元素，同一周期从左到右，原子半径依次减小；从上到下，原子半径逐渐增大。因为随着核电荷的增加，核外电子数也增加。核电荷的增加使原子核对核外电子的吸引力增大，使电子靠近核，而电子之间的排斥作用使电子远离核。同一周期中，电子层数不增加，核的吸引力大于增加电子所产生的排斥作用，原子半径依次减小。同一族中，从上到下，因电子层数增加起主导作用，原子半径依次增大。

对于副族元素，同一周期从左到右，原子半径依次减小，同一族从上到下，原子半径依次增大，但变化幅度都比较小。这是由于增加的电子填充在$(n-1)$d 或$(n-2)$f 轨道上，屏蔽效应较大，导致核对外层电子的吸引力明显减小。

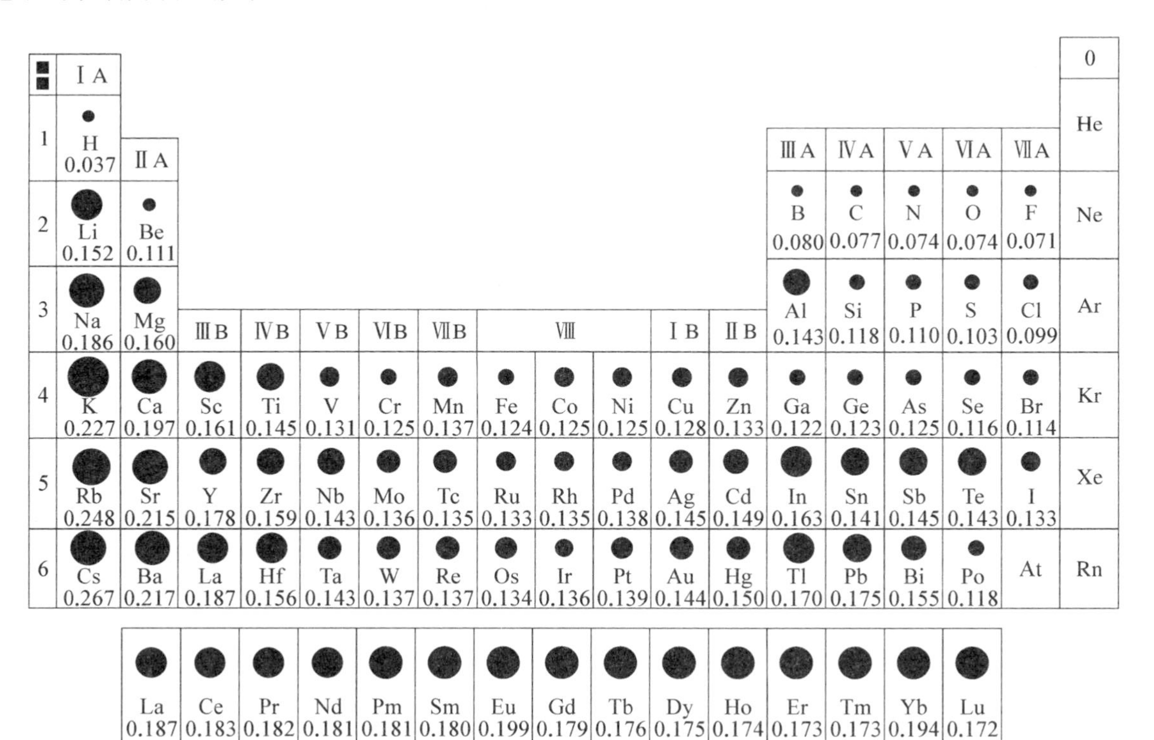

图 6－6　元素的原子半径(nm)

2. 电离能的周期性变化

1 mol 气态基态原子失去 1 个电子成为＋1 价的气态阳离子时所需要的能量称为该原子的第一电离能，用 I_1表示，单位为 $kJ \cdot mol^{-1}$。若气态＋1 价阳离子再失去 1 个电子变成气态＋2 价阳离子时，所吸收的能量称为该原子的第二电离能，用 I_2来表示。依此类推，随着原子失去电子数的增多，所形成的阳离子的正电荷增加，对电子的吸引力增强，使电子更难失去。因此，同一元素原子的各级电离能依次

增大，即 $I_1 < I_2 < I_3 \cdots$

3. 原子电离能

电离能的大小表示原子失去电子的难易程度。电离能越小，原子越容易失去电子，金属性越强。通常只用第一电离能来判断原子失去电子的难易程度。元素的第一电离能随着原子序数的增加呈明显的周期性变化，如图 6-7 所示。同一周期元素从左到右，原子的第一电离能逐渐增加，其中稍有起伏，$I_{1,\mathrm{Be}} > I_{1,\mathrm{B}}$，$I_{1,\mathrm{N}} > I_{1,\mathrm{O}}$，$I_{1,\mathrm{Mg}} > I_{1,\mathrm{Al}}$，$I_{1,\mathrm{P}} > I_{1,\mathrm{S}}$，这是由洪特规则的特例所引起的；同一族元素，从上到下原子的第一电离能依次减小，这是因为电子层的增加，使得核对外层电子的吸引力减弱。

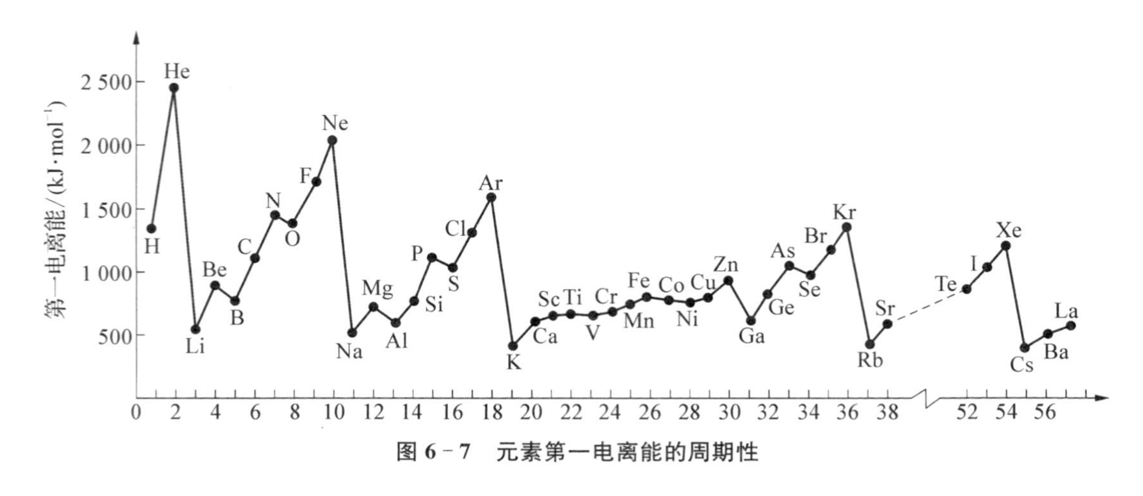

图 6-7　元素第一电离能的周期性

4. 电负性的周期性变化

元素的原子在分子中吸引电子的能力称为元素的电负性，用 X 表示。规定氟的电负性为 4.0，通过比较得出其他元素的电负性。

同一周期的元素，从左到右电负性逐渐增大，元素的非金属性也逐渐增强；同一主族的元素，从上到下电负性逐渐减小，元素的非金属性依次减弱；副族元素的电负性变化规律不明显。在周期表中，右上方的氟是电负性最大的元素，而左下方的铯和钫是电负性最小的元素。

元素的电负性越大，该元素的原子吸引成键电子的能力越强，元素的非金属性就越强，如氟的非金属性最强。元素的电负性越小，该元素的原子吸引成键电子的能力越弱，元素的金属性就越强，如铯和钫的金属性最强。电负性综合反映出元素的原子得失电子的相对能力，能全面衡量元素金属性和非金属性的相对强弱。一般来说，电负性小于 2.0 的元素为金属元素，电负性大于 2.0 的元素为非金属元素。

6.2.2　元素周期律

元素周期律(periodic law of elements)指元素的性质随元素的原子序数(即核电荷数或核外电子数)的增加而呈现周期性变化的规律。

结合元素周期表，元素周期律可以表述为：随着原子序数的增加，元素的性质呈周期性的递变规律。同一周期中，元素的金属性从左到右递减，非金属性从左到右递增；在同一族中，元素的金属性从上到下递增，非金属性从上到下递减。同一周期中，元素的最高正氧化数从左到右递增(没有正价的除外)，最低负氧化数从左到右逐渐增高；同一族的元素性质相近。同一周期中，原子半径随着原子序数的增加而减小；同一族中，原子半径随着原子序数的增加而增加。如果粒子的电子构型相同，则阴离子的半径比阳离子大，且半径随着电荷数的增加而减小(如 $O^{2-} > F^{-} > Na^{+} > Mg^{2+}$)。

(1) 原子半径：同一周期(稀有气体除外)，从左到右，随着原子序数的递增，元素原子的半径递减；同一族中，从上到下，随着原子序数的递增，元素原子半径递增。阴阳离子半径大小的辨别规律如下。由于阴离子是最外层电子层得到了电子，而阳离子是失去了电子，所以，(同种元素)① 阳离子半径＜原子半径，② 阴离子半径>原子半径，③ 阴离子半径>阳离子半径。或者一句话总结，对于具有相同核外电子排布的离子，原子序数越大，其离子半径越小(不适用于稀有气体)。

(2) 主要化合价(最高正化合价和最低负化合价)：同一周期中，从左到右，随着原子序数的递增，元素的最高正化合价递增(从+1 价到+7 价)，第一周期除外，第二周期的 O、F 元素除外(O、F 无正价)；同一周期，从左到右，最低负化合价递增(从−4 价到−1 价)，第一周期除外，由于金属元素一般无负化合价，故从ⅣA 族开始。元素最高价的绝对值与最低价的绝对值的和为 8。

(3) 元素的金属性和非金属性：同一周期中，从左到右，随着原子序数的递增，元素的金属性递减，非金属性递增；即元素对应单质氧化性越强，对应阴离子还原性越弱；单质与氢气反应越容易(剧烈)；其氢化物越稳定；最高价氧化物对应水化物(含氧酸)酸性越强。同一族中，从上到下，随着原子序数的递增，元素的金属性递增，非金属性递减；即元素对应单质还原性越强，对应阳离子氧化性越弱；单质与水或酸反应越容易(剧烈)；最高价氧化物对应水化物(氢氧化物)碱性越强。

(4) 单质及简单离子的氧化性与还原性：同一周期中，从左到右，随着原子序数的递增，单质的氧化性增强，还原性减弱；所对应的简单阴离子的还原性减弱，简单阳离子的氧化性增强。同一族中，从上到下，随着原子序数的递增，单质的氧化性减弱，还原性增强；所对应的简单阴离子的还原性增强，简单阳离子的氧化性减弱。元素单质的还原性越强，金属性就越强；单质氧化性越强，非金属性就越强。

(5) 最高价氧化物所对应的水化物的酸碱性：同一周期中，从左到右，元素最高价氧化物所对应的水化物的酸性增强(碱性减弱)；同一族中，从上到下，元素最高价氧化物所对应的水化物的碱性增强(酸性减弱)。

(6) 单质与氢气化合的难易程度：同一周期中，从左到右，随着原子序数的递增，单质与氢气化合逐渐容易；同一族中，从上到下，随着原子序数的递增，单质与氢气化合逐渐困难。

(7) 气态氢化物的稳定性：同一周期中，从左到右，随着原子序数的递增，元素气态氢化物的稳定性增强；同一族中，从上到下，随着原子序数的递增，元素气态氢化物的稳定性减弱。

(8) 此外还有一些对元素金属性、非金属性的判断依据，可以作为元素周期律的补充：随着从左到右价层轨道由空到满的逐渐变化，元素也由主要显金属性向主要显非金属性逐渐变化。同一族元素中，由于周期越高，价电子的能量就越高，就越容易失去电子，因此排在下面的元素一般比上面的元素更具有金属性。

6.3　共价键和分子结构

1916 年，美国化学家路易斯(Lewis)提出了共价学说，建立了经典的共价键理论。他认为 H_2，O_2，N_2 中两个原子间是以共用电子对吸引两个相同的原子核；分子中的原子都有形成稀有气体电子结构的趋势，以求得本身的稳定。例如：

$$H\cdot + \cdot H = H:H$$

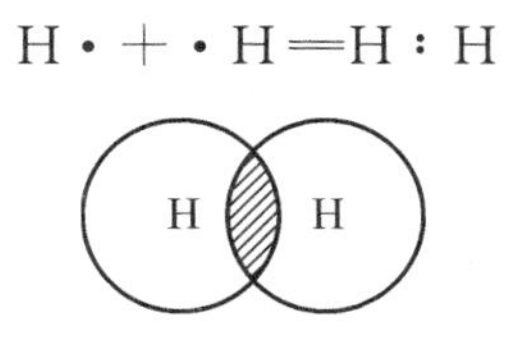

通过共用一对电子，每个 H 均成为 He 的电子构型，形成共价键。

(1) 共价键的形成：A、B 两原子各有一个成单电子，当 A、B 相互接近时，两电子以自旋相反的方式结成电子对，即两个电子所在的原子轨道能相互重叠，则体系能量降低，形成化学键，亦即一对电子形成一个共价键。形成的共价键越多，则体系能量越低，形成的分子越稳定。因此，各原子中的未成对电子会尽可能多地形成共价键。

(2) 配位键形成条件：一种原子中有孤对电子，而另一原子中有可与孤对电子所在轨道相互重叠的空轨道。

(3) 共价键的特征

① 饱和性：有几个未成对电子(包括原有的和激发生成的)，最多形成几个共价键。例如，O 有两个单电子，H 有一个单电子，结合成水分子时只能形成 2 个共价键；C 最多能与 H 形成 4 个共价键。

② 方向性：各原子轨道在空间分布是固定的，为了满足轨道的最大重叠，原子间成共价键时，具有方向性。

6.3.1 共价键理论

知识点 1　现代价键理论基本要点

1. 经典共价键理论

共价键

经典共价键理论认为：两个原子通过共用电子对的形式相互结合形成的化学键就称为共价键。随着量子力学的发展，鲍林等人建立了现代价键理论，也称为电子配对法，其基本要点如下。

(1) 两个原子接近时，自旋方式相反的未成对电子可以配对形成共价键。自旋方向相同或没有未成对电子的原子之间不能形成共价键。

(2) 一个原子含有几个未成对电子，通常就能与其他原子的几个自旋相反的未成对电子配对形成共价键。也就是说，一个原子所形成的共价键的数目不是任意的，一般受未成对电子数目的限制，这就是共价键的饱和性。

(3) 成键电子的原子轨道重叠得越多，核间电子云密度就越大，体系能量越低，形成的共价键越稳定，这称为原子轨道最大重叠原理。因此，在可能情况下，共价键的形成将沿着原子轨道最大重叠的方向进行。共价键的本质是原子轨道的叠加。

2. 共价键的类型

根据原子轨道重叠方式不同，会形成各种类型的共价键。成键两原子核间的连线称为键轴，一般假定键轴为 x 轴。

知识点 2　σ 键和 π 键

1. σ 键和 π 键

(1) 原子轨道沿键轴(两原子核间连线)方向以"头碰头"方式重叠所形成的共价键称为 σ 键。形成 σ 键时，原子轨道的重叠部分对于键轴呈圆柱形对称，沿键轴方向旋转任意角度，轨道的形状和符号均不改变。s～s，s～p_x，p_x～p_x 轨道间都是沿键轴方向发生原子轨道"头碰头"的重叠，形成 σ 键。由于 σ 键是沿着键轴以"头碰头"的方式重叠成键的，因此，σ 键重叠程度较大，键能高，稳定性好；并且 σ 键相对键轴呈圆柱形对称，成键的两原子绕着键轴任意相对旋转，σ 键不易被破坏。

(2) 原子轨道垂直于键轴以"肩并肩"方式重叠所形成的共价化学键称为 π 键。形成 π 键时，原子轨道的重叠部分对等地分布在包括键轴在内的平面上、下两侧，形状相同，符号相反，呈镜面反对称。p_y～p_y，p_z～p_z之间相互重叠形成的就是 π 键。由于 π 键是原子轨道"肩并肩"地重叠形成的，因此，其重叠程度较小，键能低于 σ 键，稳定性较差，含有 π 键的物质化学性质活泼，容易参加化学反应。另外，由于 π 键相对键轴反对称，所以含有 π 键的两原子就不能相对自由旋转，否则 π 键将被破坏。

(3) 通常共价单键为 σ 键，π 键只能和 σ 键一起存在，即共价双键中，一个是 σ 键、一个是 π 键，共价三键中一个是 σ 键，另外两个是 π 键。如 N_2分子的形成，两个 N 原子的 $2p_x$ 轨道之间相互"头碰头"重叠形成一个 σ 键；$2p_y$ 与 $2p_y$、$2p_z$ 与 $2p_z$ 之间相互"肩并肩"重叠形成两个 π 键，三个共价键彼此垂直。

2. 正常共价键和配位共价键

按共用电子对提供的方式不同，共价键又可分为正常共价键和配位共价键两种类型。由一个原子

单独提供共用电子对而形成的共价键称为配位共价键，简称配位键。配位键用箭号“→”表示，箭头方向由提供电子对的原子指向接受电子对的原子。

形成配位键的条件是：

（1）提供共用电子对的原子的最外层有孤对电子。

（2）接受共用电子对的原子的最外层有可接受孤对电子的空轨道。

知识点 3　键参数

表征化学键性质的物理量称为键参数，常见的键参数有键能、键长、键角等。

1. 键能

（1）在标准压力 100 kPa、298.15 K 条件下，将 1 mol 理想气体分子 AB 断开为气态 A、B 原子时所需要的能量称为 AB 的键离解能，用 D_{A-B}表示，单位为 $kJ \cdot mol^{-1}$。

（2）双原子分子的键离解能就是其键能，即 $E_{A-B}=D_{A-B}$。比如，$H_2(g) \longrightarrow 2H(g)$，$E_{H-H}=D_{H-H}=436\ kJ \cdot mol^{-1}$。

（3）对于三个或三个以上的多原子分子，键能是指分子中同种类型键的离解能的平均值，用 E_{A-B}表示。如 NH_3分子中 N—H 键的键离解能和键能分别为：

$NH_3(g) \longrightarrow NH_2(g)+H(g)$　　$D_1=435.1\ kJ \cdot mol^{-1}$

$NH_2(g) \longrightarrow NH(g)+H(g)$　　$D_2=397.5\ kJ \cdot mol^{-1}$

$NH(g) \longrightarrow N(g)+H(g)$　　$D_3=338.9\ kJ \cdot mol^{-1}$

N—H 键的键能为：$E_{N-H}=(D_1+D_2+D_3)/3=390.5\ kJ \cdot mol^{-1}$

（4）键能的大小表明了共价键的稳定性。键能越大，破坏该键需要的能量越多，键越牢固，相应的分子越稳定，反之，共价键就越弱，越易被破坏。

2. 键长

（1）成键两原子核间的平衡距离为键长。通常键长越长，共价键越弱，形成的分子越活泼；键长越短，共价键越牢固，形成的分子越稳定。常见共价键的键长见表 6-5。

表 6-5　一些双原子分子的键长(pm)

分　子	键　长	分　子	键　长
F_2	142	HCl	127
Cl_2	199	HBr	141
Br_2	228	HI	161
I_2	267	H_2	74
ClF	163	N_2	110
BrF	176	O_2	120.7
BrCl	214	NO	115.1
ICl	232	CO	112.8
HF	92		

（2）共价键的键长主要取决于成键两原子的性质，同种共价键在不同的分子中键长是很接近的，即键长有一定的守恒性，例如，C—C 单键在金刚石中键长为 154.2 pm，在乙烷中为 154 pm。另外，同类化合物中的双原子分子形成的共价键，键长随原子序数的增大而增加；相同原子间，三键键长小于双键键长，双键键长小于单键键长。

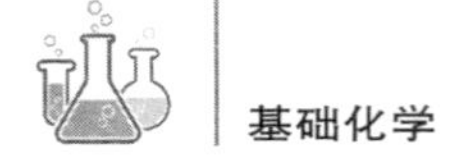

(3) 键角

分子中相邻两个共价键键轴之间的夹角定义为键角。键角反映了分子的空间构型,对多原子分子的极性也有重要影响。例如,实验测得 H_2O 分子中,两个 O—H 键之间的夹角为 104.5°,由此可说明水分子是 V 形结构而不是直线形,这也证明了水分子为极性分子。又如,实验测得 CO_2 分子中的 O—C—O键角为 180°,可以断定 CO_2 分子是一个直线形分子,也证明了 CO_2 分子是一个非极性分子。

(4) 键的极性

如果形成共价键的两个原子是完全相同的,它们对电子的吸引能力相同,成键电子对处于两原子核的正中间,整个共价键的正、负电荷重心是重合的,这种共价键是非极性共价键,如 O_2、Cl_2、N_2 等同核双原子分子中的共价键。如果形成共价键的两个原子不同,由于两原子的电负性不同,它们对共用电子对的吸引能力也就不同,成键电子对要偏向电负性大的原子使其带上部分负电荷,偏离电负性小的原子使其带部分正电荷,共价键中正负电荷重心不重合,这种共价键称为极性共价键,如 HCl、HF 等分子中的共价键。极性共价键的极性大小是由成键两原子电负性的差值决定的,电负性的差值越大,成键电子对的偏移越大,键的极性就越强。如果成键的两原子电负性相差很大(比如超过 1.7),共用电子对强烈地偏移以至于完全转移到电负性大的原子上,就形成了离子键。因此,离子键可以看作是极性最强的共价键,而非极性共价键可看成是极性最弱的共价键。

6.3.2 杂化轨道理论

知识点 1 杂化轨道理论基本要点

价键理论阐明了共价键的形成和本质,但它在说明分子的空间构型时却遇到了困难。例如,甲烷(CH_4)的空间构型为正四面体形,键角为 109°28′。C 原子的电子排布为 $1s^2 2s^2 2p^2$,价电子层中只有 2p 轨道中的两个电子是成单电子,根据价键理论,C 就只能形成两个共价键,且键角应为 90°,这显然和实验事实不符。为了说明多原子分子的空间构型,在价键理论的基础上,鲍林提出了杂化轨道理论。其基本要点如下:

杂化轨道

(1) 原子在形成分子的过程中,根据原子的成键要求,在周围原子的影响下,该原子能量相近的不同类型的原子轨道可以相互混合,重新组合成一组新的原子轨道。这种原子轨道的重新组合过程即为原子轨道的杂化,简称杂化,杂化后形成的原子轨道称为杂化轨道。请注意,只有在形成分子的过程中,能量相近的原子轨道才能进行杂化,孤立的原子不可能发生杂化,常见杂化的方式有 $ns-np$ 杂化、$ns-np-nd$ 杂化和 $(n-1)d-ns-np$ 杂化。

(2) 有多少个原子轨道参加杂化,就形成了多少个杂化轨道。杂化轨道用参与杂化的原子轨道的角量子数来表示,如 1 个 ns 轨道和 2 个 np 轨道形成 3 个 sp^2 杂化轨道。

(3) 杂化轨道在空间总是有规则排列的,根据最大重叠原理,可以由杂化轨道类型推断分子的空间构型。

(4) 杂化轨道的成键能力更强,形成的分子更加稳定。例如,s 轨道与 p 轨道杂化形成的 sp 杂化轨道比 s 轨道和 p 轨道的成键能力都强。

知识点 2 轨道杂化的类型及分子的空间构型

1. sp 杂化

1 个 ns 轨道和 1 个 np 轨道杂化,形成 2 个 sp 杂化轨道,每个杂化轨道含有 1/2s 轨道成分和 1/2p 轨道成分。两个杂化轨道呈直线形分布,以 sp 杂化所形成的分子几何构型为直线形。例如,$BeCl_2$ 分子在形成过程中,中心原子 Be 的 2s 轨道中的一个电子被激发到能量相近的 2p 轨道,2s 与含有一个电子的 2p 轨道杂化,形成等性的两个 sp 杂化轨道,它们分别与两个 Cl 原子的 p_x 轨道以"头碰头"方式形成两个 σ 键,所以 $BeCl_2$ 为直线形分子,键角为 180°。$BeCl_2$ 分子的形成过程如图 6-8,与 $BeCl_2$ 类似的还有 BeH_2、$HgCl_2$、CO_2 等分子。

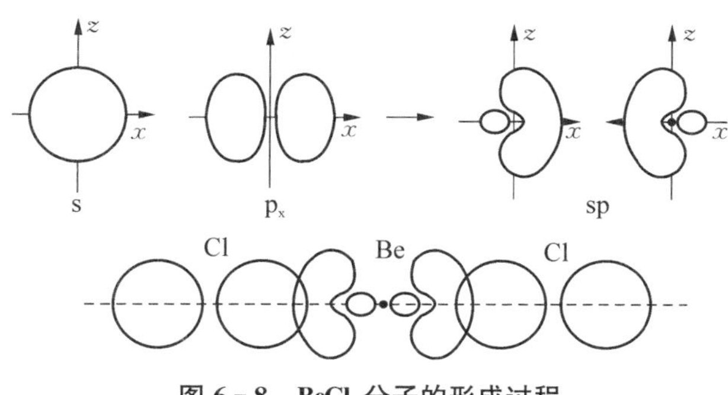

图 6-8　$BeCl_2$ 分子的形成过程

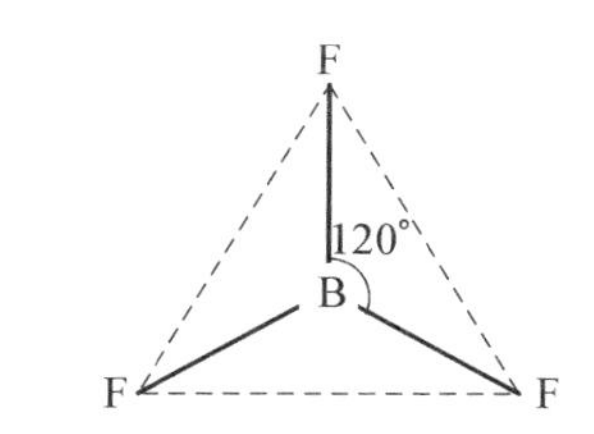

图 6-9　BF_3 分子的空间几何构型

2. sp^2 杂化

1 个 ns 轨道和 2 个 np 轨道杂化，形成 3 个 sp^2 杂化轨道，每个杂化轨道含有 1/3s 轨道成分和 2/3p 轨道成分。3 个杂化轨道沿平面三角形的三个顶点分布，所以以 sp^2 杂化所形成的分子，空间几何构型为平面三角形。例如，BF_3 分子的形成，B 原子的 1 个 2s 电子激发到 2p 空轨道上，2s 轨道和 2 个 2p 轨道进行杂化，形成 3 个 sp^2 杂化轨道。3 个 sp^2 杂化轨道再与 F 原子的单电子 3p 轨道以“头碰头”方式形成三个 σ 键，键角为 120°，BF_3 分子的空间几何构型为平面三角形，见图 6-9。与 BF_3 分子类似的还有 BBr_3、HCHO、$COCl_2$、NO_3^-、CO_3^{2-} 等分子或离子。

3. sp^3 杂化

1 个 ns 轨道和 3 个 np 轨道杂化，形成 4 个 sp^3 杂化轨道，每个杂化轨道含有 1/4s 轨道成分和 3/4p 轨道成分。4 个 sp^3 杂化轨道沿正四面体的四个顶点分布，所以中心原子以 sp^3 杂化所形成的分子，空间几何构型为正四面体形。例如，CH_4 分子在形成时，C 原子的 1 个 2s 电子激发到空的 2p 轨道上，2s 轨道和 3 个 2p 轨道杂化形成 4 个 sp^3 杂化轨道，4 个 sp^3 杂化轨道再分别与 H 原子的 1s 轨道以“头碰头”方式形成 4 个 σ 键，形成 CH_4 分子，所以 CH_4 分子的空间几何构型为正四面体型，键角为 109.5°。与 CH_4 分子类似的还有 CCl_4、SO_4^{2-}、PO_4^{3-} 等分子或离子。

4. 不等性杂化

由原子轨道组合成一组简并杂化轨道的杂化过程称为等性杂化。完全由一组具有未成对电子的原子轨道或空轨道参与的杂化都是等性杂化。如果杂化后所得到的一组杂化轨道并不完全简并，则称为不等性杂化。有孤对电子参与的杂化都是不等性杂化。

需要指出，等性杂化并不表示形成的共价键等同。例如，$CHCl_3$ 为变形四面体，分子中三个 C—Cl 键与 C—H 键并不等同，但 C 采取的杂化方式仍是 sp^3 等性杂化。

图 6-10　NH_3 分子的空间构型

(1) NH_3 分子的空间构型：基态 N 的最外层电子构型为 $2s^22p^3$，在 H 影响下，N 的一个 2s 轨道和三个 2p 轨道进行 sp^3 不等性杂化，形成四个 sp^3 杂化轨道。其中三个 sp^3 杂化轨道中各有一个未成对电子，另一个 sp^3 杂化轨道被孤对电子所占据。N 用三个各含一个未成对电子的 sp^3 杂化轨道分别与三个 H 的 1s 轨道重叠，形成三个 N—H 键。由于孤对电子的电子云密集在 N 的周围，对三个 N—H 键的电子云有比较大的排斥作用，使 N—H 键之间的键角被压缩到 107.3°，因此 NH_3 的空间构型为三角锥形，如图 6-10 所示。

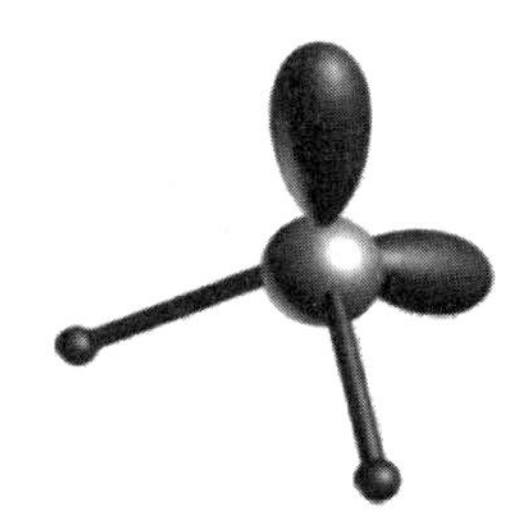

图 6-11　H_2O 分子的空间构型

(2) H_2O 分子的空间构型：基态 O 的最外层电子构型为 $2s^22p^4$，在 H 的影响下，O 采用 sp^3 不等性杂化，形成四个 sp^3 杂化轨道，其中两个杂化轨道中各有一个未成对电子，另外两个杂化轨道分别被两对孤对电子所占据。O 用两个各含有一个未成对电子的 sp^3 杂化轨道分别与两个 H 的 1s 轨道重叠，形成两个 O—H 键。

由于 O 的两对孤对电子对两个 O—H 键的成键电子有更大的排斥作用，使 O—H 键之间的键角被压缩到 104.5°，因此 H_2O 的空间构型为 V 形。如图 6-11 所示。

表 6-6　s-p 型杂化轨道和分子的空间构型

杂化类型	sp	sp^2	sp^3		
杂化轨道排布	直线形	三角形	四面体		
杂化轨道中孤对电子数	0	0	0	1	2
分子空间构型	直线形	三角形	正四面体	三角锥形	角形
实例	$BeCl_2$	BF_3	CCl_4	NH_3	H_2O
键角	180°	120°	109.5°	107.3°	104.5°

6.3.3　分子间作用力与氢键

分子间作用力

知识点 1　**分子间力**

1. 分子的极性

根据正、负电荷重心是否重合，共价键有极性共价键和非极性共价键之分，因此，由共价键构成的分子也有极性和非极性之分。如果分子的正、负电荷中心重合，则为非极性分子；如果正、负电荷的中心不重合，则为极性分子。

双原子分子的极性与共价键的极性是一致的，如果共价键为极性共价键，分子为极性分子，如 HCl、HF 等；反之，如果共价键为非极性共价键，则分子为非极性分子，如 H_2、N_2 等。

对于 3 个或 3 个以上的原子构成的多原子分子，键的极性与分子的极性不一定相同。一般由非极性共价键构成的多原子分子是非极性分子，如 P_5、S_8 等，但由极性共价键构成的多原子分子不一定都是极性分子。如果分子的空间构型是完全对称的，共价键的极性被抵消，正、负电荷重心正好重合，则是非极性分子，如 CO_2、CH_4 等是非极性分子；如果分子的空间构型不对称，正、负电荷重心不重合，则是极性分子，如 NH_3、H_2O 等是极性分子。

AB_n 型的多原子分子是否有极性，常可用如下方法来判断：如果中心原子的价层电子对全为成键电子对，该分子一般为非极性分子；如果中心原子的价层电子对既有成键电子对，也有孤电子对，该分子常为极性分子。

分子极性的大小常用分子偶极矩来衡量。分子偶极矩 μ 等于正电荷中心（或负电荷中心）的电量 q 与正、负电荷中心间的距离 d 的乘积：

$$\mu = q \cdot d$$

分子偶极矩越大，分子的极性就越大；分子偶极矩越小，分子的极性就越小；分子偶极矩为零的分子是非极性分子。

2. 分子间力的分类

（1）取向力

极性分子的正、负电荷重心不重合，分子中存在固有偶极。当极性分子充分接近时，极性分子的固有偶极间同极相斥、异极相吸，在空间的运动遵循着一定的方向，而处于异极相邻的状态。这种由于极性分子的偶极定向排列产生的静电作用力称为取向力。取向力的本质是静电作用，显然，极性分子的分子偶极矩越大，分子间距离越小，温度越低，取向力就越大。

（2）诱导力

当极性分子与非极性分子充分接近时，在极性分子固有偶极的影响下，非极性分子原来重合的正、

负电荷中心发生相对的位移而产生诱导偶极，在极性分子的固有偶极与非极性分子的诱导偶极之间产生静电作用力，这种作用力称为诱导力。

当极性分子充分接近时，在固有偶极的相互影响下，每个极性分子的正、负电荷中心的距离被拉大，也产生诱导偶极，因此诱导力也存在于极性分子之间。

(3) 色散力

分子中的电子和原子核都在不停运动着，在运动过程中它们之间会发生瞬时的相对位移，在一瞬间分子的正、负电荷中心不重合，产生瞬时偶极。当两个非极性分子充分接近时，两个分子的正、负电荷中心同时处于异极相邻的状态而产生吸引作用。这种由非极性分子的瞬时偶极产生的吸引作用称为色散力。虽然瞬时偶极存在时间极短，但是这种情况不断重复，因此色散力始终存在。

由于在极性分子中也会产生瞬时偶极，因此不仅非极性分子之间存在色散力，非极性分子与极性分子之间及极性分子之间也存在色散力。

综上所述，在非极性分子之间，只存在色散力；在极性分子与非极性分子之间，存在色散力和诱导力；在极性分子之间存在色散力、诱导力和取向力。对于大多数分子来说，色散力是主要的；只有当分子的极性很大时，取向力才比较显著；而诱导力通常很小。

3. 分子间力的特点

分子间力具有以下特点：

(1) 分子间力是存在于分子之间的一种电性作用力，其本质是静电作用，是偶极之间的相互作用，分子间力既没有方向性也没有饱和性。

(2) 分子间力的大小通常只有每摩尔几到几十千焦，比化学键能小得多，化学键能通常为每摩尔几十到几百千焦。

(3) 分子间力是近程力，作用范围很小，只有几皮米，随着分子之间距离的增加，分子间力迅速减弱。

(4) 在比较分子间作用力的大小时，首先应考虑色散力大小，色散力随分子变形性的增大而增大。在成键类型相同的情况下，分子的变形性往往随分子体积、分子量的增大而增大。

知识点2　分子间力对物质性质的影响

分子间力对物质的物理聚集状态、物质的熔点、沸点、溶解度等物理性质都有重要的影响。分子间作用力大，常态下物质以固体形态存在，分子间作用力小，常态下物质就以气体形态存在。随着分子间作用力的增加，物质的熔点、沸点逐渐升高。例如，卤族元素的单质 F_2、Cl_2、Br_2、I_2，从左到右，随着分子量的增加，分子变形性增强，分子间色散力增大，所以常态下 F_2、Cl_2 为气态，Br_2 为液态，I_2 为固态，其熔点、沸点也逐渐升高。

分子间力对物质溶解度的影响也是非常明显的。极性溶质与极性溶剂之间存在较强的取向力，因此可以相互溶解，如卤化氢易溶于水。非极性溶质与非极性溶剂之间的色散力较强，因此也可以相互溶解，如 I_2 易溶于 CCl_4。非极性溶质分子与极性溶剂分子或极性溶质分子与非极性溶剂分子之间的作用力一般小于溶质分子间力和溶剂分子间力，所以不能溶解。这就是相似相溶的理论依据。

知识点3　氢键的形成

氢键

根据分子间作用力与物质熔沸点的关系，同族元素氢化物的熔、沸点应随着分子量的增大而升高，但 H_2O、HF、NH_3 等物质的熔、沸点却不符合这个规律，它们是本族氢化物中熔、沸点最高的物质，这种反常现象说明 H_2O、HF、NH_3 分子之间除了分子间作用力外，还存在一种特殊的作用力——氢键。

当氢原子与电负性大、半径小的 X 原子(X=F、O、N)以共价键结合后，共用电子对偏向于 X 原子，氢原子几乎变成了"裸核"。"裸核"的体积很小，又没有内层电子，不被其他原子的电子所排斥，还能与另一个电负性大、半径小的 Y 原子(Y=F、O、N)中的孤对电子产生静电吸引作用。这种产生在氢原子与电负性大的元素原子的孤对电子之间的静电吸引称为氢键。

由上所述，形成氢键的条件是：① 与氢形成共价键的 X 原子的电负性要大，原子半径要小；② 与氢形成氢键的 Y 原子电负性大，半径小，且有孤对电子。能形成氢键的元素主要有 B、N、O、F。

知识点 4　氢键的分类

氢键可以在相同的或不同的分子之间形成，称为分子间氢键，如 HF 分子间、H_2O 分子与 NH_3 分子间都可形成分子间氢键；氢键也可在一个分子内部形成，称为分子内氢键，如邻硝基苯酚分子、硝酸分子、水杨醛分子内都可以形成分子内氢键，如图 6－12 和 6－13 所示。

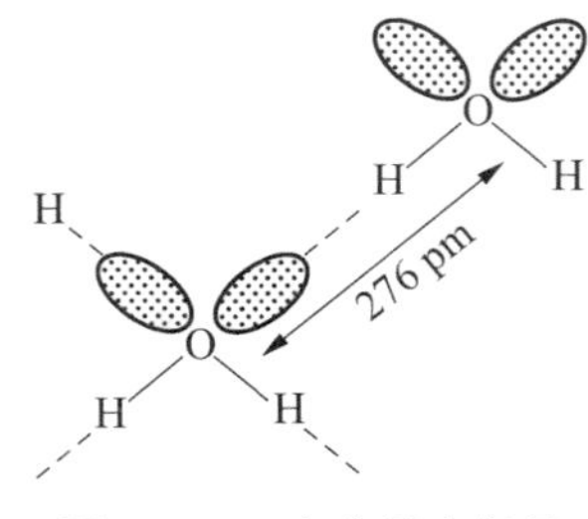

图 6－12　水分子内氢键

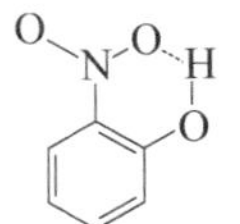

图 6－13　邻硝基苯酚分子内形成的氢键

知识点 5　氢键的特点

（1）氢键只存在于某些含氢原子的分子之间。

（2）氢键有方向性和饱和性。氢键的方向性是指形成氢键 X—H…Y 时，X、H、Y 原子尽可能在同一直线上，这样可使 X 原子与 Y 原子之间距离最远，两原子间的斥力最小。但形成分子内氢键时，由于结构的限制，X、H、Y 往往不能在同一直线上。氢键的饱和性是指一个 X—H 分子只能与一个 Y 原子形成氢键。当 X—H 分子与一个 Y 原子形成氢键后，如果再有一个 Y 原子接近，则这个原子受到 X—H…Y 上的 X、Y 原子的排斥力远大于 H 原子对它的吸引力，使 X—H…Y 中的 H 原子不可能再与第二个 Y 原子形成第二个氢键。氢键的方向性和饱和性与共价键的方向性和饱和性是有区别的，氢键的方向性和饱和性是由于空间位阻效应决定的。

（3）氢键的键长是指 X—H…Y 中 X、Y 原子核间的距离，它比共价键大得多。氢键的键能较小，约为 12～40 kJ/mol，比化学键弱很多。

（4）氢键的强弱与 X、Y 原子的半径和电负性大小有关。X、Y 原子的半径越小，电负性越大，形成的氢键就越强。F 原子的电负性最大，半径也较小，因此形成的氢键最强，O 原子次之，Cl 原子的电负性也较大，与 N 原子相当，但由于其原子半径比 N 大得多，所以 Cl 原子几乎很难形成氢键，而 Br 和 I 根本就不能形成氢键。还要注意的一点是，在分子中，原子的电负性很大程度要受相邻原子的影响，如 C—H 中的 H 一般是不能形成氢键的，但在 N≡C—H 中，由于 N 原子的影响，使 C 的电负性增大，就能够形成 C—H…N 氢键了。常见氢键的强弱顺序为：

F—H…F＞O—H…O＞O—H…N＞N—H…N＞O—H…Cl

由以上特点可知，氢键既不是化学键，也不是分子间力，它是某些分子间或分子内的一种特殊作用力。

表 6－7　几种常见氢键的键能和键长

氢　键	键能(kJ·mol^{-1})	键长(pm)	化合物
F—H…F	28.0	255	$(HF)_n$
O—H…O	18.8	276	冰
N—H…F	20.9	268	NH_4F
N—H…O	16.2	286	$CH_3CONHCH_3$(在 CCl_4 中)
N—H…N	5.4	338	NH_3

知识点6　氢键对物质性质的影响

氢键对物质性质的影响范围:熔点、沸点、溶解度、密度、黏度。

(1) 分子间氢键相当于使分子量增大,色散力增大,故熔沸点升高;分子内氢键未增大分子量,却使分子极性下降,故熔、沸点下降,水溶性也下降。

(2) 溶剂与溶质分子间形成氢键,会导致溶解度增大,如乙醇与水的互溶;溶质分子内形成氢键,将导致溶质在极性溶剂中的溶解度下降,在非极性溶剂中的溶解度上升,如邻硝基苯酚比对硝基苯酚在水中的溶解度小,而在苯中,邻硝基苯酚比对硝基苯酚的溶解度大。

(3) 分子间氢键使溶液的密度和黏度增大;分子内氢键没有影响。

6.4　晶体结构与性能

固体物质常分为晶体和非晶体两类。非晶体也称无定形物质,常见的非晶体有玻璃、沥青、松香、石蜡、橡胶、明胶等。除上述的玻璃态物质外,固体物质几乎全是晶体。晶体的结构与性能的关系是研究物质宏观性质的重要内容,其在现代科技,特别是材料科学、信息科学的发展中有着极其重要的作用和意义。

具有规则的几何外形,固定的熔点和各向导性,内部的原子、分子、离子等质点有规则排列的一类固体物质统称为晶体。组成晶体的原子、分子、离子等微粒在晶体内部三维空间有规则地排列所形成的点阵结构称为晶格,晶格上组成晶体的微粒所占据的空间位置称为晶格结点。晶体中代表晶格结构的最小单元称为晶胞,一个晶胞可能包含一个晶格,也可能包含多个晶格,晶胞是晶格的最小重复单元,晶胞在三维空间的无限重复排列就得到了宏观的晶体。

知识点1　分子晶体

在晶格结点上排列的是中性分子,分子间依靠范德华力和氢键相互连接所形成的晶体称为分子晶体。与离子晶体和原子晶体不同,分子晶体中有独立的小分子存在。非金属单质如 H_2、O_2、I_2等,非金属化合物如 CO_2、H_2S、H_2O 等以及大量的有机物在固态时都是分子晶体。

· 晶体及共价键
· 离子晶体结构

连接分子晶体中质点的分子间力和氢键与化学键比较,是很弱的,所以分子晶体硬度小,熔点、沸点很低,有的还可以不经过液态而直接升华,如碘、萘、干冰等。

知识点2　离子晶体

在晶格结点上,交替排列的是阴、阳离子,离子间以离子键相互结合而形成的晶体称为离子晶体。几乎所有的盐类、强碱和碱性氧化物都属于离子晶体,如 NaCl、KOH、CaO 等。

由于离子晶体是依靠离子键的作用将阴、阳离子结合起来的,离子键没有方向性和饱和性,每个离子都尽可能多的以静电力吸引周围的异号离子而紧密堆积,所以离子晶体中不存在单个的分子,整个晶体可看成一个巨大的分子,一般用化学式来表示离子晶体,但它只表明了晶体中阴阳离子的最简个数比,不能反映晶体结构。如 NaCl 只是表明 NaCl 晶体中 Na^+ 与 Cl^- 的个数比为 1∶1,但并不说明 Na^+ 与 Cl^- 的周围只有一个相反电荷的离子。每个离子周围所结合的与其带相反电荷的离子的数目,称为离子的配位数,如 NaCl 晶体中配位数为 6,表明在晶格中每个 Na^+ 离子被 6 个 Cl^- 离子包围,每个 Cl^- 也被 6 个 Na^+ 离子包围。

一般根据离子的配位数将离子晶体划分为三种类型:配位数为 4 的 ZnS 型、配位数为 6 的 NaCl 型、配位数为 8 的 CsCl 型。离子的配位数决定于阴、阳离子的半径比和离子的电子构型,常见的 AB 型离子晶体的构型及其离子半径比的大小关系见表 6-8。

表 6-8 AB 型离子晶体的离子半径比与配位数及晶体构型的关系

半径比(R^+/R^-)	配位数	晶体结构	实 例
0.225～0.414	4	ZnS 型	ZnS ZnO BeO BeS CuCl CuBr
0.414～0.732	6	NaCl 型	NaCl KCl NaBr LiF CaO MgO CaS BaS
0.732～1	8	CsCl 型	CsCl CsBr CsI TiCl NH_4Cl TiCN

离子晶体的内部结构特点和离子键较强的结合力决定了离子晶体的性质。离子晶体具有较高的熔点、沸点,易溶于极性溶剂(如水等),具有较大的硬度,较脆,在熔融状态或水溶液中可电离出自由移动的阴、阳离子,所以离子晶体在熔融状态或水溶液中能导电。

知识点 3　原子晶体

在晶格结点上排列的是中性原子,原子与原子间以牢固的共价键相互结合所形成的晶体为原子晶体。原子晶体的种类不多,常见的有金刚石、单质硼、单质硅、单质锗、SiC、SiO_2、AlN、B_4C、GaAs 等。

原子晶体中不存在独立的小分子,整个晶体就是一个巨大的分子。由于原子与原子间的共价键结合力很强,所以原子晶体具有很高的熔点,很大的硬度,一般不导电,难溶于任何溶剂,化学性质十分稳定。例如,金刚石的熔点为 3 750 ℃,是迄今为止发现的硬度最大的物质,莫氏硬度中将其定为 10,其他物质的硬度都是相对金刚石而定的。金刚石作为精美的宝石,晶莹璀璨,在首饰中经常用到它;由于它质地坚硬,在精密机械工业、金属表面加工、矿产资源的钻探等领域都有广泛应用,现在世界年消费金刚石量达数万克拉。原子晶体中由于不含自由电子和离子,因此一般不导电,但也有一些重要的半导体材料如硅,属于原子晶体。

知识点 4　金属晶体

在晶格结点上排列的是金属原子或离子,金属原子或离子依靠金属键的结合力而形成的晶体称为金属晶体。由于自由电子属于整块金属所有,所以在金属晶体中也没有单个的独立分子,一块金属就是一个巨型分子。

由于金属键既没有方向性,也没有饱和性,所以金属晶体总是倾向于使金属原子紧密堆积。所谓紧密堆积是指金属原子尽可能趋向于相互接近,使每个原子具有尽可能大的配位数。紧密堆积将降低体系的能量,使晶体趋于稳定。绝大多数金属单质晶体属于三种紧密堆积形式:配位数为 8 的体心立方晶格、配位数为 12 的六方紧密堆积晶格和配位数为 12 的面心立方紧密堆积晶格。

金属晶体是依靠自由电子的结合力,使金属原子或离子紧密堆积而成的,所以金属晶体具有一些特殊的性质:

(1) 良好的导电性,这是由于自由电子在外加电场中可以定向移动。

(2) 良好的导热性,自由电子热运动的加剧会使其不断和金属原子或离子碰撞而交换能量,使热能在晶体中迅速传递。

(3) 良好的延展性,由于自由电子的自由流动性,金属原子或离子发生相对位移时,在一定限度内不会破坏金属键,因而金属往往都具有良好的机械加工性能,如展性最好的金,可压成 0.000 1 mm 厚度的金箔。

(4) 常具有银白色的金属光泽,这是因为自由电子能吸收各种频率的可见光而后又几乎全部发射出来。

(5) 一般都具有较高的熔点、沸点,较高的硬度和较大的密度,但差异也很明显。例如,金属锇(Os)的密度高达 22.557 $g\cdot cm^{-3}$,而金属锂(Li)的密度只有 0.534 $g\cdot cm^{-3}$;钨(W)的熔点为 3 410 ℃,而汞的熔点只有 −38.87 ℃。

为了便于比较，上述四种基本类型晶体的结构与性质的关系见表 6-9。

表 6-9　四种晶体的比较

晶体类型	离子晶体	原子晶体	分子晶体	金属晶体
结合力	离子键	共价键	分子间力和氢键	金属键
基本质点	阴阳离子	原子	分子或原子	原子、阳离子、自由电子
熔、沸点	较高	高	低	一般较高、差异大
硬度	硬而脆	高	低	一般较硬、差异大
导电性	不导电	不导电	不导电	良好导体
导热性	不良	不良	不良	良好导热性
实例	NaCl，MgO，NH_4Cl，KNO_3	金刚石，Si，SiO_2	HCl，冰，$CO_2(s)$，I_2，$N_2(s)$	Au，Ag，Cu，Fe

晶体除了上述四种基本类型外，还有一些混合键型的晶体，在这些晶体中，存在着多种结合力。例如，石墨是典型的层状结构晶体，在石墨晶体中，每个碳原子以三个 sp^2 杂化轨道与相邻的 3 个碳原子形成 3 个 $sp^2 \sim sp^2$ 重叠的键，键角为 120°，它们无限延伸扩展就形成了蜂巢样的正六边形平面层状结构，每个碳原子还有一个垂直于杂化轨道平面的、有一个电子的 2p 轨道，这些相互平行的 2p 轨道可以相互重叠形成一个覆盖整个晶体的键，键中的电子可以在整个碳原子组成的平面层上运动。正是由于石墨晶体的这种结构使其具有良好的导电性、导热性、润滑性等。

6.5　常见单质与化合物性质

6.5.1　常见单质性质

卤族元素的单质化学性质活泼，化学价除 F 外，都有最高正价＋7。卤族元素随着核电荷数逐渐增大，元素的金属性逐渐增强，非金属性逐渐减弱。单质的氧化性由氟气到碘逐渐降低，所以按 F、Cl、Br、I 的顺序能够发生置换反应。

气态氢化物的稳定性：HF＞HCl＞HBr＞HI。

气态氢化物的酸性强弱：HF＜HCl＜HBr＜HI。

最高价氧化物对应水化物的酸性强弱：$HClO_4 > HBrO_4 > HIO_4$。

特性：溴单质能挥发，保存时应加水液封；碘单质能升华。

卤族元素单质的物理性质是随核电荷数逐渐增大，颜色逐渐加深，状态由气态到固态，熔沸点逐渐升高。

6.5.2　常见化合物性质

知识点 1　**钠及其化合物**

(1) 钠与酸反应时，先与酸反应，酸不足再与水反应。

(2) 钠与盐的溶液反应时，钠不能置换出溶液中的金属，而是直接与水反应，反应后生成的碱再与溶液中的物质反应。

(3) 等物质的量的金属钠与氧气作用生成 Na_2O 和 Na_2O_2 时，转移的电子数相同。

(4) Na_2O_2 与 CO_2 或 H_2O 反应时，生成 1 mol O_2，转移的电子的物质的量均为 2 mol。

(5) Na_2O_2 与 CO_2 和水蒸气组成的混合气体反应时，应先考虑 Na_2O_2 与 CO_2 反应。因为若先发生反应 $Na_2O_2 + 2H_2O = 4NaOH + O_2\uparrow$，必定还会发生 $2NaOH + CO_2 = Na_2CO_3 + H_2O$ 的反应。

（6）Na_2O_2与SO_2反应的化学方程式为$Na_2O_2+SO_2 = Na_2SO_4$。

（7）向Na_2CO_3溶液中逐滴滴入盐酸，反应是分步进行的，反应的离子方程式依次为$CO_3^{2-}+H^+ = HCO_3^-$，$HCO_3^-+H^+ = H_2O+CO_2\uparrow$。

知识点2　镁、铝及其化合物

（1）镁在空气中燃烧的化学方程式有$Mg+O_2 \xlongequal{点燃} 2MgO$，$3Mg+N_2 \xlongequal{点燃} Mg_3N_2$，$2Mg+CO_2 \xlongequal{点燃} 2MgO+C$。

（2）Mg_3N_2与水反应的化学方程式为$Mg_3N_2+6H_2O = 3Mg(OH)_2+2NH_3\uparrow$。

（3）加热$Mg(HCO_3)_2$溶液生成的是$Mg(OH)_2$沉淀，而不是$MgCO_3$沉淀，因为$Mg(OH)_2$比$MgCO_3$更难溶于水。反应方程式为$Mg(HCO_3)_2 \xlongequal{\triangle} Mg(OH)_2\downarrow+2CO_2\uparrow$。

（4）铝与氢氧化钠溶液、非氧化性强酸反应生成H_2。常温下，浓硝酸、浓硫酸使铝发生钝化。

（5）Al_2O_3、$Al(OH)_3$仅能溶于强酸和强碱溶液中（如在碳酸和氨水中不溶）。

（6）Al^{3+}、AlO_2^-只能存在于酸性、碱性溶液中。Al^{3+}与下列离子不能大量共存：OH^-、S^{2-}、SO_3^{2-}、HCO_3^-、CO_3^{2-}、ClO^-、AlO_2^-，其中与OH^-不共存是因为直接反应，其余均是因为发生剧烈的双水解反应。AlO_2^-与下列离子不能大量共存：H^+、HCO_3^-、Al^{3+}、Fe^{2+}、Fe^{3+}，其中与H^+、HCO_3^-不共存是因为与AlO_2^-直接反应（$AlO_2^-+HCO_3^-+H_2O = Al(OH)_3\downarrow+CO_3^{2-}$），其余是因为发生了剧烈的双水解反应。

（7）明矾的净水原理：明矾的化学式为$KAl(SO_4)_2\cdot 12H_2O$，它在水中能电离，方程式为$KAl(SO_4)_2\cdot 12H_2O = K^++Al^{3+}+2SO_4^{2-}+12H_2O$。铝离子发生水解反应$Al^{3+}+3H_2O = Al(OH)_3$（胶体）$+3H^+$，生成的氢氧化铝胶体具有很强的吸附能力，能吸附水中的悬浮物，使之沉降以达到净水目的。

知识点3　铁、铜及其化合物

（1）Fe不能与冷、热水反应，但能与水蒸气在高温下反应生成H_2和Fe_3O_4，而不是Fe_2O_3。

（2）Fe与Cl_2反应只能生成$FeCl_3$，与S、I_2反应分别生成FeS、FeI_2，产物种类与反应物的用量无关。

（3）过量的Fe与硝酸作用，或在Fe和Fe_2O_3的混合物中加入盐酸均有Fe^{2+}生成。这是因为还存在生成的Fe^{3+}继续氧化单质Fe这一隐含反应：$2Fe^{3+}+Fe = 3Fe^{2+}$。

（4）Fe^{2+}与NO_3^-在酸性条件下不能共存。

（5）Fe_2O_3、$Fe(OH)_3$与氢碘酸反应时，涉及Fe^{3+}与I^-的氧化还原反应，产物为Fe^{2+}、I_2和H_2O。

（6）$FeCl_3$溶液加热浓缩时，因Fe^{3+}水解和HCl的挥发，得到的固体为$Fe(OH)_3$，灼烧后得到红棕色Fe_2O_3固体；而$Fe_2(SO_4)_3$溶液蒸干时，因硫酸是难挥发性的酸，将得不到$Fe(OH)_3$固体，最后得到的固体仍为$Fe_2(SO_4)_3$。

（7）注意亚铁盐及$Fe(OH)_2$易被空气中氧气氧化成三价铁的化合物。如某溶液中加入碱溶液后，最终得到红褐色沉淀，并不能断定该溶液中一定含有Fe^{3+}，也可能含有Fe^{2+}。

（8）铜在潮湿的空气中锈蚀，生成碱式碳酸铜，俗称铜绿：$2Cu+CO_2+H_2O+O_2 = Cu_2(OH)_2CO_3$。

（9）铜离子与氨水的反应：$Cu^{2+}+2NH_3\cdot H_2O = Cu(OH)_2\downarrow+2NH_4^+$（氨水少量时）；$Cu(OH)_2+4NH_3 = 2OH^-+[Cu(NH_3)_4]^{2+}$（深蓝色溶液）（氨水足量时）。

（10）Cu^{2+}和H_2S、HS^-、S^{2-}反应

虽然Cu^{2+}具有一定的氧化性，但和H_2S、HS^-、S^{2-}会发生离子反应生成沉淀，而不是发生氧化还原反应，即$Cu^{2+}+H_2S = CuS\downarrow+2H^+$。

（11）Cu^{2+}能和具有还原性的金属反应：$Cu^{2+}+Fe = Cu+Fe^{2+}$。

（12）氧化铜和还原剂的反应：$CuO+CO \xlongequal{\triangle} Cu+CO_2$；$3CuO+2NH_3 \xlongequal{\triangle} 3Cu+N_2+3H_2O$；$CH_3CH_2OH+CuO \xlongequal{\triangle} CH_3CHO+Cu+H_2O$。

案例

元素之家

溴发现于1824年。当时22岁的巴拉尔还是法国的一名学生，他在研究盐湖中植物的时候，将从大西洋和地中海沿岸采集到的黑角菜燃烧成灰，然后用浸泡的方法得到一种灰黑色的浸取液。他往浸取液中加入氯水和淀粉，溶液即分为两层：下层呈蓝色，可确认为碘；而红棕色的上层是何物还不得而知。

巴拉尔认为无非有两种可能，要么是一种与氯形成的化合物，要么是由氯置换出的一种新元素组成的单质。如果是化合物，那这种物质应该可以被分解，随后他采用多种方法分解该物质，但都无功而返。由此，他断定这是一种与氯、碘性质相似的新元素组成的单质。

1826年，巴拉尔将这种新元素命名为muride，含义是“盐水”。

1826年8月14日，法国科学院审查了巴拉尔的新发现，并将这种新元素重命名为溴，其希腊文原意为“臭味”。

本来溴的发现还可以提早几年，德国化学家李比希曾将氯气通入海藻灰母液中得到一种红棕色液体，但由于太忙而没有仔细进行分析，草率地认为这红棕色液体是氯化碘，从而与溴的发现失之交臂。

习题

一、选择题

1. σ键的常见类型有A. s－s，B. s－p_x，C. p_x－p_x，请指出下列分子中σ键的类型：

① H_2(　　)　② NH_3(　　)　③ F_2(　　)　④ HF(　　)

2. 水分子中，一个氧原子与两个氢原子之间形成的化学键是(　　)。

A. 两个σ键　B. 两个π键

C. 一个σ键和一个π键　D. 两个配位共价键

二、问答题

1. 假定有下列各套量子数，指出哪几套不可能存在，说明理由。

(1) (3,2,+2,+1/2)　(2) (3,0,−1,+1/2)

(3) (2,2,+2,2)　(4) (1,0,0,0)

(5) (2,−1,0,−1/2)　(6) (2,0,−2,+1/2)

2. 请判断下列各组分子的杂化类型。

(1) CS_2　CO_2　C_2H_2　(2) BCl_3　BBr_3　C_6H_6

(3) CCl_4　SiH_4　SiF_4　(4) NH_3　NF_3　PH_3

3. 指出下列各组物质中存在哪种类型的分子间力？

(1) Br_2和CCl_4　(2) NH_3和H_2O

(3) CO_2和H_2O　(4) 甲醇和水

4. 指出H原子和Cu原子$n=3$的电子层中，有哪些原子轨道，哪些是简并轨道，简并度分别是多少？

5. 请推出s、p、d、f电子亚层和K～N电子层中电子的最大容纳量，并总结出规律。

6. 钠原子的核外电子排布为$1s^2 2s^2 2p^6 3s^1$，判断其周期、族数。

7. 氯原子位于元素周期表第三周期、第ⅦA族，请写出其核外电子排布。

8. H_2O分子中，H和O原子间可形成几个共价键？O_2、Cl_2两分子又可形成几个共价键？

9. 实验测得CS_2分子的$\mu=0$，H_2S的分子的$\mu=3.63\times10^{-30}$ C·m，请推断这两种分子的极性与空间构型。

10. 水分子间存在哪种分子间力？

11. 对于多电子原子，比较下列四组给定量子数的轨道能量高低。

(1) $n=3 \quad l=0 \quad m=0 \quad m_s=+\frac{1}{2}$

(2) $n=3 \quad l=2 \quad m=-2 \quad m_s=-\frac{1}{2}$

(3) $n=1 \quad l=0 \quad m=0 \quad m_s=-\frac{1}{2}$

(4) $n=2 \quad l=1 \quad m=1 \quad m_s=-\frac{1}{2}$

12. 试分别写出27号元素Co的核外电子排布式和Co原子、Co^{2+}离子的价电子构型，并指出元素Co在周期表中所属的周期、族和分区。

13. 根据S与O的电负性差别，比较H_2O与H_2S哪个有较强氢键？

14. 根据杂化轨道理论推测下列分子的杂化类型及空间结构，是极性分子还是非极性分子。

SiF_4　　$BeCl_2$　　PCl_3　　$SiHCl_3$　　BBr_3

15. 判断下列各组分子之间存在什么形式的作用力。

(1) 苯和CCl_4　(2) 氨和水　(3) CO_2气体　(4) 氟化氢和水　(5) HBr气体

16. 分子间氢键和分子内氢键对化合物熔、沸点有什么影响？举例并解释其原因。

第7章

烃

知识目标

1. 了解烷烃、烯烃、炔烃与芳香烃的理化性质。
2. 掌握烷烃、烯烃、炔烃与芳香烃的命名。
3. 理解烷烃、烯烃、炔烃及芳香烃分子结构并掌握其化学反应。
4. 掌握取代反应、加成反应、聚合反应和 Diels-Alder 反应。
5. 掌握苯环上取代基的定位规律，并学会运用。
6. 了解有机化合物熔、沸点测定，重结晶，蒸馏，分馏，升华与萃取的意义并掌握其操作方法。

能力目标

1. 会写各类烃的名称。
2. 理解并熟悉取代反应、加成反应、聚合反应和 Diels-Alder 反应规律并能合理运用。
3. 学会运用苯环上取代基的定位规律预测反应产物。
4. 学会测定有机化合物的熔、沸点，能够用重结晶、蒸馏、分馏、升华、萃取等操作对有机物进行分离提纯。

有机化合物是生命产生的物质基础，所有的生命体都含有机物，如脂肪、氨基酸、蛋白质、糖、血红素、叶绿素、酶、激素等。有机物对人类的生命、生活、生产具有极其重要的意义，是人类赖以生存的重要物质基础。人类衣食住行等生活必需品中，糖类、油脂、蛋白质、石油、天然气、天然橡胶等来源于天然有机物，塑料、合成纤维、合成橡胶、合成药物等为人工合成的有机物，大量具有特殊功能的合成有机化合物大大改善了人类的生活质量。本章介绍了有机化合物基础知识；烃类（烷烃、烯烃、炔烃、芳香烃）的理化性质、结构、命名、化学反应、制备方法及芳香烃的定位规律；熔、沸点测定和有机物的分离与纯化技术（重结晶、蒸馏、分馏、升华、萃取）。

7.1 有机化合物基础知识

7.1.1 有机化合物的概念与特点

知识点1 有机化合物的概念

有机化合物简称有机物。它们遍布我们生活的物质世界，涵盖人们衣、食、住、行中接触的大多数物质，与人类的生活密不可分。

最初，有机化合物是指动、植物有机体内得到的物质。在18世纪末至19世纪初曾认为生物体内由于存在所谓“生命力”，才能产生有机化合物，这些物质不同于从没有生命的矿物中得到的化合物。1828年，德国化学家维勒(Wöhler)以已知的无机物氰酸铵(NH_4OCN)合成了尿素，揭开了人工合成有机物的序幕，“生命力”学说渐渐被抛弃，但由于历史和习惯的原因，“有机”这一名词沿用至今。

人类对有机化合物的认识是在实践中逐渐深入提高的。自从地球上出现人类，人类就本能地与各种有机化合物打交道，如人类所食用的淀粉、糖类、蛋白质、油脂等，我国古代很早就有关于酿酒、制蜡、制糖、造纸术及使用染料、石油和煤等的记载，等等。

碳是有机化合物中最基本的元素，所有有机物中都含有碳元素，因此，德国著名的有机化学家凯库勒(Kekulé)在1851年把有机化合物定义为含碳的化合物。有机化合物分子中除含有C外，绝大多数还含有H，许多有机物分子中还常含有O、N、X、S、P等其他元素。

知识点2　有机化合物的特点

与无机化合物相比较，有机化合物的数量庞大，其共性特点见表7-1。

表7-1　有机化合物和无机化合物性质的比较

性　质	有机化合物	无机化合物
可燃性	多数易燃烧	多数不易燃烧
水溶性	多数难溶于水，易溶于有机溶剂	多数易溶于水，难溶于有机溶剂
熔、沸点	多数熔、沸点低，易挥发，固体的熔点常在400℃以下	多数是固体，熔点高
化学反应性	多数反应速度慢，反应产物复杂，副反应多	多数反应速度快，定量进行，产率高，无副反应或副反应少
同分异构现象	普遍存在同分异构现象	很少存在同分异构现象

上述性质也有例外，如四氯化碳可用作灭火剂；低分子量的醇、醛、酮、羧酸等易溶于水；石油裂解反应不仅不慢，而且瞬时完成等。

7.1.2　分类

虽然有机化合物数目庞大、结构复杂，但是其结构和性质是密切相关的：结构决定性质，性质体现结构。因此，一个建立在结构基础上的系统的、科学的分类方法，有助于阐明有机化合物的结构、性质以及它们之间的联系，也有助于有机化学的学习、研究和发展。

通常有机物有两种分类方法：一是按照分子中碳原子的联结方式(碳的骨架)分类，二是按照决定分子主要化学性质的特殊原子或基团即官能团来分类。

知识点1　按碳骨架分类

按照有机物碳骨架不同，可以将其分成以下三类。

(1) 脂肪族化合物(开链化合物)

C原子之间相互结合成链状，两端张开不成环。这类化合物最早是从脂肪中发现的，所以又称脂肪族化合物。例如：

$CH_3CH_2CH_3$	$H_2C{=}CH_2$	CH_3CH_2OH	CH_3CHO
丙烷	乙烯	乙醇	乙醛

(2) 碳环化合物

碳环化合物分子中含有完全由碳原子组成的环。根据碳环结构和性质的不同又可分为脂环族化合物和芳香族化合物。脂肪族化合物在结构上也可看作是由开链化合物关环而成的，其性质与脂肪族化合物相似。例如：

芳香族化合物通常是含有苯环的碳环化合物，具有特殊的性质。例如：

(3) 杂环化合物

在杂环化合物分子的环中，除碳原子外还含有被称为杂原子的其他原子(如 O、N、S)。例如：

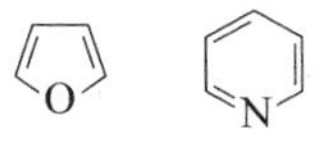

上述分类方法虽然在一定程度上反映了各类有机物的结构特征，但还不能体现有机物的主要性质。

知识点 2　按官能团分类

在有机物分子中，决定某一类化合物主要理化性质的原子或基团(原子团)称为特性基团(characteristic group)，俗称官能团(functional groups)。有机物中常见的官能团及其分类见表 7－2。

表 7－2　常见有机化合物的官能团及其分类

有机物类别	官能团结构	官能团名称	化合物实例
烷烃	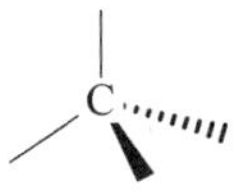 C(四面体)	碳碳单键	CH_4(甲烷)
烯烃	C═C	碳碳双键	H—CH═CH—H(乙烯)
炔烃	—C≡C—	碳碳三键	H—C≡C—H (乙炔)
卤代烃	—X	卤素	CH_3CH_2—Cl(氯乙烷)
醇	R—OH	醇羟基	CH_3CH_2—OH(乙醇)
酚	Ar—OH	酚羟基	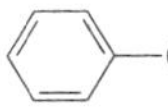 C_6H_5—OH (苯酚)
醚	—O—	醚基	CH_3CH_2—O—CH_2CH_3(乙醚)
醛	—C(═O)—H	醛羰基	H_3C—C(═O)—H (乙醛)
酮	C═O	酮羰基	H_3C—C(═O)—CH_3 (丙酮)
羧酸	—C(═O)—OH	羧基	H_3C—C(═O)—OH (乙酸)

续　表

有机物类别	官能团结构	官能团名称	化合物实例
酰卤	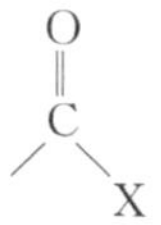 $\mathrm{-C(=O)-X}$	卤羰基	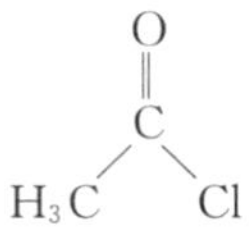 $\mathrm{H_3C-C(=O)-Cl}$（乙酰氯）
酸酐	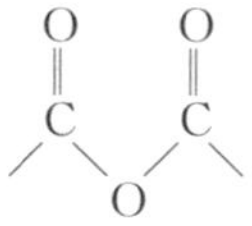 $\mathrm{-C(=O)-O-C(=O)-}$	酸酐基	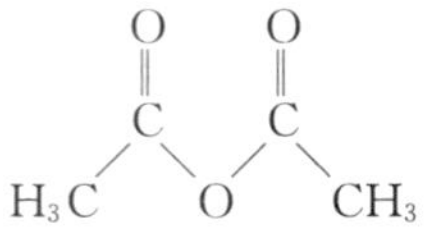 $\mathrm{H_3C-C(=O)-O-C(=O)-CH_3}$（乙酸酐）
酯	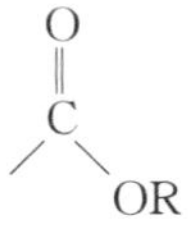 $\mathrm{-C(=O)-OR}$	酯基	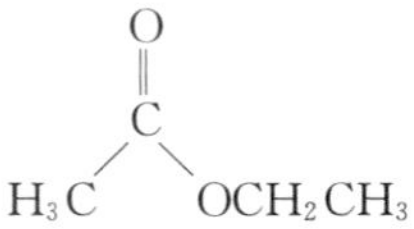 $\mathrm{H_3C-C(=O)-OCH_2CH_3}$（乙酸乙酯）
酰胺	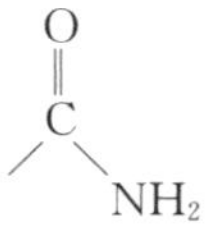 $\mathrm{-C(=O)-NH_2}$	氨基羰基	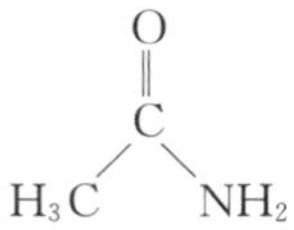 $\mathrm{H_3C-C(=O)-NH_2}$（乙酰胺）
硝基化合物	$\mathrm{-NO_2}$	硝基	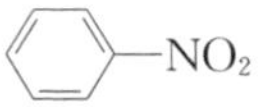 $\mathrm{C_6H_5-NO_2}$（硝基苯）
胺	$\mathrm{-NH_2}$	氨基	$\mathrm{H_3C-NH_2}$（甲胺）
腈	$\mathrm{-C\equiv N}$	氰基	$\mathrm{H_3C-CN}$（乙腈）
偶氮化合物	$\mathrm{-C-N=N-C-}$	偶氮基	 $\mathrm{C_6H_5-N=N-C_6H_5}$（偶氮苯）
磺酸	$\mathrm{-SO_3H}$	磺酸基	 $\mathrm{C_6H_5-SO_3H}$（苯磺酸）

注：表中的 R 称为烷基或烃基(alkyl group)，它是碳氢化合物去掉一个氢原子后剩下的基团

7.1.3　分子结构和结构式

分子结构指分子中原子间的联结方式和顺序，表示分子结构的式子称为结构式。结构式可用短线式、缩简式(结构简式)和键线式来表示，其表示方式如表 7－3 所示。

表 7－3　有机化合物分子结构式的表示方式

结构式	表示方式	实　例
短线式	一条短线代表一个共价键；双键或三键分别以两条或三条短线代表	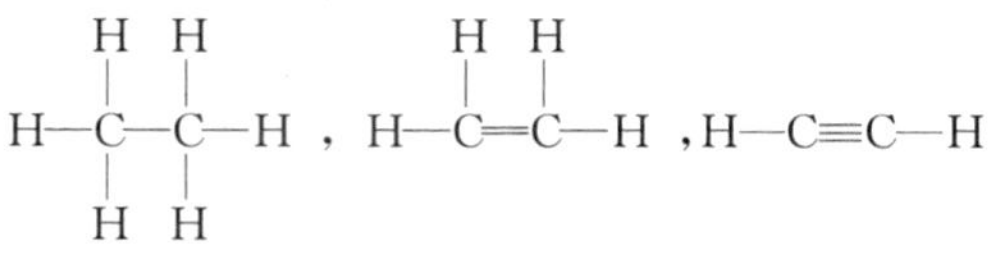 $\mathrm{H-CH_2-CH_2-H}$（H—C—C—H，每个C上下各连一个H），$\mathrm{H-CH=CH-H}$，$\mathrm{H-C\equiv C-H}$
缩简式(结构简式)	省略单键，保留双键和三键	$\mathrm{CH_3CH_3}$，$\mathrm{H_2C=CH_2}$，$\mathrm{HC\equiv CH}$
键线式	不写出 C、H 原子，用短线代表碳碳键，写出除 H 原子外与碳链相连的其他原子(O、N、X 等)或官能团	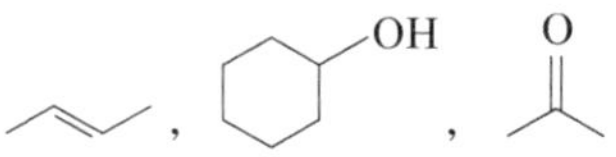 （键线式），OH，O

7.2 烷　烃

7.2.1 烷烃的定义、结构、异构与命名

知识点 1　烷烃的定义及其结构

1. 定义

分子中只含有碳、氢两种元素的化合物称为碳氢化合物(hydrocarbons)，简称烃。烃是最基本的有机化合物，其他有机化合物可以看作是烃的衍生物。在烃分子中，把只含有碳碳单键和碳氢键的化合物称为烷烃(alkanes)。

2. 甲烷的结构

甲烷是最简单的烷烃。实验证明，甲烷分子不是平面构型，而是正四面体构型(图 7－1)，即四个氢原子位于正四面体的四个顶点，碳原子位于正四面体的中心，四个 C—H 键完全等同，键长为0.109 nm，H—C—H 间夹角都是 109.5°。

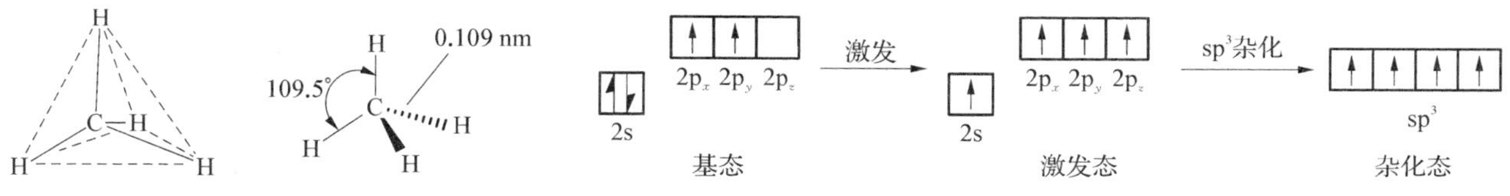

图 7－1　甲烷分子的正四面体构型　　**图 7－2　碳原子的 sp^3 杂化过程**

甲烷分子的正四面体构型可用杂化轨道理论加以解释。C 原子基态的核外电子排布为 $1s^2$，$2s^2$，$2p_x^1$，$2p_y^1$。杂化轨道理论认为，在形成甲烷分子的过程中，先从 C 原子的 2s 轨道上激发 1 个电子到空的 $2p_z$ 轨道上，形成 4 个未成对电子；然后，C 原子的 2s 轨道和 3 个 2p 轨道发生杂化，形成 4 个等同的 sp^3 杂化轨道(图 7－2)，其空间构型为正四面体，彼此间夹角为 109.5°(图 7－3)。

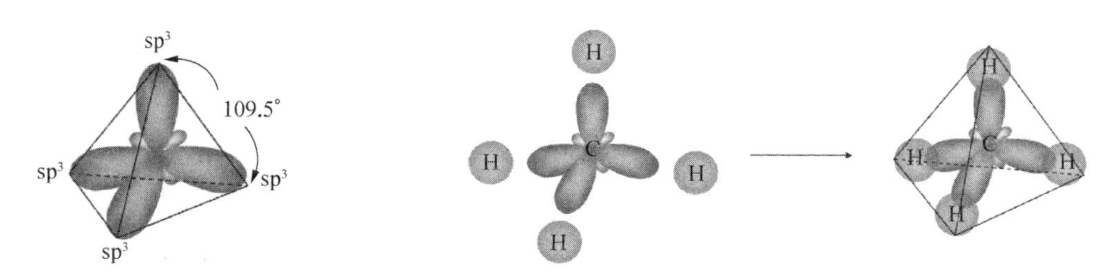

图 7－3　四个 sp^3 杂化轨道　　**图 7－4　甲烷分子的形成和四个 C—H σ 键**

如图 7－4 所示，碳原子在与其他 4 个氢原子结合时，碳原子的 4 个等同的 sp^3 杂化轨道分别与 4 个氢原子的 s 轨道重叠形成 4 个完全等同的 C—H σ 键。

3. 其他烷烃的结构

在其他烷烃分子中，碳原子也采取 sp^3 杂化方式，sp^3 杂化轨道彼此之间、sp^3 杂化轨道与氢原子的 s 轨道之间形成 σ 键，如乙烷分子(图 7－5)。

需要注意的是，由于烷烃分子中的碳原子都是四面体构型，而且C—C 键可以自由旋转，所以含三个碳及以上的烷烃，分子中的碳链并不是以直线形排列的，而是以如下的锯齿形或其他可能的形状存在。

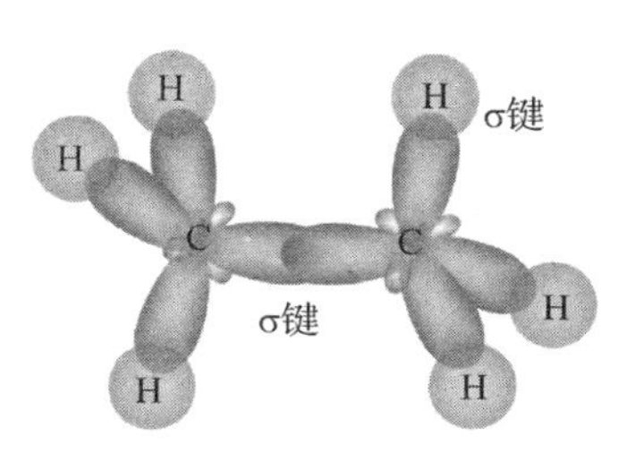

图 7－5　由两个 sp^3 杂化碳原子形成的乙烷分子

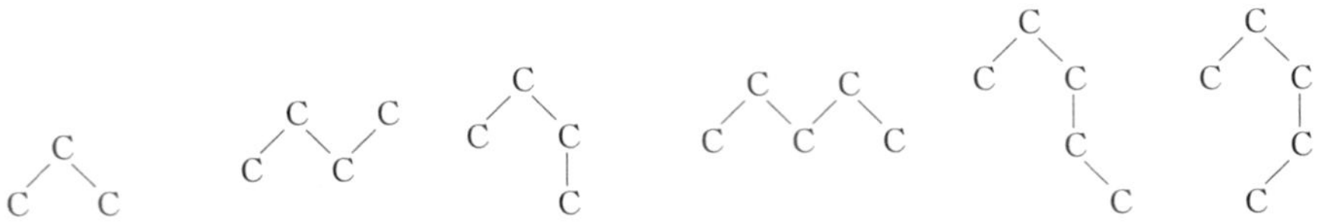

丙烷　　丁烷　　戊烷

上述均为直链烷烃，直链烷烃是指不带有支链的烷烃。

知识点 2　同系列与同分异构现象

1. 同系列

从表 7－4 几种烷烃的结构式可以看出，链烷烃在组成上均相差一个或几个 CH_2，通式为 C_nH_{2n+2}，n 为正整数。把这种结构相似，组成上相差一个或多个 CH_2，并具有同一通式的一系列化合物称为同系列。同系列中的各个化合物互称为同系物，相邻同系物之间的差 CH_2 称为同系差。同系列是有机化学中的普遍现象，同系列中各个同系物具有相似的化学性质，它们的物理性质也呈现规律性变化。

表 7－4　几种烷烃的结构式

名　称	分子式	结构式	结构简式
甲烷	CH_4	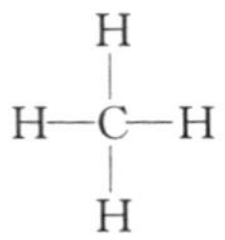 $\begin{array}{ccc} & H & \\ & \mid & \\ H- & C & -H \\ & \mid & \\ & H & \end{array}$	CH_4
乙烷	C_2H_6	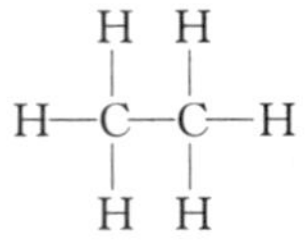 $\begin{array}{cccc} & H & H & \\ & \mid & \mid & \\ H- & C- & C & -H \\ & \mid & \mid & \\ & H & H & \end{array}$	CH_3CH_3
丙烷	C_3H_8	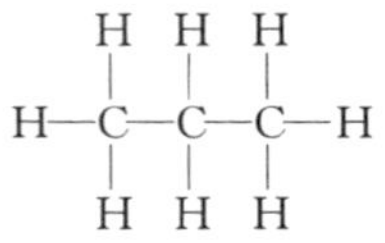 $\begin{array}{ccccc} & H & H & H & \\ & \mid & \mid & \mid & \\ H- & C- & C- & C & -H \\ & \mid & \mid & \mid & \\ & H & H & H & \end{array}$	$CH_3CH_2CH_3$
丁烷	C_4H_{10}	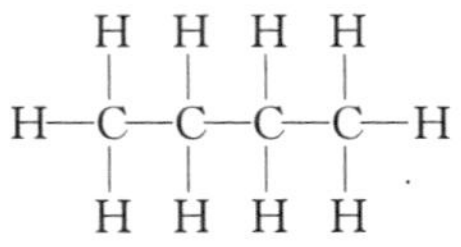 $\begin{array}{cccccc} & H & H & H & H & \\ & \mid & \mid & \mid & \mid & \\ H- & C- & C- & C- & C & -H \\ & \mid & \mid & \mid & \mid & \\ & H & H & H & H & \end{array}$	$CH_3CH_2CH_2CH_3$

2. 同分异构现象

分子式相同而结构不同的化合物称为同分异构体，这种现象称为同分异构现象。烷烃的同分异构现象是由分子中碳原子的排列方式不同而引起的，这种同分异构现象称为构造异构。甲烷、乙烷、丙烷分子中的碳原子只有一种排列方式，所以无构造异构体。丁烷和戊烷分子分别有如下 2 种和 3 种构造异构体：

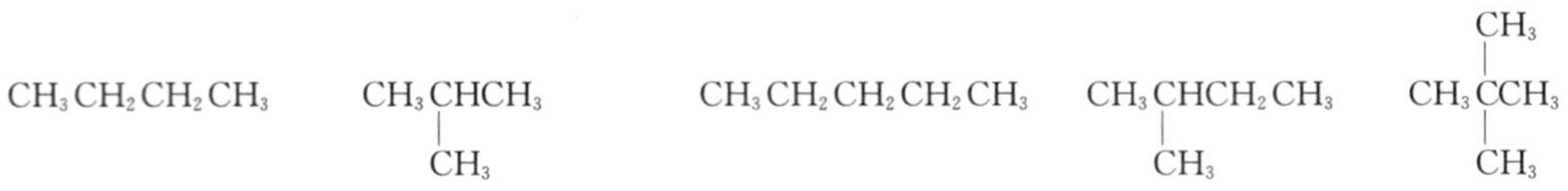

丁烷：$CH_3CH_2CH_2CH_3$　　$\begin{array}{l} CH_3CHCH_3 \\ \quad\ \ \mid \\ \quad\ CH_3 \end{array}$

戊烷：$CH_3CH_2CH_2CH_2CH_3$　　$\begin{array}{l} CH_3CHCH_2CH_3 \\ \quad\ \ \mid \\ \quad\ CH_3 \end{array}$　　$\begin{array}{l} \quad\ CH_3 \\ \quad\ \ \mid \\ CH_3CCH_3 \\ \quad\ \ \mid \\ \quad\ CH_3 \end{array}$

烷烃分子中，随碳原子数目的增加，构造异构体的数目迅速增加。例如，己烷（C_6H_{14}）、庚烷（C_7H_{16}）、辛烷（C_8H_{18}）分别有 5、9、18 种构造异构体。

在有机化合物中，同分异构现象普遍存在，并随着碳原子数目的增多，同分异构体的数目迅速增加。

同分异构现象是造成有机物数量繁多的原因之一。

知识点 3　烷烃的构造异构

烷烃的构造异构现象是由碳链不同引起的，可采用逐步缩短碳链的方法来推导出烷烃的异构体。为方便推导，推导过程中可先不写出氢原子，现以己烷（C_6H_{14}）为例说明推导的基本步骤：① 写出该烷烃的最长直链式（ⅰ）；② 写出比（ⅰ）式少一个碳原子的直链式，将减下来的一个碳原子当作支链，依次与主链上除端基碳原子以外的各个碳原子相连接，可得到（ⅱ）和（ⅲ）；③ 写出比（ⅰ）式少两个碳原子的直链式，将减下来的两个碳原子分成 2 个支链，依次与主链上除端基以外的各个直链碳原子相连，可得到（ⅳ）和（ⅴ）；④ 将所有碳链用氢原子饱和，则得到己烷的 5 种构造异构体。

```
                                                                              C
                          C                   C              C—C—C—C          |
                          |                   |                |  |         C—C—C—C
C—C—C—C—C—C           C—C—C—C—C          C—C—C—C—C             C  C           |
                                                                              C
    (ⅰ)                  (ⅱ)                 (ⅲ)              (ⅳ)             (ⅴ)

                         CH3                  CH3              CH3             CH3
                         |                    |                |               |
CH3CH2CH2CH2CH2CH3   CH3CHCH2CH2CH3      CH3CH2CHCH2CH3     CH3CHCHCH3       CH3CCH2CH3
                                                                  |             |
                                                                  CH3           CH3
```

知识点 4　伯、仲、叔、季碳原子和伯、仲、叔氢原子

碳原子按照其在分子中所处的位置不同，可以分为四类：① 只与一个碳原子相连的碳原子，称为一级碳原子或伯碳原子，常用 1°表示；② 与两个碳原子相连的碳原子，称为二级碳原子或仲碳原子，常用 2°表示；③ 与三个碳原子相连的碳原子，称为三级碳原子或叔碳原子，常用 3°表示；④ 与四个碳原子相连的碳原子，称为四级碳原子或季碳原子，常用 4°表示。例如：

```
                             1°
                             CH3
 1°     2°      3°       4°  |      1°
H3C — CH2 — CH — C — CH3
                 |        |
                 CH3      CH3
                 1°       1°
```

氢原子则按其与一级、二级或三级碳原子相连而分别称为伯、仲、叔氢原子。不同类型的氢原子的活泼性不同。

知识点 5　烷烃的命名

烷烃的命名是有机化合物命名的基础，常用的命名法有普通命名法和系统命名法。

烷烃的命名

1. 普通命名法

根据分子中所含碳原子总数称“某烷”，1～10 个碳原子依次用天干（甲、乙、丙、丁、戊、己、庚、辛、壬、癸）表示（如表 7－5）；碳原子数在 10 以上的用十一、十二、十三等中文表示。

“正”（normal 或 *n*-）表示直链烷烃，但“正”常可省略；“异”（iso 或 *i*-）和“新”（neo）则分别表示链端具有“$(CH_3)_2CH—$”和“$(CH_3)_3C—$”结构且链的其他部位无支链的烷烃。例如：

```
                                                 CH3
                                                 |
                      CH3CHCH2CH3          H3C—C—CH2CH3
                         |                       |
CH3CH2CH2CH3             CH3                     CH3
  (正)丁烷               异戊烷                  新己烷
  n-butane             isopentane              neohexane
```

普通命名法简单方便，但只适用于构造比较简单的烷烃。对于比较复杂的烷烃必须使用系统命名法。

表 7-5　十以内直链烷烃的名称

烷烃	中文名	英文名	烷烃	中文名	英文名
CH_4	甲烷	methane	C_6H_{14}	己烷	hexane
C_2H_6	乙烷	ethane	C_7H_{16}	庚烷	heptane
C_3H_8	丙烷	propane	C_8H_{18}	辛烷	octane
C_4H_{10}	丁烷	butane	C_9H_{20}	壬烷	nonane
C_5H_{12}	戊烷	pentane	$C_{10}H_{22}$	癸烷	decane

2. 系统命名法(IUPAC 命名法)

系统命名法是中国化学学会根据国际纯粹和应用化学联合会(International Union of Pure and Applied Chemistry,简称 IUPAC)制定的有机化合物命名原则,再结合我国汉字的特点而制定的。

在烷烃分子中,去掉一个氢原子而剩余的基团称为烷基(alkyl),常见烷基如表 7-6 所示。

表 7-6　常见烷基的名称

取代基	中文系统名(俗名)	英文名	常用符号
$H_3C—$	甲基	methyl	Me
$CH_3CH_2—$	乙基	ethyl	Et
$CH_3CH_2CH_2—$	丙基	propyl	Pr
$CH_3CH(CH_3)—$	1-甲基乙基(异丙基)	isopropyl	*i*-Pr
$CH_3CH_2CH_2CH_2—$	丁基	butyl	Bu
$CH_3CH(CH_3)CH_2—$	2-甲基丙基(异丁基)	isobutyl	*i*-Bu
$CH_3CH_2CH(CH_3)—$	1-甲基丙基(仲丁基)	*sec*-butyl	*s*-Bu
$H_3C—C(CH_3)_2—$	1,1-二甲基乙基(叔丁基)	*tert*-butyl	*t*-Bu

在系统命名法中,直链烷烃根据其碳原子数称为"甲烷、乙烷、丙烷、十一烷、十二烷"等;对于带有支链的复杂烷烃则按以下原则命名。

(1) 选主链,定母体。选择含碳原子数目最多的碳链作为主链,根据主链所含碳原子数目命名为"某烷";若分子中有两条以上等长碳链时,则选择含支链多的碳链为主链,支链作为取代基。例如:

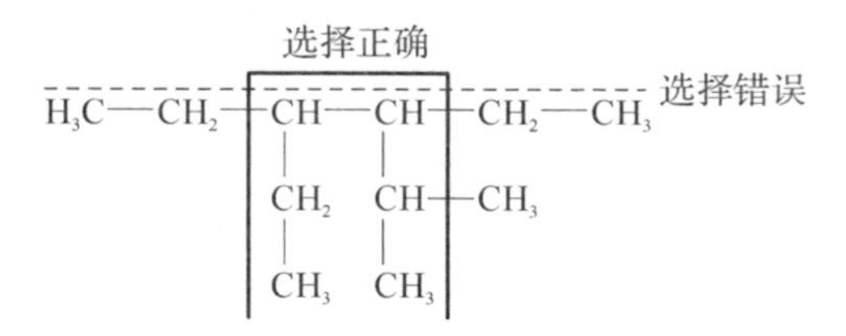

(2) 编号,定位次。从最接近取代基的一端开始,依次用阿拉伯数字对主链碳原子编号;两个相同的取代基位于相同位次时,应使第三个取代基的位次尽可能小,以此类推;两个不同的取代基位于相同

位次时，应使取代基英文名称第一个字母在前面的取代基具有较小的编号。例如：

```
                 4      3
CH3—CH2—CH—CH—CH2—CH3                    CH3
              |       |                  6  5  4|  3  2  1
            5CH2    2CH—CH3               CH3CH2CHCHCH2CH3
              |       |                          |
            6CH3    1CH3                       CH2CH3
```

3,4-二乙基-2-甲基己烷
3,4-diethyl-2-methylhexane

3-乙基-4-甲基己烷
3-ethyl-4-methylhexane

(3) 写出烷烃名称。将取代基的位次和名称写在母体名称之前；相同取代基合并，用“二、三、四”(di，tri，tetra)等表示其数目，各取代基位次的阿拉伯数字之间用“,”(逗号需采用中文半角的标点符号或英文标点符号)隔开；不同取代基按英文名称首字母的顺序依次列出，除了与取代基连为一体的“iso，neo”参与排序外，其他的前缀如“*sec*-，*tert*-，di，tri，tetra”等通常不参与字母排序；阿拉伯数字与汉字之间用“-”隔开。例如：

```
              CH(CH3)2
               |
 1  2   3                 7   8   9  10
CH3CHCH2CHCH2CH2CHCH2CH2CH3
    |      4   5  6  |
   CH3              C(CH3)3
```

7-叔丁基-4-异丙基-2-甲基癸烷
7-(*tert*-butyl)-4-isopropyl-2-methyldecane

练一练

给下列化合物命名。

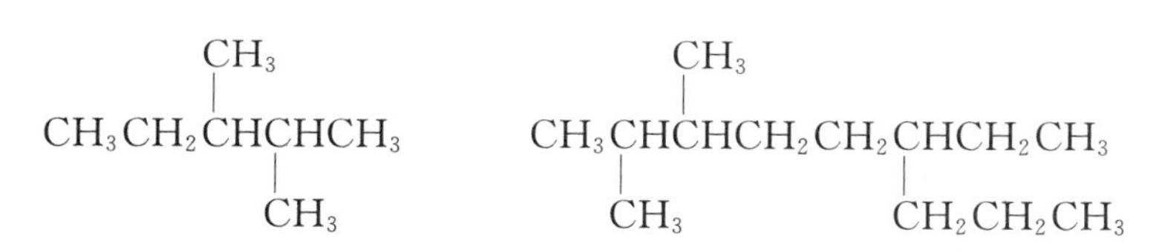

7.2.2 烷烃的理化性质概述

烷烃的理化性质

知识点 1　烷烃的物理性质

(1) 状态

在常温常压下，$C_1 \sim C_4$ 的直链烷烃为气态，$C_5 \sim C_{16}$ 的为液态，C_{17} 以上的为固态。

(2) 沸点

直链烷烃的沸点随分子量的增加而有规律地升高(图 7-6)，沸点的高低与分子间作用力有关。烷烃的碳原子数目越多，分子间的作用力就越大；支链增多时，分子间的距离增大，分子间作用力减弱，沸点降低。在烷烃的同分异构体中，直链异构体的沸点最高，支链越多，沸点越低。

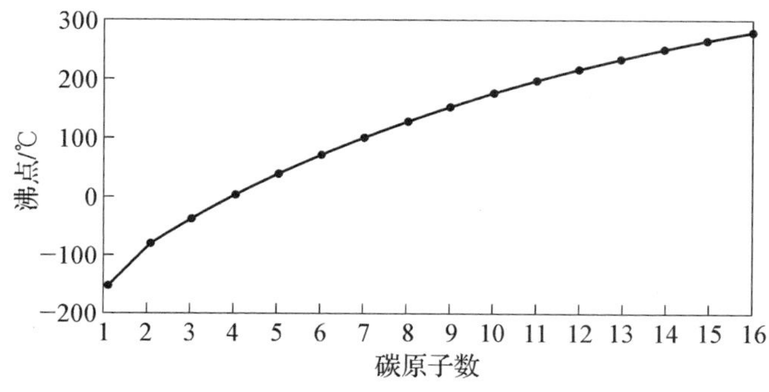

图 7-6　直链烷烃的沸点曲线

练一练

比较下列各组化合物的沸点高低，并说明理由。

(1) 正丁烷和异丁烷

(2) 正辛烷和 2,2,3,3-四甲基丁烷

(3) 庚烷、2-甲基己烷和 3,3-二甲基戊烷

(3) 熔点

烷烃熔点变化规律与沸点相似，随碳原子数增加而增加，但含偶数碳原子烷烃的熔点比含奇数碳原子烷烃的熔点高，构成两条熔点曲线(图 7-7)，随着碳原子数的增加，两条曲线逐渐趋近；低级烷烃的熔点差高于高级烷烃的熔点差；分子对称性越高熔点越高。

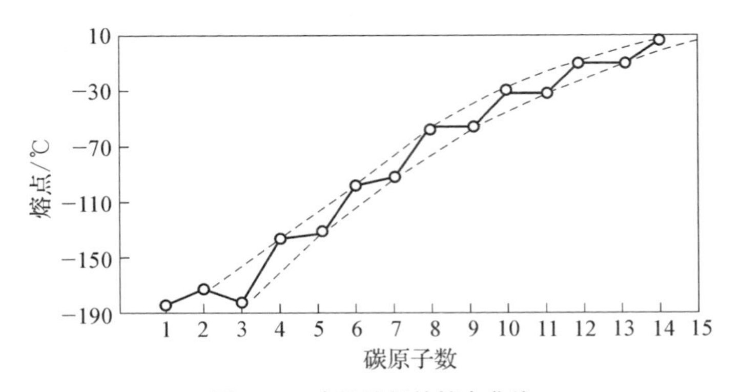

图 7-7　直链烷烃的熔点曲线

练一练

比较下列各组化合物的熔点高低，并说明理由。

(1) 正戊烷、异戊烷和异丁烷

(2) 正辛烷和 2,2,3,3-四甲基丁烷

(4) 相对密度

烷烃是所有有机物中相对密度最小的一类化合物，无论是液体还是固体，其相对密度均小于 1，并随着分子量的增加而增加。

(5) 溶解度

烷烃是非极性或极性很弱的分子，又不具备形成氢键的条件，所以不溶于水，而易溶于非极性有机溶剂如汽油中。

知识点 2　烷烃的化学性质

烷烃分子中的 C—C σ 键和 C—H σ 键都是结合牢固的共价键，键能大，因此烷烃化学性质稳定。通常情况下，烷烃与大多数试剂，如强酸(浓 H_2SO_4、浓 HNO_3 等)、强碱($NaOH$、KOH 等)、强氧化剂($K_2Cr_2O_7$、$KMnO_4$ 等)、强还原剂(Zn/HCl，Na/C_2H_5OH 等)等都不发生反应。烷烃是各类有机物中最稳定的一个同系列，但烷烃的这种稳定性是有条件的、相对的，而不是绝对的。在一定条件下，如高温、光照或加催化剂，烷烃也能发生一系列反应。烷烃的反应多数属于自由基反应。

7.2.3　烷烃的取代反应

在室温下，烷烃与 Cl_2 或 Br_2 在黑暗中并不反应，但在漫射光照射（以 $h\nu$ 表示光照）或在高温（400～450 ℃）下，烷烃分子中的氢原子能逐步被卤素原子代替，得到混合物（强烈日光照射下，将发生爆炸性反应）。例如甲烷的氯代反应：

烷烃的取代反应

$$CH_4 + Cl_2 \xrightarrow{h\nu} \underset{\text{氯甲烷}}{CH_3Cl} + HCl$$

$$CH_3Cl + Cl_2 \xrightarrow{h\nu} \underset{\text{二氯甲烷}}{CH_2Cl_2} + HCl$$

$$CH_2Cl_2 + Cl_2 \xrightarrow{h\nu} \underset{\text{三氯甲烷（氯仿）}}{CHCl_3} + HCl$$

$$CHCl_3 + Cl_2 \xrightarrow{h\nu} \underset{\text{四氯化碳}}{CCl_4} + HCl$$

这种有机物分子中的某些原子或基团被其他原子或原子团代替的反应称为取代反应。烷烃的卤代反应，可用下列通式表示：

$$R—H + X_2 \xrightarrow{h\nu\text{ 或 }\triangle} R—X + HX$$

烷烃的卤代反应是制备卤代烷的方法之一。一般得到的产物为混合物，可直接作为溶剂用，如甲烷的氯代产物。烷烃的卤代反应一般指氯代反应和溴代反应，因为氟代反应在低温、暗处也会发生猛烈的爆炸，碘代反应则难以进行。

实验证明，烷烃分子中不同类型的氢原子发生取代反应的活性顺序为叔氢＞仲氢＞伯氢。

7.2.4　烷烃的氧化反应

知识点 1　烷烃的完全氧化反应

烷烃在高温和足量的空气中燃烧，完全氧化，生成二氧化碳和水，同时放出大量的热。例如：

$$CH_4 + 2O_2 \xrightarrow{\text{点燃}} CO_2 + 2H_2O + 889.9\ kJ \cdot mol^{-1}$$

烷烃的完全氧化可用下列通式表示：

$$C_nH_{2n+2} + \frac{3n+1}{2}O_2 \xrightarrow{\text{点燃}} nCO_2 + (n+1)H_2O$$

这是天然气、汽油、柴油作为燃料的基本反应，也是产生温室效应的基本反应之一。低级烷烃（C_1～C_6）与空气混合至一定比例时，遇明火或火花发生爆炸，如煤矿瓦斯爆炸（瓦斯中甲烷的含量很高）。甲烷在空气中的爆炸极限是 5.53%～14%。

知识点 2　烷烃的部分氧化反应

在适当条件下，烷烃可以发生部分氧化，生成醇、醛、酮和羧酸等有机含氧混合物。例如：

$$CH_4 + O_2 \xrightarrow[400\sim500\ ℃]{V_2O_5} \underset{\text{甲醛}}{HCHO} + H_2O$$

$$\underset{\text{石蜡}}{R—CH_2—CH_2—R'} + O_2 \xrightarrow[\triangle]{MnO_2} RCOOH + R'COOH + \text{其他羧酸}$$

甲醛是常用的防腐剂，也是重要的化工原料。石蜡(C_{20}～C_{40})是高级烷烃的混合物，部分氧化生成的C_{12}～C_{18}的高级脂肪酸可代替天然油脂(动、植物油脂)制造肥皂，从而节约大量食用油脂。

在无机化学中，是以电子的得失或化合价的变化来衡量氧化还原反应的。而有机化合物分子中大多是共价键，且碳原子一般保持四价，因此难以用无机化学中的方法来判断有机化学中的氧化还原反应。但化学家发现了一个比较简单的衡量有机化学中氧化还原反应的方法，即将有机分子中加入氧或脱去氢的反应称为氧化反应，加入氢或脱去氧的反应称为还原反应。

7.2.5　烷烃的裂化

烷烃在没有氧气存在下进行的热分解反应称为裂化反应，反应过程中，烷烃分子中的C—C键和C—H键常发生断裂，生成较小的分子化合物。例如：

$$CH_4 \xrightarrow{1\,200\ ℃} \underset{\text{炭黑}}{C} + 2H_2$$

$$CH_3CH_2CH_2CH_3 \xrightarrow{500℃} \begin{cases} CH_4 + CH_3CH{=}CH_2 \\ CH_3CH_3 + H_2C{=}CH_2 \\ CH_3CH_2CH{=}CH_2 + H_2 \end{cases}$$

裂化反应的产物一般都是复杂的混合物。烷烃的裂化反应是石油加工过程中的一个基本反应，具有非常重要的意义。石油加工过程中可根据所需产物的不同，选择相应的裂化反应条件。

7.2.6　烷烃的来源和制备

知识点1　**烷烃的来源**

烷烃是其他有机物的母体，一般不经人工合成，而是从天然气和石油中获得。尽管各地的天然气组分不同，但几乎都含有75%的甲烷、15%的乙烷及5%的丙烷，其余的为较高级的烷烃。而含烷烃种类最多的是石油，石油中含有1～50个碳原子的直链烷烃及一些环状烷烃，且以环戊烷、环己烷及其衍生物为主。

石油虽含有丰富的烷烃，但由于其是个复杂混合物，除了C_1～C_6烷烃外，其中各组分的相对分子质量差别小，沸点相近，要完全分离出极纯的烷烃，较为困难。因此，若需纯粹烷烃，可人工合成。

知识点2　**烷烃的制备**

1. 柯尔伯(Kolbe)电解法

工业上采用柯尔伯电解羧酸盐来制取烷烃，该法用高浓度羧酸盐(通常用钠盐)在较高分解电压下用铂阳极电解，在阴极得到氢气、氢氧化钠，在阳极得到烃、二氧化碳。反应式为：

$$2RCOONa + 2H_2O \xrightarrow{\text{通电}} R{-}R + 2NaOH + 2CO_2\uparrow + H_2\uparrow$$

2. 武兹(Wurts)反应

武兹反应是卤代烃(RX)与金属钠作用脱去卤素合成烷烃的反应。

$$2RX + 2Na \longrightarrow R{-}R + 2NaX$$

3. 科瑞-郝思(Corey-House)反应

卤代烃和二烃基铜锂(R_2CuLi)作用制备烷烃的反应称为科瑞-郝思反应。

$$R_2CuLi + R'X \longrightarrow R{-}R' + RCu + LiX$$

4. 还原法

烷烃可由卤代烃、醇、醛、酮、羧酸等还原制得(见以后章节)。

7.2.7　环烷烃的结构与性质

环烷烃

知识点 1　环烷烃的结构

环烷烃是指分子结构中含有一个或者多个环的饱和烃类化合物，其分子中没有不饱和键。例如：

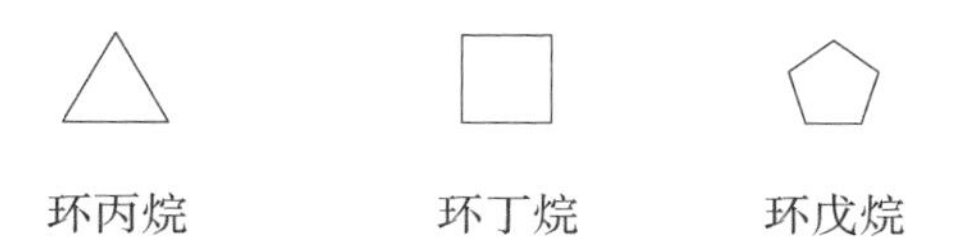

按照环烷烃分子中所含碳环的数目，分为单环烷烃和多环烷烃。在单环烷烃中，含 C_3～C_4 为小环，含 C_5～C_7 为普通环，含 C_8～C_{12} 为中环，含 C_{12} 以上为大环。多环烷烃为分子中含有两个及两个以上碳环的烷烃。本节只介绍单环烷烃。

杂化轨道理论认为，环烷烃中的碳原子像烷烃中的碳原子一样，成键轨道也是 sp^3 杂化，但由于碳环的存在，情况比烷烃复杂。例如，由于环丙烷中的 3 个碳原子在同一平面上，因而环丙烷分子中 C—C 的键角与烷烃分子中的正常键角（109.5°）有一定偏差。据测定，环丙烷分子中 C—C—C 键角为 105.5°，H—C—H 键角为 114°。这就使环丙烷中的原子成键时，无法按轨道对称轴方向重叠，只能以弯曲方向重叠，因而重叠的程度较小（图 7－8）。

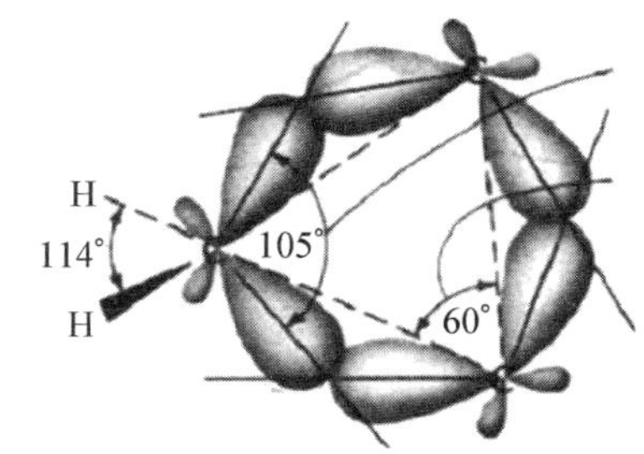

图 7－8　环丙烷分子中的弯曲键

环丙烷分子中形成的 C—C 键是弯曲的，形似“香蕉”，称作弯曲键或“香蕉键”。弯曲键会使分子产生一种恢复正常键角的张力。由于环丙烷分子中成键轨道偏离正常键角的度数较大，因而产生的键角张力较大，再加上成键轨道重叠程度较小，所以内能较高，很不稳定，容易开环变成稳定的链状化合物。环丁烷分子的情况与环丙烷分子相似，但环丁烷中成环的碳原子不在同一平面上，成键轨道偏离正常键角的度数要比环丙烷分子中小，键角张力也就小，再加上成键轨道之间重叠的程度较大，所以比环丙烷分子稳定。

在环戊烷和环己烷分子中，成环的碳原子也不在同一平面上。环戊烷分子中 C—C 的键角接近正常键角，键角张力很小，轨道重叠程度较大，因此环戊烷中的碳环不易被破坏，比较稳定。而环己烷分子中的键角能保持和烷烃分子中一样的正常键角，轨道重叠程度最大，因而环己烷分子中的碳环很难被破坏，最稳定。

知识点 2　环烷烃的性质

1. 物理性质

环烷烃的物理性质与烷烃相似。在常温下，小环环烷烃是气体，普通环环烷烃是液体，大环环烷烃是固体。环烷烃的熔点和沸点随着分子中碳原子数目增加而升高，熔点、沸点和相对密度都比同碳数开链烷烃高，相对密度小于 1，比水轻，不溶于水，易溶于有机溶剂。

2. 化学性质

环烷烃的化学性质与环的大小有关。小环（三、四元环）不稳定，与烯烃的性质相似，容易开环，发生加成反应；五元环以上的环烷烃比较稳定，与烷烃相似，在一定条件下，才能发生取代反应和氧化反应。

（1）取代反应

在高温或紫外光作用下，环戊烷及其以上的环烷烃与卤素发生取代反应，生成相应的卤代环烷烃。例如：

$$\text{⬠} + Br_2 \xrightarrow{300\ ℃} \text{⬠—Br} + HBr$$

溴环戊烷

溴(代)环戊烷是具有樟脑气味的油状液体,沸点 137 ℃,不溶于水,可溶于醇、醚等。主要用于合成利尿降压药物环戊噻嗪。

(2) 加成反应

小环烷烃与烯烃相似,可与 H_2、X_2、HX 发生加成反应。不过,随着环的增大,它的反应性能逐渐减弱,五元、六元环烷烃则很难发生开环反应。

① 催化加氢　在催化剂作用下,环丙烷和环丁烷比较容易发生开环加氢反应,生成相应的链烷烃。环烷烃加氢反应的活性与环的大小有关,顺序为环丙烷>环丁烷>环戊烷,而环己烷不能发生加氢反应。

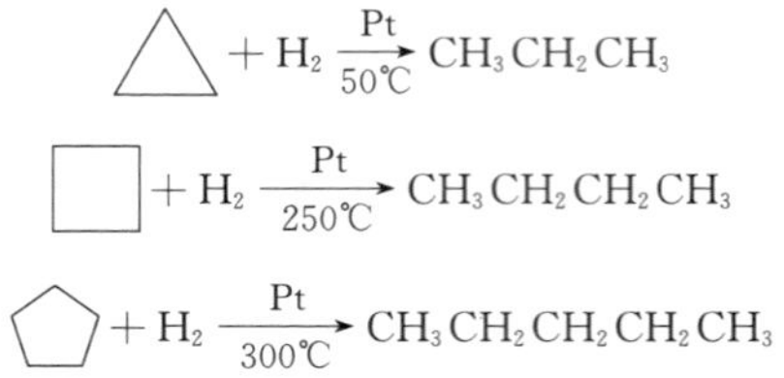

$$\triangle + H_2 \xrightarrow[50℃]{Pt} CH_3CH_2CH_3$$

$$\square + H_2 \xrightarrow[250℃]{Pt} CH_3CH_2CH_2CH_3$$

$$⬠ + H_2 \xrightarrow[300℃]{Pt} CH_3CH_2CH_2CH_2CH_3$$

② 加卤素　环丙烷及其同系物在室温下就能与溴加成,环丁烷必须在加热的情况下才能与溴反应,而环戊烷和环己烷即使加热也不能与溴发生加成反应。小环烷烃与溴发生加成反应后,溴的红棕色消失,现象明显,可用于鉴别三元、四元环烷烃。

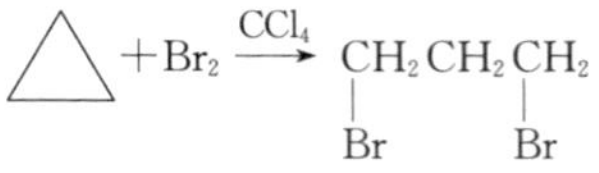

$$\triangle + Br_2 \xrightarrow{CCl_4} \underset{Br}{CH_2}CH_2\underset{Br}{CH_2}$$

1,3-二溴丙烷

$$\square + Br_2 \xrightarrow{\triangle} \underset{Br}{CH_2}CH_2CH_2\underset{Br}{CH_2}$$

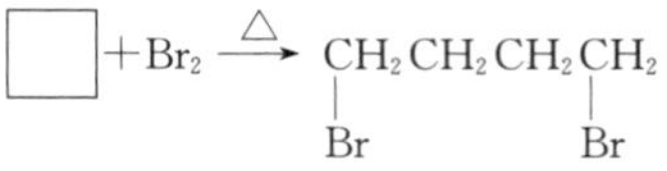

1,4-二溴丁烷

③ 加卤化氢　环丙烷在常温下就能与溴化氢发生加成反应,而环丁烷需要加热后才能反应。例如:

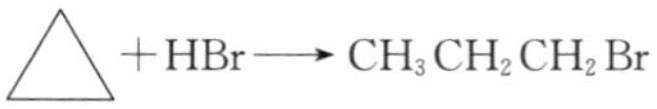

$$\triangle + HBr \longrightarrow CH_3CH_2CH_2Br$$

1-溴丙烷

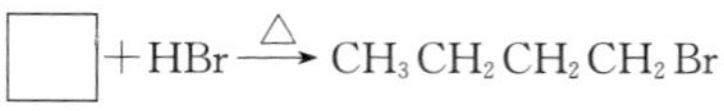

$$\square + HBr \xrightarrow{\triangle} CH_3CH_2CH_2CH_2Br$$

1-溴丁烷

环丙烷及其烷基衍生物与卤化氢发生加成反应时,环的断键位置通常在含氢较多与含氢较少的成环碳原子之间,即遵守马尔科夫尼科夫(Markovnikov)规则,简称马氏规则。例如:

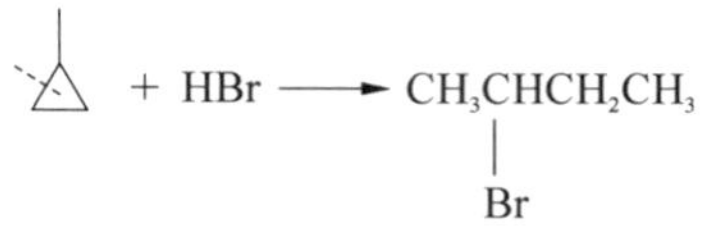

$$\text{(甲基环丙烷)} + HBr \longrightarrow CH_3\underset{Br}{CH}CH_2CH_3$$

2-溴丁烷

$$\text{(1,1,2-三甲基环丙烷)} + HBr \longrightarrow H_3C-\underset{Br}{\overset{CH_3}{C}}-\overset{CH_3}{CH}-CH_3$$

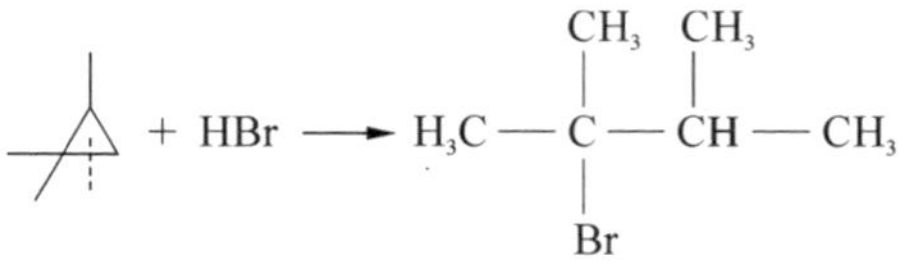

2-溴-2,3-二甲基丁烷

(3) 氧化反应

与开链烷烃相似,不论是小环还是大环环烷烃,在常温条件下都不能与一般氧化剂(如高锰酸钾水

溶液)发生氧化反应。因此可用高锰酸钾水溶液鉴别环烷烃、烯烃、炔烃。如果在加热条件下,用强氧化剂,或在催化剂存在下用空气作氧化剂,环烷烃能被氧化成各种氧化产物。例如:

$$\text{环己烷} + O_2 \xrightarrow[\text{140～180℃, 10～25atm}]{\text{环烷酸钴}} \text{环己醇} + \text{环己酮}$$

$$\text{环己烷} + O_2 \xrightarrow[\text{90～120℃, 15atm}]{\text{60\%}HNO_3} \begin{matrix} CH_2CH_2COOH \\ | \\ CH_2CH_2COOH \end{matrix}$$

己二酸

环己醇、环己酮、己二酸均是重要的化工原料和中间体。

7.3　烯　烃

7.3.1　烯烃的定义、结构、异构和命名

知识点 1　烯烃的定义

烯烃是一类含有碳碳双键(C═C)的化合物,属于不饱和烃。例如:

$H_2C{=}CH_2$	$CH_3CH{=}CH_2$	$CH_3CH_2CH{=}CH_2$	$CH_3CH_2CH_2CH{=}CH_2$
乙烯	丙烯	丁-1-烯	戊-1-烯

与烷烃一样,在烯烃同系列中,各同系物之间也相差一个或多个 CH_2,烯烃的通式为 C_nH_{2n} ($n \geqslant 2$)。

知识点 2　烯烃的结构

乙烯是最简单也是最重要的烯烃,下面就以乙烯为例来讨论烯烃的结构。

根据物理方法测得乙烯是平面型分子,即乙烯分子中的所有原子都在同一平面内。其中 H—C—C 间的夹角约为 121°,H—C—H 间的夹角约为 118°,C═C 键的键长为 0.133 nm,比 C—C 键短(C—C 键的键长为 0.154 nm),C═C 键的键能为 610 kJ/mol(C—C 键的键能为 347 kJ/mol)。乙烯的平面构型如图 7-9 所示。

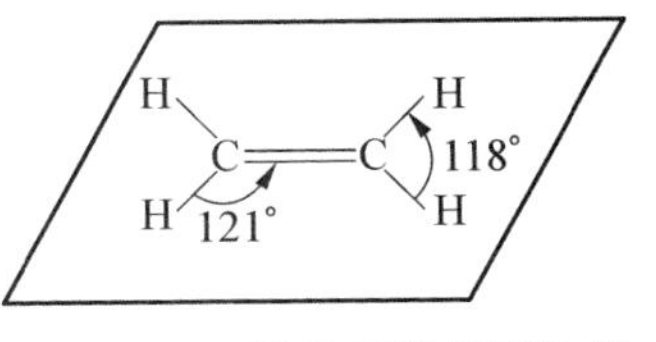

图 7-9　乙烯分子的平面构型

乙烯的平面构型可用杂化轨道理论加以解释。杂化轨道理论认为,C 原子在成键时,首先从其基态的 2s 轨道上激发 1 个电子到空的 $2p_z$ 轨道上去,形成 4 个未成对电子;然后 C 原子的 2s,$2p_x$,$2p_y$ 轨道重新组合分配,形成了 3 个等同的 sp^2 杂化轨道(图 7-10)。

基态: 2s ↑↓; $2p_x$ ↑ $2p_y$ ↑ $2p_z$ (空) —激发→ 激发态: 2s ↑; $2p_x$ ↑ $2p_y$ ↑ $2p_z$ ↑ —sp^2杂化→ 杂化态: sp^2 ↑ ↑ ↑; $2p_z$ ↑

图 7-10　碳原子轨道的 sp^2 杂化过程

乙烯分子中的两个碳原子各以一个 sp^2 杂化轨道头碰头重叠形成一个 C—C σ 键,又各以两个 sp^2 杂化轨道和四个氢原子的 1s 轨道头碰头重叠,形成四个 C—H σ 键,五个 σ 键都在同一平面上。每个碳原子上还有一个未参与杂化的 $2p_z$ 轨道,其对称轴垂直于这五个 σ 键所在的平面,且相互平行,它们肩并肩重叠形成 π 键(图 7-11)。如果组成 C═C 键的两个碳原子之间的 σ 键旋转,将破坏两个 p 轨道的

平行状态，从而使重叠程度降低，所以 C═C 键是不能自由旋转的。因为 π 键是从侧面重叠形成的，重叠的程度也比两个 sp^2 杂化轨道头碰头重叠的程度小，所以 π 键不如 σ 键牢固，容易断裂。

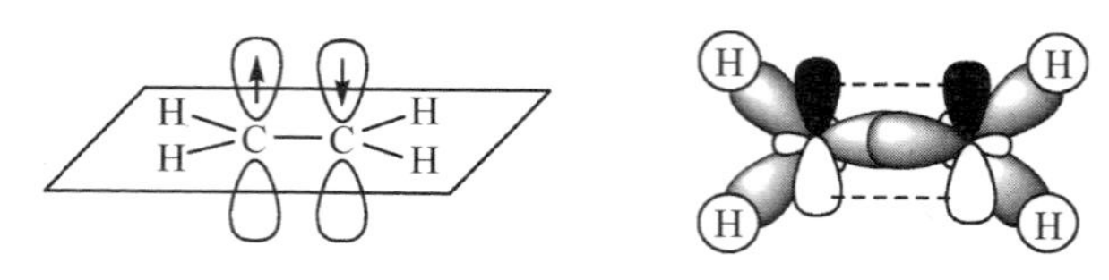

图 7－11　乙烯分子的结构

知识点 3　**二烯烃的分类及共轭二烯烃的结构**

1. 二烯烃的分类

分子中含有两个碳碳双键的不饱和烃称为二烯烃，通式为 C_nH_{2n-2}。根据两个双键的相对位置可把二烯烃分为三类：

(1) 累积二烯烃　两个双键与同一个碳原子相连，分子中含有 C═C═C 结构，如丙二烯 ($H_2C═C═CH_2$) 分子。

(2) 共轭二烯烃　两个双键被一个碳碳单键隔开，分子中含有 C═C—C═C 结构，如丁-1,3-二烯 ($H_2C═CH—CH═CH_2$) 分子。

(3) 隔离二烯烃　两个双键被两个或两个以上碳碳单键隔开，分子中含有 C═C—$(CH_2)_n$—C═C ($n\geqslant1$) 结构，如戊-1,4-二烯 ($H_2C═CH—CH_2—CH═CH_2$) 分子。

隔离二烯烃的性质和单烯烃相似。累积二烯烃的数量少，应用不多。共轭二烯烃在理论和实际应用上都很重要。

2. 共轭二烯烃的结构

最简单的共轭二烯烃是丁-1,3-二烯分子，下面以它为例来讨论共轭二烯烃的结构。

研究表明，丁-1,3-二烯分子中的四个碳原子和六个氢原子在同一个平面内，所有键角都接近 120°(图 7－12)。

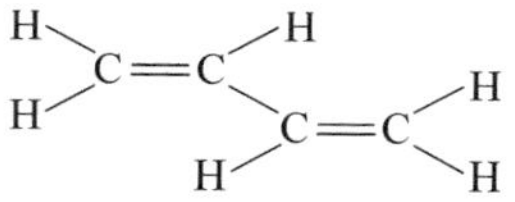

在上述二烯烃中，两个双键键长(0.134 nm)相同，比单烯烃中的双键键长(0.133 nm)略长；碳碳单键的键长(0.148 nm)比烷烃中碳碳单键的键长(0.154 nm)短，这说明在共轭二烯烃分子中，碳碳单键和碳碳双键的键长具有平均化的趋势，也是共轭二烯烃的共性。

图 7－12　丁-1,3-二烯分子的结构

杂化轨道理论认为，丁-1,3-二烯分子中的 4 个碳原子均为 sp^2 杂化，它们彼此以 sp^2 杂化轨道沿键轴方向互相头碰头重叠形成 3 个 C—C σ 键，剩余的 sp^2 杂化轨道则与氢原子的 1 s 轨道头碰头重叠形成 6 个 C—H σ 键，这 9 个 σ 键处于同一平面上，相互间的夹角约为 120°。每个碳原子剩余的 1 个 p 轨道与 σ 键所在的平面垂直且彼此平行，p 轨道不仅在 C_1 与 C_2、C_3 与 C_4 之间平行重叠，而且在 C_2 与 C_3 之间也会有一定程度的重叠，从而形成一个四中心四电子的离域大 π 键，它是一个整体，称为共轭 π 键，具有较强的稳定性(图 7－13)。

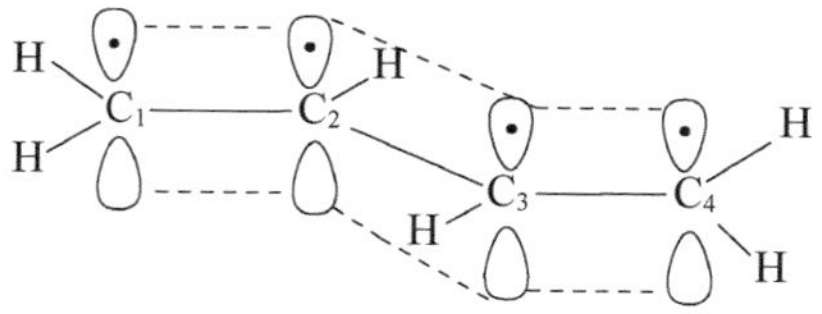

图 7－13　丁-1,3-二烯分子中的共轭 π 键

虽然在丁-1,3-二烯分子中，键长发生了平均化，两个双键不再是孤立的，而是一个整体，但是在书写时仍习惯于写成两个双键。

知识点 4　**烯烃的同分异构现象**

在烯烃分子中，除构造异构外，由于存在不能旋转的碳碳双键，还可能出现其他异构现象。

1. 构造异构

烯烃分子中的构造异构包括碳链异构和位置异构。碳链异构是指分子式相同，但分子中碳原子相

互连接的顺序不同而产生的异构现象；位置异构是指分子组成相同，但分子中的碳碳双键在碳架上的位置不同而产生的异构现象。例如，丁烯(C_4H_8)分子中的(ⅰ)和(ⅱ)之间属于位置异构体，(ⅰ)和(ⅲ)或(ⅱ)和(ⅲ)之间属于碳链异构体。

$CH_3CH_2CH{=}CH_2$ (ⅰ)　　$CH_3CH{=}CHCH_3$ (ⅱ)　　$CH_3C(CH_3){=}CH_2$ (ⅲ)

2. 顺反异构

顺反异构是指双键两侧的原子或基团在空间的排列方式不同而引起的异构现象。产生顺反异构的必要条件是：分子中具有双键(C═C、C═N、N═N)或环状(脂环)结构等阻碍共价键自由旋转的因素；双键或环两端的任意一个碳原子必须连接两个不同的原子或基团。例如，在丁-2-烯($H_3C{-}CH{=}CH{-}CH_3$)分子中，由于双键不能自由旋转，所以当两个双键的碳原子上都连有不同的原子或基团(—H，—CH_3)时，该烯烃分子就会产生两种不同的空间排列方式，其中两个相同的原子(—H)或基团(—CH_3)处在双键同侧的称为顺式(*cis*-)，处在双键两侧的称为反式(*trans*-)。

H　　H
　C═C
H_3C　　CH_3
顺式

H　　CH_3
　C═C
H_3C　　H
反式

烯烃的命名

知识点5　烯烃的命名

1. 直链烯烃的命名

选择直链烯烃作为母体主链，对主链进行编号，尽量使双键位次最小；命名时按照分子中碳原子的数目称为“某-x-烯”，x 表示双键的位次；与烷烃一样，碳原子数在10以内的用天干表示，10以上的用中文数字表示，称为“某碳-x-烯”。例如：

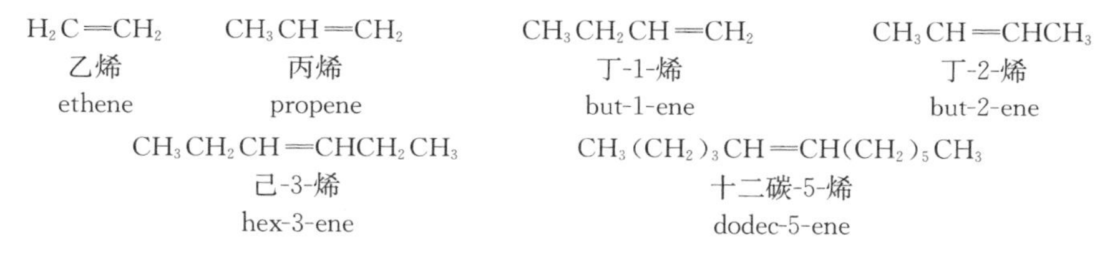

2. 支链烯烃的命名

(1) 选主链，定母体。选择最长碳链作为母体主链。例如：

$\overset{1}{C}H_3\overset{2}{C}H_2\overset{3}{C}(\overset{4}{C}H_2\overset{5}{C}H_2\overset{6}{C}H_3){=}CH_2$

3-甲亚基己烷

3-methylenehexane

(2) 编号，定位次。当碳碳双键含在母体主链中时，尽量使双键具有最小编号。例如：

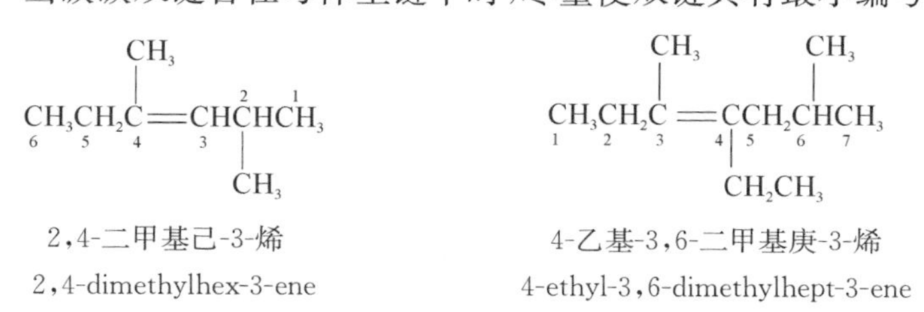

(3) 写出名称。将取代基的位次和名称写在母体名称前；对于不同的取代基，则按取代基英文名称的首字母依次排列。

3. 几个重要的烯基

当烯烃分子中去掉一个氢原子后，剩余的基团称为烯基。例如：

$H_2C{=}CH-$	$H_2C{=}CHCH_2-$	$CH_3CH{=}CH-$	$H_2C{=}C(CH_3)-$
乙烯基	烯丙基	丙烯基	异丙烯基
vinyl	allyl	propenyl	isopropenyl

4. 顺反异构体的命名

构型是指分子内原子或基团在空间“固定”的排列关系，顺反异构属于构型异构的一种。

(1) *cis*/*trans* 构型命名法

适合于双键碳原子两端分别连接有相同原子或基团的烯烃。例如：

$$\begin{matrix} H & & H \\ & C{=}C & \\ H_3C & & CH_3 \end{matrix} \qquad \begin{matrix} H & & CH_3 \\ & C{=}C & \\ H_3C & & H \end{matrix}$$

cis-丁-2-烯　　*trans*-丁-2-烯

cis-but-2-ene　　*trans*-but-2-ene

(2) 次序规则

如果双键的两个碳原子上连接的四个原子或基团都不相同时，就无法简单地用 *cis*/*trans* 构型命名法命名，这时需要用 Z/E 构型命名法命名。一个顺反异构体是 Z 构型还是 E 构型，要由“次序规则”来决定。次序规则要点如下：

① 原子序数大小规则。不同原子进行排序时，原子序数大的(称为较优原子或基团)排在前面；同位素原子进行比较，相对原子质量大的优先；孤对电子排列在最后。例如：

I>Br>Cl>S>P>F>O>N>C>D>H>孤对电子

② 外推规则。不同原子或基团进行排序时，先比较第一个原子；如果第一个原子相同，则比较与该原子直接相连的其他原子(按照原子序数从大到小排序)；若仍相同，再依次外推比较，直到能比较出基团的优先次序为止。例如：

$$-Cl > -OH > -NH_2 > -C(CH_3)_3 > -CH(CH_3)_2 > -CH_2CH_3 > -CH_3 > H$$

基团$-C(CH_3)_3$、$-CH(CH_3)_2$、$-CH_2CH_3$ 和$-CH_3$ 的第一个原子都是 C 原子，则比较与 C 原子直接相连的其他原子。$-C(CH_3)_3$ 中与第一个 C 原子直接相连的是 C/C/C，$-CH(CH_3)_2$ 中是 C/C/H，$-CH_2CH_3$ 中是 C/H/H，$-CH_3$ 中是 H/H/H。

③ 相当规则。当基团中含有不饱和键时，可以把双键或三键看作是连接两个或三个相同的原子。例如，$-C{\equiv}CH$ 相当于与 C 原子直接相连的是 C/C/C，$-CH{=}CH_2$ 相当于与 C 原子直接相连的是 C/C/H，所以前者优于后者，即$-C{\equiv}CH > -C{=}CH_2$ 。

(3) Z/E 构型命名法。在确定顺反异构的空间构型时，将每个双键碳原子上相连的原子或基团按次序规则比较出较优基团，若较优基团在双键同侧者，以字母 Z 表示其构型；反之，则以字母 E 表示其构型。Z 和 E 分别是德文的 Zusammen 和 Entgegen 的第一个字母，前者意思是“在一起”，后者意思是“相反、相对”。例如：

$$\begin{matrix} H & & CH_2CH_3 \\ \wedge & C{=}C & \wedge \\ H_3C & & CH_2CH_2CH_3 \end{matrix} \qquad \begin{matrix} H & & CH_2CH_2CH_3 \\ \wedge & C{=}C & \vee \\ H_3C & & CH_2CH_3 \end{matrix}$$

(Z)-3-乙基己-2-烯　　(E)-3-乙基己-2-烯

(Z)-3-ethylhex-2-ene　　(E)-3-ethylhex-2-ene

Z/E 构型命名法适用于所有 *cis*/*trans* 构型命名法，但二者之间没有必然的关系。例如：

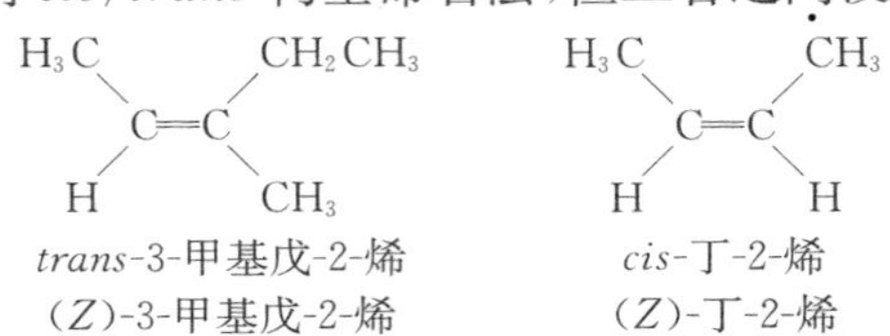

trans-3-甲基戊-2-烯　　*cis*-丁-2-烯

(Z)-3-甲基戊-2-烯　　(Z)-丁-2-烯

练一练

请用 *cis*/*trans* 和 *Z*/*E* 构型命名法命名下列化合物。

(1) 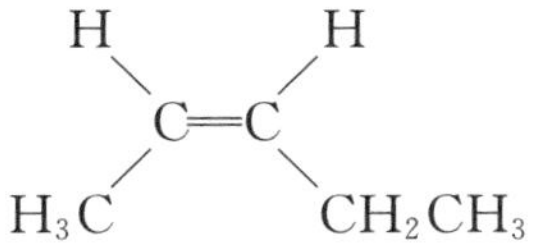 $\begin{matrix} H & & H \\ & C{=}C & \\ H_3C & & CH_2CH_3 \end{matrix}$

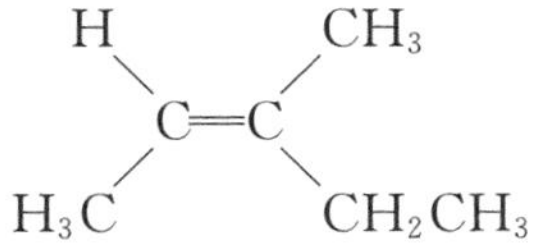

(2) $\begin{matrix} H & & CH_3 \\ & C{=}C & \\ H_3C & & CH_2CH_3 \end{matrix}$

(3) $\begin{matrix} H_3CH_2C & & H \\ & C{=}C & \\ H_3C & & CH_2CH_3 \end{matrix}$

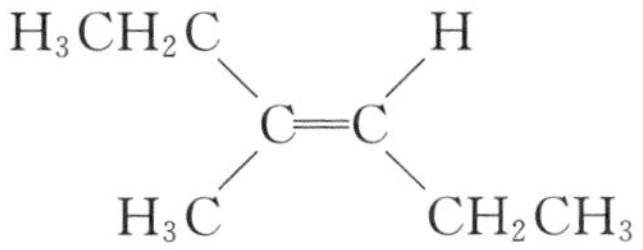

(4) 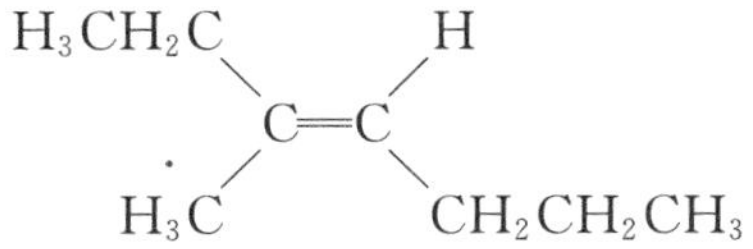 $\begin{matrix} H_3CH_2C & & H \\ & C{=}C & \\ H_3C & & CH_2CH_2CH_3 \end{matrix}$

5. 二烯烃的命名

二烯烃的系统命名原则与烯烃基本相同，即选择包含两个双键在内的最长碳链为母体主链，从靠近双键一端开始给主链碳原子编号，根据主链上的碳原子数目称为"某-x，y-二烯"，x、y 分别表示两个双键的位次。例如：

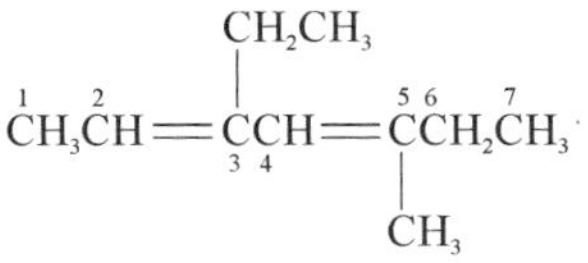

$$\overset{1}{C}H_3\overset{2}{C}H{=}\underset{3}{C}(CH_2CH_3)\underset{4}{C}H{=}\overset{5}{C}(CH_3)\overset{6}{C}H_2\overset{7}{C}H_3$$

3-乙基-5-甲基庚-2，4-二烯

3-ethyl-5-methylhepta-2，4-diene

习惯命名法只适用于个别重要的二烯烃，例如：

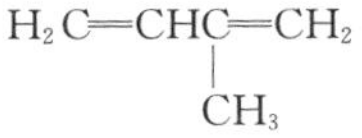

$$H_2C{=}CH\underset{\displaystyle CH_3}{\underset{|}{C}}{=}CH_2$$

异戊二烯

isoprene

7.3.2 烯烃的理化性质概述

知识点1 烯烃的物理性质

(1) 状态

在室温下，C_2～C_4 的烯烃是气体，C_5～C_{18} 的烯烃为液体，高级烯烃为固体。纯烯烃为无色，乙烯略有甜味，液态烯烃具有汽油的气味。

(2) 沸点

烯烃与烷烃相似，其沸点随碳原子数目的增加而升高。在顺反异构体中，顺式异构体的沸点略高于反式异构体，这是因为顺式异构体分子的极性较大，分子间作用力较强。

(3) 熔点

烯烃熔点的变化规律与沸点相似，随着碳原子数目的增加而升高。但在顺反异构体中，反式异构体的熔点比顺式异构体高，这是因为反式异构体的对称性较大，在晶格中排列较为紧密。

(4) 相对密度

烯烃的相对密度都小于1，但比相应的烷烃略大。

(5) 溶解性

烯烃难溶于水，易溶于有机溶剂。

知识点 2　烯烃的化学性质

C═C 键是烯烃的官能团，它由一个 σ 键和一个 π 键组成。形成 π 键的轨道不仅重叠程度较小，而且 π 键的电子云暴露在分子平面的上下两侧，受原子核的束缚较小，可提供电子，容易受到缺电子试剂如酸、亲电试剂的进攻而引发 π 键断裂。烯烃的化学反应主要发生在 C═C 键上，易于发生加成、聚合、氧化等反应。此外，受 C═C 键的影响，烯烃分子中的 α-H(在有机分子中，与官能团直接相连的碳原子通常称为 α-C，α-C 上所连的氢原子则称为 α-H)也比较活泼，容易发生 α-H 取代反应，因此烯烃的化学活性比烷烃大得多。

7.3.3　烯烃的加成反应及应用

乙烯与某些试剂作用时打开 π 键，与试剂的两个原子或基团形成两个 σ 键，生成饱和化合物，此类反应称为加成反应，加成反应是烯烃的特征反应。

$$>C=C< + X-Y \longrightarrow -\overset{|}{\underset{X}{\underset{|}{C}}}-\overset{|}{\underset{Y}{\underset{|}{C}}}-$$

烯烃加成反应

知识点 1　催化加氢反应

在催化剂作用下，烯烃能与氢加成生成相应的烷烃。

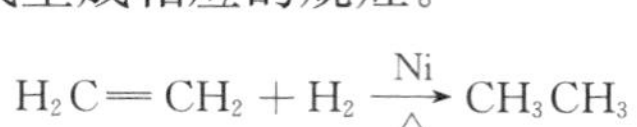

$$H_2C=CH_2 + H_2 \xrightarrow[\triangle]{Ni} CH_3CH_3$$

使用钯、铂等催化剂，常温时烯烃即可发生加氢反应。工业上用 Ni 催化，在 200～300 ℃ 时可进行加氢反应。石油加工制得的粗汽油中，含有少量烯烃，烯烃易发生氧化或聚合反应而产生杂质，影响汽油的质量，经过加氢处理，可提高汽油的质量。烯烃的催化氢化定量进行，可以根据反应中氢气的吸收量来计算烯烃的含量或确定分子中 C═C 键的数目。

知识点 2　与卤素的加成反应

烯烃与卤素的加成反应一般是指烯烃与氯和溴的反应，因为与氟的加成反应太猛烈，而与碘则较难发生反应。该反应是合成邻二卤代烷的重要方法。例如：

$$H_2C=CH_2 + Cl_2 \xrightarrow[40\ ℃]{FeCl_3} \underset{1,2\text{-二氯乙烷}}{ClCH_2CH_2Cl}$$

$$CH_3CH=CH_2 + Br_2 \xrightarrow{CCl_4} \underset{1,2\text{-二溴丙烷}}{CH_3CHBrCH_2Br}$$

氯与烯烃作用时，常采用既加入催化剂又加入溶剂稀释的方法，这样使反应顺利进行而不致过分激烈。烯烃与溴的四氯化碳溶液可在室温条件下反应，溴的红棕色很快褪去，溴水或溴的四氯化碳溶液可用来鉴别烯烃。

【例 7-1】 用化学方法鉴别甲烷和乙烯。

【解】

$$\left.\begin{matrix}\text{甲烷}\\ \text{乙烯}\end{matrix}\right\} \xrightarrow{Br_2/CCl_4} \left\{\begin{matrix}\times\text{(无变化)}\\ \surd\text{(褪色)}\end{matrix}\right.$$

在有机化学中，做鉴别题可使用上述格式，既简单明了，又免去了文字叙述的烦琐。

知识点 3　与卤化氢的加成反应

烯烃与卤化氢发生加成反应的活性顺序为 HI＞HBr＞HCl。碘化氢虽是卤化氢中最活泼的，但价格较贵，氟化氢难以发生加成反应。所以，烯烃与卤化氢的加成反应一般是指烯烃与氯化氢和溴化氢的反应，该反应是制备卤代烷的重要方法。例如：

$$H_2C=CH_2 + HCl \xrightarrow[130\sim250\ ℃]{AlCl_3} \underset{\text{氯乙烷}}{CH_3CH_2Cl}$$

$$H_2C=CH_2 + HI \longrightarrow \underset{\text{碘乙烷}}{CH_3CH_2I}$$

当不对称烯烃如丙烯与卤化氢加成时，可得到下列两种产物：

$$CH_3CH=CH_2 + HX \longrightarrow \begin{cases} CH_3\underset{\displaystyle X}{\underset{|}{C}}HCH_3 & (\text{i}) \\ CH_3CH_2CH_2X & (\text{ii}) \end{cases}$$

实验证明，得到的主要产物是(ⅰ)。1869年，俄国化学家马尔科夫尼科夫(Markovnikov)经过实验结果的分析，发现一条规律：不对称烯烃与卤化氢加成时，氢原子一般加到含氢较多的双键碳原子上，这个经验规律称为马尔科夫尼科夫规律，简称马氏规则。

一般情况下，不对称烯烃与不对称试剂的加成反应都遵守马氏规则。但当有过氧化物存在时，不对称烯烃与溴化氢的加成反应是违反马氏规则的。例如：

$$CH_3CH=CH_2 + HBr \xrightarrow{\text{过氧化物}} \underset{\text{1-溴丙烷}}{CH_3CH_2CH_2Br}$$

知识点4　与水的加成反应

在酸的催化下，烯烃可与水发生加成反应。不对称烯烃与水的加成反应，遵守马氏规则。例如：

$$H_2C=CH_2 + H_2O \xrightarrow[300℃,7\ MPa]{\text{磷酸/硅藻土}} \underset{\text{乙醇}}{CH_3CH_2OH}$$

$$CH_3-CH=CH_2 + H_2O \xrightarrow[250℃,4\ MPa]{\text{磷酸/硅藻土}} CH_3\underset{\displaystyle OH}{\underset{|}{C}}HCH_3$$

异丙醇

知识点5　与硫酸的加成反应

烯烃可与冷的浓硫酸发生加成反应，生成硫酸氢酯。不对称烯烃与硫酸的加成反应，遵守马氏规则。例如：

$$CH_3\overset{\displaystyle CH_2CH_3}{\overset{|}{C}}=CH_2 + H-OSO_2OH \longrightarrow CH_3\overset{\displaystyle CH_2CH_3}{\overset{|}{\underset{\displaystyle OSO_2OH}{\underset{|}{C}}}}CH_3$$

硫酸氢酯和水一起加热，则水解为相应的醇。对于某些不易与水直接加成的烯烃，可通过与硫酸加成后再水解得到醇。

$$CH_3\overset{\displaystyle CH_2CH_3}{\overset{|}{\underset{\displaystyle OSO_2OH}{\underset{|}{C}}}}CH_3 + H_2O \xrightarrow{\triangle} CH_3\overset{\displaystyle CH_2CH_3}{\overset{|}{\underset{\displaystyle OH}{\underset{|}{C}}}}CH_3 + H_2SO_4$$

2-甲基丁-2-醇

烯烃与水或硫酸的加成反应是工业上由石油裂化气中的低级烯烃制备低级醇的重要方法，前者称为醇的直接水合法，后者则称为醇的间接水合法。

烯烃与硫酸的加成产物硫酸氢酯溶于硫酸，利用这个性质可用来除去某些不与硫酸作用，又不溶于硫酸的有机物(如烷烃、卤代烃等)中所含的少量烯烃。

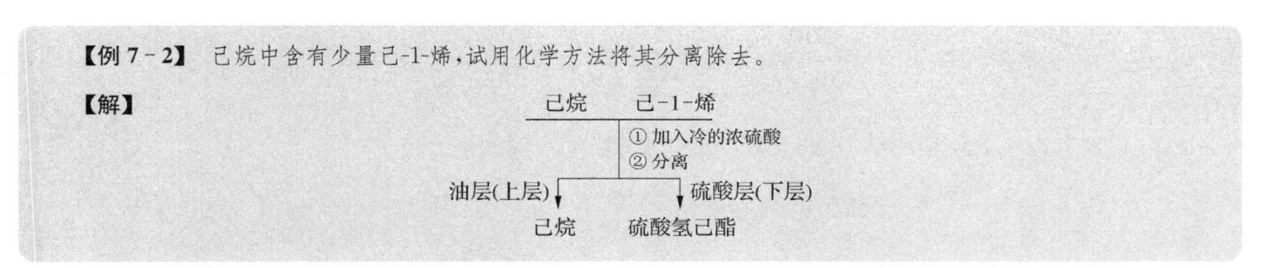

知识点 6　与次卤酸的加成反应

烯烃与次卤酸(HO—X)发生加成反应可得到卤乙醇。不对称烯烃与次卤酸的加成反应同样遵守马氏规则。例如：

$$H_2C{=}CH_2 + HO \mid Cl \longrightarrow ClCH_2CH_2OH$$

2-氯乙醇

$$CH_3CH{=}CH_2 + HO \mid Cl \longrightarrow CH_3\underset{\displaystyle OH}{\underset{|}{C}H}CH_2Cl$$

1-氯丙-2-醇

7.3.4　烯烃的聚合反应及应用

知识点 1　聚合反应

在引发剂或催化剂的作用下，烯烃分子之间可以相互加成，生成高分子化合物。例如：

$$H_2C{=}CH_2 + H_2C{=}CH_2 + H_2C{=}CH_2 + \cdots \xrightarrow{\text{过氧化物}} —CH_2—CH_2—CH_2—CH_2—CH_2—CH_2—\cdots$$

这种由低分子量的有机物相互作用生成高分子化合物的反应称为聚合反应。在上述聚合过程中，乙烯通过 π 键断裂而相互加成，所以这种聚合反应又称为加成聚合反应，简称加聚反应。用齐格勒-纳塔(Ziegler-Natta)催化剂，低压下乙烯可聚合成低压聚乙烯。

$$nH_2C{=}CH_2 \xrightarrow[0.3\sim1\ \text{MPa},60\sim65\ ℃]{TiCl_4/Al(C_2H_5)_3} \left[CH_2—CH_2\right]_n$$

乙烯(单体)　　　　聚乙烯(聚合物)

低压聚乙烯分子基本上是直链大分子，平均相对分子质量可在 10 000～300 000 之间，一般在 35 000左右。聚乙烯无毒，化学性质稳定，耐低温，并有绝缘和防辐射性能，易于加工，可制成食品袋、塑料等生活用品，在工业上可制成电线、电工部件的绝缘材料、防辐射保护衣等。

聚合反应中，参加反应的低分子量化合物称为单体，反应生成的高分子化合物称为聚合物，构成聚合物的重复结构单位称为链节(聚乙烯的链节为—CH_2—CH_2—)，n 称为聚合度。例如，以丙烯为单体，可生成聚丙烯，它有耐热及耐磨性，除可作日用品外，还可制汽车部件、纤维等。

$$n\ \underset{\displaystyle CH_3}{\underset{|}{CH}}{=}CH_2 \xrightarrow[50\sim70\ ℃,1\sim2\ \text{MPa}]{TiCl_4/Al(C_2H_5)_3} \left[\underset{\displaystyle CH_3}{\underset{|}{CH}}—CH_2\right]_n$$

聚丙烯

7.3.5　烯烃的氧化反应及应用

烯烃中的 C=C 键易被氧化，且随氧化剂和反应条件的不同，氧化产物也不同。氧化反应发生时，碳碳双键中的 π 键断裂；若反应条件剧烈，σ 键也可断裂。这些氧化反应在有机合成及确定烯烃分子结构时是很有实用价值的。

知识点 1　与氧的反应

与甲烷一样，烯烃也能在空气中完全燃烧生成二氧化碳和水，火焰明亮，同时放出大量的热。乙烯在空气中含量为 3.0%～33.5%时，遇火会引起爆炸。

$$H_2C{=}CH_2 + O_2 \xrightarrow{\text{点燃}} CO_2 + H_2O$$

在催化剂存在下，烯烃中的 C=C 键也可被空气氧化。例如：

$$H_2C{=}CH_2 + O_2 \xrightarrow[200\sim300\ ℃]{Ag} H_2C\overset{}{—}CH_2\ (\text{—O— 环})$$

环氧乙烷

氧化反应

$$H_2C=CH_2+O_2\xrightarrow[100\sim125\ ℃]{PdCl_2,CuCl_2}CH_3CHO$$

乙醛

乙烯的催化氧化是工业上制取环氧乙烷和乙醛的主要方法。在催化剂存在下,烯烃分子中的 α-H 也可被空气氧化。例如:

$$CH_3CH=CH_2+O_2\xrightarrow[300\sim400\ ℃]{Cu_2O}H_2C=CHCHO+H_2O$$

丙烯醛

$$CH_3CH=CH_2+O_2\xrightarrow{钼酸铋}H_2C=CHCOOH+H_2O$$

丙烯酸

丙烯的催化氧化是工业上制取丙烯醛和丙烯酸的主要方法。

知识点2　与高锰酸钾的反应

烯烃可与稀、冷、中性或碱性的高锰酸钾溶液(较温和条件)反应,烯烃中的 π 键断裂,生成邻二醇:

$$RCH=CHR'+KMnO_4+H_2O\longrightarrow R-\underset{OH}{\underset{|}{CH}}-\underset{OH}{\underset{|}{CH}}-R'+MnO_2\downarrow+KOH$$

邻二醇

烯烃与浓、酸性的高锰酸钾溶液(较强烈条件)一起加热,烯烃中的 C=C 键完全断裂,生成羧酸或酮:

$$RCH=CH_2\xrightarrow[\triangle]{KMnO_4,H^+}RCOOH+CO_2\uparrow$$

羧酸

$$\begin{matrix}R'\\R''\end{matrix}>C=CHR\xrightarrow[\triangle]{KMnO_4,H^+}\begin{matrix}R'\\R''\end{matrix}>C=O+RCOOH$$

通过测定所得酮、羧酸的结构,可推断烯烃的结构。烯烃与高锰酸钾反应,紫红色逐渐消退,生成褐色二氧化锰沉淀,此反应也可用来鉴别烯烃。

【例7-3】 分子式为 C_5H_{10} 的两种烯烃A和B,用高锰酸钾的硫酸溶液氧化后,A得到丙酮(CH_3COCH_3)和乙酸(CH_3COOH);B得到异丁酸($\underset{CH_3}{\underset{|}{CH_3CH}}COOH$)和二氧化碳,试推测两种烯烃的结构式。

分析:具有 $\begin{matrix}R\\R'\end{matrix}>C=$ 构造的烯烃,氧化生成相应的酮 $\begin{matrix}R\\R'\end{matrix}>C=O$;具有 R—CH=构造的烯烃,氧化生成相应的羧酸 RCOOH;具有 $H_2C=$构造的烯烃,氧化生成 CO_2。因此,烯烃A的构造式为 $\begin{matrix}H_3C\\H_3C\end{matrix}>C=CHCH_3$,烯烃B的构造式为 $\underset{CH_3}{\underset{|}{CH_3CH}}CH=CH_2$。

【解】

$$\begin{matrix}H_3C\\H_3C\end{matrix}>C=CHCH_3\xrightarrow[\triangle]{KMnO_4,H^+}H_3C-\overset{O}{\overset{\|}{C}}-CH_3+CH_3COOH$$

$$H_3C-\underset{CH_3}{\underset{|}{CH}}-CH=CH_2\xrightarrow[\triangle]{KMnO_4,H^+}\underset{CH_3}{\underset{|}{CH_3CH}}COOH+CO_2\uparrow$$

练一练

试给出经高锰酸钾酸性溶液氧化后生成下列产物的烯烃的结构式。

(1) CO_2

(2) $H_3C-C(=O)-CH_3$

(3) $H_3C-C(=O)-CH_3$，CO_2

(4) $(CH_3)_2CHC(=O)CH_3$ 和 $H_3C-C(=O)-CH_3$

知识点3　与臭氧的反应

低温时，将含有臭氧(6～8%)的氧气通入液态烯烃或烯烃的四氯化碳溶液中，臭氧迅速而定量地与烯烃作用，生成糊状臭氧化物，称为臭氧化反应。臭氧化物具有爆炸性，在反应过程中不必把它从溶液中分离出来，在有还原剂(Zn/H_2O，H_2/Pd)存在时水解，生成醛或酮以及 H_2O_2。如果在水解过程中不加还原剂，则反应生成的 H_2O_2 便将醛氧化为酸。例如：

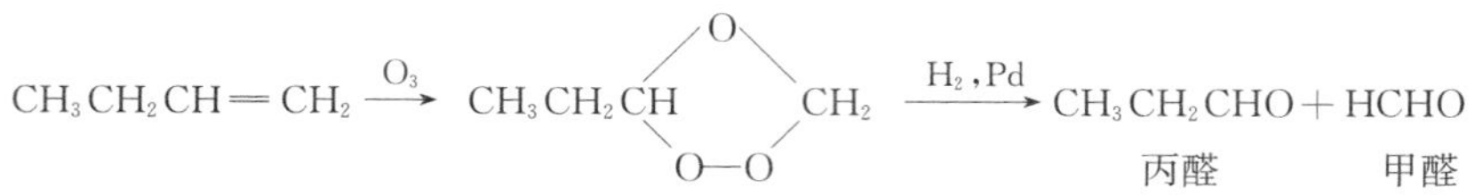

$$CH_3CH_2CH{=}CH_2 \xrightarrow{O_3} CH_3CH_2CH\underset{O-O}{\overset{O}{\diagup\diagdown}}CH_2 \xrightarrow{H_2,Pd} \underset{丙醛}{CH_3CH_2CHO} + \underset{甲醛}{HCHO}$$

臭氧化物与还原剂氢化铝锂($LiAlH_4$)或硼氢化钠($NaBH_4$)作用得到醇。例如：

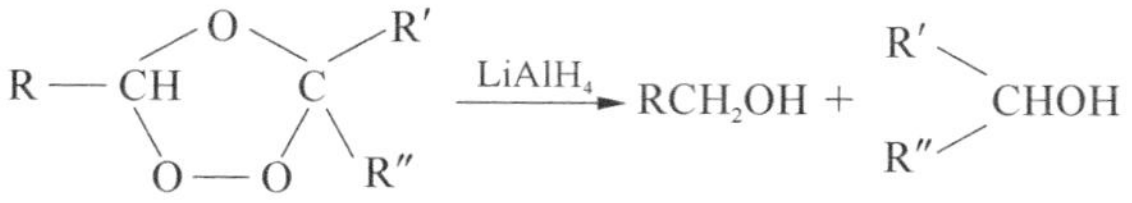

$$R-CH\underset{O-O}{\overset{O}{\diagup\diagdown}}C(R')(R'') \xrightarrow{LiAlH_4} RCH_2OH + R'R''CHOH$$

7.3.6　烯烃的α-H的卤代反应

烯烃的取代反应

烯烃分子中的α-H受到双键的影响，表现出特别的活泼性，易发生卤代反应。例如：

$$H_3C-CH{=}CH_2+Cl_2 \xrightarrow{500\ ℃} \underset{3-氯丙烯}{H_2C{=}CHCH_2Cl}+HCl$$

3-氯丙烯是无色，具有刺激性气味的液体。它是有机合成的中间体，主要用于制备环氧氯丙烷、甘油、丙烯醇等，也是合成医药、农药、涂料以及黏合剂等的原料。

7.3.7　双烯合成反应

知识点1　双烯合成反应

双烯合成

共轭二烯烃和某些具有碳碳双键、三键的不饱和化合物进行1,4-加成反应，生成含六元环化合物的反应称为双烯合成反应，也称狄尔斯-阿尔德(Diels-Alder)反应。该反应是合成六元环状化合物的重要反应。这是共轭二烯烃特有的反应，它将链状化合物转变为环状化合物，因此又称为环合反应。

$$\text{(1,3-丁二烯)} + \text{(乙烯)} \xrightarrow{200℃}$$

一般把进行双烯合成的共轭二烯烃称为双烯体，与双烯体发生反应的不饱和化合物称为亲双烯体。当亲双烯体的双键碳原子上连有吸电子基团(如—CHO、—COOH、—$COCH_3$、—CN、—NO_2等)时，反应易进行。例如：

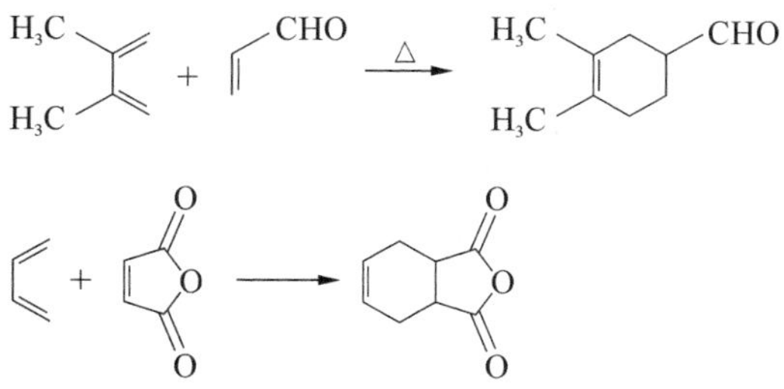

H_3C, H_3C + CHO $\xrightarrow{\triangle}$ H_3C, H_3C, CHO

+ O, O, O ⟶ O, O, O

双烯合成反应常常是定量完成的，如共轭二烯烃与顺丁烯二酸酐的加成不仅定量进行，而且产物为固体，具有固定的熔点，加热后又可分解为原来的二烯烃，所以可用于共轭二烯烃的鉴定与分离。

练一练

请完成下列反应。

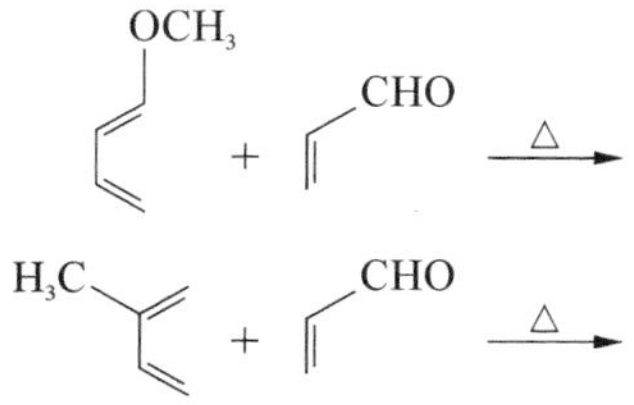

OCH_3 + CHO $\xrightarrow{\triangle}$

H_3C + CHO $\xrightarrow{\triangle}$

7.3.8 烯烃的制备

知识点 1　卤代烷制备烯烃

卤代烷(主要是二级和三级卤代烷)在 KOH 或 NaOH 的醇溶液或醇钠或氨基钠的作用下发生消除反应，得到烯烃。例如：

$$H_3C-\overset{\displaystyle CH_3}{\underset{\displaystyle CH_3}{\overset{|}{\underset{|}{C}}}}-Br \xrightarrow{NaOH,C_2H_5OH} H_2C{=}\underset{\displaystyle CH_3}{\underset{|}{C}}CH_3 + H_2O$$

(>90%)

知识点 2　邻二卤代烷制备烯烃

邻二卤代烷在金属锌或镁的作用下，可以消除卤原子生成烯烃。例如：

$$CH_3\underset{Br}{\underset{|}{CH}}\underset{Br}{\underset{|}{CH_2}} \xrightarrow[\triangle]{Zn,C_2H_5OH} CH_3CH{=}CH_2 + ZnBr_2$$

知识点 3　醇制备烯烃

(1) 酸催化脱水

在实验室中常用醇和酸(硫酸或磷酸)一起加热，使醇分子失去一分子水生成烯烃。例如：

$$CH_3CH_2OH \xrightarrow[170℃]{98\%H_2SO_4} H_2C{=}CH_2 + H_2O$$

(2) 用氯化铝或硅酸盐加热脱水

工业上常用醇在 350～400 ℃，氧化铝或硅酸盐催化下脱水制备烯烃。例如：

$$CH_3CH_2OH \xrightarrow[400\ ℃]{Al_2O_3} H_2C{=}CH_2 + H_2O$$

除上面三个方法外，炔烃加氢、羧酸酯和季铵盐的裂解、Wittig 反应、磺酸酯脱磺酸等也都是制备烯烃的方法。

知识点 4　烯烃的工业制备方法

乙烯、丙烯和丁烯等低级烯烃都是重要的化工原料。过去，低级烯烃主要是从石油炼制过程中产生的炼厂气和热裂气中分离得到。现在，低级烯烃主要是通过石油的多种馏分裂解和原油直接裂解获得。例如：

$$C_6H_{14} \xrightarrow{700 \sim 900\ ℃} \underset{15\%}{CH_4} + \underset{40\%}{H_2C=CH_2} + \underset{20\%}{CH_3CH=CH_2} + \underset{25\%}{\text{其他}}$$

烷烃在铂等催化剂作用下，高温脱氢也可以得到烯烃，产物一般为混合物。例如：

$$CH_3CH_2CH_2CH_3 \xrightarrow{Pt,500\ ℃} CH_2=CHCH_2CH_3 + CH_3CH=CHCH_3 + CH_2=CHCH=CH_2 + H_2$$

7.4　炔　烃

7.4.1　炔烃的定义、结构、异构与命名

知识点 1　烯烃的定义及结构

1. 定义

链烃分子中含有碳碳三键（ $C\equiv C$ ）的不饱和烃称为炔烃。例如：

$HC\equiv CH$	$HC\equiv CCH_3$	$HC\equiv CCH_2CH_3$
乙炔	丙炔	丁-1-炔

炔烃的同系物也依次相差一个或几个 CH_2 基团，但它们比同数目碳原子的烯烃少了两个氢原子，故炔烃的通式为 $C_nH_{2n-2}(n\geqslant 2)$。

2. 结构

乙炔是最简单也是最重要的炔烃，下面以乙炔为例来讨论炔烃的结构。

根据物理方法测得乙炔是直线型分子。乙炔分子中的所有原子都在同一条直线上，$C\equiv C$ 键的键长为 0.120 nm，比 $C=C$ 键短，$C\equiv C$ 键的键能为 835 kJ/mol，碳碳三键和碳氢键之间的夹角为 180°（图 7-14）。

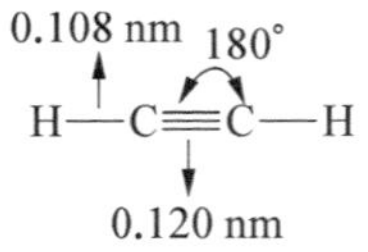

0.108 nm　180°
H—C≡C—H
0.120 nm

图 7-14　乙炔分子的平面结构

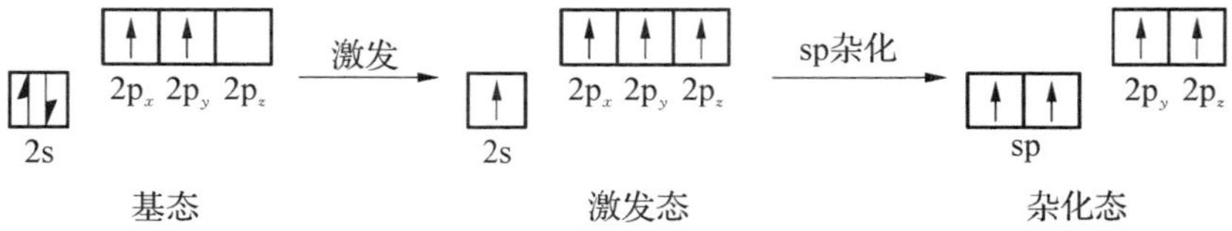

2s　$2p_x$ $2p_y$ $2p_z$　基态　激发　2s　$2p_x$ $2p_y$ $2p_z$　激发态　sp杂化　sp　$2p_y$ $2p_z$　杂化态

图 7-15　碳原子的 sp 杂化过程

乙炔的直线型构型可用杂化轨道理论加以解释。乙炔分子在形成时，碳原子首先从基态的 2s 轨道上激发 1 个电子到空的 $2p_z$ 轨道上去，形成 4 个未成对电子；然后碳原子的 2s 轨道和 $2p_x$ 轨道重新组合分配，形成了 2 个等同的 sp 杂化轨道（图 7-15）。

形成乙炔分子时，两个碳原子各用一个 sp 杂化轨道头碰头重叠形成 C—C σ 键；每个碳原子剩余的一个 sp 杂化轨道分别与氢原子的 s 轨道头碰头重叠形成 C—H σ 键；这 3 个 σ 键的键轴在同一条直线上，呈直线；同时每个碳原子上还有两个未参与杂化的 $2p_x$、$2p_z$ 轨道，它们与 sp 杂化轨道互相垂直，从侧面肩并肩重叠形成两个互相垂直的 π 键，这两个 π 键电子云在空间绕 C—C σ 键呈圆筒状分布（图 7-16）。

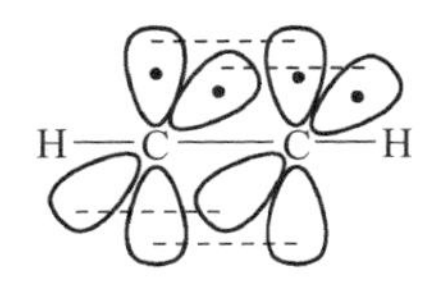

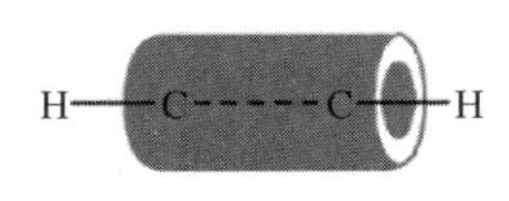

图 7－16　乙炔分子中的 π 键

由此可见，乙炔分子中的碳碳三键是由一个 σ 键和两个 π 键组成，两个碳原子为 sp 杂化，含 s 轨道成分最多，电负性最大，增加了对原子间的吸引力，使原子间更加靠近，所以乙炔分子中 C≡C 键的键长(0.120 nm)比 C—C 键(0.154 nm)和 C＝C 键(0.134 nm)的键长短，键能(835 kJ/mol)比 C—C 键(347 kJ/mol)和 C＝C 键(610 kJ/mol)的键能都大。

知识点 2　**炔烃的同分异构**

乙炔是直线型分子，因此炔烃没有顺反异构，只有构造异构。简单的乙炔和丙炔没有构造异构，含 4 个碳原子以上的炔烃的构造异构有碳链异构和位置异构。由于炔烃的三键碳原子上不能有支链，所以炔烃的异构体比相同碳原子的烯烃少。例如，在戊炔(C_5H_8)分子中的(ⅰ)和(ⅱ)之间属于位置异构体，(ⅰ)和(ⅲ)或(ⅱ)和(ⅲ)之间属于碳链异构体。

$CH_3CH_2CH_2C{\equiv}CH$　(ⅰ)

$CH_3CH_2C{\equiv}CCH_3$　(ⅱ)

$CH_3CHC{\equiv}CH$（CH 上连 CH_3）　(ⅲ)

知识点 3　**炔烃的命名**

炔烃的命名

1. 炔烃的系统命名法

炔烃的命名原则和烯烃相似，只将"烯"字改为"炔"字即可。例如：

$CH_3CH_2CHC{\equiv}CCH_3$（CH 上连 $CH—CH_3$，该 CH 上再连 CH_3）

4-乙基-5-甲基己-2-炔
4-ethyl-5-methylhex-2-yne

$CH_3CC{\equiv}CCHCH_3$（第一个 C 上连两个 CH_3，CH 上连 CH_3）

2,2,5-三甲基己-3-炔
2,2,5-trimethylhex-3-yne

2. 炔烃衍生物的命名法

炔烃衍生物的命名法只适用于比较简单的炔烃。该法以乙炔为母体，把其他基团作为乙炔的衍生物来命名。例如：

$CH_3C{\equiv}CCH_3$
二甲基乙炔
dimethylethyne

$CH_3CH_2C{\equiv}CCH_3$
乙基甲基乙炔
ethylmethylethyne

$CH_3CHC{\equiv}CH$（CH 上连 CH_3）
异丙基乙炔
isopropylethyne

3. 烯炔的命名

分子中同时含有双键和三键的链烃称为烯炔。在系统命名时，选择含有双键和三键在内的最长碳链作为母体主链，称为"某-x-烯-y-炔"，x 和 y 分别表示双键和三键的位次；碳链编号从最靠近双键或三键的一端开始，使不饱和键的编号尽可能小；若双键和三键位次相同，则应使双键编号最小。例如：

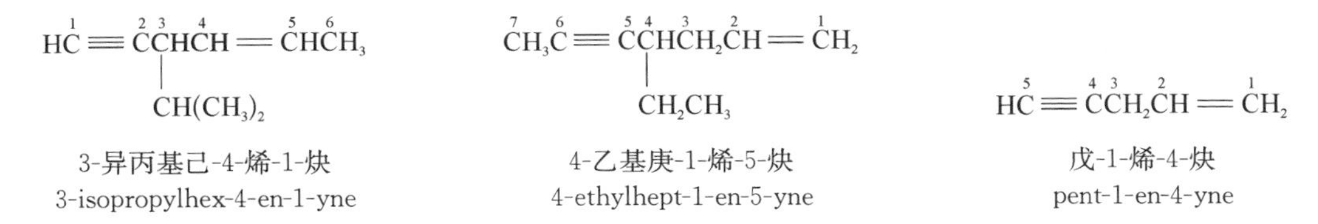

3-异丙基己-4-烯-1-炔
3-isopropylhex-4-en-1-yne

4-乙基庚-1-烯-5-炔
4-ethylhept-1-en-5-yne

戊-1-烯-4-炔
pent-1-en-4-yne

7.4.2 炔烃的理化性质概述

知识点1 炔烃的物理性质

炔烃的物理性质与烷烃、烯烃基本相似，物理性质也随着碳原子数的增加而呈规律性变化。

(1) 状态

室温下，C_2～C_4 的炔烃是气体，C_5～C_{17} 的炔烃为液体，高级炔烃为固体。

(2) 沸、熔点

炔烃的沸、熔点随着碳原子数的增加而升高。一般比相应烷烃、烯烃的沸、熔点略高。

(3) 相对密度

炔烃的相对密度都小于1，比水轻。相同碳原子数的烃的相对密度由大到小的顺序为炔烃＞烯烃＞烷烃。

(4) 溶解性

炔烃难溶于水，易溶于有机溶剂，如乙醚、石油醚、苯、丙酮、四氯化碳等。

知识点2 炔烃的化学性质

炔烃分子中也含有不饱和双键，具有与烯烃相似的化学性质，也能发生加成、氧化、聚合等反应。由于炔烃中的 π 键比烯烃中的 π 键要强一些，其亲电加成反应活性不如烯烃。碳原子采取的杂化方式不同，其电负性（sp 杂化＞sp^2 杂化＞sp^3 杂化）也不同，所以三键碳原子上的氢原子具有弱酸性，容易被金属取代而生成金属炔化物。

7.4.3 炔烃的加成反应及应用

炔烃加成反应

知识点1 催化加氢反应

在镍、铂、钯等催化剂存在下，炔烃氢化一般得到烷烃，很难得到烯烃。例如：

$$HC\equiv CH + H_2 \xrightarrow{Pt} H_3C-CH_3$$

若用活性较低的林德拉（Lindlar）催化剂（沉淀在 $BaSO_4$ 或 $CaCO_3$ 上的金属钯，加喹啉或醋酸铅使钯部分中毒，从而降低活性），可使反应停留在烯烃的阶段。

$$HC\equiv CH + H_2 \xrightarrow{\text{Lindlar 催化剂}} H_2C=CH_2$$

某些有机合成需要高纯度的乙烯，而从石油裂解气中获得的乙烯含有少量乙炔，可用控制加氢的方法将其转化成乙烯，以提高乙烯的纯度。

知识点2 与卤素的加成反应

炔烃容易与氯或溴发生加成反应。在较低温度下，反应可控制在邻二卤代烯烃阶段。例如：

$$CH_3C\equiv CCH_3 \xrightarrow[-20℃]{Br_2,\text{乙醚}} CH_3C(Br)=C(Br)CH_3$$

$$CH_3C\equiv CCH_3 \xrightarrow[25℃]{Br_2} H_3C-CBr_2-CBr_2-CH_3$$

炔烃可使溴水褪色，此反应可用于 C≡C 键的鉴别。

知识点3 与卤化氢的加成反应

在催化剂作用下，乙炔与氯化氢加热生成氯乙烯。氯乙烯聚合可得聚氯乙烯，聚氯乙烯可制成塑料。

$$HC\equiv CH + HCl \xrightarrow[\triangle]{HgCl_2} H_2C=CHCl$$

乙炔与氯化氢加成是工业上早期生产氯乙烯的主要方法。但因能耗大，汞催化剂有毒，目前主要采用乙烯为原料的氧氯化法。

不对称炔烃与卤化氢加成遵守马氏规则，得到卤代烯烃或卤代烷。但在过氧化物存在下与 HBr 加成违反马氏规则。

$$RC\equiv CH \xrightarrow{HCl} RC(Cl)=CH_2 \xrightarrow{HCl} RCCl_2CH_3$$

知识点 4　与水的加成反应

在硫酸及汞盐的催化下，炔烃与水加成，生成不稳定的烯醇式中间体，烯醇式中间体通过互变异构成为更稳定的醛酮式。不对称炔烃与水加成遵守马氏规则。例如：

$$HC\equiv CH + H_2O \xrightarrow[H_2SO_4]{HgSO_4} [H_2C=CH-OH] \longrightarrow CH_3CHO$$

$$H_3C-C\equiv C-H + H-OH \xrightarrow[H_2SO_4]{HgSO_4} [H_3C-C(OH)=CH_2] \longrightarrow H_3C-C(=O)-CH_3$$

上述反应是工业上制备乙醛和丙酮的方法之一。

知识点 5　乙烯基化反应

炔烃除了能发生上述与烯烃相似的加成反应外，还能和一些与烯烃不能发生加成反应的试剂作用。这些反应中，最重要的是乙炔与 HCN、CH_3OH、CH_3COOH 的加成。例如：

$$HC\equiv CH + HCN \xrightarrow{CuCl, NH_4Cl} \underset{\text{丙烯腈}}{H_2C=CHCN}$$

丙烯腈是合成聚丙烯腈（$\left[CH(CN)-CH_2\right]_n$）的单体，聚丙烯腈俗称人造羊毛（腈纶）。

$$HC\equiv CH + CH_3OH \xrightarrow[160\sim165\ ^\circ C, 2MPa]{20\%NaOH} \underset{\text{甲基乙烯基醚}}{H_2C=CHOCH_3}$$

甲基乙烯基醚是一个重要的单体，可聚合成高分子化合物，用作涂料、增塑剂和黏合剂等。

$$HC\equiv CH + CH_3COOH \xrightarrow[170\sim230\ ^\circ C]{\text{醋酸锌}} \underset{\text{乙酸乙烯酯}}{H_2C=CH-O-C(=O)-CH_3}$$

这是目前工业上生产乙酸乙烯酯（亦称醋酸乙烯酯）的主要方法之一，醋酸乙烯酯是生产合成纤维（维尼纶）的主要原料。

乙炔与氰化氢、醇、羧酸反应后的产物都含有乙烯基，所以称为乙烯基化反应。

7.4.4　炔烃的氧化反应及应用

炔烃氧化反应

知识点 1　燃烧

在炔烃的燃烧反应中，最重要的是乙炔在氧气中的燃烧，反应生成二氧化碳和水，同时产生大量热。氧乙炔焰可达 3 000 ℃以上的高温，广泛用于切割和焊接金属。

$$2HC\equiv CH + 5O_2 \xrightarrow{点燃} 4CO_2 + 2H_2O + 热量$$

乙炔易燃易爆，与一定比例的空气混合后可形成爆炸性混合物，其爆炸极限为2.55%～80.8%（体积分数）。乙炔在加压下不稳定，液态乙炔受到震动会爆炸，因此使用时必须注意安全。乙炔溶于丙酮时很稳定，所以工业上在贮存乙炔的钢瓶中先充填浸透丙酮的多孔物质（如石棉），再将乙炔压入钢瓶，就可以安全的运输和使用了。

知识点2　与高锰酸钾的反应

炔烃易被高锰酸钾氧化，C≡C键完全断裂，反应现象类似烯烃与高锰酸钾的反应，可利用此反应鉴别炔烃。不同结构的炔烃，氧化产物不同，根据氧化产物可推测炔烃的结构。例如：

$$HC\equiv CH \xrightarrow[H_2O]{KMnO_4} CO_2 + H_2O$$

$$RC\equiv CH \xrightarrow[H_2O]{KMnO_4} RCOOH + CO_2 + H_2O$$

$$RC\equiv CR' \xrightarrow[H_2O]{KMnO_4} RCOOH + R'COOH$$

7.4.5　端基炔烃的反应及应用

与三键碳原子直接相连的氢原子称为炔氢原子。三键碳原子的电负性较大，因此炔氢原子具有一定的弱酸性，可以被某些金属原子（或离子）取代，生成金属炔化物。

知识点1　与钠或氨基钠反应

含有炔氢原子的炔烃与金属钠或氨基钠反应，生成炔化钠。例如：

端基炔烃

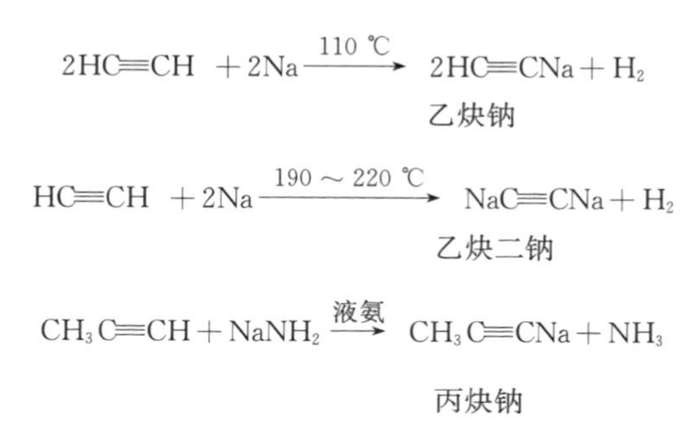

炔化钠性质活泼，与卤代烃反应在有机合成上作为增长碳链的方法之一。

$$RC\equiv CH \xrightarrow[NaNH_2]{液氨} RC\equiv CNa \xrightarrow{R'X} RC\equiv CR'$$

【例7-4】　由乙烯和丙炔合成戊-2-烯。

【解】　逆向合成分析：

$$CH_3CH=CHCH_2CH_3 \longrightarrow CH_3C\equiv CCH_2CH_3 \longrightarrow CH_3CH_2Br + CH_3C\equiv CNa$$

合成路线：

$$CH_2=CH_2 \xrightarrow{HBr} CH_3CH_2Br$$

$$CH_3C\equiv CH \xrightarrow[液氨]{NaNH_2} CH_3C\equiv CNa$$

$$CH_3C\equiv CNa + CH_3CH_2Br \longrightarrow CH_3C\equiv CCH_2CH_3 \xrightarrow{Lindlar催化剂} CH_3CH=CHCH_2CH_3$$

知识点 2　与硝酸银或氯化亚铜的氨溶液反应。

含有炔氢原子的炔烃与硝酸银或氯化亚铜的氨溶液作用，炔氢原子可被 Ag^+ 或 Cu^+ 取代，生成灰白色的炔化银或红棕色的炔化亚铜沉淀。因此，该反应常用来鉴别乙炔以及含有炔氢原子的炔烃。例如：

$$HC \equiv CH + 2[Ag(NH_3)_2]NO_3 \longrightarrow \underset{\text{乙炔银}}{AgC \equiv CAg\downarrow} + 2NH_4NO_3 + 2NH_3$$

$$HC \equiv CH + 2[Cu(NH_3)_2]NO_3 \longrightarrow \underset{\text{乙炔亚铜}}{CuC \equiv CCu\downarrow} + 2NH_4NO_3 + 2NH_3$$

$$RC \equiv CH \longrightarrow \begin{cases} \xrightarrow{[Ag(NH_3)_2]NO_3} RC \equiv CAg\downarrow \\ \xrightarrow{[Cu(NH_3)_2]NO_3} RC \equiv CCu\downarrow \end{cases}$$

在干燥状态下，炔化银或炔化亚铜受热或震动容易爆炸，实验完毕后加稀硝酸使其分解。

7.4.6 炔烃的制备

知识点 1　电石法

乙炔是最重要的一种炔烃，可用以照明、焊接及切断金属（氧炔焰），也是制造乙醛、醋酸、苯、合成橡胶、合成纤维等的基本原料。自然界中没有乙炔存在，通常用电石水解法制备。电石是碳化钙（CaC_2）的俗名，用焦炭和氧化钙经电弧加热至 2 200 ℃，可得 CaC_2，CaC_2 水解即生成乙炔和氢氧化钙。

$$CaO + 3C \xrightarrow{2\,200\ ℃} CaC_2 + CO$$

$$CaC_2 + 2H_2O \longrightarrow C_2H_2 + Ca(OH)_2$$

此法虽原料易得，但耗电能大，除少数国家外，均不用此法。目前常用于实验室制备乙炔。

知识点 2　二卤代烷法

在强碱的醇溶液或 $NaNH_2$ 存在条件下，邻二卤代烷或同碳二卤代烷可脱去两分子卤化氢制得炔烃。例如：

$$CH_3(CH_2)_7\underset{\underset{Br}{|}}{CH}CH_2Br \xrightarrow[\triangle]{NaNH_2} CH_3(CH_2)_7C \equiv CNa \xrightarrow{H_2O} CH_3(CH_2)_7C \equiv CH$$

$$CH_3CH_2CH_2CHCl_2 \xrightarrow[\triangle]{NaNH_2} CH_3CH_2C \equiv CNa \xrightarrow{H_2O} CH_3CH_2C \equiv CH$$

知识点 3　金属炔化合物与一级卤代烷反应法

炔钠与一级卤代烷的反应可生成碳链增长的炔烃，炔钠则可通过含有炔氢原子的炔烃与金属钠或氨基钠的反应来制备。例如：

$$HC \equiv CH \xrightarrow{NaNH_2,\text{液 } NH_3} HC \equiv CNa \xrightarrow{CH_3CH_2Br} HC \equiv CCH_2CH_3$$

7.5 芳香烃

7.5.1 芳香烃的定义和分类

知识点1 芳香烃的定义

芳香烃(简称芳烃)最初是从天然的香精油、香树脂中提取出来的,具有芳香气味,因此得名。随着科学发展,发现许多具有芳烃特性的化合物并没有香味,不过习惯上仍然沿用这个名称。研究发现,芳烃具有高度的不饱和性,很稳定,不易发生加成和氧化反应,容易发生取代反应,这些特殊性质称为芳香性。芳烃一般含有苯环结构,也有不含苯环结构但具有芳香性的非苯芳烃。

知识点2 芳香烃的分类

芳香烃可分为苯系芳烃和非苯芳烃两大类。苯系芳烃根据苯环的多少和连接方式不同可分为单环芳烃、多环芳烃和稠环芳烃。

1. 单环芳烃

分子中只含有一个苯环的芳烃。例如:

CH_3

苯 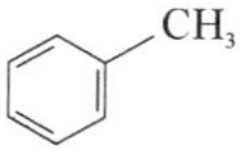　　甲苯

2. 多环芳烃

分子中含有两个或两个以上独立苯环的芳烃。例如:

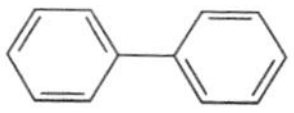

CH_2

联苯 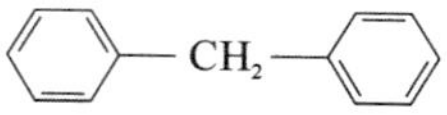　　二苯甲烷

3. 稠环芳烃

分子中含有两个或两个以上苯环,苯环之间共用相邻两个碳原子的芳烃。例如:

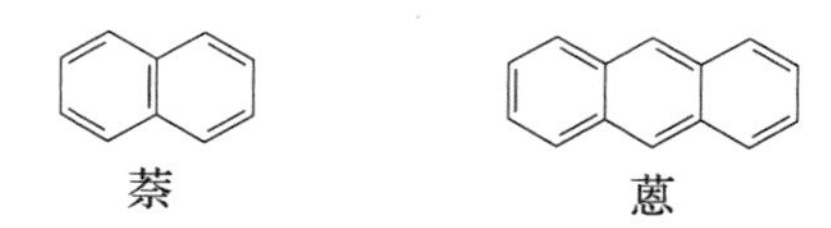

萘　　蒽

7.5.2 芳香烃的结构、异构与命名

知识点1 苯和萘的结构

1. 苯的结构

苯的分子式为 C_6H_6,近代物理方法证明,苯分子中的所有原子都在同一平面上,碳碳键长均为 0.139 6 nm,键角均为 120°。苯的凯库勒结构式如下:

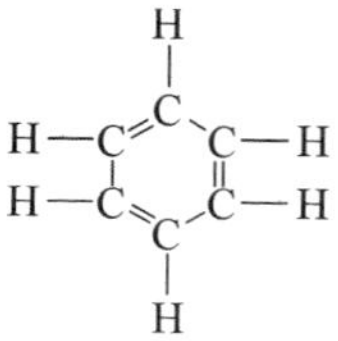

苯分子的 6 个碳原子均采取 sp^2 杂化，每个碳原子形成三个 sp^2 杂化轨道，其中一个 sp^2 杂化轨道与氢原子的 1s 轨道头碰头形成 C—H σ 键，另两个 sp^2 杂化轨道与相邻两个碳原子的 sp^2 杂化轨道头碰头形成两个 C—C σ 键，键角为 120°，碳氢原子均在同一平面上。每一个碳原子上还有一个未参加杂化的 p 轨道，相互平行重叠，形成一个六原子六电子闭合的共轭大 π 键。如图 7-17 所示，π 电子云像两个轮胎一样，分布在分子平面的上下方。由于苯分子中所有碳原子上的 p 轨道重叠程度都相同，所以苯中碳碳键长都相等。实际上苯环并不是如结构式表示的那样——一种单、双键间隔的体系，而是形成了一个电子云密度完全平均化了的没有单、双键之分的大 π 键。

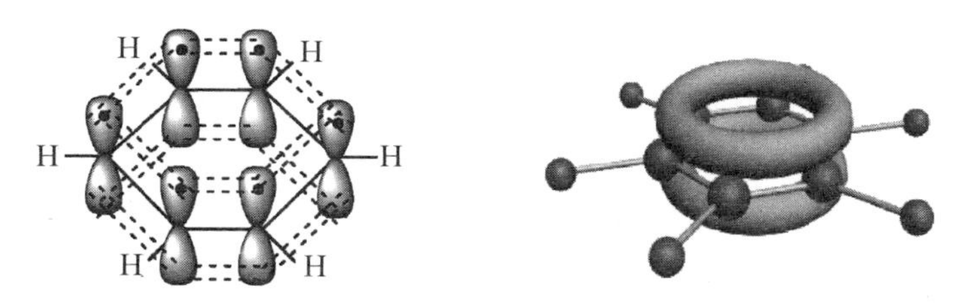

图 7-17　苯分子结构示意图

苯分子的这种特殊结构，必然使它的体系能量较低，也较稳定。例如，苯的氢化热比预计的要低得多。

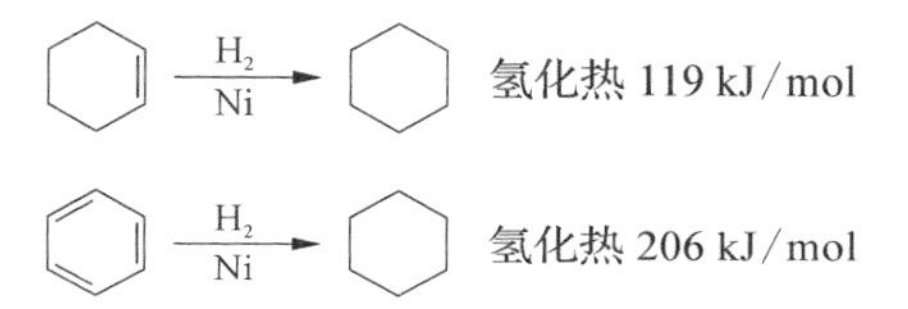

2. **萘的结构**

萘是最简单的稠环芳烃，分子式为 $C_{10}H_8$，是由 2 个苯环共用 2 个相邻碳原子稠合而成，其结构式如下：

与苯相似，萘分子中的碳原子也以 sp^2 杂化轨道彼此之间或与氢原子之间形成 σ 键，因此萘分子中的所有原子也在同一平面上；如图 7-18 所示，每个碳原子未参与杂化的 p 轨道都垂直于萘环所在的平面，它们彼此平行重叠形成了一个包括 10 个碳原子在内的闭合大 π 键。

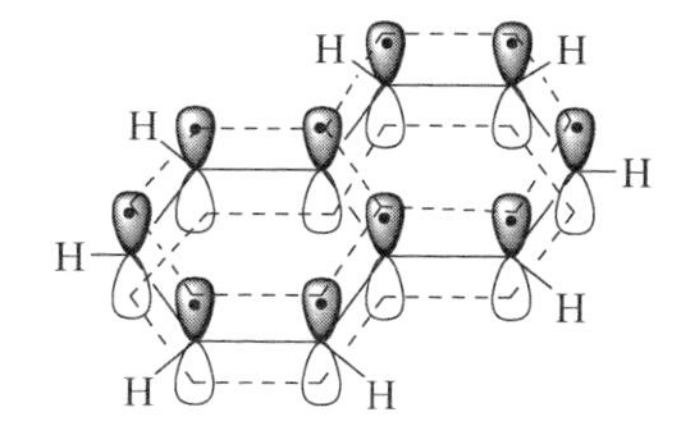

图 7-18　萘分子的结构

与苯分子不同的是，萘分子中各 p 轨道的重叠程度不完全相同，也就是电子云密度没有完全平均化，分子中各碳碳键的键长不完全相等，这就使得萘不如苯稳定。

0.142 1 nm　0.136 3 nm　0.141 8 nm　0.141 5 nm

萘分子中电子云密度以 α-位（1、4、5、8 位）最高，β-位（2、3、6、7 位）次之，9、10 位最低。由键长和电子云密度可知，1、4、5、8 位上四个 C—H 键位置相同；2、3、6、7 位上的四个 C—H 键位置相同。所以萘的一元取代物有两种异构体，一种是α-位的取代物，另一种是β-位的取代物。例如：

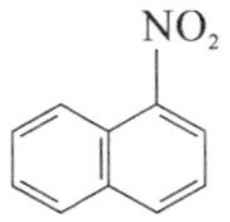

1-硝基萘(α-硝基萘)　　2-硝基萘(β-硝基萘)

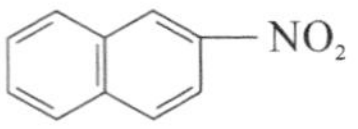

知识点2　单环芳香烃的构造异构

单环芳香烃的构造异构有两种情况：一种是侧链的碳链异构，另一种是侧链在苯环上的位置异构。

(1) 侧链的碳链异构

苯环上的氢原子被烃基取代后生成的化合物称为烃基苯，连在苯环上的烃基也称侧链。侧链为甲基和乙基时，不能产生碳链异构。当侧链上的碳原子为3个以上时，会因碳链排列方式不同而产生碳链异构。例如：

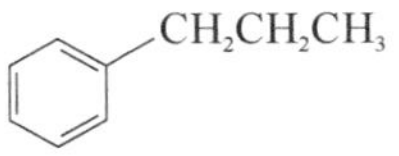

$CH_2CH_2CH_3$　　$CH(CH_3)_2$

正丙苯 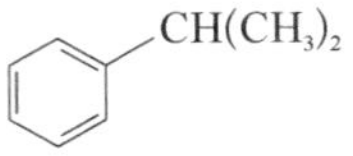　　异丙苯

(2) 侧链在苯环上的位置异构

当苯环上连有两个或两个以上取代基时，就会产生位置异构。例如：

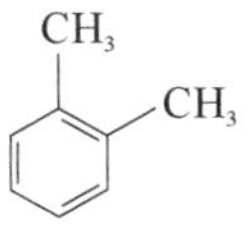

邻二甲苯 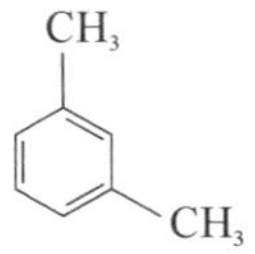　　间二甲苯 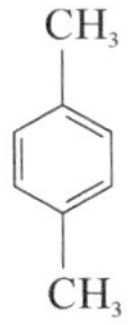　　对二甲苯

知识点3　单环芳烃的命名

单环芳烃的命名

1. 芳基

芳香烃去掉一个氢原子而形成的基团称为芳基(aryl)，简写为"Ar—"。常见的芳基有：苯分子中去掉一个氢原子后剩余的基团(C₆H₅—)称为苯基(phenyl)，简写为"C_6H_5—"或"Ph—"；甲苯分子中去掉一个甲基氢原子后剩余的基团(C₆H₅—CH_2—)称为苯甲基或苄基(benzyl)，简写为"$C_6H_5CH_2$—"或"$PhCH_2$—"；甲苯分子中去掉甲基的邻位苯环上一个氢原子后剩余的基团(邻位带 CH_3 的苯基)称为邻甲苯基(*o*-tolyl)，简写为"*o*-$CH_3C_6H_5CH_2$—"或"*o*-CH_3Ph—"。

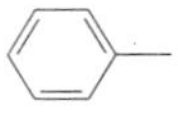

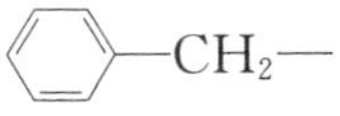

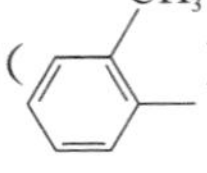

2. 一元取代苯的命名

(1) 当苯环上连有烷基、卤素原子、硝基等时，以苯环为母体，命名"某基苯"，其中"基"字通常可以省略。例如：

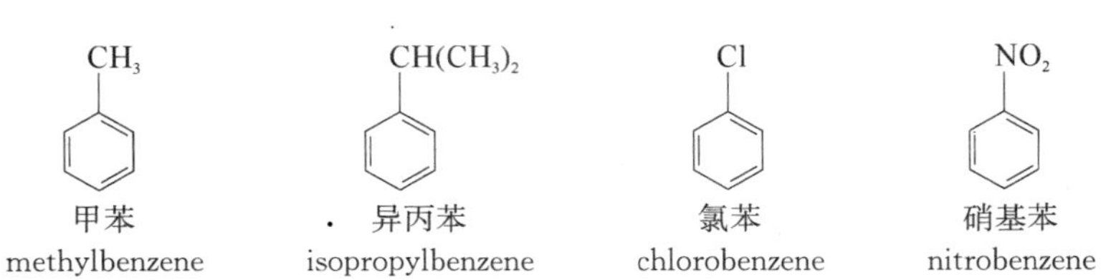

甲苯 methylbenzene　　异丙苯 isopropylbenzene　　氯苯 chlorobenzene　　硝基苯 nitrobenzene

(2) 当苯环上所连的烃基是比较复杂的烷基或不饱和烃基时，常把苯环作为取代基，侧链作为母体

主链进行命名。例如：

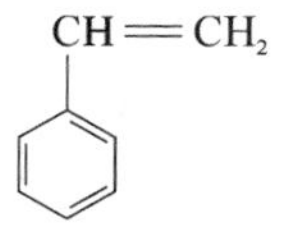

乙烯基苯(苯乙烯)
vinylbenzene(styrene)

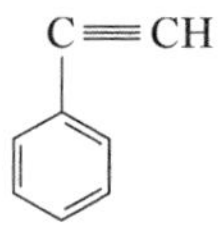

乙炔基苯(苯乙炔)
ethynylbenzene(phenylacetylene)

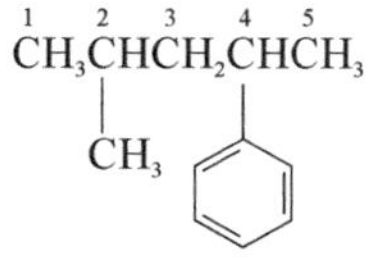

2-甲基-4-苯基戊烷
2-methyl-4-phenylpentane

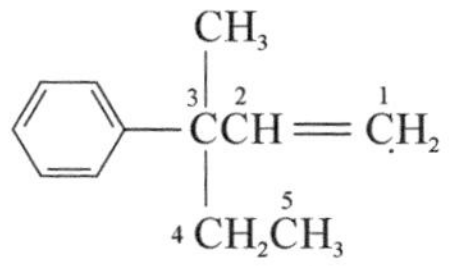

3-甲基-3-苯基戊-1-烯
3-methyl-3-phenylpent-1-ene

(3) 当苯环上连有—COOH、—SO_3H、—NH_2、—OH、—CHO 等官能团时，也把苯环作为取代基。例如：

苯甲醇
phenylmethanol

苯甲酸
benzoic acid

苯磺酸
benzenesulfonic acid

3. 二元取代苯的命名

(1) 当苯环上连接有两个相同烷基时，可用阿拉伯数字标明烷基的位次，也可用“邻(ortho，*o*-)”“间(meta，*m*-)”“对(para，*p*-)”表示烷基的相对位置。例如：

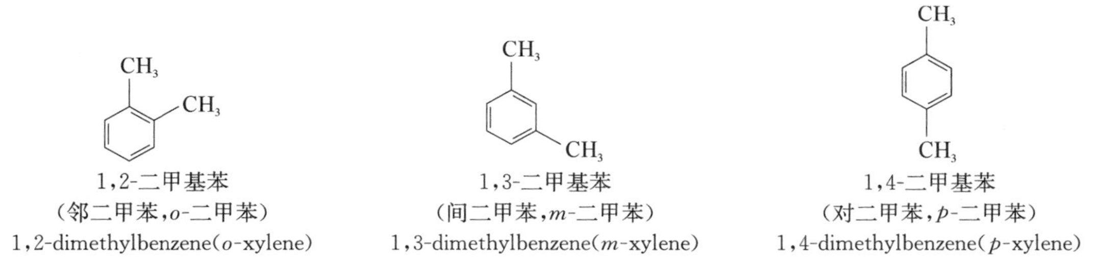

1，2-二甲基苯
(邻二甲苯，*o*-二甲苯)
1，2-dimethylbenzene(*o*-xylene)

1，3-二甲基苯
(间二甲苯，*m*-二甲苯)
1，3-dimethylbenzene(*m*-xylene)

1，4-二甲基苯
(对二甲苯，*p*-二甲苯)
1，4-dimethylbenzene(*p*-xylene)

(2) 若苯环上有不同的取代基时，编号时使首字母在前的取代基的位次为“1”，并使两个取代基的位次之和最小；命名时按取代基英文名称的首字母的顺序排列，将取代基名称写在母体名称之前。例如：

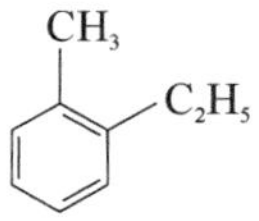

1-乙基-2-甲基苯
1-ethyl-2-methylbenzene

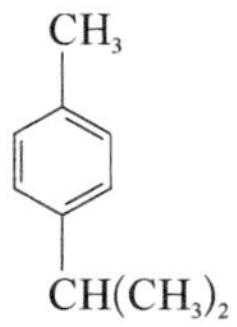

1-异丙基-4-甲基苯
1-isopropyl-4-methylbenzen

4. 多元取代苯的命名

(1) 当苯环上连接有三个相同烷基时，可用阿拉伯数字标明烷基的位次，也可用“连”“偏”“均”表示烷基的相对位置。例如：

1,2,3-三甲基苯(连三甲苯)
1,2,3-trimethylbenzene

1,2,4-三甲基苯(偏三甲苯)
1,2,4-trimethylbenzene

1,3,5-三甲基苯(均三甲苯)
1,3,5-trimethylbenzene

(2) 当苯环作为母体时,编号时使首字母在前的取代基的位次为“1”,并使所有取代基的位次之和最小;命名时按取代基英文名称的首字母的顺序排列,将取代基名称写在母体名称之前。例如:

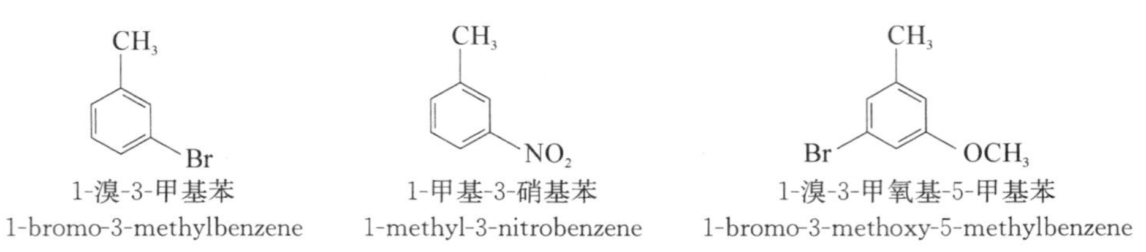

1-溴-3-甲基苯
1-bromo-3-methylbenzene

1-甲基-3-硝基苯
1-methyl-3-nitrobenzene

1-溴-3-甲氧基-5-甲基苯
1-bromo-3-methoxy-5-methylbenzene

(3) 当苯环作为取代基时,要从苯环上的官能团中选择一种作为主官能团,按主官能团确定化合物的类别,其他官能团则作为取代基,据此化合物优先次序为:羧酸>磺酸>酸酐>酯>酰卤>酰胺>腈>醛>酮>醇>硫醇>胺>亚胺。编号时,与主官能团直接相连的苯环碳原子编为“1”。例如:

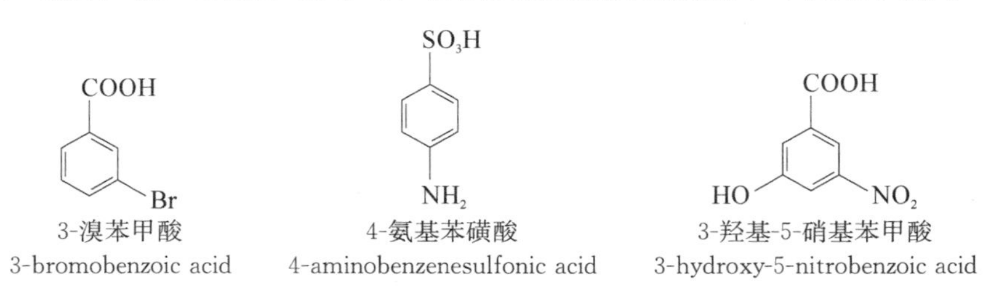

3-溴苯甲酸
3-bromobenzoic acid

4-氨基苯磺酸
4-aminobenzenesulfonic acid

3-羟基-5-硝基苯甲酸
3-hydroxy-5-nitrobenzoic acid

7.5.3 芳香烃的理化性质概述

知识点1　芳香烃的物理性质

常见的苯及其同系物都是具有特殊气味的无色液体。一般芳香烃均比水轻;沸点随相对分子质量升高而升高;熔点除与相对分子质量有关外,还与其结构有关,通常对位异构体由于分子对称,熔点较高。芳香烃不溶于水,但溶于乙醚、四氯化碳、石油醚等非极性有机溶剂。

芳香烃理化性质

知识点2　芳香烃的化学性质

苯及其同系物有毒,尤其是苯极具毒性,属于一类致癌物。苯、甲苯及二甲苯过去常被用作涂料、防水材料、各种胶和油漆等装饰装修材料中的有机溶剂。作为强烈致癌物,一些国家早已全面禁止在各种建筑化学产品中使用苯作为溶剂或稀释剂,甲苯及二甲苯也被列为不予推荐在各种建筑化学产品中使用的化工产品。

许多多环芳烃包括联苯类及稠环芳烃,是目前已确认有致癌作用的物质。如由萘压制成的萘精(俗称卫生球),曾用作衣物的防蛀剂,但因对人体有害,现已被樟脑精取代。从事煤焦油作业的人群易得皮肤癌,这是因为存在于煤焦油中的一些稠环芳烃具有较强的致癌性。在自然界中,致癌芳烃主要存在于煤、石油、煤焦油和沥青中,也可以由烃类化合物不完全燃烧产生。汽车、飞机及各种机动车辆所排放的废气中和香烟的烟雾中均含有多种致癌芳烃。露天焚烧、烟熏、烧烤及焙焦的食品均可产生大量的致癌芳烃。

芳香烃不易发生加成反应和氧化反应,而容易发生取代反应。由于苯环和侧链间的相互影响,使得苯的同系物有些性质与苯不同。例如,苯环与氧化剂不起反应,而侧链就容易被氧化;在光照或加热条件下,烷基苯与卤素发生取代反应。

7.5.4　苯环上的取代反应

苯环结构稳定，不易氧化，也不易加成，但苯分子中的氢原子能被其他原子或基团代替而发生取代反应。根据取代基团不同，可分为卤代、硝化、磺化、傅-克烷基化和酰基化反应。

知识点 1　卤代反应

在三卤化铁或铁的催化下，苯与氯或溴作用，苯环上的氢原子可被卤原子取代生成卤苯。反应温度升高，一卤苯可继续卤代生成二卤苯。例如：

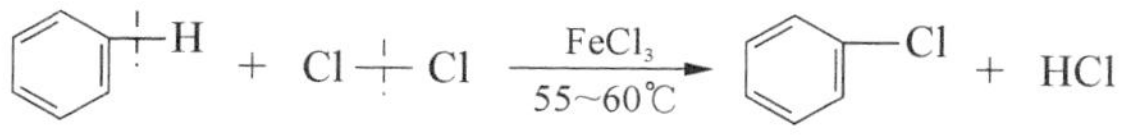

$$\text{—H} + \text{Cl—Cl} \xrightarrow[55\sim60℃]{FeCl_3} \text{—Cl} + HCl$$

氯苯

生成的氯苯是一种无色液体，不溶于水，但溶于某些有机溶剂；它是合成染料、制造药物和农药的原料。

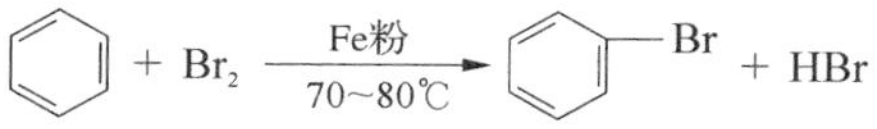

$$+ Br_2 \xrightarrow[70\sim80℃]{\text{Fe粉}} \text{—Br} + HBr$$

溴苯

生成的溴苯为无色油状液体，不溶于水，溶于苯、醇、醚、氯苯等有机溶剂；它是精细化工品的原料，也是制备农药的基本原料。

萘比苯容易发生卤代反应，没有催化剂也能与溴反应。

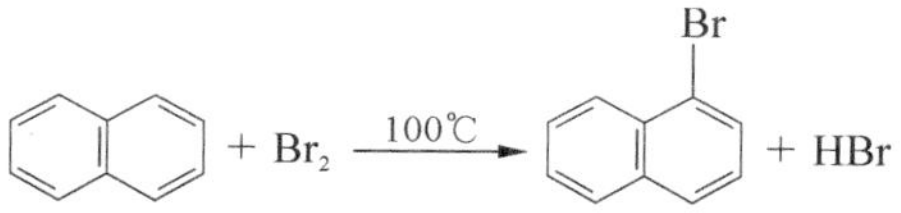

$$+ Br_2 \xrightarrow{100℃} \text{Br} + HBr$$

1-溴苯(α-溴萘)

知识点 2　硝化反应

浓硝酸和浓硫酸的混合物称为混酸。在 50～60 ℃下，苯与混酸作用，硝基（—NO_2）取代苯环上的氢原子，生成硝基苯。在此反应中，浓硫酸既是催化剂，又是脱水剂。

苯的硝化反应

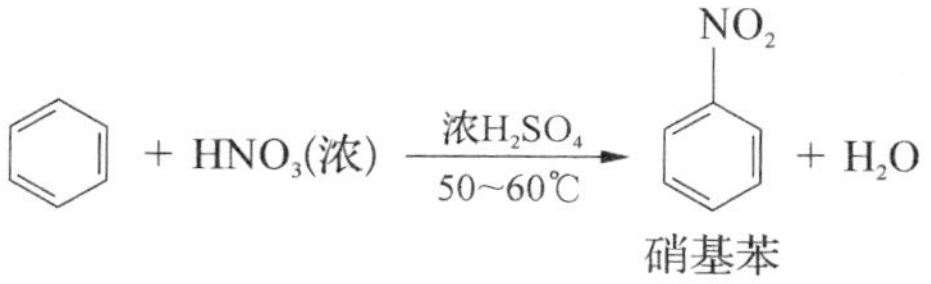

$$+ HNO_3(\text{浓}) \xrightarrow[50\sim60℃]{\text{浓}H_2SO_4} NO_2 + H_2O$$

硝基苯

萘与混酸可在较低温度下，发生硝化反应。

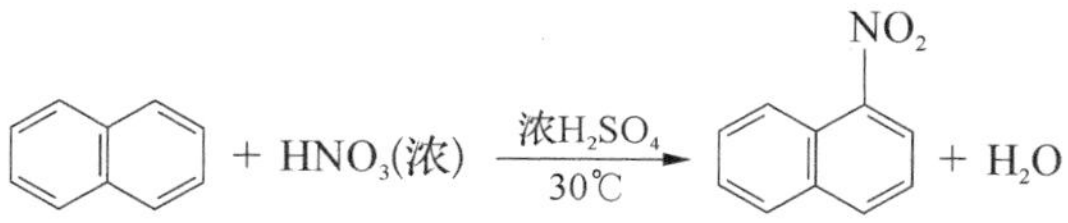

$$+ HNO_3(\text{浓}) \xrightarrow[30℃]{\text{浓}H_2SO_4} NO_2 + H_2O$$

α-硝基萘

知识点 3　磺化反应

苯和浓硫酸共热，苯环上的氢可被磺酸基（—SO_3H）取代，生成苯磺酸。苯磺酸可溶解在硫酸中，利用这一性质可将芳烃从混合物中分离出来。

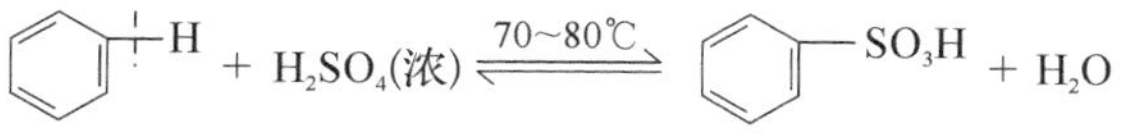

$$\text{—H} + H_2SO_4(\text{浓}) \underset{}{\overset{70\sim80℃}{\rightleftharpoons}} \text{—}SO_3H + H_2O$$

磺化反应是可逆的，在有机合成中十分有用。在合成时可通过磺化反应保护苯环上的某一位置，待进一步发生反应后，再通过稀硫酸或盐酸将磺酸基除去，即可得到所需的化合物。例如：

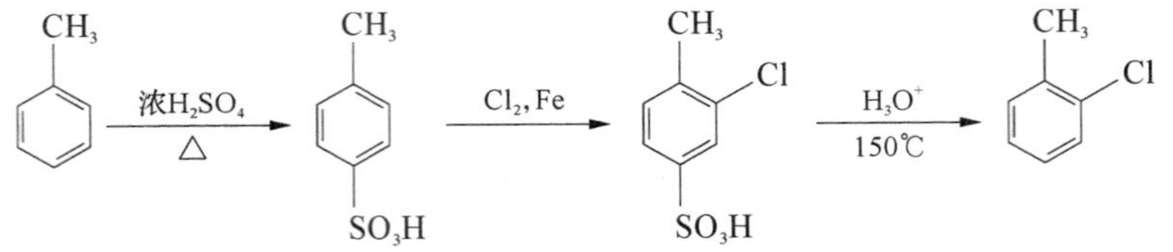

$$\text{甲苯} \xrightarrow[\triangle]{\text{浓}H_2SO_4} \text{对甲苯磺酸} \xrightarrow{Cl_2,\ Fe} \text{2-氯-4-磺酸基甲苯} \xrightarrow[150℃]{H_3O^+} \text{邻氯甲苯}$$

萘与硫酸发生磺化反应时，随反应温度不同，主要产物也不相同。

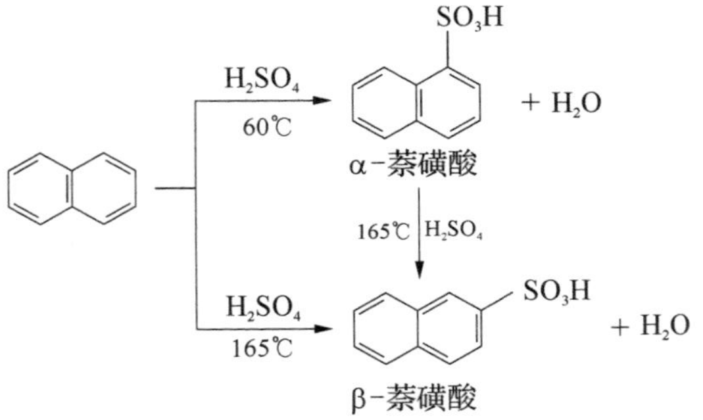

$$\text{萘} \xrightarrow[60℃]{H_2SO_4} \alpha\text{-萘磺酸} + H_2O$$

$$\alpha\text{-萘磺酸} \xrightarrow{165℃,\ H_2SO_4} \beta\text{-萘磺酸}$$

$$\text{萘} \xrightarrow[165℃]{H_2SO_4} \beta\text{-萘磺酸} + H_2O$$

知识点4　傅-克烷基化和酰基化反应

在催化剂（$AlCl_3$、$ZnCl_2$、H^+ 等 Lewis 酸）作用下，芳烃与烷基化或酰基化试剂反应，芳环上的氢原子被烷基或酰基取代，该反应称为傅瑞德尔-克拉夫茨（Friedel-Crafts）反应，简称傅-克反应。

1. 傅-克烷基化反应

卤代烷、烯烃、醇等可作烷基化剂与芳烃发生傅-克烷基化反应。例如：

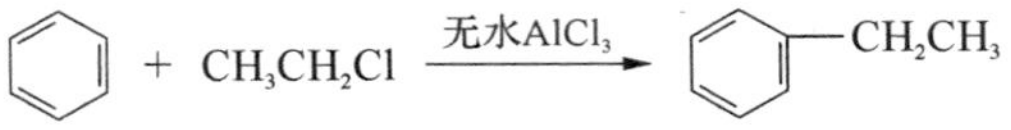

$$C_6H_6 + CH_3CH_2Cl \xrightarrow{\text{无水}AlCl_3} C_6H_5-CH_2CH_3$$

2. 傅-克酰基化反应

酰氯、酸酐等可作为酰基化试剂与芳烃发生傅-克酰基化反应。例如：

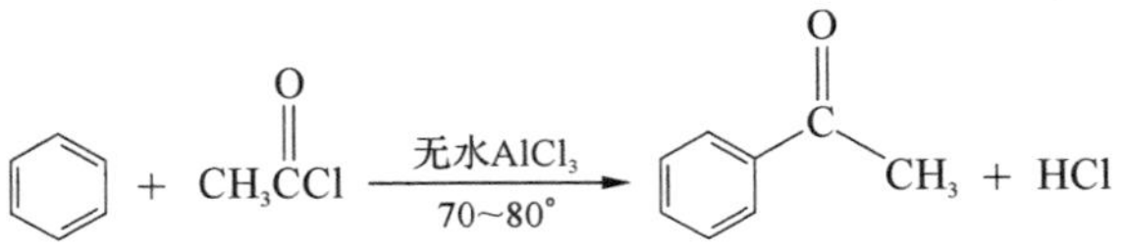

$$C_6H_6 + CH_3\overset{O}{\overset{\|}{C}}Cl \xrightarrow[70\sim80^\circ]{\text{无水}AlCl_3} C_6H_5-\overset{O}{\overset{\|}{C}}-CH_3 + HCl$$

苯乙酮

关于傅-克反应需注意以下几点：

(1) 烷基化反应不易停留在一元取代阶段，常有多烷基芳烃生成；而酰化反应停留在一元取代阶段。例如：

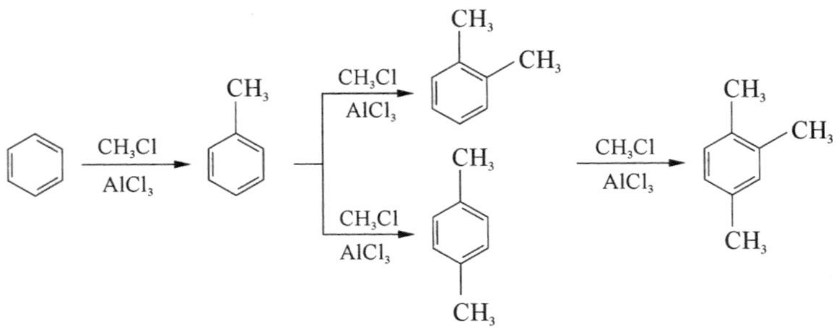

$$C_6H_6 \xrightarrow[AlCl_3]{CH_3Cl} C_6H_5CH_3 \xrightarrow[AlCl_3]{CH_3Cl} \text{邻二甲苯} / \text{对二甲苯} \xrightarrow[AlCl_3]{CH_3Cl} \text{1,2,4-三甲苯}$$

(2) 当烷基化试剂中的碳原子数不小于3时，直链烷基常常发生异构化；而相应的酰基化反应不发生重排。例如：

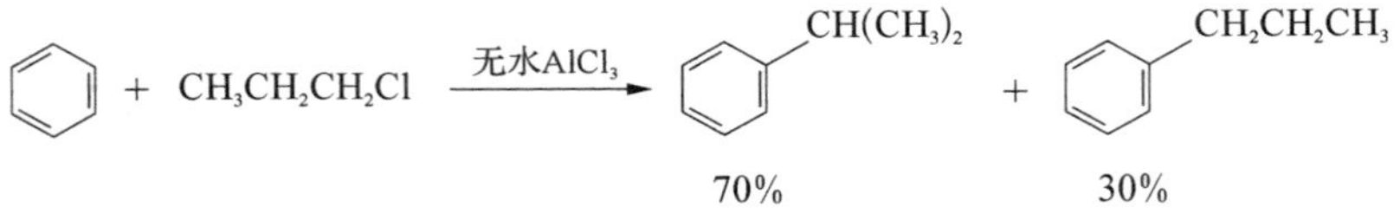

$$C_6H_6 + CH_3CH_2CH_2Cl \xrightarrow{\text{无水}AlCl_3} \underset{70\%}{C_6H_5-CH(CH_3)_2} + \underset{30\%}{C_6H_5-CH_2CH_2CH_3}$$

(3) 当芳环上连有强吸电子基(如—NO_2、—SO_3H、—COR 等)时,不能发生傅-克反应。

(4) 当芳环上连有—NH_2、—NHR、—NR_2 等基团时,不能发生傅-克反应,因为上述基团可与催化剂反应。

7.5.5　苯环侧链上的反应

知识点 1　苯环侧链上的卤代反应

在光照或加热条件下,烷基苯侧链上的 α-H 原子可被卤原子取代。

$$C_6H_5CH_3 \xrightarrow[h\nu或\triangle]{Cl_2} C_6H_5CH_2Cl \xrightarrow[h\nu或\triangle]{Cl_2} C_6H_5CHCl_2 \xrightarrow[h\nu或\triangle]{Cl_2} C_6H_5CCl_3$$

$$C_6H_5\overset{\alpha}{C}H_2CH_3 + Br_2 \xrightarrow{h\nu} C_6H_5CH(Br)CH_3 + HBr$$

1-溴乙基苯

知识点 2　苯环侧链上的氧化反应

烷基苯中的 α-H 原子受苯环的影响比较活泼,可被高锰酸钾或重铬酸钾等氧化剂氧化。而且无论侧链长短、结构如何,只要含有 α-H,侧链都被氧化成羧基(—COOH)。该反应可用于鉴别,也是制备芳香族羧酸的常用方法。若侧链上无 α-H,一般不发生氧化反应。例如:

$$(CH_3)_3C\text{-}C_6H_4\text{-}CH_3 \xrightarrow[H^+]{KMnO_4} (CH_3)_3C\text{-}C_6H_4\text{-}COOH$$

苯的氧化反应

7.5.6　苯环上亲电取代反应的定位规律

知识点 1　两类定位基及一元取代苯的定位规律

苯分子中的六个碳和六个氢都完全相同,因此苯的一元取代物只有一种。当一元取代苯发生取代反应时,反应的难易程度以及第二个取代基进入苯环的位置与原有取代基的性质有关。例如:

$$C_6H_6 + HNO_3(浓) \xrightarrow[50\sim60℃]{浓H_2SO_4} C_6H_5NO_2 + H_2O$$

$$C_6H_5CH_3 + HNO_3(浓) \xrightarrow[30℃]{浓H_2SO_4} 邻\text{-}CH_3C_6H_4NO_2\ (62\%) + 对\text{-}CH_3C_6H_4NO_2\ (33\%) + 间\text{-}CH_3C_6H_4NO_2\ (5\%)$$

$$C_6H_5NO_2 + HNO_3(浓) \xrightarrow[100℃]{浓H_2SO_4} 邻\text{-}C_6H_4(NO_2)_2\ (6.4\%) + 对\text{-}C_6H_4(NO_2)_2\ (0.3\%) + 间\text{-}C_6H_4(NO_2)_2\ (93.2\%)$$

定位规律

从上面的反应不难发现,甲苯的硝化反应比苯容易进行,而且硝基主要进入甲基的邻位和对位;而硝基苯的进一步硝化,不仅比苯难于进行,而且硝基主要进入硝基的间位。

大量实验事实证明:一元取代苯在进行取代反应时,苯环上原有的取代基不仅影响苯环的活性,而且也决定取代基进入苯环的位置。我们把苯环上原有的取代基称为定位基。定位基有两个作用:一是影响取代反应难易程度，二是决定第二个取代基进入苯环的位置。定位基的这种作用称为定位效应。常见定位基按照它们的定位效应分为两类。

（1）邻对位定位基（第一类定位基）

邻对位定位基大多使苯环活化（—CH_2Cl、—X 属于弱钝化定位基），即第二个基团的引入一般比苯容易，新引入的基团主要进入苯环的邻对位。如 A 代表邻对位定位基，则可表示为 ，箭头表示第二个取代基进入的位置。常见邻对位定位基由强到弱的顺序如下：

$$—NH_2 > —OH > —OCH_3 > —NHCOCH_3 > —R > —CH_2Cl > —Cl > —Br$$

（2）间位定位基（第二类定位基）

间位定位基使苯环钝化，即第二个基团的引入比苯困难，新引入的基团主要进入苯环的间位。如 B 代表间位定位基，则可表示为 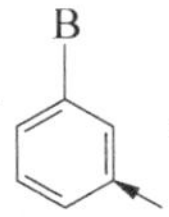 。常见间位定位基由强到弱的顺序如下：

$$—NO_2 > —CN > —SO_3H > —CHO > —COCH_3 > —COOH$$

通常，邻对位定位基中与苯环直接相连的原子一般不含双键或三键，多数具有孤电子对；间位定位基中与苯环相连的原子一般都含双键或三键，或者有正电荷。

知识点 2　二元取代苯的定位规律

当苯环上已有两个定位基，欲引入第三个取代基时，有以下几种情况。

（1）当苯环上原有的两个取代基定位作用一致时，新基团可以顺利引入苯环。例如：

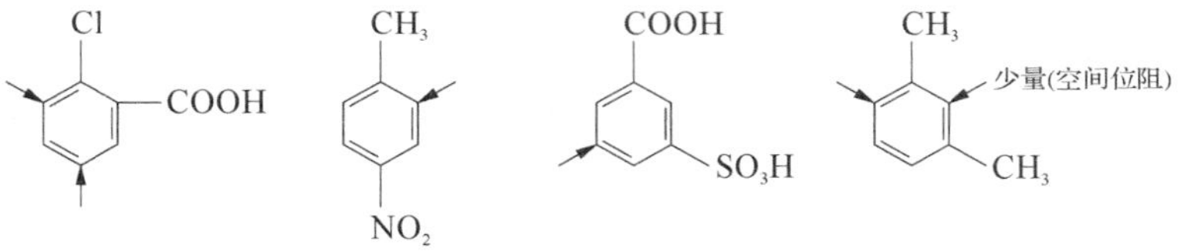

（2）当苯环上原有的两个取代基定位作用不一致时，有以下两种情况。

① 当两个取代基属于同一类定位基时，第三个取代基引入苯环的位置主要由较强的定位基决定。例如：

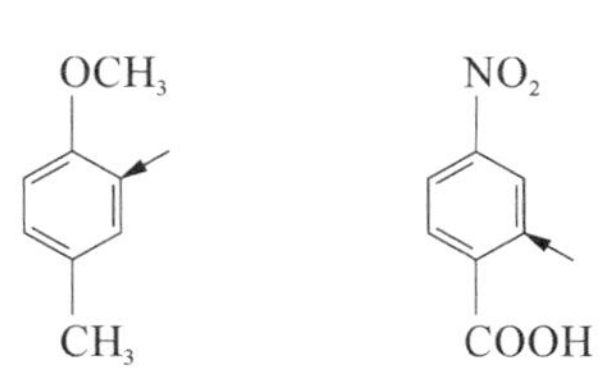

② 当两个取代基属于不同类定位基时，第三个取代基引入苯环的位置，主要取决于邻对位定位基。例如：

知识点 3　定位规律的应用

定位规律的应用：一是预测反应的产物，二是指导设计合成线路。

【例7-5】 以甲苯为原料合成邻氯甲苯。

分析：甲基属于邻对位定位基，目标产物是邻氯甲苯，因此甲基的对位不但需要占位取代基，而且引入后又能够起到定位作用，磺酸基就完全符合上述要求。

【解】

合成路线：CH_3 (甲苯) $\xrightarrow{浓H_2SO_4}$ CH_3, SO_3H (对位) $\xrightarrow[FeCl_3]{Cl_2}$ CH_3, Cl, SO_3H $\xrightarrow[\triangle]{H_3O^+}$ CH_3, Cl (邻位)

练一练

以苯为原料合成间氯苯乙酮（$COCH_3$, Cl）。

7.6　有机化学基本操作

纯净的固体有机化合物一般都具有固定的熔点，纯净的液体有机化合物一般都具有固定的沸点。通过熔点和沸点的测定可以初步判断物质的纯度。在分离和纯化过程中，具有重要的意义。

7.6.1　熔沸点的测定

知识点1　熔点及其测定

1. 熔点

熔点是固体有机化合物固液两相在大气压下达成平衡时的温度，纯净的固体有机化合物一般都有固定的熔点。固液两相之间的变化是非常敏锐的，自初熔至全熔(称为熔程)温度变化不超过0.5～1 ℃。当含杂质时(假定两者不形成固溶体)，根据拉乌尔定律可知，在一定的压力和温度条件下，溶剂蒸气压下降，熔点降低。

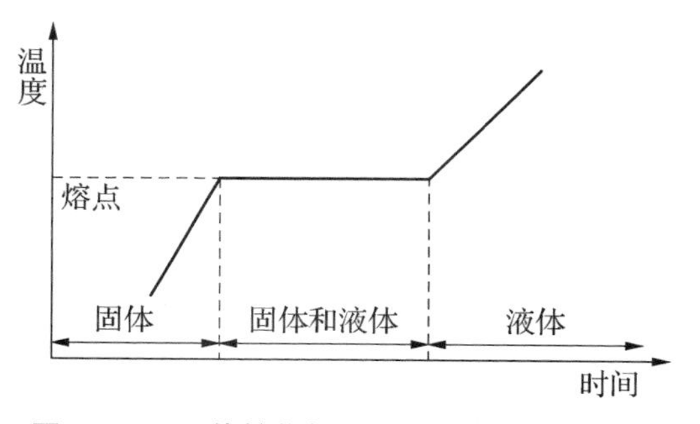

图7-19　固体熔化相随着时间和温度而变化

如图7-19所示，化合物温度不到熔点时以固相存在，加热使温度上升，达到熔点时，开始有少量液体出现，此后，固液两相平衡。继续加热，温度不再变化，此时加热所提供的热量使固相不断转变为液相，两相间仍为平衡。最后的固体熔化后，继续加热则温度线性上升。因此，在接近熔点时，加热速度一定要慢，每分钟温度升高不能超过2 ℃，只有这样，才能使整个熔化过程尽可能接近于两相平衡条件，测得的熔点也越精确。

2. 混合物熔点测定及意义

在鉴定某未知物时，如测得其熔点和某已知物的熔点相同或相近，不能认为它们为同一物质。还需把它们按不同比例混合，测定这些混合物的熔点。若熔点仍不变，才能视为同一物质。若混合物熔点降低，熔程增大，则为不同的物质。故混合熔点实验，是检验两种熔点相同或相近的有机物是否为同一物质的最简便方法。多数有机物的熔点都在 400 ℃以下，较易测定。

3. 熔点测定方法

熔点测定方法有毛细管法和熔点测定仪法两种。毛细管法测定熔点实验装置如图 7－20，其基本操作步骤如下：

装好样品，按图 7－20 搭好装置，放入加热液，剪取一小段橡皮圈套在温度计和熔点管的上部。将附有熔点管的温度计小心地插入加热浴中，以小火在图示部位加热。开始时升温速度可以快些，当传热液温度距离该化合物熔点约 10～15 ℃时，调整火焰使温度每分钟上升约 1～2 ℃，愈接近熔点，升温速度应愈缓慢，每分钟约 0.2～0.3 ℃。升温速度是准确测定熔点的关键，缓慢升温一方面可保证有充分时间让热量由管外传至毛细管内使固体熔化；另一方面，观察者不可能同时观察温度计所示读数和试样的变化情况，只有缓慢加热才可使此项误差减小。记下试样开始塌落并有液相产生时（初熔）和固体完全消失时（全熔）的温度读数，即为该化合物的熔程。

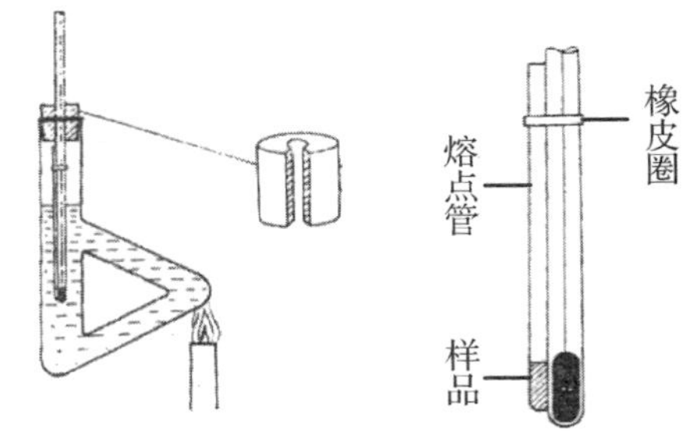

图 7－20　熔点测定装置示意图

知识点 2　沸点及其测定

1. 沸点

在标准大气压下，液体沸腾时的温度称为该液体的沸点（沸程 0.5～1.5 ℃）。纯净的液体有机化合物在一定的压力下具有一定的沸点。利用这一点，可以测定纯液体有机物的沸点。

2. 沸点测定方法

沸点测定方法有微量法和常量法（蒸馏）两种。其中，微量法测定沸点实验装置如图 7－21。微量法测定沸点基本操作如下：

取 1～2 滴液体样品（如无水乙醇）置于沸点管中，使液柱高约 1 cm。再放入封好一端的毛细管，并使封口朝上，然后将沸点管用小橡皮圈附在温度计旁，放入水浴中进行加热。

随着温度升高，管内的气体蒸气压升高，毛细管中会有小气泡缓缓逸出，在到达该液体的沸点时，将有一连串的小气泡快速逸出。此时可停止加热，使浴温自行下降，气泡逸出的速度即渐渐减慢，当气泡不再冒出而液体刚要进入毛细管的瞬间（即最后一个气泡刚欲缩回至毛细管中时），表示毛细管内的蒸气压与外界压力相等，此时的温度即为该液体的沸点。

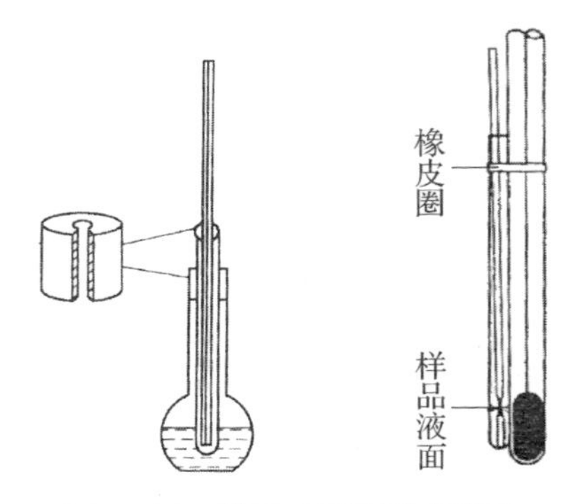

图 7－21　微量法测定沸点装置

7.6.2　重结晶技术

知识点 1　重结晶的定义

重结晶是利用混合物中多组分在某种溶剂中的溶解度不同，或在同一溶剂中不同温度时的溶解度不同，而使它们相互分离的方法，它是提纯固体有机物常用方法之一。

知识点 2　重结晶的基本原理

固体有机物在溶剂中的溶解度一般随温度升高而增大。利用溶剂对被提纯物质及杂质的溶解度不同，把固体溶解在热的溶剂中达到饱和，冷却时由于溶解度降低而变成过饱和，使被提纯物质从过饱和溶液中析出，从而达到提纯目的。

重结晶只适宜杂质含量在 5%以下的固体有机混合物的提纯。从反应粗产物直接重结晶是不适宜的，必须先采取其他方法初步提纯，然后再重结晶提纯。

知识点 3　重结晶溶剂的选择

正确地选择溶剂对重结晶操作很重要。选择溶剂条件：不与重结晶的物质发生化学反应；高温时重结晶物质在溶剂中的溶解度较大，低温则反之；杂质的溶解度或是很大或是很小；容易和重结晶物质分离。常用溶剂及其沸点见表 7-7。

表 7-7　常用溶剂及其沸点

溶剂	沸点/℃	溶剂	沸点/℃	溶剂	沸点/℃
水	100	乙酸乙酯	77	氯仿	61.7
甲醇	65	冰醋酸	118	四氯化碳	76.5
乙酸	78	二氧化碳	46.5	苯	80
乙醚	34.5	丙酮	56	粗汽油	90～150

7.6.3　简单蒸馏

知识点 1　蒸馏的定义

蒸馏是指利用液体混合物中各组分挥发性的差异而将组分分离的传质过程，即将液态物质加热到沸腾变为蒸气，又将蒸气冷凝为液体的联合操作过程。蒸馏是分离沸点相差较大的混合物的一种重要的操作技术，尤其是对于液体混合物的分离有重要的实用意义。

知识点 2　蒸馏的基本原理

蒸馏的基本原理是利用有机物质的沸点不同，在蒸馏过程中低沸点的组分先蒸出，高沸点的组分后蒸出，从而达到分离提纯的目的。用蒸馏方法分离混合组分时要求被分离组分的沸点差在 30 ℃以上。蒸馏是分离和提纯液态有机物常用方法之一。与其他的分离手段，如萃取、过滤结晶等相比，它的优点在于不需使用系统组分以外的其他溶剂，从而保证不会引入新的杂质。

需要指出的是，具有恒定沸点的液体并非都是纯化合物，因为有些化合物相互之间可以形成二元或三元共沸混合物，而共沸混合物是不能通过蒸馏操作进行分离的。通常，纯化合物的沸程（沸点范围）较小（约 0.5～1 ℃），而混合物的沸程较大。因此，蒸馏操作既可用来定性地鉴定化合物，也可用以判定化合物的纯度。

知识点 3　暴沸

在蒸馏过程中，当温度达到液体沸点时，假如在液体中有许多小空气泡或其他的汽化中心时，液体就可平稳地沸腾。如果液体中几乎不存在空气，瓶壁又非常洁净和光滑，形成气泡就非常困难。这样加热时，液体的温度可能上升到超过沸点很多而不沸腾，这种现象称为“过热”。一旦有一个气泡形成，则上升的气泡增大得非常快，甚至将液体冲溢出瓶外，这种不正常沸腾，称为“暴沸”。为了防止过热现象发生，在加热前应加入助沸物以帮助引入汽化中心，保证沸腾平稳。助沸物一般是表面疏松多孔，吸附有空气的物体，如素瓷片、沸石或玻璃沸石等。在实验操作中，切忌将助沸物加至已受热接近沸腾的液体中，否则会因突然放出大量蒸气而使液体从蒸馏瓶口喷出造成危险。如果加热前忘记加入助沸物，补加时必须先移去热源，待加热液体冷至沸点以下后方可加入。

知识点 4　蒸馏的实验装置

（1）主要仪器

简单蒸馏常用的实验仪器有蒸馏烧瓶、温度计、冷凝管、牛角管、酒精灯、石棉网、铁架台、锥形瓶、橡胶塞等。

（2）实验装置

蒸馏的实验装置见图 7-22。

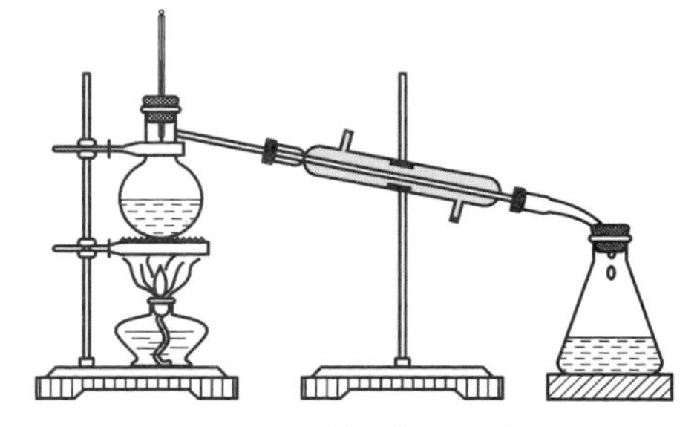

图 7-22　蒸馏装置示意图

知识点 5　蒸馏的应用

蒸馏操作是化学实验中常用的实验技术，一般用于以下几方面：

(1) 分离液体混合物，仅当混合物中各成分的沸点有较大的差别时才能达到较有效的分离。

(2) 测定纯化合物的沸点。

(3) 提纯，通过蒸馏含有少量杂质的物质，提高其纯度。

(4) 回收溶剂，或蒸出部分溶剂以浓缩溶液。

7.6.4　简单分馏

随着原油工业的日益枯竭和石油业市场竞争的日益增强，如何充分地利用有限的石油资源，提升企业的核心竞争力，成为中国石油工业发展的重点和核心。为了促进石油工业持续健康发展，为我国国民经济提供强有力的支持，原油的稳定是重点。在原油稳定过程中值得一提的就是分馏法的工艺技术。

知识点 1　分馏的定义

简单分馏

分馏是利用分馏柱将多次汽化—冷凝过程在一次操作中完成的方法。因此，分馏实际上是多次蒸馏。它更适合于分离提纯沸点相差不大的液体有机混合物，即当物质的沸点十分接近时，约相差 25 ℃，则无法使用简单蒸馏法，可改用分馏法，如煤焦油的分馏、石油的分馏。

知识点 2　分馏的基本原理

用分馏柱进行分馏，被分馏的溶剂在蒸馏瓶中沸腾后，蒸气从圆底烧瓶蒸发进入分馏柱，在分馏柱中部分冷凝成液体。此液体中由于低沸点成分含量较多，因此其沸点也就比蒸馏瓶中的液体温度低。当蒸馏瓶中的另一部分蒸气上升至分馏柱中时，便和这些已经冷凝的液体进行热交换，使它重新沸腾，而上升的蒸气本身则部分地被冷凝，因此，又产生了一次新的液体—蒸气平衡，结果在蒸气中的低沸点成分又有所增加。这一新的蒸气在分馏柱内上升时，又被冷凝成液体，然后再与另一部分上升的蒸气进行热交换而沸腾。由于上升的蒸气不断地在分馏柱内冷凝和蒸发，而每一次的冷凝和蒸发都使蒸气中低沸点的成分不断提高。因此，蒸气在分馏柱内的上升过程中，类似于经过反复多次的简单蒸馏，使蒸气中低沸点的成分逐步提高。也就是说在分馏柱内反复进行汽化—冷凝—回流过程，使沸点相近的互溶液体混合物(甚至沸点仅相差 1～2 ℃)得到分离和纯化。

知识点 3　影响分馏柱分馏效率的因素

(1) 理论塔板数

分馏柱效率是用理论塔板来衡量的，柱的理论塔板数越多，分离效果越好，另考虑理论板层高度。在高度相同的分馏柱中，理论板层高度越小，柱的分离效率越高。沸点差越小，塔板数要的越多，反之亦然。

(2) 回流比

单位时间内，由柱顶冷凝返回柱中液体的数量与蒸出数量之比称为回流比，回流比越大，分离效果越好。

(3) 柱的保温

对分馏柱进行适当的保温，维持温度平衡。

知识点 4　分馏的实验装置

(1) 主要仪器

简单分馏常用的实验仪器有蒸馏烧瓶、分馏柱、温度计、冷凝管、牛角管、酒精灯、石棉网、铁架台、锥形瓶、量筒、橡胶塞等。

(2) 实验装置

简单分馏的实验装置见图 7－23。

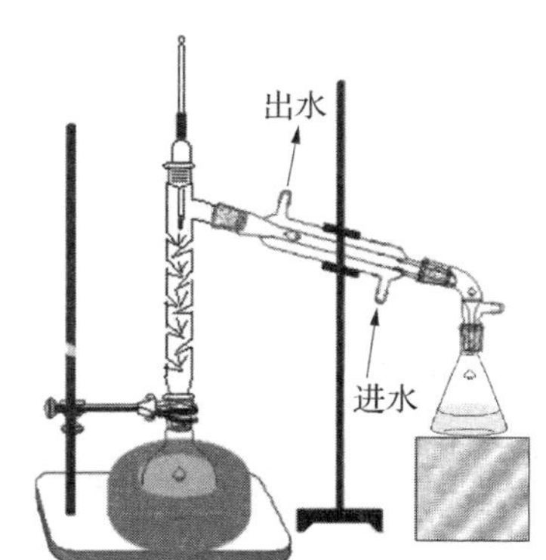

图 7－23　分馏装置示意图

7.6.5 升华与萃取

知识点1 升华

1. 升华

当加热时,物质自固态不经过液态而直接汽化为蒸气,蒸气冷却又直接凝固为固态物质,这个过程称为升华。

2. 升华的基本原理

升华是纯化固体物质的另外一种方法,特别适用于纯化在熔点温度以下蒸气压较高(高于20 mmHg)的固体物质。利用升华可除去不挥发性杂质或分离不同挥发度的固体混合物。升华的产品具有较高的纯度,但操作时间长,损失较大,因此在实验室里一般用于较少量(1~2 g)化合物的提纯。

与液体相同,固体物质亦有一定的蒸气压,并随温度而变。一个固体物质在熔点温度以下具有足够大的蒸气压,则可用升华方法来提纯。

3. 升华的实验方法

如果是少量物质的升华,一般是把待升华的物质放入蒸发皿中,如图7-24所示。用一张穿有若干小孔的圆滤纸把锥形漏斗的口包起来,把此漏斗倒盖在蒸发皿上,漏斗颈部塞一团棉花。加热蒸发皿,逐渐地升高温度,使待升华的物质汽化。蒸气通过滤纸孔,遇到漏斗的内壁,冷凝为晶体,附在漏斗的内壁和滤纸上。在滤纸上穿小孔可防止升华后形成的晶体落回下面的蒸发皿中。

图7-24 常用的升华少量物质的装置示意图

较大量物质的升华,可在烧杯中进行。烧杯上放置一个通冷水的烧瓶,使蒸气在烧瓶底部凝结成晶体并附在瓶底上。升华前,必须把待升华的物质充分干燥。

知识点2 萃取

1. 萃取的定义

萃取是物质从一相向另一相转移的操作过程。它是有机化学实验中用来分离或纯化有机化合物的基本操作之一。应用萃取可以从固体或液体混合物中提取出所需要的物质,也可以用来洗去混合物中的少量杂质。通常称前者为"萃取"(或"抽提"),后者为"洗涤"。

2. 萃取的方法

根据被提取物质状态的不同,萃取分为两种:一种是用溶剂从液体混合物中提取物质,称为液-液萃取;另一种是用溶剂从固体混合物中提取物质,称为液-固萃取。

(1) 液-液萃取

如果在两种互不相溶的液体混合物(α相及β相)中,加入一种既溶于α相又溶于β相的组分,在一定温度下达到平衡时,溶质B在两液层中浓度之比为一常数,这种规律称为分配定律。数学表达式为:

$$\frac{c_\alpha(\mathrm{B})}{c_\beta(\mathrm{B})}=K$$

式中,$c_\alpha(\mathrm{B})$、$c_\beta(\mathrm{B})$分别表示溶质B在α、β中的浓度;K为分配系数,它与平衡时的温度及溶质、溶剂的性质有关。分配定律的适用条件:两种共存的溶剂互不相溶,且能分别与溶质形成溶液;溶质在两相中分子存在形态相同。经验表明,溶液越稀,分配定律越符合实际。

例如,在互不相溶的水和苯液体混合物中,加入能同时溶于水和苯的$HgBr_2$。在一定温度下,当溶解达到平衡时,$HgBr_2$在两液层中的浓度之比为一常数。如果保持温度不变,再增加$HgBr_2$,则在水层和苯中$HgBr_2$都会增加,但比值不变。若增加其中一种液体(例如苯)的量,则因苯的加入使苯层中$HgBr_2$浓度变小,破坏了平衡,从而引起水层中一部分$HgBr_2$向苯层转移,当达到新的平衡时,两液层的平衡浓度之比仍为常数。

液-液萃取即利用分配定律。经过多次萃取就可使物质从水中有效地分离出来。

设原溶液的体积为V_1(mL)，含溶质m_0(g)，如果每次用V_2(mL)溶剂萃取n次，最后在残液内剩余的溶质的量为m_n(g)，这时

$$m_n = m_0\left(\frac{KV_1}{KV_1+V_2}\right)^n$$

一般从水溶液中萃取有机物时，选择合适萃取溶剂的原则是：溶剂在水中溶解度很小或几乎不溶；被萃取物在溶剂中要比在水中溶解度大；溶剂与水和被萃取物都不反应；萃取后溶剂易于和溶质分离，因此最好用低沸点溶剂，萃取后溶剂可用常压蒸馏回收。此外，价格便宜，操作方便，毒性小、不易着火也应考虑。

经常使用的溶剂有：乙醚、苯、四氯化碳、氯仿、石油醚、二氯甲烷、二氯乙烷、正丁醇、醋酸酯等。一般水溶性较小的物质可用石油醚萃取，水溶性较大的可用苯或乙醚萃取，水溶性极大的用乙酸乙酯萃取。

常用的萃取操作包括：

① 用有机溶剂从水溶液中萃取有机物。

② 通过水萃取，从反应混合物中除去酸碱催化剂或无机盐类。

③ 用稀碱或无机酸溶液萃取有机溶剂中的酸或碱，使之与其他有机物分离。

液-液萃取常用仪器是分液漏斗。用普通玻璃制成，有球形、锥形和筒形等多种式样(图7-25)，规格有50 mL、100 mL、150 mL、250 mL等。球形分液漏斗的颈较长，多用于制气装置中滴加液体。锥形分液漏斗的颈较短，常用作萃取操作的仪器。

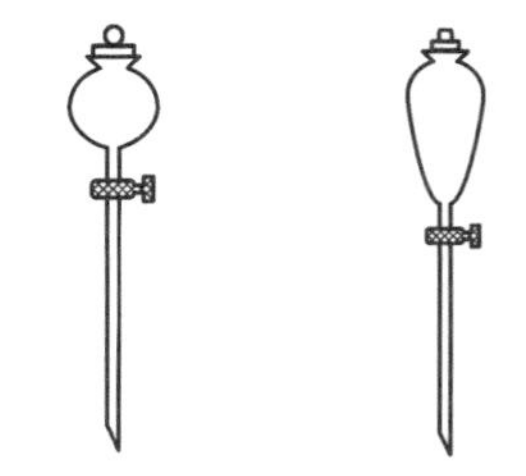

图7-25　分液漏斗

分液漏斗在使用前要将漏斗颈上的旋塞芯取出，涂上凡士林，插入塞槽内转动使油膜均匀透明，且转动自如。关闭旋塞，往漏斗内注水，检查旋塞处是否漏水，不漏水的分液漏斗方可使用。漏斗内加入的液体量最多不能超过容积的3/4。为防止杂质落入漏斗内，应盖上漏斗上口的塞子。分液漏斗不能加热，漏斗用后要洗涤干净。长时间不用的分液漏斗要把旋塞处擦拭干净，塞芯与塞槽之间放一纸条，以防磨砂处粘连。

(2) 液-固萃取

从固体混合物中萃取所需要的物质是利用固体物质在溶剂中的溶解度不同来达到分离、提取的目的。通常是用长期浸出法或采用Soxhlt提取器(脂肪提取器，图7-26)。前者是用溶剂长期浸润溶解而将固体中所需物质浸出来，然后用过滤或倾泻的方法把萃取液和残留固体分开。这种方法效率不高，时间长，溶剂用量大，实验室不常采用。Soxhlt提取器是利用溶剂加热回流及虹吸原理，使固体物质每一次都能为纯的溶剂所萃取，因而效率较高并节约溶剂，但对受热易分解或易变色的物质不适用。Soxhlt提取器由三部分构成，上面是冷凝管，中部是带有虹吸管的提取管，下面是烧瓶。萃取前应先将固体物质研细，以增加液体浸溶的面积，然后将固体物质放入滤纸套内，并将其置于中部，内装物不得超过虹吸管，溶剂由上部经中部虹吸加入烧瓶中，并投放沸石。

图7-26　Soxhlt提取器

当溶剂沸腾时，蒸气通过通气侧管上升，被冷凝管凝成液体，滴入虹吸管中。当液面超过虹吸管的最高处时，产生虹吸，萃取液自动流入烧瓶中，因而萃取出溶于溶剂的部分物质。再蒸发溶剂，如此循环多次，直到被萃取物质大部分被萃取为止。固体中可溶物质富集于烧瓶中，用适当方法将萃取物质从溶液中分离出来。

固体物质还可用热溶剂萃取，特别是有的物质冷时难溶，热时易溶，则必须用热溶剂萃取。一般采用回流装置进行热提取，固体混合物在一段时间内被沸腾的溶剂浸润溶解，从而将所需的有机物提取出来。为了防止有机溶剂的蒸气逸出，常用回流冷凝装置，使蒸气不断地在冷凝管内冷凝，返回烧瓶中。回流的速度应控制在溶剂蒸气上升的高度不超过冷凝管的1/3为宜。

实践项目十四 尿素、肉桂酸及其混合物熔点的测定

一、目的要求

(1) 了解熔点测定的基本原理。

(2) 会用毛细管法测定有机物熔点。

二、基本原理

纯净的固体有机化合物一般都有固定的熔点,其熔点一般都不高(50～300 ℃),故可用简单的仪器测定。一种纯净化合物从开始熔化(始熔)至完全熔化(全熔)的温度范围称为熔点距,也称为熔点范围或熔程,一般不超过 0.5 ℃。当含有杂质时,会使其熔点下降,且熔点距也较宽,所以常用熔点来鉴定结晶有机化合物,并作为该化合物纯度的一种指标。

三、试剂与仪器

仪器:b 形管、200 ℃温度计、酒精灯、毛细管、玻璃管、石棉网、铁架台、表面皿等。

试剂:甘油(CR)、尿素(AR)、肉桂酸(AR)。

四、操作步骤

1. 熔点管的制备

毛细管的直径一般为 1～2 mm,长 50～70 mm。将毛细管一端在酒精灯上转动加热,烧融封闭。

2. 装样

取少量样品,放在干净的表面皿上,用玻璃棒研成粉末,聚成小堆。将毛细管开口的一端插入样品堆中,使样品挤入管内。然后取一支长玻璃管,垂直于桌面,管下垫一表面皿,由玻璃管上口将毛细管开口向上放入玻璃管中,自由地落下,使粉末落入管底,样品装得紧密。重复几次,直至样品高度约 2～3 mm为止。操作要迅速,防止样品吸潮,装入的样品要充实。

3. 装置准备

将熔点测定管(又称 b 形管)夹在铁架台上,倒入甘油,甘油液面高出上侧管 0.5 cm 左右,熔点测定管口配一缺口单孔软木塞,用于固定温度计。用温度计水银球蘸取少量甘油,小心地将熔点管粘附于水银球壁上,或剪取一小段橡皮圈套在温度计和熔点管的上部(如图 7－27)。使毛细管中样品处于温度计水银球的中间,然后将黏附有毛细管的温度计加入甘油中,温度计插入熔点测定管内的深度以水银球的中央恰在熔点测定管的两侧管口连线的中点为准,装置如图 7－27 所示。

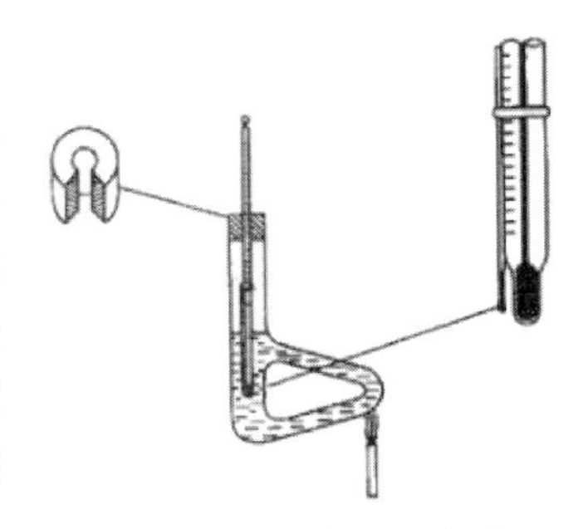

图 7－27 熔点测定装置

4. 熔点测定

粗测:用酒精灯在 b 形管的弯曲支管底部加热进行测试,每分钟升温 4～5 ℃,直至样品熔化,记下此时温度计的读数。这是一个粗略的熔点,虽不精确,但可为测定精确熔点做参考。

精测:粗略的熔点测得后,移开火焰,让浴液冷却至样品的熔点以下 30 ℃左右,取出毛细管,弃去(已测定过熔点的毛细管冷却,样品固化后,不能再做第二次测定,因为有时某些物质会发生部分分解,有些会转变成具有不同熔点的其他晶型)。

换取一只新的毛细管，装好样品，缓缓加热，每分钟升温 2～3 ℃，至接近粗测熔点约 5 ℃，再调节火焰，使温度每分钟约升高 1 ℃。此时应特别注意温度的上升、样品的软化收缩和熔化情况。当样品明显塌陷和开始熔化时，可将灯焰移开一点。毛细管中出现第一个液滴时，表明样品已开始熔化，称为初熔；而晶体完全消失呈透明液体，表明熔化结束，称为全熔。记下初熔和全熔时的温度，即为样品在实际测定中的熔点范围。

用上述方法测定实验中制备的尿素、肉桂酸及其混合物（尿素：肉桂酸＝1：1）的熔点，分别测定 2 次。

5. **数据记录**

表 7－8　熔点测定记录表

名　称	测定次数	萎缩/℃	初熔/℃	全熔/℃
尿　素	1			
	2			
肉桂酸	1			
	2			
尿素＋肉桂酸	1			
	2			

五、注意事项

（1）熔点管底要封好，否则会产生漏管。

（2）样品要干燥并研细，填装要实，否则产生空隙，不易传热，造成熔程变大。

（3）安装毛细管时，要求毛细管的底端（即装有样品端）应尽量紧贴温度计的水银球，并用橡皮圈将毛细管固定，但橡皮圈不可浸入甘油，应露在液面之上。

（4）升温速度应慢，让热传导有充分的时间，特别是快接近熔点时，升温速度必须减慢至不大于 1 ℃/min。升温速度过快，会导致熔点偏高。

（5）用完后的温度计，在热的情况下不要横放在桌面上，以免使酒精柱产生断裂现象。

实践项目十五　丙酮、无水乙醇沸点的测定

一、目的要求

（1）了解沸点测定的基本原理。

（2）会运用微量法测定沸点。

二、基本原理

液体加热时，其蒸气压随温度的升高而增大。当液体的蒸气压增大至与大气压相等时的温度，即为该液体的沸点。外界压力不同，同一液体的沸点会发生变化。通常所说的沸点指外压为一个大气压时液体的沸腾温度。在一定压力下，纯的液体有机物具有固定的沸点。

测定液体沸点的方法有常量法和微量法。常量法是用蒸馏法来测定液体的沸点；微量法是利用沸点测定管来测定液体的沸点。

三、试剂与仪器

仪器：沸点管、100 ℃温度计、酒精灯、毛细管、b形管、石棉网、铁架台、滴瓶等。
试剂：甘油(CR)、丙酮(AR)、无水乙醇。

四、操作步骤

1. 装样

沸点管由内管(长4～5 cm，内径1 mm)和外管(长7～8 cm，内径4～5 mm)组成，内外管均为一端封闭的耐热玻璃管。如图7-28(a)所示，将待测液体滴入外管，液柱高度约1～2 cm，把内管开口朝下插入液体中。用滴管将待测沸点的液体滴入外管中，液柱高约1 cm；将一端封闭的毛细管，封口在上插入待测液中。

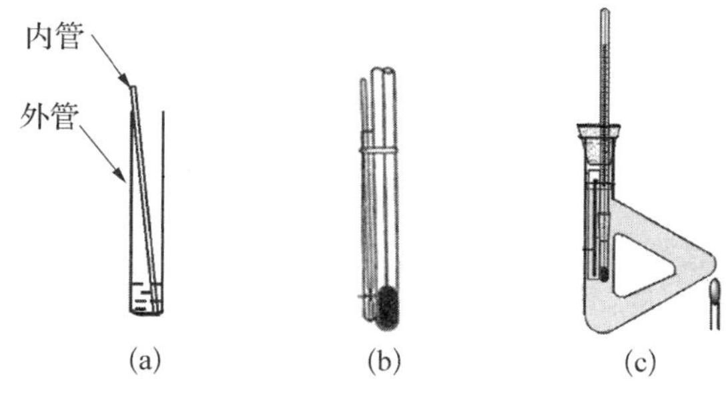

图7-28 沸点测定装置

2. 装置准备

将b形管夹在铁架台上，倒入甘油，甘油液面高出上侧管0.5 cm左右。如图7-28(b)和(c)所示，将沸点管用橡皮圈固定于温度计水银球旁，并浸入加热浴中。

3. 沸点测定

将热浴慢慢加热，使温度均匀上升。当温度比沸点稍高的时候，可以看到内管中有一连串的小气泡不断逸出。停止加热，使浴温下降，气泡逸出的速度渐渐减慢。当液体开始不冒气泡并且气泡将要缩入内管时的温度即为该液体的沸点，记录该温度，这时液体的蒸气压和外界大气压相等。重复操作几次，误差应小于1 ℃。

用上述方法测定丙酮、无水乙醇的沸点，分别测定2次。

4. 数据记录

表7-9 沸点测定记录表

名　称	测定次数	小气泡开始逸出/℃	浴温开始自行下降/℃	最后一个气泡刚欲缩回/℃	结论：沸点/℃
丙酮	1				
	2				
无水乙醇	1				
	2				

五、注意事项

(1) 装置样品管比测定熔点装置多了一个一端封口的外管，且液体样品加在外管中，高约1 cm，将内管开口端向下插入外管中。

(2) 判断样品沸点：加热时，内管中会有小气泡缓缓逸出，在达到液体的沸点时，将有一连串的小气泡快速地逸出。此时停止加热，使浴温自行下降，气泡逸出速度即渐渐减慢，当最后一个气泡刚欲缩回至内管中时，此时温度即为该液体的沸点。

(3) 测沸点时，第二次不需要换新内管，但在测第二次之前要将内管中的液体甩去，再插入外管中。

实践项目十六　重结晶法提纯苯甲酸

一、目的要求

(1) 能正确利用重结晶法提纯固体有机物。

(2) 会进行溶解、加热、热过滤与减压过滤等基本操作。

二、基本原理

苯甲酸俗称安息香酸，无色片状结晶，粗品因含杂质而呈微黄色，熔点 122.13 ℃，沸点 249 ℃，相对密度为 1.265 9(15 ℃/4 ℃)，微溶于水，溶于乙醇、乙醚、氯仿、苯、二硫化碳、四氯化碳和松节油。在 100 ℃时迅速升华，能随水蒸气同时挥发。苯甲酸常以游离酸、酯的形式存在，在香精油中以甲酯形式存在。在食品添加剂中，苯甲酸与苯甲酸钠属于常用的酸性环境防腐剂，其衍生物对羟基苯甲酸异丁酯、对羟基苯甲酸丁酯、对羟基苯甲酸异丙酯、对羟基苯甲酸丙酯、对羟基苯甲酸乙酯等均为非离解性防腐剂。

苯甲酸在水中的溶解度随温度变化差异较大(如 18 ℃时为 0.27 g，100 ℃时为 5.7 g)。将苯甲酸粗品溶于沸水中并加活性炭脱色，不溶性杂质与活性炭在热过滤时除去，可溶性杂质在冷却后，苯甲酸析出结晶时留在母液中，从而达到提纯目的。

如果在重结晶时加入的溶剂量过多，则溶解在溶剂中的苯甲酸量也会增加，而使析出的产物量减少，但对于提高苯甲酸的纯度是有利的。如果在重结晶时加入的溶剂量明显不足，则会造成部分可溶性杂质不能溶解于溶剂而被除去，使析出的产物中夹带杂质，色泽加重，质量明显下降，但苯甲酸的产量会有所增加。如果在重结晶时，迅速放入冰水浴中，则会加速析晶，使晶形细小，夹有大量杂质，产物纯度下降。

三、试剂与仪器

仪器：100 mL 烧杯、250 mL 烧杯、50 mL 量筒、玻璃棒、抽滤瓶、布氏漏斗、减压过滤泵、铁架台、酒精灯、石棉网、表面皿、保温漏斗、短颈玻璃漏斗、托盘天平等。

试剂：苯甲酸、活性炭。

四、操作步骤

重结晶的一般步骤：高温溶解、趁热过滤、低温结晶。

1. 热溶解

在托盘天平上称取 3 g 粗苯甲酸置于 100 mL 烧杯中，加入 60 mL 水和 1 粒沸石，在三脚架上垫一石棉网，将烧杯放在石棉网上，点燃酒精灯加热，并用玻璃棒不断搅拌使苯甲酸完全溶解。如不能全溶，可补加适量的热水，直至全部溶解为止。

2. 脱色

移去火源，稍冷后加入 0.1 g 活性炭稍加搅拌后继续加热至微沸 5 min。

3. 热过滤

将保温漏斗固定在铁架台上，夹套中充注热水。将短颈玻璃漏斗置于已准备妥当的保温漏斗内，同时在短颈玻璃漏斗中放入折叠好的菊花滤纸(折叠方法见图 7－29)，并在保温漏斗侧管处用酒精灯加热。当夹套中的水接近沸腾(发出响声)时，迅速将烧杯中混合液倾入漏斗中趁热过滤，滤液用洁净的烧杯接收。待所有溶液过滤完毕后，再用少量热水洗涤烧杯和滤纸，收集的滤液合并在一起。热过滤的装置图见图 7－30。

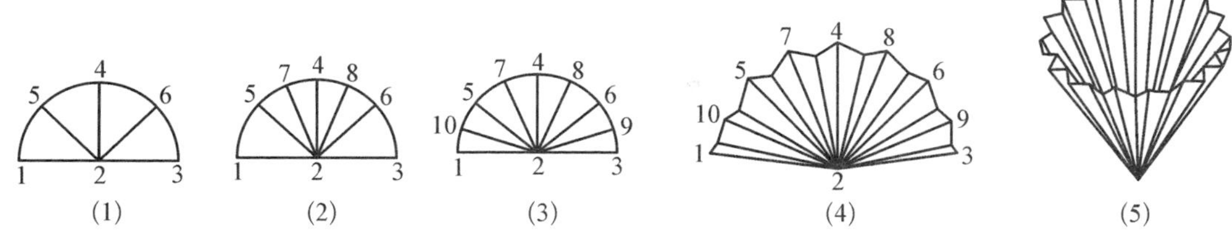

图 7－29　菊花滤纸的折叠方法

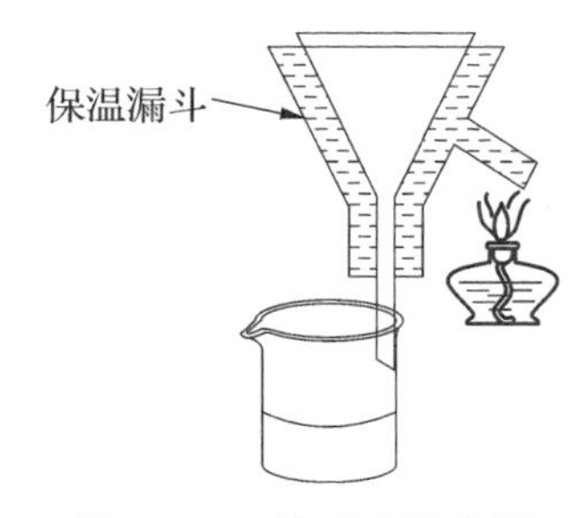

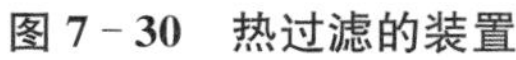

图 7－30　热过滤的装置

图 7－31　减压过滤的装置

4. 结晶

所得滤液在室温放置、冷却 10 min 后，再在冰水浴中冷却 15 min，以使结晶完全。

5. 抽滤

待结晶析出完全后，减压过滤，用玻璃塞挤压晶体，尽量将母液抽干。暂时停止抽气，用 10 mL 冷水分两次洗涤晶体，并重新压紧抽干。减压过滤的装置见图 7－31。

6. 干燥

将晶体转移至表面皿，摊开呈薄层，自然晾干或于 100 ℃以下烘干。

7. 称量

干燥后称重，计算收率。

五、注意事项

(1) 不可在沸腾的溶液中加入活性炭，以免引起溶液暴沸与冲料。一定要等溶液稍微冷却后才能加入。

(2) 在过滤中应保持溶液的温度，为此，应将待过滤的部分继续用小火加热，以防止冷却。

(3) 迅速冷却时苯甲酸呈小结晶析出。慢慢冷却，析出的苯甲酸为美丽的大薄片状晶体。

实践项目十七　碘液的萃取操作

一、目的要求

(1) 了解萃取的意义。

(2) 会进行萃取操作。

二、基本原理

萃取就是利用化合物在两种互不相溶（或微溶）的溶剂中溶解度或分配系数的不同，使化合物从一种溶剂内转移到另外一种溶剂中。

CCl_4和I_2的水溶液互不相溶，也不发生反应。I_2在CCl_4中的溶解度较大。用CCl_4作萃取剂，静置后碘会溶于CCl_4，溶液显紫色。萃取后碘基本都在四氯化碳中。

I_2和CCl_4沸点不同。I_2沸点 184 ℃，CCl_4沸点 77 ℃，沸点相差 107 ℃，可以通过蒸馏的方法把CCl_4蒸馏出去，从而与碘分离。

三、试剂与仪器

仪器：分液漏斗、250 mL 烧杯、50 mL 量筒、铁圈、铁架台等。

试剂：碘的水溶液、四氯化碳(AR)。

四、操作步骤

萃取的一般步骤：检漏、装液、振摇、静置和分液，具体操作见图 7－32。

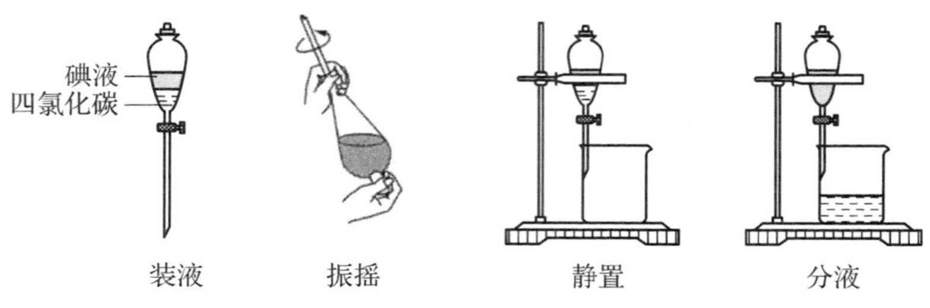

图 7－32　分液漏斗的振摇和静置分液

1. 检查分液漏斗

萃取常用的仪器是分液漏斗。使用前应先检查下口活塞和上口塞子是否有漏液现象。若有漏液，则需在活塞处涂少量凡士林，旋转几圈将凡士林涂均匀。在分液漏斗中加入一定量的水，将上口塞子塞好，上下摇动分液漏斗中的水，检查是否漏水。确定不漏后再使用。

2. 装液

将碘的水溶液 30 mL 倒入分液漏斗中，再加入四氯化碳 5～8 mL，将塞子塞紧，用右手的拇指和中指拿住分液漏斗，食指压住上口塞子，左手的食指和中指夹住下口管，同时，食指和拇指控制活塞。

3. 振摇

将漏斗平放，前后摇动或做圆周运动，使液体振动起来，两相充分接触，如图 7－32。放气时，将漏斗的下口向上倾斜，使液体集中在下面，用控制活塞的拇指和食指打开活塞放气，一般振摇两三次就要放一次气。

4. 静置分液

经几次振摇放气后，将漏斗放在铁架台的铁圈上，将塞子上的小槽对准漏斗上的通气孔，静止 2～5 min。待液体分层后将下层液体(即有机相)放入一个干燥好的锥形瓶中，剩余的部分(水相)再加入四氯化碳 5～8 mL 继续萃取，重复以上操作过程 3～5 次，直至萃取完全。

五、注意事项

(1) 使用前先检查分液漏斗是否漏液。

(2) 在振动过程中应注意不断放气，以免萃取时，内部压力过大，造成漏斗的塞子被顶开，使液体喷出，严重时会引起漏斗爆炸，造成伤人事故；放气时注意不要对着人。

(3) 放液前，要先打开上口活塞。

(4) 放液时，记住下层的为密度大的液体，从下面放出；上层的为密度相对小的液体，从上口倒出。

实践项目十八 工业乙醇的蒸馏

一、目的要求

(1) 了解蒸馏提纯液体有机物的原理。

(2) 会进行蒸馏的装置安装及操作。

二、基本原理

液态物质受热沸腾转化为蒸气，蒸气经冷凝又转化为液体，这两个过程的联合操作称为蒸馏。当液态混合物受热时，由于低沸点物质易挥发，首先被蒸出，而高沸点物质因不易挥发或挥发出的少量气体易被冷凝而滞留在蒸馏瓶中，从而使混合物得以分离。蒸馏是纯化和分离液态混合物的一种常用方法。

乙醇又称酒精，无色透明液体，易挥发，沸点为 78.5 ℃，能与水以任意比例混溶。

乙醇和水形成恒沸化合物(沸点 78.1 ℃)，通过蒸馏，收集 77～79 ℃馏分，可提纯到 95%的乙醇。

三、试剂与仪器

仪器：125 mL 圆底烧瓶、蒸馏头、100 ℃温度计、直形冷凝管、接液管、三角瓶、50 mL 量筒、长颈漏斗、电热套等。

试剂：乙醇水溶液(乙醇∶水＝60∶40)。

四、操作步骤

1. 装置安装

蒸馏装置主要由蒸馏、冷凝和接收三部分组成。安装仪器顺序一般为自下而上，从左到右。安装好的仪器要正确端正，横平竖直。无论从正面或侧面观察，全套仪器装置的轴线都要在同一平面内。铁架应整齐地置于仪器的后面。将安装仪器概括为四个字，即稳、妥、端、正。选择 125 mL蒸馏瓶、直形冷凝管、100 ℃温度计、电热套，按照图 7－33 安装仪器，并检查仪器各部分连接是否紧密和妥善。温度计安装位置应为水银球上沿与支管口下沿平行。

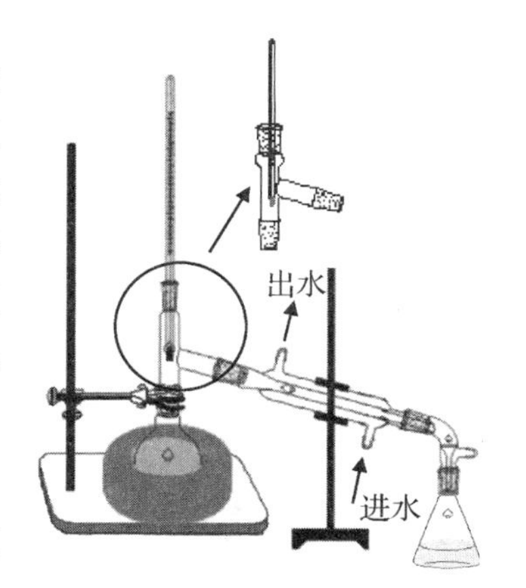

图 7－33 蒸馏装置示意图

2. 加料

将 80 mL 体积分数为 60%的乙醇水溶液通过长颈漏斗小心加入蒸馏瓶中，加入几粒沸石，塞好带温度计的塞子。

3. 加热

先打开冷凝水龙头缓缓通入冷水，然后开始加热。加热时可见蒸馏瓶中液体逐渐沸腾，蒸气逐渐上升，温度计读数也略有上升。当蒸气的顶端达到水银球部位时，温度计读数急剧上升。这时应适当调整热源温度，使升温速度略减慢，蒸气顶端停留在原处，使瓶颈上部和温度计受热，让水银球上液滴和蒸气温度达到平衡。然后再稍稍提高热源温度，进行蒸馏。控制加热温度以调整蒸馏速度，通常以每 1～2 秒滴 1 滴为宜。在整个蒸馏过程中，应使温度计水银球上常有被冷凝的液滴。此时的温度即为液体与蒸气平衡时的温度，温度计的读数就是馏出液的沸点。

4. 收集馏分

在温度计读数上升至 77 ℃时，换一个已干燥的接收瓶，收集 77～79 ℃的馏分。记录下这部分液体开始馏出时和最后一滴时的温度，即该馏分的沸点范围(简称“沸程”)。

5. 停止蒸馏

当蒸馏瓶内只剩下少量液体(约 0.5～1 mL)时，若维持原来的加热速度，温度计的读数会突然下降，即可停止蒸馏。

6. 拆除装置

蒸馏完毕，先应撤出热源，然后停止通水，最后拆除蒸馏装置。拆除仪器的顺序与安装顺序相反，即先取下接收瓶，然后拆下接液管、冷凝管、蒸馏头和蒸馏瓶等。

7. 量取馏分体积，计算回收率

五、注意事项

(1) 注意沸石应在加热之前加入。若已经加热而忘记加沸石，一定要将温度降下来后才能补加。

(2) 蒸馏烧瓶中所盛放液体不能超过其容积的 2/3，也不能少于 1/3。

(3) 冷凝管中冷却水从下口进，上口出，冷却水的流速以能保证蒸气充分冷凝为宜。通常只需保持缓慢水流即可。

(4) 无论何时，都不要使蒸馏瓶蒸干，以防意外。

实践项目十九　丙酮和水混合物的分馏

一、目的要求

(1) 了解分馏的原理。

(2) 会进行简单分馏的操作。

二、基本原理

分馏即反复多次的简单蒸馏，在实验室常采用分馏柱来实现。简单蒸馏只能使液体混合物得到初步的分离。为了获得高纯度的产品，理论上可以采用多次部分汽化和多次部分冷凝的方法，即将简单蒸馏得到的馏出液，再次部分汽化和冷凝，以得到纯度更高的馏出液。而将简单蒸馏剩余的混合液再次部分汽化，则得到易挥发组分更低、难挥发组分更高的混合液。只要上面这一过程足够多，就可以将两种沸点相差很近的有机溶液分离成纯度很高的易挥发组分和难挥发组分两种产品。

丙酮为无色易挥发易燃液体，具有特殊的气味，与水能以任何比例混溶。实验室常压条件下，丙酮沸点 56.2 ℃，通过分馏可进行丙酮与水的分离。

三、试剂与仪器

仪器：100 mL 圆底烧瓶、100 ℃温度计、分馏柱、直形冷凝管、接液管、三角瓶、50 mL 量筒、电热套等。

试剂：丙酮水溶液(丙酮∶水＝1∶1)。

四、操作步骤

1. 装置安装

如图7-34进行简单分馏装置的安装，具体要求同工业乙醇的蒸馏。

2. 分馏

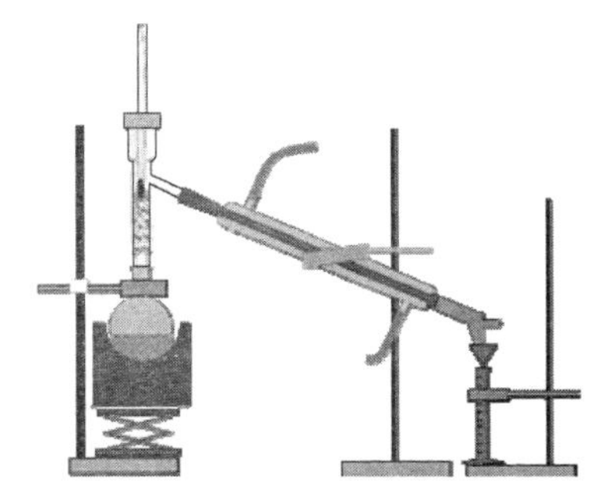

图7-34 分馏装置示意图

准备三只50 mL的量筒作为接收器，分别注明A，B，C。在100 mL圆底烧瓶内放置60 mL丙酮水溶液(丙酮∶水=1∶1)，加入1～2粒沸石。缓慢加热，并尽可能精确地控制加热，使馏出液以每1～2秒钟一滴的速度蒸出。将初馏出液收集于量筒A，注意并记录柱顶温度及接收量筒A的馏出液总体积。继续蒸馏，记录每增加1 mL馏出液时的温度及总体积。温度达62 ℃换量筒B接收，98 ℃用量筒C接收，记录三个馏分的体积。直至蒸馏烧瓶中残液为1～2 mL，停止加热，待分馏柱内液体流到烧瓶时测量并记录残留液体积。其中，A：50～62 ℃，B：62～98 ℃，C：98～100 ℃。

3. 数据处理

以柱顶温度为纵坐标(℃)，馏出液体积(mL)为横坐标，将实验结果绘成温度-体积曲线，讨论分离效果。

五、注意事项

(1) 应根据待分馏液体的沸点范围，选用合适的热源加热，不要在石棉网上直接用火加热。用小火加热，以便使温度缓慢而均匀地上升。

(2) 待液体开始沸腾，蒸气进入分馏柱中时，要注意调节温度，使蒸气缓慢而均匀地沿分馏柱壁上升。一定要小心防止液体在柱中“液泛”，即上升的蒸气能将下降的液体顶上去，破坏气液平衡，降低分离效率。

案例

石油的故事

石油是指气态、液态和固态的烃类混合物，具有天然的产状。石油又分为原油、天然气、天然气液及天然焦油等形式，但习惯上仍将“石油”作为“原油”的定义用。

石油是一种黏稠的、深褐色液体，被称为“工业的血液”。地壳上层部分地区有石油储存，主要成分是各种烷烃、环烷烃、芳香烃的混合物。

石油的性质因产地而异，密度为0.8～1.0 g/cm^3，黏度范围很宽，凝固点(−60～30 ℃)差别很大，沸点范围为常温到500 ℃以上，可溶于多种有机溶剂，不溶于水，但可与水形成乳状液。

石油的成油机理有生物沉积变油和石化油两种学说。前者接受较广，认为石油是古代海洋或湖泊中的生物经过漫长的演化形成，属于生物沉积变油，不可再生。后者认为石油是由地壳内本身的碳生成，与生物无关，可再生。石油主要用作燃油和汽油，同时也是许多化学工业产品如溶液、化肥、杀虫剂和塑料等的原料。燃料油和汽油在2012年组成世界上最重要的二次能源之一。

早在公元前10世纪之前，古埃及、古巴比伦和印度等文明古国已经采集天然沥青，用于建筑、防腐、黏合、装饰、制药，古埃及人甚至能估算油苗中渗出石油的数量。中国也是世界上最早发现和利用石油的国家之一。东汉的班固(公元32～92年)所著《汉书》中记载了“高奴有洧水可燃”。高奴在陕西延长附近，洧水是延河的支流。“水上有肥，可接取用之”(见北魏郦道元的《水经注》)，这里的“肥”就是指石油。中国宋朝的沈括在书中读到过这句话，觉得很奇怪，“水”怎么可能燃烧呢？他决定进行实地考察。考察中，沈括发现了一种褐色液体，当地人叫它“石漆”“石脂”，可用它烧火做饭、点灯和取暖。沈括弄清楚这种液体的性质和用途，给它取了一个新名字，叫石油，指出“石油至多，生于地中无穷”，并动员老百姓推广使用，从而减少砍伐树木。沈括预言“此物后必大行于世”。

在国际舞台上，石油作为一种重要资源——战略储备物资，一直都受到各国关注，而且石油还是历史上多次重大战争的导火索。1859年美国小镇梯特斯维尔钻成了世界上第一口现代油井，现代石油工业就此拉开序幕。

新中国成立后，为了甩掉“贫油国”帽子，迅速改变一穷二白的落后面貌，以铁人王进喜为代表的中国石油工人，以冲天干劲和忘我牺牲精神，开发出大庆油田、胜利油田、华北油田等，实现了中国石油事业的重大突破，把原油年产量从新中国成立前仅10余万吨大幅提升至1978年的约1亿吨。改革开放以来，为了给现代化建设提供能源支撑，夯实经济起飞的基础，一大批石油战线科技工作者和一线石油工人继续发扬艰苦奋斗的拼搏精神，把原油开采量进一步提升至2017年的约2亿吨，石油大国地位不断巩固。

强劲的工业增长和不断提升的国内生活水平进一步加大了中国对能源的需求，而在这些能源中，石油更是扮演着不可或缺的重要角色。2015年，国内原油产量达到创纪录的2.15亿吨，近几年均保持2亿吨高位。“走出去”二十余年，石油勘探开采技术虽不断提高，但国内外尚无凹陷区砾岩规模勘探成功的先例，而中国石油人经过二十多年艰苦探索，最终突破“勘探禁区”，创立了凹陷区砾岩油藏勘探理论和配套技术体系，发现玛湖10亿吨级特大型砾岩油田，开拓出中国新的石油基地。

习 题

一、选择题

1. 下列有机物中没有同分异构体的是(　　)

A. C_4H_{10}　　B. CH_4　　C. C_5H_{12}　　D. C_6H_{14}

2. 互称为同分异构体的物质不可能具有相同的(　　)

A. 相对分子质量　　B. 结构　　C. 通式　　D. 化学式

3. 戊烷有几种碳链异构体(　　)

A. 0　　B. 2　　C. 3　　D. 4

4. 下列关于烷烃的叙述不正确的是(　　)

A. 烷烃在有机反应中常用来作溶剂　　B. 烷烃的化学性质很活泼

C. 燃烧时可生成二氧化碳和水　　D. 光照条件下，容易与卤素发生取代反应

5. 下列化合物中含有叔碳原子的是(　　)

A. CH_4　　B. $CH_3CH_2CH_3$　　C. $(CH_3)_2CHCH_3$　　D. $(CH_3)_3CCH_3$

6. 烷烃分子中氢原子被卤素取代的反应称为(　　)

A. 卤代反应　　B. 氧化反应　　C. 消去反应　　D. 加成反应

7. 甲烷在空气中完全燃烧，产物是(　　)

A. CO和H_2O　　B. C和H_2O　　C. CO_2和H_2O　　D. CO和CO_2

8. 含有相同数目碳原子的烷烃，支链越多，熔沸点越(　　)

A. 低　　B. 高　　C. 一样　　D. 不确定

9. 下列关于烷烃、烯烃的说法中，不正确的是(　　)

A. 它们所含元素的种类相同，但通式不同

B. 均能与Cl_2发生反应

C. 烯烃分子中碳原子数$\geqslant 2$，烷烃分子中碳原子数$\geqslant 1$

D. 碳原子数相同的烯烃和烷烃互为同分异构体

10. 制取氯乙烷(CH_3CH_2Cl)最好的方法是(　　)

A. 乙烷和氯气发生取代反应　　B. 乙烯和氯气加成

C. 乙烯和HCl加成　　D. 乙烷与HCl作用

11. 关于烷烃、烯烃和炔烃的下列说法，正确的是(　　)

A. 烷烃的通式是 C_nH_{2n+2}，符合这个通式的烃为烷烃

B. 炔烃的通式是 C_nH_{2n-2}，符合这个通式的烃一定是炔烃

C. 可以用溴的四氯化碳溶液来鉴别己炔、己烯和己烷

D. 烯烃和二烯烃是同系物

12. 下列物质中与丁烯互为同系物的是(　　)

A. $CH_3CH_2CH_2CH_3$　　B. $H_2C=CHCH_3$

C. C_5H_{10}　　D. C_2H_4

13. 把丁-2-烯与溴水作用，其产物主要是(　　)

A. 1,2-二溴丁烷　　B. 2-溴丁烷

C. 2,3-二溴丁烷　　D. 1,1-二溴丁烷

14. 乙烷中混有少量乙烯气体，欲除去乙烯可选用的试剂是(　　)

A. 氢氧化钠溶液　　B. 酸性高锰酸钾溶液

C. 溴水　　D. 碳酸钠溶液

15. 能用酸性高锰酸钾溶液鉴别的一组物质是(　　)

A. 乙烯、乙炔　　B. 苯、己烷　　C. 己烷、环己烷　　D. 苯、甲苯

16. 下列对于苯的叙述正确的是(　　)

A. 易被强氧化剂 $KMnO_4$ 等氧化

B. 属于不饱和烃，易发生加成反应

C. 属于不饱和烃，但比较易发生取代

D. 苯是一种重要的有机溶剂，可广泛应用于生产绿色油漆等

17. 甲苯与浓硝酸、浓硫酸的混合酸在 30 ℃发生反应获得的产物主要是(　　)

A. 间硝基甲苯　　B. 2,4,6-三硝基甲苯

C. 邻硝基甲苯和对硝基甲苯　　D. 三硝基甲苯

18. 反应 $C_6H_5-CH(CH_3)_2 \xrightarrow[h\nu]{Cl_2} C_6H_5-C(CH_3)_2Cl$ 属于(　　)

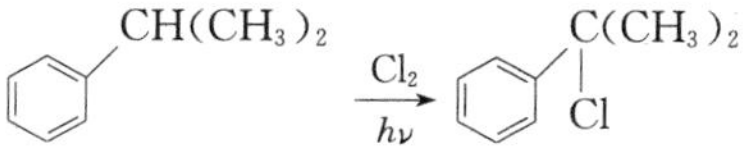

A. 取代反应　　B. 加成反应　　C. 氯化反应　　D. 消除反应

19. 硝基苯发生硝化反应的主要产物是(　　)

A. 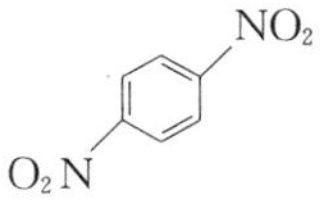 $O_2N-C_6H_4-NO_2$（对位）　　B. $C_6H_4(NO_2)_2$（邻位）　　C. $O_2N-C_6H_4-NO_2$（间位）　　D. 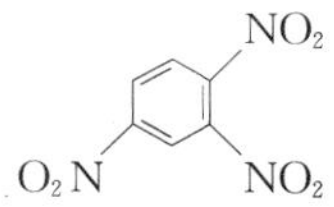 $O_2N-C_6H_3(NO_2)_2$

20. 苯硝化时硝化试剂应是(　　)

A. 稀硝酸　　B. 浓硝酸和浓硫酸的混合液

C. 稀硝酸和稀硫酸的混合液　　D. 浓硝酸

二、用系统命名法命名下列化合物

1. 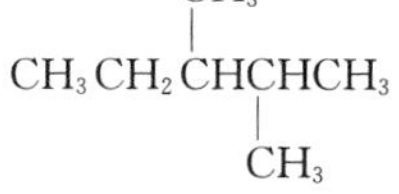 $CH_3CH_2CH(CH_3)CH(CH_3)CH_3$

2. 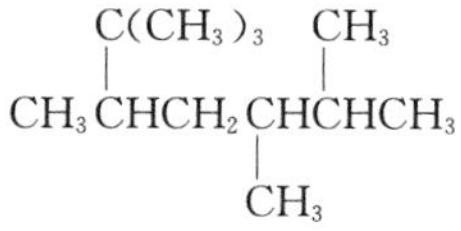 $CH_3CH(C(CH_3)_3)CH_2CH(CH_3)CH(CH_3)CH_3$

3. $H_2C=C(CH_2CH_3)CH_2CH_3$

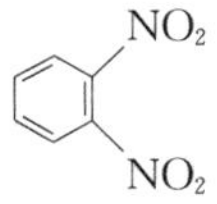

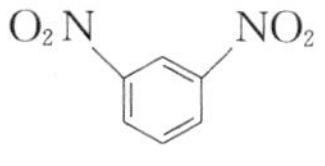

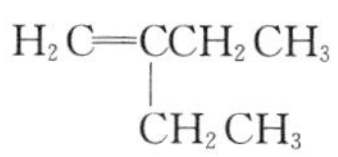

4. 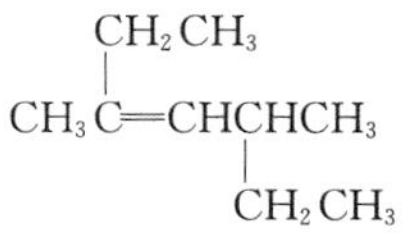 $CH_3C(CH_2CH_3)=CHCH(CH_2CH_3)CH_3$

5. 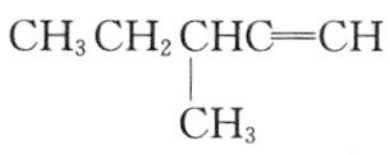 $CH_3CH_2CH(CH_3)C=CH$

6. 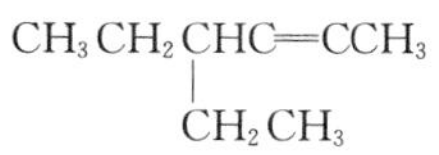 $CH_3CH_2CH(CH_2CH_3)C=CCH_3$

7. 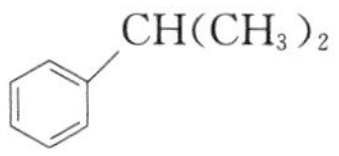 $C_6H_5-CH(CH_3)_2$

8. 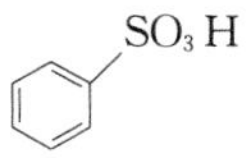 $C_6H_5-SO_3H$

三、写出下列各化合物的结构式

1. 2,3-二甲基丁烷
2. 2,2,3,4-四甲基戊烷
3. 2,3-二甲基戊-2-烯
4. *cis*-庚-3-烯
5. 4-甲基戊-1-炔
6. 4-异丙基-5-甲基庚-2-炔
7. 邻二甲苯
8. 对甲基苯磺酸

四、写出下列反应的主要产物

1. $+Br_2 \xrightarrow{300\ ℃}$

2. $+Br_2 \xrightarrow{h\nu}$

3. $+Br_2 \xrightarrow{\triangle}$

4. $+HCl \longrightarrow$

5. $CH_3\underset{\large CH_3}{\underset{|}{C}}{=}CHCH_3 + H_2 \xrightarrow{Ni}$

6. $H_2C{=}CH\underset{\large CH_3}{\underset{|}{C}}HCH_3 + HBr \longrightarrow$

7. $CH_3CH{=}CH_2 + Cl_2 \xrightarrow{500\ ℃}$

8. $H_2C{=}\underset{\large CH_3}{\underset{|}{C}}CH_2CH_3 + HBr \xrightarrow{过氧化物}$

9. $CH_3CH_2\overset{\large CH_3}{\overset{|}{C}}{=}CH_2 + HCl \longrightarrow$

10. $H_2C{=}CHCH_2CH_3 + HOCl \longrightarrow$

11. $H_2C{=}\underset{\large CH_3}{\underset{|}{C}}CH_3 \xrightarrow[\triangle]{KMnO_4}$

12. $CH_3CH{=}CHCH_3 \xrightarrow{0.1\%KMnO_4,OH^-}$

13. $nH_2C{=}CH\underset{\large CH_3}{\underset{|}{C}}{=}CH_2 \xrightarrow{齐格勒\text{-}纳塔催化剂}$

14. $+ HOOCCH{=}CHCOOH \longrightarrow$

15. $+ HC{\equiv}CH \longrightarrow$

16. $+$ $COOCH_3$ / $COOCH_3$ $\longrightarrow$

17. $+$ CH_2Cl $\longrightarrow$

18. $CH_3C{\equiv}CH + H_2 \xrightarrow{Pt}$

19. $CH_2{=}CHCH_2C{\equiv}CH + H_2 \xrightarrow{Lindlar 催化剂}$

20. $CH_3CH_2C{\equiv}CH + H_2O \xrightarrow[H_2SO_4]{HgSO_4}$

21. $HC{\equiv}CH + CH_3OH \xrightarrow[160\sim165\ ℃,2MPa]{20\%NaOH}$

22. $CH_3CH_2C\equiv CH \xrightarrow{KMnO_4,H^+}$

23. $CH_3CH_2C\equiv CH + NaNH_2 \xrightarrow{液氨} \qquad \xrightarrow{CH_3CH_2Br}$

24. $CH_3C\equiv CH \xrightarrow{HBr} \qquad \xrightarrow{HBr}$

25. $CH_3C\equiv CH \xrightarrow[H_2O]{KMnO_4}$

26. $CH_3CH_2CH_2CH_2C\equiv CH + [Ag(NH_3)_2]NO_3 \longrightarrow$

27. $C_6H_6 \xrightarrow[50\sim60\ ℃]{浓\ HNO_3,浓\ H_2SO_4}$

28. $C_6H_6 \underset{70\sim80\ ℃}{\overset{浓\ H_2SO_4}{\rightleftharpoons}}$

29. $C_6H_6 + CH_3CH{=}CH_2 \xrightarrow{H^+}$

30. $C_6H_6 + CH_3CH_2\overset{O}{\overset{\|}{C}}Cl \xrightarrow[70\sim80\ ℃]{无水\ AlCl_3}$

31. $C_6H_5CH_2CH_3 \xrightarrow{KMnO_4,H^+}$

32. $C_6H_6 \xrightarrow[\triangle]{Cl_2,Fe} \qquad \xrightarrow[\triangle]{浓\ HNO_3,浓\ H_2SO_4}$

五、写出下列反应物的结构简式

1. $C_6H_{12} \xrightarrow[H_2O]{KMnO_4,H^+} (CH_3)_2CHCOOH + CH_3COOH$

2. $C_6H_{12} \xrightarrow[H_2O]{KMnO_4,H^+} CH_3COCH_3 + C_2H_5COOH$

3. $C_6H_{10} \xrightarrow[H_2O]{KMnO_4,H^+} 2CH_3CH_2COOH$

4. C_7H_{12} ─┬ $\xrightarrow{2H_2,Pt} CH_3CH_2CH_2CH_2CH_2CH_2CH_3$
　　　　└ $\xrightarrow{[Ag(NH_3)_2]NO_3} C_7H_{11}Ag$

六、鉴别题

1. 乙烷、乙烯和乙炔
2. 戊-1-炔和戊-2-炔
3. 庚烷、庚-1-炔和庚-1,3-二烯
4. 乙苯、苯乙烯和苯乙炔

七、用箭头表示下列化合物一元硝化时,硝基进入的位置

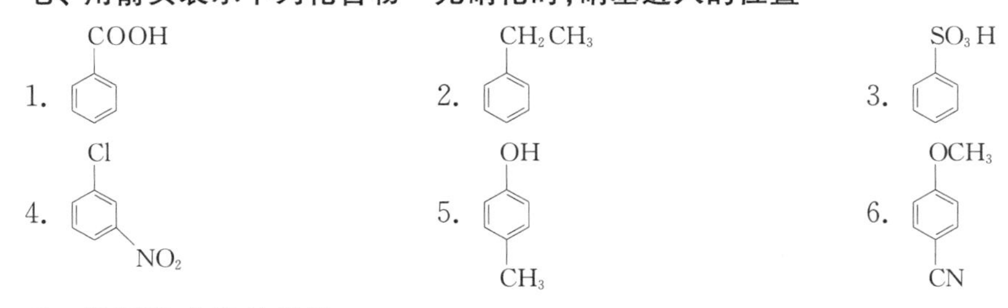

八、推断化合物的结构

1. 已知烷烃的分子式为 C_5H_{12},根据氯代反应产物的不同,写出各烷烃的结构式。

(1) 一元氯代产物只有一种　(2) 一元氯代产物有三种

(3) 一元氯代产物有四种　(4) 二元氯代产物有两种

2. 化合物 A 的分子式为 C_4H_8,它能使溴的四氯化碳溶液褪色,但不能使稀的高锰酸钾溶液褪色。1 mol A 与 1 mol HBr 作用生成 B,B 也可以从 A 的同分异构体 C 与 HBr 作用得到。C 能使溴的四氯化碳溶液褪色,也能使稀的酸性高锰酸钾溶液褪色。试推测 A、B 和 C 的结构式。

3. 某烯烃的分子式为 C_5H_{10},与 HCl 发生加成反应后生成 2-氯-2-甲基丁烷,试推测原烯烃所有可能的结构式。

4. 有两种烯烃，分子式均为 C_6H_{12}，催化加氢都得到正己烷。用过量高锰酸钾的硫酸溶液氧化后，A 只生成一种产物 CH_3CH_2COOH，B 生成两种产物 CH_3COOH 和 $CH_3CH_2CH_2COOH$。试推测 A、B 的结构式，并写出上述各步化学反应式。

5. 脂肪烃化合物 A 和 B 分子式都是 C_6H_{10}，催化氢化后都生成 2-甲基戊烷。A 与硝酸银氨溶液反应生成灰白色沉淀；B 不与硝酸银氨溶液反应，也不能与乙烯发生双烯合成反应。推测 A 和 B 可能的结构式。

6. 化合物 A 和 B 分子式都是 C_5H_8，都能使溴的四氯化碳溶液褪色，A 与硝酸银氨溶液反应，生成灰白色沉淀，用高锰酸钾溶液氧化，则生成 $CH_3CH_2CH_2COOH$ 和 CO_2；B 不与硝酸银氨溶液反应，用高锰酸钾溶液氧化，则生成 CH_3COOH 和 CH_3CH_2COOH。试写出 A 和 B 的结构式以及各步的化学反应。

7. 某芳烃化合物 A 的分子式为 C_9H_{10}，能使溴的四氯化碳溶液褪色。用高锰酸钾溶液氧化 A 时，得到乙酸（CH_3COOH）和芳酸 B。芳酸 B 发生硝化反应时，得到一种硝化产物 C。试推测化合物 A、B、C 的结构式，并写出各步化学反应式。

8. 苯不能使酸性高锰酸钾溶液的紫色褪去，而大多数苯的同系物却能被酸性高锰酸钾溶液氧化，使其紫色褪去。为什么？

第 8 章

烃的衍生物

知识目标

1. 掌握卤代烃的分类。
2. 掌握卤代烃的化学性质,熟悉格氏试剂的制备。
3. 熟悉乙烯基型、烯丙基型、苯基型、苄基型卤代烃的性质。
4. 理解氢键对醇、酚、醚的沸点和溶解性的影响。
5. 理解醇羟基和酚羟基的区别,掌握醇、酚、醚的化学反应及应用。
6. 学习并了解醇、酚、醚、醛、酮、羧酸及其衍生物、含氮化合物的结构和分类、同分异构以及重要醛酮的主要制法和用途。
7. 学习并理解醇、酚、醚、醛、酮、羧酸及其衍生物、含氮化合物的物理性质及变化规律。
8. 学习并掌握卤代烃、醇、酚、醚、醛、酮、羧酸及其衍生物、含氮化合物的系统命名、主要化学性质及在生活、生产中的应用。

能力目标

1. 能理解双键的位置对卤素原子活性的影响。
2. 能写出常见卤代烃的制备方法。
3. 熟悉性质实验的操作方法。
4. 掌握醇、酚、醚的鉴别方法。
5. 能够查阅各种图书资料和网络资料,对制备方法进行分析、汇总和比较。
6. 能够制定实验室制备的实践方案。
7. 能够针对方案实践过程中可能遇到的问题进行提前分析与准备。
8. 能够熟练进行有机化学实验的基本操作。
9. 能够结合实践及所学知识归纳同系列化合物的物理化学性质。

8.1 卤代烃

烃分子中的氢原子被卤素原子(氟、氯、溴、碘)取代生成的化合物称为卤代烃。它的通式为 R—X 或 Ar—X,X 为卤素原子,可看作是卤代烃的官能团,包括氟、氯、溴、碘。一般来说,卤代烃性质比烃活泼得多,能发生多种化学反应,所以引入卤素原子往往是改造分子性能的第一步,在有机合成中起着桥梁作用。同时,有些卤代烃尤其是多卤代烃可用作溶剂、农药、灭火剂、麻醉剂、防火剂等。所以卤代烃是一类重要的化合物,且大多是人工合成的。

8.1.1 结构、分类和命名

知识点 1 卤代烃的结构

在卤代烷分子中，C—X 键中的碳原子为 sp^3 杂化，它们之间以 σ 键相连，键角接近 109.5°。因为卤素原子的电负性比碳原子大，所以碳卤键为极性共价键，电子云偏向卤素原子，致使碳原子带部分正电荷，卤素原子带部分负电荷。

知识点 2 卤代烃的分类

卤代烃的分类与命名

（1）根据卤素原子的种类

R—F	R—Cl	R—Br	R—I
氟代烃	氯代烃	溴代烃	碘代烃

（2）根据所含卤素原子的数目

RCH_2X	$RCHX_2$	RCX_3
一元卤代烃	二元卤代烃	三元卤代烃

（3）根据烃基的结构

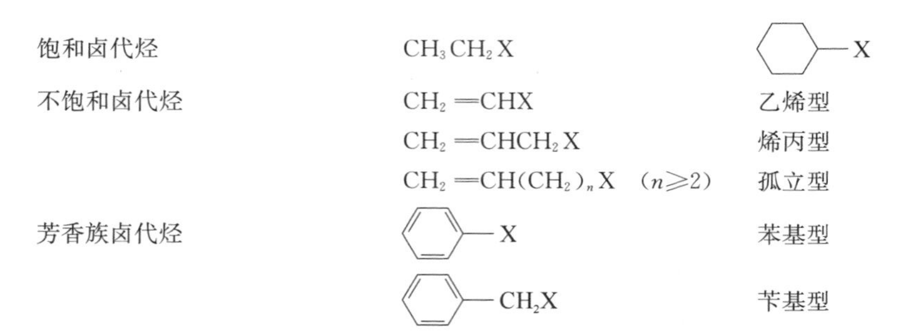

饱和卤代烃	CH_3CH_2X	（环己基）—X
不饱和卤代烃	$CH_2{=}CHX$	乙烯型
	$CH_2{=}CHCH_2X$	烯丙型
	$CH_2{=}CH(CH_2)_nX$ （$n \geqslant 2$）	孤立型
芳香族卤代烃	（苯基）—X	苯基型
	（苯基）—CH_2X	苄基型

（4）根据卤素原子所连接的饱和碳原子的类型

RCH_2—X	R(R′)CH—X	R(R′)(R″)C—X
伯(1°)卤代烃	仲(2°)卤代烃	叔(3°)卤代烃

知识点 3 卤代烃的命名

对于结构简单的卤代烃，常用普通命名法或俗称命名。例如：

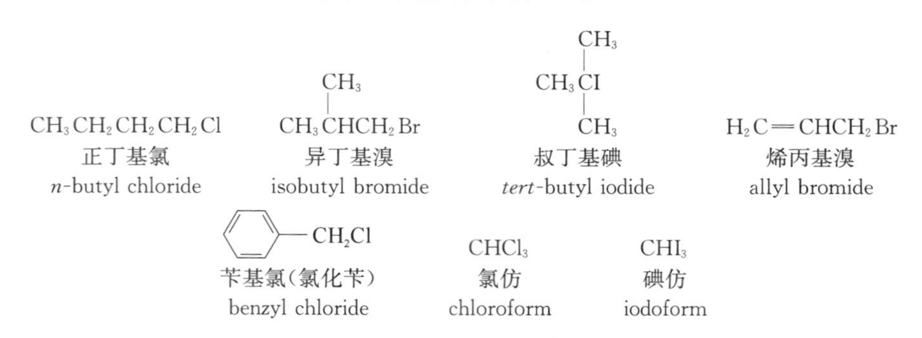

对于结构复杂的卤代烃，可采用系统命名法命名。系统命名法以烃为母体，卤素原子为取代基，按照烃的命名规则对母体进行编号和命名。书写名称时，取代基在前，母体在后；不同取代基按英文名称首字母的顺序依次列出。例如：

$CH_3CH_2CH(Cl)CH(CH_3)CH_3$

3-氯-2-甲基戊烷
3-chloro-2-methylpentane

$CH_3CH(CH_3)CH_2CH(Cl)CH_3$

2-氯-4-甲基戊烷
2-chloro-4-methylpentane

$CH_3CH_2CH(Br)CH(Cl)CH_2CH_3$

3-溴-4-氯己烷
3-bromo-4-chlorohexane

$CH_2{=}CHCH(CH_3)CH_2Cl$

4-氯-3-甲基丁-1-烯
4-chloro-3-methylbut-1-ene

$CH{\equiv}CCH(Br)CH_2CH_3$

3-溴戊-1-炔
3-bromopent-1-yne

碘环己烷
iodocyclohexane

4-氯-5-甲基环己烯
4-chloro-5-methylcyclohexene

氟苯
fluorobenzene

溴甲基苯
(bromomethyl) benzene

8.1.2　物理性质

卤代烃的物理性质

在常温下，除氯甲烷、溴甲烷、氯乙烷、氯乙烯等低级卤代烃为气体外，其他卤代烃均为液体，高级的为固体。

具有相同卤素原子的不同卤代烃，沸点随碳原子数增加而升高；具有不同卤素原子的同一卤代烃，沸点变化规律为 RI>RBr>RCl>RF。在卤代烃的异构体中，支链越多，沸点越低，即伯卤代烃>仲卤代烃>叔卤代烃。

除氟代烃和一氯代烃的相对密度小于水外，其他卤代烃的相对密度都大于水；分子中的卤素原子越多，密度越大。

卤代烃不溶于水、浓硫酸，溶于醇、醚等有机溶剂，某些卤代烃是优良溶剂，如氯仿、四氯化碳。

溴代烃和碘代烃在光的作用下，会慢慢分解放出溴和碘而变色，因而常存放于不透明或棕色瓶中，在使用前需要重新蒸馏。卤代烃大都具有特殊气味，许多卤代烃有肝脏、肾脏毒性，使用时要特别小心。

8.1.3　化学性质

卤代烃的化学性质主要是由官能团卤素原子决定的。由于卤素原子的电负性较大，C—X 键是极性共价键，因此，C—X 键容易断裂而发生各种化学反应。

知识点 1　亲核取代反应

亲核取代反应

由于卤素原子的电负性大于碳原子，所以 C—X 键之间的共用电子对偏向于卤素原子，使碳原子带部分正电荷，易受亲核试剂的进攻而发生亲核取代反应。亲核试剂通常为负离子(如 HO^-、RO^- 等)或带孤对电子的分子(如 $H\ddot{\underset{..}{O}}H$、$\ddot{N}H_3$ 等)。

1. 水解反应

卤代烃与水共热，卤素原子被羟基(—OH)取代生成醇。

$$RX + H_2O \overset{\triangle}{\rightleftharpoons} ROH + HX$$

这是一个可逆反应，为了加快反应速率并提高醇的产率，通常将卤代烃与强碱(NaOH、KOH 等)的水溶液共热进行水解。

$$RX + NaOH \xrightarrow[\triangle]{H_2O} ROH + NaX$$

由于自然界存在的卤代烃极少，一般需要通过相应的醇制备。因此，卤代烃的水解反应在合成上没有普遍意义。工业上只用来制取少数的醇。

2. 醇解反应

卤代烃与醇钠在相应的醇溶液中发生醇解反应，卤素原子被烃氧基（—OR）取代生成醚。此反应称为威廉姆森（Williamson）合成法，这是制备混醚的常用方法。

$$RX + R'ONa \xrightarrow{R'OH} ROR' + NaX$$

反应中通常采用伯卤代烃，因为仲卤代烃的产率较低，叔卤代烃则主要得到烯烃。例如：

$$CH_3CH_2Cl + \underset{\text{叔丁醇钠}}{(CH_3)_3CONa} \xrightarrow[\triangle]{(CH_3)_3COH} \underset{\text{叔丁基乙基醚}}{CH_3CH_2OC(CH_3)_3} + NaCl$$

叔丁基乙基醚为无色透明液体，沸点为 70 ℃，是一种性能优良的高辛烷值汽油调和剂。

3. 氨解反应

卤代烃与过量的氨在乙醇溶液中共热，发生氨解反应，卤素原子被氨基（$—NH_2$）取代生成伯胺。这是工业上制取伯胺的方法之一。例如：

$$CH_3CH_2Cl + 2NH_3 \xrightarrow[\triangle]{CH_3CH_2OH} \underset{\text{乙胺}}{CH_3CH_2NH_2} + NH_4Cl$$

$$CH_3CH_2CH_2CH_2Br + 2NH_3 \xrightarrow[\triangle]{CH_3CH_2OH} \underset{\text{正丁胺}}{CH_3CH_2CH_2CH_2NH_2} + NH_4Br$$

乙胺为无色、极易挥发的液体，有强烈氨的气味，呈碱性，毒性高；沸点为 16.6 ℃，可溶于水、乙醇和乙醚等；主要用于染料合成及用作萃取剂、乳化剂、医药原料和试剂等。

正丁胺为无色透明液体，有氨的气味，毒性高；沸点为 77.8 ℃，可与水、乙醇、乙醚等混溶；常用作乳化剂、药品、杀虫剂、橡胶阻聚剂、染料制造的中间体及化学试剂。

4. 氰解反应

卤代烃与氰化钠或氰化钾在乙醇溶液中共热时，发生氰解反应，卤素原子被氰基（—CN）取代生成腈。例如：

$$CH_3CH_2Cl + KCN \xrightarrow[\triangle]{CH_3CH_2OH} \underset{\text{丙腈}}{CH_3CH_2CN} + KCl$$

氰解反应使分子中增加了一个碳原子，在有机合成上常作为增长碳链的方法之一。但因氰化钠（钾）有剧毒，其应用受到很大限制。

上述取代反应中，不同卤代烃的反应活性顺序为：

$$1°RX > 2°RX > 3°RX$$

5. 与硝酸银反应

卤代烃与硝酸银的乙醇溶液反应生成硝酸酯，同时析出卤化银沉淀。例如：

$$CH_3CH_2Cl + AgNO_3 \xrightarrow[\triangle]{CH_3CH_2OH} \underset{\text{硝酸乙酯}}{CH_3CH_2ONO_2} + AgCl\downarrow$$

硝酸乙酯为无色液体，有令人愉快的气味和甜味，沸点为 88.7 ℃，微溶于水，溶于乙醇、乙醚；主要用于药物、香料、染料的合成，也可用作液体火箭推进剂。

在该反应中，不同卤代烃的反应活性为：

$$3°RX > 2°RX > 1°RX$$
$$RI > RBr > RCl$$

在常温下，3°RX、RI 反应很快，立即生成卤化银沉淀；2°RX、RBr 反应较慢；1°RX、RCl 难以反应，需

要加热才能进行反应。因此，利用这一反应速率上的差异可鉴别卤代烃。

知识点 2　消除反应

消除反应和格氏反应

卤代烃与强碱的乙醇溶液共热，分子中的 C—X 键和 β 位的 C—H 键发生断裂，脱去一分子卤化氢生成烯烃。这种由一个分子中脱去小分子如 HX、H_2O 等，同时产生不饱和键的反应称为消除反应。卤代烃的消除反应是分子中引入 C═C 键的方法之一。

$$\underset{\beta}{R-\underset{|}{\overset{}{C}H}}-\underset{\alpha}{CH_2}\ (\text{H on }\beta\text{-C},\ \text{X on }\alpha\text{-C}) \xrightarrow[\triangle]{KOH/C_2H_5OH} RCH=CH_2 + KX + H_2O$$

仲卤代烃和叔卤代烃分子中因含有不同的 β-H，可以得到不同的烯烃。例如：

$$H_3C-\overset{\beta}{CH}(H)-\overset{\alpha}{CH}(Br)-\overset{\beta}{CH_2}(H) \xrightarrow[\triangle]{KOH/C_2H_5OH} \underset{\text{丁-2-烯(81\%)}}{CH_3CH=CHCH_3} + \underset{\text{丁-1-烯(19\%)}}{CH_2=CHCH_2CH_3}$$

实验表明，卤代烃脱卤化氢时，主要从含氢较少的 β-碳上脱去氢原子。此规律由俄国化学家查依采夫(Saytzeff)首先发现，因而称为查依采夫规则。

卤代烃发生消除反应的活性顺序为：

$$3°RX > 2°RX > 1°RX$$

实际上，卤代烃的消除反应和水解反应是同时发生的。究竟哪一种反应占优势，取决于卤代烃的结构和反应条件。一般的规律是伯卤代烃、稀碱、强极性溶剂及较低温度有利于取代反应；叔卤代烃、强碱、弱极性溶剂以及高温有利于消除反应。

知识点 3　与金属镁反应——格氏试剂的生成

在无水乙醚中，卤代烃与金属镁作用生成有机镁化合物。有机镁化合物在有机合成中极为重要，可用来制备醇、醛、酮、羧酸等。法国化学家格利雅(Grignard)因发展了有机镁试剂(称为格氏试剂，简写为 RMgX)而获得了 1912 年的诺贝尔(Nobel)化学奖。

$$RX + Mg \xrightarrow{\text{无水乙醚}} RMgX$$

在格氏试剂中，C—Mg 键是极性很强的共价键，性质非常活泼，能被许多含活泼氢的物质分解，生成相应的烃。

$$RMgX + H-Y \longrightarrow RH + Mg\genfrac{}{}{0pt}{}{\diagup Y}{\diagdown X}$$

(Y=—OH、—OR、—X、—NH_2、—C≡CR 等)

上述反应是定量进行的，通常以甲基碘化镁与含活泼氢的物质反应，通过测定生成的甲烷体积可计算出所含活泼氢的数目(称为活泼氢测定法)。如：

$$CH_3MgI + H-Y \longrightarrow CH_4\uparrow + Mg\genfrac{}{}{0pt}{}{\diagup Y}{\diagdown I}$$

格氏试剂非常活泼，遇到空气中的 O_2、CO_2、H_2O 等会发生反应。因此在制备格氏试剂时，应隔绝空气，不能使用含有活泼氢的化合物作溶剂，制备的格氏试剂不需分离即可直接用于有机合成。

$$2RMgX + O_2 \longrightarrow 2ROMgX$$

格氏试剂可与醛、酮、酯、二氧化碳、环氧乙烷等反应，生成醇、羧酸等一系列化合物，所以格氏试剂在有机合成上用途极广，是有机合成中构建碳骨架的方法之一。

$$RMgX + CO_2 \xrightarrow{\text{无水乙醚}} RCOOMgX \xrightarrow[H_2O]{H^+} RCOOH$$

$$RMgX + HCHO \xrightarrow{\text{无水乙醚}} RCH_2OMgX \xrightarrow[H_2O]{H^+} RCH_2OH$$

$$RMgX + R_1CHO \xrightarrow{\text{无水乙醚}} RCH(R_1)OMgX \xrightarrow[H_2O]{H^+} RCH(R_1)OH$$

$$RMgX + R_1R_2C{=}O \xrightarrow{\text{无水乙醚}} R{-}C(R_1)(R_2){-}OMgX \xrightarrow[H^+]{H_2O} R{-}C(R_1)(R_2){-}OH$$

8.1.4 亲核取代反应机理

知识点 1　亲核取代反应机理(S_N1 和 S_N2)

卤代烃的亲核取代反应是一类重要的反应，可用于各种官能团的转变以及碳碳键的形成，在有机合成中具有广泛的用途。

亲核取代反应(nucleophilic substitution，简称 S_N)是一类由亲核试剂的进攻而引起的取代反应。亲核试剂是具有亲正电(亲核)性质的基团，通常为负离子(HO^-、RO^-、CN^- 等)或带孤对电子的分子(H_2O, ROH, NH_3 等)。

$$\underset{\text{亲核试剂}}{Nu^-(:Nu)} + \underset{\text{反应底物}}{R{-}X} \longrightarrow \underset{\text{产物}}{R{-}Nu\ (R{-}Nu^+)} + \underset{\text{离去基团}}{X^-}$$

1. **单分子亲核取代反应机理(S_N1)**

叔丁基溴的碱性水解反应在动力学上属于一级反应，其反应速率只与反应底物浓度的一次方成正比，而与亲核试剂的浓度变化无关，即反应速率 $v=k[(CH_3)_3CBr]$，k 为反应速度常数。

$$(CH_3)_3CBr + OH^- \longrightarrow (CH_3)_3COH + Br^-$$

研究表明，叔丁基溴的碱性水解反应是分两步进行的，即

$$\text{第一步：}(CH_3)_3C{-}Br \xrightarrow{\text{慢}} \underset{\text{过渡态 I}}{[(CH_3)_3\overset{\delta^+}{C}\cdots\overset{\delta^-}{Br}]^{\ddagger}} \longrightarrow (CH_3)_3C^+ + Br^-$$

$$\text{第二步：}(CH_3)_3C^+ + OH^- \xrightarrow{\text{快}} \underset{\text{过渡态 II}}{[(CH_3)_3\overset{\delta^+}{C}\cdots\overset{\delta^-}{OH}]^{\ddagger}} \longrightarrow (CH_3)_3COH$$

从图 8-1 可知，整个反应分两步完成，经历了两个过渡态，第一步反应的活化能 ΔE_1 远远大于第二步反应的活化能 ΔE_2，因此第一步是控制反应速率的关键步骤，反应速率只与反应底物的浓度有关；第一步反应生成了碳正离子中间体，因其是平面构型，所以亲核试剂从两面进攻的概率相等，得到外消旋体产物。

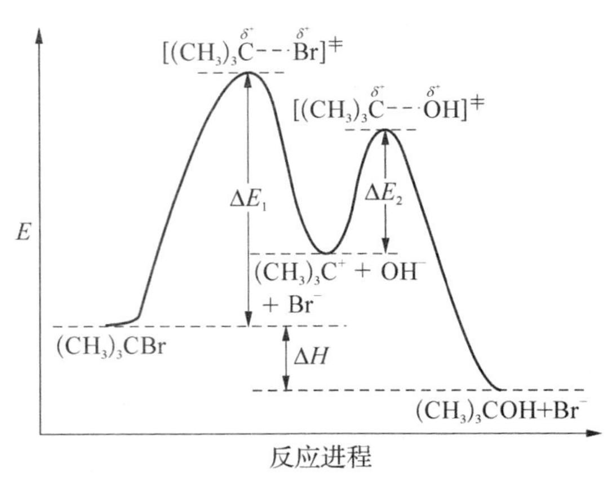

图 8-1　叔丁基溴 S_N1 反应的能量曲线图

2. **双分子亲核取代反应机理(S_N2)**

溴甲烷的碱性水解反应在动力学上属于二级反应，其反应速率与反应底物和亲核试剂的浓度的一次方成正比，即反应速率 $v=k[CH_3Br][OH^-]$，k 为反应速度常数。

$$CH_3Br + OH^- \longrightarrow CH_3OH + Br^-$$

研究表明，溴甲烷的碱性水解反应是按以下机理进行的：

$$OH^- + H_3C^{\delta^+}—Br^{\delta^-} \longrightarrow \left[HO^{\delta^-}\text{---}CH_3\text{---}Br^{\delta^-} \right]^{\ddagger} \longrightarrow HO—CH_3 + Br^-$$

过渡态

从图 8－2 可知，整个反应一步完成，经历一个过渡态；亲核试剂从离去基团的背面进攻反应底物的 α-C，O—C 键的形成和 C—Br 键的断裂是同时进行的；反应速率与底物和亲核试剂的浓度都有关；形成产物的同时，以 α-C 为中心的分子骨架将发生翻转，犹如一把被大风吹翻的雨伞，这种分子骨架的翻转过程称为瓦尔登(Walden)转化。

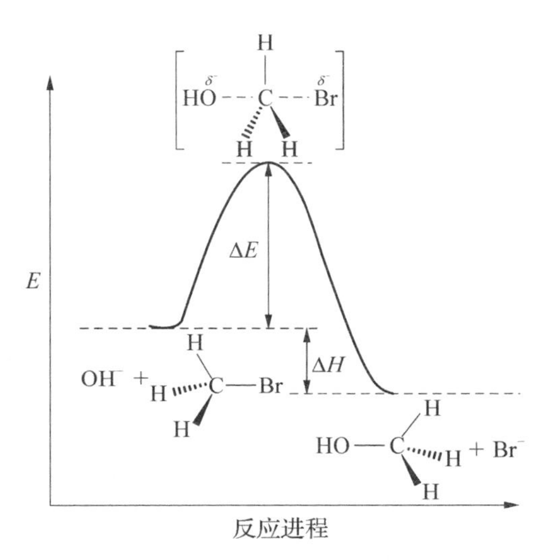

图 8－2　溴甲烷 S_N2 反应的能量曲线图

知识点 2　影响亲核取代反应的因素

1. 烃基结构的影响——电子效应和空间效应

(1) 对 S_N1 机理的影响。对于 S_N1 反应而言，碳正离子的生成是决定反应速率的关键步骤，而这一步速率的快慢，则由碳正离子的稳定性决定，即越稳定的碳正离子，生成时的活化能越小，生成的速率也就越快。从电子效应考虑，碳正离子的稳定性顺序是 $(CH_3)_3C^+ > (CH_3)_2CH^+ > CH_3CH_2^+ > CH_3{}^+$，显然电子效应是主要影响因素。同时，从空间效应考虑，叔卤代烃的空间关系较为拥挤，基团之间相互排斥，若形成碳正离子，键角将会由约 109.5°变为 120°，即这种因基团间拥挤、排斥而产生的张力反而有助于 C—X 键的离解。因此，S_N1 反应的活性顺序是 3°RX>2°RX>1°RX>CH_3X。

(2) 对 S_N2 机理的影响。对于 S_N2 反应而言，亲核试剂从背面进攻 α-C 是决定反应速率的关键步骤。从空间效应考虑，α-C 上所连烃基的数目或体积越小，空间位阻越小，反应活性越高，显然空间效应是主要影响因素。同时，从电子效应考虑，烷基的供电子诱导效应使 α-C 上的正电荷分散，不利于亲核试剂的进攻。因此，S_N2 反应的活性顺序是 CH_3X>1°RX>2°RX>3°RX。

综上所述，烃基结构对亲核取代反应的影响可归纳为：

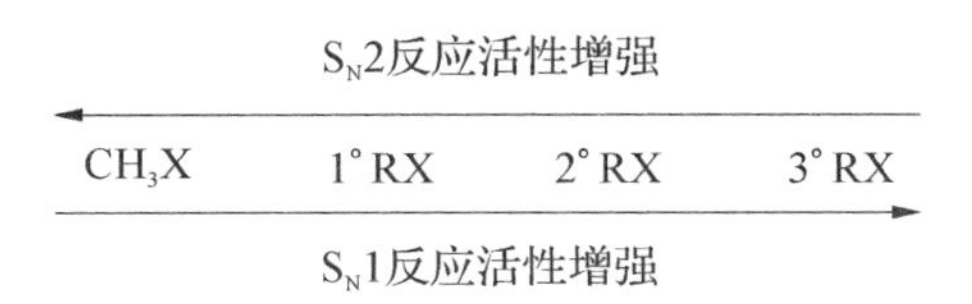

2. 离去基团的影响

无论是 S_N1 还是 S_N2 反应，极化度越大的卤素原子，越容易离去。因此，卤代烃的反应活性顺序是 RI>RBr>RCl>RF。

3. 亲核试剂的影响

因为 S_N1 反应的速率只与反应底物有关，而与亲核试剂无关，所以无论是亲核试剂的浓度还是其强弱变化对 S_N1 反应影响都不大。

因为 S_N2 反应是一步完成的，决定反应速率的过程有亲核试剂的参与，所以亲核试剂的浓度及其强弱变化对 S_N2 反应的影响较大。通常，亲该试剂的浓度越高、亲核性越强，S_N2 反应越容易发生，反应速率也越快。

通常，碱性是指试剂与质子的结合能力，而亲核性是指试剂与碳原子的结合能力。两者体现的都是提供电子的能力，试剂在具有亲核性的同时也具有碱性，因此有时二者的强弱顺序是一致的，可以根据其碱性的强弱推断出其亲核性的强弱。但亲核性与碱性毕竟有所不同，所以两者的强弱顺序有时也不一致。试剂的亲核性和碱性之间的一般规律如下：

（1）碱性与亲核性顺序一致

$$RO^- > HO^- > PhO^- > RCOO^- > NO_3^- > ROH > HOH$$
$$R_3C^- > R_2N > RO^- > F^-;RS^- > Cl^-;R_3P > R_2S$$

（2）碱性与亲核性顺序不一致

$$\text{亲核性}:I^- > Br^- > Cl^- > F^-;HS^- > HO^-;CH_3O^- > (CH_3)_3CO^-$$
$$\text{碱 性}:F^- > Cl^- > Br^- > I^-;HO^- > HS^-;(CH_3)_3CO^- > CH_3O^-$$

I^- 无论作为亲核试剂还是离去基团都具有很好的活性，所以伯氯代烃发生水解反应时，常用 I^- 作催化剂。

$$RCH_2Cl + OH^- \xrightleftharpoons{\text{慢}} RCH_2OH + Cl^+$$
$$RCH_2Cl + I^- \xrightleftharpoons{\text{快}} RCH_2I + Cl^-$$
$$RCH_2I + OH^- \xrightarrow{\text{快}} RCH_2OH + I^-$$

4. 溶剂的影响

溶剂在卤代烃的亲核取代反应中起着重要作用。通常，增加溶剂的极性，有利于 S_N1 反应而不利于 S_N2 反应。因为在 S_N1 反应中，决定反应速率的关键步骤是碳正离子的生成，而增加溶剂的极性，有利于碳正离子的生成，降低了反应活化能。而在 S_N2 反应中，反应一步完成，增加溶剂的极性，不利于过渡态电荷的分散，升高了反应活化能。

8.1.5 重要的卤代烃

知识点 1 重要的卤代烃

1. 氯乙烯

氯乙烯是无色、有醚味的气体，易与空气形成爆炸性混合物；不溶于水，溶于乙醇、乙醚、氯仿等多数有机溶剂；有毒，长期吸入和接触可能引发肝癌。它是高分子化工的重要单体，用于生产聚氯乙烯(polyvinyl chloride，PVC)，PVC 作为通用塑料，应用非常广泛。

$$n\,H_2C{=}\underset{\underset{Cl}{|}}{CH} \xrightarrow[\triangle]{\text{催化剂}} {\left[CH_2{-}\underset{\underset{Cl}{|}}{CH}\right]_n}$$

氯乙烯的常见制备方法如下：

(1) 电石法

$$HC\equiv CH+HCl\xrightarrow[150\sim160\ ^\circ C]{HgCl_2,活性炭}H_2C=CHCl$$

(2) 乙烯法

$$CH_2=CH_2+Cl_2\xrightarrow[40\ ^\circ C]{FeCl_3}\underset{Cl}{CH_2}-\underset{Cl}{CH_2}$$

$$\underset{Cl}{H_2C}-\underset{Cl}{CH_2}\xrightarrow{500\ ^\circ C}H_2C=\underset{Cl}{CH}+HCl$$

2. 氯苯

氯苯为无色透明液体，有苦杏仁味；不溶于水，溶于乙醇、乙醚、氯仿等多数有机溶剂；主要用作染料、医药、农药、有机合成的中间体、溶剂等。由于氯苯分子中存在 p-π 共轭，致使 C—Cl 键不易断裂，而不易发生亲核取代反应。氯苯的制备方法如下：

$$C_6H_6+Cl_2\xrightarrow[55\sim60\ ^\circ C]{FeCl_3}C_6H_5Cl+HCl$$

3. 氯化苄

氯化苄是一种无色或微黄色的透明液体，具有刺激性气味；不溶于水，可混溶于乙醇、氯仿、乙醚等多数有机溶剂；是一种重要的化工、医药中间体。氯化苄分子中的 C—Cl 键很活泼，易于断裂形成稳定的苄基碳正离子($PhCH_2^+$)，所以容易发生亲核取代反应，常作为苯甲基化试剂，引入苄基。氯化苄的制备方法如下：

$$C_6H_5CH_3+Cl_2\xrightarrow{光}C_6H_5CH_2Cl+HCl$$

$$C_6H_6+HCHO+HCl\xrightarrow[60\ ^\circ C]{ZnCl_2}C_6H_5CH_2Cl+H_2O$$

4. 三氯甲烷

三氯甲烷俗称氯仿，为无色透明、易挥发的液体，不易燃烧，味微甜；难溶于水，能与乙醇、乙醚、石油醚等有机溶剂混溶；常作为溶剂、有机合成原料等。在光的作用下，氯仿能被空气氧化成剧毒的光气，加入约 1%的乙醇作稳定剂，可消除其毒性。

$$CHCl_3+O_2\xrightarrow{h\nu}\underset{光气(有毒)}{Cl-\overset{O}{\overset{\|}{C}}-Cl}\xrightarrow{C_2H_5OH}\underset{碳酸二乙酯(无毒)}{C_2H_5O-\overset{O}{\overset{\|}{C}}-OC_2H_5}$$

氯仿可以三氯乙醛和氢氧化钠为原料制备。

$$Cl_3C\overset{O}{\overset{\|}{C}}H+NaOH\longrightarrow CHCl_3+HCOONa$$

5. 四氟乙烯

四氟乙烯又称全氟乙烯，为无色气体，不溶于水，主要用作新型的耐热塑料、工程塑料、新型灭火剂和抑雾剂的原料。以四氟乙烯为单体，可聚合制备聚四氟乙烯(俗称“塑料王”)。

$$nF_2C=CF_2\xrightarrow[加压]{过硫酸铵}[F_2C-CF_2]_n$$

四氟乙烯可以用一氯二氟甲烷为原料热裂制备。

$$CHCl_3 + 2HF \xrightarrow[20 \sim 30\ ℃]{SbCl_5} CHClF_2 + 2HCl$$

$$2CHClF_2 \xrightarrow{600 \sim 800\ ℃} F_2C{=}CF_2 + 2HCl$$

知识点 2　卤代烃的鉴别

卤代烃与硝酸银的乙醇溶液反应可生成卤化银沉淀，该反应常用于卤代烃的鉴别。

$$RX + AgNO_3 \xrightarrow{乙醇} RONO_2 + AgX\downarrow$$

不同卤代烃的亲核取代反应活泼顺序如下：

$$\left.\begin{array}{l} H_2C{=}CHCH_2X \\ C_6H_5CH_2X \\ R_3X \end{array}\right. > RCH_2X > \begin{array}{l} H_2C{=}CHX \\ C_6H_5X \end{array}$$

烯丙型和苄基型卤代烃、叔卤代烃、碘代烃在室温下能立即产生 AgX 沉淀；伯和仲卤代烃、某些多卤代烃($CHBr_2$、$RCHCl_2$ 等)在加热下能产生 AgX 沉淀；乙烯型和苯基型卤代烃、某些多卤代烃(CCl_4、$CHCl_3$ 等)加热下也不产生 AgX 沉淀。

8.1.6　卤代烃的制备

卤代烃的制备

卤代烃是有机化合物家族中一类非常重要的合成中间体，通常是由结构上对应的醇或烃制备。

以相对简单的一卤代烃为例，由醇制取是最常用的经典方法，常用含卤素的试剂有氢卤酸、三卤化磷(常用 PBr_3 和 PI_3)和氯化亚砜($SOCl_2$)等。例如：

$$ROH + HX \longrightarrow RX + H_2O$$

$$3ROH + PBr_3(PI_3) \longrightarrow 3RBr(RI) + H_3PO_3$$

$$ROH + SOCl_2 \longrightarrow RCl + HCl\uparrow + SO_2\uparrow$$

此外，通过饱和烃发生取代反应或不饱和烃发生加成反应也可以制备一卤代烃。例如：

$$CH_4 + Cl_2 \xrightarrow{h\nu} CH_3Cl + HCl$$

$$H_2C{=}CH_2 + HCl \longrightarrow CH_3CH_2Cl$$

8.2　醇、酚、醚

醇、酚、醚都是烃的含氧衍生物，醇可看成是水分子中的氢原子被烃基取代所形成的化合物，通式为 ROH；酚可看成是水分子中的氢原子被芳基取代所形成的化合物，通式为 ArOH；醚可看成是水分子中的两个氢原子被烃基或芳基取代所形成的化合物，通式为 ROR′或 ROAr 或 ArOAr′。

8.2.1　醇的结构、分类和命名

知识点 1　醇的结构

羟基(—OH)是醇的官能团，通常与 sp^3 杂化的碳原子相连。例如，在甲醇分子中，氧原子为 sp^3 不等性杂化，C—O—H 键角为 108.9°；氧原子的两个 sp^3 杂化轨道分别与碳原子的一个 sp^3 杂化轨道及氢原子的 1s 轨道头碰头形成 C—O 及 O—H σ 键；氧原子剩余的两个 sp^3 杂化轨道被两对共用电子对占据，它们的排斥和挤压使 C—O—H 键角小于 109.5°(图 8－3)。

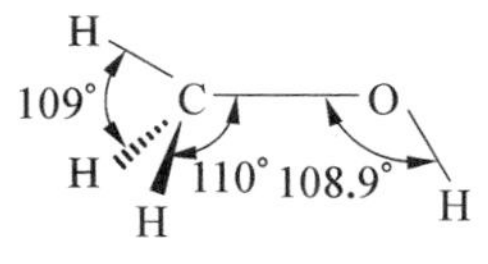

H
109°
C
O
H
110°
108.9°
H
H

图 8－3　甲醇分子的结构

醇的分类与命名

知识点 2　醇的分类

（1）根据羟基的数目

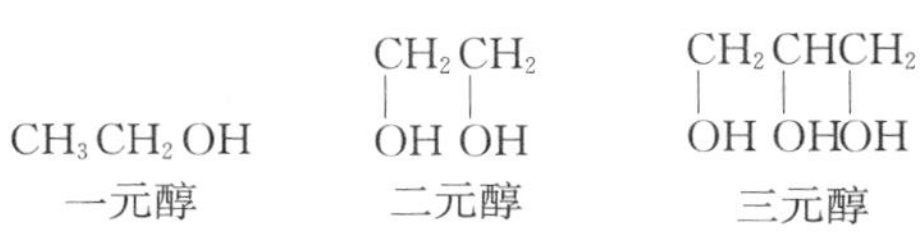

一元醇　二元醇　三元醇

（2）根据羟基所连接的烃基

CH_3CH_2OH　饱和醇

不饱和醇（环己烯基—OH）

芳香醇（苯基—CH_2OH）

（3）根据羟基所连接的饱和碳原子的类型

CH_3CH_2OH　乙醇

$CH_3CH(OH)CH_2CH_3$　仲丁醇

$(CH_3)_3COH$　叔丁醇

知识点 3　醇的命名

对于结构简单的醇，常用普通命名法或俗称命名。例如：

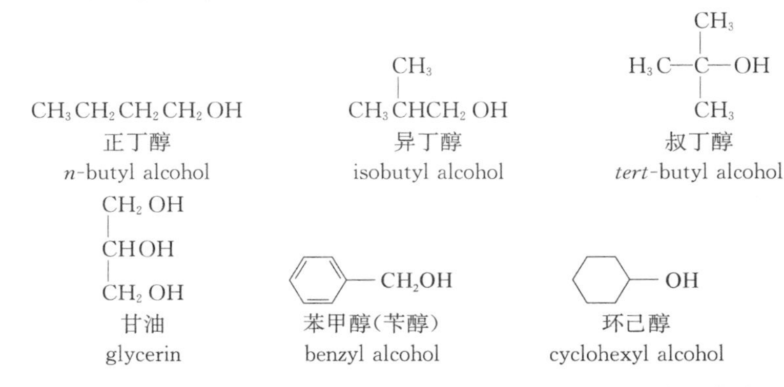

正丁醇 *n*-butyl alcohol　异丁醇 isobutyl alcohol　叔丁醇 *tert*-butyl alcohol

甘油 glycerin　苯甲醇（苄醇）benzyl alcohol　环己醇 cyclohexyl alcohol

对于结构比较复杂的醇，可采用系统命名法。选择含有羟基的最长碳链作为母体主链，从距离羟基最近的一端开始编号，按主链所含碳原子数目称为“某-x-醇”，x 表示羟基的位次；命名时将取代基的位次和名称写在母体名称之前，不同取代基则按其英文名称的首字母依次排列。例如：

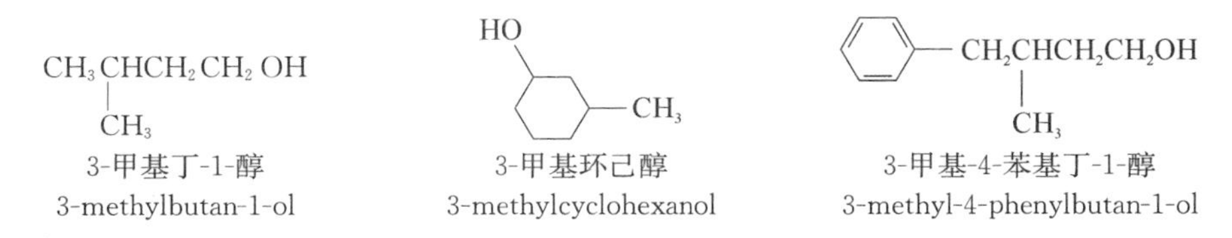

3-甲基丁-1-醇 3-methylbutan-1-ol　3-甲基环己醇 3-methylcyclohexanol　3-甲基-4-苯基丁-1-醇 3-methyl-4-phenylbutan-1-ol

不饱和醇的命名仍选择含有羟基的最长碳链作为母体主链。若主链不含不饱和键，则把不饱和键部分作为取代基；若主链含有不饱和键，从距离羟基最近的一端开始编号，根据主链碳原子数称为“某-x-烯（炔）-y-醇”，x 和 y 分别代表不饱和键和羟基的位次。例如：

$CH_3CH_2CH_2C(=CH_2)CH_2OH$　2-甲亚基戊-1-醇　2-methylenepentan-1-ol

$CH_3C(CH_3)=CHCH_2CH(OH)CH_3$　5-甲基己-4-烯-2-醇　5-methylhex-4-en-2-ol

$HC\equiv CCH(CH_2CH_3)CH_2CH_2OH$　3-乙基戊-4-炔-1-醇　3-ethylpent-4-yn-1-ol

多元醇的命名应尽可能选择含有多个羟基的碳链作为母体主链，根据主链碳原子数及羟基数称为“某-x，y-二醇”“某-x，y，z-三醇”等，x、y、z 分别代表各羟基的位次。例如：

$CH_2(OH)CH_2CH_2OH$　丙-1,3-二醇　propane-1,3-diol

环戊-1,2-二醇　cyclopentane-1,2-diol

8.2.2 醇的物理性质

醇的物理性质

饱和一元醇中，12 个碳原子以下的醇为液体，多于 12 个碳原子的醇为蜡状固体。4 个碳原子以下的醇具有香味，4～11 个碳原子的醇有不愉快的气味。醇与水分子之间可以形成氢键(图 8 - 4a)，但随着醇分子中烃基的增大，形成氢键的能力减弱，则醇在水中的溶解度也随之降低，如甲醇、乙醇和丙醇可与水混溶，正丁醇在 100 g 水中只能溶解 8 g，高级醇不溶于水。多元醇可形成更多的氢键，溶解度也增大，如甘醇、甘油可与水混溶。

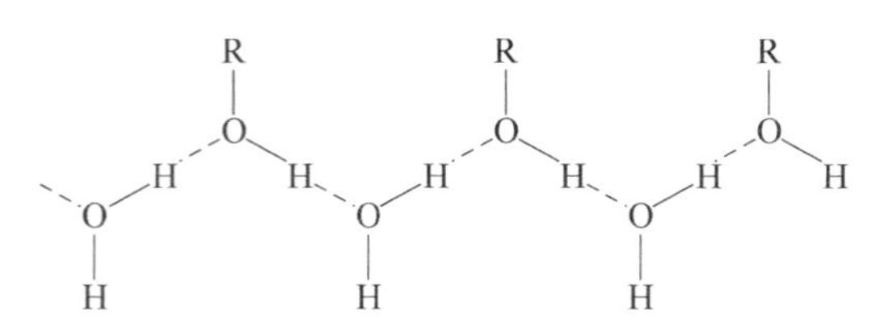

a. 醇分子与水分子之间氢键的缔合

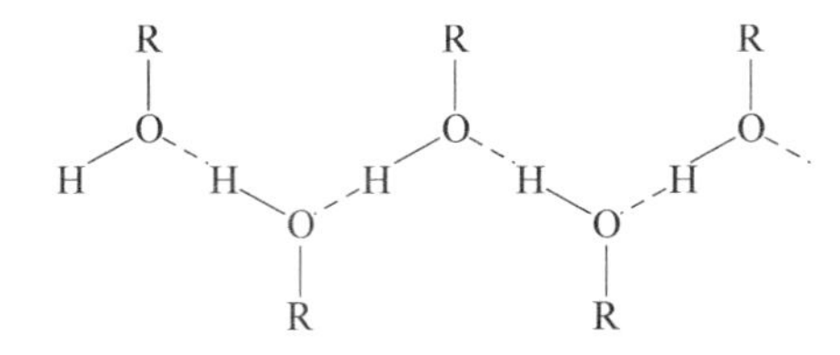

b. 醇分子与醇分子之间氢键的缔合

图 8 - 4　分子间氢键的缔合

液态醇分子之间能以氢键相互缔合(图 8 - 4b)，因此醇分子的沸点比相近分子量的烃的沸点要高得多。二元醇、多元醇分子中有两个以上的羟基，可以形成更多的氢键，沸点更高。

低级醇能与氯化钙、氯化镁等无机盐形成结晶醇配合物，它们可溶于水而不溶于有机溶剂。因此，低级醇不能用氯化镁、氯化钙作为干燥剂。

$$CaCl_2 \cdot 4CH_3OH \qquad MgCl_2 \cdot 6CH_3OH \qquad CaCl_2 \cdot 4C_2H_5OH$$

8.2.3 醇的化学性质

醇的化学性质主要由羟基决定。由于氧的电负性比较大，与氧相连的 O—H 键和 C—O 键均为极性共价键，可以发生断裂。O—H 键断裂主要表现出醇的酸性及成酯反应；C—O 键断裂主要发生亲核取代反应和消除反应。受羟基影响，α-H 和 β-H 比较活泼，α-H 可以发生氧化和脱氢反应，β-H 可以发生消除反应。

知识点 1　O—H 键断裂的反应

1. 与活泼金属的反应

醇具有一定的酸性，能与活泼金属如 Na、K、Mg、Al 等发生反应，生成醇盐并放出氢气。

$$2ROH + 2Na \longrightarrow \underset{\text{醇钠}}{2RONa} + H_2\uparrow$$

该反应现象明显(金属钠逐渐消失，并有氢气放出)，可用于鉴别 C_6 以下的低级醇。金属钠在醇中反应比在水中缓和得多，可以用醇销毁残余的金属钠。

产物醇钠在有机合成中常用作碱和缩合剂，也可作为引入烃氧基(RO^-)的亲核试剂。

醇的酸性及与活泼金属反应的活性顺序为 $H_2O > CH_3OH > RCH_2OH > R_2CHOH > R_3COH$。因为醇的酸性比水还小，所以醇钠放入水中，立即水解得到醇。

$$RONa + H_2O \longrightarrow ROH + NaOH$$

2. 与无机含氧酸的反应

醇与无机含氧酸作用生成无机酸酯。

$$CH_3O\text{-}H + HO\text{-}SO_2OH \xrightarrow{0^\circ C} \underset{\text{硫酸氢甲酯(酸性酯)}}{CH_3OSO_2OH} + H_2O$$

$$CH_3OSO_2\text{—}\boxed{OH + HOSO_2}\text{—}OCH_3 \xrightarrow{\triangle} \underset{\text{硫酸二甲酯(中性酯)}}{CH_3OSO_2OCH_3} + H_2SO_4$$

硫酸二甲酯是有机合成和化工工业中广泛使用的甲基化试剂，有剧毒，对呼吸器官和皮肤有强烈刺激作用，使用时要特别小心。

醇还可与硝酸作用生成硝酸酯。如甘油与硝酸反应，可以得到甘油三硝酸酯，俗称硝化甘油。硝化甘油受热或撞击时立即发生爆炸，是一种烈性炸药。由于它具有扩张冠状动脉的作用，在医学上用作治疗心绞痛的急救药物。

$$\begin{array}{l}CH_2OH\\|\\CHOH\\|\\CH_2OH\end{array} + 3HONO_2 \xrightarrow[10\ ℃]{H_2SO_4} \begin{array}{l}CH_2ONO_2\\|\\CHONO_2\\|\\CH_2ONO_2\end{array} + 3H_2O$$

甘油三硝酸酯

知识点 2　C—O 键断裂的反应

醇的取代

1. 亲核取代反应

R—OH 和 R—X 相似，能发生亲核取代反应。

(1) 与氢卤酸反应

醇与氢卤酸反应生成卤代烃和水，这是制备卤代烃的重要方法。

$$ROH + HX \rightleftharpoons RX + H_2O$$

例如，乙醇与氢碘酸(47%)一起加热，可生成碘乙烷。

$$CH_3CH_2OH + HI \xrightarrow{\triangle} CH_3CH_2I + H_2O$$

这一反应的速率与氢卤酸的种类和醇的结构有关。不同类型氢卤酸的反应活性顺序为 HI＞HBr＞HCl，HF 通常不发生此反应；不同结构醇的反应活性顺序为烯丙型醇＞叔醇＞仲醇＞伯醇＞CH_3OH。

在制备氯代烃时，为了增加产率，常加入脱水剂——无水氯化锌。把用浓盐酸与无水氯化锌配制成的溶液称为卢卡斯(Lucas)试剂，该试剂可用来鉴别 C_6 以下的伯、仲、叔醇。例如：

$$(CH_3)_3COH + HCl \xrightarrow[20\ ℃]{\text{无水 } ZnCl_2} (CH_3)_3CCl + H_2O$$

叔醇：立即浑浊

$$\underset{\quad\ |\ \ OH}{CH_3CHCH_2CH_3} + HCl \xrightarrow[20\ ℃]{\text{无水 } ZnCl_2} \underset{\quad\ |\ \ Cl}{CH_3CHCH_2CH_3} + H_2O$$

仲醇：放置片刻后浑浊

$$CH_3CH_2CH_2CH_2OH + HCl \xrightarrow[20\ ℃]{\text{无水 } ZnCl_2} CH_3CH_2CH_2CH_2Cl + H_2O$$

伯醇：常温下不反应，加热后浑浊

由于反应中生成的氯代烃不溶于浓盐酸，因此溶液呈现浑浊或分层。

(2) 与卤化磷反应

醇与 PX_3($P + X_2$)反应，生成相应的卤代烃和亚磷酸。

$$3ROH + PBr_3(PI_3) \longrightarrow 3RBr(RI) + H_3PO_3$$

此反应产率较高，是制备溴代烃和碘代烃的常用方法。例如：

$$CH_3CH_2CH_2CH_2OH \xrightarrow[\triangle]{P, Br_2} CH_3CH_2CH_2CH_2Br$$

(3) 与亚硫酰氯反应

亚硫酰氯与醇反应，可直接得到氯代烃，这是制备氯代烃的常用方法。

$$ROH + SOCl_2 \longrightarrow RCl + HCl\uparrow + SO_2\uparrow$$

由于该反应生成的 HCl 和 SO_2 是气体，有利于使反应向着生成产物的方向进行。此反应条件温和，产率高，不生成其他副产物。

(4) 分子间脱水反应

醇分子间脱水生成醚。例如：

$$CH_3CH_2\text{—}OH + H\text{—}OCH_2CH_3 \xrightarrow[\text{或}Al_2O_3,240^\circ C]{\text{浓}H_2SO_4,140^\circ C} CH_3CH_2OCH_2CH_3 + H_2O$$

醇分子间脱水生成醚(亲核取代反应)和分子内脱水生成烯烃(消除反应)是两种互相竞争的反应。通常，叔醇容易发生消除反应，伯醇容易发生取代反应，所以可以用伯醇的分子间脱水反应来制备简单醚(ROR)。

醇的脱水反应

2. 消除反应(分子内脱水反应)

醇发生分子内脱水反应生成烯烃。例如：

$$\underset{H}{\underset{|}{CH_2}}\text{—}\underset{OH}{\underset{|}{CH_2}} \xrightarrow[\text{或}Al_2O_3,360^\circ C]{\text{浓}H_2SO_4,170^\circ C} H_2C{=\!=}CH_2$$

醇发生脱水反应的活性顺序为叔醇>仲醇>伯醇。

$$CH_3CH_2CH_2CH_2OH \xrightarrow[140\ ^\circ C]{75\%H_2SO_4} CH_3CH_2CH{=\!=}CH_2 + H_2O$$

$$CH_3\underset{OH}{\underset{|}{C}}HCH_2CH_3 \xrightarrow[100\ ^\circ C]{60\%H_2SO_4} CH_3CH{=\!=}CHCH_3 + H_2O$$

$$(CH_3)_3COH \xrightarrow[80\sim90\ ^\circ C]{20\%H_2SO_4} CH_3\underset{CH_3}{\underset{|}{C}}{=\!=}CH_2 + H_2O$$

醇的脱水与卤代烃的脱卤化氢一样，遵循查依采夫规则，即消去羟基和含氢较少的β-碳原子上的氢原子。

知识点3　氧化和脱氢反应

醇的氢气和脱氢反应

1. 氧化反应

伯醇、仲醇分子中的α-H，由于受羟基的影响容易被氧化。在强氧化剂作用下，伯醇被氧化成醛，醛又进一步被氧化成羧酸；仲醇则被氧化成酮，酮比较稳定，一般不易继续被氧化。叔醇因不含α-H，不能被氧化。例如：

$$R\text{—}CH_2OH \xrightarrow[\text{或 }KMnO_4,H^+]{K_2Cr_2O_7,H^+} [R\text{—}CHO] \xrightarrow[\text{或 }KMnO_4,H^+]{K_2Cr_2O_7,H^+} R\text{—}COOH$$

$$R\text{—}\overset{OH}{\overset{|}{C}}H\text{—}R' \xrightarrow[\triangle]{K_2Cr_2O_7,H^+\text{或 }KMnO_4,H^+} R\text{—}\overset{O}{\overset{\|}{C}}\text{—}R'$$

由于反应前后氧化剂颜色变化明显，橘红色的 $Cr_2O_7^{2-}$ 被还原成绿色的 Cr^{3+}，紫红色的 MnO_4^- 被还原成无色的 Mn^{2+}，因此该反应可用于鉴别伯、仲、叔醇。

控制伯醇被氧化成醛的最好试剂是 PCC 试剂(CrO_3 与吡啶在盐酸中形成的络合盐)，它可以将大多数伯醇氧化成醛，具有很高的产率。

$$RCH_2OH \xrightarrow[CH_2Cl_2]{PCC} RCHO$$

2. 脱氢反应

将伯醇或仲醇的蒸气在高温下通过催化剂(如活性铜、银、镍等)可发生脱氢反应，分别生成醛或酮。叔醇分子中无α-H存在，因此不能发生脱氢反应。

$$R\text{—}CH_2OH \underset{325\ ^\circ C}{\overset{Cu}{\rightleftharpoons}} R\text{—}CHO + H_2\uparrow$$

$$\begin{matrix} R \\ \quad \diagdown \\ \quad\ CHOH \\ \quad \diagup \\ R' \end{matrix} \underset{325\ ℃}{\overset{Cu}{\rightleftharpoons}} \begin{matrix} R \\ \quad \diagdown \\ \quad\ C{=}O \\ \quad \diagup \\ R' \end{matrix} + H_2 \uparrow$$

若反应中通入空气，则空气中的氧与脱去的氢结合成水，使反应进行到底，醇全部转化为醛和酮。例如：

$$CH_3CH_2OH + \frac{1}{2}O_2 \xrightarrow[550\ ℃]{Cu或Ag} CH_3CHO + H_2O$$

工业上利用醇的脱氢反应来制备甲醛、乙醛和丙酮。

8.2.4　酚的结构、分类、命名

知识点 1　酚的结构

最简单的酚是苯酚。苯酚是平面分子，苯环上的碳原子和羟基上的氧原子都是 sp^2 杂化，氧原子上的孤对电子处于 p 轨道，该 p 轨道与苯环的大 π 键形成 p-π 共轭，而使氧原子上的孤对电子离域到苯环上（图 8－5）。p-π 共轭导致 C—O 键间的电子云密度增加，难断裂；O—H 键间的电子云密度降低，易断裂；苯环上的电子云密度增加，苯环被活化。

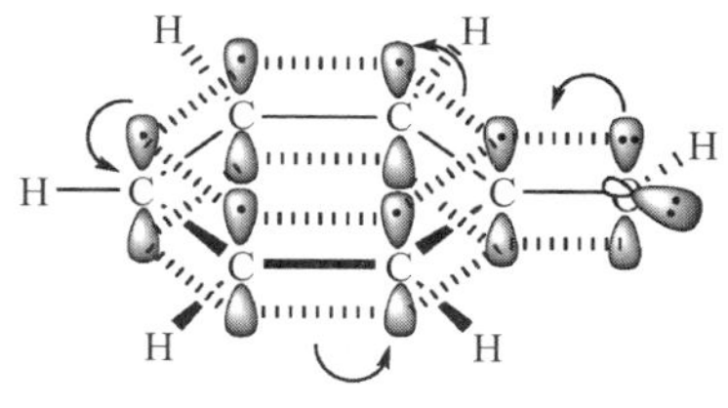

图 8－5　苯酚分子中的 p-π 共轭

知识点 2　酚的分类

（1）根据酚羟基的数目

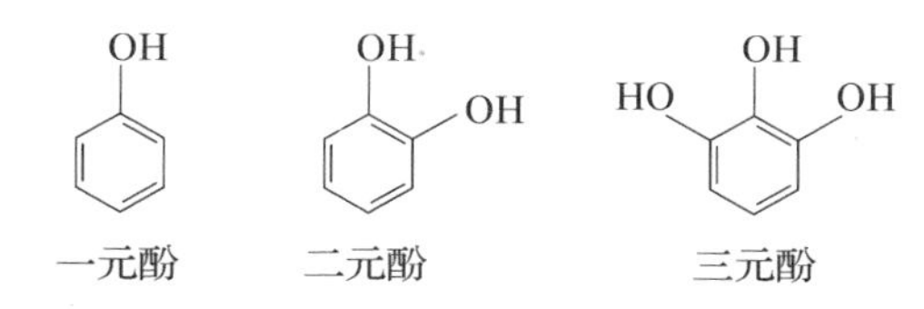

酚的分类与命名

（2）根据酚羟基所连接的芳基

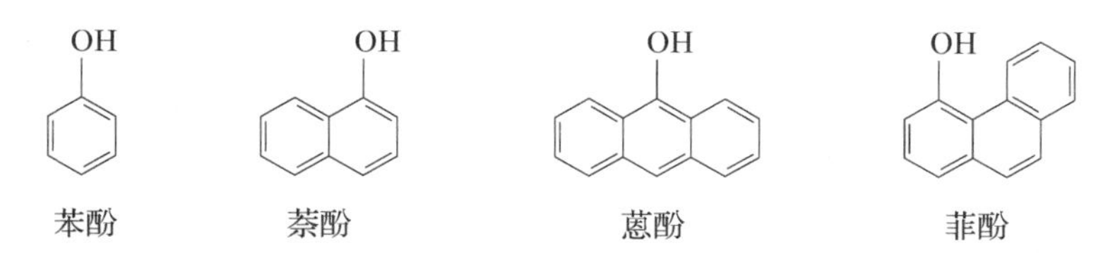

此外，还可以根据酚类能否与水蒸气一起蒸出，分为挥发酚（如苯酚、甲酚等）和不挥发酚（如二元酚、多元酚等）。

知识点 3　酚的命名

酚命名时，若酚为母体，其他基团就作为取代基，编号时从酚羟基开始，尽量使其他取代基具有最小编号。例如：

OH　　OH CH_3　　CH_3 OH $CH_2CH_2CH_3$　　OH

苯酚 phenol　　邻甲基苯酚 *o*-methylphenol　　2-甲基-6-丙基苯酚 2-methyl-6-propylphenol　　萘-2-酚 naphthalen-2-ol

多元酚为母体时，应尽量使所有酚羟基编号之和最小，按照芳烃名称和酚羟基数将母体称为"苯-x，y-二酚""苯-x，y，z-三酚""萘-x，y-二酚"等，x、y、z 分别表示不同酚羟基的位次。例如：

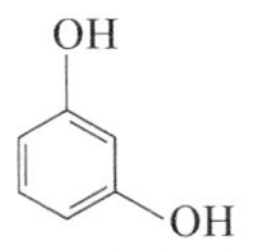

苯-1,3-二酚(间苯二酚)
benzene-1,3-diol

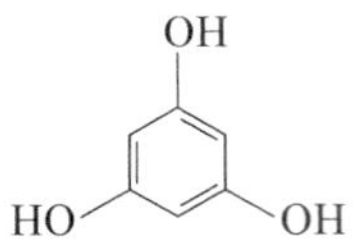

苯-1,3,5-三酚(均苯三酚)
benzene-1,3,5-triol

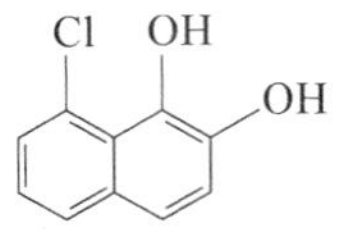

8-氯萘-1,2-二酚
8-chloronaphthalene-1,2-diol

若酚羟基为取代基,编号时从母体主官能团开始,尽量使其他取代基具有最小编号。例如:

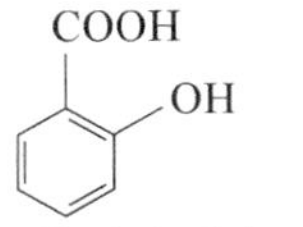

2-羟基苯甲酸(水杨酸)
2-hydroxybenzoic acid

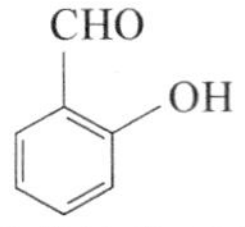

2-羟基苯甲醛(水杨醛)
2-hydroxybenzaldehyde

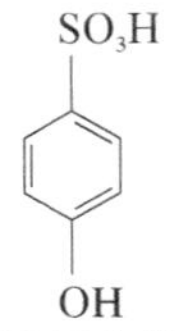

4-羟基苯磺酸
4-hydroxybenzenesulfonic acid

8.2.5 酚的物理性质

大部分的酚都是结晶固体,只有少部分烷基酚(如3-甲基苯酚、2-乙基苯酚)是高沸点液体。由于羟基的存在,酚分子间可以形成氢键,因此酚的沸点比分子量相近的烃要高。同时,羟基的存在使酚在水中有一定的溶解度,酚中含羟基数目越多,酚在水中的溶解度越大。酚有强烈的杀菌作用,低级酚都有特殊的刺激性气味,尤其对眼睛、呼吸道黏膜、皮肤等有强烈的刺激和腐蚀作用,使用时应注意安全保护措施。

8.2.6 酚的化学性质

由于酚羟基中氧原子的孤对电子与苯环发生p-π共轭,使酚具有一定的酸性,能发生成盐、成醚、成酯等反应。同时,酚羟基的引入使苯环上的电子云密度增加,苯环被活化,致使酚更容易发生亲电取代反应、氧化反应等。

知识点1 酚羟基的反应

1. 酸性

苯酚俗称石炭酸,具有弱酸性,酸性比水强,故苯酚可以和NaOH反应生成苯酚钠。但苯酚的酸性比碳酸弱,故将CO_2通入苯酚钠的水溶液中,又可游离出苯酚。利用这一性质,可以分离和纯化酚类化合物。

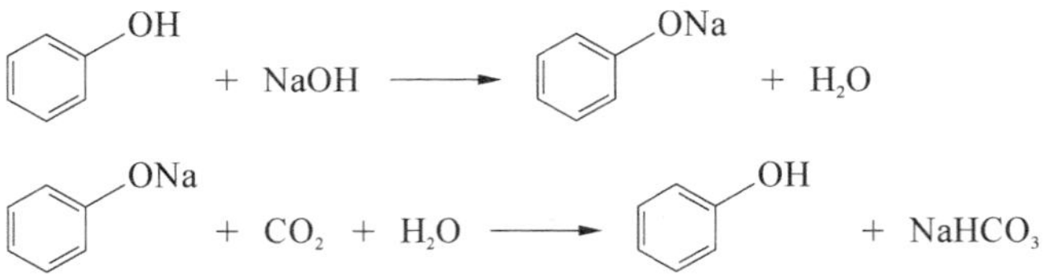

$$C_6H_5OH + NaOH \longrightarrow C_6H_5ONa + H_2O$$

$$C_6H_5ONa + CO_2 + H_2O \longrightarrow C_6H_5OH + NaHCO_3$$

当苯环上连有吸电子取代基时,酚的酸性增强;而连有供电子取代基时,酚的酸性减弱。例如:

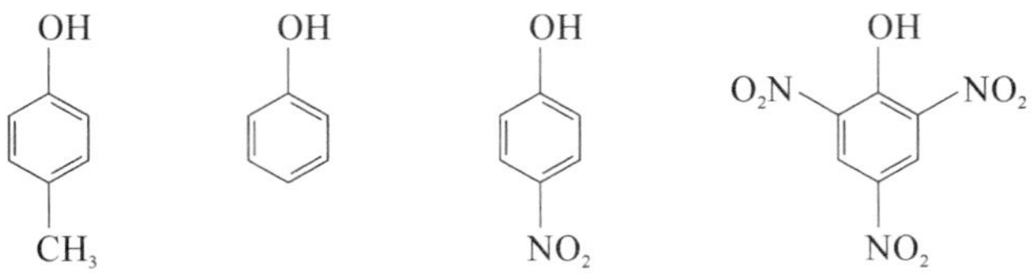

	4-甲基苯酚	苯酚	4-硝基苯酚	2,4,6-三硝基苯酚
$pK_a^\ominus$	10.17	10	7.15	0.71

2. 生成酚醚

由于 p-π 共轭，C—O 键比较牢固，所以一般不能通过分子间脱水反应制备酚醚，通常由酚钠与卤代烃或硫酸二甲酯作用制备。例如：

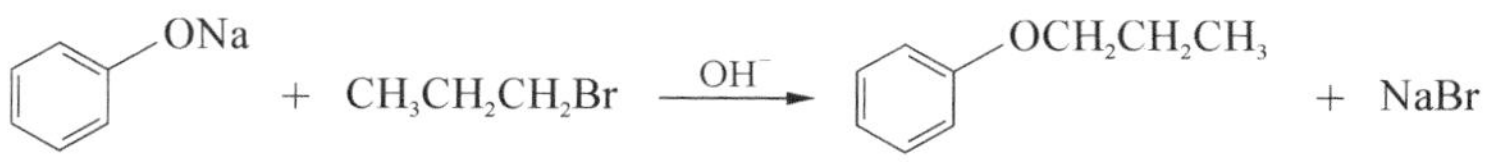

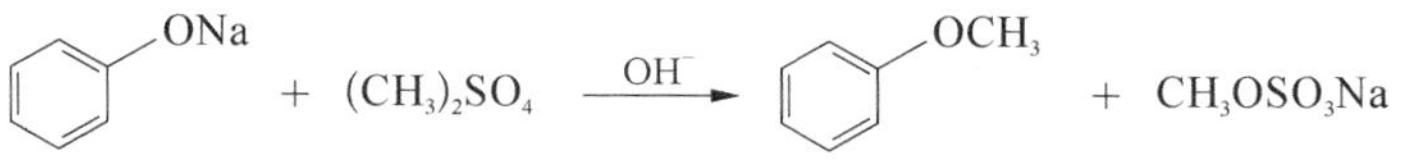

$$C_6H_5ONa + CH_3CH_2CH_2Br \xrightarrow{OH^-} C_6H_5OCH_2CH_2CH_3 + NaBr$$

$$C_6H_5ONa + (CH_3)_2SO_4 \xrightarrow{OH^-} C_6H_5OCH_3 + CH_3OSO_3Na$$

上述反应中 $C_6H_5O^-$ 作为亲核试剂，按 S_N2 机理反应。当酚钠与卤代芳烃反应时，由于卤代芳烃中的卤原子不活泼，所以需要催化剂和较高温度才能发生反应。例如：

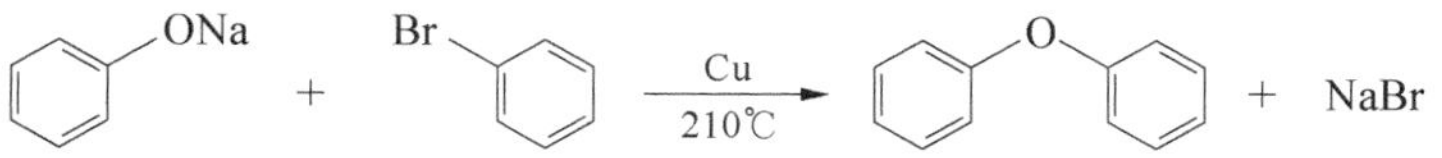

$$C_6H_5ONa + C_6H_5Br \xrightarrow[210℃]{Cu} C_6H_5OC_6H_5 + NaBr$$

3. 生成酚酯

酚与羧酸成酯困难，酚酯的制备一般采用酚与酰氯或酸酐作用。例如：

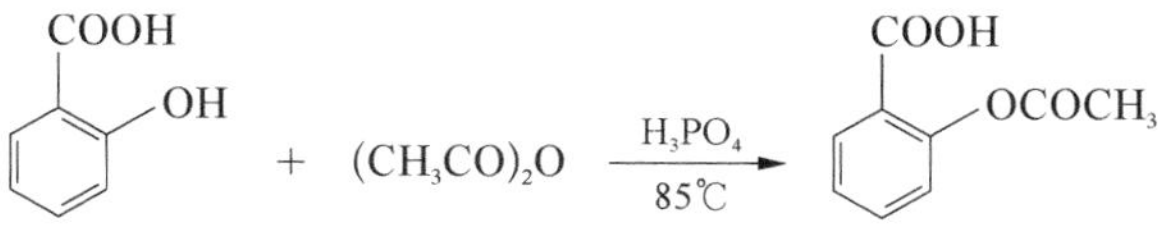

$$o\text{-}HOC_6H_4COOH + (CH_3CO)_2O \xrightarrow[85℃]{H_3PO_4} o\text{-}CH_3COOC_6H_4COOH$$

乙酰水杨酸(阿司匹林)

知识点 2　苯环上的亲电取代反应

酚羟基是具有强活化作用的邻、对位定位基，所以苯酚易发生亲电取代反应。

苯酚的亲电取代反应

1. 卤代

在室温下，苯酚和溴水反应可生成 2,4,6-三溴苯酚白色沉淀，此反应非常灵敏，可用于苯酚的定性鉴别和定量测定。

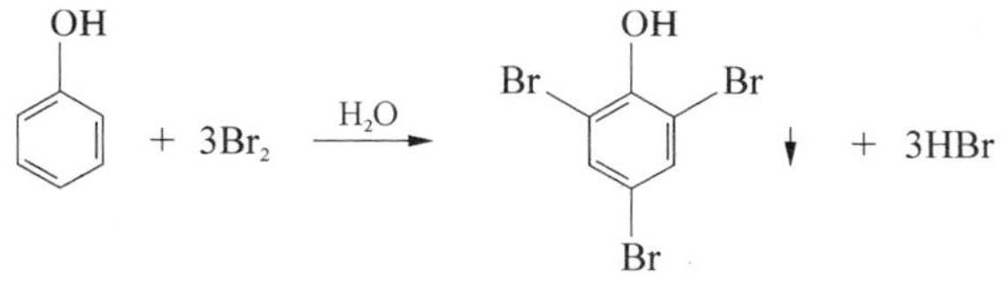

$$C_6H_5OH + 3Br_2 \xrightarrow{H_2O} 2,4,6\text{-}Br_3C_6H_2OH\downarrow + 3HBr$$

苯酚与溴在低温、非极性条件下反应，可得到一取代产物。例如：

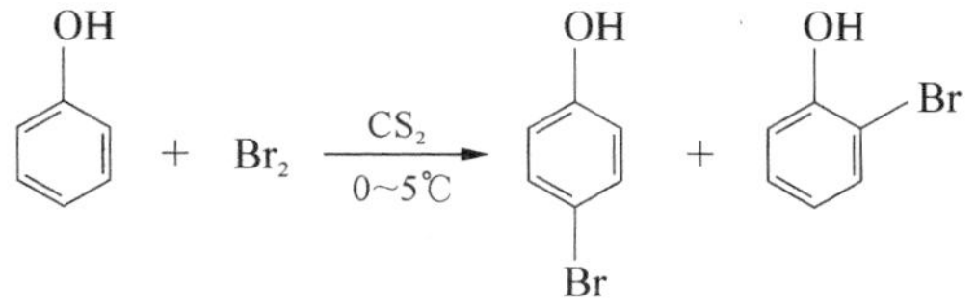

$$C_6H_5OH + Br_2 \xrightarrow[0\sim5℃]{CS_2} p\text{-}BrC_6H_4OH\ (80\%) + o\text{-}BrC_6H_4OH\ (20\%)$$

2. 硝化

苯酚在室温下和稀硝酸反应，生成邻硝基苯酚和对硝基苯酚。

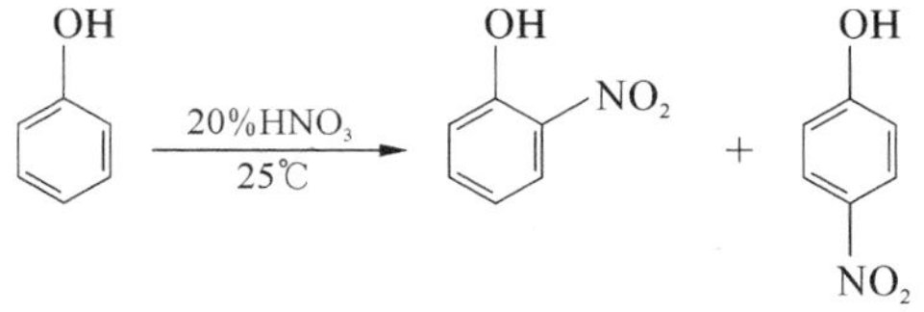

$$C_6H_5OH \xrightarrow[25℃]{20\%HNO_3} o\text{-}O_2NC_6H_4OH + p\text{-}O_2NC_6H_4OH$$

上述反应中苯酚易被硝酸氧化，所以产率较低，无工业化应用价值，但可用于少量邻硝基苯酚的实验室制备，反应产物邻硝基苯酚和对硝基苯酚可通过水蒸气蒸馏进行分离。

分子内氢键　　分子间氢键

邻硝基苯酚的沸点和溶解度都较另两种异构体低得多，所以只有邻硝基苯酚可以随水蒸气蒸馏出。

酚直接硝化时易被氧化，所以只能用间接的方法制备多硝基酚。例如：

$$\text{C}_6\text{H}_5\text{Cl} \xrightarrow[60\sim70\,^\circ\text{C}]{HNO_3,H_2SO_4} \text{2,4-}(NO_2)_2\text{C}_6\text{H}_3\text{Cl} \xrightarrow[2)\ H^+]{1)\ Na_2CO_3,H_2O,100\,^\circ\text{C}} \text{2,4-}(NO_2)_2\text{C}_6\text{H}_3\text{OH} \xrightarrow{HNO_3,H_2SO_4} \text{2,4,6-}(NO_2)_3\text{C}_6\text{H}_2\text{OH}$$

2,4,6-三硝基苯酚(苦味酸)

3. 磺化

在不同温度下，苯酚与浓硫酸反应得到不同的产物。当反应温度为室温时，得到的产物是邻羟基苯磺酸；当反应温度为 100 ℃时，得到的产物是对羟基苯磺酸。邻羟基苯磺酸或对羟基苯磺酸可再进一步通过与发烟硫酸以及浓硝酸反应得到苦味酸。

$$\text{C}_6\text{H}_5\text{OH} \xrightarrow{\text{浓}H_2SO_4} \begin{cases} \xrightarrow{25\,^\circ\text{C}} \text{邻}\text{-HOC}_6\text{H}_4SO_3H \\ \xrightarrow{100\,^\circ\text{C}} \text{对}\text{-HOC}_6\text{H}_4SO_3H \end{cases} \xrightarrow{\text{发烟}H_2SO_4} \text{2,4-}(SO_3H)_2\text{C}_6\text{H}_3\text{OH} \xrightarrow{\text{浓}HNO_3} \text{2,4,6-}(NO_2)_3\text{C}_6\text{H}_2\text{OH}$$

（邻羟基苯磺酸 $\xrightarrow[100\,^\circ\text{C}]{\text{浓}H_2SO_4}$ 对羟基苯磺酸）

知识点 3　氧化反应

酚容易被氧化，当酚暴露在空气中，容易被缓慢氧化。因此在工业上，通常会加入少量酚作为抗氧化剂和除氧剂。以苯酚为例，它与重铬酸钾及硫酸作用，被氧化成黄色的对苯醌。

$$\text{C}_6\text{H}_5\text{OH} \xrightarrow{K_2Cr_2O_7,H_2SO_4} \text{O=C}_6\text{H}_4\text{=O}$$

多元酚比一元酚更容易被氧化，对苯二酚作为显影剂，就是利用其可将溴化银还原成金属银的性质。

$$\text{HO-C}_6\text{H}_4\text{-OH} + 2AgBr \longrightarrow \text{O=C}_6\text{H}_4\text{=O} + 2Ag\downarrow + HBr$$

知识点 4　**酚羟基的检验**

1. 与氢氧化钠的反应

醇不能与氢氧化钠反应，而酚可以溶解在氢氧化钠中，利用此反应可以鉴别醇和酚。

2. 与三氯化铁的显色反应

酚能与三氯化铁溶液作用，生成有颜色的配合物。不同的酚，生成配合物的颜色不同，常用此显色反应鉴别酚类(表 8－1)。

表 8－1　常见酚类化合物与 $FeCl_3$ 溶液反应生成配合物颜色

化合物	显色	化合物	显色
苯酚	蓝紫	邻苯二酚	绿
邻甲苯酚	红	间苯二酚	蓝至紫
对甲苯酚	紫	对苯二酚	暗绿
邻硝基苯酚	红至棕	α-萘酚	紫
对硝基苯酚	棕	β-萘酚	黄至绿

3. 与溴水反应

苯酚与溴水在常温下立即生成 2,4,6-三溴苯酚白色沉淀。反应很灵敏，很稀的苯酚溶液就能与溴水生成沉淀，常用于苯酚的检验。

8.2.7　醚的结构、分类和命名

知识点 1　**醚的结构**

醚分子中，“—O—”称为醚键，是醚的官能团。与水分子结构相似，醚分子中的氧原子为不等性 sp^3 杂化，如甲醚的结构见图 8－6。

图 8－6　甲醚分子的结构

知识点 2　**醚的分类**

当醇或酚分子中羟基的氢原子被烃基或芳基取代，就得到了醚，可用通式 R(Ar)—O—R′(Ar′)表示。在醚分子中，当氧原子连接两个相同的烃基或芳基，称为简单醚；当氧原子连接两个不同的烃基或芳基，称为混合醚；当氧原子连接一个烃基和一个芳基或两个芳基，称为芳醚；当脂环烃中的一个碳原子被氧原子替代后，称为环醚。例如：

$H_5C_2-O-C_2H_5$	$H_5C_2-O-CH_3$	(环状 O)	$C_6H_5-O-CH_3$	$C_6H_5-O-C_6H_5$
简单醚	混合醚	环醚	芳醚(混合醚)	芳醚(简单醚)

知识点 3　**醚的命名**

简单醚命名时，可直接称为“二烃基醚”，“二”字和“基”字常可省略；混醚命名时，烃基按英文名称的首字母先后顺序排列在“醚”字前。例如：

$CH_3CH_2OCH_2CH_3$	$C_6H_5OC_6H_5$	$CH_3OC(CH_3)_3$	$CH_3OC_6H_5$
(二)乙醚	(二)苯醚	叔丁基甲基醚	甲基苯基醚
diethyl ether	diphenyl ether	*tert*-butyl methyl ether	methyl phenyl ether

结构复杂的醚命名时，通常将烃氧基(—OR)作为取代基。例如：

$$\underset{\text{OCH}_3}{\text{CH}_3\text{CHCHCH}_3}\ \ (\text{3-位 CH}_3)$$

$CH_3CH(OCH_3)CH(CH_3)CH_3$　　2-甲氧基-3-甲基丁烷　2-methoxy-3-methylbutane

$C_2H_5OCH_2CH_2OH$　　2-乙氧基乙醇　2-ethoxyethanol

三元环醚称为“环氧乙烷”，其他环醚通常称为“氧杂环某烷”，编号时从氧原子开始。例如：

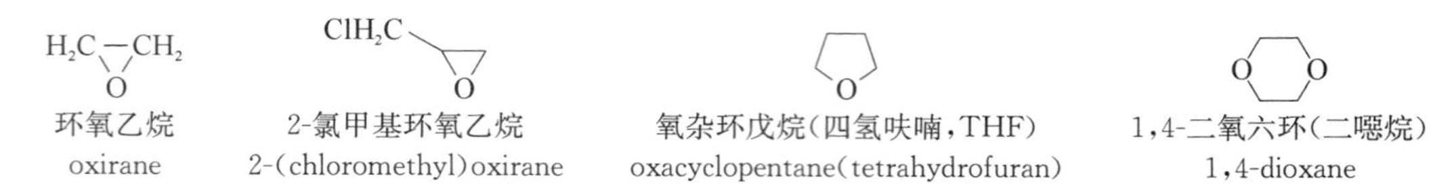

环氧乙烷 oxirane　　2-氯甲基环氧乙烷 2-(chloromethyl)oxirane　　氧杂环戊烷(四氢呋喃，THF) oxacyclopentane(tetrahydrofuran)　　1,4-二氧六环(二噁烷) 1,4-dioxane

8.2.8 醚的物理性质

常温下，大多数醚为易挥发、易燃的液体，有特殊气味，比水轻，沸点比同分子量的醇低得多(因为醚分子间无氢键)。因为醚与水之间可形成氢键，且醚是弱极性分子，所以醚在水中有一定溶解度。四氢呋喃、1,4-二氧六环等环醚可与水混溶。醚类一般具有麻醉作用，如乙醚是临床常用的吸入型全身麻醉剂。

醚的理化性质

8.2.9 醚的化学性质

知识点1 醚的化学性质

醚是一类不活泼的化合物(环醚除外)，对碱、氧化剂、还原剂都十分稳定，其稳定性仅次于烷烃。常温下不与金属钠反应，所以可用金属钠干燥液体醚。但醚分子中的氧原子具有孤对电子，可以接受质子；醚的 C—O 键是极性共价键，可在催化剂作用下断裂，发生亲核取代反应。

知识点2 锌盐的形成

醚能溶于强酸形成锌盐。例如：

$$R-\ddot{O}-R' + H_2SO_4 \longrightarrow [R-\overset{H}{\ddot{O}}-R']^+ HSO_4^-$$

$$R-\ddot{O}-R' + HCl \longrightarrow [R-\overset{H}{\ddot{O}}-R']^+ Cl^-$$

锌盐不稳定，遇水立即分解。利用这种性质可将醚从烃、卤代烃等不含氧的化合物中分离出来。

知识点3 醚键的断裂

醚与浓酸(常用 HI)共热，醚键发生断裂，生成卤代烃和醇，如有过量酸存在，醇将继续发生亲核取代反应转变成卤代烃。

$$ROR + HI \longrightarrow ROH + RI$$
$$ROH \xrightarrow{HI} RI + H_2O$$

混合醚键断裂时，一般是较小烃基生成卤代烃，较大烃基或芳基生成醇或酚。例如：

$$(CH_3)_3COCH_3 + HI \longrightarrow (CH_3)_3COH + CH_3I$$

$$C_6H_5OCH_3 + HI \xrightarrow{\triangle} C_6H_5OH + CH_3I$$

$$CH_3I + AgNO_3 \xrightarrow{C_2H_5OH} CH_3ONO_2 + AgI\downarrow$$

醚与 HI 的反应是定量进行的，将生成的 CH_3I 蒸馏到 $AgNO_3$ 的乙醇溶液中，根据生成 AgI 沉淀的量，即可推算出分子中甲氧基的含量。这个方法被称为蔡塞尔(Zeisel)甲氧基定量测定法。

知识点 4　过氧化物的形成

醚对氧化剂是稳定的，如 $KMnO_4$、$K_2Cr_2O_7$ 等都不能氧化醚，但含有 α-H 的醚若在空气中久置或经光照，则可缓慢发生自动氧化反应生成过氧化物。

$$RCH_2OR' + O_2 \longrightarrow \underset{\underset{O-OH}{|}}{RCH}OR'$$

过氧化醚遇热会发生强烈爆炸，所以蒸馏乙醚不能蒸干。醚保存时应置于棕色瓶中避光，可加入少量对苯二酚作抗氧剂。久置的醚使用前应检查是否含有过氧化物，检测方法是：若醚能使淀粉-KI 试纸变蓝或使 $FeSO_4$-KCNS 混合液显红色，说明醚中存在过氧化物。将含过氧化物的醚用 $FeSO_4$ 水溶液洗涤，即可破坏过氧化物。

8.2.10　醇、酚、醚的制备

知识点 1　醇的制备

工业上醇的制备方法主要为淀粉发酵、烯烃水合等。

1. 烯烃的间接水合法

$$RCH{=}CH_2 \xrightarrow{H_2SO_4} \underset{\underset{OSO_3H}{|}}{RCH}CH_3 \xrightarrow{H_2O} \underset{\underset{OH}{|}}{RCH}CH_3$$

2. 卤代烃的水解

由卤代烃水解反应来制备醇的不多，只有一些较难得到的醇才用此法来制备，而且一般用伯卤烃。

$$RX + NaOH \xrightarrow{H_2O} ROH + NaX$$

3. 醛、酮的还原

醛、酮通过催化氢化或化学还原的方法可分别制备伯醇、仲醇。

$$RCHO + H_2 \xrightarrow{Ni} RCH_2OH$$

$$R\overset{\overset{O}{\|}}{C}R' + H_2 \xrightarrow{Ni} R\overset{\overset{OH}{|}}{C}HR'$$

$$RCHO \xrightarrow[2)\ H_2O/H^+]{1)\ NaBH_4/乙醇} RCH_2OH$$

$$R\overset{\overset{O}{\|}}{C}R' \xrightarrow[2)\ H_2O/H^+]{1)\ LiAlH_4/乙醚} R\overset{\overset{OH}{|}}{C}HR'$$

4. 由格氏试剂制备

格氏试剂与醛、酮发生加成、水解反应可以制备伯、仲、叔醇：由甲醛可制备伯醇，由其他醛可制备仲醇，由酮可制备叔醇。

$$RMgX + HCHO \xrightarrow{无水乙醚} RCH_2OMgX \xrightarrow[H_2O]{H^+} RCH_2OH$$

$$RMgX + R'CHO \xrightarrow{无水乙醚} \underset{\underset{R'}{|}}{RCH}OMgX \xrightarrow[H_2O]{H^+} \underset{\underset{R'}{|}}{RCH}OH$$

$$RMgX + \begin{matrix}R' \\ \quad\diagdown \\ \quad\quad C{=}O \\ \quad\diagup \\ R''\end{matrix} \xrightarrow{无水乙醚} R\overset{\overset{R'}{|}}{\underset{\underset{R''}{|}}{C}}OMgX \xrightarrow[H_2O]{H^+} R\overset{\overset{R'}{|}}{\underset{\underset{R''}{|}}{C}}OH$$

此外，格氏试剂与环氧乙烷反应，可制备增加两个碳原子的醇。

$$RMgBr + H_2C\underset{O}{—}CH_2 \xrightarrow{无水乙醚} RCH_2CH_2OMgBr \xrightarrow[H_2O]{H^+} RCH_2CH_2OH$$

知识点 2 酚的制备

1. 异丙苯法

异丙苯法是目前工业上生产苯酚最重要的方法。此法的优点是原料价廉易得，可以连续生产并能同时获得苯酚和丙酮两种重要的原料；缺点是仅限于制备苯酚，不能推广制备其他酚。

$$C_6H_6 + CH_2 = CHCH_3 \xrightarrow[90\sim95℃]{AlCl_3} C_6H_5CH(CH_3)_2$$

$$C_6H_5CH(CH_3)_2 \xrightarrow[0.5\ MPa]{O_2,110\sim120℃} C_6H_5C(CH_3)_2OOH \xrightarrow[60\sim80℃]{H_2SO_4} C_6H_5OH + CH_3\overset{O}{\overset{\|}{C}}CH_3$$

2. 氯苯水解法

氯苯水解法是工业上生产苯酚的方法之一，此法原料易得，但反应条件较高。

$$C_6H_5Cl + NaOH \xrightarrow[300℃,15\ MPa]{Cu} C_6H_5ONa \xrightarrow{H^+} C_6H_5OH$$

3. 磺酸盐碱熔法

磺酸盐碱熔法是最早的工业制酚法，此法产率低，目前已很少使用。

$$C_6H_5SO_3Na \xrightarrow[320\sim350℃]{固体NaOH} C_6H_5ONa \xrightarrow{H^+} C_6H_5OH$$

知识点 3 醚的制备

1. 醇分子间脱水法

醇分子间脱水法适合由伯醇制备简单醚(仲醇产量较低，叔醇的主要产物是烯烃)。如用两种醇来制备混合醚，将得到多种醚的混合物。

$$2ROH \xrightarrow[\triangle]{H_2SO_4} ROR + H_2O$$

2. 威廉姆森(Williamson)合成法

威廉姆森合成法既可用于制备简单醚，又可用于制备混合醚。

$$RX + R'ONa \xrightarrow{R'OH} ROR' + NaX$$

取代和消除是一对并存、相互竞争的反应。在该合成法中，为得到高产率的醚，一般以伯卤代烃为原料。例如：

$$CH_3CH_2CH_2Cl + (CH_3)_3CONa \xrightarrow{(CH_3)_3COH} CH_3CH_2CH_2OC(CH_3)_3 + NaCl$$

$$(CH_3)_3CBr + CH_3CH_2CH_2ONa \xrightarrow{CH_3CH_2CH_2OH} H_2C{=}\overset{CH_3}{\overset{|}{C}}CH_3$$

8.3　醛和酮

醛、酮分子中都含有羰基。羰基与一个烃基和一个氢原子相连的化合物称为醛，通常表示为RCHO，—CHO称为甲酰基(常称为醛羰基)；羰基与两个烃基相连的化合物称为酮，通常表示为RCOR′，酮中的羰基常称为酮羰基。

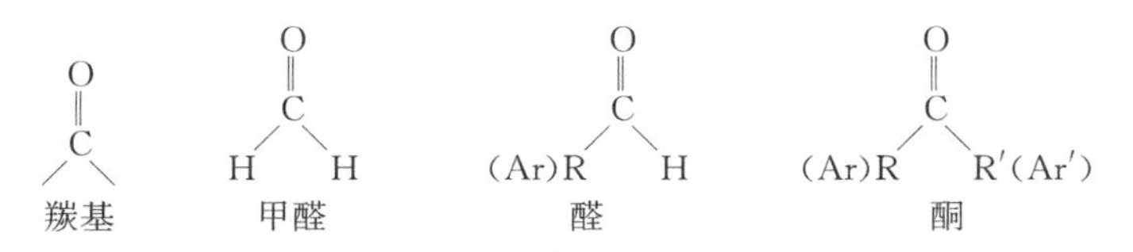

8.3.1　结构、分类和命名

知识点1　醛和酮的结构

羰基是醛、酮的官能团，其碳原子和氧原子均为 sp^2 杂化；碳原子的三个 sp^2 杂化轨道分别与一个氧原子、两个碳原子(或一个碳原子和一个氢原子)形成三个头碰头重叠的 σ 键并处在同一平面上；碳原子的p轨道与氧原子的p轨道肩并肩重叠形成 π 键并垂直于三个 σ 键所在的平面；羰基的 C═O 键是由一个 σ 键和一个 π 键组成的(图8－7)。由于氧原子的电负性比碳原子大，羰基中成键的电子云偏向于氧原子，使氧原子带部分负电荷，碳原子带部分正电荷。

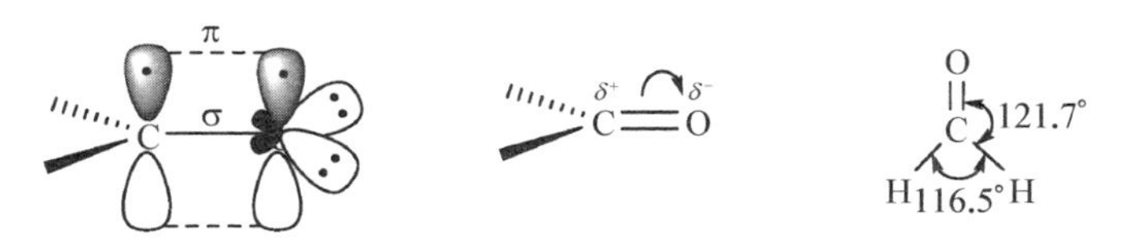

图8－7　羰基的结构

知识点2　醛和酮的分类

醛和酮的分类与命名

1. 根据羰基所连接的烃基

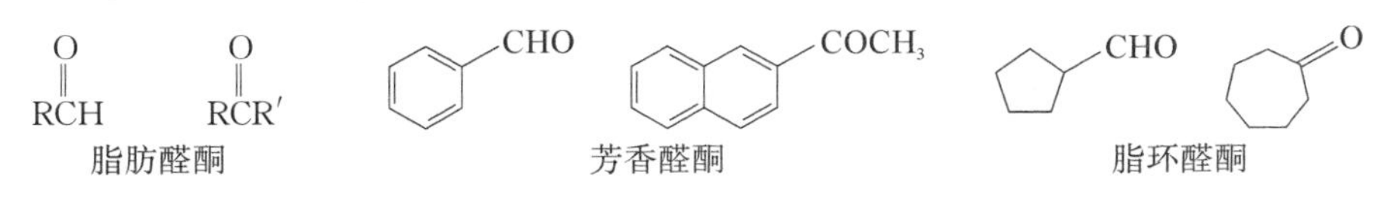

2. 根据羰基所连接烃基的饱和度

CH_3CHO　　CH_3COCH_3　　饱和醛酮

$HC{\equiv}CCH_2CHO$　　$H_3CHC{=}CHCH_2COCH_3$　　不饱和醛酮

3. 根据分子中所含羰基的数目

知识点3　醛和酮的命名

1. 普通命名法

简单的醛、酮常用普通命名法命名。例如：

HCHO	CH_3COCH_3	$H_2C{=}CHCHO$	C_6H_5—CHO	C_6H_5—$COCH_3$
甲醛	丙酮	丙烯醛	苯甲醛	苯乙酮
formaldehyde	acetone	acrylaldehyde	benzaldehyde	acetophenone

2. 系统命名法

结构较复杂的醛、酮用系统命名法命名。首先选择含有羰基的最长碳链作为母体主链，醛类从醛羰基碳原子开始编号，酮则从靠近酮羰基的一端开始编号，母体名称为“某醛”和“某-x-酮”，x 表示酮羰基的位次；最后将取代基的位次和名称依次写在母体主链名称之前，取代基则按其英文名称的首字母依次排列。例如：

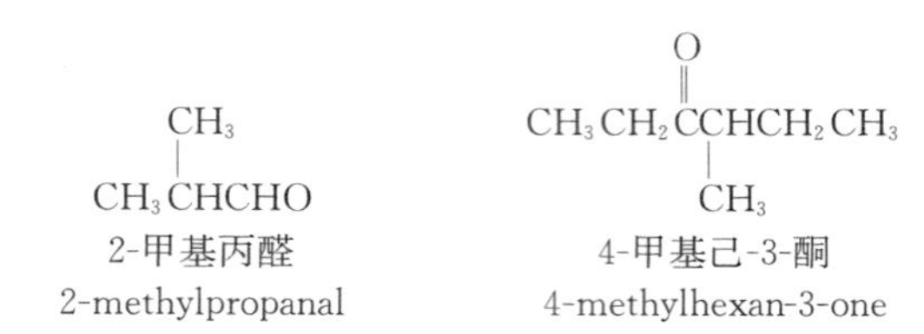

2-甲基丙醛 2-methylpropanal　　4-甲基己-3-酮 4-methylhexan-3-one

不饱和醛、酮命名时，应使羰基的编号最小；当母体主链中含有一个不饱和键和一个羰基时，称为“某-x-烯(炔)醛”或“某-x-烯(炔)-y-酮”，x 和 y 分别表示不饱和键和酮羰基的位次。例如：

$CH_3CH{=}CHCHO$　　$CH_3CH(CH_3)CH{=}CHC(=O)CH_3$

丁-2-烯醛 but-2-enal　　5-甲基己-3-烯-2-酮 5-methylhex-3-en-2-one

命名含有脂环的酮时，羰基在环内时，母体名称为“环某酮”；羰基在环外时，则将环作为取代基。当环烷烃直接与甲酰基相连时，母体名称为“环某烷甲醛”。例如：

3-甲基环己酮 3-methylcyclohexanone　　1-环己基丁-2-酮（C_6H_{11}—$CH_2C(=O)CH_2CH_3$）1-cyclohexylbutan-2-one　　环戊烷甲醛（C_5H_9—CHO）cyclopentanecarbaldehyde

命名含有芳基的醛、酮时，把芳基看作取代基。例如：

C_6H_5—$CH_2CH(CH_3)CH_2CHO$　　C_6H_5—$C(=O)CH_2CH_3$

3-甲基-4-苯基丁醛 3-methyl-4-phenylbutanal　　1-苯基丙-1-酮 1-phenylpropan-1-one

8.3.2 物理性质

醛和酮的物理性质

常温下除甲醛是气体外，低级饱和醛、酮都是液体，高级醛、酮是固体。某些醛、酮有芳香气味，可作为化妆品和食品的添加剂。

由于羰基的存在，醛、酮具有极性，所以醛、酮的沸点比相近分子量的烃和醚的沸点要高；但因分子间无法形成氢键，所以醛、酮的沸点小于相应的醇的沸点。此外，羰基的氧原子可与水分子形成氢键，故醛、酮在水中有一定的溶解度。甲醛、乙醛、丙酮可以与水混溶，但随着分子量增加，醛、酮在水中的溶解度下降。

8.3.3　羰基的亲核加成反应

羰基的亲核加成反应

知识点 1　与氢氰酸的加成反应

在少量碱催化下，醛、脂肪族甲基酮和 C_8 以下的环酮与氢氰酸发生加成反应，生成 α-羟基腈（也称 α-氰醇）。

$$>C=O + HCN \longrightarrow >C(CN)(OH)$$

α-羟基腈

产物 α-羟基腈比原来的醛、酮增加一个碳原子，这是有机合成上增长碳链的方法之一。反应中加入微量碱，可以提高 CN^- 的浓度，可使反应加快。另外，α-羟基腈是一类比较活泼的化合物，由于它能转变成多种化合物，因此该反应在有机合成中具有重要作用。例如：

$$CH_3CHO + HCN \xrightarrow{OH^-} CH_3CH(OH)CN \xrightarrow{H^+} CH_3CH(OH)COOH$$

α-羟基丙腈　　α-羟基丙酸(乳酸)

氢氰酸有剧毒，易挥发，必须要注意安全。实验室操作时先把醛、酮与氰化钾或氰化钠混合，然后慢慢加入无机酸，这样可使产生的氢氰酸立即与醛、酮反应。

知识点 2　与饱和亚硫酸氢钠的加成反应

醛、脂肪族甲基酮和 C_8 以下的环酮与过量的饱和亚硫酸氢钠作用，生成 α-羟基磺酸钠。

$$>C=O + NaHSO_3 \rightleftharpoons >C(OH)(SO_3Na)\downarrow$$

α-羟基磺酸钠(白色结晶)

α-羟基磺酸钠不溶于饱和亚硫酸氢钠溶液而析出白色晶体，使平衡向右移动。利用该反应可鉴别、分离和提纯醛、脂肪族甲基酮和 C_8 以下的环酮。

α-羟基磺酸钠在稀酸或稀碱存在下能分解成原来的醛、酮。例如：

$$>C(OH)(SO_3Na) \xrightarrow{HCl} >C=O + NaCl + SO_2\uparrow + H_2O$$

$$>C(OH)(SO_3Na) \xrightarrow{Na_2CO_3} >C=O + Na_2SO_3 + CO_2\uparrow + H_2O$$

知识点 3　与醇的加成反应

醛在干燥氯化氢的催化作用下与醇进行加成反应，生成半缩醛，进一步与过量的醇反应，失去一分子水而生成稳定的缩醛。

$$RHC=O \underset{\text{干HCl}}{\overset{R'OH}{\rightleftharpoons}} RHC(OH)(OR') \underset{\text{干HCl}}{\overset{R'OH}{\rightleftharpoons}} RHC(OR')(OR') + H_2O$$

半缩醛　　缩醛

酮也可与醇作用生成半缩酮和缩酮，但比较困难。若及时去掉反应体系中的水，可使平衡向右移动。例如：

$$\text{环己酮} + \begin{matrix}CH_2OH\\|\\CH_2OH\end{matrix} \xrightarrow[\text{苯},\triangle]{TsOH} \text{环己酮乙二醇缩酮(1,4-二氧杂螺[4.5]癸烷)} + H_2O$$

在结构上，缩醛（酮）与醚的结构相似，对碱、氧化剂和还原剂稳定，但在稀酸中则分解为原来的醛（酮）和醇。因此，该反应在有机合成中可用于保护羰基。例如：

$$H_2C{=}CHCH_2CHO \xrightarrow[\text{干 HCl}]{C_2H_5OH} H_2C{=}CHCH_2CH(OC_2H_5)_2 \xrightarrow[Ni]{H_2} CH_3CH_2CH_2CH(OC_2H_5)_2$$

$$\xrightarrow[H_2O]{H^+} CH_3CH_2CH_2CHO + 2C_2H_5OH$$

知识点 4　与水的加成反应

醛、酮与水加成生成的水合物常称偕二醇，偕二醇不稳定，易脱水变为原来的醛、酮。

$$>C{=}O + H_2O \rightleftharpoons >C(OH)_2$$

偕二醇

当羰基和强的吸电子基团相连时，可以形成稳定的偕二醇。例如：

$$Cl_3CCHO + H_2O \longrightarrow Cl_3CCH(OH)_2$$

水合三氯乙醛

（水合氯醛）

水合氯醛非常稳定，为白色固体，具有安眠作用。

知识点 5　与格氏试剂的加成反应

格氏试剂是较强的亲核试剂，醛、酮与格氏试剂加成，加成产物不必分离，可直接水解制得相应的醇。

$$>\overset{\delta^+}{C}{=}\overset{\delta^-}{O} + \overset{\delta^-}{R}-\overset{\delta^+}{MgX} \xrightarrow{\text{无水乙醚}} >C(OMgX)(R) \xrightarrow[H^+]{H_2O} >C(OH)(R)$$

合成增加一个碳原子的一级醇用甲醛，合成二级醇用除甲醛之外的其他醛，合成三级醇用酮。例如：

$$HCHO + C_6H_{11}MgBr \xrightarrow[2)\ H_2O,H^+]{1)\ \text{无水乙醚}} C_6H_{11}CH_2OH$$

$$CH_3CH_2CHO + CH_3CH_2CH(CH_3)MgBr \xrightarrow[2)\ H_2O,H^+]{1)\ \text{无水乙醚}} CH_3CH_2CH(OH)CH(CH_3)CH_2CH_3$$

$$C_6H_5COCH_3 + C_6H_5MgBr \xrightarrow[2)\ H_2O,H^+]{1)\ \text{无水乙醚}} (C_6H_5)_2C(CH_3)OH$$

知识点 6　与胺及氨的衍生物的加成反应

醛、酮与伯胺发生加成反应，加成产物不稳定，很容易失水生成亚胺，又称为席夫碱(Schiff base)。

$$>C{=}O + RNH_2 \rightleftharpoons >C(O^-)(\overset{+}{N}H_2R) \rightleftharpoons >C(OH)(NHR) \xrightarrow{-H_2O} >C{=}NR$$

亚胺（席夫碱）

多种氨的衍生物与醛、酮发生亲核加成反应，失水（消除）后形成含有 C＝N 键的化合物，可用通式表示如下：

$$>C=O + H_2N-Y \longrightarrow \left[-\underset{OH}{\overset{|}{C}}-\underset{H}{N}-Y \right] \xrightarrow{-H_2O} >C=N-Y$$

表 8-2　常见羰基试剂及其与醛、酮加成产物的结构和名称

羰基试剂		加成产物	
结构	名称	结构	名称
H_2N-OH	羟胺	$>C=N-OH$	肟
H_2N-NH_2	肼	$>C=N-NH_2$	腙
$C_6H_5-NHNH_2$	苯肼	$>C=N-NH-C_6H_5$	苯腙
$2,4-(O_2N)_2C_6H_3-NHNH_2$	2,4-二硝基苯肼	$>C=N-NH-C_6H_3-2,4-(NO_2)_2$	2,4-二硝基苯腙
$H_2N-NH\overset{O}{\overset{\Vert}{C}}NH_2$	氨基脲	$>C=N-NH\overset{O}{\overset{\Vert}{C}}NH_2$	缩氨脲

加成产物一般都有很好的结晶，并具有一定的熔点，因此，可用于鉴别醛、酮。这些试剂称为羰基试剂。特别是 2,4-二硝基苯肼几乎可以与大多数醛、酮反应，生成黄色沉淀，故常用于醛、酮的鉴别。

加成产物在稀酸作用下，能水解为原来的醛、酮，可用于醛、酮的分离提纯。

$$>C=N-Y + H_2O \xrightarrow{H^+} >C=O + H_2N-Y$$

8.3.4　羰基 α-H 的反应

羰基 α-H 的反应

醛、酮分子中的 α-H 受羰基的影响具有较大的活泼性，可以发生卤代、卤仿、羟醛缩合反应。

知识点 1　**卤代和卤仿反应**

在酸或碱的催化作用下，醛、酮分子中的 α-H 易被卤素原子取代，生成α-卤代醛和α-卤代酮。

在酸催化下，卤代反应速度较慢，可以控制生成物在一卤代物阶段。例如：

$$H_3C-\overset{O}{\overset{\Vert}{C}}-CH_3 + Br_2 \xrightarrow[65\ ℃]{CH_3COOH} H_3C-\overset{O}{\overset{\Vert}{C}}-CH_2Br + HBr$$

α-溴丙酮

在碱催化下，卤代反应速度很快，较难控制在一卤代物阶段。若醛、酮分子中含有甲基酮 $\left(H_3C-\overset{O}{\overset{\Vert}{C}}- \right)$ 结构，则甲基上的三个氢原子都很容易被卤代，卤代产物在碱性条件下很不稳定，易分解生成羧酸盐和三卤甲烷（卤仿），因此常称为卤仿反应。

$$\underset{(H)}{R}-\overset{O}{\overset{\Vert}{C}}-CH_3 \xrightarrow[或\ NaOX]{NaOH,X_2} \underset{(H)}{R}-\overset{O}{\overset{\Vert}{C}}-CX_3 \xrightarrow{NaOH} \underset{卤仿}{CHX_3} + (H)RCOONa$$

由于碘仿是有特殊臭味的黄色固体，因此常用次碘酸钠（碘加氢氧化钠）为试剂来鉴别具有甲基酮结构的醛、酮，此反应称为碘仿反应。次碘酸钠也是氧化剂，可以把具有甲基醇（$H_3C-\underset{}{CH(OH)}-$）结构的乙醇和仲醇氧化为乙醛和甲基酮，故也可发生碘仿反应。《中华人民共和国药典》就是利用此反应来鉴别甲醇和乙醇。

$$CH_3CH_2OH \xrightarrow{NaOI} HCOONa + CHI_3\downarrow$$

卤仿反应是缩短碳链的反应之一，可用于制备一些用其他方法难以制备的羧酸。例如：

$$\triangleright\!-COCH_3 \xrightarrow[2)\ H^+]{1)\ Br_2,NaOH} \triangleright\!-COOH + CHBr_3$$

知识点 2　羟醛缩合反应

在稀碱溶液催化下，含有 α-H 的醛可以发生自身的加成作用，形成β-羟基醛的反应称为羟醛缩合反应，β-羟基醛在受热的情况下很不稳定，易脱水生成 α，β-不饱和醛。

$$2RCH_2CHO \xrightarrow{5\%NaOH} \underset{\beta\text{-羟基醛}}{RCH_2CH(OH)CH(R)CHO} \xrightarrow{\triangle} \underset{\alpha,\beta\text{-不饱和醛}}{RCH_2CH{=}C(R)CHO}$$

例如，工业上以乙醛为原料用羟醛缩合反应制取巴豆醛（丁-2-烯醛）。

$$2CH_3CHO \xrightarrow{5\%NaOH} \underset{\beta\text{-羟基丁醛}}{CH_3CH(OH)CH_2CHO} \xrightarrow{\triangle} \underset{\text{巴豆醛（丁-2-烯醛）}}{CH_3CH{=}CHCHO}$$

凡 α-C 上有氢原子的β-羟基醛都容易失去一分子水，生成 α，β-不饱和醛，而 α-C 上无氢原子的β-羟基醛不脱水。例如：

$$2CH_3CH(CH_3)CHO \xrightarrow{\text{稀}\ OH^-} H_3C-CH(CH_3)-CH(OH)-C(CH_3)_2-CHO \xrightarrow{\triangle} \underset{\text{无 α-H，不脱水}}{\times}$$

若用两种不同的且都含有 α-H 的醛进行羟醛缩合反应，则会发生交叉缩合，得到四种产物的混合物，分离困难，意义不大。

无 α-H 的醛不能发生羟醛缩合，但无 α-H 的醛可和另一分子有 α-H 的醛发生交叉羟醛缩合反应。由芳香醛和含 α-H 的脂肪醛或酮通过交叉缩合生成 α，β-不饱和醛或酮的反应，称为克莱森-施密特(Claisen-Schmidt)反应。例如：

$$C_6H_5-CHO + CH_3\overset{O}{\overset{\|}{C}}CH_3 \xrightarrow{\text{稀}OH^-} C_6H_5-CH{=}CH\overset{O}{\overset{\|}{C}}CH_3$$

在有机合成中，羟醛缩合反应的意义是增长碳链，产生支链，制备 α，β-不饱和醛或酮。

【例 8-1】　以 $CH_3CH_2CH_2OH$ 为原料合成 $CH_3CH_2CH_2CH(CH_3)CH_2OH$。

分析：产物与原料相比较，碳原子数增加一倍，显然产物是通过缩合反应的方法来增长碳链。

逆向合成分析：

$$CH_3CH_2CH_2\underset{}{CH}(CH_3)CH_2OH \longrightarrow CH_3CH_2CH{=}C(CH_3)CHO \longrightarrow CH_3CH_2CHO \longrightarrow CH_3CH_2CH_2OH$$

【解】

合成路线：$CH_3CH_2CH_2OH \xrightarrow[CH_2Cl_2]{PCC} CH_3CH_2CHO$

$$2CH_3CH_2CHO \xrightarrow[A]{稀\ OH^-} CH_3CH_2CH{=}C(CH_3)CHO \xrightarrow[Ni]{H_2} CH_3CH_2CH_2CH(CH_3)CH_2OH$$

8.3.5　醛、酮的氧化还原反应

醛、酮的氧化反应

知识点 1　氧化反应

1. 与强氧化剂的反应

在高锰酸钾或重铬酸钾等强氧化剂的作用下，醛可被氧化成相同碳原子数的羧酸。

$$RCHO \xrightarrow{KMnO_4, H^+} RCOOH$$

酮的氧化较难，通常分子中的碳链发生断裂，生成小分子羧酸的混合物，无制备意义。只有环己酮、环戊酮的氧化可用来制备二元羧酸。例如：

$$\text{环己酮} \xrightarrow[V_2O_5]{浓HNO_3} \text{HOOC(CH}_2)_4\text{COOH}$$

己二酸

这是工业上制备己二酸的常用方法。己二酸是制备尼龙-66 等的原料。

2. 与弱氧化剂的反应

弱的氧化剂可将醛氧化为羧酸，而酮不能被氧化，因此可以用来鉴别醛和酮。

(1) 托伦(Tollens)试剂

托伦试剂是硝酸银的氨溶液，可将醛氧化成羧酸，而银离子被还原成单质银。若在洁净的试管中反应，可在试管壁上形成光亮的银镜，因此称为银镜反应。

$$RCHO + 2[Ag(NH_3)_2]OH \xrightarrow{\triangle} RCOONH_4 + 2Ag\downarrow + 3NH_3\uparrow + H_2O$$

(2) 斐林(Fehling)试剂

斐林试剂由 A，B 两种溶液组成，试剂 A 是硫酸铜溶液，试剂 B 是氢氧化钠和酒石酸钾钠的混合溶液。斐林试剂不稳定，需在使用前临时配制。醛与斐林试剂反应时，二价铜离子被还原为氧化亚铜砖红色沉淀。

$$RCHO + 2Cu(OH)_2 + NaOH \xrightarrow{\triangle} RCOONa + Cu_2O\downarrow + 3H_2O$$

斐林试剂只氧化脂肪醛，不氧化芳香醛，因此可用斐林试剂区别脂肪醛和芳香醛。甲醛由于还原性较强，与斐林试剂反应生成铜镜，因此也可用来鉴别甲醛和其他脂肪醛。

托伦试剂和斐林试剂对 C=C 键、C≡C 键都没有氧化作用，它们是良好的选择性氧化剂，如工业上可用其氧化不饱和醛制备不饱和酸。例如：

$$CH_3CH{=}CHCHO \xrightarrow[2)\ H^+]{1)\ [Ag(NH_3)_2]OH} CH_3CH{=}CHCOOH$$

巴豆醛　　　　巴豆酸

知识点 2　还原反应

采用不同的还原剂，可将醛、酮分子中的羰基还原成羟基，也可以脱氧还原成亚甲基。

醛、酮的还原反应

1. 羰基还原成醇羟基

醛、酮在催化剂铂、钯、镍等存在下，通过催化加氢可将醛、酮还原成相应的伯醇和仲醇。

$$\text{R(R')HC=O} \xrightarrow[\text{Ni}]{H_2} \text{R(R')HCH—OH}$$

如果分子中同时含有 C=C 键或 C≡C 键也一起被还原，因此催化氢化的方法可用来制备饱和醇。例如：

$$CH_3CH=CHCHO \xrightarrow[\text{Ni}]{H_2} CH_3CH_2CH_2CH_2OH$$

如果使羰基还原并使 C=C 键或 C≡C 键保留制备不饱和醇，必须使用硼氢化钠或氢化铝锂。例如：

$$CH_3(CH_2)_5CHO \xrightarrow[\text{2) } H_2O, H^+]{\text{1) } LiAlH_4\text{, 乙醚}} CH_3(CH_2)_5CH_2OH$$

$$C_6H_5\text{—}CH=CHCHO \xrightarrow[\text{2) } H_2O, H^+]{\text{1) } NaBH_4\text{, 乙醇}} C_6H_5\text{—}CH=CHCH_2OH$$

肉桂醛　　　　　　　　肉桂酸

$LiAlH_4$ 是强还原剂，其特点是：选择性差，不还原 C=C 键和 C≡C 键，可还原—COOH，$—NO_2$，—C≡N 等；遇水剧烈反应，通常只能在无水醚中使用。

$NaBH_4$ 的还原性不如 $LiAlH_4$，其特点是：选择性较强，只还原醛、酮、酰卤中的羰基，不还原其他基团；可在水或醇中使用。

2. 羰基还原成亚甲基

在酸性或碱性介质中，醛、酮的羰基可以直接被还原成亚甲基。

(1) 克莱门森(Clemmenson)还原法

用锌汞齐与浓盐酸可将醛、酮的羰基还原为亚甲基。

$$>C=O \xrightarrow[\triangle]{\text{Zn-Hg/浓 HCl}} >CH_2$$

锌汞齐是用锌粒与汞盐($HgCl_2$)在稀盐酸溶液中反应制得，Zn 把 Hg^{2+} 还原为 Hg，然后 Hg 与 Zn 在锌表面上形成锌汞齐。

先通过傅-克酰基化反应在芳环上引入酰基，再经过克莱门森还原法，可以在芳烃上引入直链烷基。例如：

$$C_6H_6 + CH_3CH_2COCl \xrightarrow{AlCl_3} C_6H_5\text{—}\overset{O}{\overset{\|}{C}}CH_2CH_3 \xrightarrow[\triangle]{\text{Zn-Hg/浓HCl}} C_6H_5\text{—}CH_2CH_2CH_3$$

(2) 沃尔夫-凯惜纳-黄鸣龙(Wolff-Kishner-Huang Minglong)还原法

醛、酮与肼在高沸点溶剂如缩二乙二醇中与碱共热，羰基被还原成亚甲基。

$$\rangle C{=}O \xrightarrow[(HOCH_2CH_2)_2O,\triangle]{H_2NNH_2,KOH} \rangle CH_2$$

我国著名化学家黄鸣龙对沃尔夫-凯惜纳反应进行了改良，使反应操作简单，可在常压下进行，便于工业化推广使用，此法也简称黄鸣龙还原法。

两种还原方法中，克莱门森还原法是在酸性条件下的还原，不适用于对酸敏感的化合物；黄鸣龙还原法是在碱性条件下的还原，不适用于对碱敏感的化合物。

知识点3　歧化反应

在浓碱条件下，不含 α-H 的醛发生自身氧化还原反应，一分子被氧化成羧酸，另一分子被还原成醇，该反应称为康尼查罗(Cannizzaro)反应，也称歧化反应。例如：

$$2\ C_6H_5{-}CHO \xrightarrow[\triangle]{40\%NaOH} C_6H_5{-}CH_2OH + C_6H_5{-}COONa$$

$$2HCHO \xrightarrow[\triangle]{40\%\ NaOH} CH_3OH + HCOONa$$

两种不含 α-H 的醛在浓碱条件下发生康尼查罗反应，产物比较复杂，无实用价值。若两种醛中的一种是甲醛，则总是甲醛被氧化成羧酸，而另一醛被还原成醇。这类反应是制备“$ArCH_2OH$”型醇的有效方法。例如：

$$C_6H_5{-}CHO + HCHO \xrightarrow[\triangle]{40\%NaOH} C_6H_5{-}CH_2OH + HCOONa$$

乙醛与过量的甲醛反应可得到季戊四醇。季戊四醇大量用于涂料工业生产醇酸树脂，还可用于合成高级润滑剂、增塑剂、表面活性剂以及医药、炸药等。

$$CH_3CHO + 3HCHO \xrightarrow{稀\ OH^-} HOH_2C{-}C(CH_2OH)_2{-}CHO$$

$$HOH_2C{-}C(CH_2OH)_2{-}CHO + HCHO \xrightarrow{浓\ OH^-} HOH_2C{-}C(CH_2OH)_2{-}CH_2OH$$

季戊四醇

8.3.6　醛、酮的制备

醛、酮的制备方法很多，常见的有以下几种。

1. 醇的氧化和脱氢

$$CH_3(CH_2)_8CH_2OH \xrightarrow[CH_2Cl_2]{PCC} CH_3(CH_2)_8CHO\quad 92\%$$

$$环己醇 \xrightarrow{Na_2Cr_2O_7,H_2SO_4,H_2O} 环己酮\quad 96\%$$

$$CH_3CH_2OH \xrightarrow[270\sim300℃]{Cu} CH_3CHO + H_2\uparrow$$

$$CH_3CH(OH)CH_3 \xrightarrow[300℃]{Cu} CH_3COCH_3 + H_2\uparrow$$

2. 炔烃水合法

$$HC \equiv CH + H_2O \xrightarrow{Hg^{2+}, H^+} CH_3CHO$$

$$C_6H_{11}-C \equiv CH + H_2O \xrightarrow{Hg^{2+}, H^+} C_6H_{11}-\overset{\overset{\large O}{\|}}{C}-CH_3 \quad 90\%$$

3. 同碳二卤代烃水解

$$CH_3CHCl_2 \xrightarrow[OH^-]{H_2O} \left[CH_3\overset{\overset{\large OH}{|}}{C}HOH \right] \xrightarrow{-H_2O} CH_3CHO$$

$$C_6H_5-CH_2CH_3 + Cl_2 \xrightarrow{h\nu} C_6H_5-\underset{\underset{\large Cl}{|}}{\overset{\overset{\large Cl}{|}}{C}}CH_3 \xrightarrow[OH^-]{H_2O} C_6H_5-\overset{\overset{\large O}{\|}}{C}-CH_3$$

4. 傅-克酰基化反应

$$C_6H_6 + Cl-\overset{\overset{\large O}{\|}}{C}-C_6H_5 \xrightarrow{AlCl_3} C_6H_5-\overset{\overset{\large O}{\|}}{C}-C_6H_5 + HCl$$

8.4 羧酸及其衍生物

8.4.1 羧酸的结构、分类和命名

知识点1 羧酸的结构

羧基是羧酸的官能团，由羰基和羟基组成(图 8－8)。在羧酸分子中，羰基碳原子以 sp^2 杂化轨道与 3 个原子形成 3 个共平面的 σ 键，同时碳原子未杂化的 p 轨道与氧原子的一个与它平行的 p 轨道从侧面形成 π 键；羟基氧原子上两对孤电子中的一对未共有电子占据的 p 轨道与 C═O 键中 π 键的 p 轨道平行并从侧面重叠，形成 p-π 共轭体系，这使羧基碳原子的正电性减弱，不易发生亲核加成，但使羧基的酸性增强。

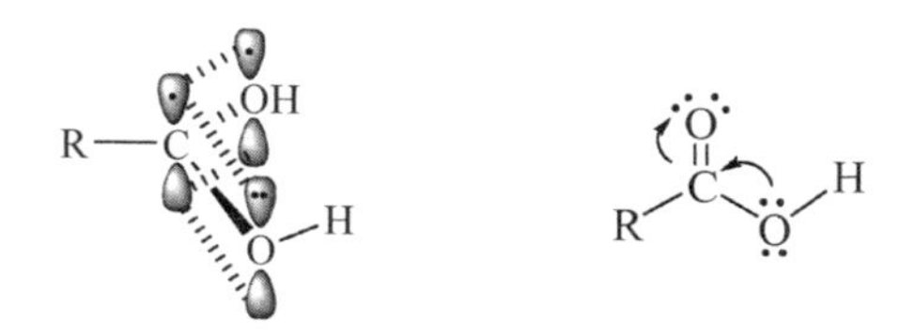

图 8－8 羧基的结构

知识点2 羧酸的分类

1. 根据羧基所连接的烃基

CH_3COOH
脂肪族羧酸

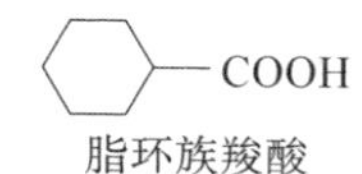

脂环族羧酸

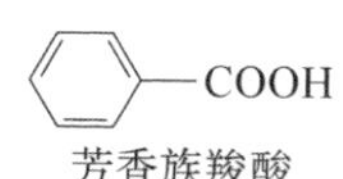

芳香族羧酸

羧酸的分类和命名

2. 根据羧基所连接烃基的饱和度

CH_3CH_2COOH　饱和羧酸　　$H_2C{=}CHCOOH$　不饱和羧酸

3. 根据分子中所含羧基的数目

$CH_3(CH_2)_3COOH$　一元羧酸　　$HOOC{-}COOH$　二元羧酸

4. 根据分子中取代基的种类

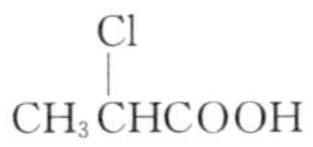

$CH_3CH(Cl)COOH$　卤代酸　　$CH_3CH(OH)COOH$　羟基酸　　$CH_3CH(NH_2)COOH$　氨基酸　　$CH_3C(=O)COOH$　羰基酸

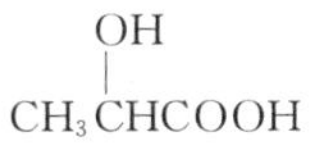

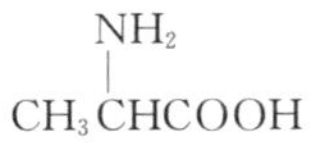

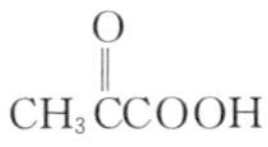

知识点 3　羧酸的命名

1. 俗名

一些常见的羧酸多用俗名，多数根据它们的来源命名。例如：

$HCOOH$	CH_3COOH	$HOOCCOOH$	$HOOC(CH_2)_4COOH$
蚁酸	醋酸	草酸	肥酸
formic acid	acetic acid	oxalic acid	adipic acid

2. 系统命名法

脂肪族羧酸的系统命名原则与醛相同，即选择含有羧基的最长碳链为母体主链，从羧基中的碳原子开始给主链上的碳原子编号，根据主链的碳原子数称为“某酸”；取代基的位次既可以用阿拉伯数字也可用希腊字母来标明，从与羧基相邻的碳原子开始，希腊字母依次为 α、β、γ 等。例如：

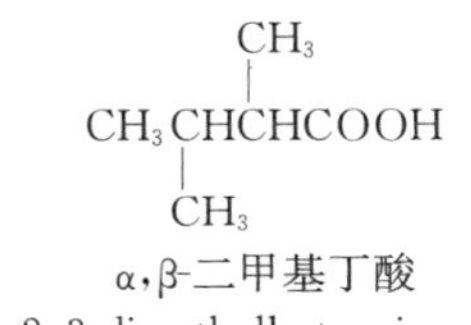

α,β-二甲基丁酸
2,3-dimethylbutanoic acid

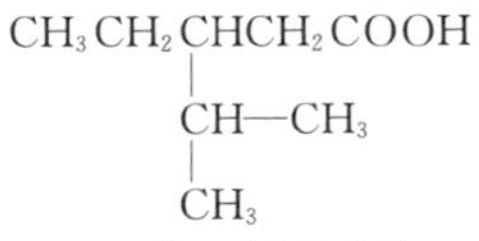

$CH_3CH_2CH(CH(CH_3)CH_3)CH_2COOH$
β-乙基-γ-甲基戊酸
3-ethyl-4-methylpentanoic acid

不饱和脂肪酸命名时，仍然选择含有羧基的最长碳链为母体主链，当不饱和键在主链中时，命名为“某-*x*-烯(炔)酸”，*x* 表示不饱和键的位次；当不饱和键不在主链中时，将其作为取代基命名。例如：

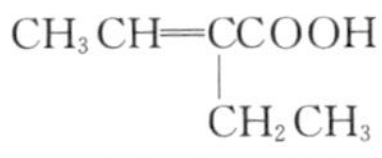

$CH_3CH{=}C(CH_2CH_3)COOH$
2-乙基丁-2-烯酸
2-ethylbut-2-enoic acid

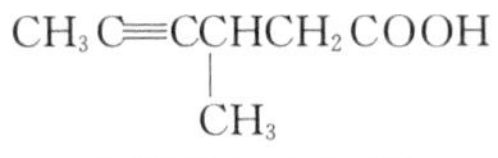

$CH_3C{\equiv}CCH(CH_3)CH_2COOH$
3-甲基己-4-炔酸
3-methylhex-4-ynoic acid

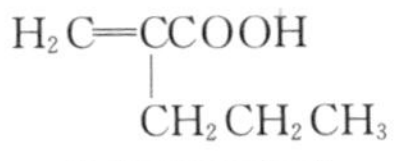

$H_2C{=}C(CH_2CH_2CH_3)COOH$
2-甲亚基戊酸
2-methylenepentanoic acid

芳香族羧酸命名时，将芳香酸作为母体，其他官能团作为取代基；当环烷烃直接与羧基相连时，母体名称为“环某烷甲酸”。例如：

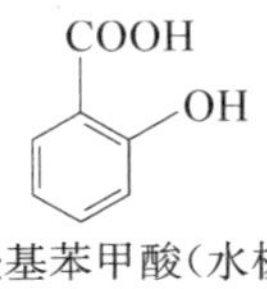

2-羟基苯甲酸(水杨酸)
2-hydroxybenzoic acid

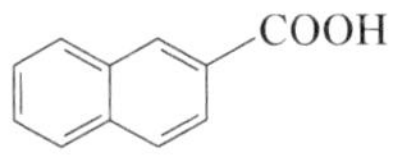

β-萘甲酸
2-naphthoic acid

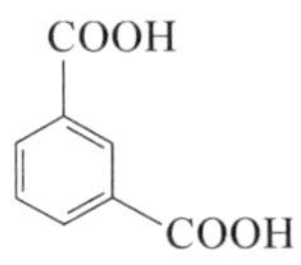

间苯二甲酸
m-phthalic acid

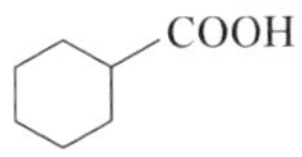

环己烷甲酸
cyclohexanecarboxylic acid

命名脂肪族二元羧酸时，应选择包含两个羧基的最长碳链作为母体主链，称为“某二酸”。例如：

$$\underset{\text{CH}_2\text{CH}_2\text{CH}_2\text{CH}_3}{\text{HOOCCH}_2\text{CHCH}_2\text{COOH}}$$

3-丁基戊二酸
3-butylpentanedioic acid

反丁烯二酸(富马酸)
trans-butenedioic acid

顺丁烯二酸(马来酸)
cis-butenedioic acid

8.4.2 羧酸的物理性质

羧酸的物理性质

低级的饱和一元羧酸为液体，C_{10}以下的羧酸都具有强烈的刺鼻气味或恶臭。高级的饱和一元羧酸为蜡状固体，挥发性低，没有气味。脂肪族二元酸和芳香酸都是结晶固体。

羧酸分子间通过形成两个氢键缔合成较稳定的二聚体，即使在气态时，羧酸分子也以二聚体的形式存在，因此，羧酸的沸点比分子量相近的醇的沸点高得多。例如，甲酸的沸点(100.5 ℃)比相同分子量的乙醇的沸点(78.5 ℃)高；乙酸的沸点(117.9 ℃)比相同分子量的丙醇的沸点(97.2 ℃)高。

羧酸分子可与水形成氢键，甲酸至丁酸可与水混溶，其他一元羧酸随着碳链的增长，水溶性降低，高级一元羧酸不溶于水而易溶于有机溶剂。芳香族羧酸的水溶性极微。芳香族羧酸一般可以升华，有些能随水蒸气挥发，利用这一特性可以从混合物中分离提纯芳香酸。

8.4.3 羧酸的化学性质

羧酸的化学性质从结构分析，有以下五大类反应：

a. O—H 键断裂，酸性
b. C—O 键断裂，亲核取代反应
c. C═O 键的还原
d. C—C 键断裂，脱酸反应
e. C—H 键断裂，α-H 的卤代反应

知识点 1　羧酸的酸性

羧酸具有明显的酸性，在水溶液中能电离出 H^+，并使蓝色石蕊试纸变红。

$$RCOOH + H_2O \longrightarrow RCOO^- + H_3O^+$$

羧酸能与氢氧化钠、碳酸钠、碳酸氢钠或金属氧化物等作用生成羧酸盐，而在羧酸盐中加入强酸，又可以使羧酸盐重新变为羧酸游离出来，此性质可用于羧酸的提取分离。

$$RCOOH + NaOH \longrightarrow RCOONa + H_2O$$
$$RCOONa + HCl \longrightarrow RCOOH + NaCl$$
$$RCOOH + NaHCO_3 \longrightarrow RCOONa + CO_2\uparrow + H_2O$$

羧酸可以分解碳酸盐，而酚和醇不能分解碳酸盐，可利用这个性质来区别它们。一些化合物的酸性强弱次序如下：

	RCOOH	C₆H₅OH	HOH	ROH	HC≡CH	H₂NH	RH
$pK_a^\ominus$	4～5	10	15.7	16～19	25	35	～50

在羧酸分子中，与羧基直接或间接相连的原子或取代基，对羧酸的酸性都有不同程度的影响。例如，由于甲基的供电子诱导效应(+I)使乙酸的酸性小于甲酸；由于氯原子的吸电子诱导效应(−I)使氯

乙酸的酸性强于乙酸；三氯乙酸的酸性大于二氯乙酸，二氯乙酸酸性大于氯乙酸是因为 α-碳原子上氯原子的数目越多，吸电子诱导效应（—I）就越大，则酸性越强。

	HCOOH	CH_3COOH	$ClCH_2COOH$	$Cl_2CHCOOH$	Cl_3CCOOH
$pK_a^\ominus$	3.77	4.76	2.87	1.25	0.66

诱导效应随着距离的增长而迅速减弱，通常经过三个原子后，诱导效应的影响就很弱了。例如：

	$CH_3CH_2CHClCOOH$	$CH_3CHClCH_2COOH$	$CH_2ClCH_2CH_2COOH$	$CH_3CH_2CH_2COOH$
$pK_a^\ominus$	2.84	4.06	4.52	4.82

苯甲酸比一般脂肪酸的酸性强（除甲酸外），它的 $pK_a^\ominus$ 为 4.17。当苯环上引入取代基后，取代苯甲酸的酸性随取代基的种类、位置的不同而发生变化（表 8－3）。

表 8－3　一些取代苯甲酸的 $pK_a^\ominus$ 值

取代基	邻位	间位	对位	取代基	邻位	间位	对位
H	4.17	4.17	4.17	NO_2	2.21	3.46	3.40
CH_3	3.89	4.28	4.35	OH	2.98	4.12	4.54
Cl	2.89	3.82	4.03	OCH_3	4.09	4.09	4.47
Br	2.82	3.85	4.18	NH_2	5.00	4.82	4.92

从表 8－3 可以看出，当取代基位于苯甲酸的间位和对位时，供电子基使酸性减弱，吸电子基使酸性增强。例如，—NH_2、—OH 对位取代时，因为供电子共轭效应（＋C）大于吸电子诱导效应（—I），所以酸性减弱；—NH_2、—OH 间位取代时，因为共轭效应受到阻碍，吸电子诱导效应（—I）使酸性增强；—NO_2 间位取代时，吸电子诱导效应使酸性增强；—NO_2 对位取代时，由于吸电子共轭效应（—C）和吸电子诱导效应（—I）均使酸性增强，所以对硝基苯甲酸的酸性大于邻硝基苯甲酸。

知识点 2　羧酸中羟基的取代反应

在一定条件下，羧酸中的羟基可被卤素、酰氧基、烃氧基和氨基取代，分别生成酰卤、酸酐、酯和酰胺，统称为羧酸衍生物。

羧酸中羟基的取代反应

1. 酰卤的生成

酰卤中最常用的是酰氯，可由羧酸与三氯化磷（PCl_3）、五氯化磷（PCl_5）或亚硫酰氯（$SOCl_2$）等试剂来制取。

$$\underset{}{RC(=O)OH} + PCl_3 \longrightarrow \underset{\text{酰氯}}{RC(=O)Cl} + \underset{\text{亚磷酸}}{H_3PO_3}$$

此反应可用来制备低沸点的酰氯，原因是 H_3PO_3 不易挥发，沸点 200 ℃，反应结束后先蒸出低沸点的酰氯。

$$RC(=O)OH + PCl_5 \longrightarrow RC(=O)Cl + \underset{\text{三氯氧磷}}{POCl_3} + HCl\uparrow$$

此反应可用来制备高沸点的酰氯，原因是 $POCl_3$ 的沸点为 107 ℃，反应结束后先蒸出低沸点的 $POCl_3$。

$$RC(=O)OH + SOCl_2 \longrightarrow RC(=O)Cl + SO_2\uparrow + HCl\uparrow$$

此反应是制备酰氯最常用的方法，原因是该反应副产物都是气体，容易提纯。

2. 酸酐的生成

两分子羧酸在加热和脱水剂(如乙酰氯、乙酸酐、P_2O_5 等)作用下,发生分子间脱水生成酸酐。

$$\mathrm{R{-}\overset{O}{\overset{\|}{C}}{-}OH + HO{-}\overset{O}{\overset{\|}{C}}{-}R \xrightarrow[\triangle]{\text{脱水剂}} \underset{\text{酸酐}}{R{-}\overset{O}{\overset{\|}{C}}{-}O{-}\overset{O}{\overset{\|}{C}}{-}R} + H_2O}$$

上述反应可用来制备简单酸酐,将酰氯与羧酸盐共热可制备混合酸酐。

$$\mathrm{R{-}\overset{O}{\overset{\|}{C}}{-}Cl + R'{-}\overset{O}{\overset{\|}{C}}{-}ONa \longrightarrow R{-}\overset{O}{\overset{\|}{C}}{-}O{-}\overset{O}{\overset{\|}{C}}{-}R' + NaCl}$$

3. 酯的生成

羧酸与醇在酸催化下反应,生成酯和水的反应称为酯化反应。

$$\mathrm{R\overset{O}{\overset{\|}{C}}OH + R'OH \underset{\triangle}{\overset{H^+}{\rightleftharpoons}} \underset{\text{酯}}{R\overset{O}{\overset{\|}{C}}OR'} + H_2O}$$

酯化反应是可逆反应。在酯化反应中,使反应物之一过量,或在反应过程中不断除去生成的水,可提高酯的产率。例如,在实验室中采用分水器装置,可用过量的乙酸和异戊醇反应制备乙酸异戊酯。

$$\mathrm{CH_3\overset{O}{\overset{\|}{C}}{-}\boxed{OH + H}{-}OCH_2CH_2\overset{CH_3}{\overset{|}{C}H}CH_3 \overset{H_2SO_4}{\rightleftharpoons} \underset{\text{乙酸异戊酯}}{CH_3\overset{O}{\overset{\|}{C}}OCH_2CH_2\underset{CH_3}{\underset{|}{C}H}CH_3} + H_2O}$$

4. 酰胺的生成

羧酸与氨作用生成铵盐,铵盐受热脱水生成酰胺。

$$\mathrm{R\overset{O}{\overset{\|}{C}}OH + NH_3 \longrightarrow R\overset{O}{\overset{\|}{C}}ONH_4 \xrightarrow[\triangle]{-H_2O} \underset{\text{酰胺}}{R\overset{O}{\overset{\|}{C}}NH_2}}$$

知识点 3　还原反应

在一般情况下,羧酸很难被还原。实验室中常用强还原剂氢化铝锂($LiAlH_4$)将羧酸还原成醇,此方法不仅产率高,而且分子中的碳碳双键不受影响。例如:

羧酸的还原反应

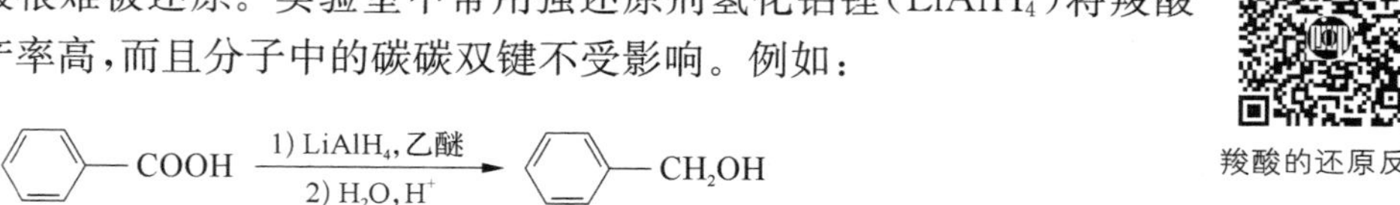

$$\mathrm{CH_3(CH_2)_7CH{=}CH(CH_2)_7COOH \xrightarrow[2)\ H_2O,\ H^+]{1)\ LiAlH_4,\text{乙醚}} CH_3(CH_2)_7CH{=}CH(CH_2)_7CH_2OH}$$

知识点 4　脱羧反应

在一定条件下,羧酸脱去二氧化碳的反应称为脱羧反应。常用的脱羧方法是将羧酸的钠盐与碱石灰或固体氢氧化钠加强热,发生脱羧反应,生成比原料少一个碳原子的烃。例如,无水醋酸钠和碱石灰混合后热熔生成甲烷,是实验室制取甲烷的方法。

$$\mathrm{CH_3COOH + NaOH \xrightarrow[\text{热熔}]{CaO} \underset{99\%}{CH_4\uparrow} + Na_2CO_3}$$

高级脂肪酸脱羧时，副反应多，产物复杂，在合成上无使用价值。当一元羧酸的 α-C 上连有强吸电子基团时，受热易脱羧。例如：

$$Cl_3CCOOH \xrightarrow{\triangle} CHCl_3 + CO_2\uparrow$$

$$CH_3\overset{\overset{O}{\|}}{C}CH_2COOH \xrightarrow{\triangle} CH_3\overset{\overset{O}{\|}}{C}CH_3 + CO_2\uparrow$$

对于二元羧酸，随着两个羧基的相对位置不同，受热后发生的反应和生成的产物也不同。乙二酸和丙二酸受热后脱羧，生成一元羧酸。

$$\begin{matrix} COOH \\ | \\ COOH \end{matrix} \xrightarrow{\triangle} HCOOH + CO_2\uparrow$$

$$H_2C\begin{matrix} \diagup COOH \\ \diagdown COOH \end{matrix} \xrightarrow{\triangle} CH_3COOH + CO_2\uparrow$$

丁二酸和戊二酸受热后失水，生成环状酸酐。

$$\begin{matrix} CH_2COOH \\ | \\ CH_2COOH \end{matrix} \xrightarrow{\triangle} \text{(丁二酸酐)} + H_2O$$

丁二酸酐

$$\begin{matrix} CH_2CH_2COOH \\ | \\ CH_2COOH \end{matrix} \xrightarrow{\triangle} \text{(戊二酸酐)} + H_2O$$

戊二酸酐

己二酸和庚二酸受热后同时失水和脱羧，生成环酮。

$$\begin{matrix} CH_2CH_2COOH \\ | \\ CH_2CH_2COOH \end{matrix} \xrightarrow[\triangle]{Ba(OH)_2} \text{(环戊酮)}=O + H_2O + CO_2\uparrow$$

环戊酮

$$H_2C\begin{matrix} \diagup CH_2CH_2COOH \\ \diagdown CH_2CH_2COOH \end{matrix} \xrightarrow{\triangle} \text{(环己酮)}=O + H_2O + CO_2\uparrow$$

以上实验事实证明，在有可能形成环状化合物的条件下，总是容易形成比较稳定的五元环和六元环。

知识点 5　α-H 的卤代反应

受羧基的影响，羧酸的 α-H 有一定的活泼性。脂肪族羧酸在少量红磷或三卤化磷存在下与卤素（Cl_2 或 Br_2）发生反应，生成 α-卤代酸的反应称为赫尔-乌尔哈-泽林斯基（Hell-Volhard-Zelinsky）反应。

$$RCH_2COOH + Cl_2 \xrightarrow{P} R\underset{\underset{Cl}{|}}{C}HCOOH + HCl$$

α-卤代酸中的卤素与卤代烃中的卤素性质相似，如在强碱存在下可发生消除反应，还可发生醇解、氨解和氰解等反应，因此可用α-卤代酸制备α,β-不饱和酸或其他α取代羧酸。

8.4.4 羧酸的制备

1. 氧化法

$$RCH{=}CH_2 \xrightarrow[\triangle]{KMnO_4, H^+} RCOOH + CO_2\uparrow$$

$$C_6H_5\text{-}CHR(R'(H)) \xrightarrow{KMnO_4, H^+} C_6H_5\text{-}COOH$$

$$R{-}CH_2OH \xrightarrow{K_2Cr_2O_7, H^+} R{-}COOH$$

$$\text{(H)R}\overset{O}{\overset{\|}{C}}CH_3 \xrightarrow[2)\ H^+]{1)\ NaOH, X_2} \text{(H)RCOOH} + CHX_3$$

2. 腈的水解

腈在酸性或碱性水溶液中加热，可水解生成羧酸。例如：

$$C_6H_5CH_2Cl + NaCN \xrightarrow{\text{醇溶液}} C_6H_5CH_2CN \xrightarrow[\triangle]{H_2O, H^+} C_6H_5CH_2COOH$$

3. 由格式试剂合成

$$RMgX + CO_2 \xrightarrow{\text{无水乙醚}} RCOOMgX \xrightarrow[H_2O]{H^+} RCOOH$$

8.4.5 羧酸衍生物的结构和命名

羧酸衍生物的结构和命名

知识点 1　羧酸衍生物的结构

酰卤、酸酐、酯和酰胺的分子中都含有酰基（$R{-}\overset{O}{\overset{\|}{C}}{-}$），它们的结构与羧酸相似，分子中的C=O键由一个σ键和一个π键组成，与C=O键相连的原子(X、O、N)上都有孤对电子，可与C=O键形成p-π共轭。羧酸衍生物的结构通式为：

$$R{-}\overset{O}{\overset{\|}{C}}{-}\ddot{L} \qquad L = {-}X、{-}O\overset{O}{\overset{\|}{C}}R、{-}OR'、{-}NH_2({-}NHR'、{-}NR'R'')$$

知识点 2　羧酸衍生物的命名

1. 酰卤

酰卤的命名方法是在酰基名称后面加上卤素原子的名称，称为“某酰卤”。例如：

$CH_3\overset{O}{\overset{\|}{C}}Cl$	$CH_2{=}CH\overset{O}{\overset{\|}{C}}Br$	$C_6H_5\overset{O}{\overset{\|}{C}}Cl$
乙酰氯	丙烯酰溴	苯甲酰氯
acetyl chloride	acryloyl bromide	benzoyl chloride

2. 酸酐

酸酐的命名方法是在相应的羧酸名称后面加“酐”字，称为“某酸酐”，“酸”字常省略；对于不同羧酸形成的酸酐，命名时以羧酸的英文名称首字母顺序排列。例如：

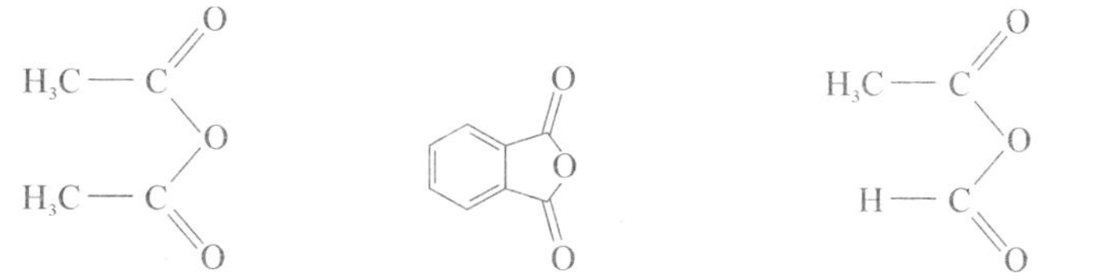

乙(酸)酐	邻苯二甲酸酐	乙甲(酸)酐
acetic anhydride	phthalic anhydride	acetic formic anhydride

3. 酯

酯根据形成它的羧酸和醇的名称，称为“某酸某酯”。例如：

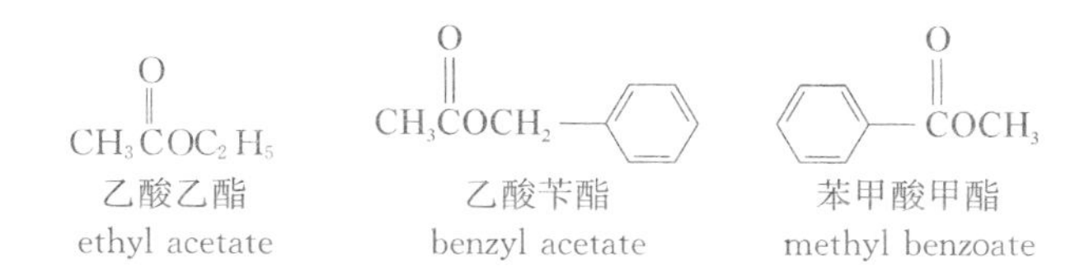

乙酸乙酯	乙酸苄酯	苯甲酸甲酯
ethyl acetate	benzyl acetate	methyl benzoate

4. 酰胺

酰胺的命名方法与酰卤相似，即酰基名称后面加上“胺”字，称为“某酰胺”；对于含有取代氨基的酰胺，命名时把氮原子上所连的烃基作为取代基，用“N”表示该取代基的位次。例如：

乙酰胺	N-甲基乙酰胺	N,N-二甲基甲酰胺(DMF)
acetamide	N-methylacetamide	N,N-dimethylformamide

8.4.6　羧酸衍生物的物理性质

羧酸衍生物的物理质

低级的酰卤和酸酐是具有刺激性气味的无色液体，高级的为固体；低级的酯是具有芳香气味的无色液体，易挥发；酰胺除了甲酰胺和某些 N 取代酰胺外均为固体。

酰卤和酯的分子间不能形成氢键，故它们的沸点较相应羧酸的沸点低；酸酐的沸点较相应羧酸的沸点高，但较分子量相当的羧酸的沸点低；酰胺分子间可以形成氢键，其熔、沸点较相应羧酸的高，若酰胺分子中氮原子上的两个氢原子被烃基取代后，分子间不能形成氢键，熔、沸点则随之降低。

所有羧酸衍生物均易溶于有机溶剂，如乙醚、氯仿、丙酮等。N,N-二甲基甲酰胺(DMF)可与水混溶，是很好的非质子极性溶剂，广泛应用于有机合成中。

8.4.7　羧酸衍生物的化学性质

羧酸衍生物的化学性质

知识点 1　羧酸衍生物的水解、醇解和氨解

1. 水解反应

羧酸衍生物都能发生水解反应，生成相应的羧酸。

$$\left.\begin{array}{l} R-\overset{O}{\overset{\|}{C}}-Cl \\ R-\overset{O}{\overset{\|}{C}}-O-\overset{O}{\overset{\|}{C}}-R' \\ R-\overset{O}{\overset{\|}{C}}-OR' \\ R-\overset{O}{\overset{\|}{C}}-NH_2 \end{array}\right\} + H-OH \begin{cases} \xrightarrow{\text{立即反应}} R-\overset{O}{\overset{\|}{C}}-OH + HCl \\ \xrightarrow{\triangle} R-\overset{O}{\overset{\|}{C}}-OH + R'COOH \\ \xrightarrow[\triangle]{H^+\text{或}OH^-} R-\overset{O}{\overset{\|}{C}}-OH + R'OH \\ \xrightarrow[\text{长时间回流}]{H^+\text{或}OH^-} R-\overset{O}{\overset{\|}{C}}-OH + NH_3\uparrow \end{cases}$$

从反应条件可以看出，羧酸衍生物的水解反应活性顺序是：

酰氯>酸酐>酯>酰胺

其中，酰氯的水解最容易发生，特别是低级酰氯。例如，乙酰氯与空气接触，立刻吸湿分解，能见到白色雾滴（HCl），酰氯必须密封贮存。

酯在酸催化下的水解，是酯化反应的逆反应。在碱催化下水解时，生成的羧酸盐使平衡向水解方向进行，是不可逆的。油脂是高级脂肪酸的甘油酯，将油脂在氢氧化钠作用下水解，得到的高级脂肪酸的钠盐（C_{12}～C_{18}）就是肥皂。因此，酯的碱性水解又称为皂化反应。

$$\begin{array}{l} CH_2OCOR \\ | \\ CHOCOR \\ | \\ CH_2OCOR \end{array} + 3NaOH \xrightarrow{\triangle} \begin{array}{l} CH_2OH \\ | \\ CHOH \\ | \\ CH_2OH \end{array} + 3RCOONa$$

羧酸衍生物常用其水解反应生成不同的水解产物来鉴定。酰卤与 $AgNO_3$ 溶液生成 AgX 沉淀；酸酐加热水解再加 $NaHCO_3$ 有 CO_2 生成；酰胺与 NaOH 溶液加热，有 NH_3 放出，再用湿润的红色石蕊试纸鉴定。

2. 醇解反应

羧酸衍生物与醇（或酚）反应，主要产物是相应的酯。反应活性顺序与水解相同。

$$\left.\begin{array}{l} R-\overset{O}{\overset{\|}{C}}-Cl \\ R-\overset{O}{\overset{\|}{C}}-O-\overset{O}{\overset{\|}{C}}-R' \\ R-\overset{O}{\overset{\|}{C}}-OR' \\ R-\overset{O}{\overset{\|}{C}}-NH_2 \end{array}\right\} + H-OR'' \begin{cases} \longrightarrow R-\overset{O}{\overset{\|}{C}}-OR'' + HCl \\ \xrightarrow{H^+\text{或}OH^-} R-\overset{O}{\overset{\|}{C}}-OR'' + R'COOH \\ \xrightarrow[\text{醇过量}]{H^+\text{或}OH^-} R-\overset{O}{\overset{\|}{C}}-OR'' + R'OH \\ \xrightarrow{\text{不易反应}} R-\overset{O}{\overset{\|}{C}}-OR'' + NH_3\uparrow \end{cases}$$

因为酯的醇解生成另一种酯和醇，这种反应称为酯交换反应。此反应在有机合成中可用于由低沸点醇的酯制备高沸点醇的酯。例如，工业上生成涤纶（的确良）的原料对苯二甲酸二乙二醇酯就是由酯交换反应制得的。

$$p\text{-}C_6H_4(COOCH_3)_2 + 2HOCH_2CH_2OH \xrightarrow[\triangle]{H^+} p\text{-}C_6H_4(COOCH_2CH_2OH)_2 + 2CH_3OH$$

酯交换反应还可以用廉价的低级醇制备高级醇。例如，用乙醇和白蜡（$C_{25}H_{51}COOC_{26}H_{53}$）制取$C_{26}H_{53}OH$（蜜蜡醇）。

$$\underset{\text{白蜡}}{C_{25}H_{51}COOC_{26}H_{53}} + C_2H_5OH \xrightarrow{H^+} C_{25}H_{51}COOC_2H_5 + \underset{\text{蜜蜡醇}}{C_{26}H_{53}OH}$$

3. 氨解

除酰胺外，酰氯、酸酐和酯都能与氨作用生成相应的酰胺，这是制取酰胺的重要方法。

$$RCOCl + H—NH_2 \xrightarrow{OH^-} RCONH_2 + NH_4Cl$$

$$RCOOCOR' + H—NH_2 \longrightarrow RCONH_2 + R'COONH_4$$

$$RCOOR' + H—NH_2 \xrightarrow{\triangle} RCONH_2 + R'OH$$

酰胺与过量的胺作用可得到 N-取代酰胺。

$$RCONH_2 + H—NHR' \xrightarrow{\text{胺过量}} RCONHR' + NH_3\uparrow$$

羧酸衍生物的水解、醇解和氨解反应相当于在水、醇、氨分子中引入酰基，因此上述反应都属于酰基化反应。由于酰氯、酸酐的反应活性较强，所以是最常用的酰基化试剂。

知识点 2　羧酸衍生物的还原反应

羧酸衍生物都可被还原剂 $LiAlH_4$ 还原，酰氯、酸酐和酯还原后生成相应的伯醇，酰胺还原后生成胺。

$$RCOCl \xrightarrow[2)\ H_2O,H^+]{1)\ LiAlH_4,\text{乙醚}} RCH_2OH + HCl$$

$$RCOOCOR' \xrightarrow[2)\ H_2O,H^+]{1)\ LiAlH_4,\text{乙醚}} RCH_2OH + R'CH_2OH$$

$$RCOOR' \xrightarrow[2)\ H_2O,H^+]{1)\ LiAlH_4,\text{乙醚}} RCH_2OH + R'OH$$

$$RCONH_2 \xrightarrow[2)\ H_2O,H^+]{1)\ LiAlH_4,\text{乙醚}} \underset{\text{伯胺}}{RCH_2NH_2}$$

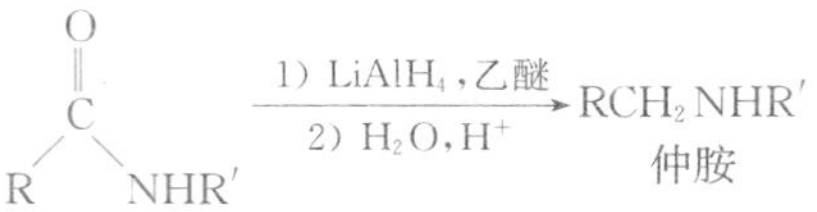

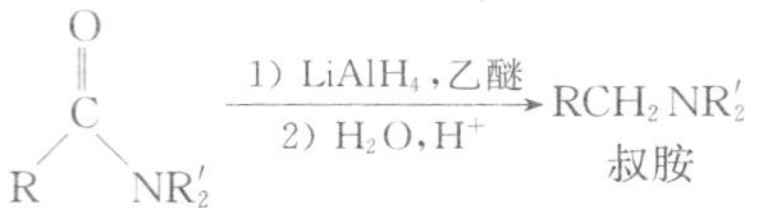

$$RC(=O)NHR' \xrightarrow[2)\ H_2O,H^+]{1)\ LiAlH_4,乙醚} RCH_2NHR'$$
仲胺

$$RC(=O)NR'_2 \xrightarrow[2)\ H_2O,H^+]{1)\ LiAlH_4,乙醚} RCH_2NR'_2$$
叔胺

酯的还原应用最为普遍。除 $LiAlH_4$ 外，还可以金属钠和醇为还原剂将酯还原成醇，该反应称为鲍维特-布朗克(Bouveault-Blanc)还原反应。

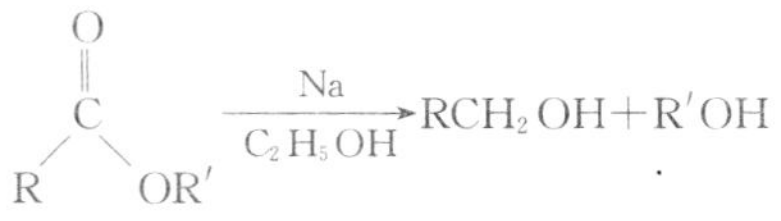

$$RC(=O)OR' \xrightarrow[C_2H_5OH]{Na} RCH_2OH + R'OH$$

不饱和酯用金属钠和醇还原，不影响分子中的 C═C 键，而且操作简便，是有机合成中常用的方法。例如：

$$CH_3(CH_2)_7CH{=}CH(CH_2)_7COOC_4H_9 \xrightarrow[C_4H_9OH]{Na} CH_3(CH_2)_7CH{=}CH(CH_2)_7CH_2OH + C_4H_9OH$$
油酸丁酯　　　　油醇

知识点 3　**酰胺的特性**

酰胺除具有以上通性外，还能表现出一些特殊性质。

1. 酸碱性

氨是碱性物质，但当分子中的氢原子被酰基取代后则碱性减弱，酰胺不能使红色的石蕊试纸变色。由于酰胺结构中的 p-π 共轭效应，氮原子上的电子云密度降低，因此减弱了氮原子接受质子的能力，故一般认为酰胺是中性化合物。

当氨分子中的两个氢原子被两个酰基取代，生成了酰亚胺，由于受两个酰基的影响，使得氮原子上剩下的一个氢原子易于以质子的形式被碱夺去。因此，酰亚胺具有弱酸性，能和强碱生成比较稳定的盐。例如：

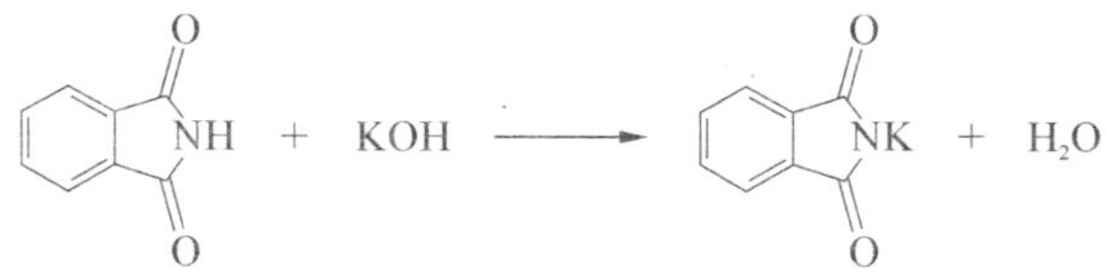

邻苯二甲酰亚胺 + KOH ⟶ 邻苯二甲酰亚胺钾 + H_2O

2. 脱水反应

酰胺在 P_2O_5，$SOCl_2$，$(CH_3CO)_2O$ 等脱水剂作用下，可发生分子内脱水生成腈。例如：

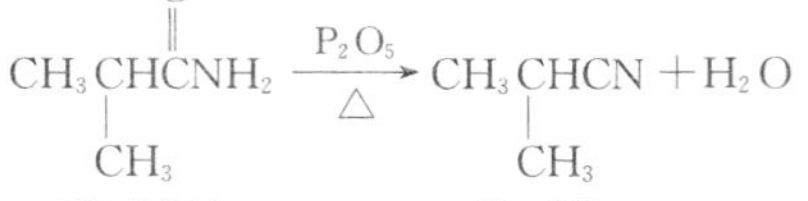

$$CH_3CH(CH_3)C(=O)NH_2 \xrightarrow[\triangle]{P_2O_5} CH_3CH(CH_3)CN + H_2O$$
异丁酰胺　　　　异丁腈

异丁腈是有机磷杀虫剂二嗪农的中间体，为无色有恶臭的液体，沸点 107～108 ℃，难溶于水，易溶于乙醇和乙醚。

3. 霍夫曼(Hofmann)降解反应

氮原子上未取代的酰胺在碱性溶液中与卤素(Cl_2 或 Br_2)作用，脱去羰基生成少一个碳原子的伯

胺，此反应称为霍夫曼降解反应。

$$\mathrm{R{-}C(=O){-}NH_2 \xrightarrow[NaOH]{Br_2} RNH_2}$$

例如：

$$\mathrm{C_6H_5{-}CH_2CH(CH_3)CONH_2 \xrightarrow[NaOH]{Br_2} C_6H_5{-}CH_2CH(CH_3)NH_2}$$

苯异丙胺

苯异丙胺又名苯齐巨林或安非他明。它的硫酸盐为白色粉末，味微苦，随后有麻感。由于其对中枢神经有兴奋作用，可用于治疗发作性睡眠、中枢抑制药中毒和精神抑郁症。在安眠药等中毒时能服用本品急救。

8.5　含氮有机化合物

8.5.1　胺的结构、分类和命名

胺的分类和命名

知识点 1　胺的结构

胺的结构与氨类似，空间构型是三角锥形，分子中的氮原子采取不等性 sp^3 杂化，三个 sp^3 杂化轨道与氢原子或碳原子形成三个 σ 键，余下一个 sp^3 杂化轨道被孤对电子占据（图 8－9）。

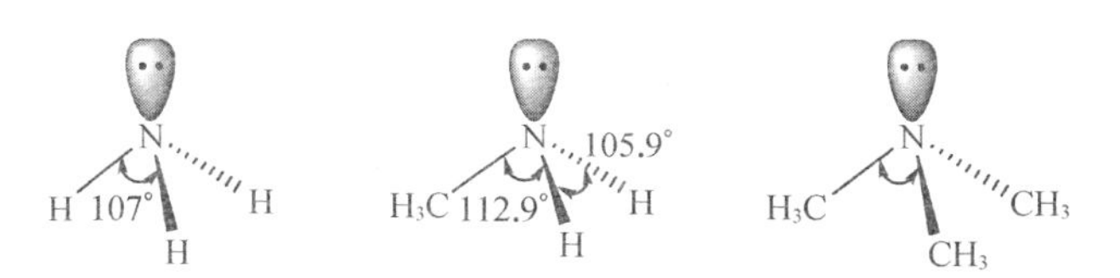

图 8－9　胺、甲胺和三甲胺的结构

知识点 2　胺的分类

1. 根据氨基所连接的碳原子种类

$\mathrm{RNH_2}$	$\mathrm{RR'NH}$	$\mathrm{RR'R''N}$	$\mathrm{[RR'R''R'''N]^+X^-}$
伯(1°)胺	仲(2°)胺	叔(3°)胺	季铵盐

2. 根据氨基所连接的烃基

$\mathrm{R{-}NH_2(-NHR', -NR'R'')}$	$\mathrm{Ar{-}NH_2(-NHR', -NR'R'')}$
脂肪族胺	芳香族胺

注意“氨、胺、铵”三个字的区分：NH_3（氨）中的一个氢原子被烃基或芳基取代，就变为“胺”；氨或胺与酸作用，就变为“铵”。

知识点 3　胺的命名

简单胺的命名一般以胺为母体，烃基为取代基，称为“某胺”；相同烃基合并，称为“二(三)烃基胺”，

“基”字常省略；当氮原子所连接的烃基不同时，按烃基的英文名称首字母顺序排列。例如：

$CH_3CH_2NH_2$ 乙胺 ethanamine

CH_3NHCH_3 二甲(基)胺 dimethylamine

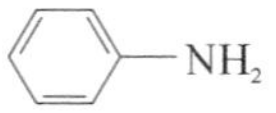

C_6H_5—NH_2 苯胺 aniline

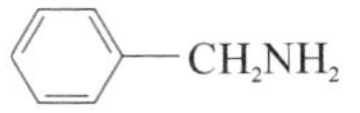

C_6H_5—CH_2NH_2 苯甲胺(苄胺) phenylmethanamine

$CH_3CH_2CH_2N(CH_3)CH_2CH_3$ 乙甲丙胺 ethylmethylpropylamine

$CH_3NHCH_2CH_3$ 乙甲胺 ethylmethylamine

在芳香胺中，当氮原子同时连有脂肪烃基和芳基时，以芳香胺为母体，在母体名称前加上“*N*-烃基”，表示该烃基是连在氮原子上，而不是连在苯环上。例如：

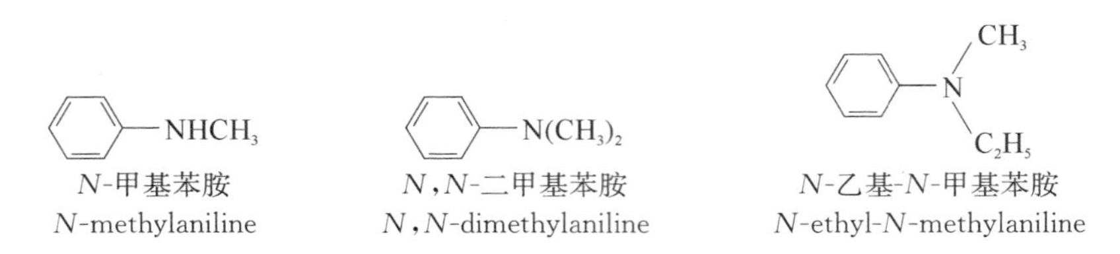

N-甲基苯胺 *N*-methylaniline　　*N*,*N*-二甲基苯胺 *N*,*N*-dimethylaniline　　*N*-乙基-*N*-甲基苯胺 *N*-ethyl-*N*-methylaniline

胺的系统命名法与醇相似，即选择含氨基的最长碳链为母体主链，从离氨基最近的一端开始编号，然后根据主链碳原子数称为“某-*x*-胺”，*x* 表示氨基的位次，最后将取代基的位次和名称依次写在母体名称之前，取代基则按其英文名称的首字母依次排列。例如：

$CH_3CH(CH_3)CH_2CH(NH_2)CH_3$ 4-甲基戊-2-胺 4-methylpentan-2-amine

$CH_3CH(NHC_2H_5)CH_2CH_2CH(CH_3)CH_3$ *N*-乙基-5-甲基己-2-胺 *N*-ethyl-5-methylhexan-2-amine

季铵盐和季铵碱的命名类似于无机铵类化合物。例如：

$(CH_3)_4N^+OH^-$ 氢氧化四甲基铵 tetramethylammonium hydroxide

$(CH_3)_3N^+(C_2H_5)Cl^-$ 氯化三甲基乙胺 trimethylethanaminium chloride

8.5.2　胺的物理性质

胺的物理性质

低级脂肪胺是气体，其他低级胺为液体，十二胺以上为固体。胺能与水形成氢键，低级胺易溶于水。胺在水中的溶解度和气味都随分子量的增加而减小。芳胺都是液体或固体，具有特殊气味和较大毒性，有的是致癌物(如β-萘胺、联苯胺等)。

伯、仲胺分子间能形成氢键，所以沸点较高，但小于分子量相近的醇，因为胺分子间的氢键不如醇分子间的氢键强。叔胺分子间无氢键，沸点较低。例如：

	$CH_3CH_2CH_2NH_2$	$CH_3NHCH_2CH_3$	$(CH_3)_3N$
沸点/℃	47.8	36.7	2.9

8.5.3　胺的化学性质

知识点 1　碱性

胺分子的氮原子上有孤对电子，可以接受质子，呈碱性，与酸作用生成盐，遇到强碱后，变为游离胺，可利用此性质分离和提纯胺。

$$RNH_2 + HCl \longrightarrow RNH_3^+Cl^-$$
$$RNH_3^+Cl^- + NaOH \longrightarrow RNH_2 + H_2O + NaCl$$

胺是弱碱，其碱性强弱可用 $K_b^\ominus$ 或 $pK_b^\ominus$ 值表示。

$$RNH_2 + H_2O \rightleftharpoons RNH_3^+ + OH^-$$
$$K_b^\ominus = \frac{[RNH_3^+][OH^-]}{[RNH_2]} \qquad pK_b^\ominus = -\lg K_b^\ominus$$

$K_b^\ominus$ 值越大，$pK_b^\ominus$ 值越小，胺的碱性越强。

烷基是供电子基，能增加氮原子上的电子云密度，使其结合质子的能力加强，因此一般脂肪胺的碱性大于氨。若仅考虑电子效应的影响，气态胺的碱性顺序为叔胺＞仲胺＞伯胺。

胺在水中的碱性还与水的溶剂化作用有关，氮原子上连接的氢原子越多，与水形成氢键的机会越多，溶剂化的程度越大，铵正离子越稳定，胺的碱性就越强。若只考虑溶剂化效应，胺的碱性顺序为伯胺＞仲胺＞叔胺。

$$R-\overset{+}{N}H_3 \;(H\cdots OH_2)_3 \qquad R-\overset{+}{N}H_2R' \;(H\cdots OH_2)_2 \qquad R-\overset{+}{N}HR'R'' \;(H\cdots OH_2)$$

此外，空间效应对脂肪胺的碱性也有影响，随着氮原子上取代基的增多，分子体积也增大，取代基对氮原子的屏蔽作用也增大，使质子不易接近胺分子。

因此，综合考虑电子效应、溶剂化效应和空间效应，胺的碱性顺序大致如下：

脂肪仲胺＞脂肪伯胺＞脂肪叔胺＞氨

在芳胺分子中，由于氮原子上的孤对电子参与芳环的共轭，氮原子上的电子云密度降低，使其结合质子的能力降低，故芳胺的碱性小于氨。

取代芳胺的碱性强弱，取决于取代基的性质。若取代基是给电子基团，则碱性增强；若取代基是吸电子基团，则碱性降低。例如：

	$p\text{-}CH_3C_6H_4NH_2$	$C_6H_5NH_2$	$p\text{-}NO_2C_6H_4NH_2$
$pK_b^\ominus$	8.92	9.3	13.0

知识点 2　酰基化反应

在伯胺和仲胺中，氮原子上的氢原子被酰基取代的反应，称为胺的酰基化反应。因为叔胺分子的氮原子上无 H，所以不能发生酰基化反应。

1. 乙酰化

胺常与酰卤或酸酐发生胺解反应而生成酰胺。例如：

$$C_6H_5-NH_2 + (CH_3CO)_2O \xrightarrow{\triangle} C_6H_5-NHCOCH_3 + CH_3COOH$$

N-苯基乙酰胺(乙酰苯胺)

生成的乙酰苯胺在酸或碱的水溶液中加热很容易水解成原来的苯胺，因此乙酰化反应在有机合成中常用于氨基的保护。例如：

$$\text{p-}CH_3C_6H_4NH_2 \xrightarrow{(CH_3CO)_2O} \text{p-}CH_3C_6H_4NHCOCH_3 \xrightarrow{KMnO_4} \text{p-}HOOCC_6H_4NHCOCH_3 \xrightarrow[\triangle]{H^+} \text{p-}HOOCC_6H_4NH_2$$

2. 磺酰化

伯胺和仲胺可以与苯磺酰氯或对甲苯磺酰氯反应生成相应的磺酰胺，该反应称为兴斯堡(Hinsberg)反应。生成的磺酰胺在酸或碱的催化作用下，又可水解生成原来的胺。

$$\left.\begin{array}{l} RNH_2 \\ R_2NH \\ R_3N \end{array}\right\} + H_3C\text{—}C_6H_4\text{—}SO_2Cl \xrightarrow{NaOH} \left\{\begin{array}{l} H_3C\text{—}C_6H_4\text{—}SO_2NHR\downarrow \xrightarrow{NaOH} H_3C\text{—}C_6H_4\text{—}SO_2N(Na)R \\ H_3C\text{—}C_6H_4\text{—}SO_2NR_2\downarrow \xrightarrow{NaOH} \text{不溶} \\ \text{不反应} \end{array}\right.$$

该反应在碱性条件下进行，生成的苯磺酰胺不溶于水，是固体，有固定的熔点。由伯胺生成的磺酰胺分子的氮原子上还有一个氢原子，由于磺酰基(RSO_2—)的强吸电子诱导效应(−I)，使得该氢原子具有一定的酸性，能够溶于碱溶液而生成水溶性的盐。将此溶液酸化，又生成不溶于水的磺酰胺。由仲胺生成的磺酰胺分子的氮原子上没有氢原子，不显酸性，所以此类磺酰胺固体不溶于碱溶液。叔胺分子的氮原子上没有氢原子，不发生磺酰化反应。因此，可利用磺酰化反应来鉴别和分离伯、仲、叔胺。

知识点3　与亚硝酸的反应

伯、仲、叔胺与亚硝酸反应的产物和现象不同，可用于伯、仲、叔胺的鉴别。

1. 伯胺

脂肪族伯胺与亚硝酸反应，生成极不稳定的脂肪族重氮盐，该重氮盐在低温下立即自发分解并进行取代、重排、消除等一系列反应，生成醇、卤代烃、烯烃等复杂的混合产物，并放出氮气。

$$RNH_2 \xrightarrow{NaNO_2/HCl} R\overset{+}{N}\equiv NCl^- \longrightarrow N_2\uparrow + Cl^- + R^+ \begin{cases} \text{醇} \\ \text{卤代烃} \\ \text{烯烃} \end{cases}$$

芳香族伯胺与亚硝酸在低温下反应，生成芳香重氮盐。芳香重氮盐在低温时较稳定，但升高温度可水解并放出氮气。例如：

$$C_6H_5\text{—}NH_2 \xrightarrow[0\sim5℃]{NaNO_2,HCl} C_6H_5\text{—}\overset{+}{N}\equiv NCl^- + NaCl + H_2O$$

2. 仲胺

仲胺与亚硝酸反应生成 *N*-亚硝基胺类化合物，它们是黄色油状物或固体，呈中性，有特殊气味且比较稳定。例如：

$$R_2NH + HNO_2 \longrightarrow R_2NH\text{—}N{=}O + H_2O$$

N-亚硝基胺(黄色)

$$C_6H_5\text{—}NHCH_3 + HNO_2 \longrightarrow C_6H_5\text{—}N(NO)CH_3 + H_2O$$

N-甲基-*N*-亚硝基苯胺(黄色)

脂肪族 *N*-亚硝基胺与稀酸共热时，分解为原来的胺，可用此法来分离和纯化脂肪族仲胺。*N*-亚硝基胺类化合物的毒性很强，是强烈的致癌物质，可引起动物多种器官和组织的肿瘤。

3. 叔胺

脂肪族叔胺与亚硝酸反应生成不稳定易水解的亚硝酸铵盐，该盐易溶于水，因此观察不到明显的实验现象，若用强碱处理则会游离出原来的叔胺。

$$R_3N + HNO_2 \longrightarrow R_3NH^+NO_2^-$$

芳香族叔胺和亚硝酸反应时，由于氨基的活化作用，使芳环更容易发生取代反应，生成对位的亚硝基化合物，若对位已被占据，则发生邻位取代。例如：

$$C_6H_5-N(CH_3)_2 + HNO_2 \longrightarrow ON-C_6H_4-N(CH_3)_2 + H_2O$$

N,*N*-二甲基-4-亚硝基苯胺(绿色晶体)

知识点 4　芳香胺的反应

1. 氧化反应

常温下，芳香胺易被氧化，尤其是伯胺。利用这一性质，芳香胺可加入高聚物中作为防老化剂和抗氧化剂。例如：

$$C_6H_5NH_2 \xrightarrow{MnO_2,\ H_2SO_4} O=C_6H_4=O$$

2. 取代反应

(1) 卤代

芳香胺与氯或溴很容易发生取代反应。例如，在苯胺的水溶液中滴加溴水，立即生成 2,4,6-三溴苯胺白色沉淀。此反应定量完成，可用于苯胺的定性和定量分析。

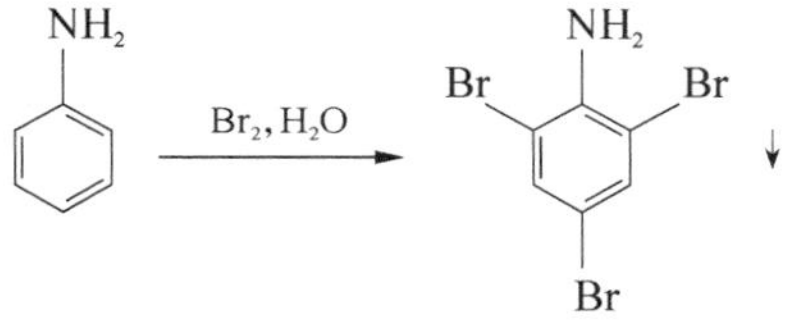

$$C_6H_5NH_2 \xrightarrow{Br_2,\ H_2O} 2,4,6\text{-}Br_3C_6H_2NH_2\downarrow$$

如果只需在芳环上引入一个卤原子，可先将氨基乙酰化，以降低其对苯环的活化作用。例如：

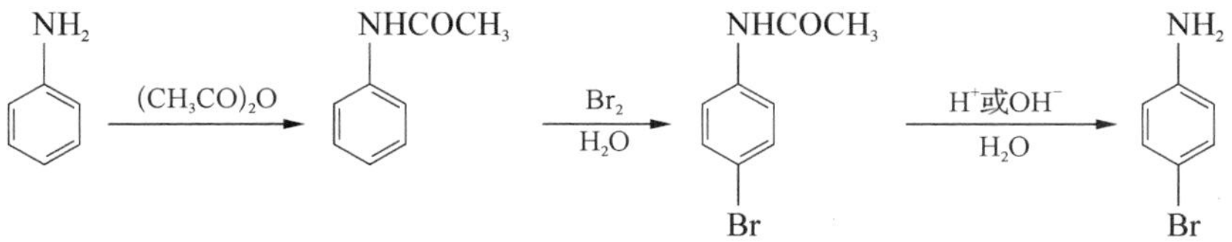

$$C_6H_5NH_2 \xrightarrow{(CH_3CO)_2O} C_6H_5NHCOCH_3 \xrightarrow[H_2O]{Br_2} p\text{-}BrC_6H_4NHCOCH_3 \xrightarrow[H_2O]{H^+或OH^-} p\text{-}BrC_6H_4NH_2$$

(2) 磺化

苯胺与浓硫酸反应生成苯胺硫酸盐，然后加热失去一分子水，重排成对氨基苯磺酸，以内盐形式存在。内盐是两性离子，熔点较高，水溶性小。

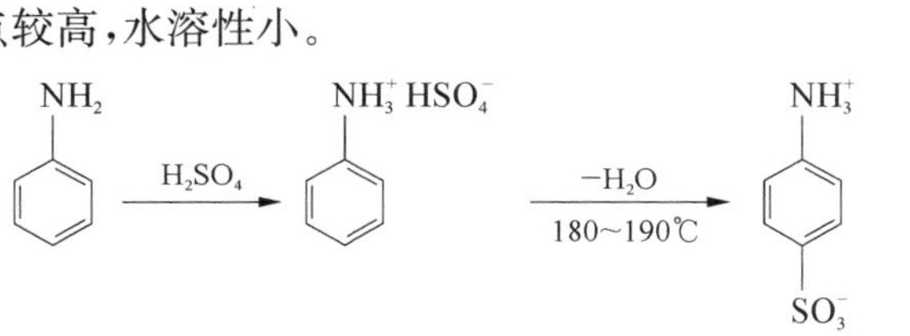

$$C_6H_5NH_2 \xrightarrow{H_2SO_4} C_6H_5NH_3^+HSO_4^- \xrightarrow[180\sim190℃]{-H_2O} p\text{-}NH_3^+C_6H_4SO_3^-$$

对氨基苯磺酸
(内盐,两性离子)

生成的苯胺硫酸盐比较稳定，可用于保护氨基，同时—NH_3^+ 属于间位定位基，可以在氨基的间位引入硝基。

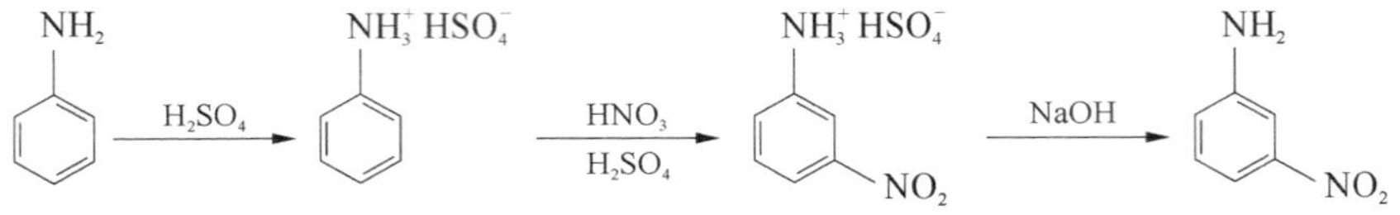

$$C_6H_5NH_2 \xrightarrow{H_2SO_4} C_6H_5NH_3^+HSO_4^- \xrightarrow[H_2SO_4]{HNO_3} m\text{-}O_2NC_6H_4NH_3^+HSO_4^- \xrightarrow{NaOH} m\text{-}O_2NC_6H_4NH_2$$

8.5.4 胺的制备

知识点1　胺的制备

1. 氨或胺的烃基化

氨或胺与脂肪族卤代烃反应可生成胺，但是往往得到的是各种胺的混合物，分离、纯化有一定的困难，这一方法受到很大的限制。不过采用大大过量的氨或胺时，可以避免多烃基化反应。

$$NH_3 \xrightarrow{RX} RNH_2 \xrightarrow{RX} R_2NH \xrightarrow{RX} R_3N \xrightarrow{RX} R_4N^+X^-$$

卤代芳烃一般难反应，在液氨中它与 $NaNH_2$(KNH_2)作用，卤素原子被氨基取代生成苯胺。

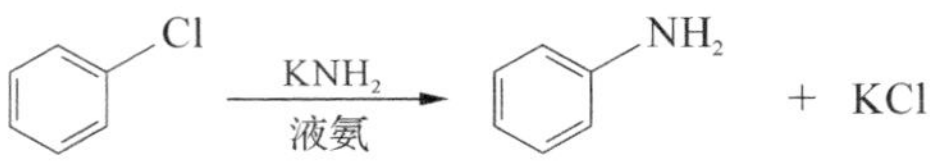

$$C_6H_5Cl \xrightarrow[\text{液氨}]{KNH_2} C_6H_5NH_2 + KCl$$

2. 含氮化合物的还原

硝基化合物、腈、肟、酰胺等都能还原为胺。例如：

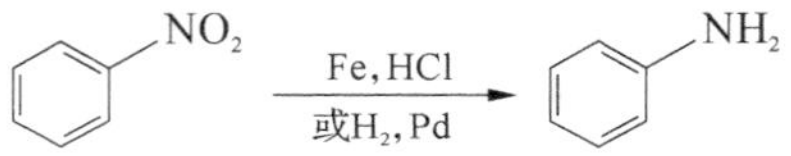

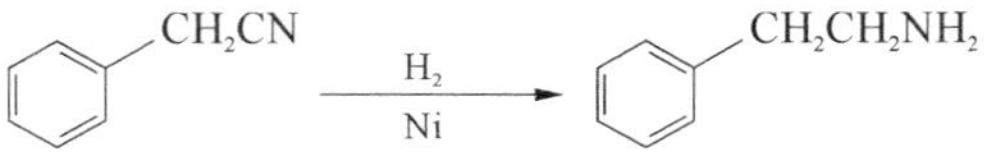

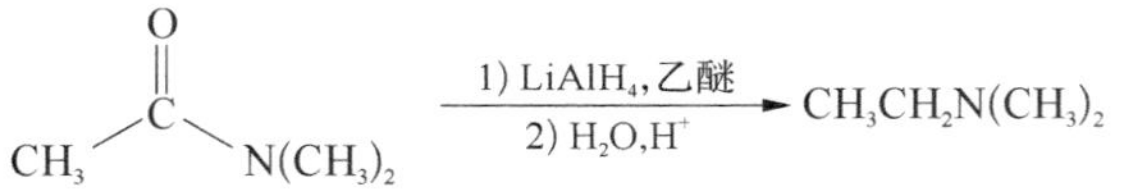

$$C_6H_5NO_2 \xrightarrow[\text{或}H_2,Pd]{Fe,HCl} C_6H_5NH_2$$

$$C_6H_5CH_2CN \xrightarrow[Ni]{H_2} C_6H_5CH_2CH_2NH_2$$

$$CH_3C(=O)N(CH_3)_2 \xrightarrow[2)\ H_2O,H^+]{1)\ LiAlH_4,\text{乙醚}} CH_3CH_2N(CH_3)_2$$

3. 盖布瑞尔(Gabriel)合成法

盖布瑞尔合成法是制备纯净伯胺的一种方法，具体步骤是在强碱性条件下，邻苯二甲酰亚胺转化为邻苯二甲酰亚胺的负离子，该负离子与卤代烃反应得到 *N*-烃基邻苯二甲酰亚胺，再进行水解，从而得到较纯净的伯胺。例如：

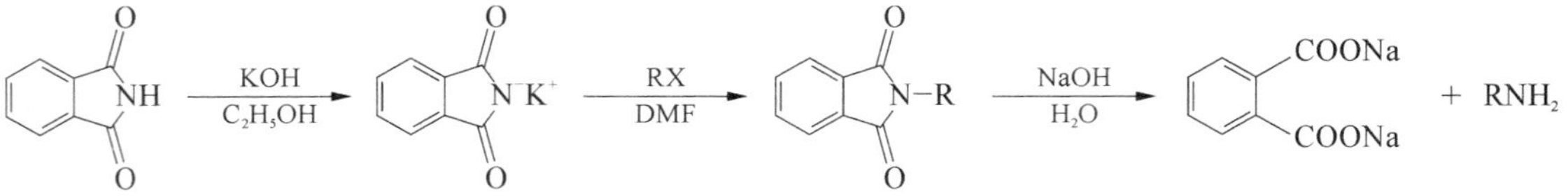

$$C_6H_4(CO)_2NH \xrightarrow[C_2H_5OH]{KOH} C_6H_4(CO)_2N^-K^+ \xrightarrow[DMF]{RX} C_6H_4(CO)_2N\text{—}R \xrightarrow[H_2O]{NaOH} C_6H_4(COONa)_2 + RNH_2$$

N-烃基邻苯二甲酰亚胺

8.5.5 硝基化合物的结构、分类和命名

烃分子中的氢原子被硝基(—NO_2)取代后的化合物，称为硝基化合物。一元硝基化合物常用

RNO_2 或 $ArNO_2$ 表示。

知识点 1　硝基化合物的结构

硝基化合物（R—NO_2）和亚硝酸酯（R—O—N＝O）构成同分异构体。研究表明，硝基中两个氮氧键的键长相等，均为 122 pm。杂环轨道理论认为，硝基中的氮原子为 sp^2 杂化，其中两个 sp^2 杂化轨道分别与两个氧原子形成两个 σ 键，另一个 sp^2 杂化轨道与碳原子形成一个 σ 键。氮原子上未参与杂化的 p 轨道垂直于三个 sp^2 杂化轨道所在平面，并和两个氧原子上的 p 轨道互相平行，侧面重叠，形成了三中心四电子的大 π 键（图 8－10）。

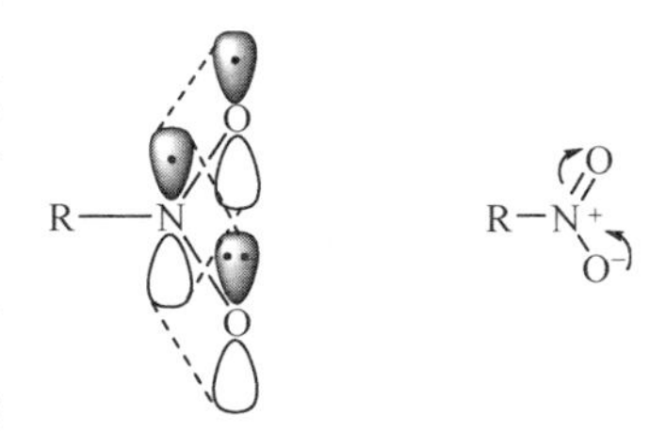

图 8－10　硝基化合物的结构

知识点 2　硝基化合物的分类

硝基化合物的分类和命名

1. 根据硝基所连接的烃基

RNO_2　脂肪族硝基化合物

$ArNO_2$　芳香族硝基化合物

2. 根据硝基所连接的碳原子种类

RCH_2—NO_2　伯(1°)硝基化合物

RR″CH—NO_2　仲(2°)硝基化合物

RR′R″C—NO_2　叔(3°)硝基化合物

3. 根据硝基的数目

CH_3NO_2　一硝基化合物

2,4,6-三硝基甲苯（CH_3, O_2N, NO_2, NO_2）　多硝基化合物

知识点 3　硝基化合物的命名

硝基化合物命名时，以烃为母体，硝基为取代基，其命名规则与卤代烃相似。例如：

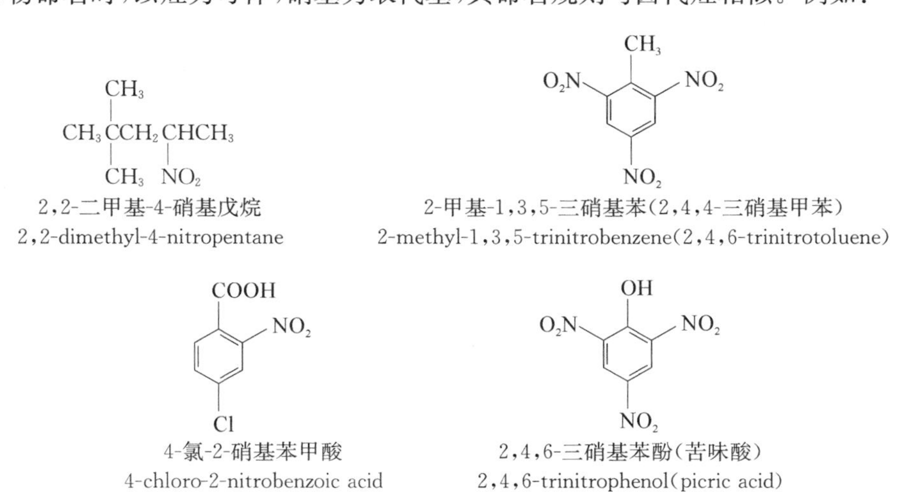

2,2-二甲基-4-硝基戊烷
2,2-dimethyl-4-nitropentane

2-甲基-1,3,5-三硝基苯(2,4,4-三硝基甲苯)
2-methyl-1,3,5-trinitrobenzene(2,4,6-trinitrotoluene)

4-氯-2-硝基苯甲酸
4-chloro-2-nitrobenzoic acid

2,4,6-三硝基苯酚(苦味酸)
2,4,6-trinitrophenol(picric acid)

8.5.6　硝基化合物的物理性质

脂肪族硝基化合物多数是油状液体，芳香族硝基化合物除了硝基苯是高沸点液体外，其余多是淡黄

色固体，有苦杏仁气味，味苦。多硝基化合物为黄色晶体，具有爆炸性，可用作炸药。硝基化合物由于具有较高的极性，分子间吸引力大，因此，其沸点比相应的卤代烃高。

硝基化合物的相对密度均大于1，比水重，不溶于水，易溶于有机溶剂和浓硫酸；有毒，其蒸气能透过皮肤被机体吸收而导致机体中毒。叔丁基苯的一些硝基化合物具有麝香香味，可用作香料。

硝基化合物的理化性质

8.5.7 硝基化合物的化学性质

知识点1 **硝基的还原反应**

硝基化合物易被还原。下面以芳香族硝基化合物为例，讨论不同反应条件，对还原产物的影响。

1. 酸性或中性介质中还原

在强酸性介质中，以Fe、Zn、Sn等金属为还原剂，硝基将被还原成氨基。例如：

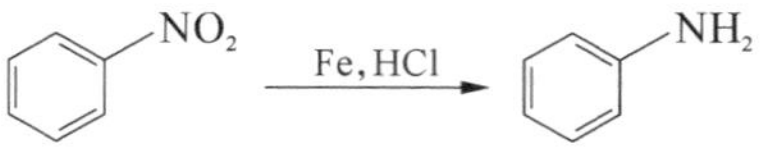

$$C_6H_5NO_2 \xrightarrow{Fe,HCl} C_6H_5NH_2$$

在弱酸性或中性介质中，硝基主要还原为芳基羟胺。例如：

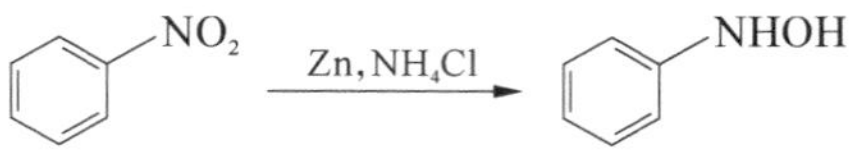

$$C_6H_5NO_2 \xrightarrow{Zn,NH_4Cl} C_6H_5NHOH$$

2. 碱性介质中还原

在碱性介质中，硝基化合物主要发生双分子还原。还原剂不同，还原产物有很大的差异，但产物经酸性条件下进一步还原，最终都生成苯胺。例如：

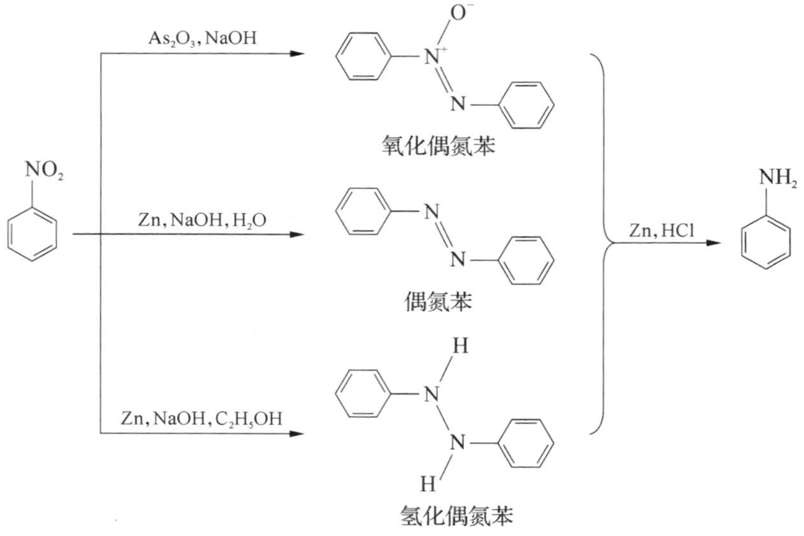

$$C_6H_5NO_2 \xrightarrow{As_2O_3,NaOH} C_6H_5N^+(O^-)=NC_6H_5$$

氧化偶氮苯

$$C_6H_5NO_2 \xrightarrow{Zn,NaOH,H_2O} C_6H_5N=NC_6H_5$$

偶氮苯

$$C_6H_5NO_2 \xrightarrow{Zn,NaOH,C_2H_5OH} C_6H_5NH-NHC_6H_5$$

氢化偶氮苯

$$\xrightarrow{Zn,HCl} C_6H_5NH_2$$

氢化偶氮苯在酸性介质中可发生重排，生成联苯胺。

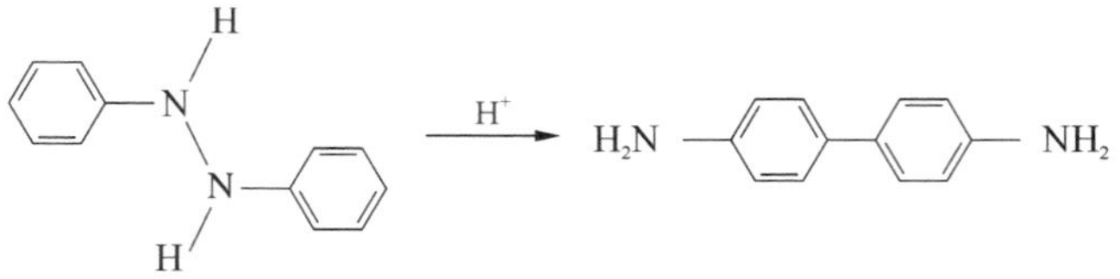

$$C_6H_5NH-NHC_6H_5 \xrightarrow{H^+} H_2N-C_6H_4-C_6H_4-NH_2$$

3. 催化氢化

若带有酸或碱条件下易水解的基团，为避免水解，可用催化氢化法还原。例如：

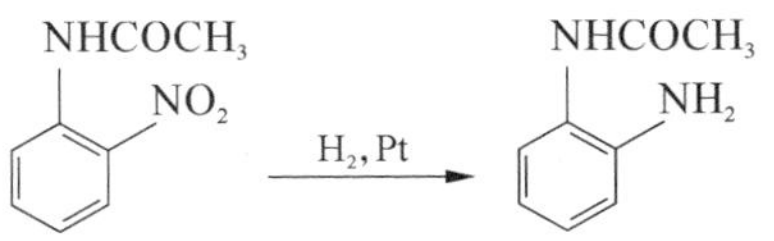

$NHCOCH_3$, NO_2（苯环） $\xrightarrow{H_2, Pt}$ $NHCOCH_3$, NH_2（苯环）

4. 多硝基化合物的选择性还原

若以 NH_4HS,$(NH_4)_2S$ 等硫化物为还原剂，可对多硝基化合物进行选择性还原，即还原一个硝基。例如：

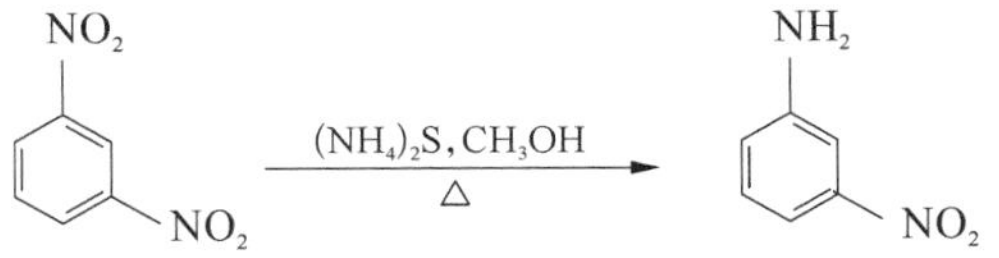

NO_2, NO_2（苯环） $\xrightarrow[\triangle]{(NH_4)_2S, CH_3OH}$ NH_2, NO_2（苯环）

若以 $SnCl_2$ 为还原剂，可选择性还原硝基，避免甲酰基的还原。例如：

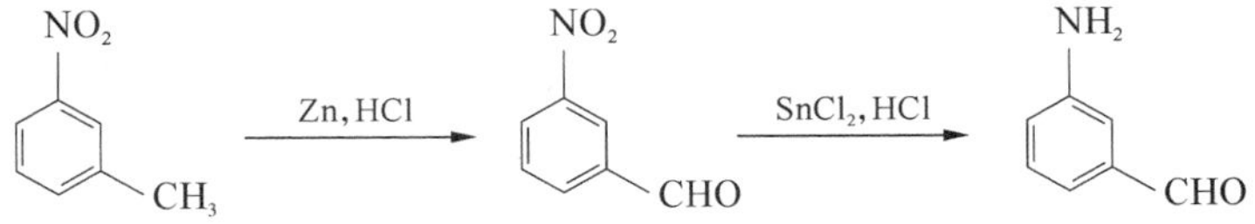

NO_2, CH_3（苯环） $\xrightarrow{Zn, HCl}$ NO_2, CHO（苯环） $\xrightarrow{SnCl_2, HCl}$ NH_2, CHO（苯环）

知识点 2　硝基对 α-H 的影响

由于硝基是强吸电子基团，因此硝基化合物 α-H 具有一定的酸性，可溶于碱，与氢氧化钠作用生成盐。这种性质可用于分离提纯具有 α-H 的硝基化合物。

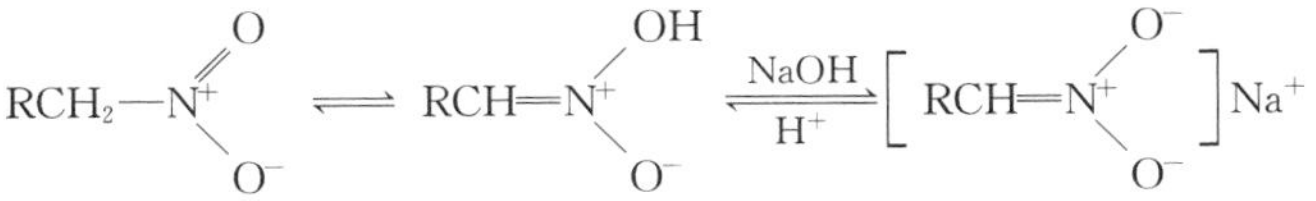

$$RCH_2—N^+(=O)O^- \rightleftharpoons RCH=N^+(OH)O^- \underset{H^+}{\overset{NaOH}{\rightleftharpoons}} [RCH=N^+(O^-)O^-]Na^+$$

硝基式　　　　酸式　　　　钠盐

知识点 3　硝基对苯环上取代基的影响

1. 使卤原子活泼

卤代苯很不活泼，若在卤原子的邻、对位引入硝基，则卤原子的活泼性逐渐增加，有利于卤代苯亲核取代反应的发生。

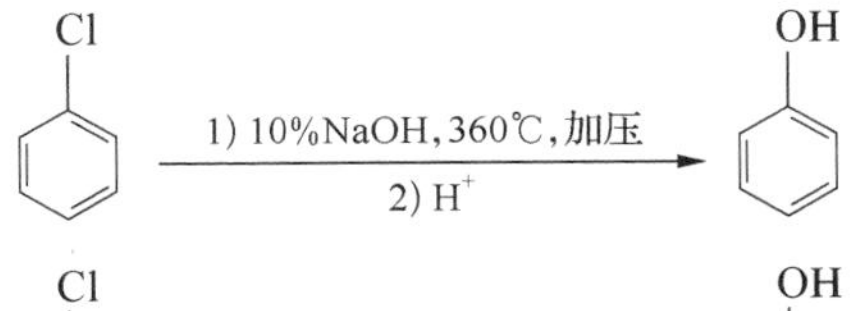

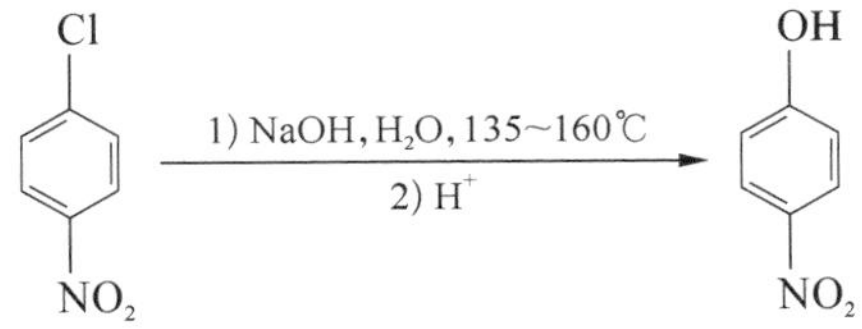

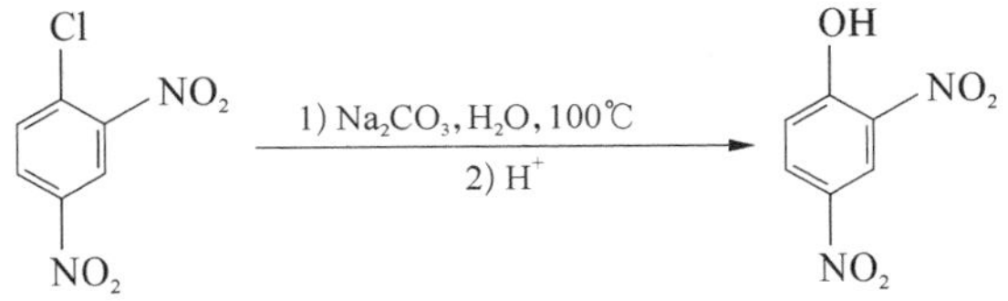

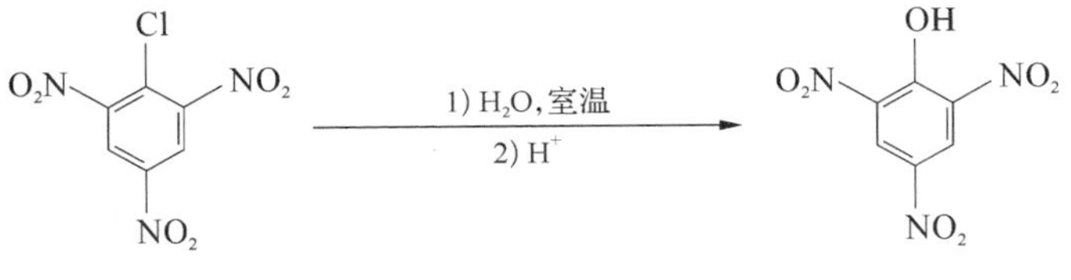

Cl（苯环） $\xrightarrow[2)\ H^+]{1)\ 10\%NaOH, 360℃, 加压}$ OH（苯环）

Cl, NO_2（苯环） $\xrightarrow[2)\ H^+]{1)\ NaOH, H_2O, 135\sim160℃}$ OH, NO_2（苯环）

Cl, NO_2, NO_2（苯环） $\xrightarrow[2)\ H^+]{1)\ Na_2CO_3, H_2O, 100℃}$ OH, NO_2, NO_2（苯环）

Cl, O_2N, NO_2, NO_2（苯环） $\xrightarrow[2)\ H^+]{1)\ H_2O, 室温}$ OH, O_2N, NO_2, NO_2（苯环）

2. 使酚类酸性增强

由于硝基的吸电子作用，使酚羟基氧原子上的电子云密度大大降低，对氢原子的吸引力减弱，容易变成质子离去，因而使酚的酸性增强。当硝基位于酚羟基邻对位时，酸性增强较多，尤其是对位，且硝基数目越多，酸性增强越多。

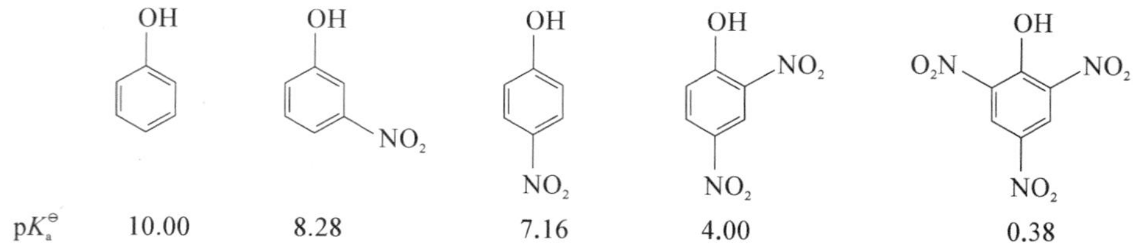

	苯酚	间硝基苯酚	对硝基苯酚	2,4-二硝基苯酚	2,4,6-三硝基苯酚
$pK_a^{\ominus}$	10.00	8.28	7.16	4.00	0.38

知识点 4　与亚硝酸的反应

HNO_2 与伯、仲硝基化合物的 α-H 反应，生成蓝色的亚硝基化合物，伯硝基化合物的产物可在碱性溶液中变为红色。此反应可用于硝基化合物的鉴别。

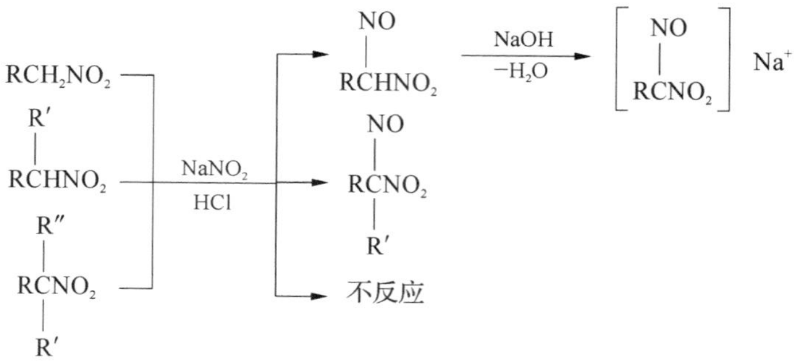

$$RCH_2NO_2 \xrightarrow[HCl]{NaNO_2} RCH(NO)NO_2 \xrightarrow[-H_2O]{NaOH} [RC(NO)NO_2]^- Na^+$$

$$RR'CHNO_2 \xrightarrow[HCl]{NaNO_2} RR'C(NO)NO_2$$

$$RR'R''CNO_2 \xrightarrow[HCl]{NaNO_2} \text{不反应}$$

实践项目二十　黄连中黄连素的提取

一、目的要求

(1) 通过从黄连中提取黄连素，掌握回流提取的方法。

(2) 比较索氏提取器与回流提取器的优异点。

二、基本原理

黄连为我国名产药材之一，抗菌力很强，对急性结膜炎、口疮、急性细菌性痢疾、急性肠胃炎等均有很好的疗效。黄连中含有多种生物碱，除以黄连素(俗称小檗碱 Berberine)为主要有效成分外，尚含有黄连碱、甲基黄连碱、棕榈碱和非洲防己碱等。黄连素是黄色针状体，微溶于水和乙醇，较易溶于热水和热乙醇中，几乎不溶于乙醚。黄连素的结构式以较稳定的季铵碱为主，其结构式为：

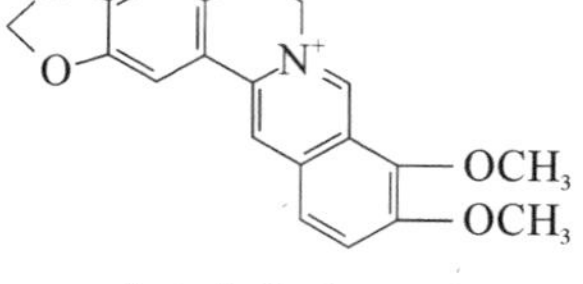

黄连素的季铵碱式

在自然界，黄连素多以季铵盐的形式存在，其盐酸盐、氢碘酸盐、硫酸盐、硝酸盐均难溶于水，易溶于

热水，且各种盐的纯化都比较容易。

三、试剂与仪器

试剂：黄连、乙醇、1%醋酸、浓盐酸。
仪器：圆底烧瓶、球形冷凝管。

四、操作步骤

1. 黄连素的提取

称取 10 g 中药黄连切碎、磨烂，放入 250 mL 圆底烧瓶中，加入 100 mL 乙醇，装上回流冷凝管，热水浴加热回流 0.5 h，冷却，静置，抽滤。滤渣重复上述操作处理两次，合并三次所得滤液，在水泵减压下蒸出乙醇(回收)，直到呈棕红色糖浆状。

2. 黄连素的纯化

加入 1%醋酸(约 30～40 mL)于糖浆状中。加热使溶解，抽滤以除去不溶物，然后于溶液中滴加浓盐酸，至溶液混浊为止(约需 10 mL)，放置冷却(最好用冰水冷却)，即有黄色针状体的黄连素盐酸盐析出(如晶体不好，可用水重结晶一次)，抽滤，结晶用冰水洗涤两次，再用丙酮洗涤一次，加速干燥，烘干称量。纯黄连素为黄色针状晶体。

五、注意事项

(1) 黄连素的提取回流要充分。
(2) 滴加浓盐酸前，不溶物要去除干净，否则影响产品的纯度。

六、思考题

黄连素为何种生物碱类的化合物?

实践项目二十一　乙酸乙酯的制备

一、目的要求

(1) 掌握乙酸乙酯的制备原理及方法，掌握可逆反应提高产率的措施。
(2) 掌握分馏的原理及分馏柱的作用。
(3) 进一步练习并熟练掌握液体产品的纯化方法。

二、基本原理

乙酸乙酯的合成方法很多，例如，可由乙酸或其衍生物与乙醇反应制取，也可由乙酸钠与卤乙烷反应来合成等。其中最常用的方法是在酸催化下由乙酸和乙醇直接酯化，常用浓硫酸、氯化氢、对甲苯磺酸或强酸性阳离子交换树脂等作催化剂。若用浓硫酸作催化剂，其用量是醇的 0.3%即可，其反应为：

主反应：$CH_3COOH + CH_3CH_2OH \xrightleftharpoons{H_2SO_4} CH_3COOCH_2CH_3 + H_2O$

副反应：$2CH_3CH_2OH \xrightleftharpoons{H_2SO_4} CH_3CH_2OCH_2CH_3 + H_2O$

$CH_3CH_2OH \longrightarrow H_2C{=}CH_2 + H_2O$

酯化反应为可逆反应，为提高产率，可一方面加入过量的乙醇，另一方面在反应过程中不断蒸出生成的产物和水，促进平衡向生成酯的方向移动。但是，酯和水或乙醇的共沸物沸点与乙醇接近，为了能蒸出生成的酯和水，又尽量使乙醇少蒸出来，本实验采用了较长的分馏柱进行分馏。

三、操作步骤

1. 反应

(1) 安装装置

在 100 mL 三口烧瓶中的一侧口装配一恒压滴液漏斗，滴液漏斗的下端通过一橡皮管连接一 J 形玻璃管，伸到三口烧瓶内离瓶底约 3 mm 处，另一侧口固定一个温度计，中口装配一分馏柱、蒸馏头、温度计及直形冷凝管。冷凝管的末端连接接引管及锥形瓶，锥形瓶用冰水浴冷却。如图 8－11所示。

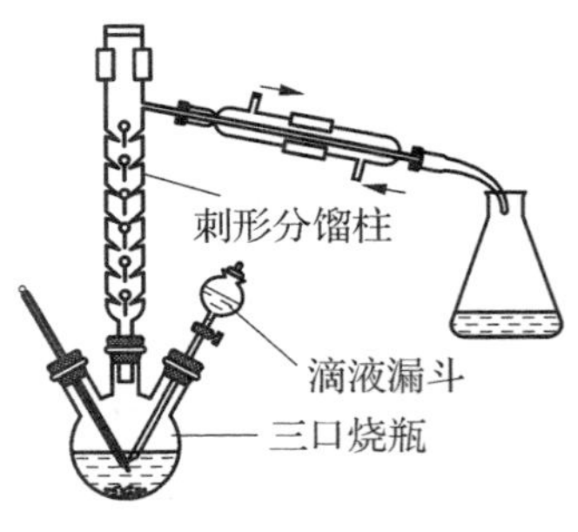

图 8－11　反应装置图

(2) 反应

① 在一小锥形瓶中放入 3 mL 乙醇，一边摇动，一边慢慢加入 3 mL 浓硫酸，并将此溶液倒入三口烧瓶中，加入几粒沸石。

② 配制 20 mL 乙醇和 14.3 mL 冰醋酸的混合溶液倒入滴液漏斗中。先向瓶内滴入约 2 mL 的混合液。

③ 将三颈瓶在石棉网上小火加热到 110～120 ℃左右，这时蒸馏管口应有液体流出，再自滴液漏斗慢慢滴入其余的混合液，控制滴加速度和馏出速度大致相等，并维持反应温度在 110～125 ℃之间。

④ 滴加完毕后，继续加热 10 分钟，直至温度升高到 130 ℃不再有馏出液为止。

2. 产率：________

四、注意事项

(1) 加料滴管和温度计必须插入反应混合液中，加料滴管的下端离瓶底约 5 mm 为宜。

(2) 加浓硫酸时，必须慢慢加入并充分振荡烧瓶，使其与乙醇均匀混合，以免在加热时因局部酸过浓引起有机物碳化等副反应。还可避免局部放出大量的热量，而引起暴沸。

(3) 反应瓶里的反应温度可用滴加速度来控制。温度接近 125 ℃，适当滴加快些；温度落到接近 110 ℃，可滴加慢些；温度落到 110 ℃停止滴加；待温度升到 110 ℃以上时，再滴加。

(4) 洗涤时注意放气，有机层用饱和 NaCl 洗涤后，尽量将水相分离干净。

(5) 干燥后的粗产品进行蒸馏时，收集 74～84 ℃馏分。

五、思考题

(1) 能否用浓的氢氧化钠溶液代替饱和碳酸钠溶液来洗涤蒸馏液？为什么？

(2) 如果在洗涤过程中出现了碳酸钙沉淀，如何处理？

实践项目二十二　甲基橙的制备

一、目的要求

(1) 了解由重氮化反应和偶合反应制备甲基橙的原理和方法。通过甲基橙的制备学习重氮化反应和偶合反应的实验操作。

(2) 初步掌握冰浴低温反应的装置和操作。

(3) 巩固重结晶的原理和操作。

二、基本原理

$$H_2N-C_6H_4-SO_3H + NaOH \longrightarrow H_2N-C_6H_4-SO_3Na + H_2O$$

$$H_2N-C_6H_4-SO_3Na \xrightarrow[HCl]{NaNO_2} \left[HO_3S-C_6H_4-\overset{+}{N}\equiv N\right]Cl^- \xrightarrow[HOAc]{C_6H_5N(CH_3)_2}$$

$$\left[HO_3S-C_6H_4-N=N-C_6H_4-\underset{H}{\underset{|}{N}}(CH_3)_2\right]^+ OAc^- \xrightarrow{NaOH}$$

$$NaO_3S-C_6H_4-N=N-C_6H_4-N(CH_3)_2 + NaOAc + H_2O$$

三、操作步骤

1. 重氮盐的制备

在烧杯中放 10 mL 5%氢氧化钠溶液及 2.1 g 对氨基苯磺酸晶体，温热使其溶解。另溶 0.8 g 亚硝酸钠于 6 mL 水中，加入上述烧杯中，用冰盐浴冷至 0～5 ℃。在不断搅拌下，将 3 mL 浓盐酸与 10 mL水配成的溶液缓缓滴加到上述混合溶液中，并控制温度在 5 ℃以下。滴加完后用淀粉-碘化钾试纸检验，直到试纸刚变蓝，否则再加亚硝酸钠水溶液。然后在冰盐浴中放置 15 min 以保证反应完全。

2. 粗制甲基橙

在试管内混合 1.2 g *N*,*N* -二甲基苯胺和 1 mL 冰醋酸，在不断搅拌下，将此溶液慢慢加到上述冷却的重氮盐溶液中。加完后，继续搅拌 10 min，然后慢慢加入 25 mL 5%氢氧化钠溶液，直至反应物变为橙色，这时反应液呈碱性，粗制的甲基橙呈细粒状沉淀析出。

3. 分离纯化

将反应物在沸水浴上加热 5 min，冷至室温后，再在冰水浴中冷却，使甲基橙晶体析出完全。抽滤收集结晶，依次用少量水、乙醇、乙醚洗涤，压干。若要得到较纯产品，可用溶有少量氢氧化钠(约 0.1～0.2 g)的沸水(每克粗产物约需 25 mL)进行重结晶。待结晶析出完全后，抽滤收集，沉淀依次用少量乙醇、乙醚洗涤，得到橙色的小叶片状甲基橙晶体，产量约 2.5 g。

溶解少许甲基橙于水中，加几滴稀盐酸溶液，接着用稀的氢氧化钠溶液中和，观察颜色变化。

4. 产品鉴定和分析

(1) 产品外观(或形状)：橙色的小叶片状甲基橙晶体。

(2) 产品质量：产量约 2.5 g。

四、思考题

(1) 本实验中，重氮盐的制备为什么要控制在 0～5 ℃进行？偶合反应为什么在弱酸性介质中进行？

(2) *N*,*N* -二甲基苯胺与重氮盐偶合为什么总是在氨基的对位上发生？

新型洗涤剂

合成洗涤剂用品越来越成为人们日常生活的必需品，同时现代洗涤的发展趋势决定了对洗涤用品的去污、安全、环保、个性的不同要求。本文阐述了如何根据洗涤对象和洗涤目的，有针对性地选择不同的洗涤用品。同时，澄清目前公众对洗涤用品选择和使用的一些常见误区。

早在千年以前人类就知道草木灰水、皂荚水和茶子饼水可以用来清洗衣服。18 世纪末，随着制碱工业的发展，人们发明了用天然动植物油脂来制取肥皂的方法。在第一次世界大战期间，德国由于缺乏生产肥皂的油脂资源，就开始以石油产品为原料研制合成洗涤剂以代替肥皂，并成功地制成一种具有去污作用的化合物，这就是合成洗涤剂的起源。

第二次世界大战之后，合成洗涤剂在工业较发达的国家得到了迅速的发展。我国的合成洗涤剂产品是从二十世纪五十年代才开始研制生产，八十年代得到了迅速的发展。随着人们生活水平的提高，洗涤用品越来越成为人们生活的必需品。面对众多的合成洗涤用品，如何科学地选择和使用适合不同洗涤对象的洗涤用品，同时达到去污、护理、环保和个性化的要求，就很值得研究。

合成洗涤产品如果按照产品的性状区分，有粉状洗涤剂、液体洗涤剂和洗衣膏等。粉状洗涤剂中又有普通粉状洗涤剂和浓缩粉状洗涤剂之分，其中浓缩洗衣粉代表着当今世界洗衣粉发展的潮流；对于液体洗涤剂，如果按照洗涤的对象和用途的不同，可分为衣料洗涤剂（包括普通洗涤剂、丝毛洗涤剂、漂白剂、柔软剂等）、餐具洗涤剂（包括手洗餐具洗涤剂、机用餐具洗涤剂）、个人卫生用洗涤剂（如洗手液、沐浴露、洗发液）等几种。

合成洗涤剂的种类很多，但其重要成分不外乎以下两部分：活性物（即表面活性剂）和洗涤助剂。目前表面活性剂中用量最广的是烷基苯磺酸钠，现在市售的洗衣粉的主要成分就是烷基苯磺酸钠，其含量为 10%～30%。其他的合成洗涤剂还有脂肪酸盐、烷基醇酰胺、脂肪醇硫酸酯、脂肪醇酸聚氧乙酰醚（又称平平加）等。洗涤助剂有三磷酸钠、硅酸钠、硫酸钠、羧甲基纤维素（又称 CMC 或化学糨糊）、过氧酸盐、荧光增白剂、酶制剂等。

作为合成洗涤剂中的有效成分，表面活性剂是一类由亲水基和亲油基组成的有机化合物。一般有阴离子型表面活性剂（如脂肪醇硫酸酯钠）、阳离子型表面活性剂（如烷基三甲基氯化铵）、两性表面活性剂（如甜菜碱型表面活性剂）和非离子型表面活性剂（如脂肪族高级醇聚氧乙烯加成物）的区分。

在洗涤时，亲油部分深入油污的内部，而亲水部分裸露在水介质中，通过一定的机械力使污垢分解脱落，从而达到洗涤的效果。

三聚磷酸钠在洗衣粉中含 15%～25%，其含量往往是洗衣粉质量高低的标志。它起表面活性剂和增加去污力的作用，同时能软化硬水和调节水的 pH，促进油污的去除。但是含大量磷化物的洗涤废水排放到水域中，会使水生藻类大量生长，破坏水中生态平衡，造成环境污染。

一、命名下列物质

1.
$$\begin{array}{c} \quad\quad\quad\quad\quad\quad Cl \\ \quad\quad\quad\quad\quad\quad | \\ CH_3-CH-CH-CH_2-CH_3 \\ | \quad\quad\quad\quad\quad\quad \\ CH_2 \quad\quad\quad\quad\quad\quad \\ | \quad\quad\quad\quad\quad\quad \\ CH_3 \quad\quad\quad\quad\quad\quad \end{array}$$

2. $Br-C_6H_4-CH_2Cl$（对位）

3. $CH_3-CH(CH_2CH_2Cl)-CH_2-CH_2-CH_3$

4. $H_2C=C(CH_2-CH_3)-CH_2-CH_2-Cl$

5. $(Cl)(Br)C=C(CH_3)(C_2H_5)$

6. $H_3C-C(CH_2CH_2OH)(CH_2-CH_3)-CH_2-CH_3$

7. OH, OH（苯环对位二取代）

8. OH, OCH_3（苯环间位二取代）

9. $(CH_3)_2CHOCH(CH_3)_2$

10. $-OCH=CH_2$（苯环取代）

11. CHO, OH（苯环邻位二取代）

12. $-CH=CHCHO$（苯环取代）

13. O（环己酮结构）

14. $-\overset{O}{\overset{\|}{C}}-CH_3$（苯环取代）

15. $H_2C=CHCH_2\overset{O}{\overset{\|}{C}}CH_3$

16. HOOCCOOH

17. $H_2C=CHCH(CH_3)COOH$

18. COOH, COOH（苯环对位二取代）

19. O, O, O（五元环酸酐结构）

20. $CH_3CH(CH_3)\overset{O}{\overset{\|}{C}}Cl$

21. $-\overset{O}{\overset{\|}{C}}NH_2$（苯环取代）

22. $H_3C-CH(CH_3)-NH-CH(CH_3)-CH_3$

23. $H_3C-CH(NO_2)-CH(CH_3)-CH_2-CH_3$

24. $CH_3CH_2CH_2CN$

二、写出下列物质的结构式

1. 氯甲基环氧乙烷
2. 3-氯-2,3-二甲基戊烷
3. *trans*-1-氯-2-甲基环己烷
4. 4-甲基环己-2,5-二烯醇
5. 2-异丙基-5-甲基苯酚
6. 丁基乙烯基醚
7. 新戊醛
8. 1,2-二苯基乙酮
9. β-苯丙烯醛
10. 蚁酸
11. 草酸
12. 乙酸乙酯
13. 三乙基甲基氢氧化铵
14. 喹啉-8-酚
15. 3-硝基吡啶

三、写出下列反应的主要产物

1. $C_6H_5-CH_3 + (CH_3)_3CCl \xrightarrow{无水\ AlCl_3} \quad \xrightarrow[\triangle]{KMnO_4}$

2. $\underset{\displaystyle Br}{CH_3CH_2\overset{}{C}HCH_3} \xrightarrow[H_2O]{NaOH}$

3. $Cl-C_6H_4-CH_2Cl \xrightarrow[\text{无水乙醚}]{Mg} \qquad\qquad \xrightarrow{H_2O}$

4. $H_3C-\underset{\displaystyle CH_3}{\overset{\displaystyle CH_3}{C}}-Br \xrightarrow[C_2H_5OH,25\ ℃]{C_2H_5ONa}$

5. $C_6H_4(CH=CH-Br)(CH_2Cl)$（间位）$+KCN \longrightarrow$

6. 环己醇（$\overset{\displaystyle OH}{C_6H_{11}}$）$\xrightarrow[\triangle]{H_2SO_4} \qquad\qquad$ $\begin{cases} \xrightarrow{Cl_2,H_2O} \\ \xrightarrow[\text{稀,冷}]{KMnO_4} \end{cases}$

7. $\underset{\displaystyle OH}{CH_3CHCH_3} \xrightarrow[\triangle]{H_2SO_4}$

8. $HO-C_6H_4-CH_3$（对位）$+Br_2 \xrightarrow{H_2O}$

9. $CH_3\underset{\displaystyle CH_3}{\overset{\displaystyle CH_3}{C}}ONa+CH_3CH_2Br \longrightarrow$

10. $CH_3CH_2OCH_2CH_3+HI \xrightarrow{\triangle}$

11. $CH_3CHO+CH_3CH_2OH \xrightarrow{HCl(\text{干})}$

12. $CH_3CHO+CH_3CH_2MgBr \xrightarrow{\text{四氢呋喃}}$

13. $C_6H_5-CH=CHCHO \xrightarrow[② H_3O^+]{① LiAlH_4}$

14. $CH_3\overset{\displaystyle O}{\overset{\|}{C}}CH=CH_2 \xrightarrow[② H_3O^+]{① NaBH_4}$

15. $C_6H_5-\overset{\displaystyle O}{\overset{\|}{C}}-CH_2CH_3 \xrightarrow[\triangle]{Zn-Hg,\text{浓 }HCl}$

16. $CH_3CH_2-\overset{\displaystyle O}{\overset{\|}{C}}-OH+CH_3CH_2OH \xrightarrow{H^+}$

17. $C_6H_6 + CH_3\overset{\displaystyle O}{\overset{\|}{C}}-Cl \xrightarrow{\text{无水 }AlCl_3}$

18. 邻苯二甲酸（$C_6H_4(COOH)_2$）$\xrightarrow{\triangle}$

19. $CH_3COOH+NH_3 \longrightarrow \qquad\qquad \xrightarrow{\triangle}$

20. $CH_3COCl+H_2O \longrightarrow$

21. 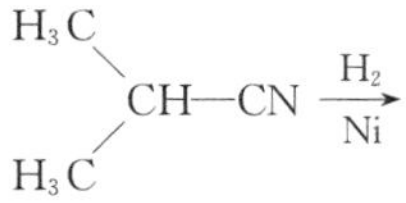 $(H_3C)_2CH—CN \xrightarrow[Ni]{H_2}$

22. 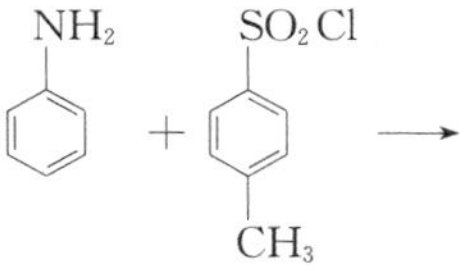 $C_6H_5NH_2$ + $p\text{-}CH_3C_6H_4SO_2Cl$ $\longrightarrow$

23. 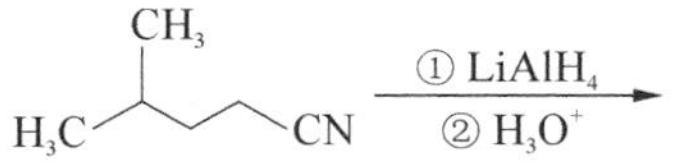 $H_3C—CH(CH_3)—CH_2CH_2—CN \xrightarrow[② H_3O^+]{① LiAlH_4}$

四、鉴别题

1. 甲基环丙烷、甲基环己烷、1-氯丙烷
2. 1-氯丙烷、2-氯丙烯、3-氯丙烯
3. 乙醚、乙醇
4. 己烷、环己醇、苯酚溶液
5. 乙醇、乙醛、丙酮
6. 己醛、苯甲醛、苯乙酮
7. 苯胺、*N*-甲基苯胺、*N*,*N*-二甲基苯胺
8. 苯胺、苯酚、苯甲酸、苯甲酰胺
9. 苯、噻吩、苯酚
10. 苯甲醛、糠醛

五、推断化合物的结构

1. 化合物A($C_8H_{17}Br$)在NaOH的醇溶液中加热生成烯烃B,B用臭氧处理,水解后生成C;当催化氢化C时,C吸收1 mol氢生成醇D($C_4H_{10}O$),用浓H_2SO_4处理D,生成两种异构体烯烃E和F,分子式均为C_4H_8,但E比F稳定。写出A—F的结构式及各步反应方程式。

2. 某溴代烃A与KOH的醇溶液作用,脱去一分子HBr生成B,B经$KMnO_4$氧化得到丙酮和CO_2,B与HBr作用得到C,C是A的异构体,试推测A、B、C的结构式,并写出各步反应式。

3. 某醇的分子式为$C_5H_{11}OH$,氧化后生成酮;该醇脱水生成一种不饱和烃,将不饱和烃氧化,可得到羧酸和酮两种产物,试推测该醇的结构式。

4. 芳香化合物A的分子式为$C_8H_{10}O$,A不与Na反应,与氢碘酸反应生成化合物B和C;B能溶于NaOH并与$FeCl_3$溶液作用呈紫色;C与硝酸银的乙醇溶液作用生成黄色碘化银沉淀。试推测A、B、C的结构式,并写出有关反应式。

5. 化合物A的分子式为$C_8H_{14}O$,A可使溴水迅速褪色,可与苯肼作用,但不能发生银镜反应;A氧化生成丙酮和化合物B,B具有酸性,能发生碘仿反应生成丁二酸。试推测A和B的结构式。

6. 化合物A和B的分子式都是C_3H_6O,它们都能与$NaHSO_3$作用生成白色结晶;A能与托伦试剂作用生成银镜,但不能发生碘仿反应;B能发生碘仿反应,但不能与托伦试剂作用。试推测A和B结构式。

7. 化合物A和B的分子式都是$C_4H_6O_2$,它们都有令人愉快的香味,不溶于碳酸钠和NaOH溶液,可使溴水褪色;它们和NaOH的水溶液共热都发生反应,A的反应产物为乙酸钠和乙醛,而B的反应产物为甲醇和某羧酸的钠盐,将后者用酸中和,蒸馏所得的有机物仍可使溴水褪色,试推测A和B结构式。

8. 化合物A和B的分子式均为$C_3H_6O_2$,A能与碳酸钠作用放出二氧化碳,B在氢氧化钠溶液中水解,B的水解产物之一能发生碘仿反应。试推测A和B的结构式。

9. 甲、乙、丙三种含氮有机化合物的分子式都是$C_4H_{11}N$,当它们与亚硝酸作用后,甲和乙都生成具有 4 个碳原子的醇，而丙则成盐。将甲和乙所生成的醇强烈氧化，则分别生成异丁酸和乙酸。试推测甲、乙、丙的结构式。

10. 杂环化合物 A 的分子式为 $C_5H_4O_2$，经氧化后生成羧酸 $C_5H_4O_3$；把此羧酸的钠盐与碱石灰作用生成 B，B 与金属钠不反应，也不具有醛和酮的性质。试推测 A 和 B 的结构式。

六、合成题

1. 以丙烯醛为原料合成化合物 $CH_2=CHCH_2OH$。

2. 以丙烯为原料合成化合物 $CH_3C(Cl)(Br)CH_3$。

3. 以 C_3 以下的醇为原料合成化合物 $CH_3-C(OH)(CH_3)-CH_2CH_3$。

4. 以丙烯为原料合成正丁醇。

5. 以甲苯为原料合成化合物 $CH_3-C_6H_4-CO-C_6H_5$。

6. 以苯和乙醇为原料合成化合物 $O_2N-C_6H_4-CO-CH_3$。

7. 以乙烯为原料合成丁二酸二乙酯。

8. 以苯为原料合成 1,3,5-三溴苯。

9. 以苯为原料合成对硝基苯胺。

10. 以苯为原料合成化合物 $C_6H_5-N=N-C_6H_4-NH_3$。

第 9 章

化学热力学基础

知识目标

1. 了解热力学能、焓、熵及吉布斯自由能等状态函数的性质，以及功与热等概念。
2. 掌握有关热力学第一定律的计算，恒压热与焓变、恒容热与热力学能变的关系及成立的条件。
3. 掌握化学反应热、热化学方程式、化学反应进度、标准态、标准摩尔生成焓、标准摩尔生成吉布斯自由能、化学反应的摩尔焓变、化学反应的摩尔熵变、化学反应的摩尔吉布斯自由能变等基本概念及吉布斯判据的应用。
4. 掌握化学反应方向的自由能判据。

能力目标

1. 学会热力学第一定律的相关计算。
2. 学会化学反应热的计算。
3. 学会化学反应方向的自由能判据。

合成氨生产中，每生产一吨氨所产生的反应热约 70 万千卡；在氯碱生产流程中，氯化氢合成炉产生大量的反应热。过去无法充分利用这些热量，造成能源浪费，并影响工作环境。经过近年来的研究，如在氯碱生产流程中将氯化氢合成炉改造成钢制水夹套炉，可在氯化氢生产过程中，更好地利用氯气与氢气反应生成氯化氢时放出大量反应热(每合成 1 kg 气态氯化氢大约释放 2 524 kJ 热量)，以及合成炉灯头处氯化氢的热能。

9.1 热力学基本概念

9.1.1 系统与环境

物质世界的各种变化总是伴随着各种形式的能量变化。定量地研究能量相互转化过程中所遵循规律的学科称为热力学。

热力学

用热力学的基本原理研究化学现象和与化学有关的物理现象，称为化学热力学。化学热力学的主要内容是：利用热力学第一定律来计算变化中的热效应问题，即研究化学变化过程中的能量转化规律；利用热力学第二定律研究化学变化的方向与限度，以及化学平衡的问题。化学热力学是解决实际问题的一种非常重要的有效工具。在新工艺设计、新化学试剂的研制以及新材料的开发研究工艺中，都离不开化学热力学。

知识点 1　系统和环境

在热力学中为了明确研究的对象，常常将所研究的这部分物质或空间，从周围其他的物质或空间中划分出来，并称之为系统。与系统相联系的其他部分物质与空间称为环境。例如，一杯 $CuSO_4$ 溶液，若是研究 $CuSO_4$ 溶液的性质，则研究对象 $CuSO_4$ 溶液就是系统，盛放 $CuSO_4$ 溶液的烧杯和周围的空间称为环境。

根据系统与环境之间能否交换物质和能量，将系统分为三类。

(1) 隔离系统：又称孤立系统。系统与环境之间既无物质交换，也无能量交换。

(2) 封闭系统：系统与环境之间无物质交换，但有能量交换。

(3) 敞开系统：系统与环境之间既有物质交换，也有能量交换。

想一想

一杯水放在绝热箱中，如图 9－1 所示，判断下列情况下属于什么系统？

(1) 把水作为系统。

(2) 把水与水蒸气作为系统。

(3) 把绝热箱中的水、水汽、空气作为一个系统。

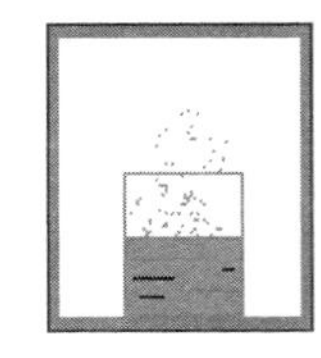

图 9－1　绝热箱示意图

知识点 2　系统的性质

描述系统的宏观物理量称为系统的宏观性质，如质量、体积、压力、温度、黏度、密度、组成等，也称为系统的热力学性质，简称系统的性质。系统按其特性分为以下两类。

1. 广延性质

广延性质又称为容量性质。系统的广延性质与系统中物质的数量成正比，如质量、体积、热力学能等。系统的质量等于组成该系统的各部分质量之和，系统的体积等于各部分体积之和，所以系统的广延性质在一定的条件下具有加和性。

2. 强度性质

系统的强度性质是由系统的本性决定的，不具有加和性，如温度、压力、黏度等。某些广度性质除以其质量(或物质的量)会变为强度性质。例如，体积除以物质的量，$V_m = V/n$，得到摩尔体积，变成强度性质了。

知识点 3　状态和状态函数

在热力学中任何系统的状态都可以用系统的宏观性质来描述，如描述一容器内某气体的状态时，就要实验确定该气体的体积 (V)、温度(T)、压力(p) 及气体物质的量(n) 等。一旦系统的宏观性质确定后，系统就处于确定的状态，系统的宏观性质中只要有一种发生变化，系统的状态也就随之而变。反之，系统的状态确定之后，系统的各种宏观性质也都有各自确定的数值。因此，热力学把能够表征系统状态的各种宏观性质称为系统的状态函数。例如，能够描述系统状态的物理量 T、V、p 等都是系统的状态函数。

系统的状态函数是相互联系的，描述系统的状态时只需要实验测定系统的部分宏观物理量，即可通过它们之间的联系来确定其他物理量。

9.1.2　热力学平衡态

无论系统与环境之间是否完全隔离，若系统内的各性质不随时间改变，则系统处于热力学的平衡状态，这种平衡在宏观上是静止的。微观上每个分子都在不停地运动着，所以也称为动态平衡或热动平衡。

系统内无相变化、无化学变化时，要求系统内部温度、压力处处相同，不存在扩散现象；系统内部有相变化时，要求达平衡时各相的组成和数量不随时间而变；系统内存在化学变化时，要求达平衡后系统

的组成不随时间而变。

9.1.3　变化过程

知识点 1　过程

系统状态发生的任何变化均称为过程。例如，气体的压缩、冰的熔融、水升温、化学反应等，都是不同的过程。过程前的状态称为初态或始态，过程后的状态称为终态或末态。

按照系统内部物质变化的类型，通常将过程分为单纯 pVT 变化、相变化和化学变化三类。

根据过程进行的环境特定条件，可以依据某个状态函数或某个物理量在过程中保持不变来划分，过程可分为以下几种。

(1) 等温过程

系统的初态与终态温度相同，并等于环境温度的过程为等温过程。特点：$T_{始}=T_{终}=T_{环}$。

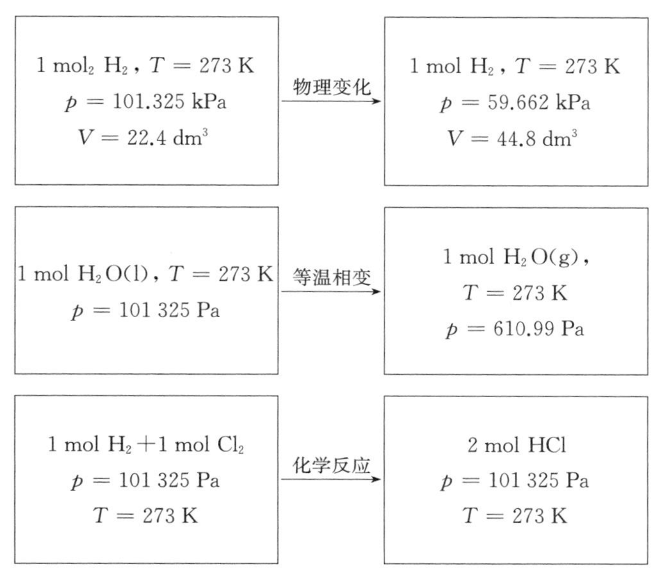

图 9-2　等温过程示意图

(2) 等压过程

系统的初态与终态压力相同，并等于环境压力的过程为等压过程。特点：$p_{始}=p_{终}=p_{环}$（$p_{环}$ 是不变的）。

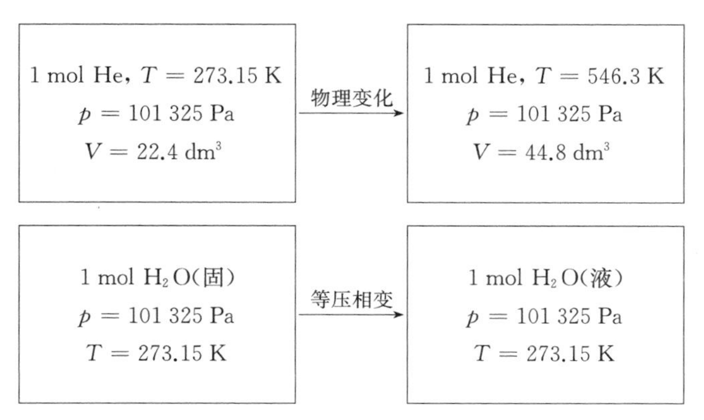

图 9-3　等压过程示意图

(3) 等容过程

系统的体积不发生变化的过程为等容过程。常见的等容过程有：

① 在刚性容器(即封闭容器)中发生的过程。

② 分子数不变的等温、等压反应。

③ 液相中的反应。

例如:在 22.4 dm^3 容器,1 mol He,温度由 273.15 K,变化到 546.30 K。

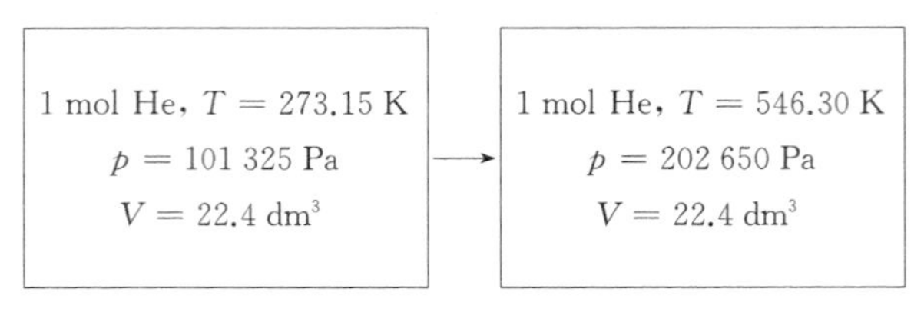

图 9-4　等容过程示意图

(4) 绝热过程

系统与环境没有热量交换的过程为绝热过程。如:

① 系统与环境之间有绝热壁隔开。

② 某些极快的反应,环境与系统之间来不及交换热量,如爆炸反应,也认为是绝热的。

(5) 循环过程

如果一个系统由某一状态出发,经过一系列的变化,又回到原来的状态,这样的过程称为循环过程。循环过程所有状态函数的变化量等于零。

例如:1 mol　He 的循环过程。

A 点(p =101 325 Pa,T =273 K,V =22.4 dm^3)

B 点(p =50 362 Pa,T =273 K,V =44.8 dm^3)

C 点(p =50 662 Pa,T =136.58 K,V =22.46 m^3)

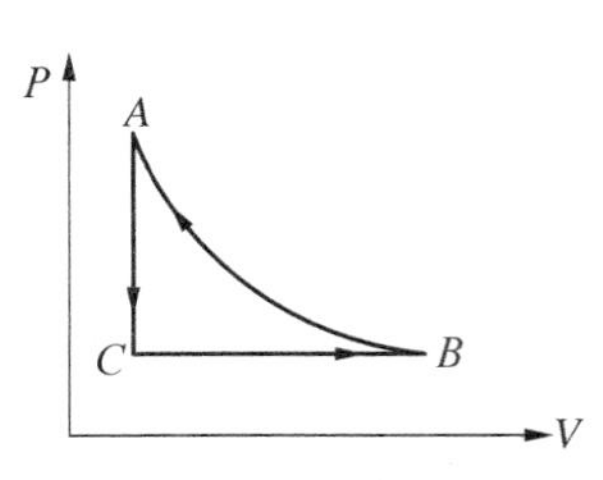

图 9-5　He 的循环过程示意图

上述过程是化学热力学中的主要过程。当然,也可以有两种或两种以上过程同时存在,例如等温等压过程、等温等容过程。

热力学对状态与过程的描述常用方块图法。方块表示状态,箭头表示过程。例如,将 1mol 25 ℃液体水加热到 60 ℃的过程,可表示为图 9-6。该方法不仅描述了系统的状态变化,而且表示了变化的条件。

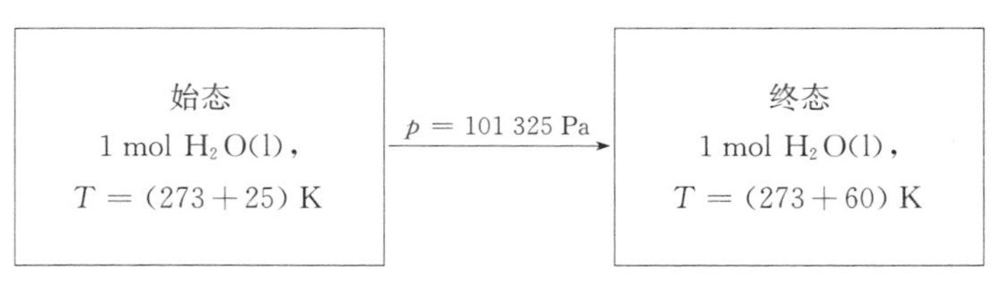

图 9-6　水的加热过程示意图

知识点 2　途径

完成一个过程的具体步骤,称为途径。例如,一定量的理想气体:

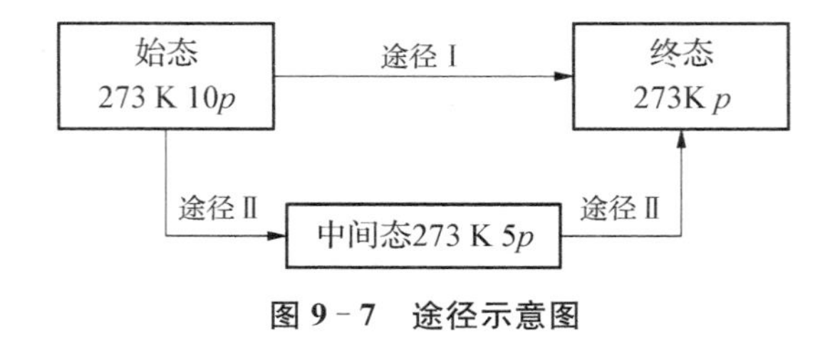

图 9-7　途径示意图

途径 I:反抗 p 膨胀,一次膨胀。

途径 II:先反抗 5p 膨胀到中间态,再反抗 p 膨胀。

又如，C 与 O_2 反应生成 CO_2：

途径Ⅰ：$C+O_2 \longrightarrow CO_2$

途径Ⅱ：$C+1/2O_2 \longrightarrow CO+1/2O_2 \longrightarrow CO_2$

过程与途径的关系如同过河与船、桥的关系。一个人从河的一边到河的另一边，这个变化即为过程。坐船过去是一种途径，从桥上走过去是一种途径，从水中游过去又是一种途径等。

9.2　热力学第一定律

9.2.1　热与功

热和功是系统状态发生变化时与环境交换能量的两种形式。系统状态发生变化时，与环境因温度不同而发生的能量交换形式称为热，在热力学中常用 Q 表示，单位为焦耳(J)或千焦(kJ)。热力学规定系统从环境吸热时 Q 为正值，系统放热给环境时 Q 为负值。热总是与系统状态变化的途径密切相关，热不是系统的状态函数。

热与功

知识点 1　体积功计算通式

功是指系统与环境除热以外的其他能量交换形式，用符号 W 来表示，单位为焦耳(J)或千焦(kJ)。热力学规定环境对系统做功 W 为正值，系统对环境做功 W 为负值。功和热一样，也不是系统的状态函数。对于无限小的变化过程，功和热可以写成 δW 和 δQ。

热力学中的功可分为两大类，体积功（用 W 表示）和非体积功（用 W' 表示），这里只考虑体积功。

体积功是系统反抗环境压力而使体积发生改变的功，因此对于一无限小的变化，有

$$\delta W = -p_{环}\,\mathrm{d}V \tag{9-1}$$

若系统由始态（p_1、V_1、T_1）经过某过程至终态（p_2、V_2、T_2），则全过程的体积功应当是系统各无限小体积变化与环境交换的功之和，即

$$W = -\sum_{V_1}^{V_2}\delta W = -\int_{V_1}^{V_2} p_{环}\,\mathrm{d}V \tag{9-2}$$

对于等压过程，则式(9－2)可简化为：

$$W = -p_{环}(V_2 - V_1) \tag{9-3}$$

一般来说，系统中只有气相存在、系统的体积功发生明显变化时才考虑体积功。而对于无气相存在的系统，通常不予考虑。

【例 9－1】　将 1 mol 压力为 3.039×10^5 Pa 的理想气体置于气缸中，在 300 K 下进行等温膨胀，且抗恒外压 1.013×10^5 Pa，一次膨胀至外压为 1.013×10^5 Pa。计算这一过程所做体积功。

【解】　$W = -p_{环}(V_2 - V_1) = -p_{环}\left(\dfrac{RT}{p_2} - \dfrac{RT}{p_1}\right) = -p_{环}RT\left(\dfrac{1}{p_2} - \dfrac{1}{p_1}\right)$

$= -1.013\times10^5\ \mathrm{Pa}\times 8.314\ \mathrm{J/(mol\cdot K)}\times 300\ \mathrm{K}\times\left(\dfrac{1}{1.013\times10^5\ \mathrm{Pa}} - \dfrac{1}{3.039\times10^5\ \mathrm{Pa}}\right)$

$= -1\,663\ \mathrm{J}$

等温等压下化学反应系统的体积功计算公式：

$$W = -(n_2 - n_1)RT = -\Delta n_{\mathrm{g}}RT \tag{9-4}$$

其中，忽略了液态、固态物质的体积。

想一想

1. 在 25 ℃和标准压力下，Zn 与稀酸反应生成 1 mol H_2，放热 117.9 kJ，求过程的功（设 H_2 为理想气体，Zn 的体积与 H_2 相比可略而不计，过程不做有用功）。

2. 在标准压力 p 和 373.2 K 下，1 mol $H_2O(l)$ 变化为 $H_2O(g)$ 的过程所做的体积功为多少？设水蒸气为理想气体，由于水的摩尔体积小得多，可以忽略不计。

知识点 2　不同过程的功

在热力学中常见的功的形式有膨胀功、电功、表面功等，其中膨胀功最常遇到，因为在状态变化过程中往往伴随着体积的变化。

1. 恒外压过程

恒外压过程指系统处于的环境压力始终保持恒定，即 $p_{环}=$常数。恒外压过程系统对环境做的体积功为：

$$W=-\sum_{V_1}^{V_2}\delta W=-\int_{V_1}^{V_2}p_{环}\,\mathrm{d}V=-p_{环}\Delta V=-p_{环}(V_2-V_1)$$

2. 恒压过程

恒压过程指系统的始态、终态压力相等，并且整个过程中始终保持这个压力，即 $p_1=p_2=p_{环}=p$。恒压过程系统对环境做的体积功为：

$$W=-\sum_{V_1}^{V_2}\delta W=-\int_{V_1}^{V_2}p_{环}\,\mathrm{d}V=-p\Delta V=-p(V_2-V_1)$$

3. 恒容过程

恒容过程指系统的始态、终态容积相等，并且整个过程中始终保持这个容积，即 $V_1=V_2$，$\mathrm{d}V=0$，$\Delta V=0$。恒容过程系统对环境做的体积功为：

$$W=-\sum_{V_1}^{V_2}\delta W=-\int_{V_1}^{V_2}p_{环}\,\mathrm{d}V=0$$

4. 自由膨胀过程

气体的自由膨胀过程，就是气体向真空膨胀的过程，整个过程不受外力，即 $p_{环}=0$。自由膨胀过程系统对环境做的体积功为：

$$W=-\sum_{V_1}^{V_2}\delta W=-\int_{V_1}^{V_2}p_{环}\,\mathrm{d}V=0$$

9.2.2　热力学能

知识点 1　热力学能

热力学能，也称内能，用符号 U 表示，单位为焦耳(J)或千焦(kJ)。它是系统中物质所有能量的总和，包括分子的动能、分子之间作用的势能、分子内各种微粒（原子、原子核、电子等）相互作用的能量。内能的绝对值目前尚无法确定。热力学能是状态函数。

知识点 2　热力学第一定律

因为热力学能是状态函数，所以对于一个封闭系统，如果用 U_1 代表系统在始态时的热力学能，当系

统由环境吸收了热量 Q，同时，系统对环境做了功 W，此时系统的状态为终态，其热力学能为 U_2，有

$$U_1 + Q + W = U_2$$

$$U_2 - U_1 = Q + W$$

即

$$\Delta U = Q + W \tag{9-5}$$

若系统发生无限小的变化，则上式可写成

$$\mathrm{d}U = \delta Q + \delta W \tag{9-6}$$

式(9－5)和(9－6)是封闭系统热力学第一定律的数学表达式。它表明封闭系统中发生任何变化过程，系统热力学能的变化值等于系统吸收的热量和环境对系统所做功的代数和。

1850 年左右，焦耳(Joule)建立了能量守恒定律，即热力学第一定律：在任何过程中，能量是不会自生自灭的，只能从一种形式转化为另一种形式，在转换过程中能量的总和不变。热力学第一定律就是能量守恒定律。

能量具有各种不同形式，它能从一种形式转化为另一种形式，从一个物体传递给另一个物体，但在转化和传递的过程中能量的总值不变。

等容过程中体积不变，即 $\mathrm{d}V = 0$，所以 $\delta W = p\,\mathrm{d}V = 0$，将 $\delta W = 0$ 进行积分后 $W = 0$。当 $W = 0$ 时，由 $\Delta U = Q - W$ 可以得知，$\Delta U = Q$，即在等容过程中，所做的体积功为零，热力学能的增加等于所吸收的能量，热力学能的减少等于所放出的能量。

等压过程的条件是压力不变，即 $p = p_{环}$ = 常数，理想气体服从 $pV = nRT$ 的关系，即

$$W = -nR(T_2 - T_1) \tag{9-7}$$

根据式(9－7)得出 W 后，只要知道 ΔU 和 Q 中的任何一个量，就可以求出另外一个量。

【例 9－2】 气缸中总压力为 101.3 kPa 的氢气和氧气混合物经点燃化合成液态水时，系统的体积在恒定外压 101.3 kPa 下增加 2.37 dm³，同时向环境放热 550 J，试求系统经过此过程后热力学能的变化。

【解】 取气缸内的物质和空间为系统，则

$$p_{外} = 101.3\ \mathrm{kPa} \quad Q = -550\ \mathrm{J} \quad \Delta V = (V_2 - V_1) = 2.37\ \mathrm{dm^3}$$

$$W = -p_{环}(V_2 - V_1) = -101.3 \times 10^3\ \mathrm{Pa} \times 2.37 \times 10^{-3}\ \mathrm{m^3} = -240\ \mathrm{J}$$

$$\Delta U = Q + W = -550\ \mathrm{J} - 240\ \mathrm{J} = -790\ \mathrm{J}$$

【例 9－3】 在 p 和 373.15 K 下，当 1 mol $H_2O(l)$ 变成 $H_2O(g)$ 时需吸热 40.65 kJ。若将 $H_2O(g)$ 作为理想气体，试求系统的 ΔU。

【解】 $Q = 40.65\ \mathrm{kJ}$

$$W = -p_{环}\,\Delta V = -p[V_m(g) - V_m(l)] = -pV_m = -nRT = -1\ \mathrm{mol} \times 8.314\ \mathrm{J/(mol \cdot K)} \times 373.2\ \mathrm{K} = -3\,103\ \mathrm{J}$$

$$\Delta U = Q + W = 40.65\ \mathrm{kJ} - 3.1\ \mathrm{kJ} = 37.55\ \mathrm{kJ}$$

系统从环境吸热 40.65 kJ，用于两个方面，一是增加热力学能 37.55 kJ，二是以功的形式传给环境 3.10 kJ。

9.3　恒容热、恒压热及焓

9.3.1　热容

实际过程都是在一定条件下进行的，其中封闭系统只做体积功的等容和等压过程最为普遍。

(1) 等容摩尔热容　1 mol 物质在恒容而且非体积功为零的条件下，温度升高 1 K 所需要的热量，称为等容摩尔热容。用符号 $C_{V,\mathrm{m}}$ 表示，单位为 J/(K·mol)，即

$$C_{V,\mathrm{m}}=\frac{\delta Q_V}{n\mathrm{d}T} \tag{9-8}$$

(2) 等压摩尔热容　1 mol 物质在等压而且非体积功为零的条件下，温度升高 1 K 所需要的热量，称为等压摩尔热容。用符号 $C_{p,\mathrm{m}}$ 表示，单位为 J/(K·mol)，即

$$C_{p,\mathrm{m}}=\frac{\delta Q_p}{n\mathrm{d}T} \tag{9-9}$$

对于理想气体，有

$$C_{p,\mathrm{m}}-C_{V,\mathrm{m}}=R \tag{9-10}$$

通常情况下，理想气体的 $C_{V,\mathrm{m}}$ 与 $C_{p,\mathrm{m}}$ 可视为常数。单原子理想气体 $C_{V,\mathrm{m}}=1.5R$，$C_{p,\mathrm{m}}=2.5R$；双原子理想气体 $C_{V,\mathrm{m}}=2.5R$，$C_{p,\mathrm{m}}=3.5R$。若非特殊指明，均按上式计算。

9.3.2　恒容热 (Q_V)

恒容热是指封闭系统进行等容而且非体积功为零的过程时，与环境交换的热，用 Q_V 表示。因为等容，所以体积功为零，由式(9-5)和(9-8)可得

$$Q_V=\Delta U=n\int_{T_1}^{T_2}C_{V,\mathrm{m}}\mathrm{d}T \tag{9-11}$$

由于 ΔU 只与系统的始末态有关，所以，Q_V 只取决于系统的始末态，与过程的具体途径无关。也就是说，若要求在此条件下过程的热，只要求出系统在此过程中的 ΔU 即可。所以式(9-11)为人们计算等容热带来了极大的方便。

若 $C_{V,\mathrm{m}}$ 为常数，则由式(9-11)积分得

$$Q_V=\Delta U=nC_{V,\mathrm{m}}(T_2-T_1) \tag{9-12}$$

9.3.3　恒压热 (Q_p) 及焓

知识点 1　恒压热

恒压热是指封闭系统进行等压而且非体积功为零的过程时，与环境交换的热，用 Q_p 表示。在敞口容器中进行的过程就是一种等压过程。由式(9-3)和(9-5)可得

$$Q_p=\Delta U-W=(U_2-U_1)+(p_2V_2-p_1V_1)=(U_2+p_2V_2)-(U_1+p_1V_1)$$

令 $H=U+pV$，则

$$Q_p=H_2-H_1=\Delta H \tag{9-13}$$

知识点 2　焓

热力学中为了方便地解决等压过程热的计算问题，需要引出一个重要的状态函数"焓"，用符号 H 表示。

$$H=U+pV \tag{9-14}$$

$$\Delta H=U+\Delta(pV) \tag{9-15}$$

在等压而且非体积功为零的条件下，由上式得

$$Q_p = \Delta H = n\int_{T_1}^{T_2} C_{p,\mathrm{m}} \mathrm{d}T \qquad (9-16)$$

焓是状态函数，具有广度性质，并具有能量量纲，其单位是 J 或 kJ。由于热力学能的绝对值是无法测定的，因此焓的绝对值也是无法测定的，通常只能通过计算得到系统状态函数变化时焓的变化值 ΔH。

若 $C_{p,\mathrm{m}}$ 为常数，则由式(9－16)积分得

$$Q_p = \Delta H = nC_{p,\mathrm{m}}(T_2 - T_1) \qquad (9-17)$$

$Q_V = \Delta U$，$Q_p = \Delta H$，仅是数值上相等，物理意义上无联系。虽然，在这两个特定条件下，Q_V 和 Q_p 数值也与途径无关，而由始、终态确定，但是，不能改变 Q 是途径函数的本质，即不能定义为 Q_V，Q_p 也是状态函数。

运用公式(9－12)和(9－17)可以计算等容、等压而且变温过程的热。

【例 9－4】 计算 1 mol 理想气体由 293 K 等压加热到 473 K 时的 Q、ΔU、ΔH 与 W。已知 $C_{p,\mathrm{m}} = 20.79\ \mathrm{J \cdot K^{-1} \cdot mol^{-1}}$，$C_{V,\mathrm{m}} = 10.475\ \mathrm{J \cdot K^{-1} \cdot mol^{-1}}$。

【解】 等压条件下：$Q_p = nC_{p,\mathrm{m}}(T_2 - T_1) = 1\ \mathrm{mol} \times 20.79\ \mathrm{J \cdot K^{-1} \cdot mol^{-1}} \times (473\ \mathrm{K} - 293\ \mathrm{K}) = 3\,742\ \mathrm{J}$

$$Q_V = nC_{V,\mathrm{m}}(T_2 - T_1) = 1\ \mathrm{mol} \times 10.475\ \mathrm{J \cdot K^{-1} \cdot mol^{-1}} \times (473\ \mathrm{K} - 293\ \mathrm{K}) = 2\,245\ \mathrm{J}$$

$$\Delta H = Q_p \quad \Delta U = Q_V$$

$$W = \Delta U - Q = 2\,245\ \mathrm{J} - 3\,742\ \mathrm{J} = -1\,497\ \mathrm{J}$$

在 298 K 和 101.325 kPa 下，将 1.00 mol 的 $O_2(g)$ 分别经(1)等压过程，(2)等容过程加热到 398 K。试计算过程所需要的热。已知，298 K 时 $C_{p,\mathrm{m}} = 29.35\ \mathrm{J/(K \cdot mol)}$，并可看作常数。

9.4 相变热

9.4.1 可逆相变与不可逆相变

在化工过程中，系统在升温或降温过程中经常伴有相态的变化。例如，来自锅炉的水蒸气用于加热物料时，水蒸气自身降温并且可能冷凝成液体水；有些物料常温时为液态，但需要在高温下进行化学反应，所以在反应前要将物料加热成气态。这些过程都伴有相态的变化。化工技术人员应该掌握相变热的计算方法。

知识点 1　相和相变

相是系统中物理性质和化学性质完全相同的均匀部分。例如，在 273 K、101.325 kPa 下，某系统的水与冰平衡共存，虽然水和冰的化学组成相同，但物理性质(密度、$C_{p,\mathrm{m}}$)不同，水和冰各自为性质完全相同的均匀部分，所以水是一个相，即液相；冰是另一个相，即固相。

物质从一个相转变成另一个相的过程称为相变化，简称相变。纯物质的相变有四种类型，如图9－8所示。

$$固相\underset{凝固(sol)}{\overset{熔化(fus)}{\rightleftharpoons}}液相 \qquad 液相\underset{冷凝(con)}{\overset{蒸发(vap)}{\rightleftharpoons}}气相$$

$$固相\underset{凝华(sgt)}{\overset{升华(sub)}{\rightleftharpoons}}气相 \qquad 固相(Ⅰ)\underset{晶型转变(trs)}{\overset{晶型转变(trs)}{\rightleftharpoons}}固相(Ⅱ)$$

图 9-8　纯物质的相变类型

知识点 2　可逆相变与不可逆相变

在相平衡温度、相平衡压力下进行的相变为可逆相变；否则，为不可逆相变。例如，在 273 K、101.325 kPa 下水和水蒸气之间的相变，在 273 K、101.325 kPa 下水和冰之间的相变均为可逆相变过程。而在 373 K 下水向真空中蒸发，101.325 kPa 下 263 K 的过冷水结冰均为不可逆相变。

9.4.2　相变热的计算

知识点 1　摩尔相变焓

1 mol 纯物质于恒定温度 T 及该温度的平衡压力下由 α 相转变成为 β 相时的焓变称为摩尔相变焓，以 $\Delta_\alpha^\beta H_m$ 表示，量纲为 $J \cdot mol^{-1}$ 或 $kJ \cdot mol^{-1}$。其中，下标 α 表示相的始态，上标 β 表示相的终态。如物质的蒸发、熔化、升华过程的摩尔相变焓分别用 $\Delta_l^g H_m$、$\Delta_s^l H_m$、$\Delta_s^g H_m$ 表示。

同一物质发生同一相变的相变焓的值与发生相变的条件有关。如 $H_2O(l) \longrightarrow H_2O(g)$，在100 ℃，101.325 kPa 时 $\Delta_l^g H_m = 40.68\ kJ \cdot mol^{-1}$；在 25 ℃，3.648 kPa 时，$\Delta_l^g H_m = 44.01\ kJ \cdot mol^{-1}$。

因为焓是状态函数，所以在相同温度和压力下，同一物质的摩尔相变焓有如下关系式：

$$\Delta_l^g H_m = -\Delta_g^l H_m \quad \Delta_s^l H_m = -\Delta_l^s H_m \quad \Delta_s^g H_m = -\Delta_g^s H_m$$

固体的升华过程可以看作是熔化和蒸发两过程的加和，故有

$$\Delta_s^g H_m = \Delta_s^l H_m + \Delta_l^g H_m$$

1 mol 纯物质由 α 相转变成为 β 相时吸收或放出的热，称为摩尔相变热。

相变通常在等压且 $W' = 0$ 的条件下进行，故相变热等于相变过程的焓变，即相变焓。

$$Q_p = \Delta_\alpha^\beta H = n\Delta_\alpha^\beta H_m$$

1 mol 物质在 101.325 kPa 下的平衡温度（如沸点、熔点等）时的 $\Delta_\alpha^\beta H_m$ 常是已知的，系统条件下的相变是可逆相变，其数值可以通过实验测定或从手册中查到。在使用这些数据时要注意条件（温度、压力）以及单位。

知识点 2　相变热的计算

1. 可逆相变热

可逆相变（α 相转变成为 β 相）是等温等压而且不做非体积功的可逆过程。若已知某物质的可逆相变的 $\Delta_\alpha^\beta H_{m,R}$，而且所求相变过程的温度、压力与已知的 $\Delta_\alpha^\beta H_{m,R}$ 的温度、压力对应相同，则此相变过程热的计算公式如下：

$$Q_{p,R} = \Delta_\alpha^\beta H_R = n\Delta_\alpha^\beta H_{m,R} \tag{9-18}$$

式中，$Q_{p,R} = \Delta_\alpha^\beta H_R$ 为可逆相变热（温度、压力与已知的 $\Delta_\alpha^\beta H_{m,R}$ 的温度、压力对应相同），单位为 J；$\Delta_\alpha^\beta H_{m,R}$ 为已知的可逆摩尔相变热，单位为 $J \cdot mol^{-1}$；n 为物质的量，单位为 mol。

【例 9-5】　在 101.3 kPa 下，逐渐加热 2 mol 0 ℃ 的冰，使之成为 100 ℃ 的水蒸气，冰的 $\Delta H_{凝固}(\Delta_l^s H_m) = -6\,008\ J \cdot mol^{-1}$，$\Delta H_{升华}(\Delta_s^g H_m) = 46\,676\ J \cdot mol^{-1}$；液态水的 $C_{p,m} = 75.3\ J \cdot mol^{-1} \cdot K^{-1}$。假设过程中的相变都在可逆条件下完成，求该过程的 ΔU、ΔH、Q、W。

【解】 首先分析过程，列出初终态：

2 mol $H_2O(s)$ 273 K	Ⅰ等压 熔化 等温 →	2 mol $H_2O(l)$ 273 K	Ⅱ等压 升温 →	2 mol $H_2O(l)$ 373 K	Ⅲ等压 蒸发 等温 →	2 mol $H_2O(g)$ 373 K

第一个过程为熔化：

$$\Delta H_{\mathrm{I}} = n\Delta H_{熔化} = n(-\Delta H_{凝固}) = 2\ \mathrm{mol} \times 6\,008\ \mathrm{J \cdot mol^{-1}} = 12\,016\ \mathrm{J}$$

因为固体和液体的密度相差不大，体积变化甚小，所以 $p\Delta V \approx 0$，

则 $\Delta U_{\mathrm{I}} \approx \Delta H_{\mathrm{I}} = 12\,016\ \mathrm{J}$

第二个过程为等压升温

$$\Delta H_{\mathrm{II}} = nC_{p,\mathrm{m}}(T_2 - T_1) = 2\ \mathrm{mol} \times 75.3\ \mathrm{J \cdot mol^{-1} \cdot K^{-1}} \times (373\ \mathrm{K} - 273\ \mathrm{K}) = 15\,060\ \mathrm{J}$$

$\Delta U_{\mathrm{II}} = \Delta H_{\mathrm{II}} - p\Delta V_{\mathrm{II}}$，因液体的热膨胀一般很小，故 ΔV_{II} 可以忽略，则 $\Delta U_{\mathrm{II}} = \Delta H_{\mathrm{II}} = 15\,060\ \mathrm{J}$

第三个过程为蒸发

$$\Delta H_{\mathrm{III}} = n\Delta H_{蒸发} = n(\Delta H_{升华} - \Delta H_{熔化}) = n(\Delta H_{升华} + \Delta H_{凝固}) = 2\ \mathrm{mol} \times (46\,676\ \mathrm{J} - 6\,008\ \mathrm{J}) = 81\,336\ \mathrm{J}$$

$$\Delta U_{\mathrm{III}} = \Delta H_{\mathrm{III}} - p(V_{气} - V_{液})$$

由于同量气体的体积要比液体大得多，常可忽略，则

$$\Delta U_{\mathrm{III}} = \Delta H_{\mathrm{III}} - pV_{气}$$

若气体服从理想气体状态方程：$pV_{气} = nRT$，则

$$\Delta U_{\mathrm{III}} = \Delta H_{\mathrm{III}} - nRT = 81\,336\ \mathrm{J} - 2\ \mathrm{mol} \times 8.314\ \mathrm{J \cdot mol^{-1} \cdot K^{-1}} \times 373\ \mathrm{K} = 75\,131\ \mathrm{J}$$

所以整个过程

$$\Delta H = \Delta H_{\mathrm{I}} + \Delta H_{\mathrm{II}} + \Delta H_{\mathrm{III}} = 108\,412\ \mathrm{J}$$

$$\Delta U = \Delta U_{\mathrm{I}} + \Delta U_{\mathrm{II}} + \Delta U_{\mathrm{III}} = 102\,207\ \mathrm{J}$$

由于整个过程是等压过程

$$Q = Q_p = \Delta H = 108\,412\ \mathrm{J}$$

$$W = \Delta U - Q = 102\,207\ \mathrm{J} - 108\,412\ \mathrm{J} = -6\,205\ \mathrm{J}$$

2. 不可逆相变热

在实际工作或化工生产中，遇到的相变通常是在偏离相平衡条件下发生的相变，是不可逆相变，多在等温、不等压或不等温、等压下进行。例如，过热液体汽化、液体等压降温等。

不可逆相变过程热可以通过可逆相变过程焓，单纯 p,V,T 变化过程焓和状态函数法结合起来求得，计算方法如下。

$$Q_p = \Delta H = \Delta H_1 + \Delta H_2 + \Delta H_3$$

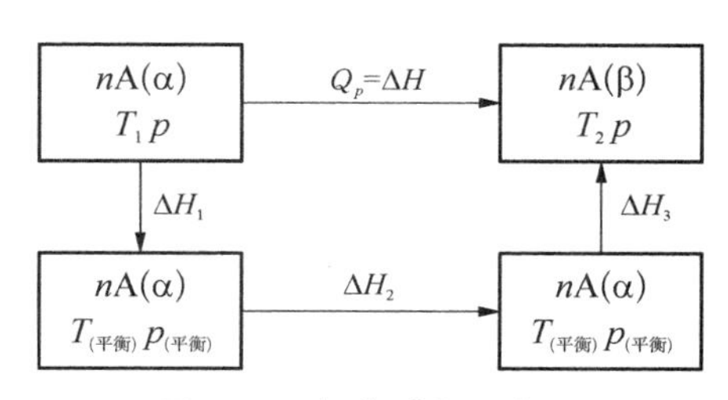

图 9-9　相变过程示意图

将图 9-9 中 (α)(β) 代表的气相视为理想气体，并忽略液、固相焓随压力的微小变化，可得

$$\Delta H_1 = n\int_{T_1}^{T_{平衡}} C_{p,\mathrm{m}}(\alpha)\mathrm{d}T$$

$$\Delta H_2 = n\Delta_{\alpha}^{\beta} H_{\mathrm{m,R}}$$

$$\Delta H_3 = n\int_{T_{平衡}}^{T_2} C_{p,\mathrm{m}}(\beta)\mathrm{d}T$$

$$Q_p = \Delta H = n\int_{T_1}^{T_{平衡}} C_{p,\mathrm{m}}(\alpha)\mathrm{d}T + n\Delta_{\alpha}^{\beta} H_{\mathrm{m,R}} + n\int_{T_{平衡}}^{T_2} C_{p,\mathrm{m}}(\beta)\mathrm{d}T \tag{9-19}$$

若 $T_1 = T_2 = T$，则

$$Q_p = \Delta H = n\Delta_\alpha^\beta H_{m,R} + n\int_{T_{平衡}}^{T} [C_{p,m}(\beta) - C_{p,m}(\alpha)]dT \tag{9-20}$$

当 $C_{p,m}$ 为定值时，则

$$Q_p = \Delta H = n\Delta_\alpha^\beta H_{m,R} + n[C_{p,m}(\beta) - C_{p,m}(\alpha)](T - T_{平衡}) \tag{9-21}$$

式中，$Q_p = \Delta H$ 为不可逆相变热，单位为 J；$\Delta_\alpha^\beta H_{m,R}$ 为已知的可逆摩尔相变热，单位为 $J \cdot mol^{-1}$；n 为物质的量，单位为 mol；$C_{p,m}(\alpha)$ 为 $A(\alpha)$ 的摩尔等压热容，单位为 $J \cdot mol^{-1} \cdot K^{-1}$；$C_{p,m}(\beta)$ 为 $A(\beta)$ 的摩尔等压热容，单位为 $J \cdot mol^{-1} \cdot K^{-1}$；$T_1$、$T_2$ 分别为系统始、终态的热力学温度，单位为 K；$T_{平衡}$ 为 $\Delta_\alpha^\beta H_{m,R}$ 对应的相平衡温度，单位为 K；$p_{平衡}$ 为 $\Delta_\alpha^\beta H_{m,R}$ 对应的相平衡压力，单位为 Pa。

【例 9-6】 已知水在 273 K，101 325 Pa 条件下的摩尔凝固热为 $-6.004\ kJ \cdot mol^{-1}$，已知 $C_{p,m}(水) = 75.4\ J \cdot mol^{-1} \cdot K^{-1}$，$C_{p,m}(冰) = 36.8\ J \cdot mol^{-1} \cdot K^{-1}$，求 1.00 kg 水在 101 325 Pa 条件下从 298 K 冷却到 263 K 凝固成冰所放出的热量？

已知 $p = p_{平衡} = 101\ 325\ Pa$，$T_1 = 298\ K$，$T_2 = 263\ K$，$T_{平衡} = 273\ K$，$C_{p,m}(水) = 75.4 J \cdot mol^{-1} \cdot K^{-1}$，$C_{p,m}(冰) = 36.8\ J \cdot mol^{-1} \cdot K^{-1}$，$m = 1.00\ kg$，$\Delta_l^s H_m = -6.004\ kJ \cdot mol^{-1}$。

【解】 $n = m/M = 1.00\ kg/(0.018\ 0\ kg \cdot mol^{-1}) = 55.6\ mol$

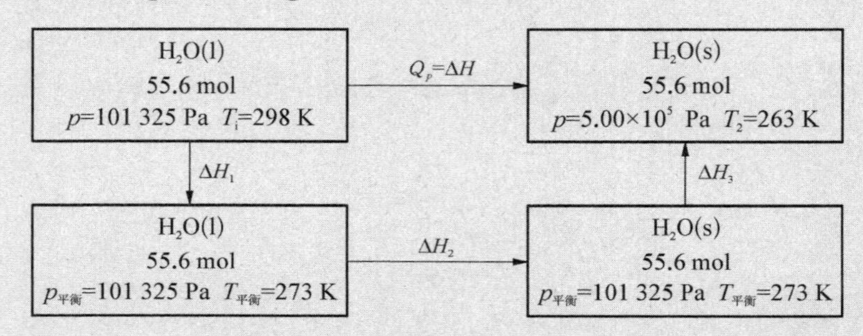

$$Q_p = \Delta H = \Delta H_1 + \Delta H_2 + \Delta H_3$$

$$\Delta H_1 = nC_{p,m}(水)(T_{平衡} - T_1) = -1.05 \times 10^2\ kJ$$

$$\Delta H_2 = n\Delta_l^s H_m = 55.6\ mol \times (-6.004\ kJ \cdot mol^{-1}) = -3.34 \times 10^2\ kJ$$

$$\Delta H_3 = nC_{p,m}(冰)(T_2 - T_{平衡}) = -20.5\ kJ$$

$$Q_p = \Delta H = \Delta H_1 + \Delta H_2 + \Delta H_3 = -4.60 \times 10^2\ kJ$$

将 1.00 kg 水在 101 325 Pa 条件下从 298 K 冷却到 263 K 凝固成冰放出热量 4.60×10^2 kJ。

9.5 化学反应热

9.5.1 反应进度

在等温且不做非体积功的条件下，系统发生化学反应时与环境交换的热量称为化学反应热效应，简称反应热，绝大多数化学反应都有热效应。了解化学反应热效应，对于保证化工生产的稳定进行，经济合理地利用能源以及防止生产中意外事故的发生都具有重要的意义。

知识点 1　化学反应进度（ξ）

化学反应热效应与系统中已发生反应的物质的量有关，为了确切地描述化学反应热效应，引入一个状态参变量——化学反应进度（ξ）。

化学反应进度，用符号 ξ 表示，SI 单位为 mol，将反应系统中任何一种反应物或生成物在反应过程中物质的量的变化 Δn_B 与该物质的计量系数 ν_B 之比定义为该反应的反应进度。

定义式为：

$$\xi = \Delta n_B / \nu_B \tag{9-22}$$

式(9－22)中，ν_B 无量纲，对于反应物取负值，对于生成物取正值。

以合成氨反应为例，若反应前(时间 $t=0$)$n_1(N_2)=10$ mol，$n_1(H_2)=30$ mol，$n_1(NH_3)=0$ mol。反应到 t 时刻 $n_2(N_2)=8$ mol，$n_2(H_2)=24$ mol，$n_2(NH_3)=4$ mol。

对于反应式 $N_2+3\ H_2 \longrightarrow 2\ NH_3$

$$\xi = [n_2(N_2)-n_1(N_2)]/\nu_{N_2} = (8\ \text{mol} - 10\ \text{mol})/(-1) = 2\ \text{mol}$$

$$\xi = [n_2(H_2)-n_1(H_2)]/\nu_{H_2} = (24\ \text{mol} - 30\ \text{mol})/(-3) = 2\ \text{mol}$$

$$\xi = [n_2(NN_3)-n_1(NH_3)]/\nu_{NH_3} = (4\ \text{mol} - 0\ \text{mol})/2 = 2\ \text{mol}$$

对同一化学反应方程式，采用哪一种物质表示反应进度均是相同的，所以反应进度 ξ 适用于同一化学反应的任一物质。

上述合成氨系统若反应方程式写成$\frac{1}{2}N_2+\frac{3}{2}H_2 \longrightarrow NH_3$，则求得 $\xi=4$ mol。

可见，化学反应进度是与化学反应方程式的写法对应的，所以在使用反应进度 ξ 时，必须注明具体化学计量方程式。

当 $\xi=1$ mol($\Delta n=\nu_B$) 时，表示各物质按化学计量方程式进行了完全反应。

9.5.2　热化学方程式

知识点1　化学反应热效应

根据反应条件不同，化学反应热效应可分为等压反应热和等容反应热。生产实际中应用最广泛的是前者。

1. 等压反应热

等压反应热也称为反应焓变，是指在等温等压且非体积功为零的条件下，化学反应吸收或放出的热，用 Q_p 或 $\Delta_r H$ 表示，即 $Q_p=\Delta_r H$。下标“r”表示化学反应。

2. 等容反应热

等容反应热也称为反应内能变，是指在等温等容且非体积功为零的条件下，化学反应吸收或放出的热，用 Q_V 或 $\Delta_r U$ 表示，即 $Q_V=\Delta_r U$。

3. 等压反应热与等容反应热的关系

由上述可知

$$Q_p - Q_V = \Delta_r H - \Delta_r U = \Delta n(g)RT = \Delta\xi \sum_B \nu_B(g) \cdot RT \tag{9-23}$$

若 $\xi=1$ mol，则

$$Q_{p,m} - Q_{V,m} = \Delta_r H_m - \Delta_r U_m = \sum_B \nu_B(g) \cdot RT \tag{9-24}$$

式中，$\sum_B \nu_B(g)$ 为气体物质化学计量数的代数和；$\Delta n(g)$ 为反应前后气体物质的量的变化。

【例9－7】　已知反应 $C_6H_6(l)+\frac{15}{2}O_2(g) \longrightarrow 6\ CO_2(g)+3H_2O(l)$，$\Delta_r U_m(298.15\ \text{K})=-3\ 268$ kJ/mol，求298 K 时，若上述反应在等压条件下进行，1 mol 反应进度的反应热。

【解】　由式(9－24)可推出 $Q_{p,m}=\Delta_r H_m=\sum_B \nu_B(g) \cdot RT+\Delta_r U_m$

其中，$\sum_B \nu_B(g) = 6 - \frac{15}{2} = -1.5$

故 $\Delta_r H_m = \sum_B \nu_B(g) \cdot RT + \Delta_r U_m$

$= -1.5 \times 8.314\ J/(mol \cdot K) \times 298.15\ K \times 10^{-3} + (-3\ 268\ kJ/mol)$

$= -3\ 272\ kJ/mol$

4. **标准摩尔反应焓**

内能、焓的绝对值是不能测量的，为此采用了相对值的办法。同时为避免同一种物质的某些热力学状态函数在不同反应系统中数值不同，热力学规定了一个公共参数状态——标准状态。

(1) 气体物质的标准态定义为：在标准压力 $p^\ominus$ 下及温度 T 时，纯气体或混合气体中分压为标准压力的气体。

(2) 液态和固态物质的标准态定义为：在标准压力 $p^\ominus$ 下及温度 T 时的纯液体或纯固体。

国家标准和国际标准规定标准压力为 $p^\ominus = 101.325\ kPa$，而新的标准则规定 $p^\ominus = 100\ kPa$，标准状态下温度不做规定。符号“$\ominus$”表示标准状态。

一个化学反应中若参与反应的所有物质处于温度 T 的标准状态下，其摩尔反应焓就成为标准摩尔反应焓，用 $\Delta_r H_m^\ominus$ 表示。

知识点 2　热化学反应方程式

热化学方程式是表示化学反应与热效应的关系式。例如，下列反应在热化学标准状态及 298 K 下的热化学方程式为：

$$2Fe(s) + 1.5O_2(g) \longrightarrow Fe_2O_3(s) \quad \Delta_r H_m^\ominus = -8\ 241\ kJ \cdot mol^{-1}$$

该式表明 2 mol 固体铁和 1.5 mol 氧气在 101.3 kPa 和 298 K 下完全反应生成 1 mol 三氧化二铁时，放热 8 284 kJ。

$\Delta_r H_m^\ominus$ 表示在指定温度下的标准摩尔反应焓变，下标“m”表示参与反应的各物质按指定方程式完全反应，反应进度 $\xi = 1\ mol$，所以 $\Delta_r H_m^\ominus$ 的单位为 $kJ \cdot mol^{-1}$。

书写和使用热化学方程式时应注意以下几点：

(1) 写出化学方程式并且配平。同一反应以不同计量系数表示时，反应的热效应也就不同。

$$H_2(g) + \frac{1}{2}O_2(g) \longrightarrow H_2O(g) \quad \Delta_r H_m^\ominus = -241.825\ kJ \cdot mol^{-1}$$

$$2H_2(g) + O_2(g) \longrightarrow 2H_2O(g) \quad \Delta_r H_m^\ominus = -483.65\ kJ \cdot mol^{-1}$$

(2) 注明反应物和产物的聚集状态。因为聚集状态不同，热效应也不同，可在每个分子式后面加括号标明其聚集状态。通常气体以(g)、液体以(l)、固体以(s)表示。固体中若有不同晶型，还应标明晶型。例如：

$$S(斜方) + O_2(g) \longrightarrow SO_2(g) \quad \Delta_r H_m^\ominus = -296.9\ kJ \cdot mol^{-1}$$

$$S(单斜) + O_2(g) \longrightarrow SO_2(g) \quad \Delta_r H_m^\ominus = -297.2\ kJ \cdot mol^{-1}$$

(3) 反应热效应写在方程式右边。

(4) 在 $\Delta_r H_m^\ominus$ 后面的括号中注明反应温度，如 $\Delta_r H_m^\ominus(500\ K)$，由于压力对热效应影响不大，一般不标明压力。如果反应温度为 T，则应写成 $\Delta_r H_m^\ominus(T\ K)$，如果温度为 298 K，可以不注明。

9.5.3　化学反应热的计算

燃烧热的测定

化学反应的热效应是进行工艺设计的重要数据。获得化学反应热效应最直接的方法是实验，但是并非所有的化学反应热效应都能通过实验测定得到，某些反应伴随着副反应

发生，难以直接测得其热效应。例如：

$$C(石墨)+\frac{1}{2}O_2(g)\longrightarrow CO(g)$$

这个反应常常伴随着生成 $CO_2(g)$ 的副反应，因此其热效应就不宜测定。这就产生了间接计算热效应的问题。

知识点 1　盖斯定律

在相同条件下（等容或等压），任一化学反应，不管是一步完成或是分几步完成，其反应热效应总是相同的。

【例 9-8】 求 298 K 时，反应 $C(s)+\frac{1}{2}O_2(g)\longrightarrow CO(g)$ 的 $\Delta_r H_m^\ominus$。

【解】 (1) $C(s)+O_2(g)\longrightarrow CO_2(g)\quad \Delta_r H_{m1}^\ominus=-393.6\ kJ\cdot mol^{-1}$

(2) $CO(g)+\frac{1}{2}O_2(g)\longrightarrow CO_2(g)\quad \Delta_r H_{m2}^\ominus=-282.9\ kJ\cdot mol^{-1}$

(1)—(2)：

$$C(s)-CO(g)+\frac{1}{2}O_2(g)=0$$

$$C(s)+\frac{1}{2}O_2(g)=CO(g)$$

$$\therefore \Delta_r H_m^\ominus=\Delta_r H_{m1}^\ominus-\Delta_r H_{m2}^\ominus=-393.6\ kJ\cdot mol^{-1}-(-282.9\ kJ\cdot mol^{-1})=-110.7\ kJ\cdot mol^{-1}$$

只要把热化学方程式视为代数方程式进行四则运算，求出指定的化学方程式，反应热也按同样的运算方法处理，即可求出相应的热效应。

运用盖斯定律计算反应热效应时，各方程式中的相同物质所处状态（温度、压力、聚集状态）必须相同。

想一想

已知下列反应在 298 K 的反应热为：

(1) $4NH_3(g)+3O_2(g)\longrightarrow 2N_2(g)+6H_2O(l)\quad \Delta_r H_{m1}^\ominus=-1\,523.0\ kJ\cdot mol^{-1}$

(2) $H_2(g)+\frac{1}{2}O_2(g)\longrightarrow H_2O(l)\quad \Delta_r H_{m2}^\ominus=-285.84\ kJ\cdot mol^{-1}$

计算下列反应的热效应 $\Delta_r H_{m3}^\ominus$：$N_2(g)+3H_2(g)\longrightarrow 2NH_3(g)$

知识点 2　由标准摩尔生成焓计算标准摩尔反应焓

在温度 T 的标准状态下，由稳定单质生成 1 mol 某指定相态化合物 B 的反应焓，称为化合物 B 在温度 T 时的标准摩尔生成焓，记作 $\Delta_f H_m^\ominus(B,T)$，其单位为 $kJ\cdot mol^{-1}$，下标“f”表示生成反应。在 298 K 时的标准摩尔生成焓简写为 $\Delta_f H_m^\ominus(B)$。例如，在 25 ℃ 及 100 kPa 下，

$$C(石墨)+O_2(g)\longrightarrow CO_2(g)\quad \Delta_r H_m^\ominus=-393.5\ kJ\cdot mol^{-1}$$

则 $CO_2(g)$ 在 25 ℃时的标准生成焓 $\Delta_f H_m^\ominus(CO_2,g,298\ K)=-393.5\ kJ\cdot mol^{-1}$

$$\frac{1}{2}N_2(g)+\frac{3}{2}H_2(g)\longrightarrow NH_3(g)\quad \Delta_r H_m^\ominus=-46.19\ kJ\cdot mol^{-1}$$

则 $NH_3(g)$ 在 298 K 时的标准生成焓 $\Delta_f H_m^\ominus(NH_3,g,298\ K)=-46.19\ kJ\cdot mol^{-1}$ 。

对于标准生成焓，必须注意以下三点。

(1) $p = p^\ominus$，而温度是任意的。

(2) 反应物必须全部是稳定单质，即指在一定温度和 100 kPa 时最稳定的单质。例如，石墨、金刚石和无定形碳三者比较，25 ℃下石墨为最稳定单质。因此

$$\mathrm{C(石墨)} + \mathrm{O_2(g)} \longrightarrow \mathrm{CO_2(g)} \quad \Delta_r H_m^\ominus = -393.5\ \mathrm{kJ \cdot mol^{-1}}$$
$$\mathrm{C(金刚石)} + \mathrm{O_2(g)} \longrightarrow \mathrm{CO_2(g)} \quad \Delta_r H_m^\ominus = -395.4\ \mathrm{kJ \cdot mol^{-1}}$$

前者的热效应是 $CO_2(g)$的标准生成焓 $\Delta_f H_m^\ominus(CO_2, g, 298\ K)$，而后者不是。

各种稳定单质(在任意温度下)的标准摩尔生成焓为零。例如，C(石墨)是最稳定的碳的单质，所以C(石墨)的生成焓是 $\Delta_f H_m^\ominus(\mathrm{C\ 石墨}, s, 298\ K) = 0$，$H_2(g)$ 的生成焓 $\Delta_f H_m^\ominus(H_2, g, 298\ K) = 0$。

(3) 生成物必须是 1 mol 物质。例如，由石墨生成一氧化碳的热化学方程式

$$\mathrm{2C(石墨)} + \mathrm{O_2(g)} \longrightarrow \mathrm{2CO(g)} \quad \Delta_r H_m^\ominus = -221.08\ \mathrm{kJ \cdot mol^{-1}}$$

则 CO(g)的标准生成焓为

$$\Delta_f H_m^\ominus(\mathrm{CO, g, 298\ K}) = \frac{1}{2}\Delta_r H_m^\ominus = \frac{1}{2} \times (-221.08\ \mathrm{kJ \cdot mol^{-1}}) = -110.54\ \mathrm{kJ \cdot mol^{-1}}$$

对于任意化学反应，在反应温度下，标准摩尔反应热与该温度下各反应组分的标准摩尔生成焓之间关系：

$$\Delta_r H_m^\ominus = \sum_B v_B \Delta_f H_m^\ominus(\text{产物}) - \sum_B v_B \Delta_f H_m^\ominus(\text{反应物})$$
$$\Delta_r H_m^\ominus = \sum_B \nu_B \Delta_f H_m^\ominus(B) \tag{9-25}$$

其中，ν_B 表示反应式中物质 B 的化学计量系数。

式(9-25)表明，在温度 T 下任一化学反应的标准摩尔反应焓等于同温度下参加反应的各物质的标准摩尔生成焓与化学计量系数乘积的代数和。

【例 9-9】 计算 298 K 时反应 $CH_4(g) + 2O_2(g) \longrightarrow CO_2(g) + 2H_2O(l)$的标准摩尔反应焓。

【解】 查附表得：

$\Delta_f H_m^\ominus(CO_2, g, 298\ K) = -393.51\ \mathrm{kJ \cdot mol^{-1}}$；

$\Delta_f H_m^\ominus(H_2O, l, 298\ K) = -285.83\ \mathrm{kJ \cdot mol^{-1}}$；

$\Delta_f H_m^\ominus(O_2, g, 298\ K) = 0\ \mathrm{kJ \cdot mol^{-1}}$；

$\Delta_f H_m^\ominus(CH_4, g, 298\ K) = -74.85\ \mathrm{kJ \cdot mol^{-1}}$

$$\begin{aligned}\Delta_r H_m^\ominus(298\ K) &= \sum_B v_B \Delta_f H_m^\ominus(B, T)\\ &= \Delta_f H_m^\ominus(CO_2, g, 298\ K) + 2\Delta_f H_m^\ominus(H_2O, l, 298\ K) - \Delta_f H_m^\ominus(CH_4, g, 298\ K) - 2\Delta_f H_m^\ominus(O_2, g, 298\ K)\\ &= -393.51\ \mathrm{kJ \cdot mol^{-1}} + 2 \times (-285.83\ \mathrm{kJ \cdot mol^{-1}}) - (-74.85\ \mathrm{kJ \cdot mol^{-1}}) - 2 \times 0\ \mathrm{kJ \cdot mol^{-1}}\\ &= -890.339\ \mathrm{kJ \cdot mol^{-1}}\end{aligned}$$

想一想

铝热法的反应方程式为 $8Al(s) + 3Fe_3O_4(s) \longrightarrow 4Al_2O_3(s) + 9Fe(s)$，利用 $\Delta_f H_m^\ominus$ 数据计算化学反应热效应。

知识点3　由标准摩尔燃烧焓计算标准摩尔反应焓

有机化合物难以直接由单质合成，所以有机化合物的生成焓是无法测定的。但是，绝大多数有机化合物都能在氧气中燃烧，它们的燃烧反应热可以测定。

在温度 T 的标准状态下，1 mol 指定相态的物质 B 与氧气进行完全氧化反应时的焓变，称为物质 B 在温度 T 时的标准摩尔燃烧焓，以 $\Delta_c H_m^\ominus(B,T)$ 表示，单位为 $kJ \cdot mol^{-1}$，下标“c”表示燃烧反应。在 298 K 时的标准摩尔燃烧焓简写为 $\Delta_c H_m^\ominus(B)$。

定义中，“完全氧化反应”的含义是指定氧化产物，如 C 变成 $CO_2(g)$，H 变成 $H_2O(l)$，N、S、Cl 元素分别变成 $N_2(g)$、$SO_2(g)$、HCl（水溶液）。显然，这些完全氧化的产物以及氧气的标准摩尔燃烧焓等于零。

对于任意化学反应，在反应温度下，标准摩尔反应热与该温度下各反应组分的标准摩尔燃烧焓之间的关系为：

$$\Delta_r H_m^\ominus = \sum_B \nu_B \Delta_c H_m^\ominus(\text{反应物}) - \sum_B \nu_B \Delta_c H_m^\ominus(\text{产物})$$

$$\Delta_r H_m^\ominus(T) = -\sum_B \nu_B \Delta_c H_m^\ominus(B,T) \tag{9-26}$$

其中，ν_B 表示反应式中物质 B 的化学计量系数。

式(9－26)表明，在温度 T 下任一化学反应的标准摩尔反应焓等于同温度下参加反应的各物质的标准摩尔燃烧焓与化学计量系数乘积的代数和的负值。

【例 9－10】　由标准摩尔燃烧焓计算下列反应在 298 K 时的标准摩尔反应焓。

$$3C_2H_2(g) \longrightarrow C_6H_6(l)$$

【解】　查表可得：$\Delta_c H_m^\ominus(C_2H_2,g,298\ K) = -1299.59\ kJ \cdot mol^{-1}$

$\Delta_c H_m^\ominus(C_6H_6,l,298\ K) = -3\,267.54\ kJ \cdot mol^{-1}$

则 $\Delta_r H_m^\ominus(298\ K) = -\sum_B \upsilon_B \Delta_c H_m^\ominus(B,T)$

$= -[\Delta_c H_m^\ominus(C_6H_6,g,298\ K) - 3\Delta_c H_m^\ominus(C_2H_2,g,298\ K)]$

$= -[-3\,267.54\ kJ \cdot mol^{-1} - 3\times(-1\,299.59\ kJ \cdot mol^{-1})] = -631.23\ kJ \cdot mol^{-1}$

想一想

由标准摩尔燃烧焓计算下列反应在 298 K 时的标准摩尔反应焓 $\Delta_r H_m^\ominus$。

$HOOC—COOH(s) + 2CH_3OH \longrightarrow CH_3OOC—COOCH_3(s) + 2H_2O(l)$

知识点4　非 298 K、非标准状态下化学反应的摩尔反应焓($\Delta_r H_m$)的计算

实际的化学反应一般是在非 298 K、非标准状态下进行的，所以研究在非 298 K、非标准状态下化学反应的摩尔反应焓($\Delta_r H_m$)的计算十分重要。$\Delta_r H_m$ 的计算方法如下。

假设化学反应中，反应物始态的温度为 T_1，在恒定压力 p 下进行反应，产物终态的温度为 T_2，进行 1 mol 反应的摩尔反应焓为 $\Delta_r H_m$。例如，在 101.3 kPa 和温度 T 时进行下列反应

$$aA(\varepsilon) + bB(\beta) \longrightarrow mM(\gamma) + rR(\delta)$$

假设一条途径：在 101.3 kPa 将 $aA(\varepsilon)$ 和 $bB(\beta)$ 的温度从 T 变到 298 K，此时的焓变为 ΔH_1；再在 298 K 下进行化学反应生成产物 $mM(\gamma)$ 和 $rR(\delta)$，焓变为 $\Delta_r H_m^\ominus(298\ K)$，最后将 $mM(\gamma)$ 和 $rR(\delta)$ 的温

度从298 K 变到 T，此时的焓变为 ΔH_2，如图 9－10。

当反应压力不高时，将框图中的气相视为理想气体，并忽略液、固相随压力变化而产生的微小焓变，则可得

$$\Delta_r H_m = \Delta H_1 + \Delta_r H_m^{\ominus} + \Delta H_2$$

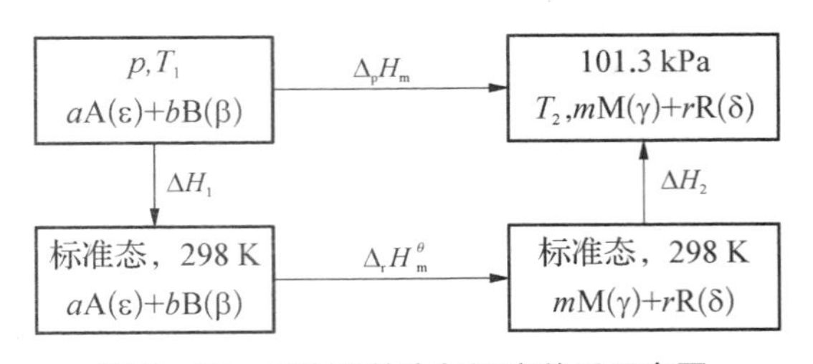

图 9－10　反应热效应与温度关系示意图

若在变温过程中，系统未发生相变化，且恒压热容不随温度变化而变化，则显然有：

$$\Delta H_1 = \int_{T_1}^{298} [aC_{p,m}(A,\varepsilon) + bC_{p,m}(B,\beta)]dT$$

式中，$C_{p,m}(B)$ 为反应物的恒压热容；a、b 分别为反应物的计量系数。

$$\Delta_r H_m^{\ominus}(298\ K) = -\sum_B \nu_B \Delta_c H_{m,B}^{\ominus}(\beta, 298\ K)$$

或

$$\Delta_r H_m^{\ominus}(298\ K) = \sum_B \nu_B \Delta_f H_{m,B}^{\ominus}(\beta, 298\ K)$$

$$\Delta H_2 = \int_{298}^{T_2} [mC_{p,m}(M,\gamma) + rC_{p,m}(R,\delta)]dT$$

$$\Delta_r H_m = \int_{T_1}^{298} [aC_{p,m}(A,\varepsilon) + bC_{p,m}(B,\beta)]dT + \Delta_r H_m^{\ominus}(298\ K) + \int_{298}^{T_2} [mC_{p,m}(M,\gamma) + rC_{p,m}(R,\delta)]dT$$

利用上式计算非标准状态下化学反应的摩尔反应焓。

9.6　热力学第二定律

在化工生产控制和化工工艺设计中，常常需要预测某一化学反应在指定条件下能否自动进行，在什么条件下能获得更多新产品等问题。若能事先通过计算作出正确判断，就可以大大节省人力、物力。例如，高炉炼铁的化学方程式为：

$$Fe_3O_4 + 4CO \longrightarrow 3Fe + 4CO_2$$

工业上发现在高炉出口处的气体中，含有大量的 CO，过去认为是 CO 与铁矿石接触时间不够导致还原不完全，为此，花费大量资金修建更高的炉。然而出口处 CO 的含量并未减少。后来，根据热力学计算才知道，这个反应不能进行到底，含有很多 CO 是不可避免的。

9.6.1　自发过程

知识点 1　**自发过程**

自发过程是在一定条件下不需要外力推动就能自动进行的过程。例如，山坡上的水会自动流到山脚下；电流由电位高处向电位低处流动；热量总是由高温物体传递到低温物体；铁器在潮湿空气中生锈；将金属锌投入到硫酸溶液中，一定会发生置换反应放出氢气等。

自发过程

自发过程具有一定的方向性。在一定条件下，自发过程只能自动地单向进行，其逆过程即非自发过程，不能自发进行。若要非自发过程进行，则必须要消耗能量，要对系统做功。例如，山脚下的水流到山坡上不会自动进行，但是利用抽水机可以将水从山脚下抽到山坡上。

自发过程具有一定的限度。水位差 $\Delta h = 0$ 时水流的自发过程就会停止，温度差 $\Delta T = 0$ 时热传导过程就会停止。那么对于化学反应来说，自发进行的推动力是什么？限度又是什么？

知识点 2　**自发过程的方向与混乱度**

在一个密闭的箱子里，中间用隔板分成两部分，一半装氮气，一半装氢气，两边气体的温度、压力均相同。当将隔板去掉后，两种气体就能自动地扩散，最后形成均匀的混合气体。无论放置多久，再也恢复不了原来的状态。这两种气体的混合过程是自动进行的。这个自发过程既没有压力差，也没有温度差，那么判断这个过程自发进行的依据是什么呢？

我们来分析一下混合前后气体的状态。在混合前，两种气体分别在各自一边，运动的空间只是箱子的一半。混合后两种气体都分散在整个箱子里，运动的空间增大了，并且在箱子的各处都既有氮气分子又有氢气分子。可见，混合后气体分子处于一种更加混乱的状态。也就是说，气体自动地向着混乱度增大的方向进行。自然界中的一切变化都倾向于朝着混乱度增大的方向进行。

9.6.2　熵

热力学中，用一个新的状态函数“熵”表示系统的混乱度，符号写作 S。熵与混乱度的关系式：$S = k\ln\Omega$，其中，$k = 1.38 \times 10^{-23}\ \mathrm{J \cdot K^{-1}}$，为波尔兹曼(Boltzmann)常数；$\Omega$为微观状态数。

熵

熵是表示系统混乱度的热力学函数。系统的混乱度越大，熵值也就越大。过程的熵变 ΔS，只取决于系统的始态和终态，而与途径无关。虽然很多状态函数的绝对值都无法测定，但熵的绝对值可以测定。

纯净物质的完美晶体，在热力学温度 0 K 时，分子排列整齐，而且分子的任何热运动也停止了，这时系统完全有序。据此，在热力学上总结出了一条经验规律——热力学第三定律：在热力学温度 0 K 时，任何纯净物质的完美晶体的熵值等于零。这样一来，就能测定纯净物质在温度 T 时熵的绝对值。因为

$$S_T - S_0 = \Delta S$$

S_T 表示温度为 T K 时的熵值，S_0 表示 0 K 时的熵值，由于 $S_0 = 0$，所以

$$S_T = \Delta S \tag{9-27}$$

从式(9－27)可看出，只需求得物质从 0 K 到 T K 的熵变值 ΔS，就可得到该物质在 T K时熵的绝对值。在标准态下，1 mol 物质的熵值称为该物质的标准摩尔熵，用符号 $S_\mathrm{m}^\ominus$ 表示，单位 $\mathrm{J \cdot mol^{-1} \cdot K^{-1}}$。

化学反应的熵变可由反应物和生成物的标准摩尔熵来进行计算：

$$\Delta_\mathrm{r} S_\mathrm{m}^\ominus = \sum \nu_\mathrm{B} S_\mathrm{m}^\ominus(\text{产物}) - \sum \nu_\mathrm{B} S_\mathrm{m}^\ominus(\text{反应物}) \tag{9-28}$$

各种化合物在 298 K时的 $S_\mathrm{m}^\ominus$ 数据可以在有关化学手册中查到。本书附录也列举了部分物质的 $S_\mathrm{m}^\ominus$ 数据。

根据熵的意义，物质的标准摩尔熵 $S_\mathrm{m}^\ominus$ 值一般呈现如下的变化规律：

(1) 同一物质的不同聚集态，其 $S_\mathrm{m}^\ominus$ 值是 $S_\mathrm{m}^\ominus$(气态) $>$ $S_\mathrm{m}^\ominus$(液态) $>$ $S_\mathrm{m}^\ominus$(固态)。

(2) 对于同一种聚集态的同类型分子，复杂分子比简单分子的 $S_\mathrm{m}^\ominus$ 值大，如 $S_\mathrm{m}^\ominus(CH_4,g) < S_\mathrm{m}^\ominus(C_2H_6,g) < S_\mathrm{m}^\ominus(C_3H_8,g)$。

(3) 对同一种物质，温度升高，熵值增大。

(4) 对气态物质，增大压力，熵值减小。对固态和液态物质，压力改变对它们的熵值影响不大。

9.6.3　热力学第二定律

热力学第二定律

通过对自发过程的研究，可以知道，能量的传递不仅要遵守热力学第一定律，保持能量守恒，而且在能量传递的方向性上有一定的限制。热力学第二定律说明了自发过程进行的方向和限度。

热力学第二定律有几种不同的表达形式，其中一种为：在隔离系统中，自发过程的结果是使系统的

熵值增加,不可能发生熵值减小的过程。当达到平衡时,熵值达到最大。即

$$\Delta S_{隔离}\begin{cases}>0 & 自发过程\\ =0 & 平衡状态\\ <0 & 非自发过程\end{cases}$$

热力学第二定律(second law of thermodynamics)是热力学基本定律之一。克劳修斯表述为:热量不能自发地从低温物体转移到高温物体。开尔文表述为:不可能从单一热源取热使之完全转换为有用的功而不产生其他影响。熵增原理:不可逆热力过程中熵的微增量总是大于零。在自然过程中,一个隔离系统的总混乱度(即"熵")不会减小。

化学反应通常是在等温等压并与环境间有能量交换的情况下进行的,不是隔离系统,所以只用系统的熵变来判断反应的自发性是不妥当的。化学反应的方向除了与熵变和焓变有关外,还与温度有关。

9.6.4 吉布斯函数

决定自发过程能否发生,既有能量因素,又有混乱度因素,因此要涉及 ΔH 和 ΔS。1876 年美国物理化学家吉布斯(Gibbs)提出用自由能来判断等压条件下过程的自发性。

吉布斯自由能

知识点1 吉布斯自由能

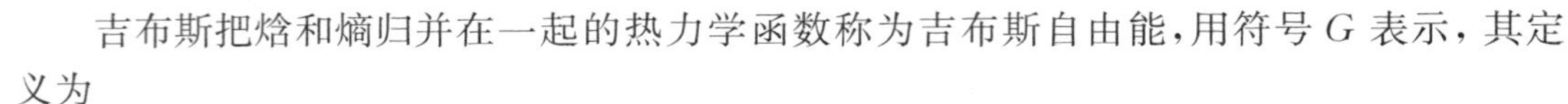

吉布斯把焓和熵归并在一起的热力学函数称为吉布斯自由能,用符号 G 表示,其定义为

$$G = H - TS$$

根据以上定义,等温变化过程的吉布斯自由能变化值为

$$\Delta G = \Delta H - T\Delta S \tag{9-29}$$

此式称为吉布斯-赫姆霍兹公式。

热力学研究指出,在等温等压只做体积功的条件下,ΔG 可作为反应自发性的判据。

当 $\Delta G < 0$ 时,反应能自发进行,其逆过程不能自发进行。

当 $\Delta G = 0$ 时,反应处于平衡状态。

当 $\Delta G > 0$ 时,反应不能自发进行,其逆过程可自发进行。

等温等压下,任何自发过程总是朝着吉布斯自由能减小的方向进行。由式(9-29)可知,ΔG 值的大小取决于 ΔH、ΔS 和 T,其关系如表 9-1。

表 9-1 恒温恒压下,ΔH、ΔS 和温度 T 对 ΔG 的影响

反应类型	ΔH	ΔS	ΔG 与反应方向	反应实例
1	−	+	− 在任何温度下,都能自发进行	$2H_2O_2(l) \longrightarrow 2H_2O(l) + O_2(g)$
2	+	−	+ 在任何温度下,都不能自发进行	$\frac{3}{2}O_2(g) \longrightarrow O_3(g)$
3	−	−	高温 ($T > \Delta H/\Delta S$) 时为+,高温下不能自发进行 低温 ($T < \Delta H/\Delta S$) 时为−,低温下能自发进行	$N_2(g) + 3H_2(g) \longrightarrow 2NH_3(g)$
4	+	+	低温 ($T < \Delta H/\Delta S$) 时为+,低温下不能自发进行 高温 ($T > \Delta H/\Delta S$) 时为−,高温下能自发进行	$N_2O_4(g) \longrightarrow NO_2(g)$

知识点2 化学反应的标准摩尔吉布斯自由能变

H、S 和 T 都是状态函数,G 也是状态函数,具有状态函数的各种特征。各种物质都有各自的标准摩尔生成吉布斯自由能,即在标准状态和温度 T 条件下,由稳定单质生成 1 mol 化合物时的吉布斯自由

能变，符号为 $\Delta_f G_m^\ominus$，单位 kJ · mol^{-1}。298 K 时常见物质的 $\Delta_f G_m^\ominus$ 见附录 10。

对于任何反应，在 298 K 时标准摩尔生成自由能变可由各物质的标准摩尔生成吉布斯自由能计算，公式如下：

$$\Delta_r G_m^\ominus = \sum \nu_B \Delta_f G_m^\ominus(\text{产物}) - \sum \nu_B \Delta_f G_m^\ominus(\text{反应物}) \tag{9-30}$$

根据计算结果可判断反应的自发性。

【例 9-11】 已知 298 K 时下列反应中各物质的 $\Delta_f G_m^\ominus$，请判断该反应能否自发进行。

$$2CH_3OH(l) + 3O_2(g) \longrightarrow 2CO_2(g) + 4H_2O(g)$$

$$\Delta_f G_{m,CH_3OH(l)}^\ominus = -166.2\ \text{kJ} \cdot \text{mol}^{-1}, \Delta_f G_{m,O_2(g)}^\ominus = 0.0\ \text{kJ} \cdot \text{mol}^{-1}, \Delta_f G_{m,CO_2(g)}^\ominus = -394.4\ \text{kJ} \cdot \text{mol}^{-1}$$

$$\Delta_f G_{m,H_2O(g)}^\ominus = -228.6\ \text{kJ} \cdot \text{mol}^{-1}。$$

【解】 $\Delta_r G_m^\ominus = 2 \times \Delta_f G_{m,CO_2(g)}^\ominus + 4 \times \Delta_f G_{m,H_2O(g)}^\ominus - 2 \times \Delta_f G_{m,CH_3OH(l)}^\ominus$

$= 2 \times (-394.4\ \text{kJ} \cdot \text{mol}^{-1}) + 4 \times (-228.6\ \text{kJ} \cdot \text{mol}^{-1}) - 2 \times (-166.2\ \text{kJ} \cdot \text{mol}^{-1})$

$= -1\ 371\ \text{kJ} \cdot \text{mol}^{-1}$

$\Delta_r G_m^\ominus < 0$，该反应能自发进行。

想一想

利用下列反应中各物质的 $\Delta_f G_m^\ominus$，求 298 K 时反应 $4NH_3(g) + 5O_2(g) \longrightarrow 4NO(g) + 6H_2O(l)$ 的 $\Delta_r G_m^\ominus$，并指出反应能否自发进行。

其他温度 T 下化学反应的标准摩尔自由能变 $\Delta_f G_{m,T}^\ominus$ 的计算：

$$\Delta_r G_{m,T}^\ominus = \Delta_r H_{m,T}^\ominus - T\Delta_r S_{m,T}^\ominus \approx \Delta_r H_{m,298}^\ominus - T\Delta_r S_{m,298}^\ominus \tag{9-31}$$

利用吉布斯-赫姆霍兹公式可以求化学反应转向温度（$T_{\text{转向}}$）。对于 ΔH 与 ΔS 符号相同的情况，当改变反应温度时，存在从自发到非自发(或从非自发到自发）的转变，我们把这个转变温度称为转向温度。

令 $\Delta G = 0$，则 $\Delta G = \Delta H - T\Delta S = 0$，因此，$T = \Delta H / \Delta S = T_{\text{转向}}$

在标准状态下，

$$T_{\text{转向}} = \frac{\Delta_r H_{m,T}^\ominus}{\Delta_r S_{m,T}^\ominus} \approx \frac{\Delta_r H_{m,298}^\ominus}{\Delta_r S_{m,298}^\ominus} \tag{9-32}$$

【例 9-12】 已知下列反应中各物质的 $\Delta_f H_{m,298}^\ominus$ 和 $\Delta_f S_{m,298}^\ominus$ 数据：

	$SO_3(g)$ +	$CaO(s) \longrightarrow$	$CaSO_4(s)$
$\Delta_f H_{m,298}^\ominus/(\text{kJ} \cdot \text{mol} \cdot \text{K}^{-1})$	−395.72	−635.09	−1 434.11
$\Delta_f S_{m,298}^\ominus/(\text{J} \cdot \text{mol}^{-1} \cdot \text{K}^{-1})$	256.65	39.75	106.69

求该反应的转向温度。

【解】 $\Delta_r H_{m,298}^\ominus = \Delta_f H_{m,CaSO_4(s)}^\ominus - \Delta_f H_{m,CaO(s)}^\ominus - \Delta_f H_{m,SO_3(g)}^\ominus$

$= -1\ 434.11\ \text{kJ} \cdot \text{mol}^{-1} - (-635.09\ \text{kJ} \cdot \text{mol}^{-1}) - (-395.72\ \text{kJ} \cdot \text{mol}^{-1}) = -403.3\ \text{kJ} \cdot \text{mol}^{-1}$

$\Delta_r S_{m,298}^\ominus = S_{m,CaSO_4(s)}^\ominus - S_{m,CaO(s)}^\ominus - S_{m,SO_3(g)}^\ominus = 106\ \text{J} \cdot \text{mol}^{-1} \cdot \text{K}^{-1} - 39.75\ \text{J} \cdot \text{mol}^{-1} \cdot \text{K}^{-1} - 256.65\ \text{J} \cdot \text{mol}^{-1} \cdot \text{K}^{-1}$

$= -189.71\ \text{J} \cdot \text{mol}^{-1} \cdot \text{K}^{-1}$

$\therefore T_{\text{转向}} = \frac{\Delta_r H_{m,T}^\ominus}{\Delta_r S_{m,T}^\ominus} \approx \frac{\Delta_r H_{m,298.15}^\ominus}{\Delta_r S_{m,298.15}^\ominus} = -403.3\ \text{kJ} \cdot \text{mol}^{-1} / (-0.189\ 7\ \text{kJ} \cdot \text{mol}^{-1} \cdot \text{K}^{-1}) = 2\ 126\ \text{K}$

$\because \Delta_r H_{m,T}^\ominus < 0, \Delta_r S_{m,T}^\ominus < 0$

$\therefore$该反应是低温自发的，即在 2 126 K 以下该反应是自发的。

上例反应可用于环境保护。硫燃烧生成 SO_2，SO_2 经过进一步氧化后变成 SO_3。如果在煤中加入适当生石灰，它便与煤中的硫燃烧后所得的 SO_3 在低于 2 126 K 时（煤燃烧一般炉温在 1 200 ℃左右），自发生成 $CaSO_4$，从而把 SO_3 固定在煤渣中，消除了 SO_3 对空气的污染。

想一想

$CaCO_3(s) \longrightarrow CaO(s) + CO_2(g)$，常温不反应，高温才反应，那么此反应自发进行的最低温度是多少？

9.6.5 化学反应方向的判断

知识点 1　平衡常数与吉布斯自由能变

对任一可逆化学反应：

$$mA + nB \rightleftharpoons pC + qD$$

可推出吉布斯自由能变与标准自由能变有如下关系：

$$\Delta_r G_m = \Delta_r G_m^{\ominus} + RT\ln Q \tag{9-33}$$

式(9-33)称为化学反应等温方程，也叫 van't Hoff 等温方程，式中 Q 称为反应商。

$$Q = \frac{\{c(C)/c^{\ominus}\}^p \{c(D)/c^{\ominus}\}^q}{\{c(A)/c^{\ominus}\}^m \{c(B)/c^{\ominus}\}^n}$$

式中各物质的浓度并非平衡时的浓度，是任意反应状态下的浓度。若反应系统中有气体或全部都是气体参与的反应，则 Q 中的 $c/c^{\ominus}$ 就用 $p/p^{\ominus}$ 代替。

显然，当化学反应处于平衡时 $Q = K^{\ominus}$，且 $\Delta_r G_m = 0$ 代入式(9-33) 得

$$\Delta_r G_m^{\ominus} = -RT\ln K^{\ominus} \tag{9-34}$$

或

$$\lg K^{\ominus} = -\frac{\Delta_r G_m^{\ominus}}{2.303RT} \tag{9-35}$$

从上式可以看出，平衡常数与反应的标准吉布斯自由能变化有密切关系，通过反应温度 T 时的 $\Delta_r G_m^{\ominus}$ 可求得该温度下的平衡常数。还可以看出，$\Delta_r G_m^{\ominus}$ 负值越大，$K^{\ominus}$ 值越大，表示反应进行的程度越大；反之，$\Delta_r G_m^{\ominus}$ 负值越小，$K^{\ominus}$ 值越小，表示反应进行的程度越小。

将式(9-34)代入(9-33)可得

$$\Delta_r G_m = -RT\ln K^{\ominus} + RT\ln Q = RT\ln\frac{Q}{K^{\ominus}} = 2.303RT\lg\frac{Q}{K^{\ominus}} \tag{9-36}$$

由式(9-36)可看出，利用 Q 和 $K^{\ominus}$ 进行比较可判断反应进行的方向。

当 $K^{\ominus} > Q$ 时 $\Delta_r G_m < 0$，正反应自发进行。

当 $K^{\ominus} < Q$ 时 $\Delta_r G_m > 0$，逆反应自发进行。

当 $K^{\ominus} = Q$ 时 $\Delta_r G_m = 0$，系统处于平衡状态。

【例 9-13】 计算下列反应在 298 K 时的 $\Delta_r G_m^{\ominus}$ 和 $K^{\ominus}$，并判断反应能否自发进行。

$$CO(g) + NO(g) \rightleftharpoons CO_2(g) + \frac{1}{2}N_2(g)$$

【解】 查附录得 298 K 时有关热力学数据如下：

	$CO(g)$ +	$NO(g) \rightleftharpoons$	$CO_2(g)$ +	$\frac{1}{2}N_2(g)$
$\Delta_f H_m^\ominus(kJ\cdot mol^{-1})$	−110.5	90.25	−393.5	0
$S_m^\ominus(J\cdot mol^{-1}\cdot K^{-1})$	197.6	210.7	213.6	191.5

$$\Delta_r H_m^\ominus = [\Delta_f H_m^\ominus(CO_2,g) + \frac{1}{2}\Delta_f H_m^\ominus(N_2,g)] - [\Delta_f H_m^\ominus(CO,g) + \Delta_f H_m^\ominus(NO,g)]$$

$$= -393.5\ kJ\cdot mol^{-1} - (-110.5\ kJ\cdot mol^{-1} + 90.25\ kJ\cdot mol^{-1}) = -373.25\ kJ\cdot mol^{-1}$$

$$\Delta_r S_m^\ominus = [S_m^\ominus(CO_2,g) + \frac{1}{2}S_m^\ominus(N_2,g)] - [S_m^\ominus(CO,g) + S_m^\ominus(NO,g)]$$

$$= (213.6\ J\cdot mol^{-1}\cdot K^{-1} + \frac{1}{2}\times 191.5\ J\cdot mol^{-1}\cdot K^{-1}) - (197.6\ J\cdot mol^{-1}\cdot K^{-1} + 210.7\ J\cdot mol^{-1}\cdot K^{-1})$$

$$= -0.099\ kJ\cdot mol^{-1}\cdot K^{-1}$$

据式 $\Delta_r G_m^\ominus(T) = \Delta_r H_m^\ominus(298\ K) - T\Delta_r S_m^\ominus(298\ K)$ 得

$$\Delta_r G_m^\ominus(298) = -373.25\ kJ\cdot mol^{-1} - 298\ K\times(-0.099\ kJ\cdot mol^{-1}\cdot K^{-1}) = -343.75\ kJ\cdot mol^{-1}$$

因为 $\Delta_r G_m^\ominus < 0$，所以正反应能自发进行。

依据 $\lg K^\ominus = -\frac{\Delta_r G_m^\ominus}{2.303RT}$ 可得

$$\lg K^\ominus = -\frac{-343.75\ kJ\cdot mol^{-1}}{2.303\times 8.314\ J\cdot mol^{-1}\cdot K^{-1}\times 298\ K} = 60.24$$

$$K^\ominus = 1.74\times 10^{60}$$

$K^\ominus$ 值很大，表明反应在给定条件下进行很完全。

【例 9-14】 某一反应体系 $AgCl(s) + Br^-(aq) \rightleftharpoons AgBr(s) + Cl^-(aq)$ 在 $c(Cl^-) = 1\ mol\cdot L^{-1}$，$c(Br^-) = 0.01\ mol\cdot L^{-1}$ 时反应将向哪个方向进行？

【解】

	$AgCl(s)$ +	$Br^-(aq) \rightleftharpoons$	$AgBr(s)$ +	$Cl^-(aq)$
$\Delta_f G_m^\ominus(kJ\cdot mol^{-1})$	−110	−104	−97.0	−131.3

$$\Delta_r G_m^\ominus = \sum \upsilon_i \Delta_f G_m^\ominus(\text{产物}) - \sum \upsilon_i \Delta_f G_m^\ominus(\text{反应物}) = -14.3\ kJ\cdot mol^{-1}$$

$$Q = c(Cl^-)/c(Br^-) = 100$$

$$\Delta_r G_m = \Delta_r G_m^\ominus + RT\ln Q = -14.3\ kJ\cdot mol^{-1} + 8.314\times 10^{-3}\ kJ\cdot mol^{-1}\cdot K^{-1}\times 298.15\ K\times \ln 100$$

$$= -14.3\ kJ\cdot mol^{-1} + 11.42\ kJ\cdot mol^{-1} = -2.9\ kJ\cdot mol^{-1}$$

$\Delta_r G_m < 0$，所以反应将自发向正向进行。

【例 9-15】 在 448 ℃时，1.00 dm^3 容器中 1.00 mol 的 H_2 和 2.00 mol 的 I_2 完全反应 $H_2(g) + I_2(g) \rightleftharpoons 2HI(g)$，测得此时的 $K_c = 50.5$，试求反应平衡时 H_2，I_2 和 HI 的平衡浓度。

【解】 设平衡时，H_2 反应了 $x\ mol\cdot dm^{-3}$

	$H_2(g)$ +	$I_2(g) \rightleftharpoons$	$2HI(g)$
起始（$mol\cdot dm^{-3}$）	1/1	2/1	0
平衡（$mol\cdot dm^{-3}$）	$1-x$	$2-x$	$2x$

$\therefore K_c = \frac{(2x)^2}{(1-x)(2-x)} = 50.5$，解得 $x = 0.935$ 或 2.323（不合理，舍去）

$\therefore c(H_2) = 0.065\ mol\cdot dm^{-3}$　$c(I_2) = 1.065\ mol\cdot dm^{-3}$　$c(HI) = 1.87\ mol\cdot dm^{-3}$

想一想

已知	$SO_2(g)$	+	$1/2\ O_2(g) \rightleftharpoons$	$SO_3(g)$
$\Delta_r H^\ominus/(kJ \cdot mol^{-1})$	-296.8		0	-395.7
$S^\ominus/(J \cdot mol^{-1} \cdot K^{-1})$	248.2		205.0	256.8

通过计算来判断：在 1 000 K，SO_3、SO_2、O_2 的分压依次为 100 kPa、25 kPa、25 kPa 时，该反应能否自发进行？

知识点 2　影响化学平衡移动的因素

当外界条件改变时，平衡状态向另一种状态的转化过程叫平衡移动。所有平衡移动都服从吕·查德理原理，即改变平衡体系的条件之一——温度、压力或浓度，平衡就向减弱这个改变的方向移动。如合成氨的反应：

$N_2(g)+3H_2(g) \rightleftharpoons 2NH_3(g)$	$\Delta_r H_m^\ominus = -92.2\ kJ \cdot mol^{-1}$
增加 H_2(或 N_2)的浓度或分压	平衡向右移动
减少 NH_3 的浓度或分压	平衡向右移动
增加体系总压力	平衡向右移动
升高体系的温度	平衡向左移动

1. 浓度对化学平衡的影响

平衡状态下，$\Delta_r G_m = 0$，$Q = K^\ominus$，任何一种反应物或产物浓度的变化都导致 $Q \neq K^\ominus$。增加反应物浓度或减少产物浓度时 $Q < K^\ominus$，$\Delta_r G_m < 0$，平衡将沿正反应方向移动；减少反应物浓度或增加产物浓度时 $Q > K^\ominus$，$\Delta_r G_m > 0$，平衡将沿逆反应方向移动。若增加反应物 A 浓度后，要使减小的 Q 值重新回到 $K^\ominus$，只能减小反应物 B 的浓度或增大产物浓度，这就意味着提高了反应物 B 的转化率。

2. 压力对化学平衡的影响

增加反应物的分压或减小产物的分压，都将使 $Q < K^\ominus$，$\Delta_r G_m < 0$，平衡向右移动。反之，增大产物的分压或减小反应物的分压，将使 $Q > K^\ominus$，$\Delta_r G_m > 0$，平衡向左移动。这与浓度对化学平衡的影响完全相同。

在温度不变时，增大压力，平衡朝着气体摩尔数减少的方向移动。对反应后气体分子数减少的反应而言，在增大压力、提高转化率的同时，也要考虑设备承受能力和安全防护等。压力的变化对固相或液相反应平衡的影响可以忽略。

3. 温度对化学平衡的影响

温度对化学平衡的影响是通过改变 $K^\ominus$ 值而导致平衡发生移动。

在系统的压力恒定时，对于任意给定的化学反应，由式 $\ln K^\ominus = -\Delta_r G_m^\ominus(T)/RT$ 可知，$\ln K^\ominus$ 与 $1/T$ 成直线关系。又因 $\Delta_r G_m^\ominus(T) = \Delta_r H_m^\ominus(T) - T\Delta_r S_m^\ominus(T)$，于是有

$$\ln K^\ominus = -\Delta_r H_m^\ominus(T)/RT + \Delta_r S_m^\ominus(T)/R \tag{9-37}$$

如果温度变化不大，可以忽略 $\Delta_r H_m^\ominus$ 和 $\Delta_r S_m^\ominus$ 随温度的改变。若反应在温度 T_1 下的平衡常数为 $K_1^\ominus$，在温度 T_2 下的平衡常数为 $K_2^\ominus$，则有

$$\ln K_1^\ominus = -\frac{\Delta_r H_m^\ominus}{RT_1} + \frac{\Delta_r S_m^\ominus}{R}$$

$$\ln K_2^\ominus = -\frac{\Delta_r H_m^\ominus}{RT_2} + \frac{\Delta_r S_m^\ominus}{R}$$

两式相减得

$$\ln \frac{K_1^\ominus}{K_2^\ominus} = \frac{\Delta_r H_m^\ominus}{R}\left(\frac{1}{T_2} - \frac{1}{T_1}\right) = \frac{\Delta_r H_m^\ominus}{R}\left(\frac{T_2 - T_1}{T_2 T_1}\right) \tag{9-38}$$

从式(9-38)可看出温度对化学平衡的影响：

对于吸热反应，$\Delta_r H_m^\ominus > 0$，当温度升高，$T_2 > T_1$ 时，$K_2^\ominus > K_1^\ominus$，说明平衡常数随温度的升高而增大，即升高温度使平衡向正反应方向 —— 吸热反应方向移动；降低温度，$T_2 < T_1$ 时，$K_2^\ominus < K_1^\ominus$，平衡常数随温度的降低而减小，即降低温度使平衡向逆反应方向 —— 放热反应方向移动。

对于放热反应，$\Delta_r H_m^\ominus < 0$，当 $T_2 > T_1$ 时，$K_2^\ominus < K_1^\ominus$，表明平衡常数随温度的升高而减小，即升高温度使平衡向逆反应方向 —— 吸热反应方向移动；降低温度，$T_2 < T_1$ 时，$K_2^\ominus > K_1^\ominus$，平衡常数随温度的降低而增大，即降低温度，使平衡向正反应方向 —— 放热反应方向移动。

总之，不论是吸热反应还是放热反应，当升高温度时，化学平衡总是向吸热反应方向移动；当降低温度时，化学平衡总是向放热反应方向移动。

【例 9-16】 在 298 K 时，反应 $NO(g) + \frac{1}{2}O_2(g) \rightleftharpoons NO_2(g)$ 的 $\Delta_r G_m^\ominus = -34.85\ kJ \cdot mol^{-1}$，$\Delta_r H_m^\ominus = -56.48\ kJ \cdot mol^{-1}$。试分别计算 $K_{298\,K}^\ominus$ 和 $K_{598\,K}^\ominus$ 的值（假定在 298 ~ 598 K 范围内 $\Delta_r H_m^\ominus$ 不变）。

【解】 $\Delta_r G_m^\ominus = -RT\ln K_{298\,K}^\ominus$ $\quad \therefore \ln K_{298\,K}^\ominus = \dfrac{34.85 \times 10^3\ J \cdot mol^{-1}}{8.314\ J \cdot mol^{-1} \cdot K^{-1} \times 298\ K}$ 解得 $K_{298\,K}^\ominus = 1.28 \times 10^6$

再由 $\ln \dfrac{K_{298\,K}^\ominus}{K_{598\,K}^\ominus} = \dfrac{\Delta_r H_m^\ominus}{R}\left(\dfrac{1}{598\ K} - \dfrac{1}{298\ K}\right)$ 解得

$$K_{598\,K}^\ominus = 13.8 \times 10^5$$

案例

名人故事

图 9-11　英国物理学家焦耳

能量守恒和转换定律的发现者之一英国物理学家焦耳，1818 年 12 月 24 日出生于英国曼彻斯特，他的父亲是一个酿酒厂主。他跟着爸爸酿酒，没有接受过正规的教育。但是他勤奋好学，经常一边劳动一边识字，靠着自学成了物理学家。青年时，经别人介绍认识了著名化学家道尔顿，并在他的指导下学习了数学、哲学和化学，这些知识的学习为焦耳后来的研究奠定了基础。

焦耳最初的研究方向是电磁机。因他在父亲的酿酒厂工作，看到蒸汽机的效率太低，于是他就想将父亲酿酒厂中应用的蒸汽机替换成电磁机以提高工作效率。1837 年，焦耳装成了用电池驱动的电磁机，但由于支持电磁机工作的电流来自锌电池，而锌的价格昂贵，用电磁机反而不如用蒸汽机合算。焦耳的最初目的虽然没有达到，但他从实验中发现电流可以做功，这激发了他深入研究的兴趣。

从 1840 年起，焦耳开始研究电流的热效应，不久与俄国的著名物理学家楞次各自独立发现了焦耳-楞次定律，为揭示电能、化学能、热能的等价性打下了基础，敲开了通向能量守恒定律的大门。

1843 年，焦耳钻研并测量了热和机械功之间的当量关系与热功当量，为热运动与其他运动的相互转化、运动守恒等问题，提供了无可置疑的证据，他也因此成为能量守恒定律的发现者之一。这是焦耳一生最重要的贡献。

习题

一、填空题

1. 按体系与环境之间物质及能量的传递情况,体系系统可分为________体系、________体系、________体系。

2. 状态函数与非状态函数本质上的区别在于:状态函数________,而非状态函数________。

3. 描述体系状态变化时的热力学能变与功和热的关系式是________,体系从环境吸热时,Q________0,体系对环境做功时 W________0。

4. 等温等压,只做体积功的反应,$Q_p=$________,而恒容反应时,$Q_v=$________。

5. 反应 $H_2(g)+Br_2(l)=\!=\!=2HBr(g)$,$\Delta_r H(298\ K)=-72.8\ kJ\cdot mol^{-1}$,则 $\Delta_f H(HBr,g,298\ K)$ 为________ $kJ\cdot mol^{-1}$。

6. 在孤立体系中,反应 $CaSO_4$(晶体)$=\!=\!=CaSO_4$(非晶体),过程自发进行的方向是________。

7. 反应 $MgCO_3(s)\rightleftharpoons MgO(s)+CO_2(g)$,$\Delta_r H(298\ K)=100.6\ kJ\cdot mol^{-1}$,$\Delta_r S(298\ K)=174.9\ J\cdot mol^{-1}\cdot K^{-1}$,则该反应的转向温度 T 为________。

8. 已知 25 ℃时 $CO(g)$ 与 $CH_3OH(g)$ 的 $\Delta_f G$ 分别为 $-137.28\ kJ\cdot mol^{-1}$ 和 $-162.51\ kJ\cdot mol^{-1}$,则用 CO 和 H_2 制备 CH_3OH 反应的标准平衡常数 $K^\ominus=$________。

9. 气相反应 $2NO(g)+O_2(g)\rightleftharpoons 2NO_2(g)$ 是放热反应,当反应在一定温度、一定压力下达平衡时,若升高温度,则平衡向________移动,若增大压力,则平衡向________移动(选填左、右)。

10. 某气相反应 $A\rightleftharpoons Y+Z$ 是吸热反应,在 25 ℃时其标准平衡常数 $K^\ominus=1$,则 25 ℃时反应的 $\Delta_r S$________0,此反应在 40 ℃ 时的 K________25 ℃ 时的 K。(选填 $>$,$=$,$<$)

二、选择题

1. 在任意给定条件下,可逆反应达平衡时( )。

A. 各反应物和生成物浓度相等

B. 体系中各物质的浓度不随时间而改变

C. 各反应物和生成物的浓度分别为定值

D. 各反应物浓度系数次方乘积小于各生成物浓度系数次方乘积

2. 在 400 ℃和 101.325 kPa 下,反应 $3/2H_2(g)+1/2N_2(g)=\!=\!=NH_3(g)$ 的 $K_p^\ominus=0.012\ 9$,则在相同温度和压力下,$3H_2(g)+N_2(g)=\!=\!=2NH_3(g)$ 的 $K_p^\ominus$ 为( )。

A. 1.66×10^{-4} B. 0.012 9 C. 0.113 6 D. 1.66×10^{4}

3. 反应 $3A(g)+B(g)\rightleftharpoons 2C(g)$ 的 $K_c^\ominus=2.25$,达平衡时 C 的浓度是 $3.00\ mol\cdot L^{-1}$,A 的浓度是 $2.00\ mol\cdot L^{-1}$,则 B 的浓度为( )。

A. $0.500\ mol\cdot L^{-1}$ B. $0.667\ mol\cdot L^{-1}$ C. $1.50\ mol\cdot L^{-1}$ D. $2.00\ mol\cdot L^{-1}$

4. 下列平衡:$A(g)+2B(g)\rightleftharpoons 2C(g)$,假如在反应容器中加入相同物质的量的 A 和 B,指出下列哪一种情况在平衡时总是正确的( )。

A. [B]=[C] B. [A]=[B] C. [B]<[A] D. [A]<[B]

5. 下列哪种说法是正确的( )。

A. 凡是符合速率方程的反应都是基元反应

B. 单分子反应是一级反应,双分子反应是二级反应

C. 温度升高,反应速率加快的主要原因是分子

D. 催化剂对正逆反应的速率影响是一样的

6. 下列哪种说法是正确的( )。

A. 两个不同反应相比,活化能大的,其反应速率一定慢

B. 有了化学反应式，就能根据质量作用定律写出它的速率方程

C. 任何反应的反应速率都是随时间而变化的

D. 逆反应的活化能在数值上等于正反应的活化能，符号相反

7. 下列对催化剂的描述，哪一点是不正确的(　　)。

A. 催化剂只能缩短反应到达平衡的时间而不能改变平衡状态

B. 催化剂在反应前后其化学性质和物理性质不变

C. 催化剂不改变平衡常数

D. 催化剂的加入不能实现热力学上不可能进行的反应

8. 经验表明，如果温度每升高 10 ℃，反应速率就增大到原来的两倍；若反应温度由 20 ℃增加到 100 ℃，其反应速率增大到原来的(　　)。

A. 4 倍　　B. 8 倍　　C. 16 倍　　D. 64 倍

三、计算题

1. 计算下列体系内能的变化。

(1) 体系放出 2.5 kJ 的热量，并且对环境做功 500 J。

(2) 体系放出 650 J 的热量，环境对体系做功 350 J。

2. 蔗糖在人体内新陈代谢过程中所发生的总反应可用下列反应式表示：

$$C_{12}H_{22}O_{11}(s)+12O_2(g)=\!=\!=12CO_2(g)+11H_2O(l)$$

已知 298 K 时，$C_{12}H_{22}O_{11}(s)$，$CO_2(g)$，$H_2O(l)$ 的 $\Delta_f H$ 分别为 $-2\,225.5\ \text{kJ}\cdot\text{mol}^{-1}$，$-393.5\ \text{kJ}\cdot\text{mol}^{-1}$，$-285.8\ \text{kJ}\cdot\text{mol}^{-1}$。若反应的 $\Delta_r H$ 与温度无关，试估算 10 g 蔗糖在人体内发生上述反应时有多少热量放出。

3. 在容积为 10 dm^3 的容器中有 4.0 mol 的 N_2O_4；1.0 mol 的 NO_2，已知 298 K 时反应：$N_2O_4(g) \rightleftharpoons 2NO_2(g)$ 的 $K^\ominus=0.24$，求此温度下反应进行的方向。

4. 在 298.2 K，100.0 kPa 下，反应 $CaO(s)+SO_3(g)=\!=\!=CaSO_4(s)$ 的 $\Delta_r H=-402\ \text{kJ}\cdot\text{mol}^{-1}$，$\Delta_r S=-189.6\ \text{J}\cdot\text{K}^{-1}\cdot\text{mol}^{-1}$，试求：

(1) 上述反应是否能自发进行？逆反应的 $\Delta_r G$ 为多少？

(2) 升温有利于上述反应正向进行还是降温有利？

(3) 计算上述逆反应进行所需的最低温度。

5. 50 ℃ 时，A 物质在溶剂中进行分解反应，反应为一级反应，初始浓度 $c_{A0}=1.00\times10^{-5}\ \text{mol}\cdot\text{L}^{-1}\cdot\text{s}^{-1}$，1 h 后，速率 $v_A=3.26\times10^{-6}\ \text{mol}\cdot\text{L}^{-1}\cdot\text{s}^{-1}$，试求：(1) 反应速率常数 k；(2) 半衰期 $t_{1/2}$。

附　录

附录 1　基本物理常量

物理量	代　号	常数值
真空中的光速	c	$(2.997\ 924\ 58 \pm 0.000\ 000\ 012) \times 10^{8}$ m · s^{-1}
单元电荷(一个质子的电荷)	e	$(1.602\ 177\ 33 \pm 0.000\ 000\ 49) \times 10^{-19}$ C
Planck 常量	h	$(6.626\ 075\ 5 \pm 0.000\ 004\ 0) \times 10^{-34}$ J · s
Boltzmann 常量	k_{12}	$(1.380\ 658 \pm 0.000\ 012) \times 10^{-23}$ J · K^{-1}
Avogadro 常量	L	$(6.022\ 045 \pm 0.000\ 031) \times 10^{23}$ mol^{-1}
原子质量单位	$1\ \mathrm{u} = m(^{12}\mathrm{C})/12$	$(1.660\ 540\ 2 \pm 0.000\ 100\ 10) \times 10^{-27}$ kg
电子的静止质量	m_e	$9.109\ 38 \times 10^{-31}$ kg
质子的静止质量	m_{p}	$1.672\ 62 \times 10^{-27}$ kg
真空介电常量	ε_0	$8.854\ 188 \times 10^{-12}$ J^{-1} · C^{2} · m^{-1}
	$4\pi\varepsilon_0$	$1.112\ 650 \times 10^{-10}$ C^{2} · N^{-1} · m^{-2}
Faraday 常量	F	$(9.648\ 530\ 9 \pm 0.000\ 002\ 9) \times 10^{4}$ C · mol^{-1}
摩尔气体常量	R	$8.314\ 510 \pm 0.000\ 070$ J · K^{-1} · mol^{-1}

附录 2　常用酸碱溶液的密度和浓度

溶液名称	密度 ρ/(g · cm^{-3})	质量分数 ω_{B} /%	物质的量浓度 c/(mol · L^{-1})
浓硫酸	1.84	95～96	18
稀硫酸	1.18	25	3
稀硫酸	1.06	9	1
浓盐酸	1.19	38	12
稀盐酸	1.10	20	6
稀盐酸	1.03	7	2
浓硝酸	1.40	65	14
稀硝酸	1.20	32	6

续 表

溶液名称	密度 $\rho/(g\cdot cm^{-3})$	质量分数 ω_B /%	物质的量浓度 $c/(mol\cdot L^{-1})$
稀硝酸	1.07	12	2
稀高氯酸	1.12	19	2
浓氢氟酸	1.13	40	23
氢溴酸	1.38	40	7
氢碘酸	1.70	57	7.5
冰醋酸	1.05	99～100	17.5
稀醋酸	1.04	35	6
稀醋酸	1.02	12	2
浓氢氧化钠	1.36	33	11
稀氢氧化钠	1.09	8	2
浓氨水	0.88	35	18
浓氨水	0.91	25	13.5
稀氨水	0.96	11	6
稀氨水	0.99	3.5	2

附录 3 常见弱酸在水溶液中的电离常数(298 K)

序 号	名 称	化学式	$K_a^\ominus$	$pK_a^\ominus$
		无机酸		
1	偏铝酸	$HAlO_2$	6.3×10^{-13}	12.20
2	亚砷酸	H_3AsO_3	6.0×10^{-10}	9.22
3	砷酸	H_3AsO_4	$6.3\times10^{-3}(K_1)$	2.20
			$1.05\times10^{-7}(K_2)$	6.98
			$3.2\times10^{-12}(K_3)$	11.50
4	硼酸	H_3BO_3	$5.8\times10^{-10}(K_1)$	9.24
			$1.8\times10^{-13}(K_2)$	12.74
			$1.6\times10^{-14}(K_3)$	13.80
5	次溴酸	HBrO	2.4×10^{-9}	8.62
6	氢氰酸	HCN	4.93×10^{-10}	9.21
7	碳酸	H_2CO_3	$4.2\times10^{-7}(K_1)$	6.38
			$5.6\times10^{-11}(K_2)$	10.25
8	次氯酸	HClO	3.2×10^{-8}	7.50
9	氢氟酸	HF	6.61×10^{-4}	3.18
10	锗酸	H_2GeO_3	$1.7\times10^{-9}(K_1)$	8.78
			$1.9\times10^{-13}(K_2)$	12.72

续 表

序 号	名 称	化学式	$K_a^\ominus$	$pK_a^\ominus$
11	高碘酸	HIO_4	2.8×10^{-2}	1.56
12	亚硝酸	HNO_2	5.1×10^{-4}	3.29
13	次磷酸	H_3PO_2	5.9×10^{-2}	1.23
14	亚磷酸	H_3PO_3	$5.0\times10^{-2}(K_1)$	1.30
			$2.5\times10^{-7}(K_2)$	6.60
15	磷酸	H_3PO_4	$7.52\times10^{-3}(K_1)$	2.12
			$6.23\times10^{-8}(K_2)$	7.20
			$4.4\times10^{-13}(K_3)$	12.36
16	焦磷酸	$H_4P_2O_7$	$3.0\times10^{-2}(K_1)$	1.52
			$4.4\times10^{-3}(K_2)$	2.36
			$2.5\times10^{-7}(K_3)$	6.60
			$5.6\times10^{-10}(K_4)$	9.25
17	氢硫酸	H_2S	$9.1\times10^{-8}(K_1)$	7.04
			$1.1\times10^{-12}(K_2)$	11.96
18	亚硫酸	H_2SO_3	$1.23\times10^{-2}(K_1)$	1.91
			$6.6\times10^{-8}(K_2)$	7.18
19	硫酸	H_2SO_4	$1.0\times10^{3}(K_1)$	−3.0
			$1.02\times10^{-2}(K_2)$	1.99
20	硫代硫酸	$H_2S_2O_3$	$2.52\times10^{-1}(K_1)$	0.60
			$1.9\times10^{-2}(K_2)$	1.72
21	氢硒酸	H_2Se	$1.3\times10^{-4}(K_1)$	3.89
			$1.0\times10^{-11}(K_2)$	11.0
22	亚硒酸	H_2SeO_3	$2.7\times10^{-3}(K_1)$	2.57
			$2.5\times10^{-7}(K_2)$	6.60
23	硒酸	H_2SeO_4	$1\times10^{3}(K_1)$	−3.0
			$1.2\times10^{-2}(K_2)$	1.92
24	硅酸	H_2SiO_3	$1.7\times10^{-10}(K_1)$	9.77
			$1.6\times10^{-12}(K_2)$	11.80
25	亚碲酸	H_2TeO_3	$2.7\times10^{-3}(K_1)$	2.57
			$1.8\times10^{-8}(K_2)$	7.74
		有机酸		
1	甲酸	$HCOOH$	1.8×10^{-4}	3.75
2	乙酸	CH_3COOH	1.76×10^{-5}	4.74
3	乙醇酸	$CH_2(OH)COOH$	1.48×10^{-4}	3.83

续　表

序　号	名　称	化学式	$K_a^\ominus$	$pK_a^\ominus$
4	草酸	$(COOH)_2$	$5.4\times10^{-2}(K_1)$	1.27
			$5.4\times10^{-5}(K_2)$	4.27
5	甘氨酸	$CH_2(NH_2)COOH$	1.7×10^{-10}	9.78
6	丙酸	CH_3CH_2COOH	1.35×10^{-5}	4.87
7	丙烯酸	$CH_2=CHCOOH$	5.5×10^{-5}	4.26
8	乳酸(丙醇酸)	$CH_3CHOHCOOH$	1.4×10^{-4}	3.86
9	酒石酸	$HOCOCH(OH)CH(OH)COOH$	$5.9\times10^{-7}(K_2)$	6.23
10	谷氨酸	$HOCOCH_2CH_2CH(NH_2)COOH$	$7.4\times10^{-3}(K_1)$	2.13

附录 4　常见弱碱在水溶液中的电离常数(298 K)

序　号	名　称	化学式	$K_b^\ominus$	$pK_b^\ominus$
		无机碱		
1	氢氧化铝	$Al(OH)_3$	$1.38\times10^{-9}(K_3)$	8.86
2	氢氧化银	$AgOH$	1.10×10^{-4}	3.96
3	氢氧化钙	$Ca(OH)_2$	3.72×10^{-3}	2.43
			3.98×10^{-2}	1.40
4	氨水	$NH_3\cdot H_2O$	1.76×10^{-5}	4.74
5	肼(联氨)	N_2H_4	$9.55\times10^{-7}(K_1)$	6.02
			$1.26\times10^{-15}(K_2)$	14.9
6	羟氨	NH_2OH	9.12×10^{-9}	8.04
7	氢氧化铅	$Pb(OH)_2$	$9.55\times10^{-4}(K_1)$	3.02
			$3.0\times10^{-8}(K_2)$	7.52
8	氢氧化锌	$Zn(OH)_2$	9.55×10^{-4}	3.02
		有机碱		
1	甲胺	CH_3NH_2	4.17×10^{-4}	3.38
2	尿素(脲)	$CO(NH_2)_2$	1.5×10^{-14}	13.82
3	乙胺	$CH_3CH_2NH_2$	4.27×10^{-4}	3.37
4	乙醇胺	$H_2N(CH_2)_2OH$	3.16×10^{-5}	4.50
5	乙二胺	$H_2N(CH_2)_2NH_2$	$8.51\times10^{-5}(K_1)$	4.07
			$7.08\times10^{-8}(K_2)$	7.15
6	二甲胺	$(CH_3)_2NH$	5.89×10^{-4}	3.23
7	三甲胺	$(CH_3)_3N$	6.31×10^{-5}	4.20
8	三乙胺	$(C_2H_5)_3N$	5.25×10^{-4}	3.28

续 表

序 号	名 称	化学式	$K_b^\ominus$	$pK_b^\ominus$
9	丙胺	$C_3H_7NH_2$	3.70×10^{-4}	3.432
10	异丙胺	$i-C_3H_7NH_2$	4.37×10^{-4}	3.36
11	丙-1,3-二胺	$NH_2(CH_2)_3NH_2$	$2.95\times10^{-4}(K_1)$	3.53
			$3.09\times10^{-6}(K_2)$	5.51
12	丙-1,2-二胺	$CH_3CH(NH_2)CH_2NH_2$	$5.25\times10^{-5}(K_1)$	4.28
			$4.05\times10^{-8}(K_2)$	7.393
13	三丙胺	$(CH_3CH_2CH_2)_3N$	4.57×10^{-4}	3.34
14	三乙醇胺	$(HOCH_2CH_2)_3N$	5.75×10^{-7}	6.24
15	丁胺	$C_4H_9NH_2$	4.37×10^{-4}	3.36
16	异丁胺	$C_4H_9NH_2$	2.57×10^{-4}	3.59
17	叔丁胺	$C_4H_9NH_2$	4.84×10^{-4}	3.315
18	己胺	$H(CH_2)_6NH_2$	4.37×10^{-4}	3.36
19	辛胺	$H(CH_2)_8NH_2$	4.47×10^{-4}	3.35
20	苯胺	$C_6H_5NH_2$	3.98×10^{-10}	9.40
21	苄胺	C_7H_9N	2.24×10^{-5}	4.65
22	环己胺	$C_6H_{11}NH_2$	4.37×10^{-4}	3.36
23	吡啶	C_5H_5N	1.48×10^{-9}	8.83
24	六亚甲基四胺	$(CH_2)_6N_4$	1.35×10^{-9}	8.87
25	2-氯酚	C_6H_5ClO	3.55×10^{-6}	5.45
26	3-氯酚	C_6H_5ClO	1.26×10^{-5}	4.90
27	4-氯酚	C_6H_5ClO	2.69×10^{-5}	4.57
28	邻氨基苯酚	$(o)H_2NC_6H_4OH$	5.2×10^{-5}	4.28
			1.9×10^{-5}	4.72
29	间氨基苯酚	$(m)H_2NC_6H_4OH$	7.4×10^{-5}	4.13
			6.8×10^{-5}	4.17
30	对氨基苯酚	$(p)H_2NC_6H_4OH$	2.0×10^{-4}	3.70
			3.2×10^{-6}	5.50
31	邻甲苯胺	$(o)CH_3C_6H_4NH_2$	2.82×10^{-10}	9.55
32	间甲苯胺	$(m)CH_3C_6H_4NH_2$	5.13×10^{-10}	9.29
33	对甲苯胺	$(p)CH_3C_6H_4NH_2$	1.20×10^{-9}	8.92
34	8-羟基喹啉(20℃)	$8-HO—C_9H_6N$	6.5×10^{-5}	4.19
35	二苯胺	$(C_6H_5)_2NH$	7.94×10^{-14}	13.1
36	联苯胺	$H_2NC_6H_4C_6H_4NH_2$	$5.01\times10^{-10}(K_1)$	9.30
			$4.27\times10^{-11}(K_2)$	10.37

附表 5　一些难溶化合物的溶度积（298 K）

分子式	$K_{sp}^{\ominus}$	$pK_{sp}^{\ominus}$	分子式	$K_{sp}^{\ominus}$	$pK_{sp}^{\ominus}$
AgAc*	1.9×10^{-3}	2.72	$CdCO_3$	3.0×10^{-14}	13.5
Ag_3AsO_4	1.12×10^{-20}	19.95	$Cd(OH)_2$*	5.24×10^{-14}	13.5
AgBr	5.0×10^{-13}	12.3	CdS	8.0×10^{-27}	26.1
$AgBrO_3$	5.50×10^{-5}	4.26	$CoCO_3$	1.4×10^{-13}	12.85
AgCN	1.2×10^{-16}	15.92	$Co(OH)_2$（粉红，新沉淀）	1.6×10^{-15}	14.80
AgCl	1.8×10^{-10}	9.75	$Co(OH)_3$	1.6×10^{-44}	43.8
Ag_2CO_3	8.5×10^{-12}	11.07	$Cr(OH)_2$	2.0×10^{-16}	15.7
Ag_2CrO_4	1.1×10^{-12}	11.96	$Cr(OH)_3$	1.0×10^{-31}	31.0
AgI	8.5×10^{-17}	16.07	$Cu_3(AsO_4)_2$	7.6×10^{-36}	35.12
$AgIO_3$	3.0×10^{-8}	7.52	CuCl*	1.72×10^{-7}	6.76
$AgNO_2$	6.0×10^{-4}	3.22	CuCN	3.2×10^{-20}	19.49
$\alpha-Ag_2S$	6.0×10^{-50}	49.2	$CuCO_3$	1.4×10^{-10}	9.85
AgSCN	1.07×10^{-12}	11.97	$CuCrO_4$	3.6×10^{-6}	5.44
Ag_2SO_3	1.5×10^{-14}	13.82	CuI	1.1×10^{-12}	11.96
Ag_2SO_4	1.58×10^{-5}	4.80	$Cu(OH)_2$	2.2×10^{-20}	19.66
$Al(OH)_3$（无定形）	4.6×10^{-33}	32.34	CuS	6.3×10^{-36}	36.22
$AlPO_4$	6.3×10^{-19}	18.20	$FeCO_3$	3.2×10^{-11}	10.49
$BaCO_3$	5.1×10^{-9}	8.29	$Fe_4[Fe(CN)_6]_3$	3.3×10^{-41}	40.18
$BaCrO_4$	1.2×10^{-10}	9.92	$Fe(OH)_2$*	8×10^{-16}	15.1
BaF_2*	1.05×10^{-6}	5.98	$Fe(OH)_3$*	2.97×10^{-39}	38.53
$Ba(OH)_2$	5.0×10^{-3}	2.3	$FePO_4$	1.3×10^{-22}	21.89
$BaSO_3$	8.0×10^{-7}	6.1	FeS	6.3×10^{-18}	18.22
$BaSO_4$	1.1×10^{-10}	9.96	Hg_2Br_2	5.6×10^{-23}	22.25
BaS_2O_3	1.6×10^{-5}	4.8	Hg_2Cl_2	1.3×10^{-18}	17.89
$CaCO_3$	3.8×10^{-9}	8.42	Hg_2I_2	4.5×10^{-29}	28.35
CaC_2O_4	2.3×10^{-9}	8.64	Li_2CO_3*	8.15×10^{-4}	3.09
$CaCrO_4$	7.1×10^{-4}	3.15	LiF	3.8×10^{-3}	2.42
CaF_2	3.4×10^{-11}	10.47	Li_3PO_4	3.2×10^{-9}	8.49
$CaHPO_4$	1.0×10^{-7}	7.0	$MgCO_3$*	1.0×10^{-5}	5.0
$Ca(OH)_2$	5.5×10^{-6}	5.26	$Mg(OH)_2$	1.8×10^{-11}	10.74
$Ca_3(PO_4)_2$*	1.0×10^{-26}	26.0	$Mg_3(PO_4)_2$	1.0×10^{-25}	25.0
$CaSO_3$	6.8×10^{-8}	7.17	$MnCO_3$	5.0×10^{-10}	9.30
$CaSO_4$*	2.4×10^{-5}	4.62	$Mn(OH)_2$	1.9×10^{-13}	12.72

续 表

分子式	$K_{sp}^{\ominus}$	$pK_{sp}^{\ominus}$	分子式	$K_{sp}^{\ominus}$	$pK_{sp}^{\ominus}$
$NiCO_3$ *	1.42×10^{-7}	6.85	SnS	1.0×10^{-25}	25.0
$Ni(OH)_2$(新)	2.0×10^{-15}	14.7	$SrCO_3$	1.1×10^{-10}	9.96
$PbBr_2$	4.0×10^{-5}	4.4	$SrCrO_4$	2.2×10^{-5}	4.66
$PbCl_2$	1.6×10^{-5}	4.8	SrF_2	2.5×10^{-9}	8.6
$PbCO_3$	7.4×10^{-14}	13.13	$SrSO_4$	3.2×10^{-7}	6.49
$PbCrO_4$	2.8×10^{-13}	12.55	TlBr	3.4×10^{-6}	5.47
PbF_2	2.7×10^{-8}	7.57	TlCl	1.7×10^{-4}	3.77
PbI_2	7.1×10^{-9}	8.15	TlI	6.5×10^{-8}	7.19
$Pb(OH)_2$ *	2.0×10^{-15}	15.3	$Tl(OH)_3$	6.3×10^{-46}	45.2
PbS	8.0×10^{-28}	27.52	$ZnCO_3$ *	1.7×10^{-11}	10.78
$PbSO_4$	1.6×10^{-8}	7.8	ZnC_2O_4	2.7×10^{-8}	7.57
ScF_3	4.2×10^{-18}	17.38	$Zn(OH)_2$	2.1×10^{-16}	15.68
$Sc(OH)_3$	8.0×10^{-31}	30.1	$Zn_3(PO_4)_2$	9.0×10^{-33}	32.05
$Sn(OH)_2$ *	5.45×10^{-27}	27.49	ZnS α型	1.6×10^{-24}	23.8

数据摘自 Petrucci，R.H.，Harwood，W.S.，Herring，F.G.general Chemistry：Principles and Modern Applications 8ed.2002.
* 数据摘自 CRC Handbook of Chemistry and Physics，82 ed.2001～2002.

附录 6　标准电极电势表

在酸性溶液中(298 K)

电　对	电极反应	$\varphi_A^{\ominus}$/V
Li(Ⅰ)－(0)	$Li^+ + e^- = Li$	－3.040 1
Cs(Ⅰ)－(0)	$Cs^+ + e^- = Cs$	－3.026
Rb(Ⅰ)－(0)	$Rb^+ + e^- = Rb$	－2.98
K(Ⅰ)－(0)	$K^+ + e^- = K$	－2.931
Ba(Ⅱ)－(0)	$Ba^{2+} + 2e^- = Ba$	－2.912
Sr(Ⅱ)－(0)	$Sr^{2+} + 2e^- = Sr$	－2.89
Ca(Ⅱ)－(0)	$Ca^{2+} + 2e^- = Ca$	－2.868
Na(Ⅰ)－(0)	$Na^+ + e^- = Na$	－2.71
La(Ⅲ)－(0)	$La^{3+} + 3e^- = La$	－2.379
Mg(Ⅱ)－(0)	$Mg^{2+} + 2e^- = Mg$	－2.372
Ce(Ⅲ)－(0)	$Ce^{3+} + 3e^- = Ce$	－2.336
H(0)－(－Ⅰ)	$H_2(g) + 2e^- = 2H^-$	－2.23
Al(Ⅲ)－(0)	$AlF_6^{3-} + 3e^- = Al + 6F^-$	－2.069
Th(Ⅳ)－(0)	$Th^{4+} + 4e^- = Th$	－1.899

续 表

电 对	电极反应	$\varphi_A^\ominus/V$
Be(Ⅱ)-(0)	$Be^{2+}+2e^- = Be$	−1.847
U(Ⅲ)-(0)	$U^{3+}+3e^- = U$	−1.798
Hf(Ⅳ)-(0)	$HfO^{2+}+2H^++4e^- = Hf+H_2O$	−1.724
Al(Ⅲ)-(0)	$Al^{3+}+3e^- = Al$	−1.662
Ti(Ⅱ)-(0)	$Ti^{2+}+2e^- = Ti$	−1.630
Zr(Ⅳ)-(0)	$ZrO_2+4H^++4e^- = Zr+2H_2O$	−1.553
Si(Ⅳ)-(0)	$[SiF_6]^{2-}+4e^- = Si+6F^-$	−1.24
Mn(Ⅱ)-(0)	$Mn^{2+}+2e^- = Mn$	−1.185
Cr(Ⅱ)-(0)	$Cr^{2+}+2e^- = Cr$	−0.913
Ti(Ⅲ)-(Ⅱ)	$Ti^{3+}+e^- = Ti^{2+}$	−0.9
B(Ⅲ)-(0)	$H_3BO_3+3H^++3e^- = B+3H_2O$	−0.869 8
* Ti(Ⅳ)-(0)	$TiO_2+4H^++4e^- = Ti+2H_2O$	−0.86
Te(0)-(-Ⅱ)	$Te+2H^++2e^- = H_2Te$	−0.793
Zn(Ⅱ)-(0)	$Zn^{2+}+2e^- = Zn$	−0.761 8
Ta(Ⅴ)-(0)	$Ta_2O_5+10H^++10e^- = 2Ta+5H_2O$	−0.750
Cr(Ⅲ)-(0)	$Cr^{3+}+3e^- = Cr$	−0.744
Nb(Ⅴ)-(0)	$Nb_2O_5+10H^++10e^- = 2Nb+5H_2O$	−0.644
As(0)-(-Ⅲ)	$As+3H^++3e^- = AsH_3$	−0.608
U(Ⅳ)-(Ⅲ)	$U^{4+}+e^- = U^{3+}$	−0.607
Ga(Ⅲ)-(0)	$Ga^{3+}+3e^- = Ga$	−0.549
P(Ⅰ)-(0)	$H_3PO_2+H^++e^- = P+2H_2O$	−0.508
P(Ⅲ)-(Ⅰ)	$H_3PO_3+2H^++2e^- = H_3PO_2+H_2O$	−0.499
* C(Ⅳ)-(Ⅲ)	$2CO_2+2H^++2e^- = H_2C_2O_4$	−0.49
Fe(Ⅱ)-(0)	$Fe^{2+}+2e^- = Fe$	−0.447
Cr(Ⅲ)-(Ⅱ)	$Cr^{3+}+e^- = Cr^{2+}$	−0.407
Cd(Ⅱ)-(0)	$Cd^{2+}+2e^- = Cd$	−0.403 0
Se(0)-(-Ⅱ)	$Se+2H^++2e^- = H_2Se(aq)$	−0.399
Pb(Ⅱ)-(0)	$PbI_2+2e^- = Pb+2I^-$	−0.365
Eu(Ⅲ)-(Ⅱ)	$Eu^{3+}+e^- = Eu^{2+}$	−0.36
Pb(Ⅱ)-(0)	$PbSO_4+2e^- = Pb+SO_4^{2-}$	−0.358 8
In(Ⅲ)-(0)	$In^{3+}+3e^- = In$	−0.338 2
Tl(Ⅰ)-(0)	$Tl^++e^- = Tl$	−0.336
Co(Ⅱ)-(0)	$Co^{2+}+2e^- = Co$	−0.28
P(Ⅴ)-(Ⅲ)	$H_3PO_4+2H^++2e^- = H_3PO_3+H_2O$	−0.276
Pb(Ⅱ)-(0)	$PbCl_2+2e^- = Pb+2Cl^-$	−0.267 5

续 表

电 对	电极反应	$\varphi_A^\ominus$/V
Ni(Ⅱ)-(0)	$Ni^{2+}+2e^-=Ni$	-0.257
V(Ⅲ)-(Ⅱ)	$V^{3+}+e^-=V^{2+}$	-0.255
Ge(Ⅳ)-(0)	$H_2GeO_3+4H^++4e^-=Ge+3H_2O$	-0.182
Ag(Ⅰ)-(0)	$AgI+e^-=Ag+I^-$	-0.152 24
Sn(Ⅱ)-(0)	$Sn^{2+}+2e^-=Sn$	-0.137 5
Pb(Ⅱ)-(0)	$Pb^{2+}+2e^-=Pb$	-0.126 2
* C(Ⅳ)-(Ⅱ)	$CO_2(g)+2H^++2e^-=CO+H_2O$	-0.12
P(0)-(-Ⅲ)	$P(white)+3H^++3e^-=PH_3(g)$	-0.063
Hg(Ⅰ)-(0)	$Hg_2I_2+2e^-=2Hg+2I^-$	-0.040 5
Fe(Ⅲ)-(0)	$Fe^{3+}+3e^-=Fe$	-0.037
H(Ⅰ)-(0)	$2H^++2e^-=H_2$	0.000 0
Ag(Ⅰ)-(0)	$AgBr+e^-=Ag+Br^-$	0.071 33
S(Ⅱ.Ⅴ)-(Ⅱ)	$S_4O_6{}^{2-}+2e^-=2S_2O_3{}^{2-}$	0.08
* Ti(Ⅳ)-(Ⅲ)	$TiO^{2+}+2H^++e^-=Ti^{3+}+H_2O$	0.1
S(0)-(-Ⅱ)	$S+2H^++2e^-=H_2S(aq)$	0.142
Sn(Ⅳ)-(Ⅱ)	$Sn^{4+}+2e^-=Sn^{2+}$	0.151
Sb(Ⅲ)-(0)	$Sb_2O_3+6H^++6e^-=2Sb+3H_2O$	0.152
Cu(Ⅱ)-(Ⅰ)	$Cu^{2+}+e^-=Cu^+$	0.153
Bi(Ⅲ)-(0)	$BiOCl+2H^++3e^-=Bi+Cl^-+H_2O$	0.158 3
S(Ⅵ)-(Ⅳ)	$SO_4{}^{2-}+4H^++2e^-=H_2SO_3+H_2O$	0.172
Sb(Ⅲ)-(0)	$SbO^++2H^++3e^-=Sb+H_2O$	0.212
Ag(Ⅰ)-(0)	$AgCl+e^-=Ag+Cl^-$	0.222 33
As(Ⅲ)-(0)	$HAsO_2+3H^++3e^-=As+2H_2O$	0.248
Hg(Ⅰ)-(0)	$Hg_2Cl_2+2e^-=2Hg+2Cl^-$(饱和 KCl)	0.268 08
Bi(Ⅲ)-(0)	$BiO^++2H^++3e^-=Bi+H_2O$	0.320
U(Ⅵ)-(Ⅳ)	$UO_2{}^{2+}+4H^++2e^-=U^{4+}+2H_2O$	0.327
C(Ⅳ)-(Ⅲ)	$2HCNO+2H^++2e^-=(CN)_2+2H_2O$	0.330
V(Ⅳ)-(Ⅲ)	$VO^{2+}+2H^++e^-=V^{3+}+H_2O$	0.337
Cu(Ⅱ)-(0)	$Cu^{2+}+2e^-=Cu$	0.341 9
Re(Ⅶ)-(0)	$ReO_4{}^-+8H^++7e^-=Re+4H_2O$	0.368
Ag(Ⅰ)-(0)	$Ag_2CrO_4+2e^-=2Ag+CrO_4{}^{2-}$	0.447 0
S(Ⅳ)-(0)	$H_2SO_3+4H^++4e^-=S+3H_2O$	0.449
Cu(Ⅰ)-(0)	$Cu^++e^-=Cu$	0.521
I(0)-(-Ⅰ)	$I_2+2e^-=2I^-$	0.535 5
I(0)-(-Ⅰ)	$I_3{}^-+2e^-=3I^-$	0.536

续　表

电　对	电极反应	$\varphi_A^{\ominus}$/V
As(Ⅴ)－(Ⅲ)	$H_3AsO_4+2H^++2e^-$ ══ $HAsO_2+2H_2O$	0.560
Sb(Ⅴ)－(Ⅲ)	$Sb_2O_5+6H^++4e^-$ ══ $2SbO^++3H_2O$	0.581
Te(Ⅳ)－(0)	$TeO_2+4H^++4e^-$ ══ $Te+2H_2O$	0.593
U(Ⅴ)－(Ⅳ)	$UO_2{}^++4H^++e^-$ ══ $U^{4+}+2H_2O$	0.612
** Hg(Ⅱ)－(Ⅰ)	$2HgCl_2+2e^-$ ══ $Hg_2Cl_2+2Cl^-$	0.63
Pt(Ⅳ)－(Ⅱ)	$[PtCl_6]^{2-}+2e^-$ ══ $[PtCl_4]^{2-}+2Cl^-$	0.68
O(0)－(－Ⅰ)	$O_2+2H^++2e^-$ ══ H_2O_2	0.695
Pt(Ⅱ)－(0)	$[PtCl_4]^{2-}+2e^-$ ══ $Pt+4Cl^-$	0.755
* Se(Ⅳ)－(0)	$H_2SeO_3+4H^++4e^-$ ══ $Se+3H_2O$	0.74
Fe(Ⅲ)－(Ⅱ)	$Fe^{3+}+e^-$ ══ Fe^{2+}	0.771
Hg(Ⅰ)－(0)	$Hg_2{}^{2+}+2e^-$ ══ $2Hg$	0.797 3
Ag(Ⅰ)－(0)	Ag^++e^- ══ Ag	0.799 6
Os(Ⅷ)－(0)	$OsO_4+8H^++8e^-$ ══ $Os+4H_2O$	0.8
N(Ⅴ)－(Ⅳ)	$2NO_3{}^-+4H^++2e^-$ ══ $N_2O_4+2H_2O$	0.803
Hg(Ⅱ)－(0)	$Hg^{2+}+2e^-$ ══ Hg	0.851
Si(Ⅳ)－(0)	(quartz) $SiO_2+4H^++4e^-$ ══ $Si+2H_2O$	0.857
Cu(Ⅱ)－(Ⅰ)	$Cu^{2+}+I^-+e^-$ ══ CuI	0.86
N(Ⅲ)－(Ⅰ)	$2HNO_2+4H^++4e^-$ ══ $H_2N_2O_2+2H_2O$	0.86
Hg(Ⅱ)－(Ⅰ)	$2Hg^{2+}+2e^-$ ══ $Hg_2{}^{2+}$	0.920
N(Ⅴ)－(Ⅲ)	$NO_3{}^-+3H^++2e^-$ ══ HNO_2+H_2O	0.934
Pd(Ⅱ)－(0)	$Pd^{2+}+2e^-$ ══ Pd	0.951
N(Ⅴ)－(Ⅱ)	$NO_3{}^-+4H^++3e^-$ ══ $NO+2H_2O$	0.957
N(Ⅲ)－(Ⅱ)	$HNO_2+H^++e^-$ ══ $NO+H_2O$	0.983
I(Ⅰ)－(－Ⅰ)	$HIO+H^++2e^-$ ══ I^-+H_2O	0.987
V(Ⅴ)－(Ⅳ)	$VO_2{}^++2H^++e^-$ ══ $VO^{2+}+H_2O$	0.991
V(Ⅴ)－(Ⅳ)	$V(OH)_4{}^++2H^++e^-$ ══ $VO^{2+}+3H_2O$	1.00
Au(Ⅲ)－(0)	$[AuCl_4]^-+3e^-$ ══ $Au+4Cl^-$	1.002
Te(Ⅵ)－(Ⅳ)	$H_6TeO_6+2H^++2e^-$ ══ TeO_2+4H_2O	1.02
N(Ⅳ)－(Ⅱ)	$N_2O_4+4H^++4e^-$ ══ $2NO+2H_2O$	1.035
N(Ⅳ)－(Ⅲ)	$N_2O_4+2H^++2e^-$ ══ $2HNO_2$	1.065
I(Ⅴ)－(－Ⅰ)	$IO_3{}^-+6H^++6e^-$ ══ I^-+3H_2O	1.085
Br(0)－(－Ⅰ)	$Br_2(aq)+2e^-$ ══ $2Br^-$	1.087 3
Se(Ⅵ)－(Ⅳ)	$SeO_4{}^{2-}+4H^++2e^-$ ══ $H_2SeO_3+H_2O$	1.151
Cl(Ⅴ)－(Ⅳ)	$ClO_3{}^-+2H^++e^-$ ══ ClO_2+H_2O	1.152
Pt(Ⅱ)－(0)	$Pt^{2+}+2e^-$ ══ Pt	1.18

续 表

电　对	电极反应	$\varphi_A^\ominus$/V
Cl(Ⅶ)－(Ⅴ)	$ClO_4^- + 2H^+ + 2e^- = ClO_3^- + H_2O$	1.189
I(Ⅴ)－(0)	$2IO_3^- + 12H^+ + 10e^- = I_2 + 6H_2O$	1.195
Cl(Ⅴ)－(Ⅲ)	$ClO_3^- + 3H^+ + 2e^- = HClO_2 + H_2O$	1.214
Mn(Ⅳ)－(Ⅱ)	$MnO_2 + 4H^+ + 2e^- = Mn^{2+} + 2H_2O$	1.224
O(0)－(－Ⅱ)	$O_2 + 4H^+ + 4e^- = 2H_2O$	1.229
Tl(Ⅲ)－(Ⅰ)	$Tl^{3+} + 2e^- = Tl^+$	1.252
Cl(Ⅳ)－(Ⅲ)	$ClO_2 + H^+ + e^- = HClO_2$	1.277
N(Ⅲ)－(Ⅰ)	$2HNO_2 + 4H^+ + 4e^- = N_2O + 3H_2O$	1.297
Cr(Ⅵ)－(Ⅲ)	$Cr_2O_7^{2-} + 14H^+ + 6e^- = 2Cr^{3+} + 7H_2O$	1.33
Br(Ⅰ)－(－Ⅰ)	$HBrO + H^+ + 2e^- = Br^- + H_2O$	1.331
Cr(Ⅵ)－(Ⅲ)	$HCrO_4^- + 7H^+ + 3e^- = Cr^{3+} + 4H_2O$	1.350
Cl(0)－(－Ⅰ)	$Cl_2(g) + 2e^- = 2Cl^-$	1.358 27
Cl(Ⅶ)－(－Ⅰ)	$ClO_4^- + 8H^+ + 8e^- = Cl^- + 4H_2O$	1.389
Cl(Ⅶ)－(0)	$ClO_4^- + 8H^+ + 7e^- = \frac{1}{2}Cl_2 + 4H_2O$	1.39
Au(Ⅲ)－(Ⅰ)	$Au^{3+} + 2e^- = Au^+$	1.401
Br(Ⅴ)－(－Ⅰ)	$BrO_3^- + 6H^+ + 6e^- = Br^- + 3H_2O$	1.423
I(Ⅰ)－(0)	$2HIO + 2H^+ + 2e^- = I_2 + 2H_2O$	1.439
Cl(Ⅴ)－(－Ⅰ)	$ClO_3^- + 6H^+ + 6e^- = Cl^- + 3H_2O$	1.451
Pb(Ⅳ)－(Ⅱ)	$PbO_2 + 4H^+ + 2e^- = Pb^{2+} + 2H_2O$	1.455
Cl(Ⅴ)－(0)	$ClO_3^- + 6H^+ + 5e^- = \frac{1}{2}Cl_2 + 3H_2O$	1.47
Cl(Ⅰ)－(－Ⅰ)	$HClO + H^+ + 2e^- = Cl^- + H_2O$	1.482
Br(Ⅴ)－(0)	$BrO_3^- + 6H^+ + 5e^- = \frac{1}{2}Br_2 + 3H_2O$	1.482
Au(Ⅲ)－(0)	$Au^{3+} + 3e^- = Au$	1.498
Mn(Ⅶ)－(Ⅱ)	$MnO_4^- + 8H^+ + 5e^- = Mn^{2+} + 4H_2O$	1.507
Mn(Ⅲ)－(Ⅱ)	$Mn^{3+} + e^- = Mn^{2+}$	1.541 5
Cl(Ⅲ)－(－Ⅰ)	$HClO_2 + 3H^+ + 4e^- = Cl^- + 2H_2O$	1.570
Br(Ⅰ)－(0)	$HBrO + H^+ + e^- = \frac{1}{2}Br_2(aq) + H_2O$	1.574
N(Ⅱ)－(Ⅰ)	$2NO + 2H^+ + 2e^- = N_2O + H_2O$	1.591
I(Ⅶ)－(Ⅴ)	$H_5IO_6 + H^+ + 2e^- = IO_3^- + 3H_2O$	1.601
Cl(Ⅰ)－(0)	$HClO + H^+ + e^- = \frac{1}{2}Cl_2 + H_2O$	1.611
Cl(Ⅲ)－(Ⅰ)	$HClO_2 + 2H^+ + 2e^- = HClO + H_2O$	1.645
Ni(Ⅳ)－(Ⅱ)	$NiO_2 + 4H^+ + 2e^- = Ni^{2+} + 2H_2O$	1.678

续　表

电　对	电极反应	$\varphi_A^\ominus$/V
Mn(Ⅶ)-(Ⅳ)	$MnO_4^- + 4H^+ + 3e^- = MnO_2 + 2H_2O$	1.679
Pb(Ⅳ)-(Ⅱ)	$PbO_2 + SO_4^{2-} + 4H^+ + 2e^- = PbSO_4 + 2H_2O$	1.691 3
Au(Ⅰ)-(0)	$Au^+ + e^- = Au$	1.692
Ce(Ⅳ)-(Ⅲ)	$Ce^{4+} + e^- = Ce^{3+}$	1.72
N(Ⅰ)-(0)	$N_2O + 2H^+ + 2e^- = N_2 + H_2O$	1.766
O(-Ⅰ)-(-Ⅱ)	$H_2O_2 + 2H^+ + 2e^- = 2H_2O$	1.776
Co(Ⅲ)-(Ⅱ)	$Co^{3+} + e^- = Co^{2+}$ (2 mol·L^{-1} H_2SO_4)	1.83
Ag(Ⅱ)-(Ⅰ)	$Ag^{2+} + e^- = Ag^+$	1.980
S(Ⅶ)-(Ⅵ)	$S_2O_8^{2-} + 2e^- = 2SO_4^{2-}$	2.010
O(0)-(-Ⅱ)	$O_3 + 2H^+ + 2e^- = O_2 + H_2O$	2.076
O(Ⅱ)-(-Ⅱ)	$F_2O + 2H^+ + 4e^- = H_2O + 2F^-$	2.153
Fe(Ⅵ)-(Ⅲ)	$FeO_4^{2-} + 8H^+ + 3e^- = Fe^{3+} + 4H_2O$	2.20
O(0)-(-Ⅱ)	$O(g) + 2H^+ + 2e^- = H_2O$	2.421
F(0)-(-Ⅰ)	$F_2 + 2e^- = 2F^-$	2.866
	$F_2 + 2H^+ + 2e^- = 2HF$	3.053

在碱性溶液中(298 K)

电　对	电极反应	$\varphi_B^\ominus$/V
Ca(Ⅱ)-(0)	$Ca(OH)_2 + 2e^- = Ca + 2OH^-$	-3.02
Ba(Ⅱ)-(0)	$Ba(OH)_2 + 2e^- = Ba + 2OH^-$	-2.99
La(Ⅲ)-(0)	$La(OH)_3 + 3e^- = La + 3OH^-$	-2.90
Sr(Ⅱ)-(0)	$Sr(OH)_2 \cdot 8H_2O + 2e^- = Sr + 2OH^- + 8H_2O$	-2.88
Mg(Ⅱ)-(0)	$Mg(OH)_2 + 2e^- = Mg + 2OH^-$	-2.690
Be(Ⅱ)-(0)	$Be_2O_3^{2-} + 3H_2O + 4e^- = 2Be + 6OH^-$	-2.63
Hf(Ⅳ)-(0)	$HfO(OH)_2 + H_2O + 4e^- = Hf + 4OH^-$	-2.50
Zr(Ⅳ)-(0)	$H_2ZrO_3 + H_2O + 4e^- = Zr + 4OH^-$	-2.36
Al(Ⅲ)-(0)	$H_2AlO_3^- + H_2O + 3e^- = Al + OH^-$	-2.33
P(Ⅰ)-(0)	$H_2PO_2^- + e^- = P + 2OH^-$	-1.82
B(Ⅲ)-(0)	$H_2BO_3^- + H_2O + 3e^- = B + 4OH^-$	-1.79
P(Ⅲ)-(0)	$HPO_3^{2-} + 2H_2O + 3e^- = P + 5OH^-$	-1.71
Si(Ⅳ)-(0)	$SiO_3^{2-} + 3H_2O + 4e^- = Si + 6OH^-$	-1.697
P(Ⅲ)-(Ⅰ)	$HPO_3^{2-} + 2H_2O + 2e^- = H_2PO_2^- + 3OH^-$	-1.65
Mn(Ⅱ)-(0)	$Mn(OH)_2 + 2e^- = Mn + 2OH^-$	-1.56
Cr(Ⅲ)-(0)	$Cr(OH)_3 + 3e^- = Cr + 3OH^-$	-1.48
* Zn(Ⅱ)-(0)	$[Zn(CN)_4]^{2-} + 2e^- = Zn + 4CN^-$	-1.26
Zn(Ⅱ)-(0)	$Zn(OH)_2 + 2e^- = Zn + 2OH^-$	-1.249

续　表

电　对	电极反应	$\varphi_B^\ominus$/V
Ga(Ⅲ)-(0)	$H_2GaO_3^- + H_2O + 2e^- = Ga + 4OH^-$	−1.219
Zn(Ⅱ)-(0)	$ZnO_2^{2-} + 2H_2O + 2e^- = Zn + 4OH^-$	−1.215
Cr(Ⅲ)-(0)	$CrO_2^- + 2H_2O + 3e^- = Cr + 4OH^-$	−1.2
Te(0)-(−Ⅰ)	$Te + 2e^- = Te^{2-}$	−1.143
P(Ⅴ)-(Ⅲ)	$PO_4^{3-} + 2H_2O + 2e^- = HPO_3^{2-} + 3OH^-$	−1.05
* Zn(Ⅱ)-(0)	$[Zn(NH_3)_4]^{2+} + 2e^- = Zn + 4NH_3$	−1.04
* W(Ⅵ)-(0)	$WO_4^{2-} + 4H_2O + 6e^- = W + 8OH^-$	−1.01
* Ge(Ⅳ)-(0)	$HGeO_3^- + 2H_2O + 4e^- = Ge + 5OH^-$	−1.0
Sn(Ⅳ)-(Ⅱ)	$[Sn(OH)_6]^{2-} + 2e^- = HSnO_2^- + H_2O + 3OH^-$	−0.93
S(Ⅵ)-(Ⅳ)	$SO_4^{2-} + H_2O + 2e^- = SO_3^{2-} + 2OH^-$	−0.93
Se(0)-(−Ⅱ)	$Se + 2e^- = Se^{2-}$	−0.924
Sn(Ⅱ)-(0)	$HSnO_2^- + H_2O + 2e^- = Sn + 3OH^-$	−0.909
P(0)-(−Ⅲ)	$P + 3H_2O + 3e^- = PH_3(g) + 3OH^-$	−0.87
N(Ⅴ)-(Ⅳ)	$2NO_3^- + 2H_2O + 2e^- = N_2O_4 + 4OH^-$	−0.85
H(Ⅰ)-(0)	$2H_2O + 2e^- = H_2 + 2OH^-$	−0.827 7
Cd(Ⅱ)-(0)	$Cd(OH)_2 + 2e^- = Cd(Hg) + 2OH^-$	−0.809
Co(Ⅱ)-(0)	$Co(OH)_2 + 2e^- = Co + 2OH^-$	−0.73
Ni(Ⅱ)-(0)	$Ni(OH)_2 + 2e^- = Ni + 2OH^-$	−0.72
As(Ⅴ)-(Ⅲ)	$AsO_4^{3-} + 2H_2O + 2e^- = AsO_2^- + 4OH^-$	−0.71
Ag(Ⅰ)-(0)	$Ag_2S + 2e^- = 2Ag + S^{2-}$	−0.691
As(Ⅲ)-(0)	$AsO_2^- + 2H_2O + 3e^- = As + 4OH^-$	−0.68
Sb(Ⅲ)-(0)	$SbO_2^- + 2H_2O + 3e^- = Sb + 4OH^-$	−0.66
* Re(Ⅶ)-(Ⅳ)	$ReO_4^- + 2H_2O + 3e^- = ReO_2 + 4OH^-$	−0.59
* Sb(Ⅴ)-(Ⅲ)	$SbO_3^- + H_2O + 2e^- = SbO_2^- + 2OH^-$	−0.59
Re(Ⅶ)-(0)	$ReO_4^- + 4H_2O + 7e^- = Re + 8OH^-$	−0.584
* S(Ⅳ)-(Ⅱ)	$2SO_3^{2-} + 3H_2O + 4e^- = S_2O_3^{2-} + 6OH^-$	−0.58
Te(Ⅳ)-(0)	$TeO_3^{2-} + 3H_2O + 4e^- = Te + 6OH^-$	−0.57
Fe(Ⅲ)-(Ⅱ)	$Fe(OH)_3 + e^- = Fe(OH)_2 + OH^-$	−0.56
S(0)-(−Ⅱ)	$S + 2e^- = S^{2-}$	−0.476 27
Bi(Ⅲ)-(0)	$Bi_2O_3 + 3H_2O + 6e^- = 2Bi + 6OH^-$	−0.46
N(Ⅲ)-(Ⅱ)	$NO_2^- + H_2O + e^- = NO + 2OH^-$	−0.46
* Co(Ⅱ)-(0)	$[Co(NH_3)_6]^{2+} + 2e^- = Co + 6NH_3$	−0.422
Se(Ⅳ)-(0)	$SeO_3^{2-} + 3H_2O + 4e^- = Se + 6OH^-$	−0.366
Cu(Ⅰ)-(0)	$Cu_2O + H_2O + 2e^- = 2Cu + 2OH^-$	−0.360
Tl(Ⅰ)-(0)	$Tl(OH) + e^- = Tl + OH^-$	−0.34
* Ag(Ⅰ)-(0)	$[Ag(CN)_2]^- + e^- = Ag + 2CN^-$	−0.31

续 表

电 对	电极反应	$\varphi_B^\ominus$/V
Cu(Ⅱ)-(0)	$Cu(OH)_2+2e^- = Cu+2OH^-$	-0.222
Cr(Ⅵ)-(Ⅲ)	$CrO_4^{2-}+4H_2O+3e^- = Cr(OH)_3+5OH^-$	-0.13
* Cu(Ⅰ)-(0)	$[Cu(NH_3)_2]^+ +e^- = Cu+2NH_3$	-0.12
O(0)-(-Ⅰ)	$O_2+H_2O+2e^- = HO_2^- +OH^-$	-0.076
Ag(Ⅰ)-(0)	$AgCN+e^- = Ag+CN^-$	-0.017
N(Ⅴ)-(Ⅲ)	$NO_3^- +H_2O+2e^- = NO_2^- +2OH^-$	0.01
Se(Ⅵ)-(Ⅳ)	$SeO_4^{2-}+H_2O+2e^- = SeO_3^{2-}+2OH^-$	0.05
Pd(Ⅱ)-(0)	$Pd(OH)_2+2e^- = Pd+2OH^-$	0.07
S(Ⅱ,Ⅴ)-(Ⅱ)	$S_4O_6^{2-}+2e^- = 2S_2O_3^{2-}$	0.08
Hg(Ⅱ)-(0)	$HgO+H_2O+2e^- = Hg+2OH^-$	0.097 7
Co(Ⅲ)-(Ⅱ)	$[Co(NH_3)_6]^{3+}+e^- = [Co(NH_3)_6]^{2+}$	0.108
Pt(Ⅱ)-(0)	$Pt(OH)_2+2e^- = Pt+2OH^-$	0.14
Co(Ⅲ)-(Ⅱ)	$Co(OH)_3+e^- = Co(OH)_2+OH^-$	0.17
Pb(Ⅳ)-(Ⅱ)	$PbO_2+H_2O+2e^- = PbO+2OH^-$	0.247
I(Ⅴ)-(-Ⅰ)	$IO_3^- +3H_2O+6e^- = I^- +6OH^-$	0.26
Cl(Ⅴ)-(Ⅲ)	$ClO_3^- +H_2O+2e^- = ClO_2^- +2OH^-$	0.33
Ag(Ⅰ)-(0)	$Ag_2O+H_2O+2e^- = 2Ag+2OH^-$	0.342
Fe(Ⅲ)-(Ⅱ)	$[Fe(CN)_6]^{3-}+e^- = [Fe(CN)_6]^{4-}$	0.358
Cl(Ⅶ)-(Ⅴ)	$ClO_4^- +H_2O+2e^- = ClO_3^- +2OH^-$	0.36
* Ag(Ⅰ)-(0)	$[Ag(NH_3)_2]^+ +e^- = Ag+2NH_3$	0.373
O(0)-(-Ⅱ)	$O_2+2H_2O+4e^- = 4OH^-$	0.401
I(Ⅰ)-(-Ⅰ)	$IO^- +H_2O+2e^- = I^- +2OH^-$	0.485
* Ni(Ⅳ)-(Ⅱ)	$NiO_2+2H_2O+2e^- = Ni(OH)_2+2OH^-$	0.490
Mn(Ⅶ)-(Ⅵ)	$MnO_4^- +e^- = MnO_4^{2-}$	0.558
Mn(Ⅶ)-(Ⅳ)	$MnO_4^- +2H_2O+3e^- = MnO_2+4OH^-$	0.595
Mn(Ⅵ)-(Ⅳ)	$MnO_4^{2-}+2H_2O+2e^- = MnO_2+4OH^-$	0.60
Ag(Ⅱ)-(Ⅰ)	$2AgO+H_2O+2e^- = Ag_2O+2OH^-$	0.607
Br(Ⅴ)-(-Ⅰ)	$BrO_3^- +3H_2O+6e^- = Br^- +6OH^-$	0.61
Cl(Ⅴ)-(-Ⅰ)	$ClO_3^- +3H_2O+6e^- = Cl^- +6OH^-$	0.62
Cl(Ⅲ)-(Ⅰ)	$ClO_2^- +H_2O+2e^- = ClO^- +2OH^-$	0.66
I(Ⅶ)-(Ⅴ)	$H_3IO_6^{2-}+2e^- = IO_3^- +3OH^-$	0.7
Cl(Ⅲ)-(-Ⅰ)	$ClO_2^- +2H_2O+4e^- = Cl^- +4OH^-$	0.76
Br(Ⅰ)-(-Ⅰ)	$BrO^- +H_2O+2e^- = Br^- +2OH^-$	0.761
Cl(Ⅰ)-(-Ⅰ)	$ClO^- +H_2O+2e^- = Cl^- +2OH^-$	0.841
* Cl(Ⅳ)-(Ⅲ)	$ClO_2(g)+e^- = ClO_2^-$	0.95
O(0)-(-Ⅱ)	$O_3+H_2O+2e^- = O_2+2OH^-$	1.24

附录 7　常见配离子的稳定常数(298 K)

配离子	$K^{\ominus}_{稳}$	$\lg K^{\ominus}_{稳}$	配离子	$K^{\ominus}_{稳}$	$\lg K^{\ominus}_{稳}$
$[Ag(Ac)]$	5.37	0.73	$[Al(F)_6]^{3-}$	6.31×10^{19}	19.8
$[Ag(Ac)_2]^-$	4.37	0.64	$[Al(OH)]^{2+}$	1.86×10^{9}	9.27
$[Ag(Br)]$	2.40×10^{4}	4.38	$[Al(OH)_4]^-$	1.07×10^{33}	33.03
$[Ag(Br)_2]^-$	2.14×10^{7}	7.33	$[AlY]^{2+}$	1.29×10^{16}	16.11
$[Ag(Br)_3]^{2-}$	1.00×10^{8}	8	$[As(OH)]^{2+}$	2.14×10^{14}	14.33
$[Ag(Br)_4]^{3-}$	5.37×10^{8}	8.73	$[As(OH)_2]^+$	5.37×10^{18}	18.73
$[Ag(Cl)]$	1.10×10^{3}	3.04	$[As(OH)_3]$	3.98×10^{20}	20.6
$[Ag(Cl)_2]^-$	1.10×10^{5}	5.04	$[As(OH)_4]^-$	1.58×10^{21}	21.2
$[Ag(Cl)_4]^{3-}$	2.00×10^{5}	5.3	$[Au(CN)_2]^-$	2.00×10^{38}	38.3
$[Ag(CN)_2]^-$	1.26×10^{21}	21.1	$[Au(NH_3)_4]^+$	2.00×10^{10}	10.3
$[Ag(CN)_3]^{2-}$	5.01×10^{21}	21.7	$[Ba(Ac)]^+$	2.57	0.41
$[Ag(CN)_4]^{3-}$	3.98×10^{20}	20.6	$[Ba(NO_3)]^+$	8.32	0.92
$[Ag(I)]$	3.80×10^{6}	6.58	$[Ba(P_2O_{74})]^{2-}$	3.98×10^{4}	4.6
$[Ag(I)_2]^-$	5.50×10^{11}	11.74	$[Ba(SO_4)]$	5.01×10^{2}	2.7
$[Ag(I)_3]^{2-}$	4.79×10^{13}	13.68	$[BaY]^+$	6.03×10^{7}	7.78
$[Ag(NH_3)]^+$	1.74×10^{3}	3.24	$[Be(F)]^+$	9.77×10^{4}	4.99
$[Ag(NH_3)_2]^+$	1.12×10^{7}	7.05	$[Be(F)_2]$	6.31×10^{8}	8.8
$[Ag(OH)]$	1.00×10^{2}	2	$[Be(F)_3]^-$	3.98×10^{11}	11.6
$[Ag(OH)_2]^-$	9.77×10^{3}	3.99	$[Be(F)_4]^{2-}$	1.26×10^{13}	13.1
$[Ag(S_2O_3)]^-$	6.61×10^{8}	8.82	$[Be(OH)]^+$	5.01×10^{9}	9.7
$[Ag(S_2O_3)_2]^{3-}$	2.88×10^{13}	13.46	$[Be(OH)_2]$	1.00×10^{14}	14
$[Ag(SCN)]$	3.98×10^{4}	4.6	$[Be(OH)_3]^-$	1.58×10^{15}	15.2
$[Ag(SCN)_2]^-$	3.72×10^{7}	7.57	$[BeY]^+$	2.00×10^{9}	9.3
$[Ag(SCN)_3]^{2-}$	1.20×10^{9}	9.08	$[Bi(Br)]^{2+}$	2.34×10^{2}	2.37
$[Ag(SCN)_4]^{3-}$	1.20×10^{10}	10.08	$[Bi(Br)_2]^+$	1.58×10^{4}	4.2
$[Ag(SO_4)]^-$	2.00×10	1.3	$[Bi(Br)_3]$	7.94×10^{5}	5.9
$[AgY]$	2.09×10^{7}	7.32	$[Bi(Br)_4]^-$	2.00×10^{7}	7.3
$[Al(F)]^{2+}$	1.29×10^{6}	6.11	$[Bi(Br)_5]^{2-}$	1.58×10^{8}	8.2
$[Al(F)_2]^+$	1.32×10^{11}	11.12	$[Bi(Br)_6]^{3-}$	2.00×10^{8}	8.3
$[Al(F)_3]$	1.00×10^{15}	15	$[Bi(Cl)]^{2+}$	2.75×10^{2}	2.44
$[Al(F)_4]^-$	1.00×10^{18}	18	$[Bi(Cl)_2]^+$	5.01×10^{4}	4.7
$[Al(F)_5]^{2-}$	2.51×10^{19}	19.4	$[Bi(Cl)_3]$	1.00×10^{5}	5

续 表

配离子	$K^{\ominus}_{稳}$	$\lg K^{\ominus}_{稳}$	配离子	$K^{\ominus}_{稳}$	$\lg K^{\ominus}_{稳}$
$[Bi(Cl)_4]^-$	3.98×10^5	5.6	$[Cd(Cl)_2]$	3.16×10^2	2.5
$[Bi(F)]^{2+}$	2.63×10	1.42	$[Cd(Cl)_3]^-$	3.98×10^2	2.6
$[Bi(I)]^{2+}$	4.27×10^3	3.63	$[Cd(Cl)_4]^{2-}$	6.31×10^2	2.8
$[Bi(I)_4]^-$	8.91×10^{14}	14.95	$[Cd(CN)]^+$	3.02×10^5	5.48
$[Bi(I)_5]^{2-}$	6.31×10^{16}	16.8	$[Cd(CN)_2]$	3.98×10^{10}	10.6
$[Bi(I)_6]^{3-}$	6.31×10^{18}	18.8	$[Cd(CN)_3]^-$	1.70×10^{15}	15.23
$[Bi(NO_3)]^{2+}$	1.82×10	1.26	$[Cd(CN)_4]^{2-}$	6.03×10^{18}	18.78
$[Bi(OH)]^{2+}$	5.01×10^{12}	12.7	$[Cd(I)]^+$	1.26×10^2	2.1
$[Bi(OH)_2]^+$	6.31×10^{15}	15.8	$[Cd(I)_2]$	2.69×10^3	3.43
$[Bi(OH)_4]^-$	1.58×10^{35}	35.2	$[Cd(I)_3]^-$	3.09×10^4	4.49
$[Bi(SCN)]^{2+}$	4.68×10	1.67	$[Cd(I)_4]^{2-}$	2.57×10^5	5.41
$[Bi(SCN)_2]^+$	1.00×10^3	3	$[Cd(NH_3)]^{2+}$	4.47×10^2	2.65
$[Bi(SCN)_3]$	1.00×10^4	4	$[Cd(NH_3)_2]^{2+}$	5.62×10^4	4.75
$[Bi(SCN)_4]^-$	6.31×10^4	4.8	$[Cd(NH_3)_3]^{2+}$	1.55×10^6	6.19
$[Bi(SCN)_5]^{2-}$	3.16×10^5	5.5	$[Cd(NH_3)_4]^{2+}$	1.32×10^7	7.12
$[Bi(SCN)_6]^{3-}$	1.26×10^6	6.1	$[Cd(NH_3)_5]^{2+}$	6.31×10^6	6.8
$[Bi(SO_4)]^+$	9.55×10	1.98	$[Cd(NH_3)_6]^{2+}$	1.38×10^5	5.14
$[Bi(SO_4)_2]^-$	2.57×10^3	3.41	$[Cd(NO_3)]^+$	2.51	0.4
$[Bi(SO_4)_3]^{3-}$	1.20×10^4	4.08	$[Cd(OH)]^+$	1.48×10^4	4.17
$[Bi(SO_4)_4]^{5-}$	2.19×10^4	4.34	$[Cd(OH)_2]$	2.14×10^8	8.33
$[Bi(SO_4)_5]^{7-}$	3.98×10^4	4.6	$[Cd(OH)_3]^-$	1.05×10^9	9.02
$[BiY]^{2+}$	6.31×10^{22}	22.8	$[Cd(OH)_4]^{2-}$	4.17×10^8	8.62
$[Ca(Ac)]^+$	3.98	0.6	$[Cd(P_2O_{74})]^{2-}$	3.98×10^5	5.6
$[Ca(NO_3)]^+$	1.91	0.28	$[Cd(S_2O_3)]$	8.32×10^3	3.92
$[Ca(OH)]^+$	2.00×10	1.3	$[Cd(S_2O_3)_2]^{2-}$	2.75×10^6	6.44
$[Ca(P_2O_{74})]^{2-}$	3.98×10^4	4.6	$[Cd(SCN)]^+$	2.45×10	1.39
$[CaY]^+$	1.00×10^{11}	11	$[Cd(SCN)_2]$	9.55×10	1.98
$[Cd(Ac)]^+$	3.16×10	1.5	$[Cd(SCN)_3]^-$	3.80×10^2	2.58
$[Cd(Ac)_2]$	2.00×10^2	2.3	$[Cd(SCN)_4]^{2-}$	3.98×10^3	3.6
$[Cd(Ac)_3]^-$	2.51×10^2	2.4	$[CdY]^+$	2.51×10^{16}	16.4
$[Cd(Br)]^+$	5.62×10	1.75	$[Ce(\text{Ⅳ})(OH)]^{2+}$	1.91×10^{13}	13.28
$[Cd(Br)_2]$	2.19×10^2	2.34	$[Ce(\text{Ⅳ})(OH)_2]^+$	2.88×10^{26}	26.46
$[Cd(Br)_3]^-$	2.09×10^3	3.32	$[Ce(Ac)]^{2+}$	4.79×10	1.68
$[Cd(Br)_4]^{2-}$	5.01×10^3	3.7	$[Ce(Ac)_2]^+$	4.90×10^2	2.69
$[Cd(Cl)]^+$	8.91×10	1.95	$[Ce(Ac)_3]$	1.35×10^3	3.13

续　表

配离子	$K^{\ominus}_{稳}$	$\lg K^{\ominus}_{稳}$	配离子	$K^{\ominus}_{稳}$	$\lg K^{\ominus}_{稳}$
$[Ce(Ac)_4]^-$	1.51×10^3	3.18	$[Cr(SCN)]^{2+}$	7.41×10	1.87
$[Ce(Br)]^{2+}$	2.63	0.42	$[Cr(SCN)_2]^+$	9.55×10^2	2.98
$[Ce(OH)]^{2+}$	3.98×10^4	4.6	$[CrY]^{2+}$	1.00×10^{23}	23
$[Co(Ac)]^+$	3.16×10	1.5	$[Cu(Ac)]^+$	1.45×10^2	2.16
$[Co(Ac)_2]$	7.94×10	1.9	$[Cu(Ac)_2]$	1.58×10^3	3.2
$[Co(Cl)]^+$	2.63×10	1.42	$[Cu(Br)]^+$	7.76×10^5	5.89
$[Co(F)]^+$	2.51	0.4	$[Cu(Br)]^+$	2.00	0.3
$[Co(NH_3)]^{2+}$	1.29×10^2	2.11	$[Cu(Cl)]^+$	1.26	0.1
$[Co(NH_3)]^{2+}$	5.01×10^6	6.7	$[Cu(Cl)_2]$	3.16×10^5	5.5
$[Co(NH_3)_2]^{2+}$	5.50×10^3	3.74	$[Cu(Cl)_2]$	2.51×10	−0.6
$[Co(NH_3)_2]^{2+}$	1.00×10^{14}	14	$[Cu(Cl)_3]^-$	5.01×10^5	5.7
$[Co(NH_3)_3]^{2+}$	6.17×10^4	4.79	$[Cu(CN)_2]$	1.00×10^{24}	24
$[Co(NH_3)_3]^{2+}$	1.26×10^{20}	20.1	$[Cu(CN)_3]^-$	3.89×10^{28}	28.59
$[Co(NH_3)_4]^{2+}$	3.55×10^5	5.55	$[Cu(CN)_4]^{2-}$	2.00×10^{30}	30.3
$[Co(NH_3)_4]^{2+}$	5.01×10^{25}	25.7	$[Cu(F)]^+$	7.94	0.9
$[Co(NH_3)_5]^{2+}$	5.37×10^5	5.73	$[Cu(I)_2]$	7.08×10^8	8.85
$[Co(NH_3)_5]^{2+}$	6.31×10^{30}	30.8	$[Cu(NH_3)]^{2+}$	8.51×10^5	5.93
$[Co(NH_3)_6]^{2+}$	1.29×10^5	5.11	$[Cu(NH_3)]^{2+}$	2.04×10^4	4.31
$[Co(NH_3)_6]^{2+}$	1.58×10^{35}	35.2	$[Cu(NH_3)_2]^{2+}$	7.24×10^{10}	10.86
$[Co(OH)]^+$	2.00×10^4	4.3	$[Cu(NH_3)_2]^{2+}$	9.55×10^7	7.98
$[Co(OH)_2]$	2.51×10^8	8.4	$[Cu(NH_3)_3]^{2+}$	1.05×10^{11}	11.02
$[Co(OH)_3]^-$	5.01×10^9	9.7	$[Cu(NH_3)_4]^{2+}$	2.09×10^{13}	13.32
$[Co(OH)_4]^{2-}$	1.58×10^{10}	10.2	$[Cu(NH_3)_5]^{2+}$	7.24×10^{12}	12.86
$[Co(P_2O_{74})]^{2-}$	1.26×10^6	6.1	$[Cu(OH)]^+$	1.00×10^7	7
$[CoY]^+$	2.04×10^{16}	16.31	$[Cu(OH)_2]$	4.79×10^{13}	13.68
$[CoY]^+$	1.00×10^{36}	36	$[Cu(OH)_3]^-$	1.00×10^{17}	17
$[Cr(Ac)]^{2+}$	4.27×10^4	4.63	$[Cu(OH)_4]^{2-}$	3.16×10^{18}	18.5
$[Cr(Ac)_2]^+$	1.20×10^7	7.08	$[Cu(P_2O_{74})]^{2-}$	5.01×10^6	6.7
$[Cr(Ac)_3]$	3.98×10^9	9.6	$[Cu(P_2O_{74})_2]^{6-}$	1.00×10^9	9
$[Cr(F)]^{2+}$	2.29×10^4	4.36	$[Cu(S_2O_3)]$	1.86×10^{10}	10.27
$[Cr(F)_2]^+$	5.01×10^8	8.7	$[Cu(S_2O_3)_2]^{2-}$	1.66×10^{12}	12.22
$[Cr(F)_3]$	1.58×10^{11}	11.2	$[Cu(S_2O_3)_3]^{4-}$	6.92×10^{13}	13.84
$[Cr(OH)]^{2+}$	1.26×10^{10}	10.1	$[Cu(SCN)]^+$	1.29×10^{12}	12.11
$[Cr(OH)_2]^+$	6.31×10^{17}	17.8	$[Cu(SCN)]^+$	7.94×10	1.9
$[Cr(OH)_4]^-$	7.94×10^{29}	29.9	$[Cu(SCN)_2]$	1.51×10^5	5.18

续 表

配离子	$K^{\ominus}_{稳}$	$\lg K^{\ominus}_{稳}$	配离子	$K^{\ominus}_{稳}$	$\lg K^{\ominus}_{稳}$
$[Cu(SCN)_2]$	1.00×10^{3}	3	$[Ga(F)_3]$	3.16×10^{10}	10.5
$[CuY]^{+}$	5.01×10^{18}	18.7	$[GaY]^{2+}$	1.78×10^{20}	20.25
$[Fe(Cl)]^{2+}$	1.48×10	1.17	$[Hf(IV)(F)]^{3+}$	1.00×10^{9}	9
$[Fe(Cl)_2]^{+}$	6.31×10^{9}	9.8	$[Hf(IV)(F)_2]^{2+}$	3.16×10^{16}	16.5
$[Fe(CN)_6]^{3-}$	1.00×10^{35}	35	$[Hf(IV)(F)_3]^{+}$	1.26×10^{23}	23.1
$[Fe(CN)_6]^{3-}$	1.00×10^{42}	42	$[Hf(IV)(F)_4]$	6.31×10^{28}	28.8
$[Fe(F)]^{2+}$	6.31	0.8	$[Hf(IV)(F)_5]^{-}$	1.00×10^{34}	34
$[Fe(F)]^{2+}$	1.91×10^{5}	5.28	$[Hf(IV)(F)_6]^{2-}$	1.00×10^{38}	38
$[Fe(F)_2]^{+}$	2.00×10^{9}	9.3	$[Hg(Br)]^{+}$	1.12×10^{9}	9.05
$[Fe(F)_3]$	1.15×10^{12}	12.06	$[Hg(Br)_2]$	2.09×10^{17}	17.32
$[Fe(F)_5]^{2-}$	5.89×10^{15}	15.77	$[Hg(Br)_3]^{-}$	5.50×10^{19}	19.74
$[Fe(I)]^{2+}$	7.59×10	1.88	$[Hg(Br)_4]^{2-}$	1.00×10^{21}	21
$[Fe(NH_3)]^{3+}$	2.51×10	1.4	$[Hg(Cl)]^{+}$	5.50×10^{6}	6.74
$[Fe(NH_3)_2]^{3+}$	1.58×10^{2}	2.2	$[Hg(Cl)_2]$	1.66×10^{13}	13.22
$[Fe(NO_3)]^{2+}$	1.00×10	1	$[Hg(Cl)_3]^{-}$	1.17×10^{14}	14.07
$[Fe(OH)]^{2+}$	3.63×10^{5}	5.56	$[Hg(Cl)_4]^{2-}$	1.17×10^{15}	15.07
$[Fe(OH)]^{2+}$	7.41×10^{11}	11.87	$[Hg(CN)_4]^{2-}$	2.51×10^{41}	41.4
$[Fe(OH)_2]^{+}$	5.89×10^{9}	9.77	$[Hg(F)]^{+}$	1.07×10	1.03
$[Fe(OH)_2]^{+}$	1.48×10^{21}	21.17	$[Hg(I)]^{+}$	7.41×10^{12}	12.87
$[Fe(OH)_3]$	4.68×10^{9}	9.67	$[Hg(I)_2]$	6.61×10^{23}	23.82
$[Fe(OH)_3]$	4.68×10^{29}	29.67	$[Hg(I)_3]^{-}$	3.98×10^{27}	27.6
$[Fe(OH)_4]^{-}$	3.80×10^{8}	8.58	$[Hg(I)_4]^{2-}$	5.76×10^{29}	29.83
$[Fe(S_2O_3)]^{+}$	1.26×10^{2}	2.1	$[Hg(NH_3)]^{2+}$	6.31×10^{8}	8.8
$[Fe(SCN)]^{2+}$	1.62×10^{2}	2.21	$[Hg(NH_3)_2]^{2+}$	3.16×10^{17}	17.5
$[Fe(SCN)_2]^{+}$	4.37×10^{3}	3.64	$[Hg(NH_3)_3]^{2+}$	3.16×10^{18}	18.5
$[Fe(SCN)_3]$	1.00×10^{5}	5	$[Hg(NH_3)_4]^{2+}$	1.91×10^{19}	19.28
$[Fe(SCN)_4]^{-}$	2.00×10^{6}	6.3	$[Hg(NO_3)]^{+}$	2.24	0.35
$[Fe(SCN)_5]^{2-}$	1.58×10^{6}	6.2	$[Hg(OH)]^{+}$	3.98×10^{10}	10.6
$[Fe(SCN)_6]^{3-}$	1.26×10^{6}	6.1	$[Hg(OH)_2]$	6.31×10^{21}	21.8
$[Fe(SO_4)]^{+}$	1.10×10^{4}	4.04	$[Hg(OH)_3]^{-}$	7.94×10^{20}	20.9
$[Fe(SO_4)_2]^{-}$	2.40×10^{5}	5.38	$[Hg(P_2O_{74})_2]^{6-}$	2.40×10^{12}	12.38
$[FeY]^{2+}$	6.76×10^{14}	14.83	$[Hg(S_2O_3)_2]^{2-}$	2.75×10^{29}	29.44
$[FeY]^{2+}$	1.70×10^{24}	24.23	$[Hg(S_2O_3)_3]^{4-}$	7.94×10^{31}	31.9
$[Ga(F)]^{2+}$	3.09×10^{4}	4.49	$[Hg(S_2O_3)_4]^{6-}$	1.74×10^{33}	33.24
$[Ga(F)_2]^{+}$	1.00×10^{8}	8	$[Hg(SCN)]^{+}$	1.20×10^{9}	9.08

续 表

配离子	$K^{\ominus}_{稳}$	$\lg K^{\ominus}_{稳}$	配离子	$K^{\ominus}_{稳}$	$\lg K^{\ominus}_{稳}$
$[Hg(SCN)_2]$	7.24×10^{16}	16.86	$[Mn(F)]^{+}$	3.02×10^{5}	5.48
$[Hg(SCN)_3]^{-}$	5.01×10^{19}	19.7	$[Mn(NH_3)]^{2+}$	6.31	0.8
$[Hg(SCN)_4]^{2-}$	5.01×10^{21}	21.7	$[Mn(NH_3)_2]^{2+}$	2.00×10	1.3
$[Hg(SO_4)]$	2.19×10	1.34	$[Mn(OH)]^{+}$	7.94×10^{3}	3.9
$[Hg(SO_4)_2]^{2-}$	2.51×10^{2}	2.4	$[Mn(OH)_3]^{-}$	2.00×10^{8}	8.3
$[HgY]^{+}$	6.31×10^{21}	21.8	$[MnY]^{+}$	6.31×10^{13}	13.8
$[In(Ac)]^{2+}$	3.16×10^{3}	3.5	$[Mo(V)Y]^{4+}$	2.29×10^{6}	6.36
$[In(Ac)_2]^{+}$	8.91×10^{5}	5.95	$[NaY]$	4.57×10	1.66
$[In(Ac)_3]$	7.94×10^{7}	7.9	$[Ni(Ac)]^{+}$	1.32×10	1.12
$[In(Ac)_4]^{-}$	1.20×10^{9}	9.08	$[Ni(Ac)_2]$	6.46×10	1.81
$[In(Br)]^{2+}$	2.00×10	1.3	$[Ni(CN)_4]^{2-}$	2.00×10^{31}	31.3
$[In(Br)_2]^{+}$	7.59×10	1.88	$[Ni(F)]^{+}$	3.16	0.5
$[In(Cl)]^{2+}$	4.17×10	1.62	$[Ni(NH_3)]^{2+}$	6.31×10^{2}	2.8
$[In(Cl)_2]^{+}$	2.75×10^{2}	2.44	$[Ni(NH_3)_2]^{2+}$	1.10×10^{5}	5.04
$[In(Cl)_3]$	5.01×10	1.7	$[Ni(NH_3)_3]^{2+}$	5.89×10^{6}	6.77
$[In(Cl)_4]^{-}$	3.98×10	1.6	$[Ni(NH_3)_4]^{2+}$	9.12×10^{7}	7.96
$[In(F)]^{2+}$	5.01×10^{3}	3.7	$[Ni(NH_3)_5]^{2+}$	5.13×10^{8}	8.71
$[In(F)_2]^{+}$	2.51×10^{6}	6.4	$[Ni(NH_3)_6]^{2+}$	5.50×10^{8}	8.74
$[In(F)_3]$	3.98×10^{8}	8.6	$[Ni(OH)]^{+}$	9.33×10^{4}	4.97
$[In(F)_4]^{-}$	6.31×10^{9}	9.8	$[Ni(OH)_2]$	3.55×10^{8}	8.55
$[In(OH)]^{2+}$	1.00×10^{10}	10	$[Ni(OH)_3]^{-}$	2.14×10^{11}	11.33
$[In(OH)_2]^{+}$	1.58×10^{20}	20.2	$[Ni(P_2O_{74})]^{2-}$	6.31×10^{5}	5.8
$[In(OH)_3]$	3.98×10^{29}	29.6	$[Ni(P_2O_{74})_2]^{6-}$	2.51×10^{7}	7.4
$[In(OH)_4]^{-}$	7.94×10^{38}	38.9	$[Ni(SCN)]^{+}$	1.51×10	1.18
$[In(SO_4)]^{+}$	6.03×10	1.78	$[Ni(SCN)_2]$	4.37×10	1.64
$[In(SO_4)_2]^{-}$	7.59×10	1.88	$[Ni(SCN)_3]^{-}$	6.46×10	1.81
$[In(SO_4)_3]^{3-}$	2.29×10^{2}	2.36	$[Ni(SO_4)]$	2.51×10^{2}	2.4
$[InY]^{2+}$	8.91×10^{24}	24.95	$[NiY]^{+}$	3.63×10^{18}	18.56
$[LiY]$	6.17×10^{2}	2.79	$[Pa(IV)(OH)]^{3+}$	1.10×10^{14}	14.04
$[Mg(F)]^{+}$	2.00×10	1.3	$[Pa(IV)(OH)_2]^{2+}$	6.92×10^{27}	27.84
$[Mg(OH)]^{+}$	3.80×10^{2}	2.58	$[Pa(IV)(OH)_3]^{+}$	5.01×10^{40}	40.7
$[Mg(P_2O_{74})]^{2-}$	5.01×10^{5}	5.7	$[Pa(IV)(OH)_4]$	2.51×10^{51}	51.4
$[MgY]^{+}$	4.37×10^{8}	8.64	$[Pb(Ac)]^{+}$	3.31×10^{2}	2.52
$[Mn(Ac)]^{+}$	6.92×10^{9}	9.84	$[Pb(Ac)_2]$	1.00×10^{4}	4
$[Mn(Ac)_2]$	1.15×10^{2}	2.06	$[Pb(Ac)_3]^{-}$	2.51×10^{6}	6.4

续　表

配离子	$K^{\ominus}_{\text{稳}}$	$\lg K^{\ominus}_{\text{稳}}$
$[Pb(Ac)_4]^{2-}$	3.16×10^{8}	8.5
$[Pb(Br)]^{+}$	5.89×10	1.77
$[Pb(Br)_2]$	3.98×10^{2}	2.6
$[Pb(Br)_3]^{-}$	1.00×10^{3}	3
$[Pb(Br)_4]^{2-}$	2.00×10^{2}	2.3
$[Pb(Cl)]^{+}$	2.63×10	1.42
$[Pb(Cl)_2]$	1.70×10^{2}	2.23
$[Pb(Cl)_3]^{-}$	1.70×10^{3}	3.23
$[Pb(F)]^{+}$	2.75×10	1.44
$[Pb(F)_2]$	3.47×10^{2}	2.54
$[Pb(I)]^{+}$	1.00×10^{2}	2
$[Pb(I)_2]$	1.41×10^{3}	3.15
$[Pb(I)_3]^{-}$	8.32×10^{3}	3.92
$[Pb(I)_4]^{2-}$	2.95×10^{4}	4.47
$[Pb(NO_3)]^{+}$	1.51×10	1.18
$[Pb(OH)]^{+}$	6.61×10^{7}	7.82
$[Pb(OH)_2]$	7.08×10^{10}	10.85
$[Pb(OH)_3]^{-}$	3.80×10^{14}	14.58
$[Pb(P_2O_{74})]^{2-}$	2.00×10^{7}	7.3
$[Pb(P_2O_{74})_2]^{6-}$	1.41×10^{10}	10.15
$[Pb(S_2O_3)_2]^{2-}$	1.35×10^{5}	5.13
$[Pb(S_2O_3)_3]^{4-}$	2.24×10^{6}	6.35
$[Pb(SCN)]^{+}$	6.03	0.78
$[Pb(SCN)_2]$	9.77	0.99
$[Pb(SCN)_3]^{-}$	1.00×10	1
$[Pb(SO_4)]$	5.62×10^{2}	2.75
$[PbY]^{+}$	2.00×10^{18}	18.3
$[Pd(Br)]^{+}$	1.48×10^{5}	5.17
$[Pd(Br)_2]$	2.63×10^{9}	9.42
$[Pd(Br)_3]^{-}$	5.01×10^{12}	12.7
$[Pd(Br)_4]^{2-}$	7.94×10^{14}	14.9
$[Pd(Cl)]^{+}$	1.26×10^{6}	6.1
$[Pd(Cl)_2]$	5.01×10^{10}	10.7
$[Pd(Cl)_3]^{-}$	1.26×10^{13}	13.1
$[Pd(Cl)_4]^{2-}$	5.01×10^{15}	15.7
$[Pd(I)_4]^{2-}$	3.16×10^{24}	24.5
$[Pd(NH_3)]^{2+}$	3.98×10^{9}	9.6
$[Pd(NH_3)_2]^{2+}$	3.16×10^{18}	18.5
$[Pd(NH_3)_3]^{2+}$	1.00×10^{26}	26
$[Pd(NH_3)_4]^{2+}$	6.31×10^{32}	32.8
$[Pd(OH)]^{+}$	1.00×10^{13}	13
$[Pd(OH)_2]$	6.31×10^{25}	25.8
$[PdY]^{+}$	3.16×10^{18}	18.5
$[Pr(SO_4)]^{+}$	4.17×10^{3}	3.62
$[Pr(SO_4)_2]^{-}$	8.32×10^{4}	4.92
$[Pt(Cl)_2]$	3.16×10^{11}	11.5
$[Pt(Cl)_3]^{-}$	3.16×10^{14}	14.5
$[Pt(Cl)_4]^{2-}$	1.00×10^{16}	16
$[Pt(NH_3)_6]^{2+}$	2.00×10^{35}	35.3
$[Rh(Br)_2]^{+}$	2.00×10^{14}	14.3
$[Rh(Br)_3]$	2.00×10^{16}	16.3
$[Rh(Br)_4]^{-}$	3.98×10^{17}	17.6
$[Rh(Br)_5]^{2-}$	2.51×10^{18}	18.4
$[Rh(Br)_6]^{3-}$	1.58×10^{17}	17.2
$[Sb(Cl)]^{2+}$	1.82×10^{2}	2.26
$[Sb(Cl)_2]^{+}$	3.09×10^{3}	3.49
$[Sb(Cl)_3]$	1.51×10^{4}	4.18
$[Sb(Cl)_4]^{-}$	5.25×10^{4}	4.72
$[Sb(F)]^{2+}$	1.00×10^{3}	3
$[Sb(F)_2]^{+}$	5.01×10^{5}	5.7
$[Sb(F)_3]$	2.00×10^{8}	8.3
$[Sb(F)_4]^{-}$	7.94×10^{10}	10.9
$[Sb(OH)_2]^{+}$	2.00×10^{24}	24.3
$[Sb(OH)_3]$	5.01×10^{36}	36.7
$[Sb(OH)_4]^{-}$	2.00×10^{38}	38.3
$[Sc(Br)]^{2+}$	1.20×10^{2}	2.08
$[Sc(Br)_2]^{+}$	1.20×10^{3}	3.08
$[Sc(OH)]^{2+}$	7.94×10^{8}	8.9
$[ScY]^{2+}$	1.26×10^{23}	23.1
$[Sn(Ac)]^{+}$	2.00×10^{3}	3.3

续　表

配离子	$K^{\ominus}_{稳}$	$\lg K^{\ominus}_{稳}$	配离子	$K^{\ominus}_{稳}$	$\lg K^{\ominus}_{稳}$
$[Sn(Ac)_2]$	1.00×10^{6}	6	$[TiO(F)_4]^{2-}$	1.00×10^{18}	18
$[Sn(Ac)_3]^{-}$	2.00×10^{7}	7.3	$[TiOY]^{+}$	2.00×10^{17}	17.3
$[Sn(Br)]^{+}$	1.29×10	1.11	$[Tl(Ac)]^{2+}$	1.48×10^{6}	6.17
$[Sn(Br)_2]$	6.46×10	1.81	$[Tl(Ac)_2]^{+}$	1.91×10^{11}	11.28
$[Sn(Br)_3]^{-}$	2.88×10	1.46	$[Tl(Ac)_3]$	1.26×10^{15}	15.1
$[Sn(Cl)]^{+}$	3.24×10	1.51	$[Tl(Ac)_4]^{-}$	2.00×10^{18}	18.3
$[Sn(Cl)_2]$	1.74×10^{2}	2.24	$[Tl(Br)]^{2+}$	5.01×10^{9}	9.7
$[Sn(Cl)_3]^{-}$	1.07×10^{2}	2.03	$[Tl(Br)_2]^{+}$	3.98×10^{16}	16.6
$[Sn(Cl)_4]^{2-}$	3.02×10	1.48	$[Tl(Br)_3]$	1.58×10^{21}	21.2
$[Sn(F)]^{+}$	1.20×10^{4}	4.08	$[Tl(Br)_4]^{-}$	7.94×10^{23}	23.9
$[Sn(F)_2]$	4.79×10^{6}	6.68	$[Tl(Br)_5]^{2-}$	1.58×10^{29}	29.2
$[Sn(F)_3]^{-}$	3.16×10^{9}	9.5	$[Tl(Br)_6]^{3-}$	3.98×10^{31}	31.6
$[Sn(OH)]^{+}$	2.51×10^{10}	10.4	$[Tl(Cl)]^{2+}$	1.38×10^{8}	8.14
$[Sn(SCN)]^{+}$	1.48×10	1.17	$[Tl(Cl)_2]^{+}$	3.98×10^{13}	13.6
$[Sn(SCN)_2]$	5.89×10	1.77	$[Tl(Cl)_3]$	6.03×10^{15}	15.78
$[Sn(SCN)_3]^{-}$	5.50×10	1.74	$[Tl(Cl)_4]^{-}$	1.00×10^{18}	18
$[SnY]^{+}$	1.26×10^{22}	22.1	$[Tl(I)]^{2+}$	5.25	0.72
$[SrY]^{+}$	6.31×10^{8}	8.8	$[Tl(I)]^{2+}$	2.57×10^{11}	11.41
$[Th(IV)(Cl)]^{3+}$	2.40×10	1.38	$[Tl(I)_2]^{+}$	7.94	0.9
$[Th(IV)(Cl)_2]^{2+}$	2.40	0.38	$[Tl(I)_2]^{+}$	7.59×10^{20}	20.88
$[Th(IV)(F)]^{3+}$	2.75×10^{8}	8.44	$[Tl(I)_3]$	1.20×10	1.08
$[Th(IV)(F)_2]^{2+}$	1.20×10^{15}	15.08	$[Tl(I)_3]$	3.98×10^{27}	27.6
$[Th(IV)(F)_3]^{+}$	6.31×10^{19}	19.8	$[Tl(I)_4]^{-}$	6.61×10^{31}	31.82
$[Th(IV)(F)_4]$	1.58×10^{23}	23.2	$[Tl(NO_3)]^{2+}$	2.14	0.33
$[Th(IV)(SCN)]^{3+}$	1.20×10	1.08	$[Tl(NO_3)]^{2+}$	8.32	0.92
$[Th(IV)(SCN)_2]^{2+}$	6.03×10	1.78	$[TlY]^{2+}$	3.16×10^{22}	22.5
$[Th(IV)(SO_4)]^{2+}$	2.09×10^{3}	3.32	$[U(IV)(Br)]^{3+}$	1.51	0.18
$[Th(IV)(SO_4)_2]$	3.16×10^{5}	5.5	$[U(IV)Y]^{3+}$	3.16×10^{17}	17.5
$[Th(IV)Y]^{3+}$	1.58×10^{23}	23.2	$[VOY]^{+}$	1.00×10^{18}	18
$[Th(OH)]^{3+}$	7.24×10^{12}	12.86	$[Y(Br)]^{2+}$	2.09×10	1.32
$[Th(OH)_2]^{2+}$	2.34×10^{25}	25.37	$[YY]^{8-}$	2.09×10^{18}	18.32
$[Ti(OH)]^{2+}$	5.13×10^{12}	12.71	$[Zn(Ac)]^{+}$	3.16×10	1.5
$[TiO(F)]^{+}$	2.51×10^{5}	5.4	$[Zn(Cl)]^{+}$	2.69	0.43
$[TiO(F)_2]$	6.31×10^{9}	9.8	$[Zn(Cl)_2]$	4.07	0.61
$[TiO(F)_3]^{-}$	5.01×10^{13}	13.7	$[Zn(Cl)_3]^{-}$	3.39	0.53

续 表

配离子	$K^{\ominus}_{稳}$	$\lg K^{\ominus}_{稳}$	配离子	$K^{\ominus}_{稳}$	$\lg K^{\ominus}_{稳}$
$[Zn(Cl)_4]^{2-}$	1.58	0.2	$[ZnY]^{+}$	2.51×10^{16}	16.4
$[Zn(CN)]^{+}$	2.00×10^{5}	5.3	$[Zr(Ⅳ)(Cl)]^{3+}$	7.94	0.9
$[Zn(CN)_2]$	5.01×10^{11}	11.7	$[Zr(Ⅳ)(Cl)_2]^{2+}$	2.00×10	1.3
$[Zn(CN)_3]^{-}$	5.01×10^{16}	16.7	$[Zr(Ⅳ)(Cl)_3]^{+}$	3.16×10	1.5
$[Zn(CN)_4]^{2-}$	3.98×10^{21}	21.6	$[Zr(Ⅳ)(Cl)_4]$	1.58×10	1.2
$[Zn(F)]^{+}$	6.03	0.78	$[Zr(Ⅳ)(F)]^{3+}$	2.51×10^{9}	9.4
$[Zn(NH_3)]^{2+}$	2.34×10^{2}	2.37	$[Zr(Ⅳ)(F)_2]^{2+}$	1.58×10^{17}	17.2
$[Zn(NH_3)_2]^{2+}$	6.46×10^{4}	4.81	$[Zr(Ⅳ)(F)_3]^{+}$	5.01×10^{23}	23.7
$[Zn(NH_3)_3]^{2+}$	2.04×10^{7}	7.31	$[Zr(Ⅳ)(F)_4]$	3.16×10^{29}	29.5
$[Zn(NH_3)_4]^{2+}$	2.88×10^{9}	9.46	$[Zr(Ⅳ)(F)_5]^{-}$	3.16×10^{33}	33.5
$[Zn(OH)]^{+}$	2.51×10^{4}	4.4	$[Zr(Ⅳ)(F)_6]^{2-}$	2.00×10^{38}	38.3
$[Zn(OH)_2]$	2.00×10^{11}	11.3	$[Zr(Ⅳ)(OH)]^{3+}$	2.00×10^{14}	14.3
$[Zn(OH)_3]^{-}$	1.38×10^{14}	14.14	$[Zr(Ⅳ)(OH)_2]^{2+}$	2.00×10^{28}	28.3
$[Zn(OH)_4]^{2-}$	4.57×10^{17}	17.66	$[Zr(Ⅳ)(OH)_3]^{+}$	7.94×10^{41}	41.9
$[Zn(P_2O_{74})]^{2-}$	5.01×10^{8}	8.7	$[Zr(Ⅳ)(OH)_4]$	2.00×10^{55}	55.3
$[Zn(P_2O_{74})_2]^{6-}$	1.00×10^{11}	11	$[Zr(Ⅳ)(SO_4)]^{2+}$	6.17×10^{3}	3.79
$[Zn(SCN)]^{+}$	2.14×10	1.33	$[Zr(Ⅳ)(SO_4)_2]$	4.37×10^{6}	6.64
$[Zn(SCN)_2]$	8.13×10	1.91	$[Zr(Ⅳ)(SO_4)_3]^{2-}$	5.89×10^{7}	7.77
$[Zn(SCN)_3]^{-}$	1.00×10^{2}	2	$[Zr(Ⅳ)Y]^{3+}$	2.51×10^{19}	19.4
$[Zn(SCN)_4]^{2-}$	3.98×10	1.6			

附录 8　一些气体的范德华常数

气　体	$a/(10^5\ Pa\cdot L^2\cdot mol^{-1})$	$b/(L\cdot mol^{-1})$	气　体	$a/(10^5\ Pa\cdot L^2\cdot mol^{-1})$	$b/(L\cdot mol^{-1})$
C_2H_2	4.45	0.051 4	CO	1.51	0.039 9
NH_3	4.22	0.037 1	CCl_4	20.66	0.138 3
Ar	1.37	0.032 2	Cl_2	6.57	0.056 2
CO_2	3.64	0.042 7	$CHCl_3$	15.37	0.102 2
CS_2	11.77	0.076 9	C_2H_6	5.56	0.063 8

附录 9　一些气体的临界参数

气　体	$P_C/(\times 1.013\times 10^5\ Pa)$	$V_mc/(L\cdot mol^{-1})$	T_C/K
H_2	12.8	0.065 0	33.3
He	2.26	0.057 6	5.3
CH_4	45.6	0.098 8	190.2
NH_3	111.5	0.072 4	405.6
H_2O	217.7	0.045 0	647.2
CO	35.0	0.090 0	134.0
N_2	33.5	0.090 0	126.1
O_2	49.7	0.074 4	153.4
CH_3OH	78.5	0.117 7	513.1
Ar	48.0	0.077 1	150.7
CO_2	73.0	0.095 7	304.3
$n-C_5H_{12}$	33.0	0.310 2	470.3
C_6H_6	47.9	0.256 4	561.6

附录 10　一些有机化合物的标准摩尔燃烧焓(298 K)

化合物	$\Delta_c H_m^\ominus/(kJ\cdot mol^{-1})$	化合物	$\Delta_c H_m^\ominus/(kJ\cdot mol^{-1})$
CH_4(g)甲烷	−890.31	HCHO(g)甲醛	−570.78
C_2H_2(g)乙炔	−1 299.59	CH_3COCH_3(l)丙酮	−1 790.42
C_2H_4(g)乙烯	−1 410.97	$C_2H_5COC_2H_5$(l)乙醚	−2 730.9
C_2H_6(g)乙烷	−1 559.84	HCOOH(l)甲酸	−254.64
C_3H_8(g)丙烷	−2 219.07	CH_3COOH(l)乙酸	−874.54
C_4H_{10}(g)正丁烷	−2 878.34	C_6H_5COOH(晶)苯甲酸	−3 226.7
C_6H_6(l)苯	−3 267.54	$C_7H_6O_3$(s)水杨酸	−3 022.5
C_6H_{12}(l)环己烷	−3 919.86	$CHCl_3$(l)氯仿	−373.2
C_7H_8(l)甲苯	−3 925.4	CH_3Cl(g)氯甲烷	−689.1
$C_{10}H_8$(s)萘	−5 153.9	CS_2(l)二硫化碳	−1 076
CH_3OH(l)甲醇	−726.64	$CO(NH_2)_2$(s)尿素	−634.3
C_2H_5OH(l)乙醇	−1 366.91	$C_6H_5NO_2$(l)硝基苯	−3 091.2
C_6H_5OH(s)苯酚	−3 053.48	$C_6H_5NH_2$(l)苯胺	−3 396.2

* 化合物中各元素氧化的产物为 C→CO_2(g)，H→H_2O(l)，N→N_2(g)，S→SO_2(稀的水溶液)

附录 11　标准热力学数据(298 K)

化学式(状态)		$\Delta_f H_m^\ominus/(kJ \cdot mol^{-1})$	$\Delta_f G_m^\ominus/(kJ \cdot mol^{-1})$	$S_m^\ominus/(J \cdot mol^{-1} \cdot K^{-1})$
氢	$H_2(g)$	0	0	130.57
	$H^+(aq)$	0	0	0
锂	$Li(s)$	0	0	29.12
	$Li^+(aq)$	−278.49	−293.30	13.39
	$Li_2O(s)$	−597.94	−561.20	37.57
	$LiCl(s)$	−408.61	−384.38	59.33
钠	$Na(s)$	0	0	51.21
	$Na^+(aq)$	−240.12	261.89	58.99
	$Na_2O(s)$	−414.22	−375.47	75.06
	$NaOH(s)$	−425.61	−379.53	64.45
	$NaCl(s)$	−411.65	−384.15	72.13
钾	$K(s)$	0	0	64.18
	$K^+(aq)$	−252.38	−283.26	102.51
	$KOH(s)$	−424.76	−379.11	78.87
	$KCl(s)$	−436.75	−409.15	82.59
铍	$Be(s)$	0	0	9.50
	$BeO(s)$	−609.61	−580.32	14.14
镁	$Mg(s)$	0	0	32.68
	$Mg^{2+}(aq)$	−466.85	−454.80	−138.07
	$MgO(s)$	−601.70	−569.44	27.91
	$Mg(OH)_2(s)$	−924.54	−833.58	63.18
	$MgCl_2(s)$	−641.32	−591.83	89.62
	$MgCO_3(s)$	−1 095.79	−1 012.11	65.69
钙	$Ca(s)$	0	0	41.42
	$Ca^{2+}(aq)$	−542.83	−553.54	−53.14
	$CaO(s)$	−635.09	−604.04	39.75
	$Ca(OH)_2(s)$	−986.09	−898.56	83.39
	$CaSO_4(s)$	−1 434.11	−1 326.88	106.69
	$CaCO_3$(方解石,s)	−1 206.92	−1 128.84	92.88
锶	$Sr(s)$	0	0	52.30
	$Sr^{2+}(aq)$	−545.80	−599.44	−32.64
	$SrCO_3(s)$	−1 220.05	−1 140.14	97.07

续 表

化学式(状态)		$\Delta_f H_m^\ominus/(kJ \cdot mol^{-1})$	$\Delta_f G_m^\ominus/(kJ \cdot mol^{-1})$	$S_m^\ominus/(J \cdot mol^{-1} \cdot K^{-1})$
钡	Ba(s)	0	0	62.76
	Ba^{2+}(aq)	−537.64	−560.74	9.62
	$BaCl_2$(s)	−858.56	−810.44	123.68
	$BaSO_4$(s)	−1 469.42	−1 362.31	132.21
硼	B(s)	0	0	5.86
	H_3BO_3(s)	−1 094.33	−969.01	88.83
	BF_3(g)	−1 137.00	−1 120.35	254.01
	BN(s)	−254.39	−228.45	14.81
铝	Al(s)	0	0	28.33
	$Al(OH)_3$(无定形)	−1 276.12	—	—
	Al_2O_3(s,刚玉)	−1 675.69	−1 582.39	50.92
碳	C(石墨)	0	0	5.74
	C(金刚石)	1.897	2.900	2.377
	CO(g)	−110.525	−137.15	197.56
	CO_2(g)	−393.51	−394.36	213.64
硅	Si(s)	0	0	18.83
	SiO_2(石英,s)	−910.94	−856.67	41.84
	$SiCl_4$(g)	−657.01	−617.01	330.62
	SiC(s,β)	−65.27	−62.76	16.61
	Si_3N_4(s,α)	−743.50	−642.66	101.25
锡	Sn(s,白)	0	0	51.55
	Sn(s,灰)	−2.09	0.126	44.14
	SnO_2(s)	−580.74	−519.65	52.3
铅	Pb(s)	0	0	64.81
	PbO(s,红)	−218.99	−188.95	66.73
	PbO(s,黄)	−215.33	−187.90	68.70
	PbS(s)	−100.42	−98.74	91.21
氮	N_2(g)	0	0	191.50
	NO(g)	90.25	86.57	210.65
	NO_2(g)	33.18	51.30	39.65
	NO_3^-(aq)	−207.36	−111.34	146.44
	NH_4^+(aq)	−132.51	−79.37	113.39
	NH_3(aq)	−80.29	−26.57	111.29
	NH_3(g)	−46.11	−16.48	192.34

续 表

	化学式(状态)	$\Delta_f H_m^\ominus/(kJ \cdot mol^{-1})$	$\Delta_f G_m^\ominus/(kJ \cdot mol^{-1})$	$S_m^\ominus/(J \cdot mol^{-1} \cdot K^{-1})$
磷	P(s,白)	0	0	41.09
	P(s,红)	−17.5	−12.13	22.80
	P_4O_{10}(s)	−2 984.03	−2 697.84	228.86
	PH_3(g)	5.44	13.39	210.12
	PCl_3(g)	−287.02	−267.78	311.67
氧	O_2(g)	0	0	205.03
	O_3(g)	142.67	163.18	238.82
	H_2O(l)	−285.83	−237.18	69.91
	H_2O(g)	−241.82	−228.59	188.72
	OH^-(aq)	−229.99	−157.29	−10.75
	H_2O_2(l)	−187.78	−120.42	—
硫	S(s,斜方)	0	0	31.80
	S(s,单斜)	0.33	—	—
	SO_2(g)	−297.04	−300.19	248.11
	SO_3(g)	−395.72	−371.08	256.65
	H_2S(g)	−20.63	−33.56	205.69
氟	F_2(g)	0	0	202.67
	HF(g)	−271.12	−273.22	−173.67
	F^-(aq)	−332.63	−278.82	−13.81
氯	Cl_2(g)	0	0	222.96
	HCl(g)	−92.31	−95.30	186.80
	Cl^-(aq)	−167.16	−131.26	56.48
	ClO^-(aq)	−107.11	−36.82	41.84
溴	Br_2(l)	0	0	152.23
	Br_2(g)	30.91	3.14	245.35
	HBr(g)	−36.40	−53.43	198.59
	Br^-(aq)	−121.55	−103.97	82.42
碘	I_2(s)	0	0	116.14
	I_2(g)	62.44	19.36	260.58
	HI(g)	26.48	1.72	206.48
	I^-(aq)	−55.19	−51.59	111.29
钪	Sc(s)	0	0	34.64
钛	Ti(s)	0	0	30.54
	TiO_2(s,金红石)	−939.73	−884.50	49.92
钒	V(s)	0	0	28.91
	V_2O_5(s)	−1 550.59	−1 419.63	130.96

续 表

	化学式(状态)	$\Delta_f H_m^\ominus$/(kJ·mol^{-1})	$\Delta_f G_m^\ominus$/(kJ·mol^{-1})	$S_m^\ominus$/(J·mol^{-1}·K^{-1})
铬	$Cr(s)$	0	0	23.77
	$Cr_2O_3(s)$	−1 139.72	−1 058.13	81.17
	$CrO_4^{2-}(aq)$	−881.19	−727.85	50.21
	$Cr_2O_7^{2-}(aq)$	−1 490.34	−1 301.22	261.92
锰	$Mn(s,\alpha)$	0	0	32.01
	$Mn^{2+}(aq)$	−220.75	−228.03	−73.64
	$MnO_2(s)$	−520.03	−465.18	53.05
铁	$Fe(s)$	0	0	27.28
	$Fe^{2+}(aq)$	−89.12	−78.87	−137.65
	$Fe^{3+}(aq)$	−48.53	−4.60	−315.89
	$Fe(OH)_2(s)$	−569.02	−486.60	87.86
	$Fe(OH)_3(s)$	−822.99	−696.64	−106.69
	$FeS(s,\alpha)$	−95.06	−97.57	67.4
	$Fe_2O_3(s)$	−824.25	−742.24	87.40
	$Fe_3O_4(s)$	−1 118.38	−1 015.46	146.44
钴	$Co(s,\alpha)$	0	0	30.04
	$Co^{2+}(aq)$	−58.16	−54.39	−112.97
镍	$Ni(s)$	0	0	29.87
	$Ni^{2+}(aq)$	−53.97	−45.61	−128.87
铜	$Cu(s)$	0	0	33.15
	$Cu^{2+}(aq)$	64.77	65.52	−99.58
	$Cu(OH)_2(s)$	−449.78	—	—
铜	$CuO(s)$	−157.32	−129.70	48.63
	$CuSO_4(s)$	−771.36	−661.91	108.78
	$CuSO_4\cdot 5H_2O(s)$	−2 279.65	−1 880.06	300.41
银	$Ag(s)$	0	0	42.55
	$Ag^+(aq)$	105.58	77.12	72.68
	$Ag_2O(s)$	−31.05	−11.21	121.34
	$Ag_2S(s,\alpha)$	−32.59	−40.67	144.01
	$AgCl(s)$	−127.07	−109.80	96.23
	$AgBr(s)$	100.37	−96.90	107.11
	$AgI(s)$	−61.84	−66.19	115.48
	$[Ag(NH_3)_2]^+(aq)$	−111.89	−17.24	245.18

续　表

化学式(状态)		$\Delta_f H_m^\ominus/(kJ \cdot mol^{-1})$	$\Delta_f G_m^\ominus/(kJ \cdot mol^{-1})$	$S_m^\ominus/(J \cdot mol^{-1} \cdot K^{-1})$
金	Au(s)	0	0	47.40
	$[Au(CN)_2]^-$(aq)	242.25	285.77	171.54
	$[AuCl_4]^-$(aq)	−322.17	−235.22	266.94
锌	Zn(s)	0	0	41.63
	Zn^{2+}(aq)	−153.89	−147.03	−112.13
	ZnO(s)	−348.28	−318.32	43.64
镉	Cd(s,γ)	0	0	51.76
	Cd^{2+}(aq)	−75.90	−77.58	−73.22
	CdS(s)	−161.92	−156.48	64.85
汞	Hg(l)	0	0	76.02
	Hg(g)	61.32	31.85	174.85
	Hg_2Cl_2(s)	−265.22	−210.78	192.46
	CH_4(g)	−74.85	−50.6	186.27
	C_2H_6(g)	−83.68	−31.80	229.12
	C_2H_6(l)	48.99	124.35	173.26
	C_2H_4(g)	52.30	68.24	219.20
	C_2H_2(g)	226.73	209.20	200.83
	CH_3OH(l)	−239.03	−166.82	127.24
	C_2H_5OH(l)	−277.98	−174.18	161.04
	C_6H_5COOH(s)	−385.05	−245.27	167.57
	$C_{12}H_{22}O_{11}$(s)	−2 225.5	−1 544.6	360.2

数据摘自:参考书目[19]D－51～D－120,其中,$\Delta_f H_m^\ominus$ 和 $\Delta_f G_m^\ominus$ 的单位为 $kJ \cdot mol^{-1}$,$S_m^\ominus$ 单位为 $J \cdot mol^{-1} \cdot K^{-1}$。注意区分单位中的 J 和 kJ。

主要参考文献

[1] 李淑丽,王元有. 化学物料识用与分析(上、下册)[M]. 2版. 北京:化学工业出版社,2017.
[2] 曹国庆. 化学应用基础[M]. 北京:化学工业出版社,2016.
[3] 史苏华. 无机化学[M]. 北京:科学出版社,2013.
[4] 李冰诗,张学红. 基础化学[M]. 武汉:华中科技大学出版社,2010.
[5] 蒋疆,蔡向阳,陈祥旭. 无机及分析化学[M]. 厦门:厦门大学出版社,2012.
[6] 苏小云,藏祥生. 工科无机化学[M]. 3版. 上海:华东化工学院出版社, 2004.
[7] 高职高专化学教材编写组. 有机化学[M]. 4版. 北京:高等教育出版社,2013.
[8] 刘军. 有机化学[M]. 北京: 化学工业出版社,2005.
[9] 齐欣,高鸿宾. 有机化学简明教程[M]. 2版. 天津:天津大学出版社,2011.
[10] 初玉霞. 有机化学[M]. 3版. 北京:化学工业出版社, 2012.
[11] 袁红兰,金万祥. 有机化学[M]. 3版. 北京:化学工业出版社, 2015.
[12] 钱鸣毅. 有机化学[M]. 上海:上海交通大学出版社, 2001.
[13] 傅献彩,沈文霞、姚天扬等. 物理化学[M]. 5版. 北京:高等教育出版社, 2013.
[14] 马全红,吴莹. 分析化学实验[M]. 南京:南京大学出版社,2020.
[15] 曹淑红,王玉琴. 基础化学实验(上、下册)[M]. 南京:东南大学出版社, 2018.
[16] 葛淑萍,程治良,全学军等. 工业分析技术实验[M]. 重庆:重庆大学出版社,2018.
[17] 许兴友,杜江燕. 无机及分析化学[M]. 2版. 南京:南京大学出版社,2017.
[18] 李艳辉. 无机及分析化学实验[M]. 南京:南京大学出版社,2019.
[19] 孟长功.无机化学[M]. 6版. 北京:高等教育出版社,2018.